“十三五”职业教育规划教材
高职高专艺术设计专业“互联网+”创新规划教材
21世纪全国高职高专艺术设计系列技能型规划教材

Maya 2011
三维动画基础案例教程

主　编　伍福军
副主编　张巧玲　张祝强　张珈瑞　王春良
主　审　张喜生

北京大学出版社
PEKING UNIVERSITY PRESS

内容简介

本书是根据作者多年的教学经验和对高职高专以及职业院校学生的实际情况(强调学生的动手能力)的了解而编写，挑选了36个案例进行详细讲解，再通过36个拓展案例的训练来巩固所学内容。本书采用实际操作与理论分析相结合的方法，让学生在案例制作过程中学习、体会理论知识。同时，扎实的理论知识又为实际操作奠定坚实的基础，使学生每做完一个案例，就会有一种成就感，这样大大提高了学生的学习兴趣。最后，再通过拓展训练，来提高学生的知识迁移能力。

本书分为Maya 2011基础知识、NURBS建模技术、Subdivision(细分)建模技术、Polygon(多边形)建模技术、灯光技术、材质与渲染技术、动画技术和Maya 2011特效基础8章内容。

本书适用于高职高专及职业院校学生，也可作为短期培训的案例教程，对于初学者和自学者尤为适用。

图书在版编目(CIP)数据

Maya 2011三维动画基础案例教程/伍福军主编. —北京：北京大学出版社，2012.10

(21世纪全国高职高专艺术设计系列技能型规划教材)

ISBN 978-7-301-21365-0

Ⅰ. ①M… Ⅱ. ①伍… Ⅲ. ①三维动画软件—高等职业教育—教材 Ⅳ. ①TP391.41

中国版本图书馆CIP数据核字(2012)第236462号

书　　名： Maya 2011三维动画基础案例教程

著作责任者： 伍福军　主编

策 划 编 辑： 孙　明

责 任 编 辑： 孙　明　李瑞芳

标 准 书 号： ISBN 978-7-301-21365-0/J・0472

出　版　者： 北京大学出版社

地　　址： 北京市海淀区成府路205号　100871

网　　址： http://www.pup.cn　http://www.pup6.cn

电　　话： 邮购部62752015　发行部62750672　编辑部62750667　出版部62754962

电 子 信 箱： pup_6@163.com

印　刷　者： 三河市博文印刷有限公司

发　行　者： 北京大学出版社

经　销　者： 新华书店

787mm×1092mm　16开本　22.5印张　524千字

2012年10月第1版　2019年7月第4次印刷

定　　价： 47.00元

前　　言

本书的编写体系精心设计而成，按照“案例效果→案例制作流程(步骤)分析→详细操作步骤→拓展训练”这一思路编排，从而达到以下效果：第一，力求通过案例效果预览增加学生的积极性和主动性；第二，通过案例画面效果及制作流程分析，使学生了解整个案例的制作流程、案例用到的知识点和制作的大致步骤；第三，通过案例实训详细操作步骤，使学生掌握整个案例的制作过程和需要注意的细节；第四，通过拓展训练，使学生对所学知识进一步得到巩固、加强提高对知识的迁移能力。

本书具有以下知识结构。

第 1 章　Maya 2011 基础知识，主要通过 4 个案例介绍 Maya 2011 的相关基础知识。

第 2 章　NURBS 建模技术，主要通过 5 个案例介绍 NURBS 建模技术的相关命令、建模流程、方法和技巧。

第 3 章　Subdivision(细分)建模技术，主要通过 4 个案例介绍 Subdivision(细分)建模技术的相关命令、建模流程、方法和技巧。

第 4 章　Polygon(多边形)建模技术，主要通过 5 个案例介绍 Polygon(多边形)建模技术基础知识、建模流程、方法和技巧。

第 5 章　灯光技术，主要通过 3 个案例介绍灯光基础知识、三点布光技术和综合布光技术。

第 6 章　材质与渲染技术，主要通过 6 个案例介绍材质基础知识、材质编辑器的使用、材质编辑流程和渲染设置。

第 7 章　动画技术，主要通过 5 个案例介绍动画制作原理、动画曲线、动画编辑器的使用、动画制作流程和各种动画制作技术。

第 8 章　Maya 2011 特效基础，主要通过 4 个案例介绍特效制作原理、特效制作流程、粒子系统介绍和各种特效的制作方法。

编者将 Maya 2011 的基本功能和新功能融入案例的讲解过程中，使读者可以边学边练，既能掌握软件功能，又能快速进入案例操作过程中。本书内容丰富，可以作为三维动画设计者、三维动画爱好者和动画专业学生的工具书。

本书的每一章都有课时安排，供老师教学和学生自学时参考，同时配套素材里有各章的案例效果文件、素材、PPT 文档和多媒体视频课件。以便读者在没有人指导的情况也能学习本书中的每个案例。本书素材、电子课件和多媒体教学视频可从北京大学出版社第六事业部教材网站下载：www.pup6.cn 或 www.pup6.com。

本书由伍福军担任主编，其他编写人员还有张巧玲、张祝强、张珈瑞和王春良，张喜生对本书进行了主审，在此表示感谢！

本书适用于高职高专及职业院校学生，也可作为短期培训的案例教程。对于初学者和自学者尤为适用。

由于编者水平有限，故本书可能存在疏漏之处，敬请广大读者批评指正！联系电子邮箱：763787922@qq.com；281573771@qq.com。

编　者

2012 年 6 月

目　　录

第1章

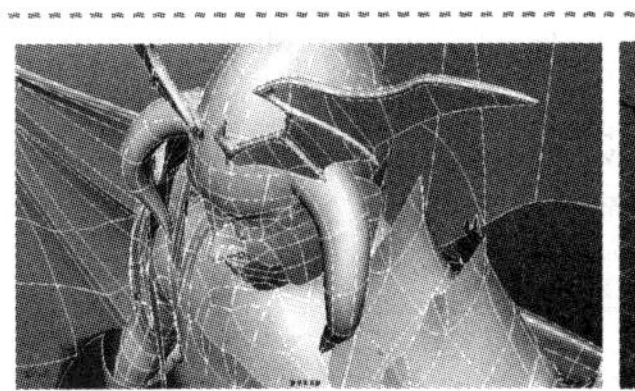
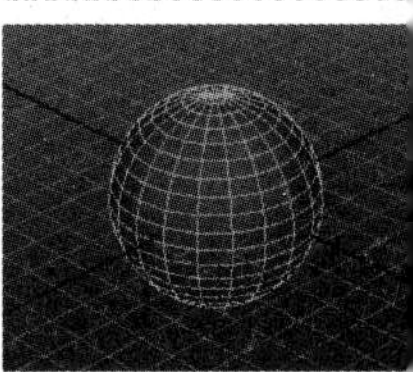

Maya 2011 基础知识

知 识 点

- 案例 1：了解 Maya 2011
- 案例 2：Maya 2011 界面的基本操作
- 案例 3：了解 Maya 2011 界面布局
- 案例 4：Maya 2011 的个性化设置

说　　明

本章主要通过 4 个案例介绍 Maya 2011 的发展历史、应用领域、Maya 2011 的基本操作和 Maya 2011 的相关参数设置。读者熟练掌握本章内容是深入学习后续章节的基础。

教学建议课时数

一般情况下需要 6 课时，其中理论 2 课时，实际操作 4 课时(特殊情况可做相应调整)。

Autodesk 公司对三维软件 Maya 的不断升级和改进，到目前为止，该软件已升级到 Maya 2011，也形成了不同的风格，满足了不同客户的需要，它的功能也越来越强大，应用领域不断扩展，使越来越多的用户选择了 Maya 作为自己的开发工具。在本教材中主要使用 Maya 2011 版本来对案例进行讲解。

案例 1：了解 Maya 2011

一、案例效果

二、案例制作流程(步骤)分析

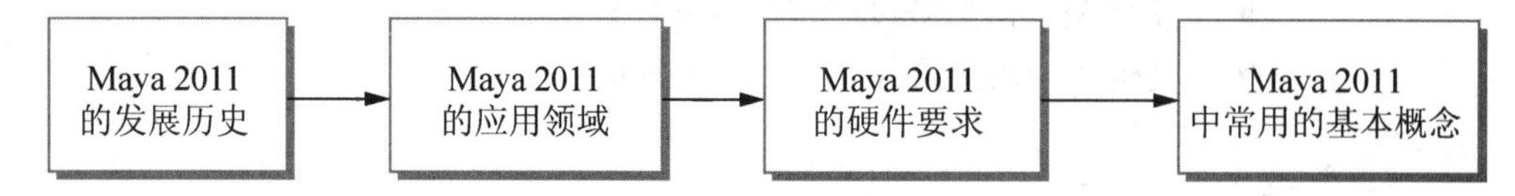

三、详细操作步骤

1. Maya 2011 的发展历史

Maya 2011 是 Autodesk 公司收购 Alias 公司后的第 4 代产品，也是 Maya 2011 问世以来的第 11 个版本。随着该软件的不断升级，它与其他三维软件相比，优势越来越明显，各个应用领域中的用户也越来越多地选择了 Maya 2011 作为自己的开发工具。下面简单介绍 Maya 的发展历史。

Autodesk Maya 的发展历史主要经历了以下几个发展阶段。

(1) 1983 年，史蒂芬、奈杰尔、苏珊・麦肯和大卫在加拿大多伦多创建了一个数字特技公司，公司名称为 Alias。其专门研究影视后期特技软件，第一个软件的名称与公司名称相同，也叫 Alias。

(2) 1984 年，马克・希尔、拉里比尔利斯、比尔・靠韦在美国加利福尼亚创建数字特技图形公司，公司名为 Wavefront。

(3) 1995 年，Alias 与 Wavefront 公司正式合并，公司改名为 Alias|Wavefront 公司。

(4) 1998 年，Alias|Wavefront 公司推出了一款三维动画制作软件，在当时的三维制作

软件中，它具有一流的功能、一流的工作界面和一流的制作效果，Alias|Wavefront 公司给了它一个神秘而响亮的名字——Maya。

(5) 2005 年 10 月，Alias 公司被 Autodesk 公司收购。

(6) 2007 年 9 月，Autodesk 公司发布 Maya 2008 版。

(7) 2009 年 8 月，Autodesk 公司发布 Maya 2010 版。

(8) 2010 年 3 月，Autodesk 公司发布了 Maya 2011 版。此版在功能和性能方面得到全面的提升。

如图 1.1 所示，是 Maya 5～Maya 2011 各个版本的启动界面。

图 1.1

2. Maya 2011 的应用领域

随着 Maya 软件功能的不断提升，它的应用领域也越来越广。例如，建筑效果图制作、影视动画制作、影视动画特效制作、影视栏目包装和游戏开发等领域。

使用 Maya 2011，可以制作出引人入胜的数字图像、逼真的动画和非凡的视觉特效，无论读者是影视栏目包装人员、图像艺术创作人员、游戏开发人员、可视化设计人员，虚拟仿真制作人员，还是三维业余爱好者，Maya 2011 都能满足读者的要求并实现读者的创作。

Maya 2011 的主要应用领域有以下几个方面。

(1) 影视栏目包装。现在，在电视上看到的很多广告宣传都是使用 Maya 软件来制作的。

(2) 影视动画制作。在电影数字艺术创作中，Maya 是他们的首选工具，比较有名的电影有《魔比斯环》、《阿凡达》、《愤怒的红色星球》、《黑客帝国》、《魔发奇缘》、《碟中碟》、《变形金刚》、《泰坦尼克号》和《加勒比海盗》等。

(3) 游戏开发。为了得到逼真的游戏效果，越来越多的游戏开发人员使用 Maya 作为自己的首选工具。

(4) 虚拟仿真。随着 Maya 功能的不断扩展和性能的提升，在虚拟仿真领域也得到了很好的应用，例如军事模拟训练、气候模拟、环境模拟、辅助教学和产品展示等。

(5) 数字出版。随着人们生活水平的提高，人们对精神生活的要求也越来越高。出版行业为了满足人们的要求，无论是印刷载体、网络出版物，还是多媒体内容，都融入了大量的 Maya 制作的 3D 图像。实践证明，这种做法收到了很好的效果。

如图 1.2 所示，是 Maya 应用领域的一些有代表性的优秀作品。

图 1.2

3. Maya 2011 的硬件要求

Maya 软件在不断升级的同时，对计算机硬件的要求也越来越高。一般情况下，现在市面上销售的整机或组装机，都能满足 Maya 2011 的运行要求。如果要流畅地运用 Maya 2011 制作项目，建议读者在配置计算机时根据自己的经济条件，在允许的情况下尽量配置好一点。下面介绍一下 Maya 2011 最低配置需求。

1) Autodesk Maya 2011 软件的 32 版本最低配置需求

(1) 处理器：Intel Pentium4 或更高版本、AMD Athlon 64 或 AMD Optero 处理器。

(2) 内存：2GB 或 2GB 以上。

(3) 硬盘空间：至少 2GB 的交换空间。

(4) 显卡：独立显卡，至少 24 位色。

(5) 操作系统：Windows 2000/XP/Vista7 等。

(6) 鼠标：三键鼠标(光电鼠标或机械鼠标皆可)。

2) Autodesk Maya 2011 软件的 64 版本最低配置需求

(1) 处理器：Intel EM64T 处理器、AMD Athlon 64 或 AMD Opteron7 处理器。

(2) 内存：2GB 或 2GB 以上。

(3) 硬盘空间：至少 2GB 的交换空间。

(4) 显卡：独立显卡，至少 24 位色。

(5) 操作系统：Windows 2000/XP/Vista7 等。

(6) 鼠标：三键鼠标(光电鼠标或机械鼠标皆可)。

4. Maya 2011 中常用的基本概念

在学习 Maya 这个软件之前，建议大家先了解 Maya 中的一些基本概念，这样有助于以奠定学习基础。

在 Maya 中主要要求了解以下一些基本概念。

(1) 3D(三维)。3D 是英文单词 Three Dimensional 的缩写，翻译成中文的意思就是“三维”，在 Maya 中是指 3D 图形或者立体图形。3D 图形具有纵深度，主要通过 3 个坐标来表示三维空间，其中使用 Z 轴来表示纵深。

(2) 2D(二维)贴图。它是指二维图像或图案，如果要在 Maya 视图中进行渲染或显示，必须借助贴图坐标来实现。

(3) 建模。建模是指用户根据项目要求、参考对象或创意，在 Maya 视图中创建三维模型，也可以理解为造型。例如，创建各种几何体、动物、建筑、机械、卡通人物和道具等。

(4) 渲染。在 Maya 中，渲染是指用户对设置好材质、灯光或动画的模型，根据项目的要求设置好参数，将其输出为图片或动画的过程。

(5) 帧。制作动画的原理与电影的原理完全相同，也是由一些连续的静态图片构成，根据“视觉暂留”的原理，使它们连续播放形成动画。帧是指这些连续静态图片中的每一幅图片。

(6) 关键帧。在 Maya 中，关键帧是指决定动画运动方式的静态图片所处的帧，它是一个相对概念，相对帧而言的。

(7) 法线。在 Maya 中，法线是指垂直于对象的内表面或外表面的假设线。法线决定对象的可见性，如果法线垂直对象外表面，读者就能看到对象，否则相反。

(8) 法向。在 Maya 中，法向是指法线所指的方向。

(9) 全局坐标系。在 Maya 中，全局坐标系也称世界坐标，是 Maya 的一个通用坐标系。该坐标系所定义的空间在任何视图中都不变，X 轴指向右侧，Y 轴指向观察者的前方，Z 轴指向上方。

(10) 局部坐标。在 Maya 中，局部坐标是相对全局坐标而言的，它指的是 Maya 视图中的对象自身的坐标，在建模中经常使用局部坐标来调整对象的方位。

(11) Alpha 通道。Alpha 通道的含义跟我们平面设计软件中所说的 Alpha 通道的含义相同，通过 Alpha 通道用户可以指定图片的透明度和不透明度。在 Alpha 通道中，图像的不透明度区域为黑色，透明区域为白色，而介于两者之间的灰色区域为图像的半透明区域。

(12) 等参线。在 Maya 中，等参线也叫结构线，等参线的结构决定 NURBS 对象的形态。NURBS 对象的形态调整是通过调整等参线的位置来实现的。

(13) 拓扑。在 Maya 中，对象中每个顶点或面都有一个编号，而通过这些编号可以指定选择的顶点或面。这种数值型的结构叫做拓扑。

四、拓展训练

请同学利用业余时间去图书馆或利用网络，了解 Maya 的详细发展历史和在各个应用领域的应用情况。

案例 2：Maya 2011 界面的基本操作

一、案例效果

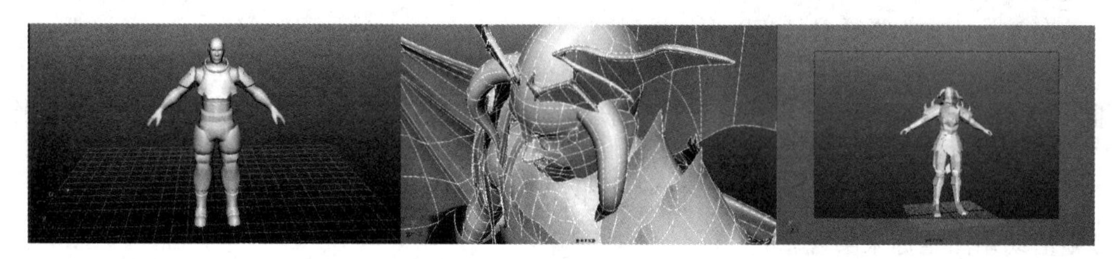

二、案例制作流程(步骤)分析

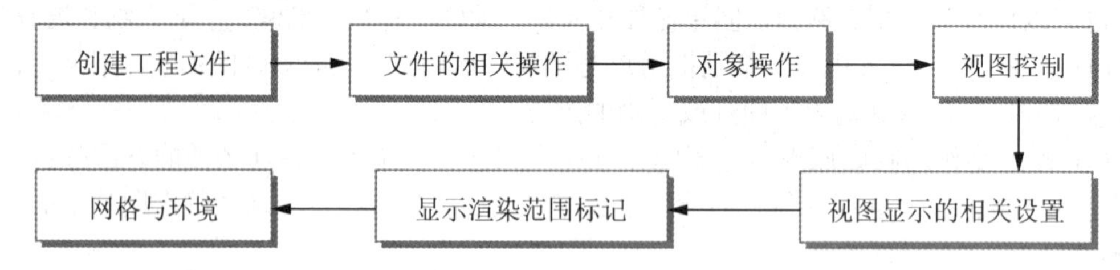

三、详细操作步骤

在本案例中主要介绍工程文件的创建、文件的相关操作、对象操作、视图控制和视图显示。熟练掌握本案例的相关知识点，为后面案例学习打好基础。

1. 创建工程文件

当使用 Maya 开发项目时，建议读者在开发项目之前，最好是创建一个工程文件，这样方便项目的管理和涉及的各种文件进行分类保存。当进行团队开发项目时，条理清晰管理规范，工作效率事半功倍。

创建工程文件的具体操作步骤如下。

步骤 1：启动 Maya 2011。直接双击桌面上的 Maya 2011 图标，即可启动该软件。

步骤 2：在菜单栏中选择 File(文件)→Project(工程)→New(新建)命令，打开 New Project (新建工程)对话框，具体设置如图 1.3 所示。

(1) Name(名称)：定义工程文件的名称。

(2) Location(位置)：定义工程文件的路径。

步骤 3：单击 Use Defaults(使用默认)按钮，即可将工程文件夹的名称设置为默认名称。一般情况使用默认设置。

步骤 4：单击 Accept(接受)按钮，完成工程文件的创建。工程文件主要包括了如图 1.4 所示的文件夹。

在工程文件夹中，读者必须了解如下几个文件夹。

(1) Scenes(场景)：主要用来保存项目文件。

(2) SourceImages(素材)：主要用来放置贴图素材文件。

(3) Images(图像)：主要用来放置渲染效果图。

视频播放：创建工程文件的详细讲解，请观看配套视频“part\video\chap01_video01”。

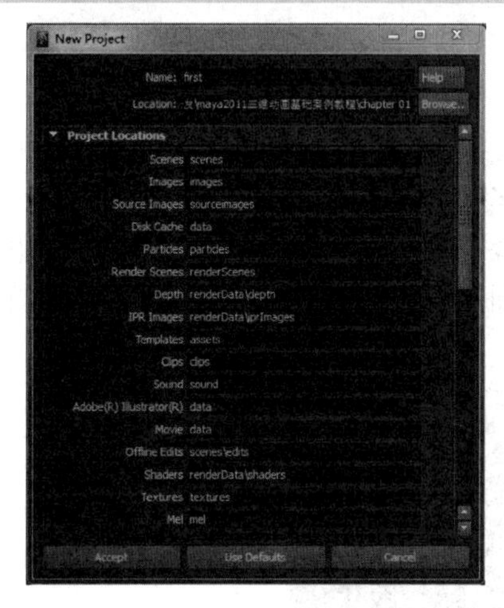

图 1.3

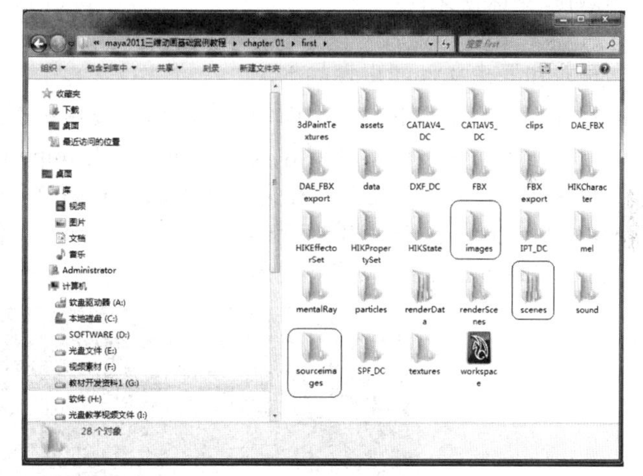

图 1.4

2. 文件的相关操作

在本节中，主要介绍场景的创建、场景的保存、导入文件、导出文件和文件归档。

1) 创建和保存场景

场景的创建和保存非常简单，详细操作步骤如下。

步骤 1：在创建工程文件时，Maya 2011 会自动创建一个默认的未命名的场景文件。此时，选择菜单栏中的 File(文件)→Save Scene(保存场景)命令，弹出 Save As(另存为)对话框，在对话框中选择保存场景的路径和文件名。如图 1.5 所示，单击 Save As(保存)按钮，即可保存文件。

步骤 2：选择菜单栏中的 File(文件)→New Scene(新建场景)命令，即可创建场景文件。

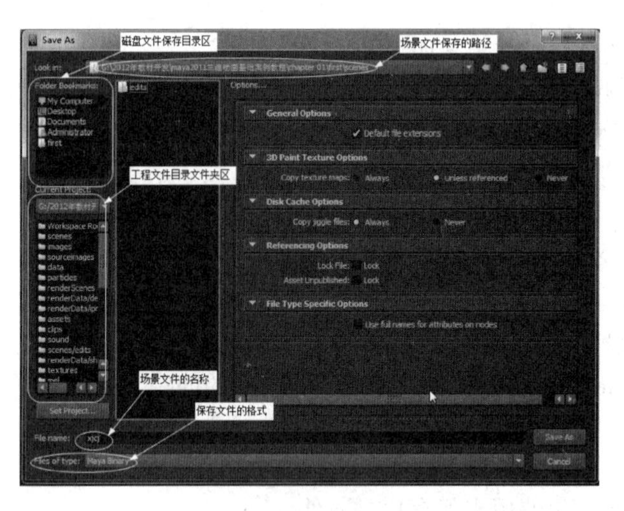

图 1.5

步骤 3： 直接按 Ctrl+N 组合键创建场景文件。

步骤 4： 直接按 Ctrl+S 组合键保存文件或选择菜单栏中的 File(文件)→Save Scene(保存场景)命令保存文件。

2) 导入和导出文件

导入和导出文件的步骤如下。

步骤 1： 导入文件。在菜单栏中选择 File(文件)→Import(导入)命令，弹出 Import(导入)对话框，在该对话框中选择要导入的文件。单击 Import(导入)按钮即可导入文件。

步骤 2： 导出所有文件。在菜单栏中选择 File(文件)→Export All(导出全部)命令，弹出 Export All(导出全部)对话框，在该对话框中设置导出文件的路径和名称，如图 1.6 所示。单击 Export All(导出全部)按钮导出所有文件。

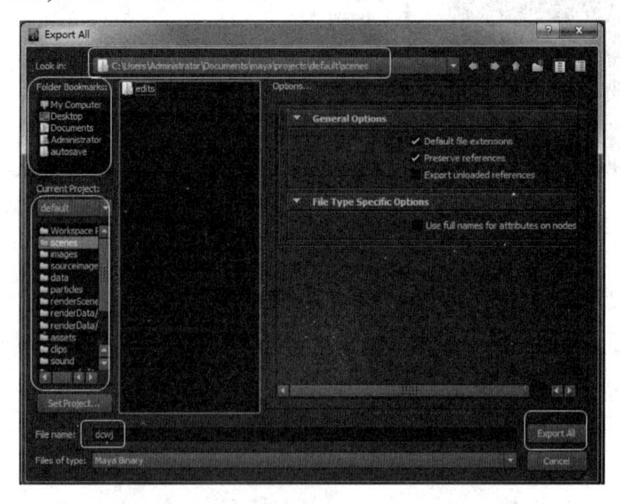

图 1.6

步骤 3： 导出选择对象。在菜单栏中选择 File(文件)→Export Selection(导出选择)命令，弹出 Export Selection(导出选择)对话框，在该对话框中设置导出文件的路径和名称。单击 Export Selection(导出选择)按钮导出选择文件。

3) 文件归档

文件归档是指将场景文件和相关文件打包成为一个压缩文件。

文件归档对于团队合作非常重要，使用文件归档之后进行传递文件，可以保证团队之间互传文件的正确性。文件归档的具体操作步骤如下。

步骤 1：保存需要进行归档的文件。

步骤 2：在菜单栏中选择 File(文件)→Archive Scene(归档场景)命令。

步骤 3：文件归档之后，在保存场景的文件夹下出现一个与保存文件同名的压缩文件包。

视频播放：文件的相关操作详细讲解，请观看配套视频“part\video\chap01_video02”。

3. 对象操作

在 Maya 2011 中，对象操作主要包括了对象的选择、移动、旋转和缩放。详细操作方法如下。

1) 选择对象

在 Maya 2011 中，对场景文件中的某个对象进行操作的前提条件是先选择该对象。对象选择的具体方法如下。

步骤 1：打开 select.mb 场景文件。

步骤 2：单击法选择对象。单击工具箱中的(选择)工具按钮(或按键盘上的 Q 键)，将鼠标移到场景中需要选择的对象上单击即可选中该对象。被选中的对象以绿色线框显示，如图 1.7 所示。

步骤 3：框选法选择对象。单击工具箱中的(选择)工具按钮(或按键盘上的 Q 键)。在场景中确定进行框选的第一个点，按住鼠标左键不放的同时进行框选，即可将框选到的物体选中，如图 1.8 所示。

2) 移动对象

如果需要移动场景中的对象，必须使用移动工具。移动对象的具体操作如下。

步骤 1：单击工具箱中的(移动)工具按钮或按键盘上的 W 键，单击或框选需要移动的对象。此时，被选中的对象显示出 4 个手柄的操纵器，其中红色的手柄为 X 轴，绿色的手柄为 Y 轴，蓝色的手柄为 Z 轴，如图 1.9 所示。

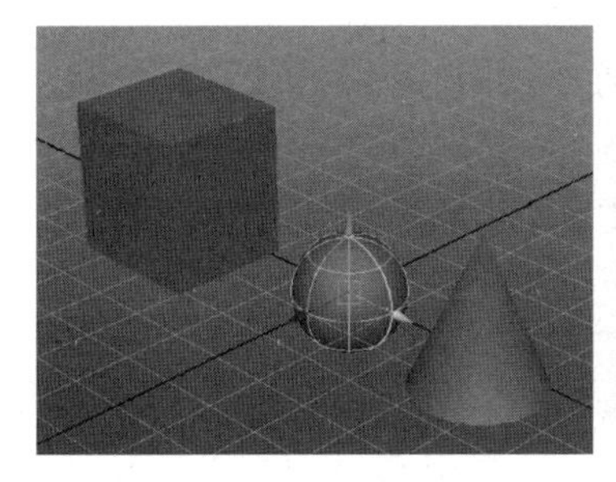

图 1.7

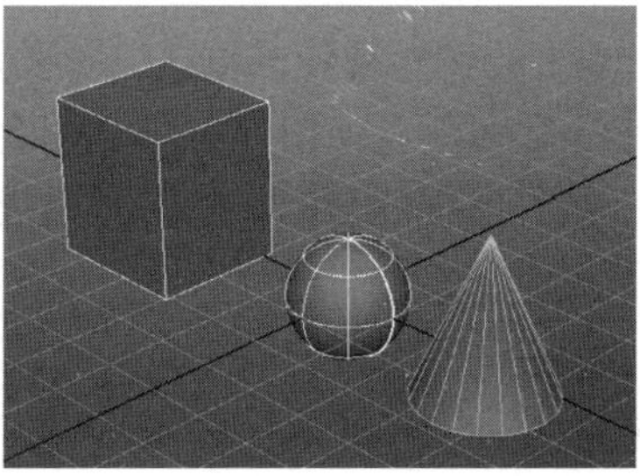

图 1.8

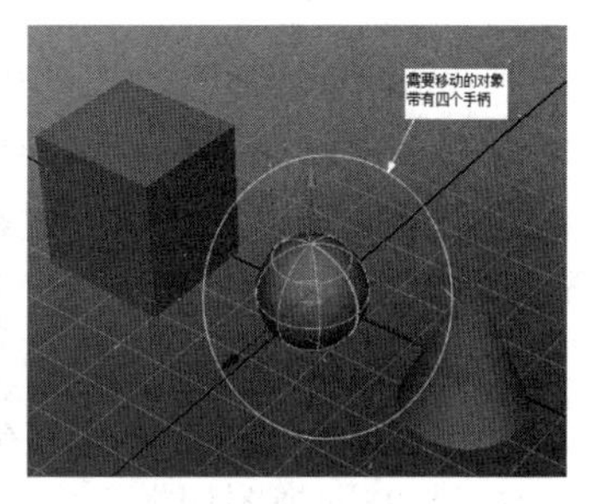

图 1.9

步骤 2：将鼠标移动到需要移动的手柄上，按住鼠标左键不放的同时进行移动即可。

步骤 3：自由移动对象，将鼠标移动到操纵器中央的手柄上，按住鼠标左键不放的同时进行移动即可。

3) 旋转对象

如果需要旋转场景中的对象，必须使用旋转工具。旋转对象的具体操作如下。

步骤 1：单击工具箱中的■(旋转)工具按钮或直接按键盘上的 E 键。

步骤 2：选择需要旋转的对象，此时被选中的对象出现由 4 个手柄组成的旋转控制器，如图 1.10 所示。其中，红色的手柄为 X 轴，绿色的手柄为 Y 轴，蓝色的手柄为 Z 轴。激活需要旋转的手柄，此时被选中的手柄呈黄色显示，按住鼠标左键不放的同时移动鼠标即可，如图 1.11 所示。

4) 缩放对象

如果需要缩放场景中的对象，必须使用缩放工具。缩放对象的具体操作如下。

步骤 1：单击工具箱中的■(缩放)工具按钮或直接按键盘上的 R 键。

步骤 2：选择需要缩放的对象，此时被选中的对象出现由 4 个手柄组成的缩放控制器，其中红色的手柄为 X 轴，绿色的手柄为 Y 轴，蓝色的手柄为 Z 轴，如图 1.12 所示。

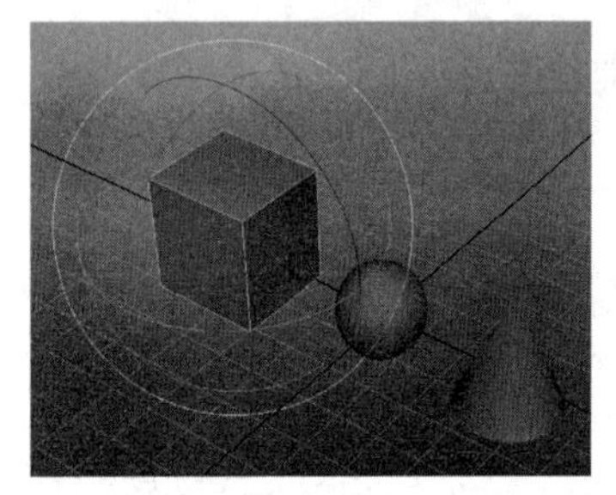

图 1.10

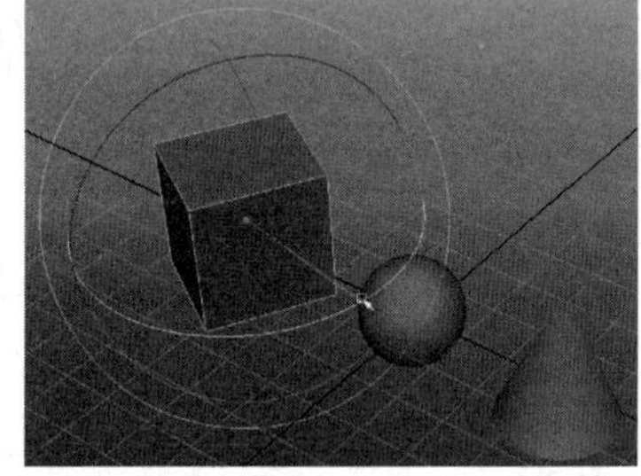

图 1.11

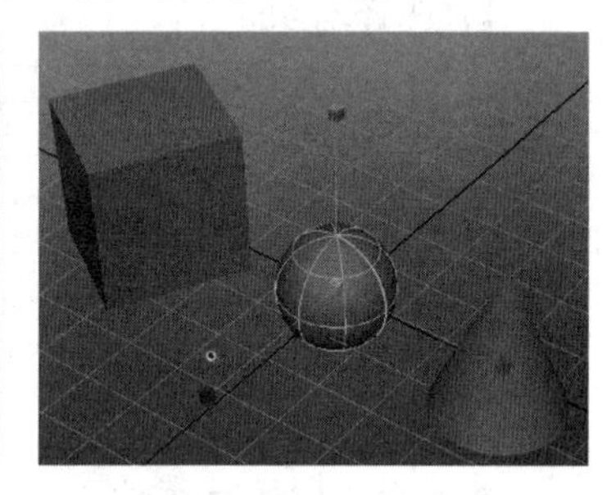

图 1.12

步骤 3：将手柄移动到需要缩放的轴上，按住鼠标左键不放的同时进行移动即可缩放对象。

步骤 4：等比例缩放对象。将鼠标移动到中央的手柄上，按住鼠标左键不放的同时进行移动即可进行等比例缩放对象。

视频播放：对象操作详细讲解，请观看配套视频“part\video\chap01_video03”。

4. 视图控制

在 Maya 2011 中，视图控制主要包括视图布局、视图设置和视图操作 3 个方面的内容。对 Maya 2011 的视图控制操作非常简单，使用空格键，配合鼠标左键即可进行各种视图之间的切换操作。按住 Alt 建，并配合鼠标左键、中键和右键即可分别对视图工作区进行旋转、平移和缩放操作。

1) 视图布局

在视图布局中，主要介绍视图布局的方法和操作流程。视图布局的具体操作如下。

(1) 空间视图切换。

步骤 1：启动 Maya 2011。在默认情况下视图显示方式为单视图，如图 1.13 所示。

步骤 2：在工作区单击，激活该单视图。按空格键即可将单视图切换到四视图显示方式，如图 1.14 所示。

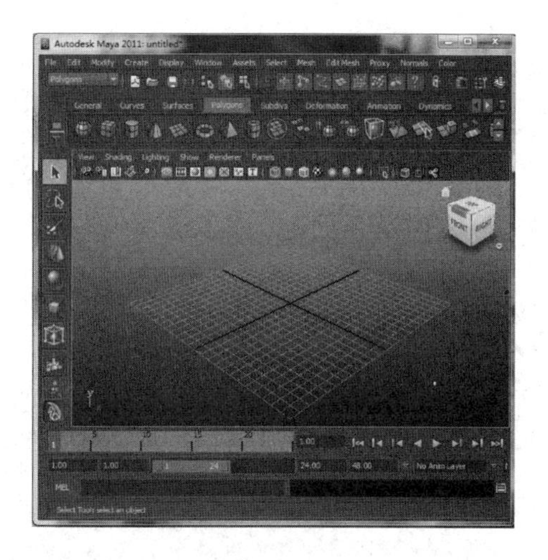

图 1.13

图 1.14

步骤 3：用鼠标单击任意视图，如 Top(顶视图)、Front(前视图)、Side(侧视图)等。 在这里以单击 Front(前视图)为例，此时该视图被激活，按空格键，Front(前视图)最大化显示，如图 1.15 所示。

步骤 4：读者也可以直接单击左侧工具箱中视图布局按钮来切换视图布局。

有些时候，完全依靠上面几种视图切换方法，不一定能满足用户的需求，此时也可以使用以下方法来设置具有个性化的视图布局。其具体操作方法如下。

步骤 1：在视图面板菜单中选择 Panels(面板)→Layouts(布局)命令，弹出二级子菜单，如图 1.16 所示。

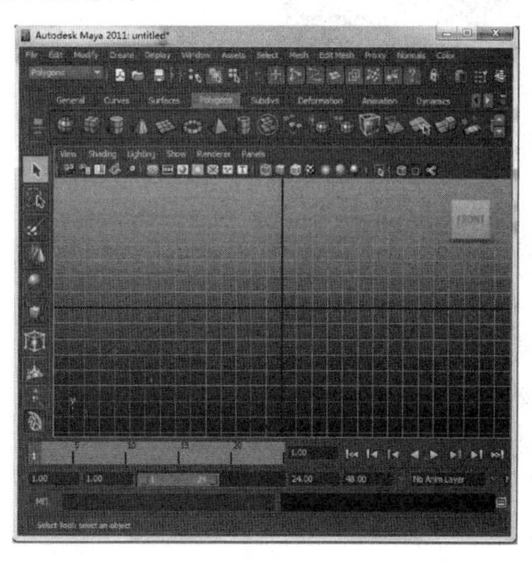

图 1.15

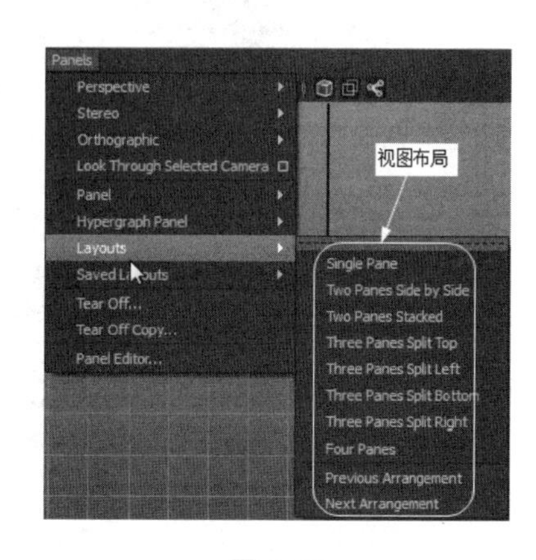

图 1.16

步骤 2：将鼠标移动到二级子菜单中需要切换的视图命令上，松开鼠标即可。在这里将鼠标移动到 Three Panes Split Top(3 个视图窗口，其中两个在顶部，一个在底部)命令上松开鼠标即可得到如图 1.17 所示视图布局。

(2) 当前视图切换。

步骤 1：将鼠标移到视图编辑区中，按住空格键不放，弹出热盒控制器，如图 1.18 所示。

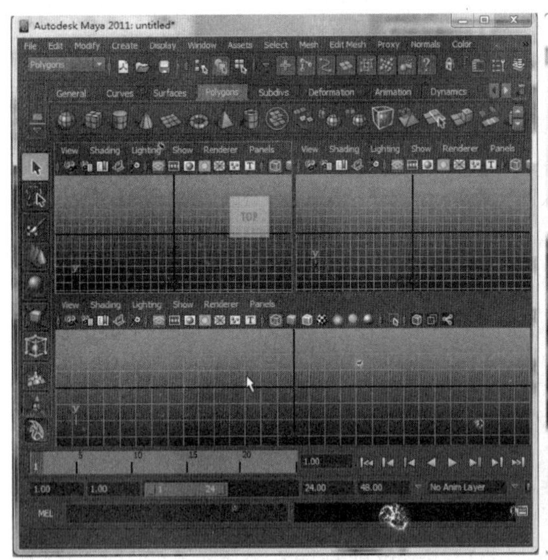

图 1.17

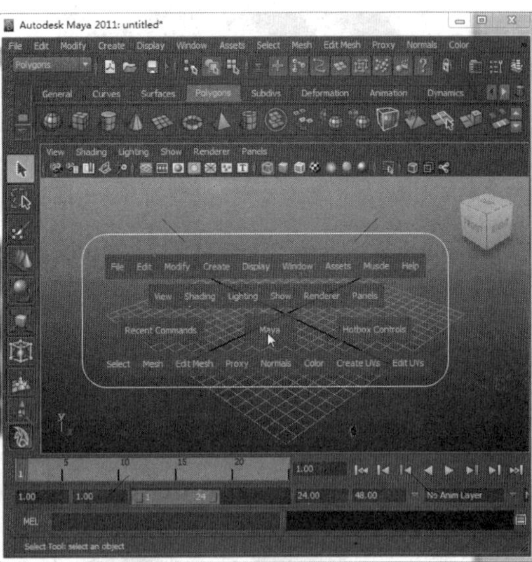

图 1.18

步骤 2：在按住空格键不放的同时，将鼠标移到Maya快捷菜单上，并按住鼠标左键不放，弹出视图的四元菜单，如图 1.19 所示。

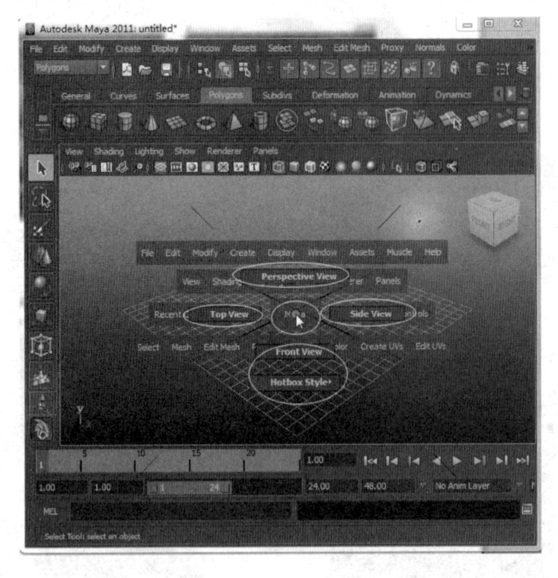

图 1.19

步骤 3：在按住空格键和鼠标左键不放的同时，将鼠标移到需要切换的视图按钮上，松开鼠标即可切换到该视图。

步骤 4：除了上面这种方法之外，还有一种更简单的方法是通过单击 View Cube(视图导航器)图标，快速切换视图。

(3) 窗口与编辑器切换。

在实际项目制作中，不仅需要在空间视图之间进行切换，还经常需要切换到一些非空间视图，进行一些特殊要求的制作，提高工作效率。例如，在进行材质编辑时，需要切换到 Hyper Shade(材质编辑器)视图；在进行角色 UV 纹理编辑时，需要切换到 UV Texture Editor(UV 纹理编辑器)视图。非空间视图切换的具体操作如下。

步骤 1：选择视图菜单中的 Panels(面板组)→Panel(面板)命令，弹出二级子菜单，如图 1.20 所示。

步骤 2：将鼠标移到需要切换的非空间视图上，松开鼠标左键即可切换到该视图状态。例如，将鼠标移到 UV Texture Editor(UV 纹理编辑器)命令上松开鼠标左键，即可切换到 UV 纹理编辑器视图，如图 1.21 所示。

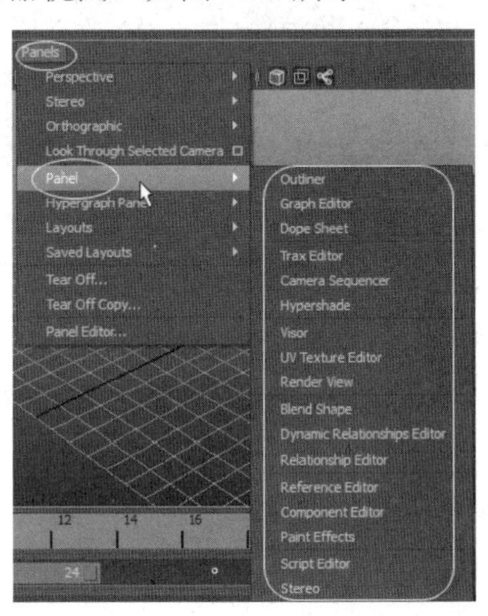

图 1.20

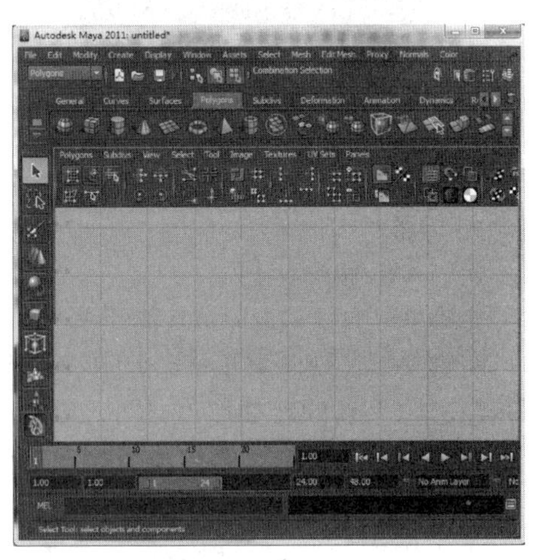

图 1.21

2) 视图设置

在 Maya 2011 中，主要使用透视投影和正交投影两种摄影方式来观察场景，因此，对视图的设置也对应有透视图设置和正交视图设置两种设置方式。

透视图与正交视图观看场景的原理有所不同，透视图与景深有关，它是通过摄影机的原理来观看场景，并由摄影机的位置、方向和属性决定；正交视图是使用投射原理来显示场景。

下面主要介绍视图的一些相关操作，为后面章节的学习打基础。

(1) 切换到透视图。

步骤 1：打开 stsz.mb 场景文件，如图 1.22 所示。

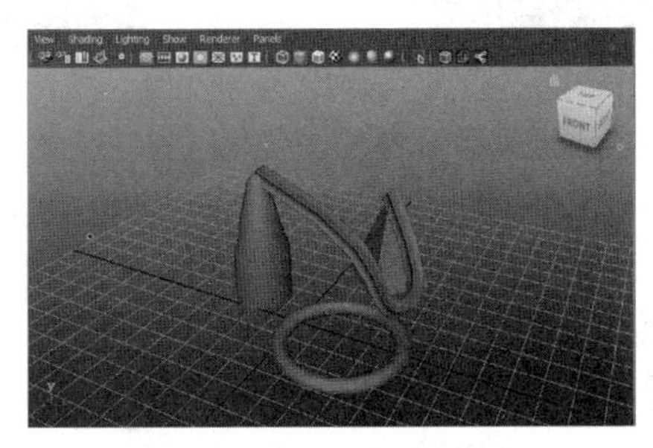

图 1.22

步骤 2：选择视图面板菜单中的 Panels(面板组)→Perspective(透视图)命令，弹出二级子菜单，如图 1.23 所示。

步骤 3：将鼠标移到 Persp2 命令上松开鼠标左键，即可将视图切换到 Persp2 透视图，如图 1.24 所示。

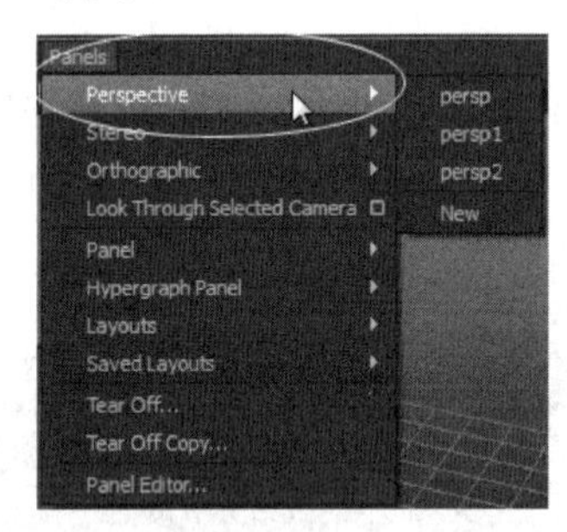

图 1.23

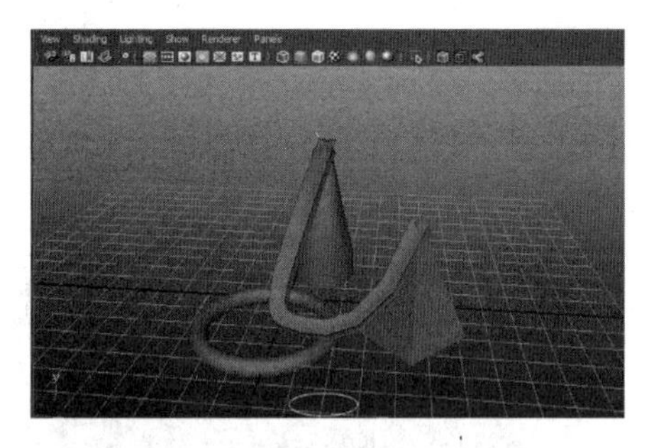

图 1.24

(2) 透视图的创建。

步骤 1：打开 stsz01.mb 场景文件。

步骤 2：在视图菜单中，选择 Panels(面板组)→Perspective(透视图)→New(新建)命令，即可创建一个新的透视图。

步骤 3：根据需要调整视图观看角度，最终显示角度如图 1.25 所示。

(3) 正交视图的设置。

正交视图是通过投射原理来观看的。它没有景深的变化，是通过模拟摄影机分别从 Top(顶视图)、Front(前视图)和 Side(侧视图)来观察三维空间。正交视图的设置主要包括切换到正交视图和新建正交视图。其具体操作如下(接着上面往下做)。

步骤 1：切换到正交视图。在视图菜单中，选择 Panels(面板组)→Orthographic(正交视图)命令，弹出二级子菜单，如图 1.26 所示。

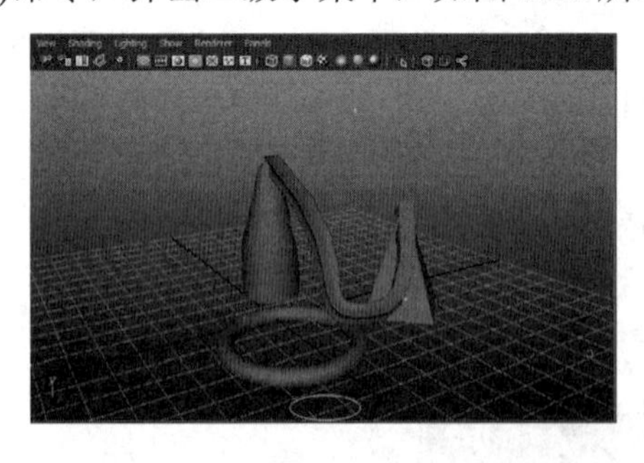

图 1.25

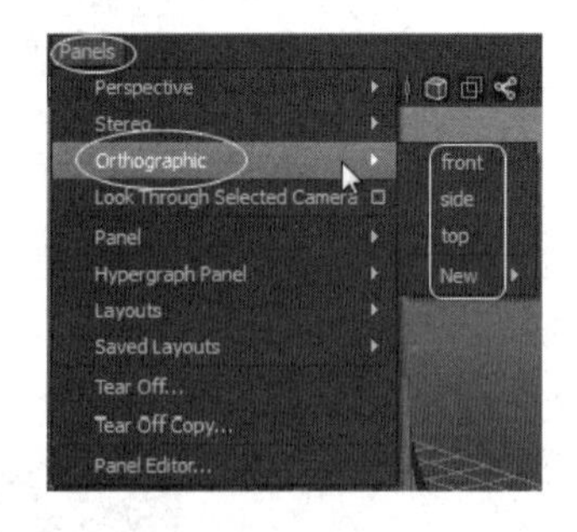

图 1.26

步骤 2：将鼠标移到需要切换的正交视图命令上，松开鼠标左键即可。例如，将鼠标移到 Side(侧视图)命令上，松开鼠标即可切换 Side(侧视图)，如图 1.27 所示。

步骤 3：创建新的正交视图。在视图菜单中，选择 Panels(面板组)→Orthographic(正交视图)→New(新建)命令，弹出三级子菜单，如图 1.28 所示。

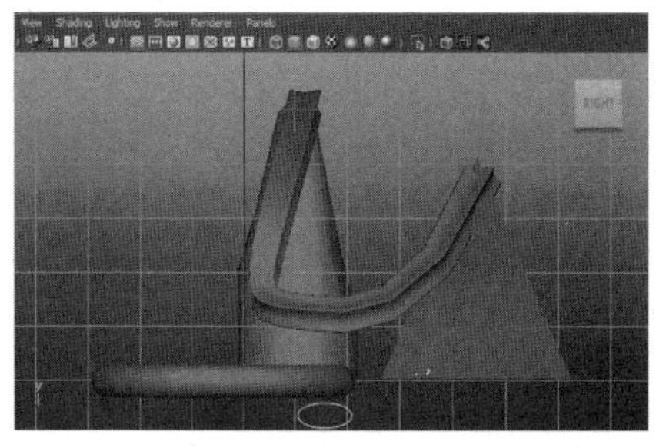

图 1.27

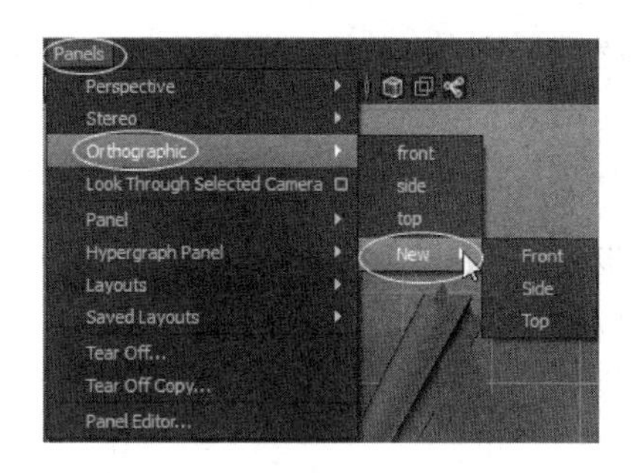

图 1.28

步骤 4：将鼠标移到三级子菜单中，在需要作为新的正交视图的命令上松开鼠标左键，即可创建一个新的正交视图。例如，将鼠标移到 Top(顶视图)命令上，松开鼠标左键即可创建一个新的正交视图，如图 1.29 所示。

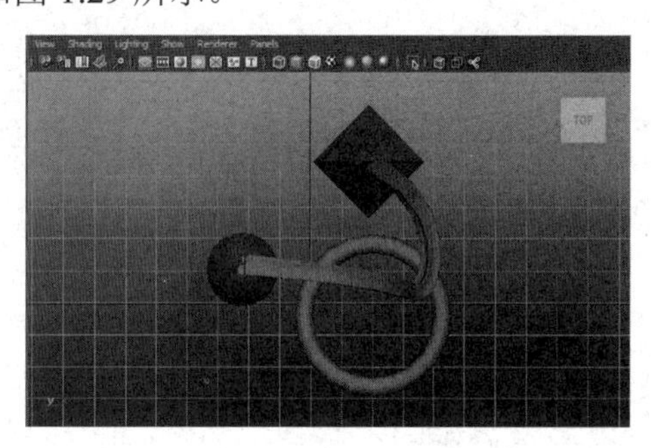

图 1.29

3) 视图的相关操作

视图的操作是顺利进行项目开发的最基础条件。视图的操作主要包括旋转视图、移动视图、缩放视图和视图最大化显示。

步骤 1：打开 stcz.mb 场景文件。

步骤 2：旋转视图。将鼠标移到视图编辑区，按住 Alt+鼠标左键不放，上下或左右移动鼠标，即可对视图进行旋转操作。

提示：*用户只能旋转透视图，而不能旋转正交视图。*

步骤 3：移动视图。按住 Alt+鼠标中键不放，移动鼠标，即可对视图进行移动操作。

步骤 4：缩放视图。按住 Alt+鼠标右键不放，上下或左右移动鼠标，即可对视图进行缩放操作。

步骤 5：推拉框选区域。按住 Ctrl+Alt+鼠标右键不放，使用鼠标从左向右框选的区域将被拉近(放大)，使用鼠标从右向左框选的区域将被推远缩小。

步骤 6：恢复到上一视图。如果对刚操作了的视图不满意，需要恢复操作前的视图，按键盘上的“]”键或选择视图菜单中的 View(视图)→Previous View(前一视图)命令即可。

步骤 7：转到下一视图。按键盘上的“[”键或选择视图菜单中的 View(视图)→Next View(后一视图)命令即可。

提示：在 Maya 2011 中，Previous View(前一视图)和 Next View(后一视图)命令与 Windows(窗口)菜单下的 Undo(撤销)和 Redo(恢复)命令有本质的区别。前面两个命令是对视图操作起作用。后面两个命令是对 Maya 2011 中的命令或工具起作用。

步骤 8：最大化显示视图。在 Maya 2011 中，最大显示视图有 3 种方式，即对选中的对象最大化显示、对当前视图中的所有对象最大化显示和对所有视图进行最大化显示。

步骤 9：最大化显示选择对象。在当前视图中，选择需要最大化显示的对象，按键盘上的 F 键即可。

步骤 10：最大化显示当前视图中的所有对象，直接按键盘上的 A 键即可。

步骤 11：最大化显示所有视图中的对象，按 Shift+A 组合键即可，如图 1.30 所示。

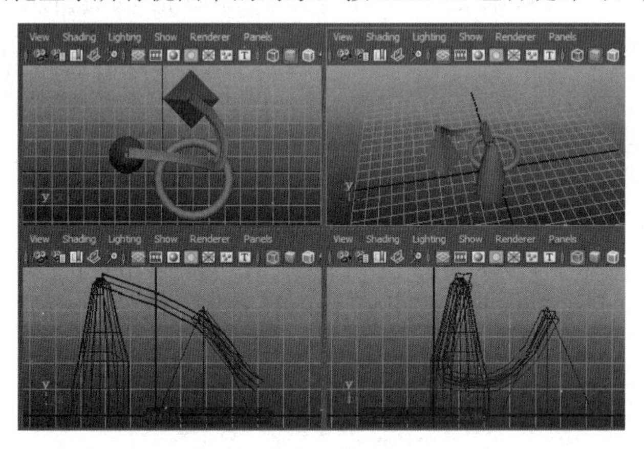

图 1.30

视频播放：视图控制详细讲解，请观看配套视频“part\video\chap01_video04”。

5. 视图显示的相关设置

Maya 2011 的显示控制功能非常强大，可以帮助读者观看模型的每一个细节，有利于对模型进行整体调节。如果读者在制作大型的项目时，在硬件资源有限的情况下，想提高运行速度来提高工作效率，可以通过优化场景的显示方式来达到。

在 Maya 2011 中，经常使用的视图显示方式的调整方法主要包括了常用显示快捷键、如何提高显示速度、项目显示过滤、显示渲染范围标记、网络和环境等。

1) 显示方式

在使用 Maya 2011 时，要想提高运行速度、提高工作效率和减少 Maya 2011 对资源的大量消耗，必须根据操作的实际情况及机器的配置，自行调节视图中对象的显示方式。

对象显示方式控制命令位于视图菜单中的 Shading(着色)菜单中，如图 1.31 所示。

显示方式的改变方法很简单，具体操作方法如下。

步骤 1：选择视图菜单中的 Shading(着色)命令，弹出下拉菜单。

步骤 2：将鼠标移到对象显示控制命令上，单击即可。

步骤 3：使用不同对象显示控制命令之后的效果，如图 1.32 所示。

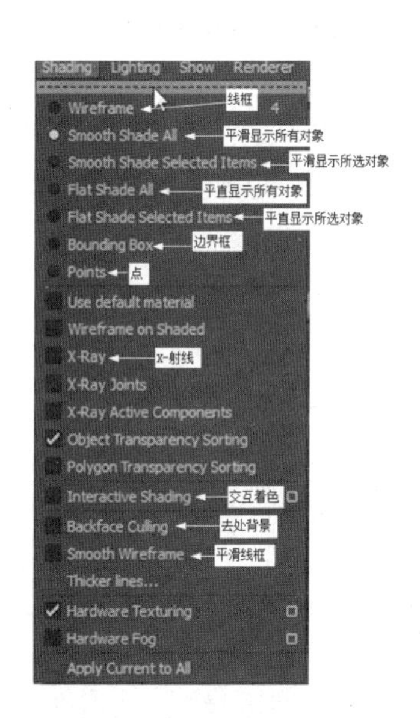

图 1.31

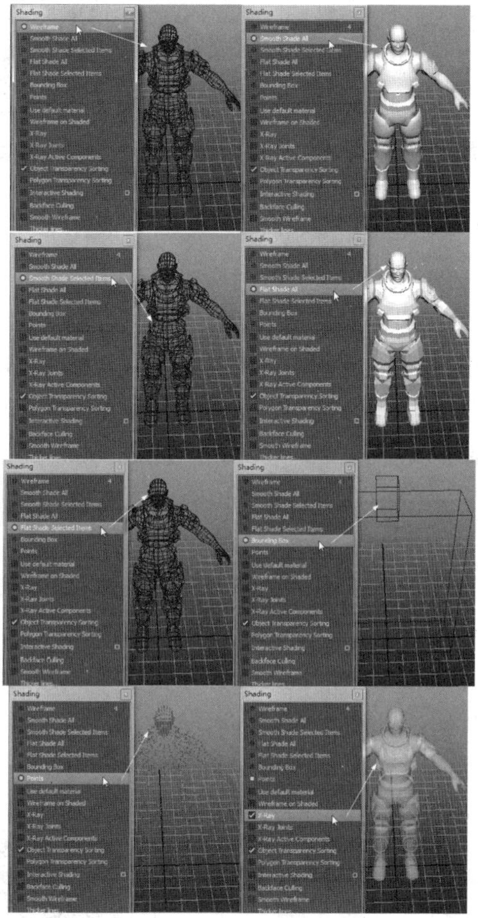

图 1.32

2) 显示加速

显示加速是 Maya 2011 为用户提供的一种加快显示速度设置的选项。对于初学者，应了解这些选项的作用和使用方法，以便今后顺利学习。加速显示控制命令主要位于视图菜单中的 Shading(着色)菜单下和公共菜单中的 Display(显示)菜单下。

Shading(着色)菜单下的视图显示控制命令。

(1) Interactive Shading(交互着色)的使用。具体操作步骤如下。

步骤 1：打开 stxs.mb 场景文件，如图 1.33 所示。

步骤 2：在视图菜单中选择 Shading(着色)→Interactive Shading(交互着色)→■命令，弹出 Interactive Shading Options(persp)[交互着色选项(透视图)]窗口，在该窗口中设置交互模式为 Wireframe(线框)模式，如图 1.34 所示。

步骤 3：设置完毕之后，单击 Close(关闭)按钮。

步骤 4：当旋转视图时，视图中的对象以线框方式显示，如图 1.35 所示。

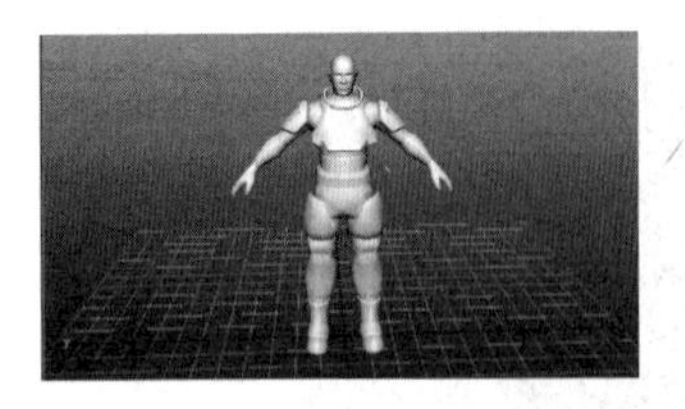

图 1.33

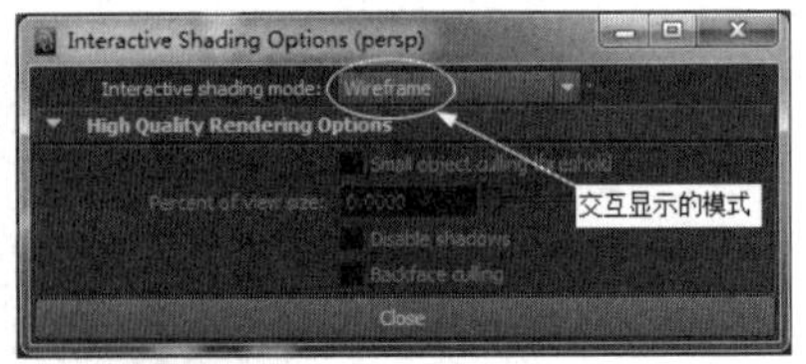

图 1.34

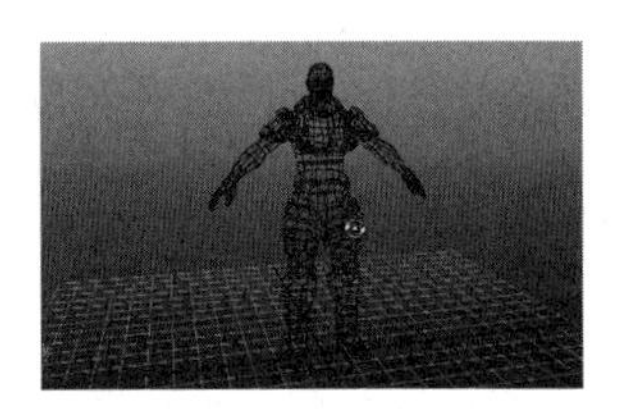

图 1.35

(2) Backface Culling(去除背面)。Backface Culling(去除背面)命令的主要作用是将对象后面的部分以透明的方式显示，而前面部分正常显示，在复杂场景中可以加速对象的显示速度，其使用方法很简单，在视图菜单中选择 Shading(着色)→Backface Culling(去除背面)命令即可。

(3) Smooth Wireframe(平滑线框)。Smooth Wireframe(平滑线框)命令的主要作用是选中该选项，在对视图进行操作时(如移动、旋转和推拉)，视图中的对象将以平滑线框方式显示，从而加快显示速度。

公共菜单下的视图显示控制命令的具体使用方法如下。

步骤 1：打开 stxs.mb 场景文件，选中如图 1.36 所示的对象。

步骤 2：在公共菜单中，选择 Display(显示)→Object Display(对象显示)命令，弹出二级子菜单，如图 1.37 所示。

步骤 3：在二级子菜单中，选择显示控制命令。在这里，选择 Template(模板)命令。此时，被选中的对象以模板的方式显示，如图 1.38 所示。

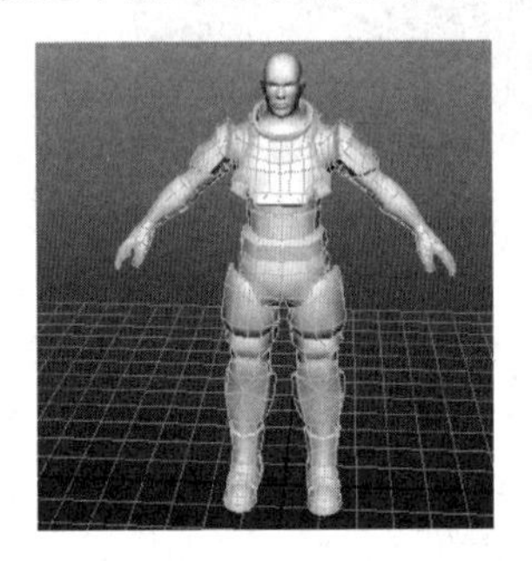

图 1.36

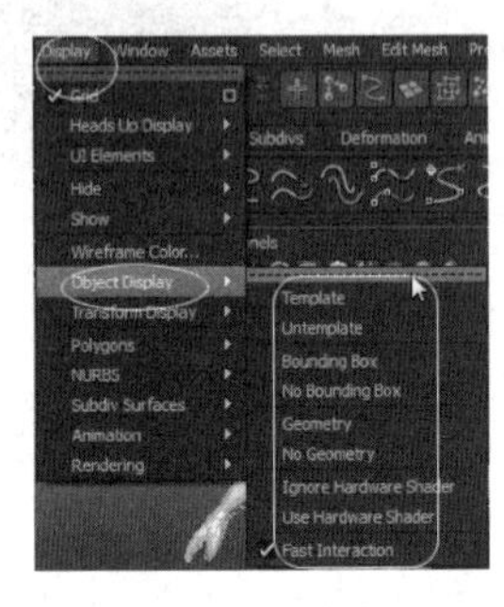

图 1.37

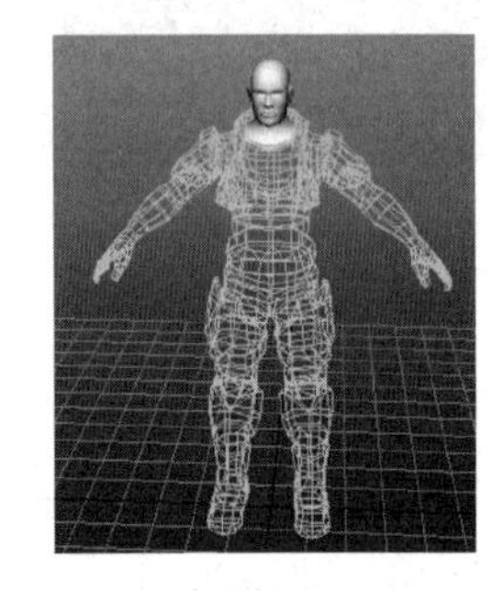

图 1.38

步骤 4：取消 Template(模板)显示方式。在公共菜单中，选择 Window(窗口)→Outliner(大纲)命令，打开 Outliner(大纲)窗口，在该窗口中选择以 Template(模板)方式显示的对象，如图 1.39 所示。

步骤 5：在公共菜单中，选择 Display(显示)→Object Display(对象显示)→Untemplate(非模板)命令，即可取消 Template(模板)显示方式，如图 1.40 所示。

(1) Bounding Box(边界框)命令。其主要作用是将视图中选中的对象以边界框方式显示。该命令使用方法与 Template(模板)命令的使用方法相同。

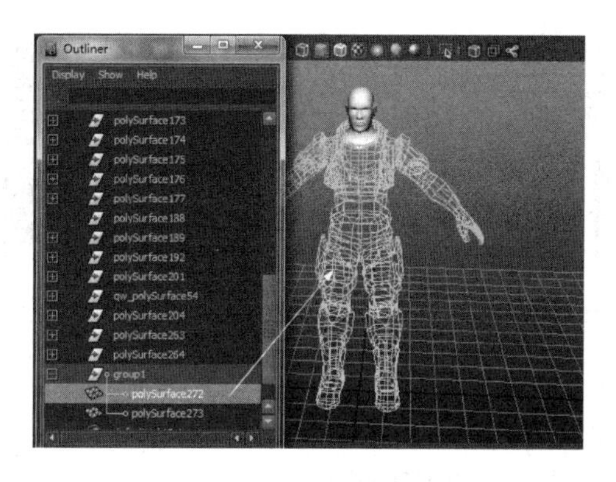

图 1.39

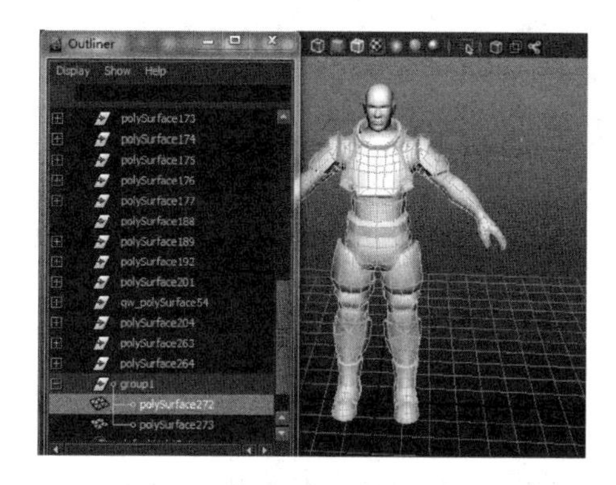

图 1.40

(2) Geometry(几何体)命令。其主要作用是将视图中隐藏的几何体显示出来。该命令的具体使用方法如下。

步骤 1：在 Outliner(大纲)对话框中单选隐藏的几何体。

步骤 2：在公共菜单中选择 Display(显示)→Object Display(对象显示)→Geometry(几何体)命令即可。

(3) Fast Interaction(快速交互)命令。其主要作用是在进行交互操作时，简化复杂模型显示，暂时取消对纹理贴图的显示，从而加快显示速度。

3) 光照

在 Maya 2011 中，光照主要用来控制对象在视图中的照明方式和测试灯光照明的效果。光照命令主要放在视图菜单中的 Lighting(灯光)菜单下。

(1) Use Default Lighting(使用默认灯光)。当启动 Maya 2011 时，默认情况下，该选项处于选择状态。视图中所有对象采用系统默认灯光照明，当用户添加灯光之后，系统自带灯光自动关闭。

(2) Use All Lights(使用所有灯光)。当选择该命令时，视图中的对象使用用户创建的所有灯光进行照明，场景的照明效果接近渲染效果。如果使用该命令，则在视图中就无法显示灯光的衰减和投影，但可以显示出排除照明效果。

(3) Use Selected Lights(使用选择灯光)。当选择该命令时，视图和渲染窗口中使用选择的灯光来照亮对象。

(4) Two Sided Lighting(双面照明)。当选择该命令时，视图中对象双面被灯光照亮，也就是说对象的内表面也被照亮。

4) 常用显示快捷键

作为一个 Maya 用户来说，熟练掌握常用快捷键是提高工作效率的最好途径，特别是在工作量比较大的情况下，尤为突出。常用显示快捷键的具体使用方法如下。

步骤 1：打开 kjj.mb 场景文件。选择视图中对象。

步骤 2：在对象被选中的情况下，按键盘上的 1 键，对象以低质量模式显示，如图 1.41 所示。

步骤 3：按键盘上的 2 键，对象以中质量模式显示，如图 1.42 所示。

步骤 4：按键盘上的 3 键，对象以高质量模式显示，如图 1.43 所示。

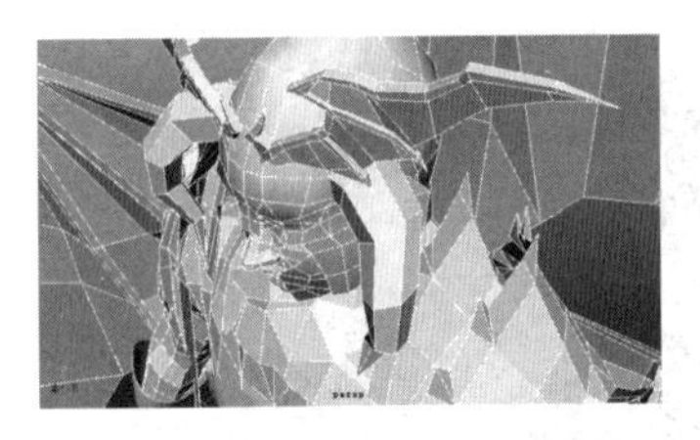

图 1.41

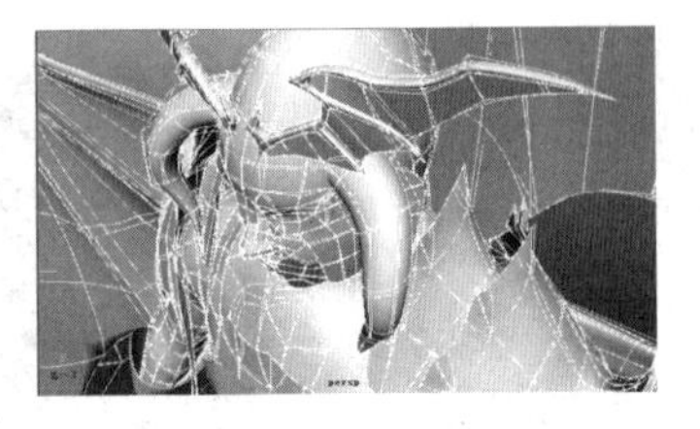

图 1.42

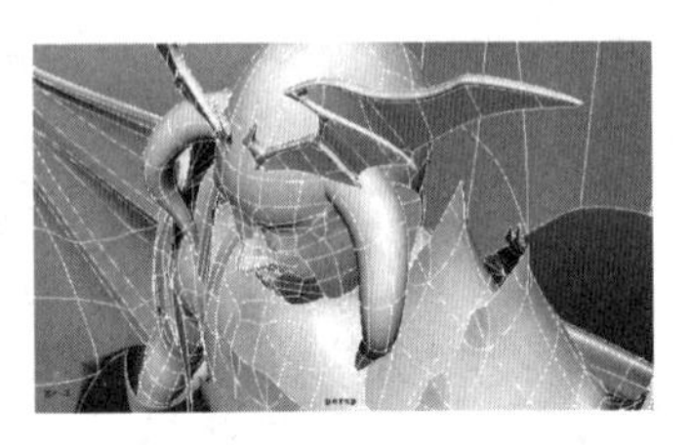

图 1.43

步骤 5：按键盘上的 4 键，对象以线框模式显示，如图 1.44 所示。

步骤 6：按键盘上的 5 键，对象以视图模式显示，如图 1.45 所示。

步骤 7：按键盘上的 7 键，对象以纹理模式显示，如图 1.46 所示。

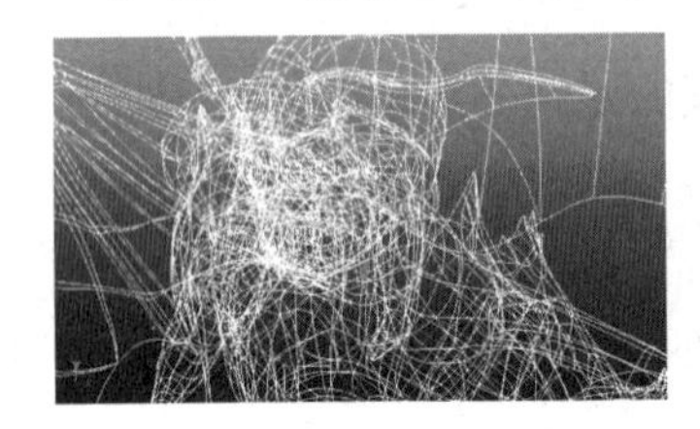

图 1.44

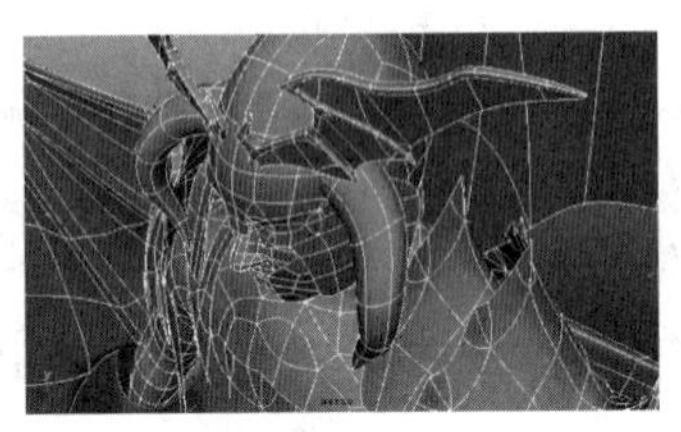

图 1.45

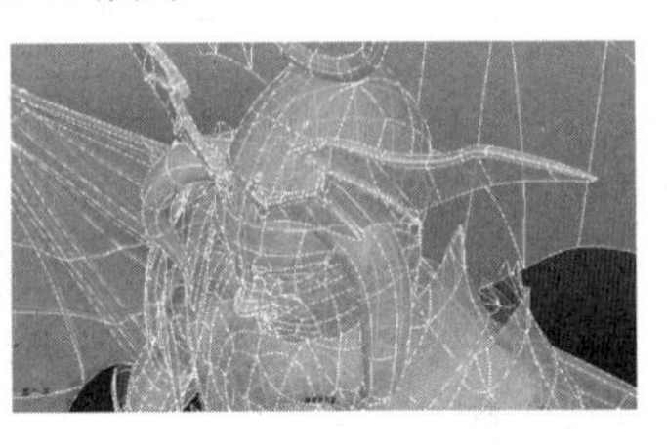

图 1.46

步骤 8：按键盘上的 8 键，启用灯光显示模式。

5) 项目显示过滤

在 Maya 2011 中，项目显示过滤的主要作用是显示或隐藏场景中的对象或组件，以排除场景中过多的对象干扰用户操作。项目显示过滤的命令位于 Maya 2011 公用菜单 Display(显示)下的 Show(显示)和 Hide(隐藏)菜单中，它们是两组相反的过滤命令组。

Show(显示)命令组和 Hide(隐藏)命令组，如图 1.47 所示。

项目显示过滤中命令的使用方法如下。

步骤 1：打开 xmxsgl.mb 场景，选择对象，如图 1.48 所示。

步骤 2：在菜单栏中，选择 Display(显示)→Hide(隐藏)→Hide Selection(隐藏选择)命令，即可将选择的对象隐藏，如图 1.49 所示。

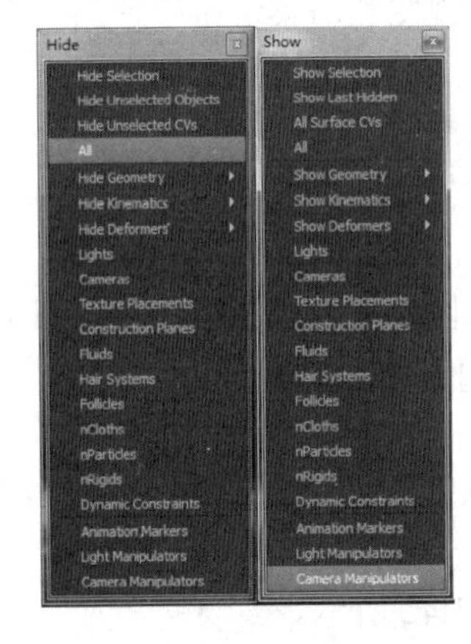

图 1.47

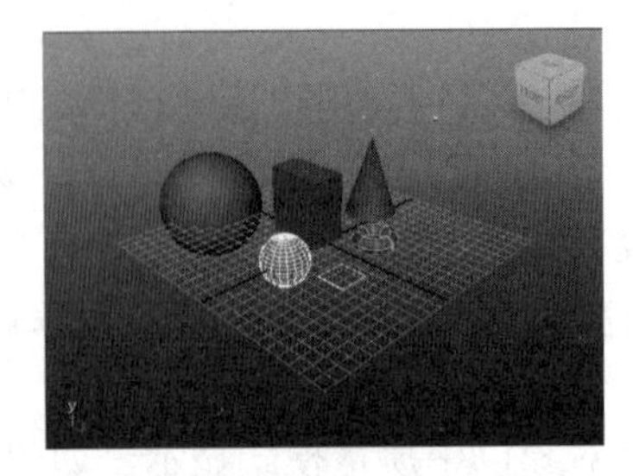

图 1.48

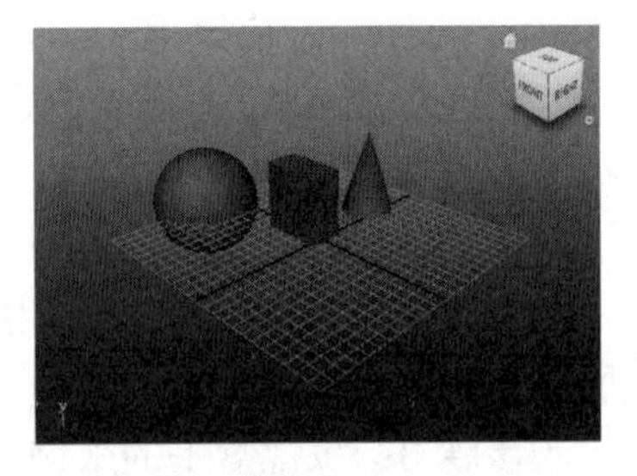

图 1.49

步骤 3：显示隐藏对象。在菜单栏中，选择 Display(显示)→Show(显示)→All(全部)命令，即可将所有隐藏的对象显示出来。

视频播放：视图显示的相关设置详细讲解，请观看配套视频“part\video\chap01_video05”。

6. 显示渲染范围标记

在 Maya 2011 中，渲染范围标记主要包括 Film Gate(底片指示器)、Resolution Gate(分辨率指示器)、Field Chart(视场指示器)、Safe Action(安全区指示器)和 Safe Title(标题安全区指示器)5 个显示命令。

1) Film Gate(底片指示器)

该命令的作用是标识出摄影机视图中的区域，该区域是真实世界的摄影机记录到胶片上的区域，它的尺寸与摄影机光圈的尺寸相吻合。当摄影机光圈的比率与渲染分辨率相同时，Film Gate(底片指示器)标识出来的区域就是视图中将要实际渲染出来的区域。

Film Gate(底片指示器)命令的具体使用方法如下。

步骤 1：打开 xsxrbsfw.mb 场景。

步骤 2：在视图菜单中，选择 View(显示)→Camera Settings(摄影机设置)→Film Gate(底片指示器)命令即可，如图 1.50 所示。

2) Resolution Gate(分辨率指示器)

该命令的作用是标识出摄影机视图将要渲染的区域，其尺寸表示渲染的分辨率，渲染分辨率的数值显示在视图指示器上面。

Resolution Gate(分辨率指示器)命令的具体使用方法如下。

步骤 1：打开 xsxrbsfw.mb 场景。

步骤 2：在视图菜单中，选择 View(显示)→Camera Settings(摄影机设置)→Resolution Gate(分辨率指示器)命令即可，如图 1.51 所示。

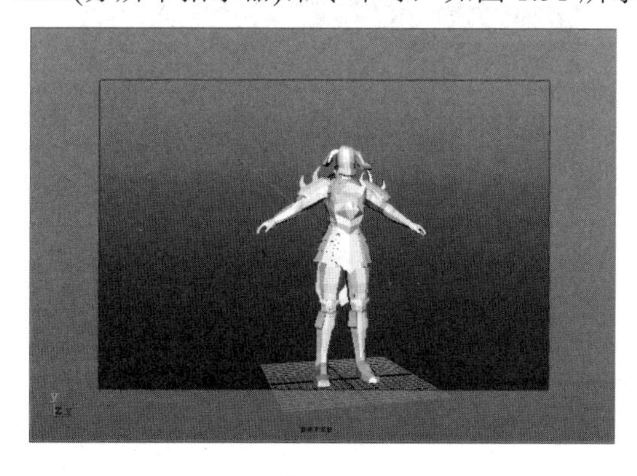

图 1.50

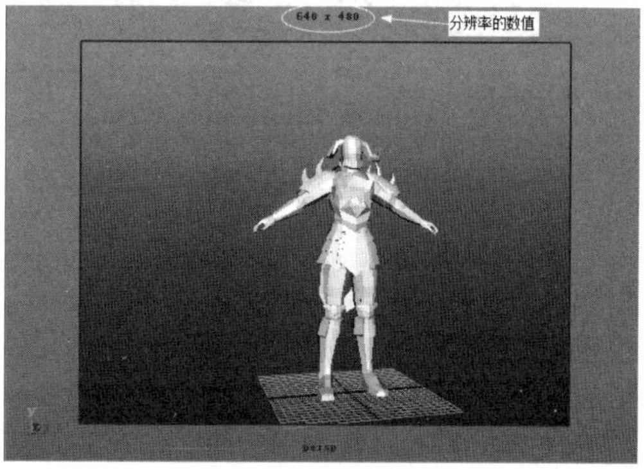

图 1.51

3) Field Chart(视场指示器)

该命令的主要作用是标识出标准单元格的动画视场和渲染的分辨率。该命令的使用方法是在视图菜单中选择 View(显示)→Camera Settings(摄影机设置)→Field Chart(视场指示器)命令即可，如图 1.52 所示。

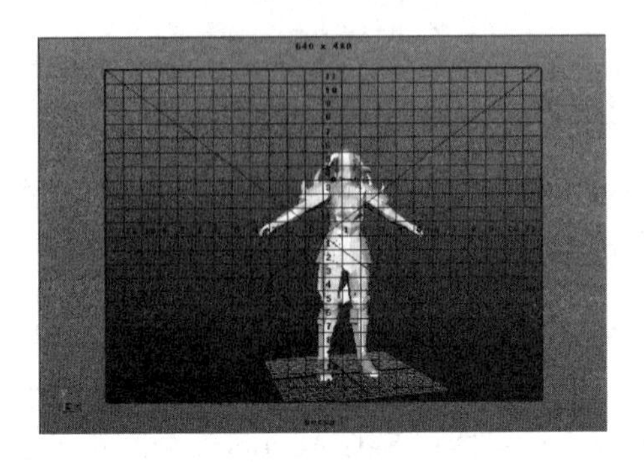

图 1.52

4) Safe Action(安全区指示器)

该命令的作用是标识出能在电视上安全显示播放的区域，而所标识区域大约是渲染区域的 90%。该命令的使用方法是在视图菜单中选择 View(显示)→Camera Settings(摄影机设置)→Safe Action(安全区指示器)命令即可，如图 1.53 所示。

5) Safe Title(标题安全区指示器)

该命令的作用是标识出能在电视上安全显示播放的文本区域，而该标识的区域大约是渲染区域的 80%。该命令的使用方法是在视图菜单中选择 View(显示)→Camera Settings(摄影机设置)→Safe Title(标题安全区指示器)即可，如图 1.54 所示。

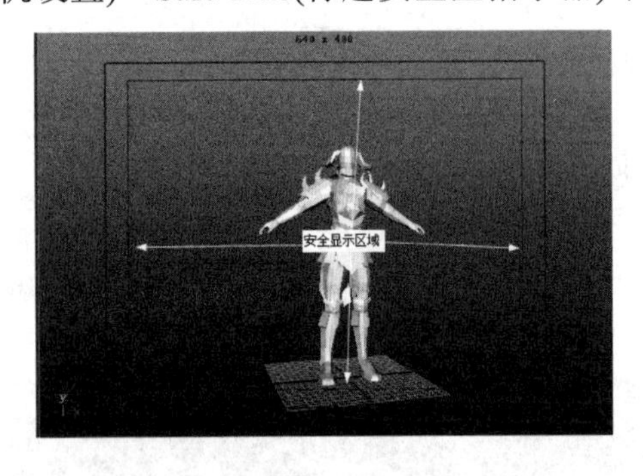

图 1.53

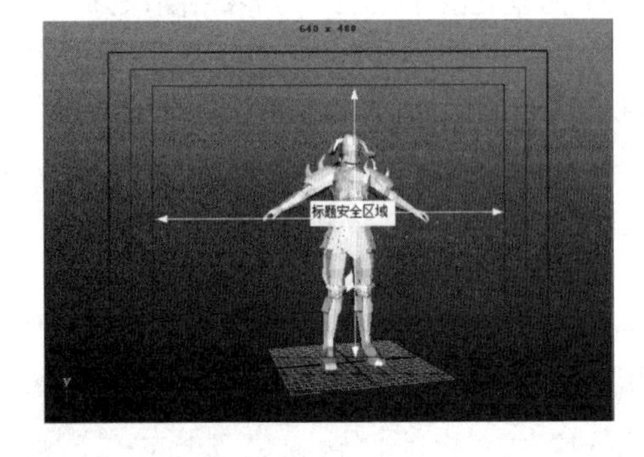

图 1.54

视频播放：显示渲染范围标记详细讲解，请观看配套视频“part\video\chap01_video06”。

7. 网格与环境

1) Grid(网格)

在 Maya 2011 中，Grid(网格)其实是一个用来表现三维空间的二维平面，如图 1.55 所示。

Grid(网格)主要作用有如下几个。

(1) 帮助用户观察和操作场景。

(2) 帮助用户精确定位模型的位置。

(3) 捕捉对象元素，例如灯光和摄影机的位置等。

Grid(网格)的相关操作。

步骤 1：打开或显示所有视图网格。选择 Display(显示)→Grid(网格)命令即可。

步骤 2：打开或显示当前视图网格。在当前视图菜单中，选择 Show(显示)→Grid(网格)命令即可。

步骤 3：修改网格属性。选择 Display(显示)→Grid(网格)→■命令，打开 Grid Options(网格选项)窗口，如图 1.56 所示。

步骤 4：用户可以根据实际需要，在该窗口中对网格线的大小、颜色和显示方式等进行设置。设置完毕，单击 Apply and Close (应用并关闭)或 Apply(应用)按钮，即可完成设置。

2) Environment(环境)

在 Maya 2011 中，环境指的是用户通过摄影机观看场景的背景外观。不同的摄影机可以使用不同的背景。

Environment(环境)的具体设置方法如下。

步骤 1：在视图菜单中，选择 View(视图)→Camera Attribute Editor(摄影机属性编辑器)命令。打开 Attribute Editor(属性编辑器)对话框，对话框中有一个 Environment(环境)选项，在该选项下包括了 Background Color(背景颜色)和 Image Plane(图像平面)两个选项，如图 1.57 所示。

步骤 2：用户可以根据实际情况设置背景颜色，也可以创建一个图像平面与摄影机连接。

步骤 3：单击 Create(创建)按钮，自动改变属性编辑器的聚焦。

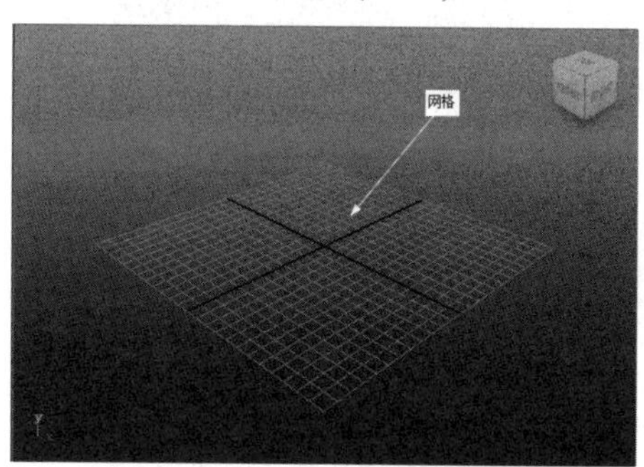

图 1.55

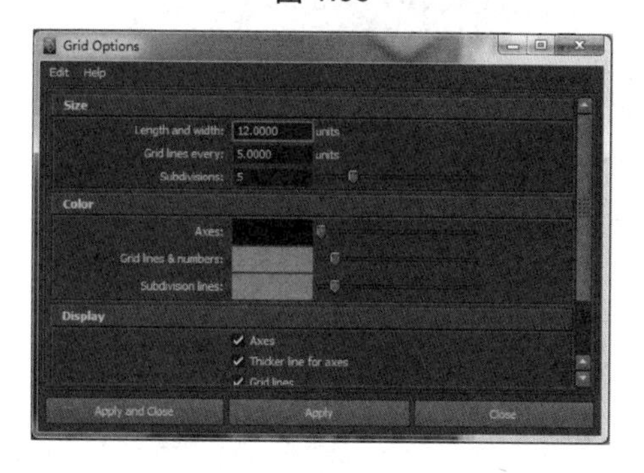

图 1.56

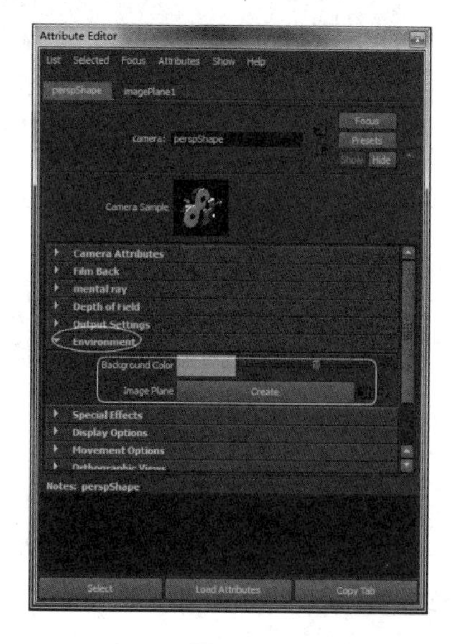

图 1.57

视频播放：网格与环境详细讲解，请观看配套视频“part\video\chap01_video07”。

四、拓展训练

请同学们根据老师的讲解或视频，启动 Maya 2011，创建一个简单场景，对该案例中的所有操作练习一遍。

案例 3：了解 Maya 2011 界面布局

一、案例效果

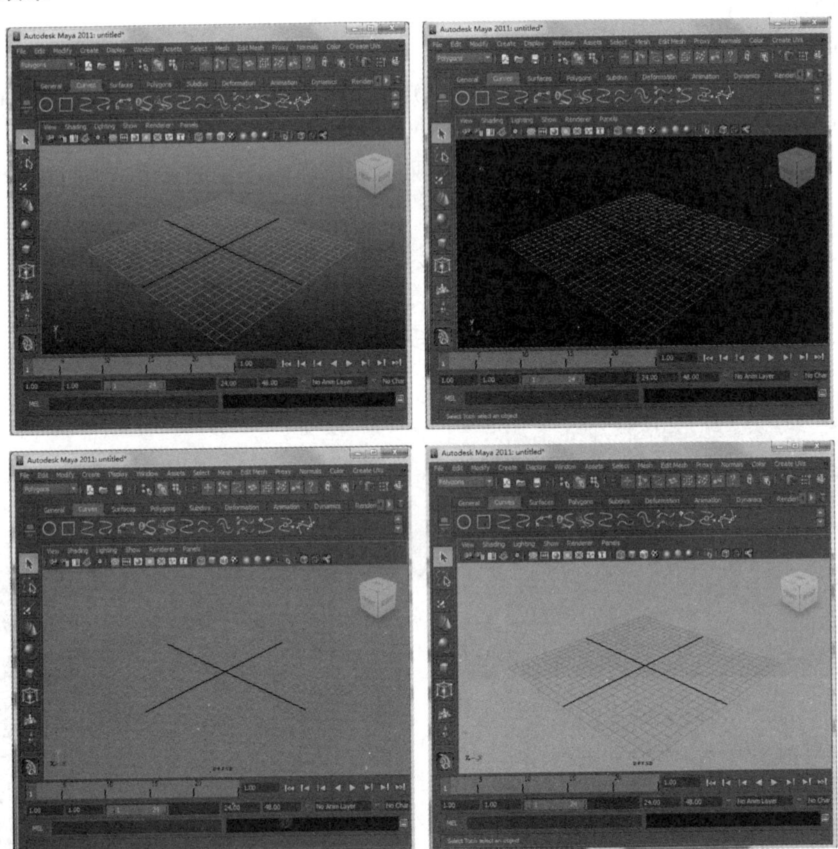

二、案例制作流程(步骤)分析

三、详细操作步骤

通过案例 2 的学习，读者对 Maya 2011 的操作界面已经有了一个大致了解，消除了对 Maya 2011 界面的生疏、茫然和恐惧感。通过本案例的学习，会使你觉得 Maya 2011 的按钮和菜单的布局其实很有条理，符合人的思维和人机工程学。

在本案例中，主要讲解 Maya 2011 的操作界面布局和各种功能面板的使用方法。

1. Maya 2011 的屏幕布局

当启动 Maya 2011 时，默认的工作界面视口为蓝黑色渐变效果，如图 1.58 所示。对初学者来说可能有点不适应，不过 Maya 开发者也考虑到了这一点，为用户提供了一个人性化的设计，用户可以根据自己的使用习惯来改变界面的显示方式。具体设置方法如下。

1) 使用快捷键改变屏幕视口的显示

步骤 1： 启动 Maya 2011。默认的界面视口显示方式为蓝黑色的渐变效果，如图 1.58 所示。

步骤 2： 按 Alt+B 组合键，界面视口显示方式变为黑色，如图 1.59 所示。

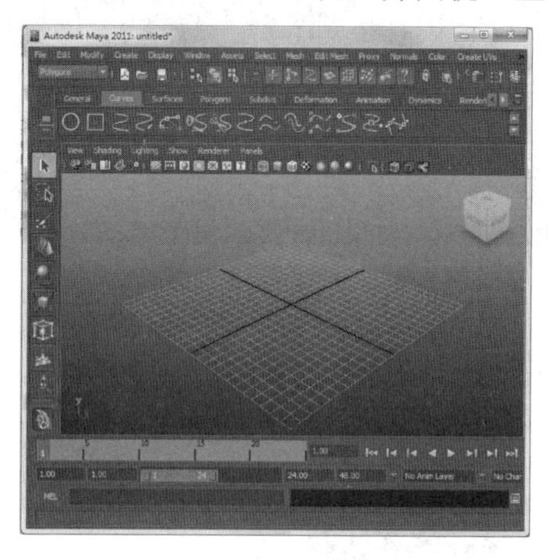

图 1.58

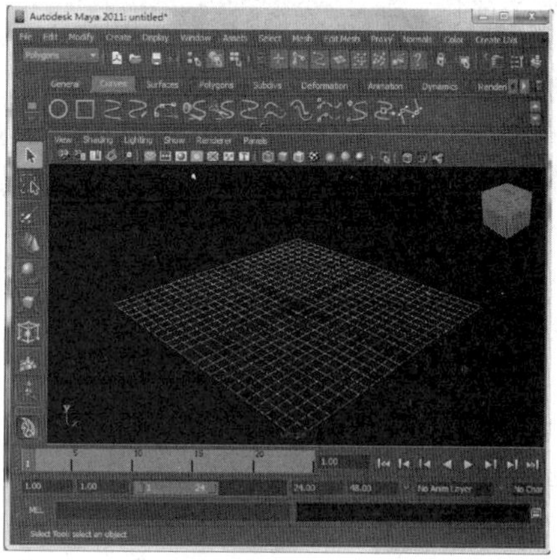

图 1.59

步骤 3： 再按 Alt+B 组合键，界面视口显示方式变为暗灰色，如图 1.60 所示。

步骤 4： 再继续按 Alt+B 组合键，界面视口显示方式变为浅灰色，如图 1.61 所示。如果再继续按 Alt+B 组合键，界面视口显示方式变为蓝黑色的渐变效果。

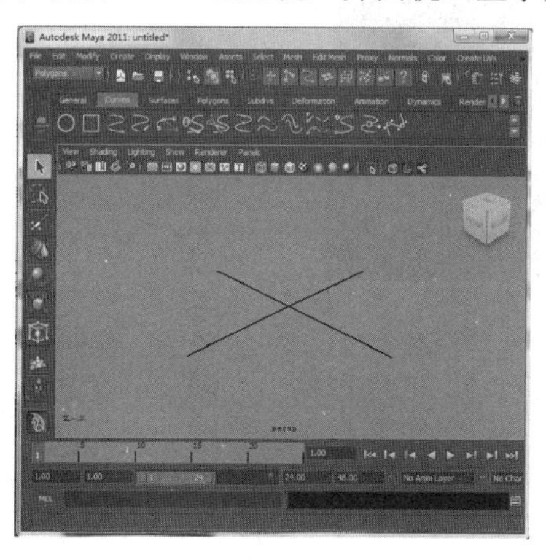

图 1.60

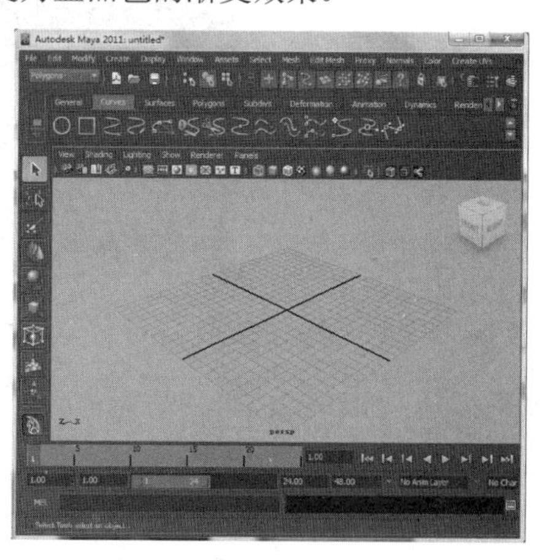

图 1.61

2) 通过对话框改变屏幕视口的显示

使用快捷键，读者只能在系统已经设置好的几种模式之间切换，如果读者对这几种模式都不满意，也可以通过设置对话框来设计适合自己的屏幕视口显示方式。具体操作方法如下。

步骤 1： 在菜单栏中，选择 Window(窗口)→Setting/Prefereces(设置/参数)→Color Settings(颜色设置)命令，打开 Color(颜色)窗口，如图 1.62 所示。

步骤 2： 根据实际情况，设置 Background(背景)、Gradient Top(渐变顶端)和 Gradient Bottom(渐变底端)颜色，具体设置如图 1.63 所示。

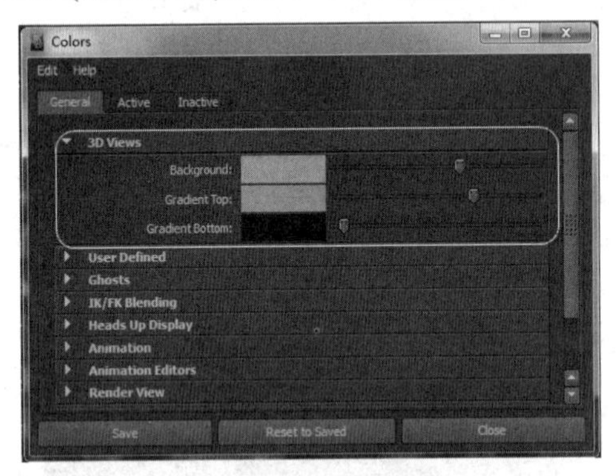

图 1.62

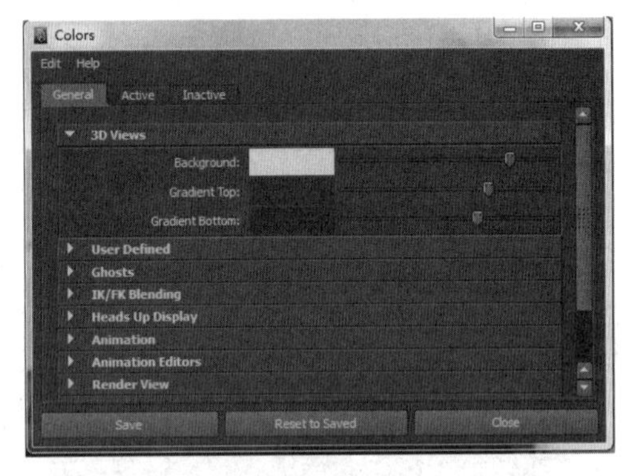

图 1.63

步骤 3： 单击 Save(保存)按钮，界面效果如图 1.64 所示。

步骤 4： 如果需要恢复 Maya 的默认设置，只要选择 Color(颜色)窗口的菜单中的 Edit (编辑)→Reset to Defaults(恢复默认设置)命令即可。

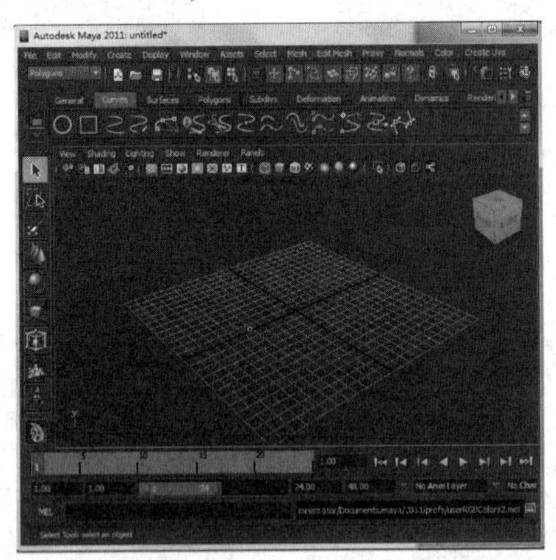

图 1.64

视频播放： Maya 2011 的屏幕布局详细讲解，请观看配套视频“part\video\chap01_video08”。

2. Maya 2011 的功能区

在 Maya 2011 中，功能区的内容主要包括菜单栏、状态栏、工具架、工具盒、快捷布局按钮、通道盒、视图工作区等。Maya 2011 的工作界面如图 1.65 所示。

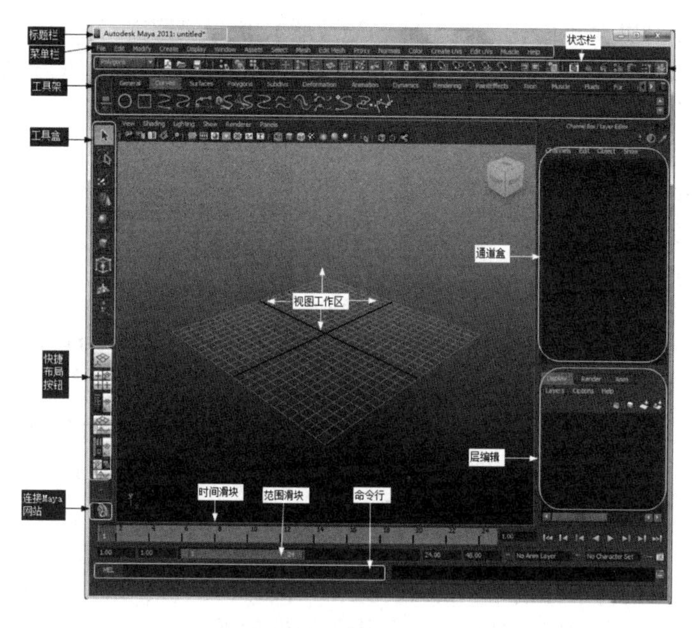

图 1.65

1) 菜单栏

在 Maya 2011 软件中，菜单栏主要由公共菜单和模块菜单两部分组成。其中，公共菜单不随模块的切换而改变，模块菜单随模块的切换而改变。

在 Maya 2011 中，功能模块主要包括 Animation(动画)模块、Polygons(多边形)模块、Surfaces(曲面)模块、Dynamics(动力学)模块、Rendering(渲染)模块、Dynamics(动力学模拟体系)模块和 Customize(自定义菜单组)模块。各模块之间切换的操作方法主要有两种。

使用快捷键进行模块的切换。

步骤 1： 按 F2 键切换到 Animation(动画)模块。

步骤 2： 按 F3 键切换到 Polygons(多边形)模块。

步骤 3： 按 F4 键切换到 Surfaces(曲面)模块。

步骤 4： 按 F5 键切换到 Dynamics(动力学)模块。

步骤 5： 按 F6 键切换到 Rendering(渲染)模块。

通过状态栏按钮来切换模块。

步骤 1： 单击状态栏中的■按钮，弹出下拉菜单，如图 1.66 所示。

步骤 2： 选择需要切换的模块命令，即可切换到该模块。各模块菜单如图 1.67 所示。

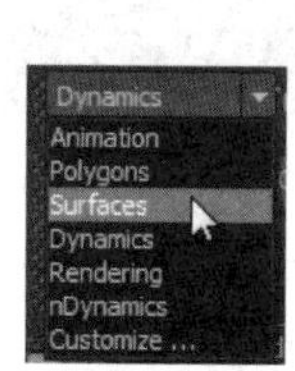

图 1.66

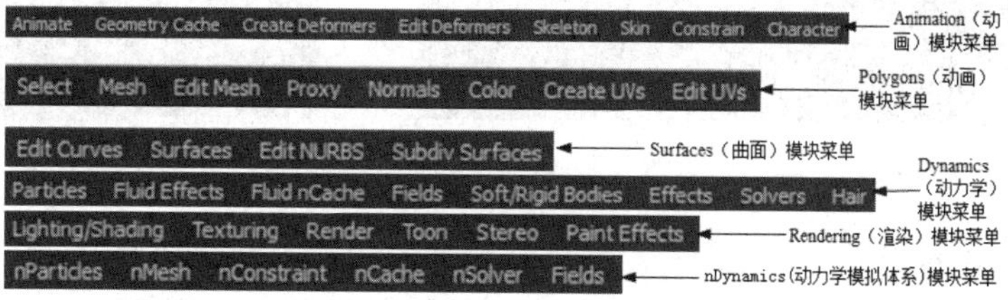

Animate　Geometry Cache　Create Deformers　Edit Deformers　Skeleton　Skin　Constrain　Character —— Animation（动画）模块菜单

Select　Mesh　Edit Mesh　Proxy　Normals　Color　Create UVs　Edit UVs —— Polygons（动画）模块菜单

Edit Curves　Surfaces　Edit NURBS　Subdiv Surfaces —— Surfaces（曲面）模块菜单

Particles　Fluid Effects　Fluid nCache　Fields　Soft/Rigid Bodies　Effects　Solvers　Hair —— Dynamics（动力学）模块菜单

Lighting/Shading　Texturing　Render　Toon　Stereo　Paint Effects —— Rendering（渲染）模块菜单

nParticles　nMesh　nConstraint　nCache　nSolver　Fields —— nDynamics（动力学模拟体系）模块菜单

图 1.67

在 Maya 2011 公共菜单中，主要包括 File(文件)、Edit(编辑)、Modify(修改)、Create(创建)、Display(显示)、Window(窗口)、Assets(资源)、Muscle(肌肉)和 Help(帮助)9 个菜单组。

各个菜单组存放的命令的功能如下。

(1) File(文件)：主要存放文件管理命令。

(2) Edit(编辑)：主要存放对象选择和编辑命令。

(3) Modify(修改)：主要存放修改对象命令。

(4) Create(创建)：主要存放常见对象创建命令。

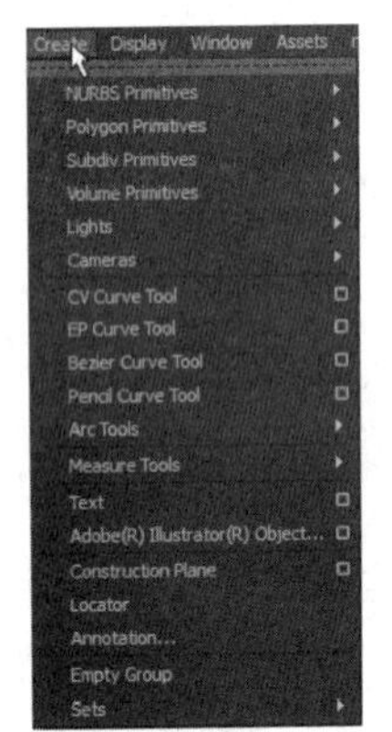

图 1.68

(5) Display(显示)：主要存放显示功能命令。

(6) Window(窗口)：主要存放控制打开各种类型的窗口、编辑器和视图布局控制命令。

(7) Assets(资源)：主要存放与动画设置有关的命令。

(8) Muscle(肌肉)：主要存放肌肉与皮肤变形工具、晃动功能、绘画权重和肌肉造型等有关的命令。

(9) Help(帮助)：主要存放与帮助有关的命令。

为了提高用户的工作效率，Maya 允许用户将菜单转换为浮动面板显示，方便用户使用，具体操作方法如下。

这里以 Create(创建)菜单为例进行讲解，其他菜单转换方法相同。

步骤 1：选择菜单栏中的 Create(创建)命令，弹出下拉菜单，如图 1.68 所示。

步骤 2：单击![]按钮，即可将 Create(创建)菜单转为浮动菜单，如图 1.69 所示。

步骤 3：将浮动面板菜单中的二级子菜单转为浮动面板菜单。例如，单击 Polygon Primitives(多边形基本体)命令后面的![]按钮，弹出二级子菜单。单击![]按钮，即可将 Polygon Primitives(多边形基本体)子菜单转为浮动面板菜单，如图 1.70 所示。

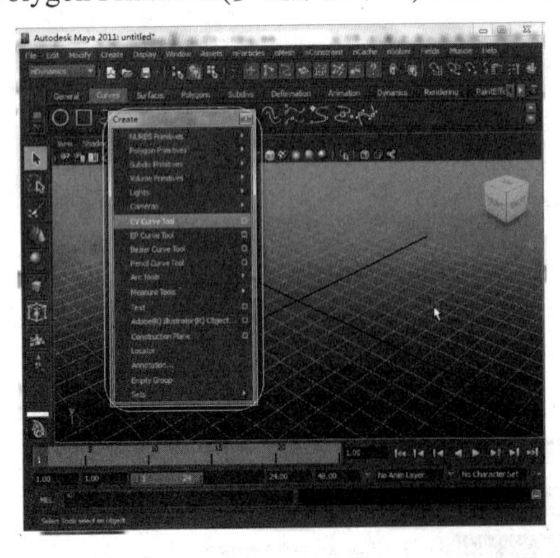

图 1.69

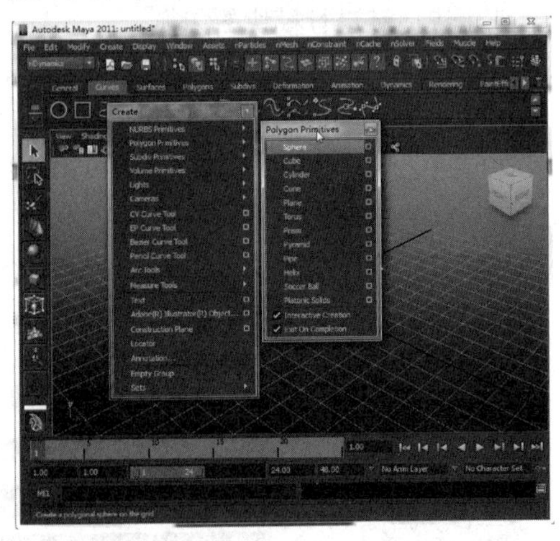

图 1.70

2) 状态栏

对于 Maya 用户来说，熟悉状态栏的相关元素，对提高用户的工作效率有很大的帮助。因为状态栏中主要存放一些使用频率很高的元素，状态栏如图 1.71 所示。

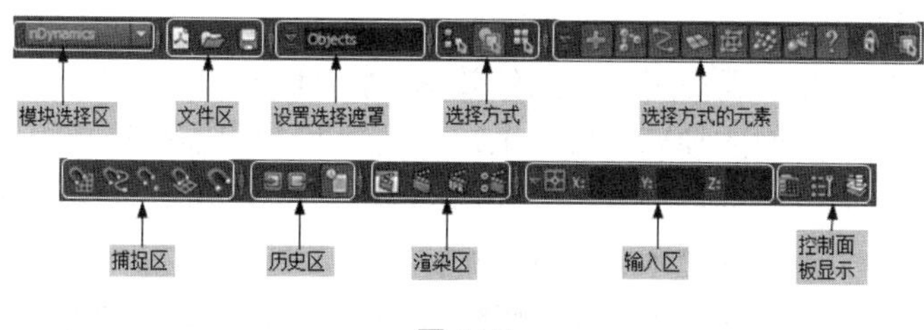

图 1.71

在状态栏中，可以通过▌和▌图标来控制各个输入区的显示和隐藏。当图标为▌形态时，表示该区的元素被隐藏。当为▌形态时，该区的元素被显示。单击▌图标，该区的元素被显示，同时▌图标变成▌形态，否则相反。下面简单介绍各个区域元素的作用。

(1) 模块选择区：主要为用户提供模块之间的转换。

(2) 文件区：主要为用户提供新建、打开和保存场景的按钮。

(3) 设置选择遮罩区、选择方式和选择方式的元素：主要为用户提供Select by hierachy and combinations(按层级选择并连接)、Select by object type(按对象类型选择)和Select by component type(按组件类型选择)3 种选择方式。这 3 种选择方式是按照从大到小的级别类型来进行划分的，各种选择方式的元素有所不同，具体介绍如下。

步骤 1：单击Select by hierachy and combinations(按层级选择并连接)按钮，选择方式的元素变为。此时，用户可以选择对象上一级的组件和对象。

步骤 2：单击Select by object type(按对象类型选择)按钮，选择方式的元素变为。此时，用户可以选择不同类型的对象。

步骤 3：单击Select by component type(按组件类型选择)按钮，选择方式的元素变为。此时，用户可以选择对象下一级的组件元素。

(4) 步骤区：主要为用户提供各种对象和组件的捕捉功能按钮，主要包括Snap to grids(捕捉到网格)、Snap to curves(捕捉到曲线)、Snap to points(捕捉到顶点)、Snap to planes(捕捉到视图平面)和Make the selected object live(激活选择对象)5 个命令的按钮。

(5) 历史区：主要为用户提供各种控制构造历史的操作按钮。

(6) 渲染区：主要为用户提供各种渲染命令的按钮，主要包括Open Render View(开启渲染窗口)、Render the current frame(渲染当前帧)、IRP render the current frame(IRP 渲染当前帧)和Display render Settings window(显示渲染设置窗口)4 个渲染按钮。

(7) 输入区：主要为用户提供输入区域。在该区域为用户提供了 4 种不同的输入数据的形式，具体使用方法如下。

步骤 1：单击输入区中的图标，弹出下拉菜单，如图 1.72 所示。

步骤 2：将鼠标移到需要输入数据的类型命令上，单击即可选择该类型。

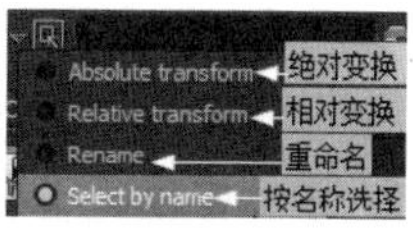

步骤 3：在输入区域中输入数值。

Absolute transform 绝对变换
Relative transform 相对变换
Rename 重命名
Select by name 按名称选择

图 1.72

(8) 控制面板显示区：主要为用户提供各种控制面板的显示或隐藏的命令按钮。主要包括Show or hide the Attribute Editor(显示或隐藏属性编辑器)、Show or hide the tool Settings(显示或隐藏工具设置)和Show or hide the channel Box/Layer Editor(显示或隐藏通道盒/层编辑器)3 个命令按钮。

3) Shelf(工具架)

在 Maya 2011 中，为了提高用户的工作效率，将 Maya 中的命令按功能分为 17 类，以图标的形式放置在操作界面的顶部，如图 1.73 所示。用户只需要选择相应的选项卡，即可显示该类的相关操作命令图标。单击需要使用的命令图标，该命令即可启用。

在这里以创建一个球体为例来讲解 Shelf(工具架)的使用。

图 1.73

步骤 1： 选择 Polygons(几何体)选项卡，显示与几何体有关的命令，如图 1.74 所示。

步骤 2： 单击图标，鼠标指针变成形态，将鼠标移到视图中，按住左键进行拖动，即可绘制一个球体，如图 1.75 所示。

图 1.74

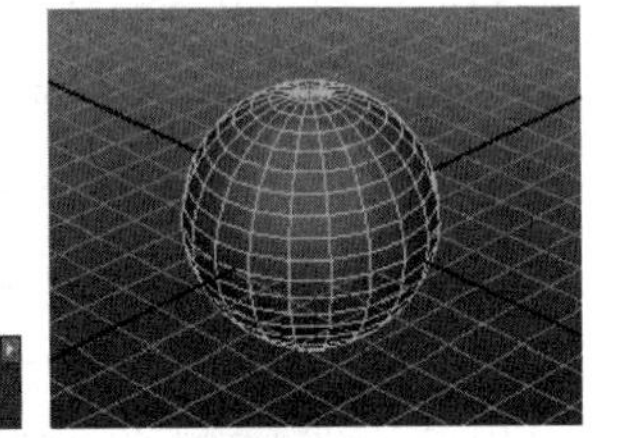

图 1.75

Maya 2011 在默认情况，将命令按功能分为 17 个选项卡，分别是 General(常规)、Curves(曲线)、Surfaces(曲面)、Polygons(多边形)、Subdivs(细分)、Deformation(变形)、Animation(动画)、Dynamics(动力学)、Rendering(渲染)、PaintEffects(笔刷效果)、Toon(卡通)、Muscle(肌肉)、Fluids(流体)、Fur(毛发)、Hair(头发)、Cloth(布料模拟体系)和 Custom(自定义)。

工具架的基本操作如下。

步骤 1： 隐藏工具架选项卡。单击工具架左侧的图标，弹出下拉菜单，如图 1.76 所示。选择 Shelf Tabs(工具架选项卡)命令，该选项卡前面的消失，则工具架选项卡被隐藏。

步骤 2： 显示工具架选项卡。单击工具架左侧的图标，弹出下拉菜单，如图 1.77 所示。选择 Shelf Tabs(工具架选项卡)命令，该选项卡前面的消失，工具架选项卡被显示。

步骤 3： 选择工具架选项卡。选择工具架选项卡方法很简单，直接选择相应的工具架选项卡即可。

步骤 4： 新建工具架选项卡。单击工具架左侧的图标，弹出下拉菜单，在弹出的下拉菜单中选择 New Shelf(新建工具架)命令，弹出 Create New Shelf(创建新工具架)对话框，具体设置如图 1.78 所示。此时，单击 OK(确定)按钮即可。

图 1.76

图 1.77

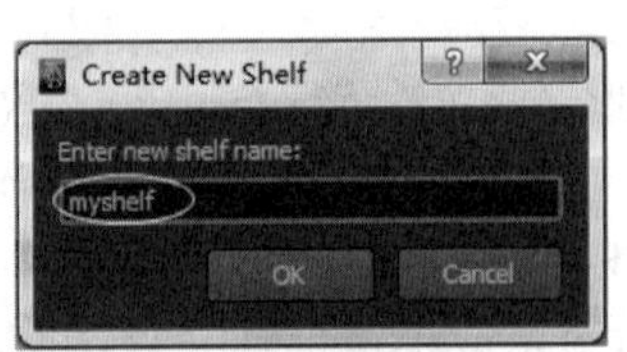

图 1.78

步骤 5：删除工具架选项卡。选择需要删除的工具架选项卡，单击工具架左侧的图标，弹出下拉菜单，在弹出的下拉菜单中选择 Delete Shelf(删除工具架)命令，弹出提示对话框，提示是否需要删除，此时单击 OK(确定)按钮即可。

4) 工具盒

在 Maya 2011 界面左侧，放置了使用频率最高的几个工具，以方便用户快速操作，称它为工具盒。工具主要有Select Tool(选择工具)、Lasso Tool(套索选择工具)、Paint Selection Tool(笔刷选择工具)、Move Tool(移动工具)、Rotate Tool(旋转工具)、Scale Tool(缩放工具)、Universal Manipulator(通用操作器)、Soft Modification Tool(软修改工具)、Show Manipulator Tool(显示操纵器工具)和最后一次使用的工具。

5) 快捷布局按钮

Maya 2011 为用户提供了 6 种常用的快捷布局按钮，只要用户单击相应的按钮即可切换到该视图布局。

在快捷布局按钮的最下方，会出现图标按钮，图标按钮的个数随着布局窗口的个数变化而变化，与布局中的视图窗口一一对应。例如，当视图切换到四视图显示时，此时，会出现图标按钮，其中每一个图标按钮控制一个视图窗口的显示。

6) 视图面板

Maya 在默认情况，启动界面以单视图方式显示。视图面板主要由视图菜单、视图快捷按钮和工作区 3 部分组成。

视图菜单主要由 View(视图)、Shading(着色)、Lighting(光照)、Show(显示)、Render(渲染)和 Panels(面板)6 个菜单项组成，它们的具体作用如下。

(1) View(视图)：主要包括用于视图控制和摄影机设置的相关命令。

(2) Shading(着色)：主要包括用于控制对象在视图中显示方式的相关命令。

(3) Lighting(光照)：主要包括用于控制视图光照方式的相关命令。

(4) Show(显示)：主要包括控制视图中对象显示的相关命令。

(5) Render(渲染)：主要包括控制视图中硬件渲染质量的相关命令。

(6) Panels(面板)：主要包括对视图本身操作的相关命令。

在视图快捷菜单中，主要包括 23 个常用的快捷按钮，如图 1.79 所示。

7) 通道盒

在 Maya 中，通道盒是使用频率比较高的一个面板。它位于界面的右侧，如图 1.80 所示。在通道盒中，用户可以为对象重命名(不支持中文)和对象属性设置。用户可以通过单击Show or Hide the Channel Box/Layer Editor(显示或隐藏通道盒/层编辑器)按钮，显示或隐藏通道盒。

通道盒的具体使用方法如下。

步骤 1：在工具架中，单击 Polygons(几何体)→按钮。在视图中创建一个立方体，如图 1.81 所示。

步骤 2：在视图快捷菜单中单击(光滑实体显示所有对象)按钮，立方体显示如图 1.82 所示。

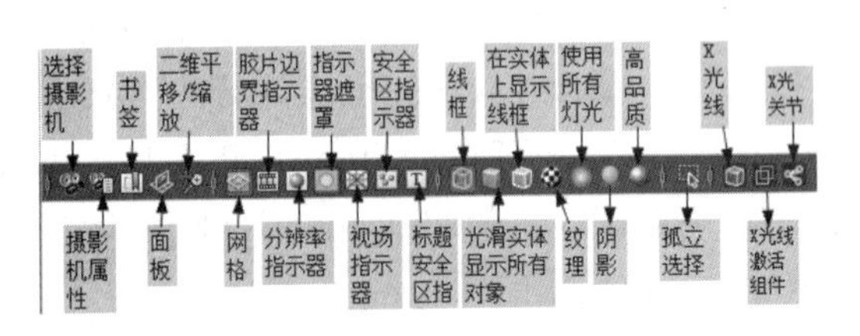

图 1.79

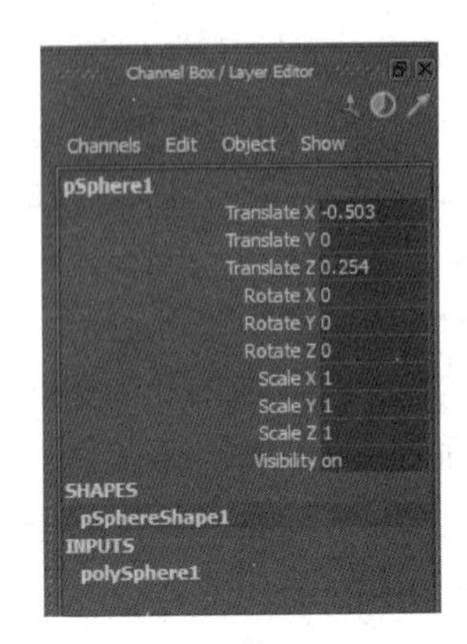

图 1.80

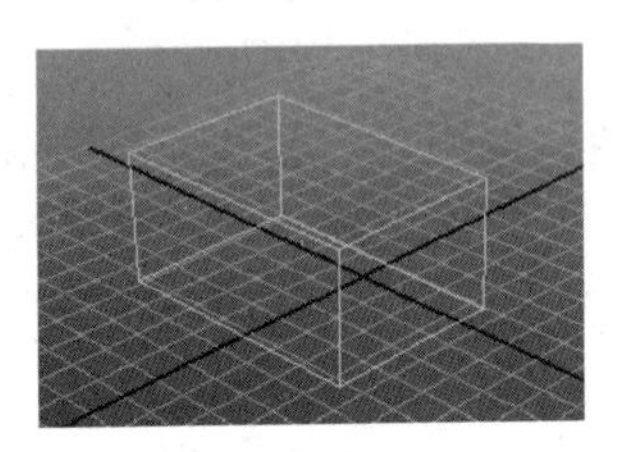

图 1.81

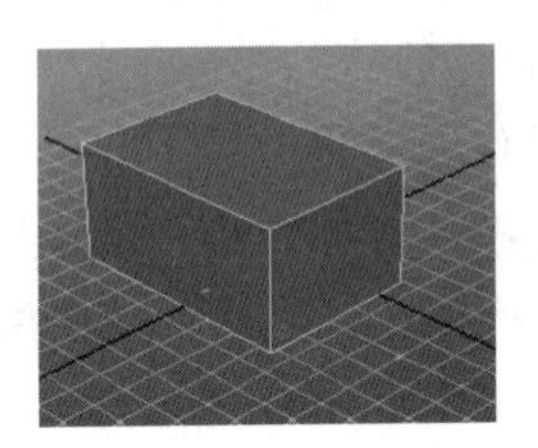

图 1.82

步骤 3：在通道盒中，双击 pCube1 图标，将命令修改为 box，如图 1.83 所示。

步骤 4：在通道盒中修改参数，具体修改数值如图 1.84 所示，最终效果如图 1.85 所示。

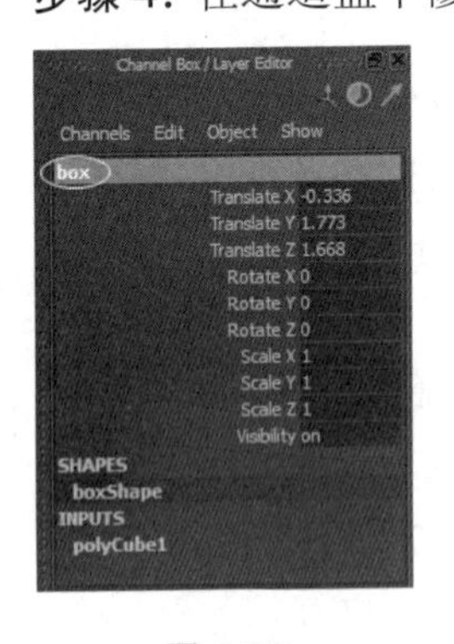

图 1.83

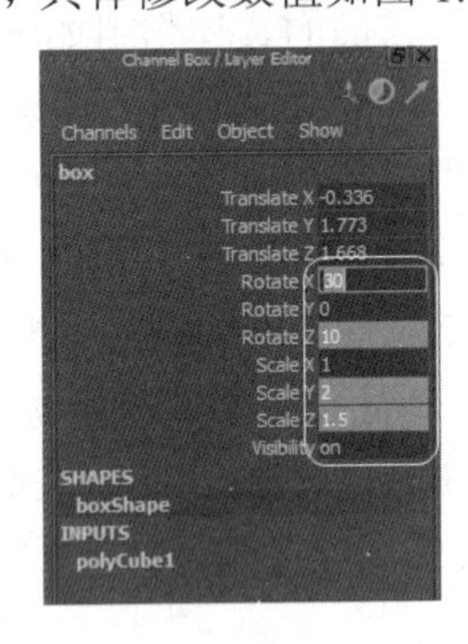

图 1.84

图 1.85

步骤 5：在 Visibility(可见性)右边的文本输入框中输入数值 0 或输入文本 off，按回车键，立方体在视图中消失。

步骤 6：在 Visibility(可见性)右边的文本输入框中输入数值 1 或输入文本 on，按回车键，立方体在视图中又显示出来。

8) 层编辑器

在 Maya 2011 中，层编辑器的使用频率也相当高。它贯穿于整个项目的建模、材质贴图、动画和渲染各个阶段。灵活运用图层编辑器有利于提高工作效率，做到事半功倍。在层编辑器中，主要包括 Display(显示层)、Render(渲染层)和 Anim(动画层)3 种类型的层。这 3 种层具有不同的作用具体介绍如下。

(1) Display(显示层)：主要用来管理场景中的对象分层选择和显示。

(2) Render(渲染层)：主要用来对对象分层渲染。

(3) Anim(动画层)：主要用来对动画进行分层控制和混合。

9) 时间滑块区

在默认情况下，(Time Slider)时间滑块处于界面的下方。它的主要作用是控制动画播放和相关参数设置。时间滑块如图 1.86 所示。

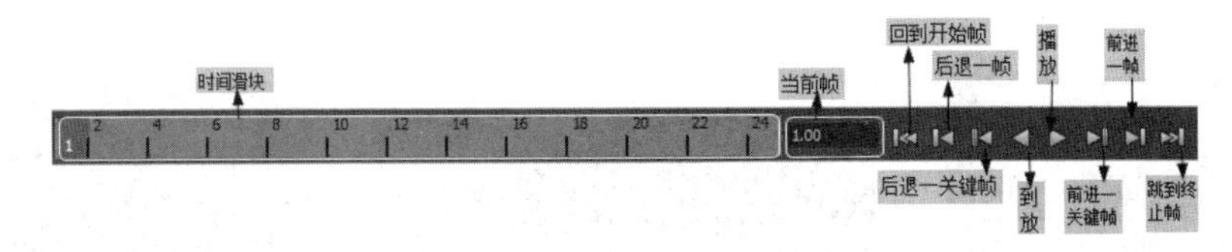

图 1.86

10) 命令行和帮助行

命令行和帮助行处于 Maya 2011 界面的最下方，命令行主要为用户提供输入 MEL 命令。帮助行主要显示当前命令的使用提示信息。命令行和帮助行如图 1.87 所示。

图 1.87

11) 快捷菜单

Maya 的快捷菜单与其他三维软件相比，快捷键的使用是它的一大优势。用户可以将所有菜单、工具和面板隐藏，一切工作通过快捷菜单来实现。如果用户熟练掌握了快捷菜单的使用，工作效率将会大幅度提高。快捷菜单的调用主要通过 HotBox(热盒)配合鼠标中键来实现。快捷菜单的具体操作方法如下。

步骤 1：将鼠标移到视图中，按住键盘上的空格键不放。热盒出现在以鼠标为中心的位置，将显示 Maya 中所有的菜单，如图 1.88 所示。

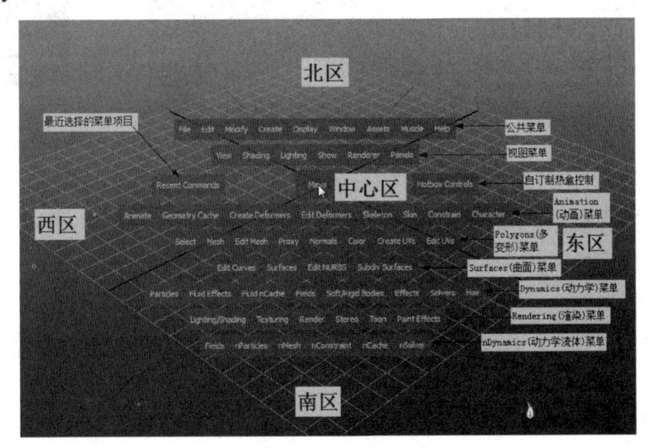

图 1.88

步骤 2：如图 1.88 所示，用户可以将 Maya 人为地分为东区、南区、西区、北区和中心区 5 个。在按住空格键不放的情况下，将鼠标移到不同的区域，单击会出现不同的快捷键。

步骤 3：在按住空格键不放的情况下，将鼠标移到东区，单击，弹出如图 1.89 所示的快捷菜单。

步骤 4：在按住空格键不放的情况下，将鼠标移到南区，单击，弹出如图 1.90 所示的快捷菜单。

步骤 5：在按住空格键不放的情况下，将鼠标移到西区，单击，弹出如图 1.91 所示的快捷菜单。

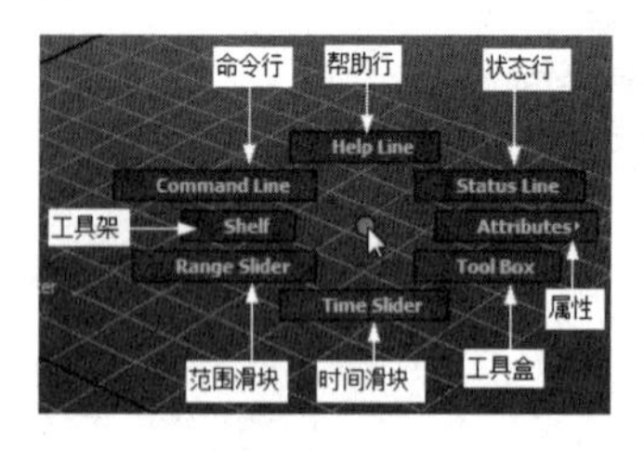

图 1.89

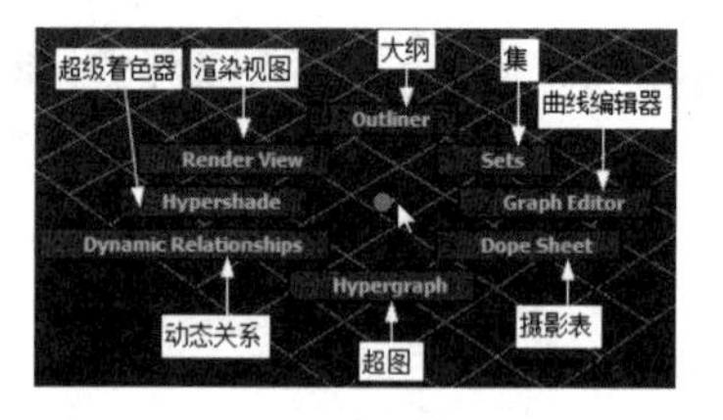

图 1.90

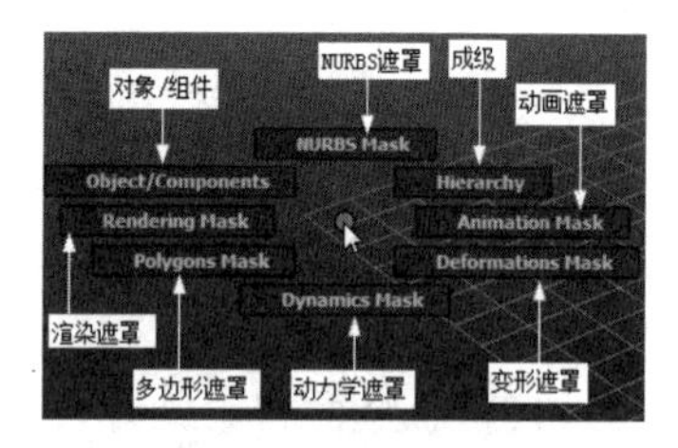

图 1.91

步骤 6：在按住空格键不放的情况下，将鼠标移到北区，单击，弹出如图 1.92 所示的快捷菜单。

步骤 7：在按住空格键不放的情况下，将鼠标移到中心的 Maya 标签上，单击，弹出如图 1.93 所示的快捷菜单。

步骤 8：在按住空格键不放的情况下，将鼠标移到 Hotbox Style(热盒风格)命令上，弹出下一级子菜单。将鼠标移到下一级子菜单中的 Zone Only(仅显示中心区域)命令上松开鼠标。再次按空格键，其他快捷菜单被隐藏，只弹出热盒和中心区域图标，如图 1.94 所示。

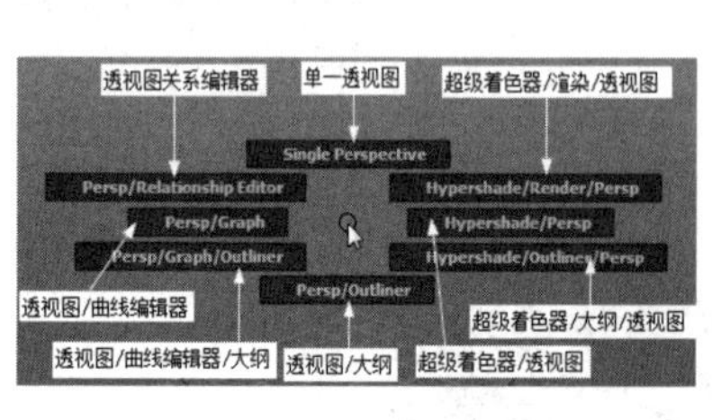

图 1.92

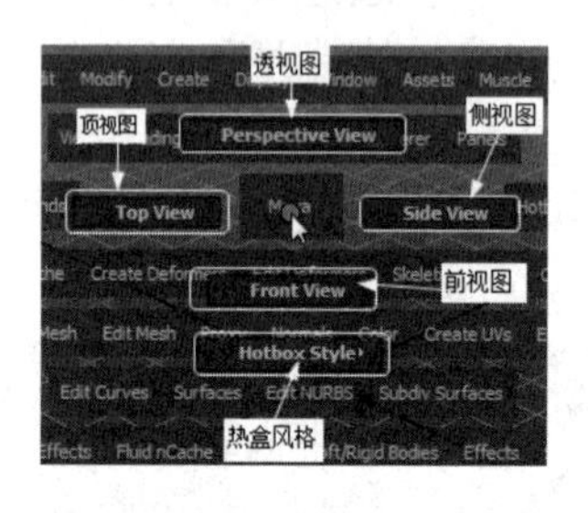

图 1.93

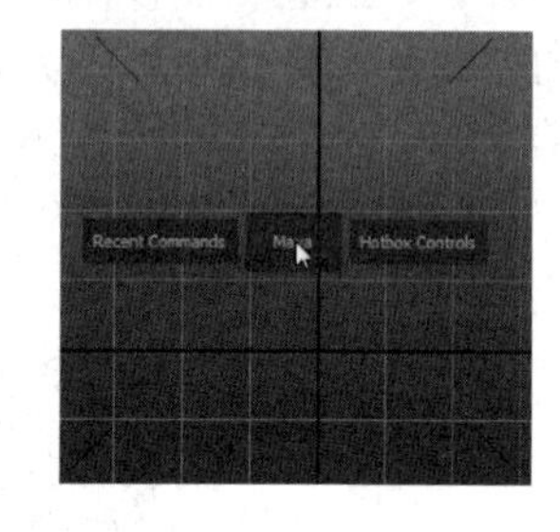

图 1.94

步骤 9：显示热盒中的所有菜单。按住空格键，弹出快捷菜，将鼠标移到 Hotbox Style (热盒风格)菜单上按住鼠标左键不放，弹出下一级快捷菜单。将鼠标移到 Show All(显示所有)命令上松开鼠标左键即可。

步骤 10：设置 Maya 菜单显示的透明度。单击 Hotbox Controls(热盒控制)按钮，弹出快捷菜单，将鼠标移到 Set Transparency(设置透明度)命令上，弹出子菜单，在子菜单中选择透明度即可。

视频播放：Maya2011 的功能区详细讲解，请观看配套视频“part\video\chap01_video09”。

四、拓展训练

同学们根据老师的讲解或视频，启动 Maya 2011，对该案例中的所有操作练习一遍。

案例 4：Maya 2011 的个性化设置

一、案例效果

无效果图显示

二、案例制作流程(步骤)分析

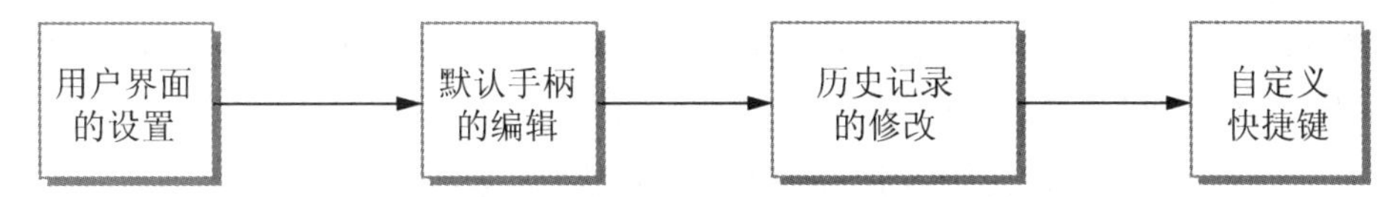

三、详细操作步骤

Maya 2011 允许用户根据自己的使用情况，进行个性化设置。这是它的一大亮点，也是它更具有人性化的体现。

在实际使用过程中，用户可以自定义 Maya 2011 的各种状态。例如，改变 Maya 2011 的总体颜色、工具架、菜单栏、控制面板的外观、手柄、快捷菜单和历史记录的次数等。在本案例中，主要介绍用户界面的定义、默认手柄设置、历史记录设置和自定义快捷键。其具体操作如下。

1. 用户界面的设置

1) Shelf(工具架)

由于 Maya 的命令非常丰富，所以即使 Maya 为用户提供了 17 种类型的工具架，还是不能满足各类用户的开发需要。为了方便各类用户的需求、提高工作效率，Maya 允许用户自定义工具、编辑工具架和保存工具。具体操作如下。

(1) 新建工具。

步骤 1：单击工具架左侧的▼图标，弹出快捷菜单。选择 New Shelf(新建工具架)命令(图 1.95)，弹出 Create New Shelf(创建新的工具架)对话框，具体设置如图 1.96 所示。

步骤 2：单击 OK(确定)按钮，即可创建一个新的工具架，如图 1.97 所示。

图 1.95

图 1.96

图 1.97

步骤 3：将菜单命令放置到新的工具架中。按住 Ctrl+Shift 组合键不放，选择菜单栏中的 Create(创建)→CV Curve Tool(CV 曲线工具)命令，即可将 CV Curve Tool(CV 曲线工具)命令的图标添加到新建的工具架中，如图 1.98 所示。

步骤 4：方法同步骤 3。继续将需要的 Maya 命令图标添加到工具架中，如图 1.99 所示。

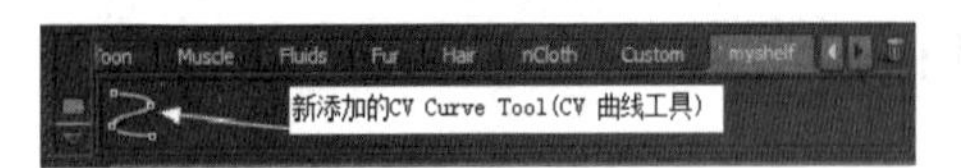

图 1.98

图 1.99

步骤 5：删除新添加的命令图标。将鼠标移到需要删除的命令图标上，按住鼠标中键不放，移到工具架右上角的图标上松开鼠标，即可完成命令图标的删除。

(2) 编辑工具架。

步骤 1：单击工具架左侧的图标，弹出快捷菜单。将鼠标移到 Shelf Editor(工具架编辑)命令上，松开鼠标，打开 Shelf Editor(工具架编辑)窗口，如图 1.100 所示。

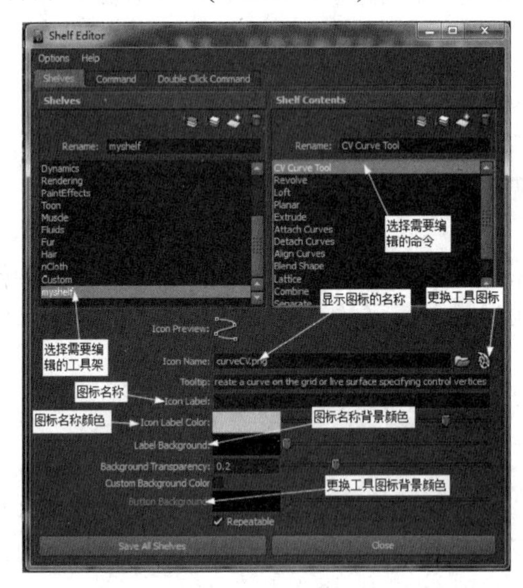

图 1.100

步骤 2：用户通过移动(滑块)，改变各类背景颜色。

步骤 3：保存工具架。编辑完工具架之后，单击 Save All Shelves(保存所有工具架)按钮，即可将工具架保存到 Maya 默认的安装路径下，文件名称自动命名为 shelf_myshel.mel。

步骤 4：选择需要删除的工具架。单击工具架左侧的图标，弹出快捷菜单。将鼠标移到 Delete Shelf(删除工具架)命令上，松开鼠标即可删除选择的工具架。

步骤 5：导入 Shelf(工具架)。如果更换了计算机，需要使用以前计算机中设置的工具，只要将需要导入的工具架复制到该机器中。单击工具架左侧的图标，弹出快捷菜单。将鼠标移到 Load Shelf (导入工具架)命令上松开鼠标，弹出 Open(打开)对话框，选择需要导入的工具架，单击 Open(打开)按钮即可。

2) 软件参数设置

设置软件参数，作为一个 Maya 用户者，在初次启动 Maya 之后，最好是根据实际项目的需要，设置 Maya 的有关参数，使 Maya 更好地为用户工作。

打开 Maya 参数设置对话框有两种方法，具体操作如下。

步骤 1：在菜单栏中选择 Window(窗口)→Settings/Preferences(设置/参数) →Preferences(参数)命令，打开 Preferences(参数)窗口。

步骤 2：直接单击视图左下角的Animation Preferences(动画参数)按钮，弹出 Preferences(参数)窗口。

在 Maya 2011 的参数设置窗口中，主要包括 Interface(界面)、Display(显示)、Settings(设置)、Modules(模块)和 Applications(应用) 5 大类型。每一类型下包括若干个小项，选择 Categories(列表)下面各项命令，在对话框右边显示相应的参数设置，用户根据实际项目需要进行设置。设置完毕，单击 Save(保存)按钮，即可完成参数设置。下面对这 5 大类型进行简单介绍。

(1) Interface(界面)。Interface(界面)选项主要为用户提供 Maya 工作环境的各类参数设置，例如工作界面、各类对象的显示、建模渲染动画等模块的参数设置等，如图 1.101 所示。

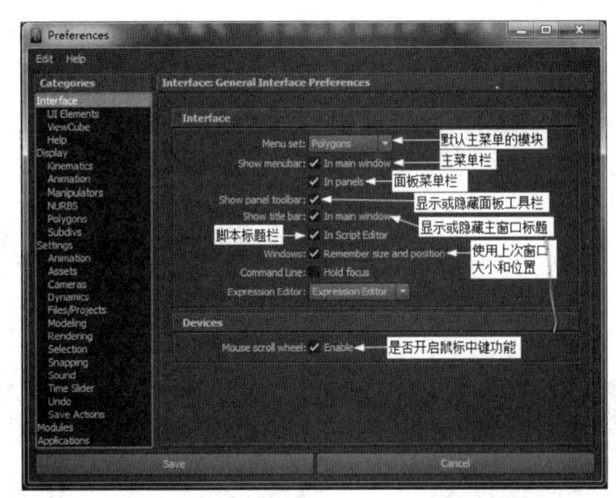

图 1.101

在 Interface(界面)选项下包括：UI Elements(用户界面元素)、ViewCube(视图导航器)和 Help(帮助)3 个选项。

(2) Display(显示)。Display(显示)选项主要为用户提供 Maya 工作 Performance(性能)和 View(查看)等参数设置，如图 1.102 所示。

在 Display(显示)选项下包括：Kinematics(运动学)、Animation(动画)、Manipulators(操纵器)、Manipulator Sizes(操纵器大小)、NURBS、Polygons(多边形)和 Subdivs(细分) 7 个选项。

(3) Settings(设置)。Display(显示)选项主要为用户提供 World Coordinate System(世界坐标系统)、Working Units(工作单位)和 Tolerance(差值)等参数设置，如图 1.103 所示。

Display(显示)选项下主要包括：Animation(动画)、Assets(资源)、Cameras(摄影机)、Dynamics(动力学)、Files/Projects(文件/工程)、Modeling(模型)、Rendering(渲染)、Selection(选择)、Snapping(捕捉)、Sound(声音)、Time Slider(时间滑块)、Undo(撤销)和 Save Actions(保存动作)13 个选项。

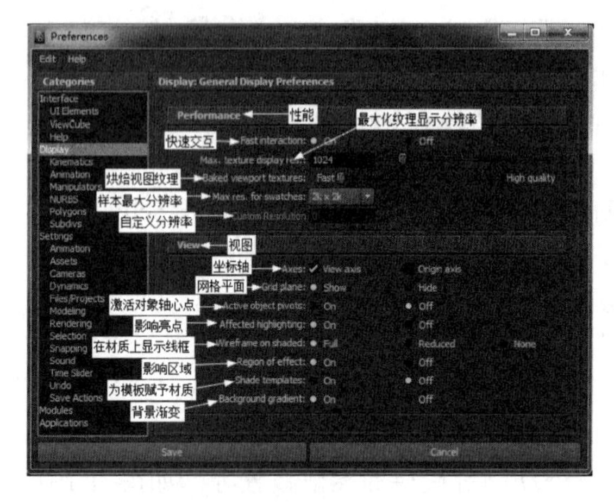

图 1.102

图 1.103

(4) Modules(模块)。Modules(模块)主要为用户提供 Maya 启动时是否载入相应的模块参数设置，如图 1.104 所示。

(5) Applications(应用)。Applications(应用)主要为用户提供 Maya 外部应用程序相关参数设置，如图 1.105 所示。

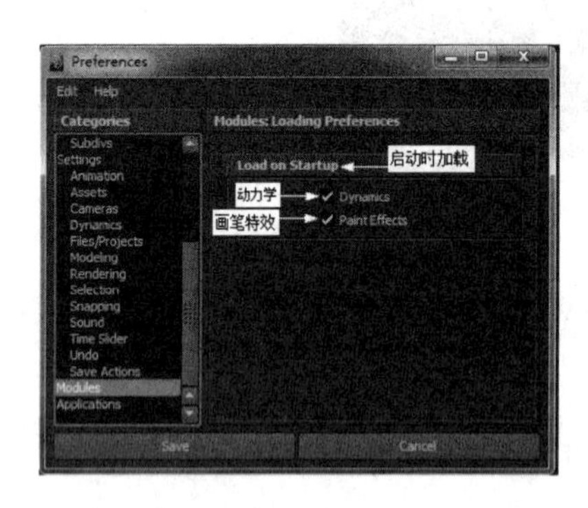

图 1.104

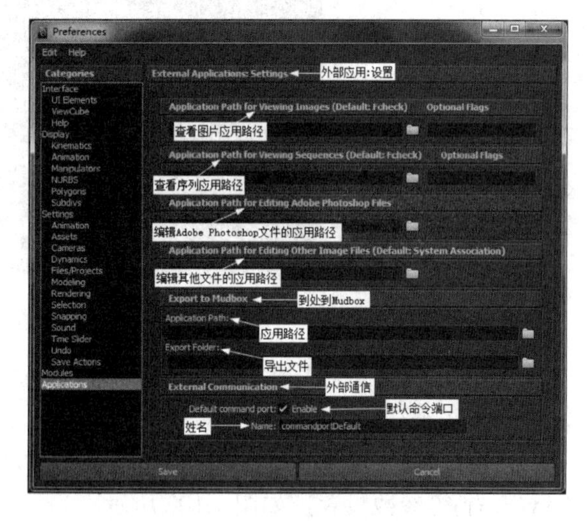

图 1.105

如果用户在 Preferences(参数)窗口中设置了相关参数之后，不记得设置了哪些参数，又想恢复原始状态，只要在 Preferences(参数)窗口的菜单栏中选择 Edit(编辑)→Restore Default Settings(恢复默认设置)命令即可。

3) 初始化 Maya 2011

Maya 软件与其他三维软件相比，其优势是它具有记忆功能。也就是说，用户对 Maya 2011 软件进行相关参数设置之后(包括用户的误操作)，系统会将它保存起来。在下次启动时，保存软件退出时的参数设置状态。这是它的一大优势，同时也会给用户带来一些不便，特别是初学者对软件进行一些误操作，也被保存下来，从而影响到用户的学习和工作。

不过用户也可以将 Maya 2011 恢复到初始状态，具体操作方法如下。

步骤 1：退出 Maya 2011 应用程序。

步骤 2：删除 C:\Documents and Settings\计算机路径\My Documents\maya 下的 2011 文件即可。

视频播放：用户界面的设置详细讲解，请观看配套视频"part\video\chap01_video10"。

2. 默认手柄的编辑

在使用 Maya 2011 制作项目的过程中，为了方便对场景中的对象进行移动、旋转和缩放等操作，经常需要修改默认手柄的显示大小。

修改默认手柄大小的方法主要有两种。

第一种方法是使用快捷键来实现，具体操作方法如下。

步骤 1：选择对象。

步骤 2：直接按键盘上的=键，放大默认手柄的显示。

步骤 3：按键盘上的-键，缩小默认手柄的显示。

第二种方法是通过 Preferences(参数)窗口来实现，具体操作方法如下。

步骤 1：在菜单栏中选择 Window(窗口)→Settings/Preferences(设置/参数)→Preferences(参数)命令，打开 Preferences(参数)窗口。

步骤 2：选择 Categories(列表)下的 Manipulators(操控器)项，修改右侧 Global scale(全局缩放)的数值来改变默认手柄的实际大小。

步骤 3：修改 Line Size(线尺寸)的数值，以改变默认手柄的粗细。

视频播放：默认手柄的编辑详细介绍，请观看配套视频"part\video\chap01_video10"。

3. 历史记录的修改

Maya 2011 跟其他软件一样，也允许用户对操作有误的步骤进行撤销和撤销返回，但返回的步骤有限。在默认情况下，Maya 2011 允许返回的步骤为 50 步。如果用户觉得返回 50 步不合理，也可以根据项目要求和计算机硬件情况进行设置。

在 Maya 2011 中，进行返回操作的方法有如下 3 种。

(1) 按键盘上的 Z 键，返回上一步操作。

(2) 按键盘上的 Ctrl+Z 组合键，返回上一步操作。

(3) 在菜单栏中，选择 Edit(编辑)→Undo(撤销)命令，返回上一步操作。

在 Maya 2011 中，撤销返回操作的方法有如下两种。

(1) 按键盘上的 Shift+Z 组合键，撤销返回操作。

(2) 在菜单栏中，选择 Edit(编辑)→Redo(重做)命令，撤销返回操作。

设置 Maya 2011 的历史返回操作步骤方法如下。

步骤 1：在菜单栏中，选择 Window(窗口)→Settings/Preferences(设置/参数)→Preferences(参数)命令，打开 Preferences(参数)设置窗口。

步骤 2：选择 Preferences(参数)设置窗口左边 Categories(列表)中的 Undo(撤销)命令。

步骤 3：在 Preferences(参数)设置窗口的右边，设置 Undo(撤销)命令的相关参数，如图 1.106 所示。设置完毕单击 Save(保存)按钮即可完成历史返回操作步骤的设置。

视频播放：历史记录的修改详细讲解，请观看配套视频“part\video\chap01_video11”。

4. 自定义快捷键

每一款软件都有自己的一套完整的快捷键，用户掌握这些快捷键可以大大提高工作效率。Maya 2011 也不例外，它也有自己一套完整的快捷键。Maya 2011 跟其他软件一样也允许用户自定义快捷键。

在 Maya 2011 中，自定义快捷键的具体操作步骤如下。

步骤 1：在菜单栏中，选择 Windows(窗口)→Settings/Preferences(设置/参数)→Hotkey Editor(快捷键编辑器)命令，弹出 Hotkey Editor(快捷键编辑器)对话框，如图 1.107 所示。

步骤 2：将 File(文件)菜单组下的 Export(导出)命令的快捷键设置为 Ctrl+e 键。在 Key(按键)右边的文本输入框中输入“e”，勾选 Modifier(修饰符)右边的 Ctrl，单击 Assign(指定)按钮，即可完成快捷键的指定。

提示：在给命令指定热键时，大小写字母属于不同的热键。如果 Key(按键)中输入的按键已经被分配过，当单击 Assign(指定)按钮时，会弹出一个提示框，提示用户此热键已经被分配，是否想用新分配的热键来替换已有的热键。此时，可以单击 Cancel(取消)按钮来取消操作，以重新分配热键。

步骤 3：删除自定义快捷键。在 Categories(类型)列表中选择需要删除快捷键命令所在的菜单组名称→在 Commands(命令)列表中选择需要删除快捷键的命令→在 Current hotkeys(当前热键)下选择需要删除的快捷键→单击 Remove(移除)按钮，完成自定义快捷键的移除。

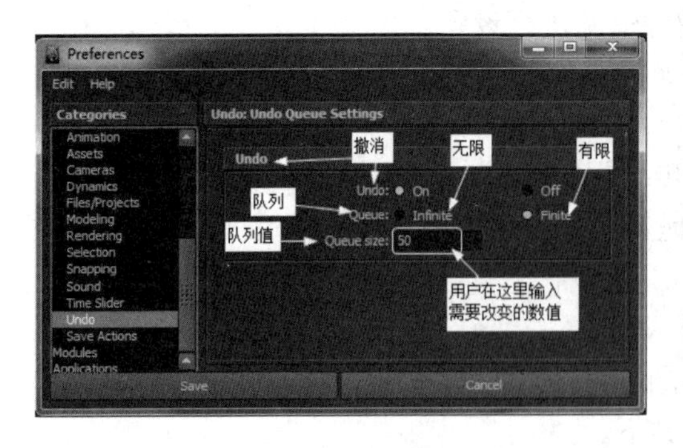

图 1.106

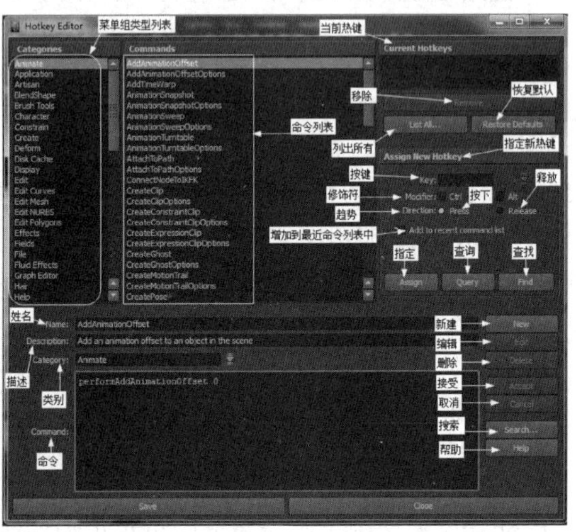

图 1.107

在 Maya 2011 中，常用的快捷键见表 1-1。用户如果熟练掌握这些快捷键，就可以大大提高项目制作的效率。

表 1-1

快捷键	作用	快捷键	作用	快捷键	作用
Enter	完成当前操作	X	吸附到网格	F12	选择多边形的 UVs
∽	终止当前操作	C	吸附到曲线	V	吸附到点
F2	Animation 模块	O	选择工具	A	满屏显示所有物体
F3	Polygons 模块	W	移动工具	F	满屏显示被选目标
F4	Surfaces 模块	E	旋转工具	空格键	快速切换到单一视图模式
F5	Dynamics 模块	R	缩放工具	Ctrl+N	建立新的场景
F6	Rendering 模块	T	显示操作杆工具	Ctrl+O	打开场景
1	低质量显示	P	指定父子关系	Ctrl+S	存储场景
2	中质量显示	Ctrl+A	属性编辑窗/通道盒	Z	取下上一次操作
3	高质量显示	Alt+。	在时间轴上前进一帧	Shift+Z	重做
4	网格显示模式	Alt+，	在时间轴上后退一帧	Ctrl+H	隐藏所选对象
5	实体材质显示模式	。	下一关键帧	Ctrl+D	复制
6	实体材质显示模式	，	上一关键帧	Alt+左键	旋转视图
7	灯光显示模式	Alt+V	播放/停止	Alt+中键	移动视图
=	增大操纵杆尺寸	F8	物体/组件编辑模式	Alt+右键	缩放视图
-	减少操纵杆尺寸	F9	选择多边形顶点	Alt+G	群组
S	设置关键帧	F10	选择多边形的边	Alt+Ctrl+右键	框选缩放视图
G	重复上一次操作	F11	选择多边形的面	]/[	重做视图的改变/撤销试图的改变

视频播放：快捷键的相关操作详细讲解，请观看配套视频“part\video\chap01_video12”。

四、拓展训练

同学们根据老师的讲解或视频介绍，启动 Maya 2011，并根据自己的习惯设置 Maya 2011 的界面。

第2章

NURBS建模技术

知识点

- 案例1：NURBS建模技术基础
- 案例2：酒杯模型的制作
- 案例3：矿泉水瓶模型的制作
- 案例4：功夫茶壶模型的制作
- 案例5：手机模型的制作

说明

本章主要通过5个案例介绍Maya 2011的NURBS建模技术基础、使用NURBS建模的基本流程和Maya 2011中相关命令的使用。

教学建议课时数

一般情况下需要10课时，其中理论4课时，实际操作6课时(特殊情况可做相应调整)。

随着 Maya 软件的不断升级和改进，Maya 建模技术不断完善和成熟。NURBS 建模技术已经形成自己的一套完善的建模造型工具，用户使用 NURBS 建模的相关命令就可以制作出一个完美的模型，它特别适合流线型的模型制作，例如工业造型和生物建模等。

在这里要提醒读者的是，不要误认为 NURBS 建模就大大优越于传统的多项形建模技术和其他建模技术，其实它们各有各的优势。用户只有将各种建模技术结合起来，发挥它们各自的优势，才是最理想的建模方法，工作效率才能事半功倍。

在本章主要通过 5 个案例来介绍 NURBS 技术的相关知识。

案例 1：NURBS 建模技术基础

一、案例效果

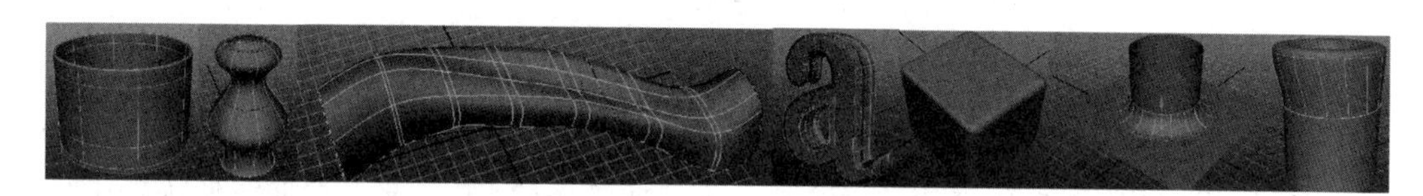

二、案例制作流程(步骤)分析

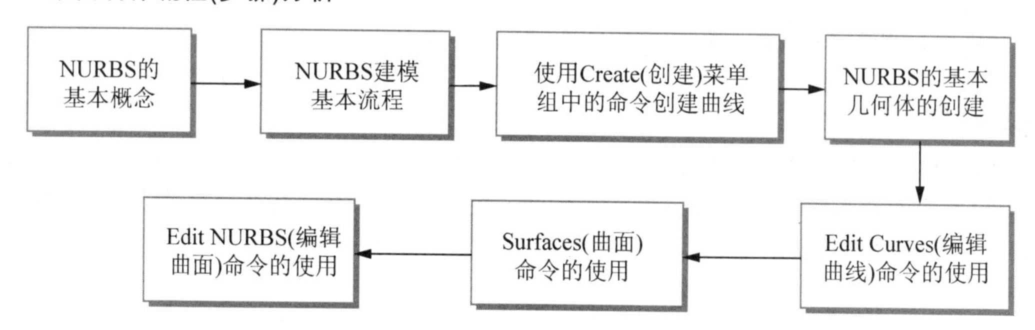

三、详细操作步骤

1. NURBS 的基本概念

在学习 NURBS 建模技术之前，了解有关 NURBS 建模的一些基本概念，对后面学习 NURBS 建模技术有很大的帮助。这里，主要为用户介绍 NURBS 概念、NURBS 曲线和 NURBS 曲面的相关概念。

1) NURBS 的概念

NURBS 是 Non-Uniform Rational B-Spline(非均匀有理 B 样条曲线)首字母的缩写。它是曲线和曲面的一种数学描述，全称为非均匀有理 B 样条曲线，其特征是可以在任意点上分割和合并。NURBS 的具体含义如下。

(1) Non-Uniform(非均匀)：指在一个 NURBS 曲面的两个方向上可以有不同的权重。

(2) Rational(有理)：指 NURBS 曲面可以用数学公式进行定义。

(3) B-Spline(B 样条)：指三维空间的线，而且可以在任意方向上进行弯曲。

2) NURBS 曲线的构成元素

NURBS 曲线是 NURBS 曲面的构成基础，只有很好地理解 NURBS 曲线的构成元素，才能成为 NURBS 曲面造型高手。NURBS 曲线元素主要由：Control Vertex(控制点)、Edit Point(编辑点)、Cure Point(曲线点)、Hull(壳线)、起点、终点和曲线方向构成，如图 2.1 所示。

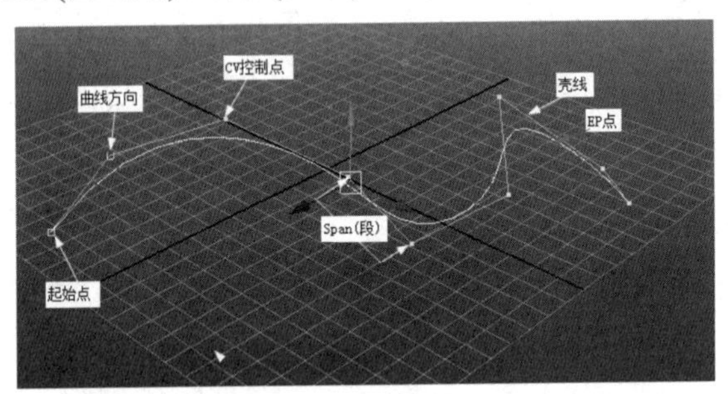

图 2.1

(1) Control Vertex(控制点)：简称为 CV 点，主要用来控制曲线的形态，在编辑 CV 点时，附近的多个编辑点会受影响，这样使曲线保持良好的连续性。

(2) Edit Point(编辑点)：简称为 EP 点，主要通过移动 EP 点来改变曲线形状，在曲线上以×作为标识。

(3) Cure Point(曲线点)：曲线上的任意点，不能改变曲线形状，有可能与控制点和编辑点的位置相同，但不是同一种曲线元素类型。用户可以选择 Cure Point(曲线点)，将曲线剪成两部分。

(4) Hull(壳线)：指连接两个 CV 点之间的线段，主要用来观察 CV 点的位置。当物体上的控制点非常多时，若扭曲模型的一部分，则不知道会影响到哪个可控点，这时通过 Hull(壳线)就很容易看清楚。当选择影响表面指定区域的相关可控点时，也会用到 Hull (壳线)。

(5) 起点：指绘制 NURBS 曲线的第一个点，它以一个小的中空盒标识。

(6) 终点：指绘制 NURBS 曲线的最后一个点，在曲线上没有什么特殊的图标，用户在对曲线进行操作时会对曲线的起点和终点有所要求。

(7) 曲线方向：在 NURBS 曲线上用小写字母 u 表示。曲线方向对以后生成 NURBS 曲面的操作有一定的影响。

显示或选择曲线元素的具体操作方法如下。

步骤 1：将鼠标移到 NURBS 曲线，右击，弹出快捷菜单，如图 2.2 所示。

步骤 2：在按住鼠标右键不放的同时，将鼠标移到需要选择的 NURBS 曲线的元素命令上松开鼠标，即可选择元素。

3) NURBS 曲面的构成元素

NURBS 曲面是指由曲线构成的网状组合。NURBS 曲面的构成元素主要包括：Control Vertex (CV 控制点)、Isoparm(等参线)、Surface Point(曲面点)、Surface Patch(曲面)和 Hull(壳线)，如图 2.3 所示。

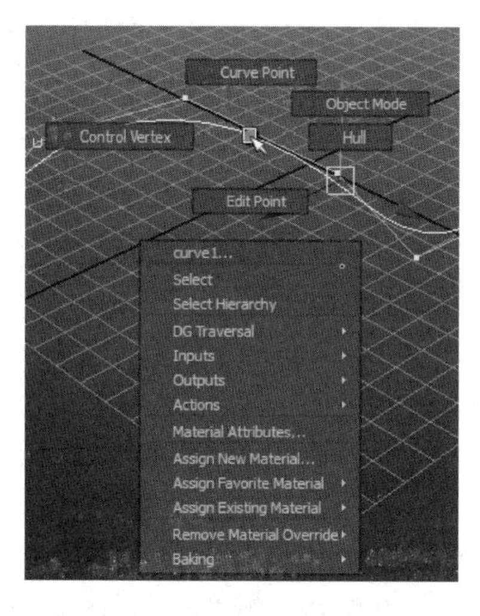

图 2.2

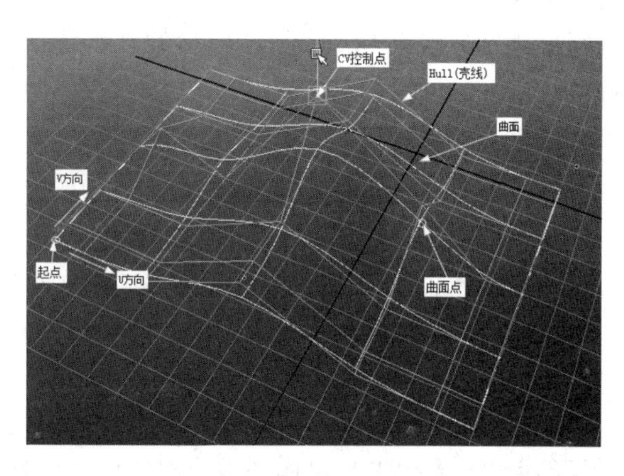

图 2.3

(1) Control Vertex(CV 控制点)：含义同曲线的控制点一样，主要通过调节 CV 控制点来调节曲面的外形。

(2) Isoparm(等参线)：指 U 或 V 方向的网格线，主要用来控制曲面的精度和段数。

(3) Surface Point(曲面点)：指 Isoparm(等参线)的交叉点，位于曲面上，以×符号显示，用户不能对它进行变换操作。

(4) Surface Patch(曲面)：指由 Isoparm(等参线)分隔而成的矩形面片。当被选中时成黄色显示，用户不能对它进行变换操作。

(5) Hull(壳线)：在 NURBS 物体的 U 方向和 V 方向上的控制面。Hull(壳线)只有显示作用。

显示或选择曲面元素的具体操作方法如下。

步骤 1：将鼠标移到 NURBS 曲面上，右击，弹出快捷菜单，如图 2.4 所示。

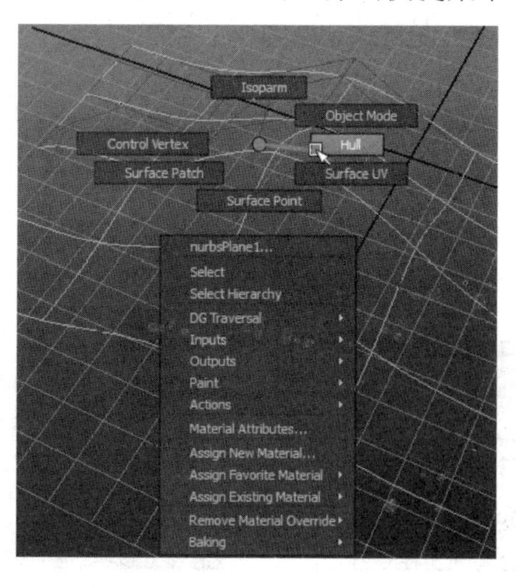

图 2.4

步骤 2：在按住鼠标右键不放的同时，将鼠标移到需要选择的 NURBS 曲面的元素命令上松开鼠标，即可选择元素。

视频播放：NURBS 的基本概念的详细讲解，请观看配套视频“part\video\chap02_video01”。

2. NURBS 建模基本流程

NURBS 建模的基本流程如下。

(1) 使用 Create(创建)曲线命令创建曲线。

(2) 使用 Edit Curves(编辑曲线)命令对创建的曲线进行编辑。

(3) 使用 Surfaces(曲面)命令将编辑好的曲线生成曲面或使用创建 NURBS 基本体命令直接创建 NURBS 几何体对象。

(4) 使用 Edit NURBS(编辑曲面)命令对生成的曲面或 NURBS 几何体对象进行编辑。

视频播放：NURBS 建模基本流程的详细讲解，请观看配套视频“part\video\chap02_video02”。

3. 使用 Create(创建)菜单组中的命令创建曲线

曲线的创建比较简单。在 Maya 2011 中主要有 4 个曲线创建命令工具和一组圆弧工具，分别是 CV Curve Tool(CV 曲线工具)、EP Curve Tool(EP 曲线工具)、Berier Curve Tool(贝塞尔曲线工具)、Pencil Curve Tool(铅笔曲线工具)、Three Point Arc Tool(三点圆弧工具)和 Two Point Acr Tool(两点圆弧工具)。各个工具的作用和具体使用步骤如下。

1) CV Curve Tool(CV 曲线工具)

CV Curve Tool(CV 曲线工具)命令主要以 CV 控制点方式创建 NURBS 曲线，是最常用的曲线创建工具。

CV Curve Tool(CV 曲线工具)命令的具体操作步骤如下。

步骤 1：在菜单栏中单击 Create(创建)→CV Curve Tool(CV 曲线工具)→▣按钮，弹出 Tool Settings(工具设置)对话框，具体设置如图 2.5 所示。

步骤 2：设置完毕，单击▣按钮，关闭对话框。

步骤 3：在视图中连续单击创建曲线。创建完毕之后按回车键即可完成曲线的创建，如图 2.6 所示。

提示：按住鼠标左键，同时拖动鼠标可以改变控制点的位置。如果已经松开鼠标左键，则可以按鼠标中键修改最后创建的 CV 点的位置。

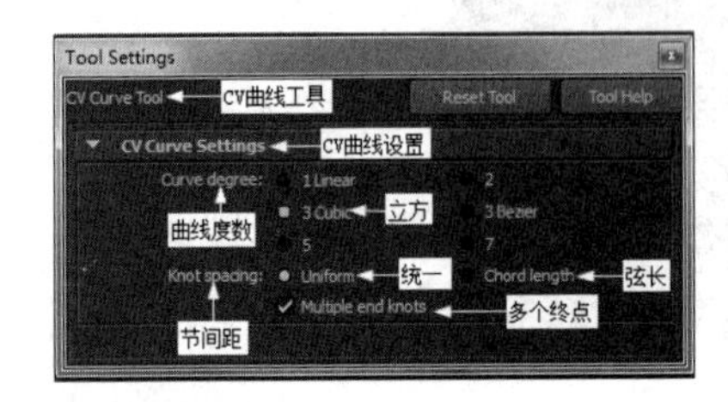

图 2.5

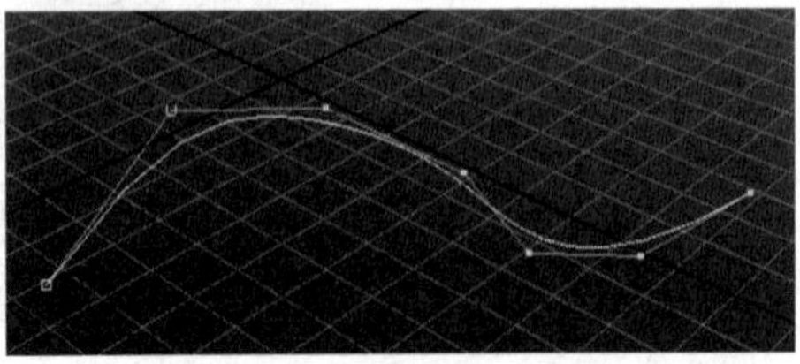

图 2.6

2) EP Curve Tool(EP 曲线工具)

EP Curve Tool(EP 曲线工具)主要是以编辑点的方式创建 NURBS 曲线。控制点类似于磁性吸附的方式控制曲线的形状。在这里建议用户，如果不是绘制需要精确定位的曲线，最好使用 CV Curve Tool(CV 曲线工具)创建曲线。因为使用 CV Curve Tool(CV 曲线工具)命令创建曲线比较方便控制曲线的形状。

EP Curve Tool(EP 曲线工具)具体使用方法如下。

步骤 1：在菜单栏中单击 Create(创建)→EP Curve Tool(EP 曲线工具)→■按钮，弹出 Tool Settings(工具设置)对话框，具体设置如图 2.7 所示。

步骤 2：设置完毕，单击■按钮，关闭对话框。

步骤 3：在视图中连续单击创建曲线。创建完毕之后按回车键即可完成曲线的创建，如图 2.8 所示。

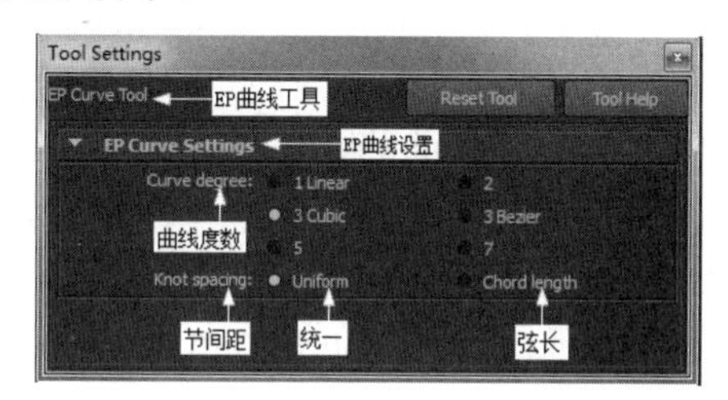

图 2.7

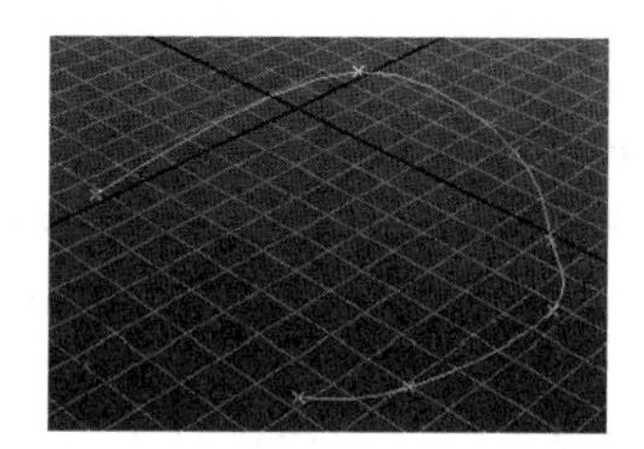

图 2.8

3) Berier Curve Tool(贝塞尔曲线工具)

Berier Curve Tool(贝塞尔曲线工具)命令主要是以贝塞尔曲线模式创建 NURBS 曲线。该工具是 Maya 2011 新增的工具。用户可以通过正切手柄，对贝塞尔曲线的切角进行调节，这是一项非常有用的新增功能。在这里需要提醒用户的是，贝塞尔曲线不能与 NURBS 曲线画等号。在默认情况下，需要将它转化为常规的 NRUBS 曲线才能正常使用。

Berier Curve Tool(贝塞尔曲线工具)命令的具体操作步骤如下。

步骤 1：在菜单栏中单击 Create(创建)→EP Curve Tool(EP 曲线工具)→■按钮，弹出 Tool Settings(工具设置)对话框，具体设置如图 2.9 所示。

步骤 2：设置完毕，单击■按钮，关闭对话框。

步骤 3：在视图中单击创建曲线(如果在绘制过程中按住鼠标左键不放，拖动鼠标，会在曲线上出现两个手柄，用户可以通过调节手柄来改变曲线的形态)。绘制完毕后按回车键即可完成曲线的创建，如图 2.10 所示。

4) Pencil Curve Tool(铅笔曲线工具)

当使用 Pencil Curve Tool(铅笔曲线工具)命令时，鼠标指针会变成一支铅笔的形状，按住鼠标左键不放的同时，拖动鼠标即可画出曲线。如果绘制出的曲线控制点太多。用户可以使用后面要介绍的 Rebuid Curve(重建曲线)命令简化曲线。

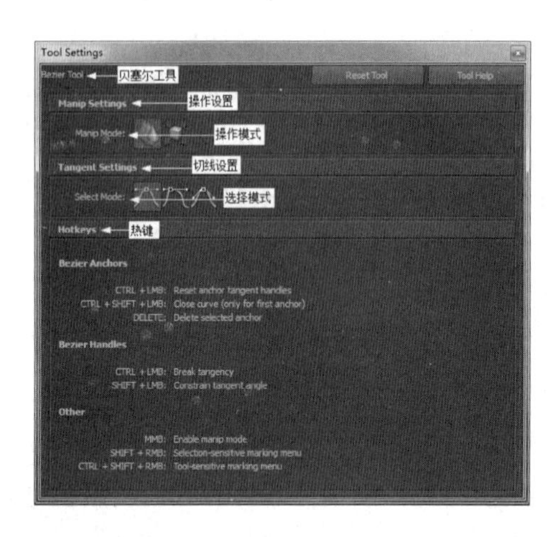

图 2.9

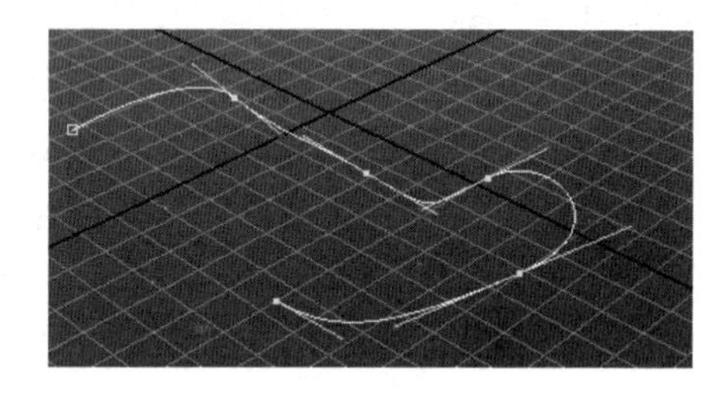

图 2.10

5) Arc Tools(圆弧工具)

在 Maya 2011 中，圆弧的创建方法有两种，即使用 Three Point Arc Tool(三点圆弧工具)创建圆弧和使用 Two Point Acr Tool(两点圆弧工具)创建圆弧。

使用 Arc Tools(圆弧工具)创建圆弧的具体方法如下。

步骤 1：在菜单栏中选择 Create(创建)→Arc Tool(圆弧工具)→Three Point Arc Tool(三点圆弧工具)命令。

步骤 2：在视图中连续单击鼠标 3 次，即可创建一个圆弧，如图 2.11 所示。此时，按回车键即可完成圆弧的创建。

步骤 3：在菜单栏中选择 Create(创建)→Arc Tool(圆弧工具)→Two Point Acr Tool(两点圆弧工具)命令。

步骤 4：在视图中连续单击鼠标两次，即可创建一个圆弧，如图 2.12 所示。用户可以通过调节◎图标来调节圆弧的方向，同过调节■图标来调节圆弧的弧长。此时，按回车键即可完成圆弧的创建。

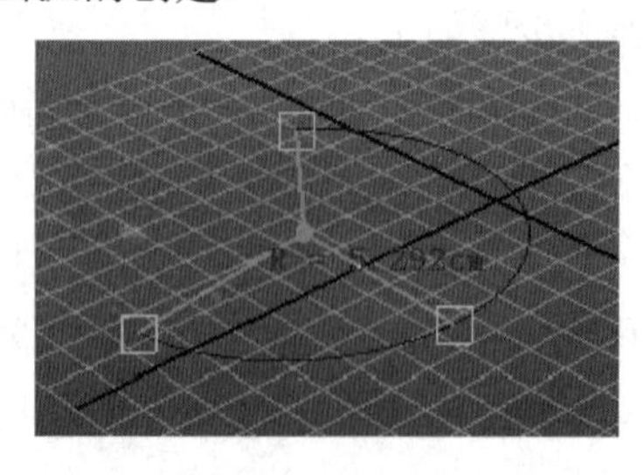

图 2.11

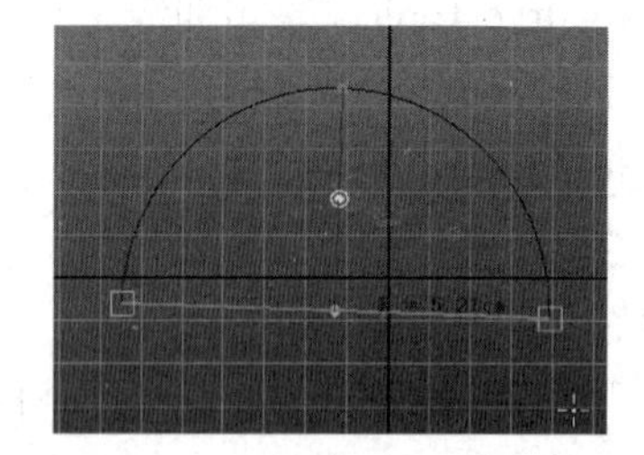

图 2.12

视频播放：使用 Create(创建)菜单组中的命令创建曲线的详细讲解，请观看配套视频“part\video\chap02_video03”。

4. NURBS 的基本几何体的创建

在 Maya 2011 中，主要包括 Sphere(球体)、Cube(立方体)、Cylinder(圆柱体)、Cone(圆锥体)、Plane(平面)、Torus(圆环)、Circle(圆形)和 Spuare(正方形)8 个 NURBS 的基本体。

NURBS 基本几何体创建的具体步骤如下。

步骤 1：在菜单栏中选择 Create(创建)→NURBS Primitives(NURBS 基本几何体)命令，弹出二级子菜单，如图 2.13 所示。

步骤 2：在二级子菜单中选择需要创建的 NURBS Primitives(NURBS 基本几何体)命令，在这里以创建一个球体为例，选择 Spher(球体)命令。

步骤 3：将鼠标移到视图中，按住鼠标左键不放，进行拖动，即可在视图中创建一个 NURBS 球体，如图 2.14 所示。

步骤 4：如果在创建球体之前将 Interactive Creation(交互式创建)命令前面的☑取消，在二级子菜单中选择 Spher(球体)命令，即可在视图中创建一个默认大小的 NURBS 球体。

步骤 5：编辑创建的 NURBS 球体的参数。选择球体，在通道盒中的 INPUTS(输入)项下面显示该球体可以修改的参数。用户可以根据需要设置参数，如图 2.15 所示。

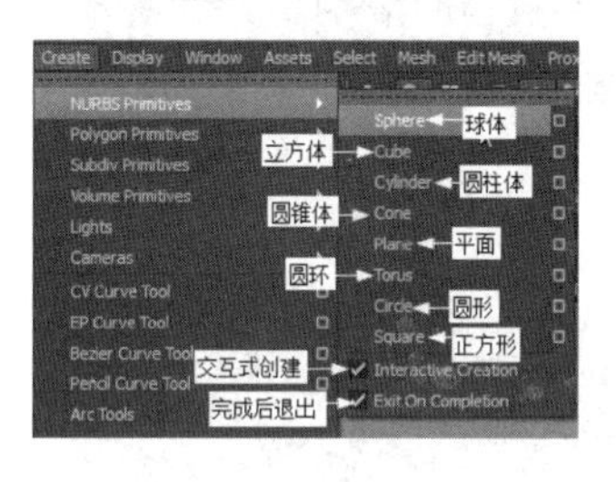

图 2.13

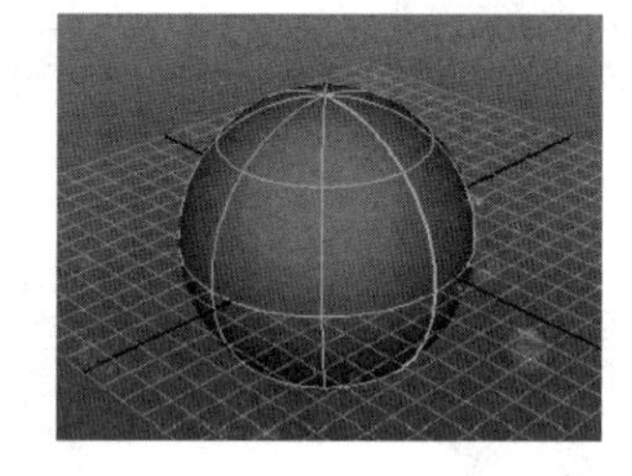

图 2.14

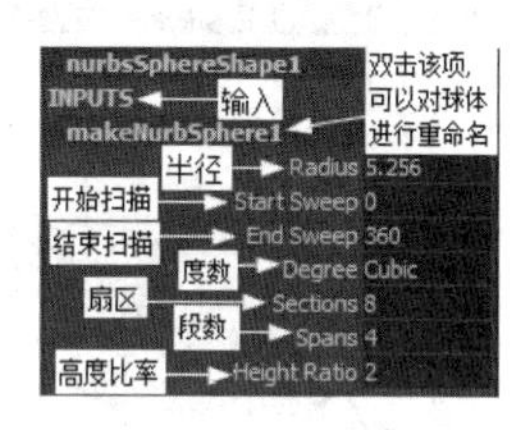

图 2.15

在创建 NURBS 基本几何体之前设置参数。以创建 NURBS Spher(球体)为例，具体操作步骤如下。

步骤 1：单击 Create(创建)→NURBS Primitives(NURBS 基本几何体)→Sphere(球体)→▣图标，弹出 Tool Settings(工具设置)对话框，如图 2.16 所示。

步骤 2：用户根据实际需要设置完参数之后，单击☒按钮，关闭 Tool Settings(工具设置)对话框。如果单击 Reset Tool(重置工具)按钮，恢复系统默认参数。

步骤 3：将鼠标移到视图中，按住鼠标左键不放进行拖动，即可创建一个 Sphere(球体)，如图 2.17 所示。

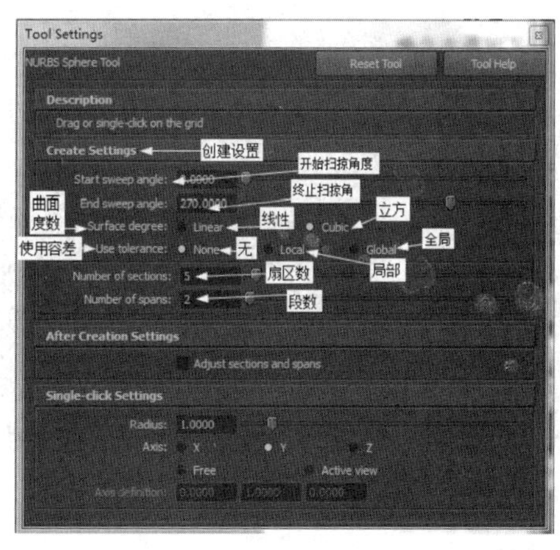

图 2.16

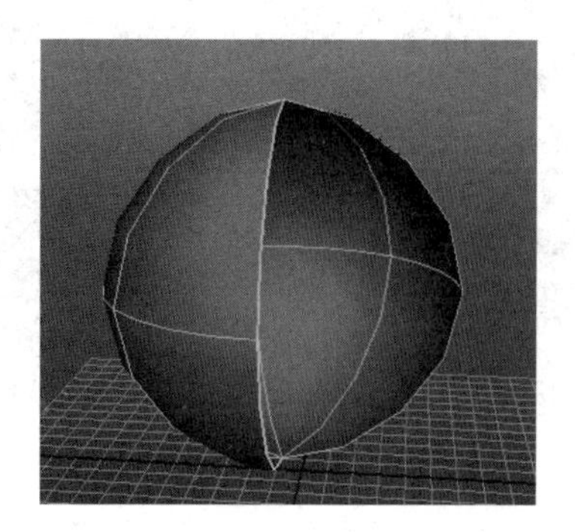

图 2.17

步骤4: 其他 NURBS Primitives(NURBS 基本几何体)的参数设置分别如图 2.18～图 2.24 所示。

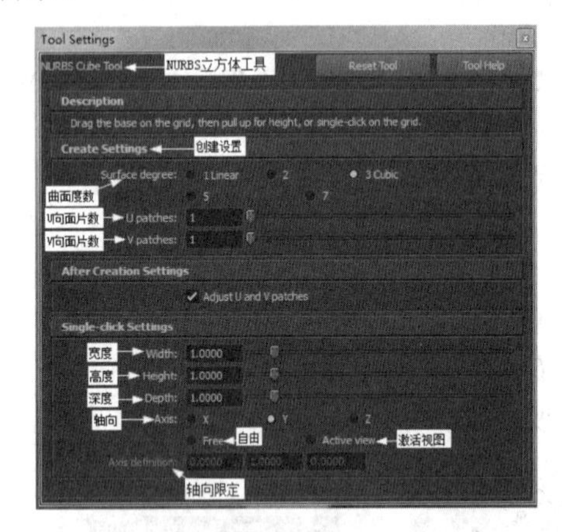

图 2.18

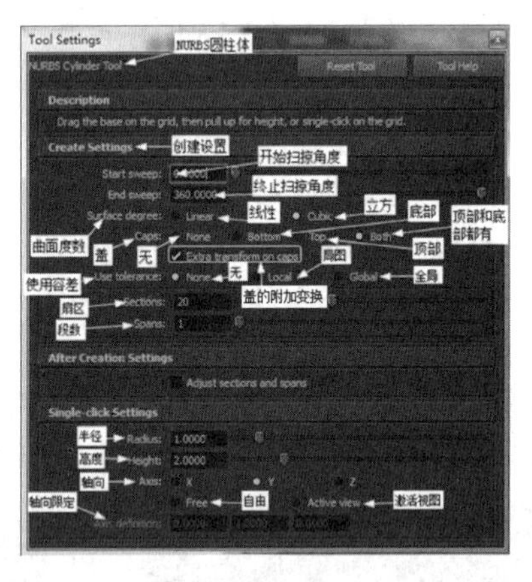

图 2.19

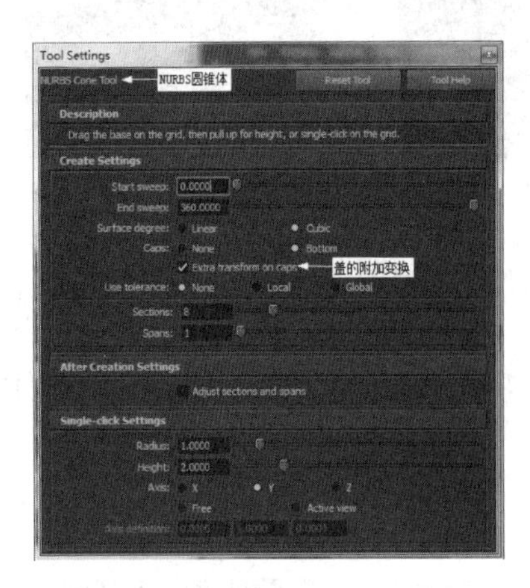

图 2.20

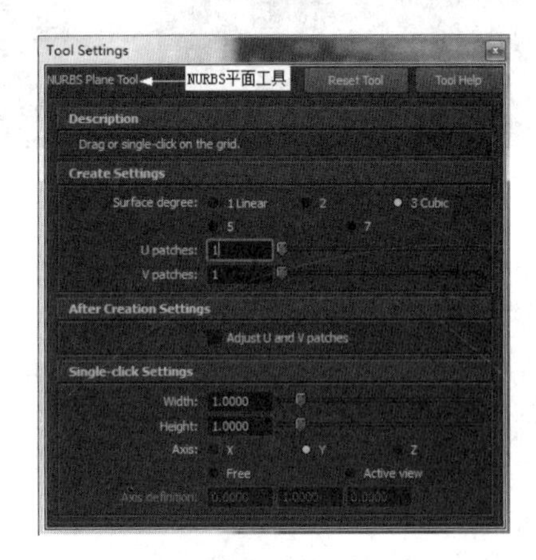

图 2.21

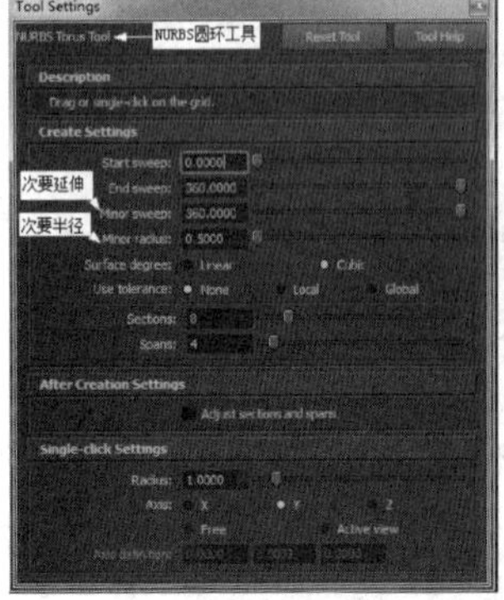

图 2.22

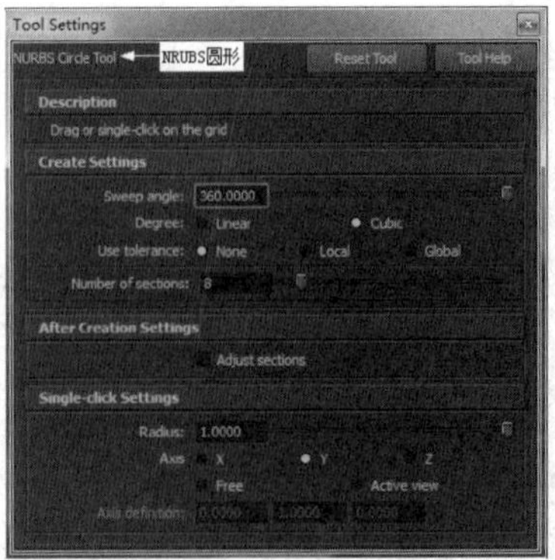

图 2.23

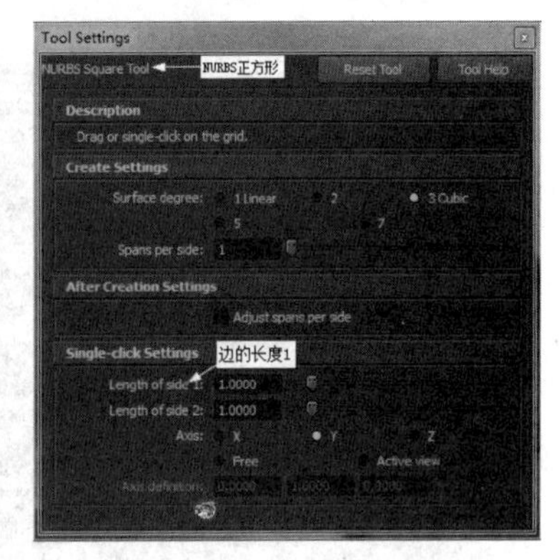

图 2.24

使用 Shelf(工具架)创建 NURBS 基本体，具体操作方法如下。

步骤 1：在 Shelf(工具架)中选择 Surfaces(曲面)项，如图 2.25 所示。

图 2.25

步骤 2：在 Shelf(工具架)中选择需要创建的 NURBS 基本体。

步骤 3：将鼠标移到视图中，按住鼠标左键不放的同时进行拖动，即可创建 NURBS 基本体。

视频播放：NURBS 的基本几何体的创建的详细讲解，请观看配套视频“part\video\chap02_video04”。

5. Edit Curves(编辑曲线)命令的使用

Maya 2011 为用户提供了一系列编辑曲线的工具。用户如果熟练掌握这些 Edit Curves(编辑曲线)命令的作用和使用方法，就可以创建出复杂结构的曲线。

在 Maya 2011 中主要包括图 2.26 所示的 Edit Curves(编辑曲线)命令。

各个命令的具体介绍如下。

1) Duplicate Surface Curves(复制曲面曲线)

Duplicate Surface Curves 命令的主要作用是将曲面上的曲线复制出来，成为一条单独的 NURBS 曲线。

具体操作方法如下。

步骤 1：在 Sphere(球体)上选择需要复制的 ISO 参考线，如图 2.27 所示。

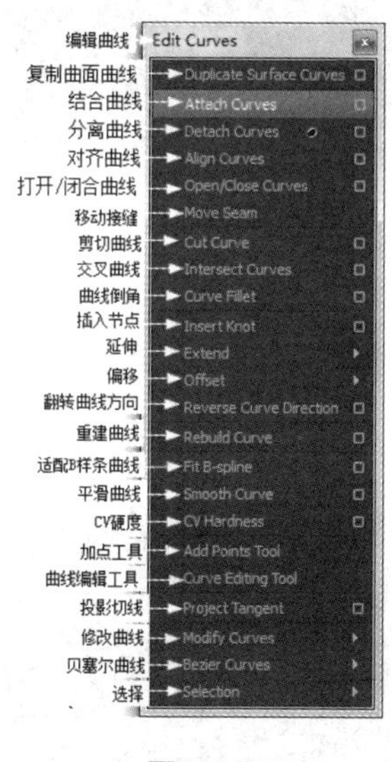

图 2.26

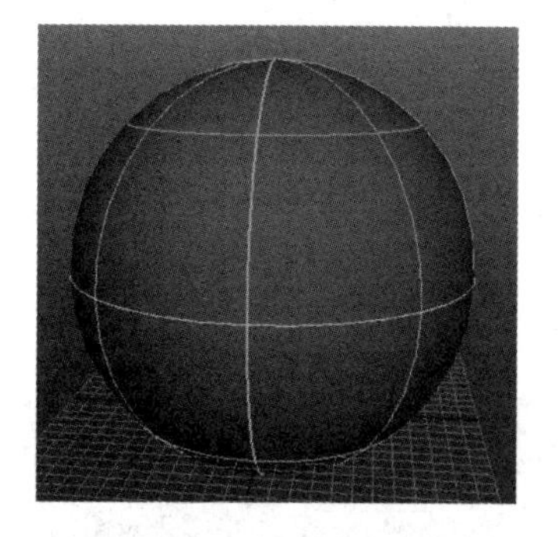

图 2.27

步骤 2：在菜单栏中单击 Edit Curves(编辑曲线)→Duplicate Surface Curves(复制曲面曲线)→■图标，打开 Duplicate Surface Curves Options(复制曲面曲线选项)窗口，具体设置如图 2.28 所示。

步骤 3：单击 Duplicate(复制)按钮，即可复制出一条曲线，如图 2.29 所示。

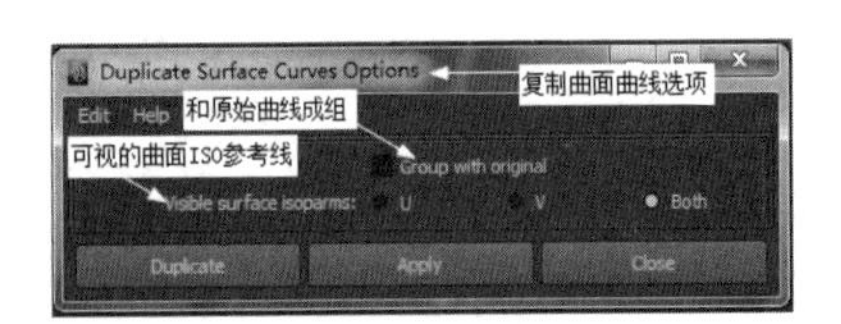

图 2.28

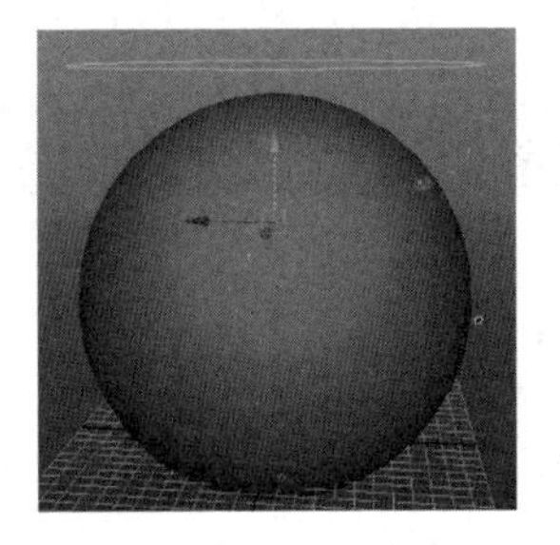

图 2.29

2) Attach Curves(结合曲线)

Attach Curves 命令的主要作用是将两条曲线的端点进行连接，生成一条新的曲线，在连接过程中，该命令自动将两个最靠近的端点进行连接。用户也可以通过在曲线上指定曲线点并对曲线进行手动连接。

具体操作方法如下。

步骤 1：在视图中选择两条需要进行结合的曲线，如图 2.30 所示。

步骤 2：在菜单栏中单击 Edit Curves(编辑曲线)→Attach Curves(结合曲线)→■图标，打开 Attach Curves Options(结合曲线选项)窗口，如图 2.31 所示。

步骤 3：单击 Attach(结合)按钮，即可完成曲线结合，如图 2.32 所示。

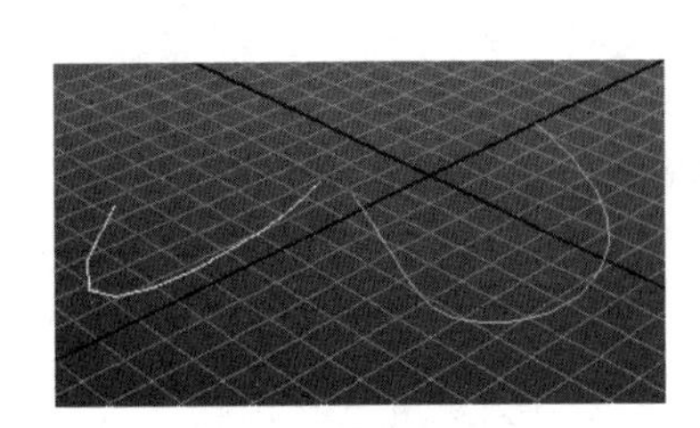

图 2.30

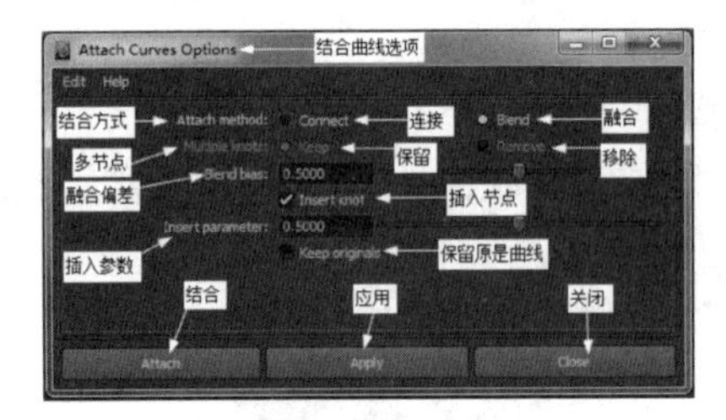

图 2.31

3) Detach Curves(分离曲线)

Detach Curves 命令的主要作用是将一条曲线(或封闭曲线)分离成两条或多条曲线。

具体操作步骤如下。

步骤 1：将鼠标移到曲线上，右击，弹出快捷菜单，如图 2.33 所示。

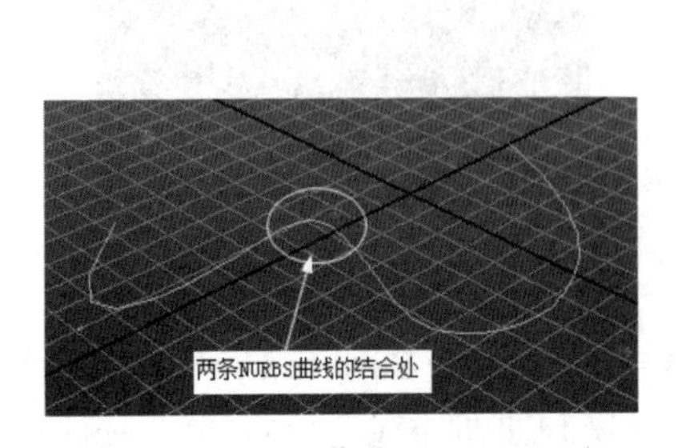

图 2.32

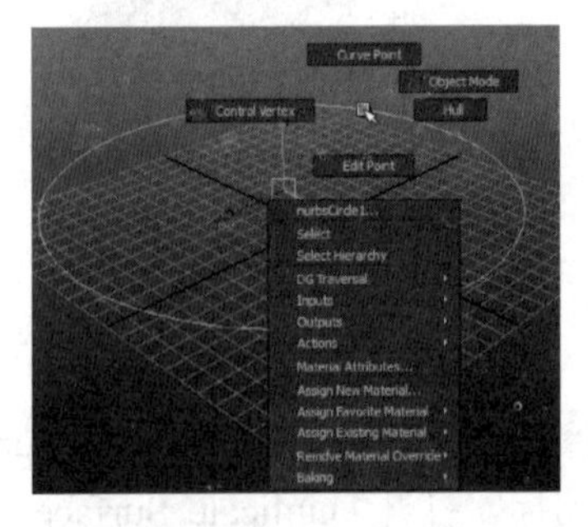

图 2.33

步骤 2：在按住鼠标右键不放的同时，将鼠标移到 Curve Point(曲线点)上松开鼠标。

步骤 3：在曲线上需要打断的地方单击。如果需要打断为几段，可以按住 Shift 键继续单击，如图 2.34 所示。

步骤 4：在菜单栏中单击 Edit Curves(编辑曲线)→Detach Curves(分离曲线)→图标，打开 Detach Curves Options(分离曲线选项)窗口，如图 2.35 所示。

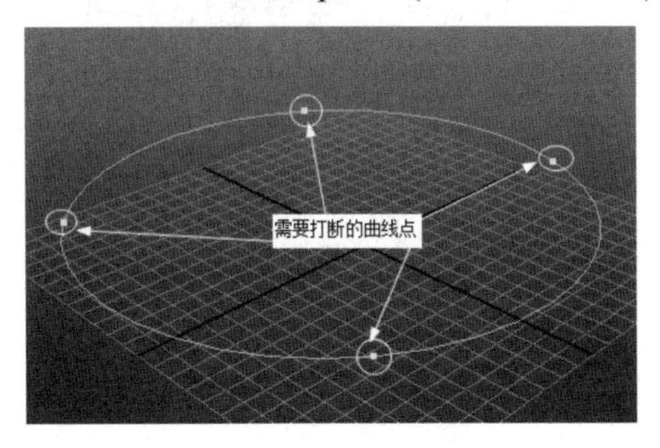

图 2.34

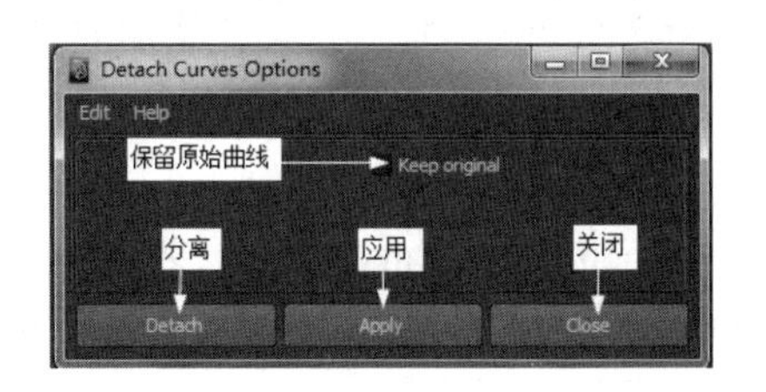

图 2.35

步骤 5：单击 Detach(分离)按钮，即可将闭合曲线分离成 4 段，如图 2.36 所示。

4) Align Curves(对齐曲线)

Align Curves 命令的主要作用是将两条曲线对接在一起，使它们建立一种连续性。连续性的建立是通过改变它们的位置、切线和曲率来完成。对齐方式不仅仅在两条曲线的端点上进行对齐，曲线上的任意点都可以作为对接点。

具体操作步骤如下。

步骤 1：在视图中选中一条曲线，再将鼠标移到第二条曲线上，右击，弹出快捷菜单。按住鼠标右键不放的同时，将鼠标移到 Curve Point(曲线点)快捷命令上松开鼠标。

步骤 2：按住 Shift 键，在第二条曲线需要对齐的地方单击，如图 2.37 所示。

步骤 3：在菜单栏中单击 Edit Curves(编辑曲线)→Align Curves(对齐曲线)→图标，打开 Align Curves Options(对齐曲线选项)窗口，如图 2.38 所示。

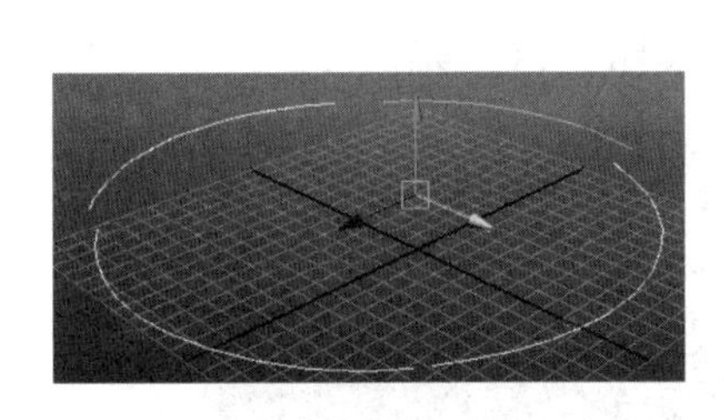

图 2.36

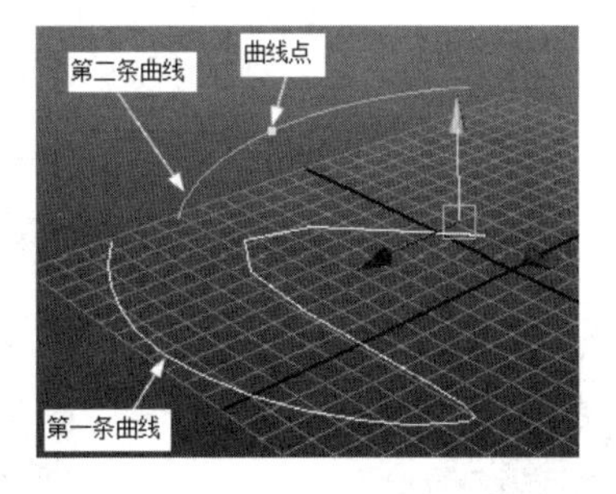

图 2.37

步骤 4：单击 Align(对齐)按钮，即可将两条曲线进行对齐，如图 2.39 所示。

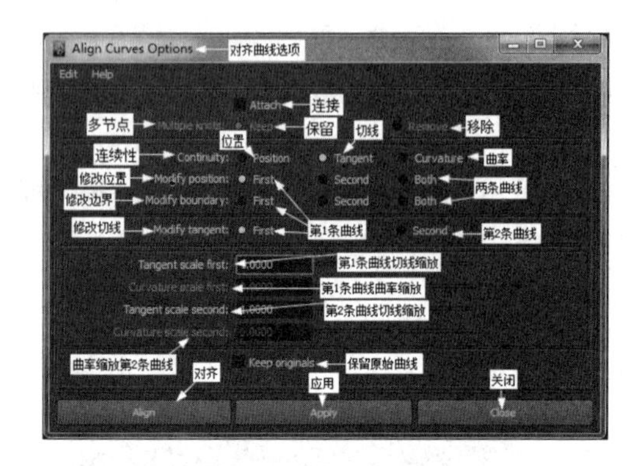

图 2.38

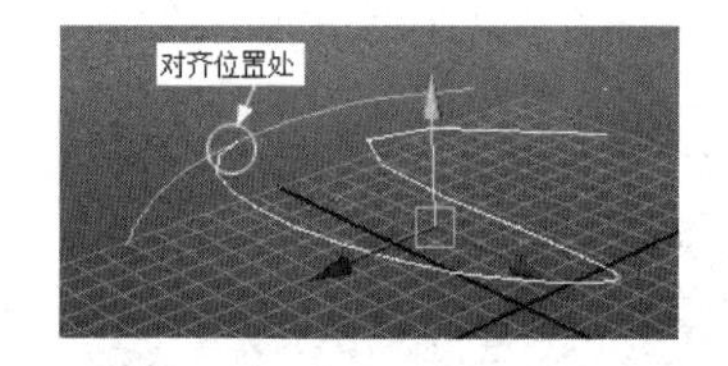

图 2.39

5) Open/Close Curves(打开/闭合曲线)

Open/Close Curves 命令的主要作用是将一条曲线进行打开或闭合处理。

具体操作方法如下。

步骤 1：在视图中选择需要进行闭合处理的曲线，如图 2.40 所示。

步骤 2：在菜单栏中单击 Edit Curves(编辑曲线)→Open/Close Curves(打开/闭合曲线)→■图标，打开 Open/Close Curves Options(打开/闭合曲线选项)窗口，如图 2.41 所示。

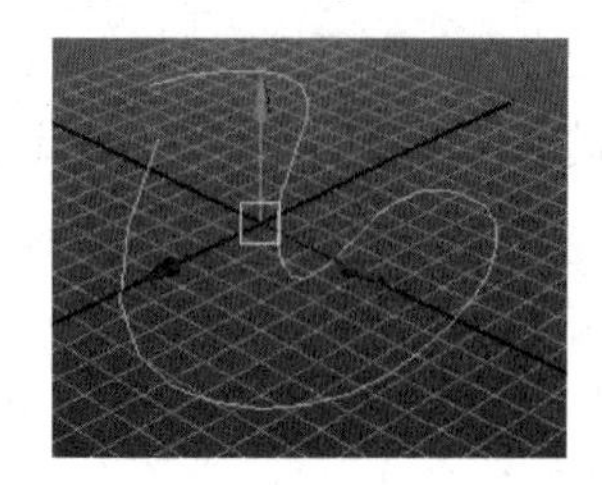

图 2.40

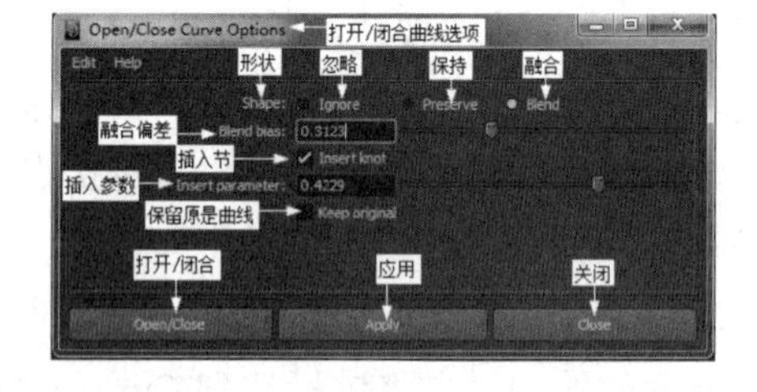

图 2.41

步骤 3：单击 Open/Close(打开/关闭)按钮，即可完成操作，如图 2.42 所示。

6) Move Seam(移动接缝)

Move Seam 命令的主要作用是将闭合曲线上的接缝移到指定的位置。

具体操作方法如下。

步骤 1：创建一条闭合曲线，该闭合曲线的接缝位置如图 2.43 所示。

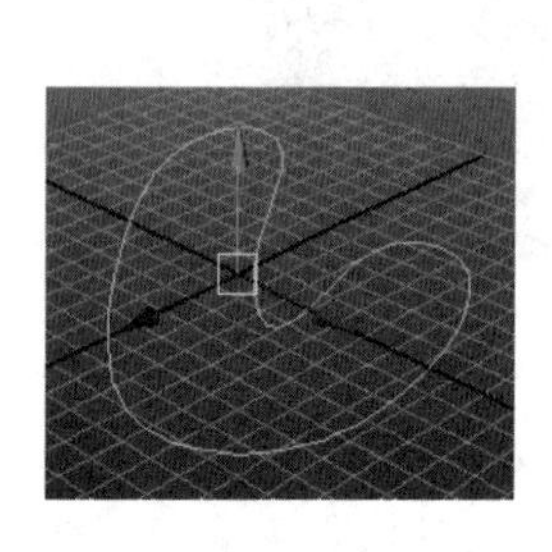

图 2.42

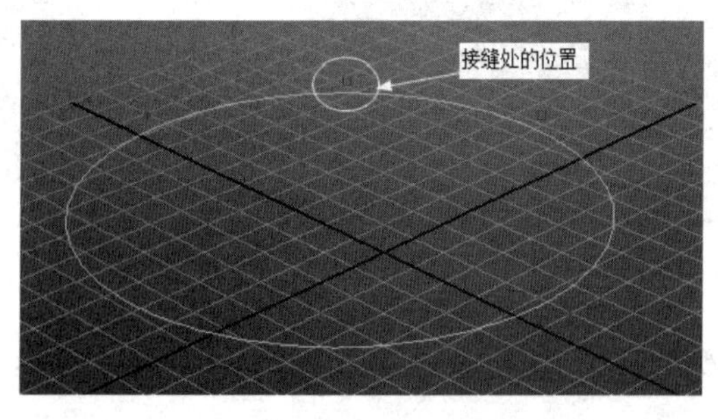

图 2.43

步骤 2：将闭合曲线切换到 Curve Point(曲线点)控制状态。在闭合曲线上右击，弹出快捷菜单。在按住鼠标右键不放的同时，将鼠标移到 Curve Point(曲线点)快捷菜单上松开鼠标即可。

步骤 3：确定接缝的位置。用鼠标在需要放置接缝的地方单击，确定接缝的位置，如图 2.44 所示。

步骤 4：在菜单栏中选择 Edit Curves(编辑曲线)→Move Seam(移动接缝)命令即可，如图 2.45 所示。

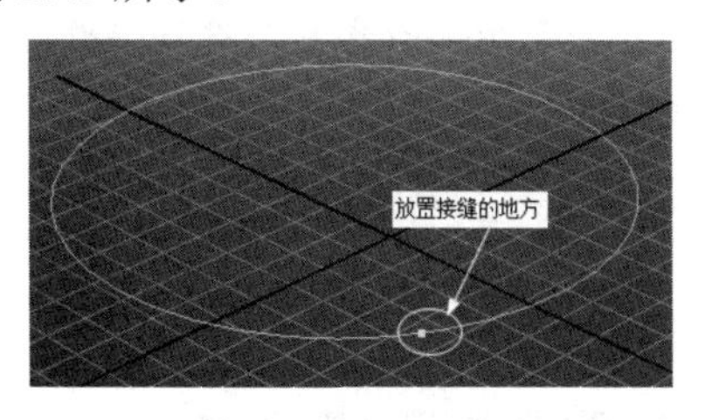

图 2.44

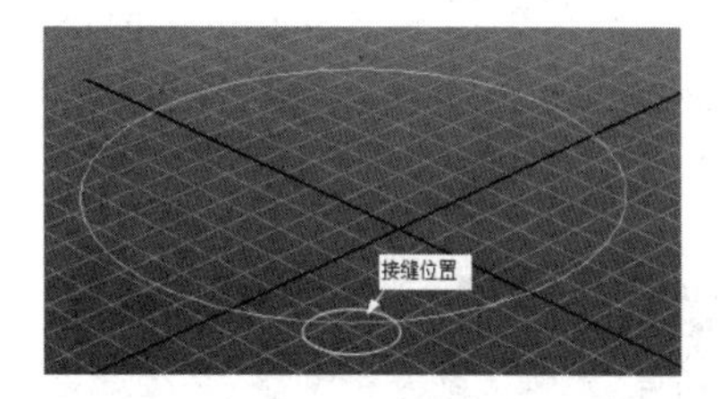

图 2.45

7) Cut Curve(剪切曲线)

Cut Curve 命令的主要作用是将两条或两条以上的曲线在交叉处剪断或切除。

具体操作步骤如下。

步骤 1：在视图中依次选择交叉的曲线，如图 2.46 所示。

步骤 2：在菜单栏中单击 Edit Curves(编辑曲线)→Cut Curve(剪切曲线)→■图标，打开 Cut Curve Options(剪切曲线选项)窗口，具体设置如图 2.47 所示。

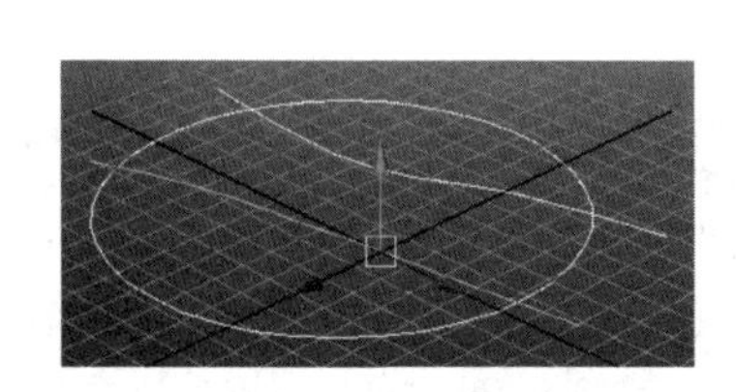

图 2.46

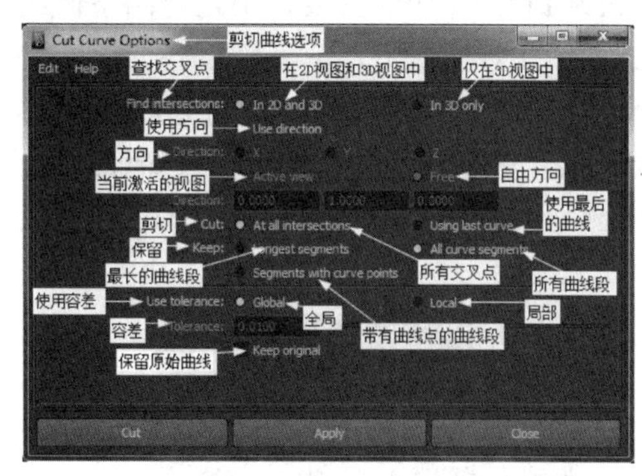

图 2.47

步骤 3：单击 Cut(剪切)按钮即可，剪切之后的曲线段如图 2.48 所示。

8) Intersect Curves(交叉曲线)

Intersect Curves 命令的主要作用是求出相交曲线的交叉点。

具体操作方法如下。

步骤 1：在视图中选择需要交叉的曲线，如图 2.49 所示。

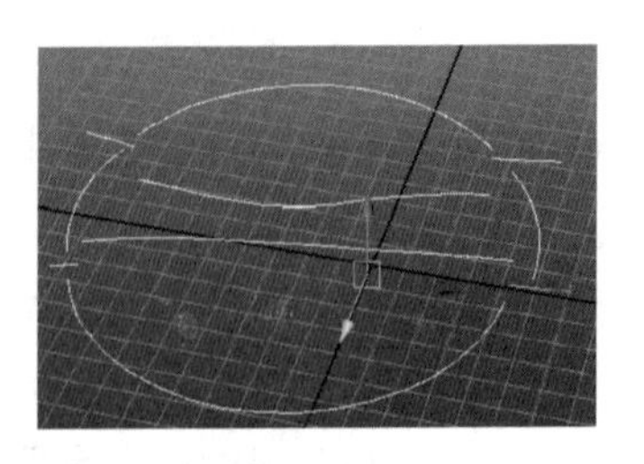

图 2.48

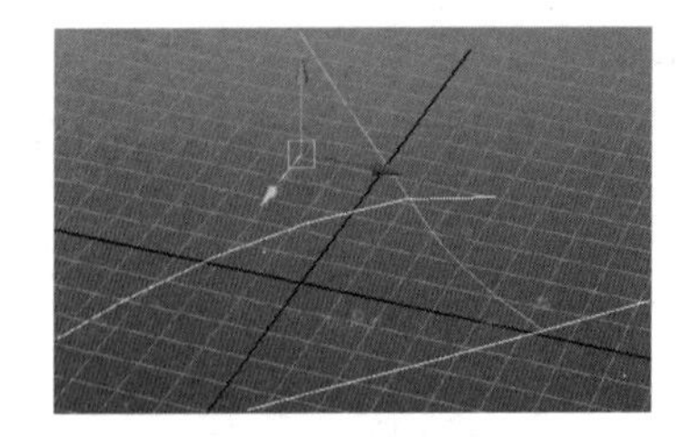

图 2.49

步骤 2：在菜单栏中单击 Edit Curves(编辑曲线)→Intersect Curves(交叉曲线)→▣图标，打开 Intersect Curves Options(交叉曲线选项)窗口，具体设置如图 2.50 所示。

步骤 3：单击 Intersect(交叉)按钮即可，如图 2.51 所示。

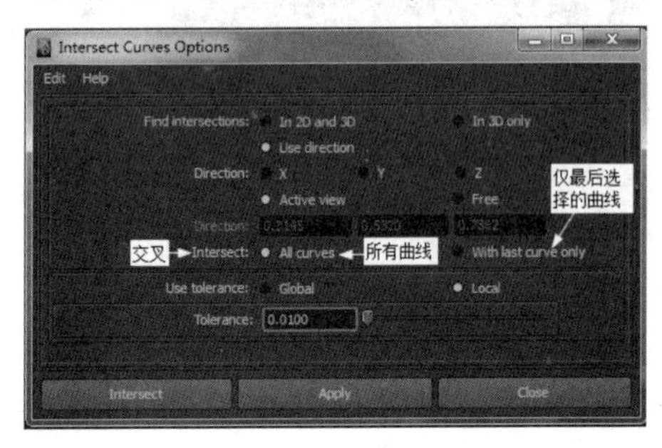

图 2.50

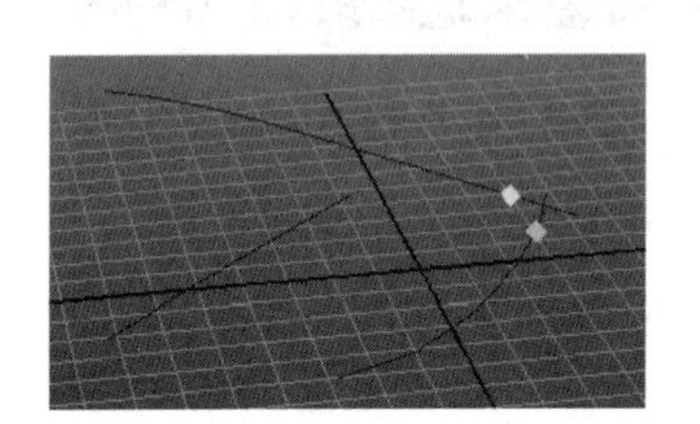

图 2.51

9) Curve Fillet(曲线倒角)

Curve Fillet 命令的主要作用是对两条曲线创建圆形倒角或自由倒角。

具体操作方法如下。

步骤 1：在视图选择需要倒角处理的曲线，如图 2.52 所示。

步骤 2：在菜单栏中单击 Edit Curves(编辑曲线)→Fillet Curve(曲线倒角)→▣图标，打开 Fillet Curve Options(曲线倒角选项)窗口，具体设置如图 2.53 所示。

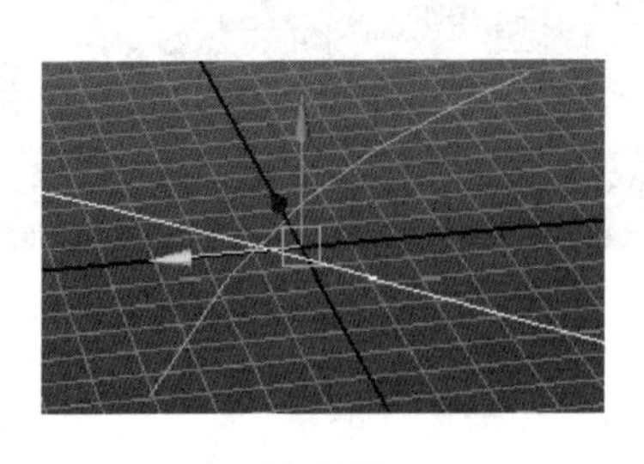

图 2.52

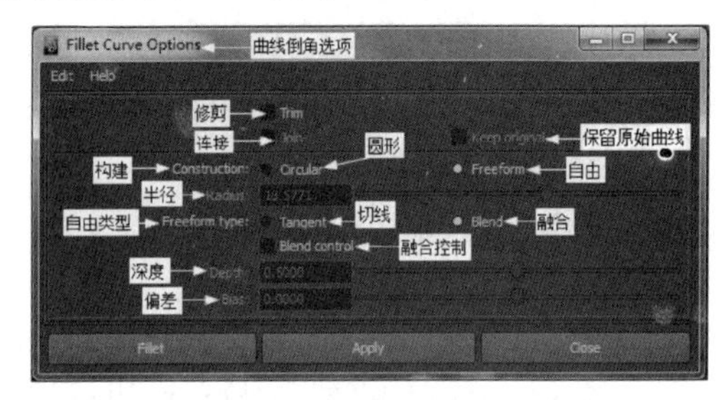

图 2.53

步骤 3：单击 Fillet(倒角)按钮即可，如图 2.54 所示。

10) Insert Knot(插入节点)

Insert Knot 命令的主要作用是为曲线添加节点。

具体操作方法如下。

步骤 1：选择需要插入节点的曲线，如图 2.55 所示，其是在没有插入节点前的控制点个数。

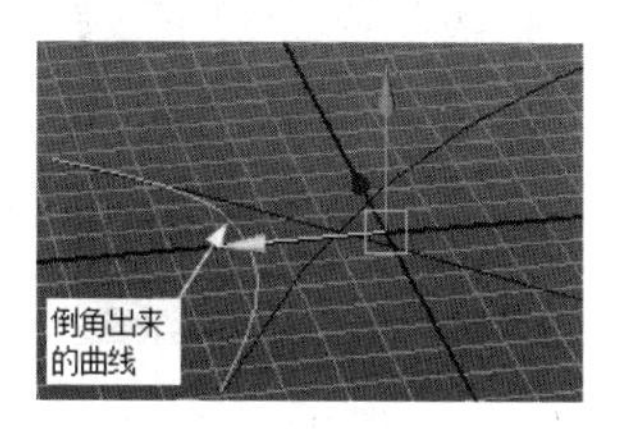

图 2.54

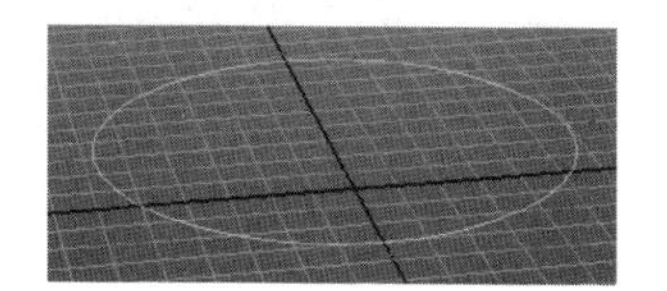

图 2.55

步骤 2：在菜单栏中单击 Edit Curves(编辑曲线)→Insert Knot(插入节点)→■图标，打开 Insert Knot Options(插入节点选项)窗口，具体设置如图 2.56 所示。

步骤 3：单击 Insert(插入)按钮即可。插入节点之后曲线的控制点增加了 1 倍，如图 2.57 所示。

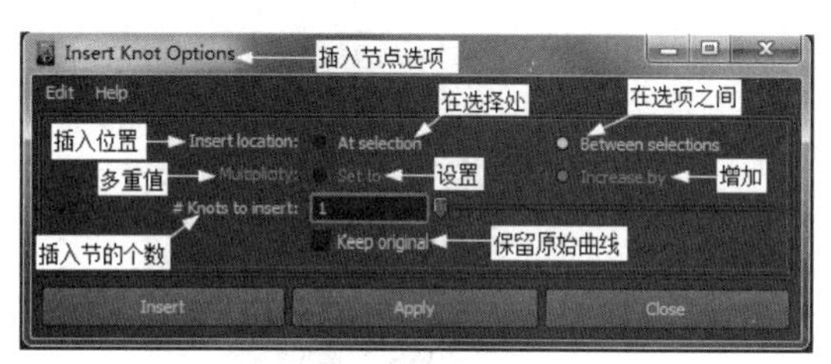

图 2.56

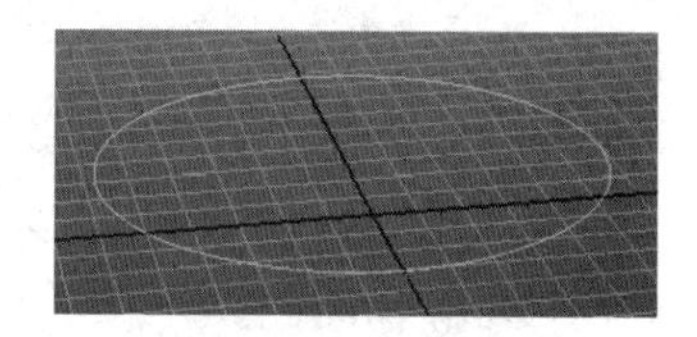

图 2.57

11) Extend(延伸)

Extend 命令主要作用是延伸曲线。它包括了两个延伸命令，即 Extend Curve(延伸曲线)命令和 Extend Curve On Surface(延伸曲面曲线)命令。

具体操作方法如下。

步骤 1：选择需要延伸的曲线，如图 2.58 所示。

步骤 2：在菜单栏中单击 Edit Curves(编辑曲线)→Extend(延伸)→Extend Curve(延伸曲线)→■图标，打开 Extend Curve Options(延伸曲线选项)窗口，具体设置如图 2.59 所示。

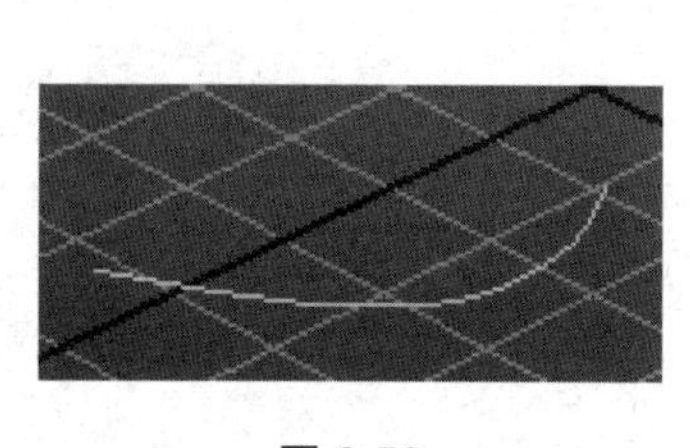

图 2.58

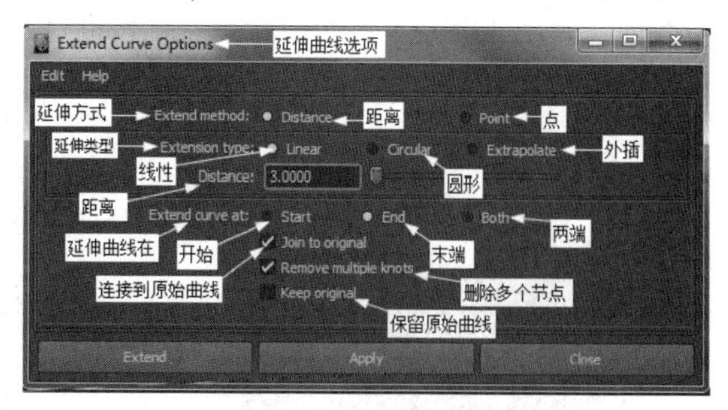

图 2.59

步骤 3：单击 Extend(延伸)按钮即可，延伸之后的曲线如图 2.60 所示。

步骤 4：在曲面上选择需要延伸的曲线，如图 2.61 所示。

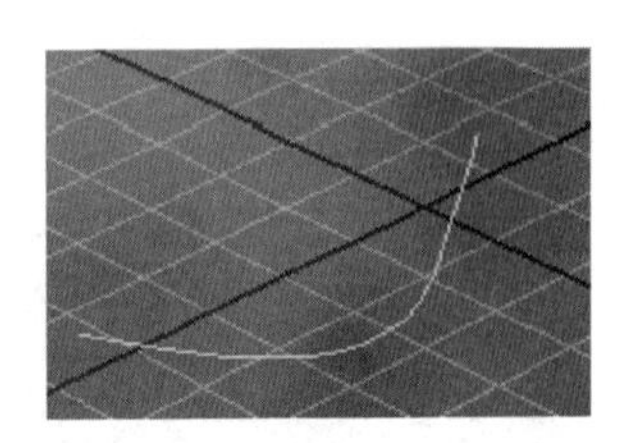

图 2.60

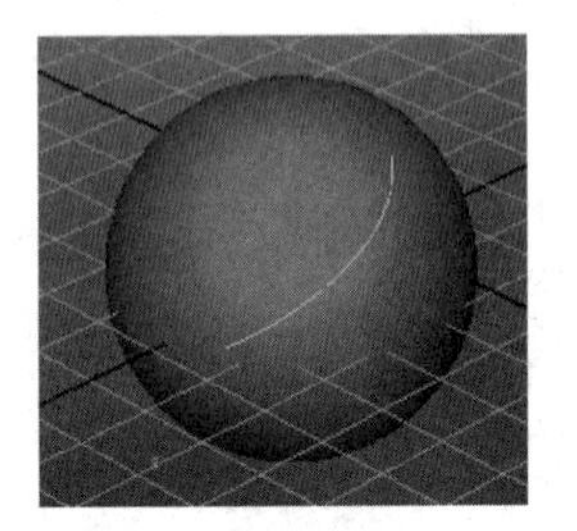

图 2.61

步骤 5：在菜单栏中单击 Edit Curves(编辑曲线)→Extend(延伸)→Extend Curve On Surface(延伸曲面曲线)→■图标，打开 Extend Curve On Surface Options(延伸曲面曲线选项)窗口，具体设置如图 2.62 所示。

步骤 6：单击 Extend CoS(延伸 CoS)按钮，再连续按键盘上的 G 键，重复延伸几次，最终效果如图 2.63 所示。

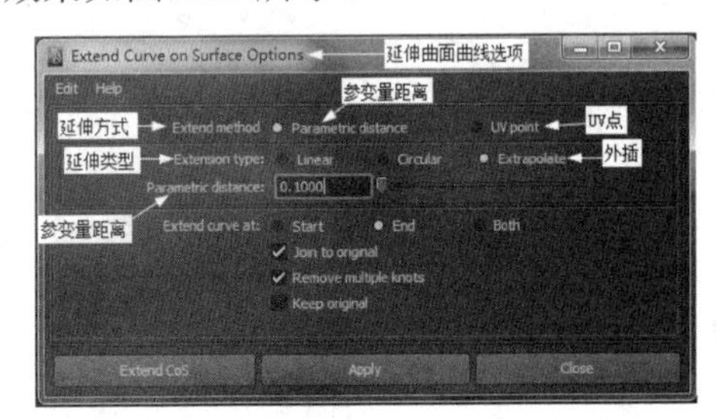

图 2.62

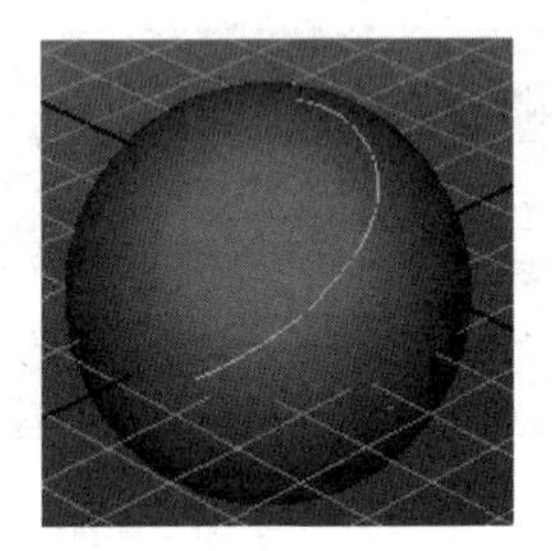

图 2.63

12) Offset(偏移)

Offset 命令主要作用是对选定曲线偏移出一条新的曲线，主要包括 Offset Curve(偏移曲线)和 Offset Curve On Surface(偏移曲面曲线)两个命令。

具体操作方法如下。

步骤 1：在视图中选择需要进行偏移操作的曲线，如图 2.64 所示。

步骤 2：在菜单栏中单击 Edit Curves(编辑曲线)→Offset(偏移)→Offset Curve(偏移曲线)→■图标，打开 Offset Curve Options(偏移曲线选项)窗口，具体设置如图 2.65 所示。

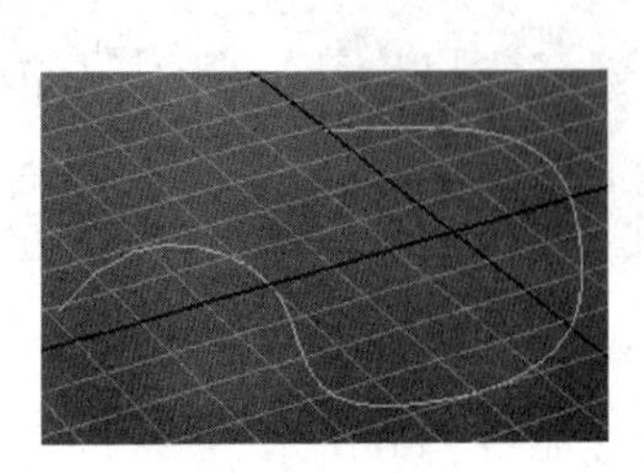

图 2.64

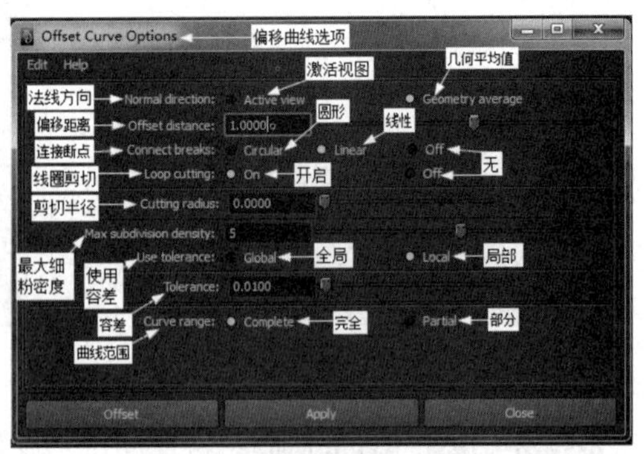

图 2.65

步骤 3：单击 Offset(偏移)按钮即可，如图 2.66 所示。

步骤 4：在曲面上选择需要偏移的曲线，如图 2.67 所示。

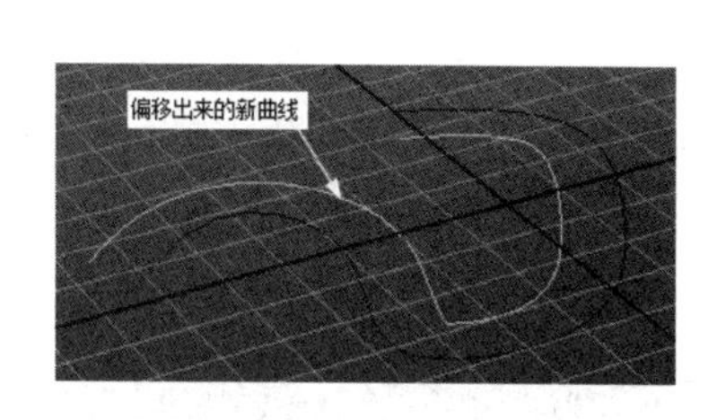

图 2.66

图 2.67

步骤 5：在菜单栏中单击 Edit Curves(编辑曲线)→Offset(偏移)→Offset Curve On Surface(偏移曲面曲线)→■图标，打开 Offset Curve On Surface Options(偏移曲面曲线选项)窗口，具体设置如图 2.68 所示。

步骤 6：单击 Offset(偏移)按钮即可，如图 2.69 所示。

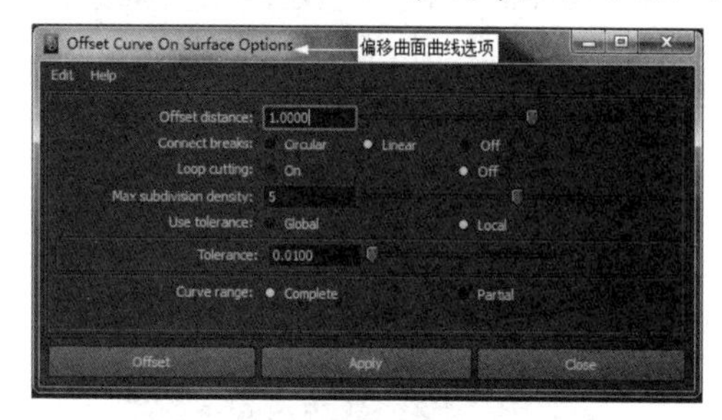

图 2.68

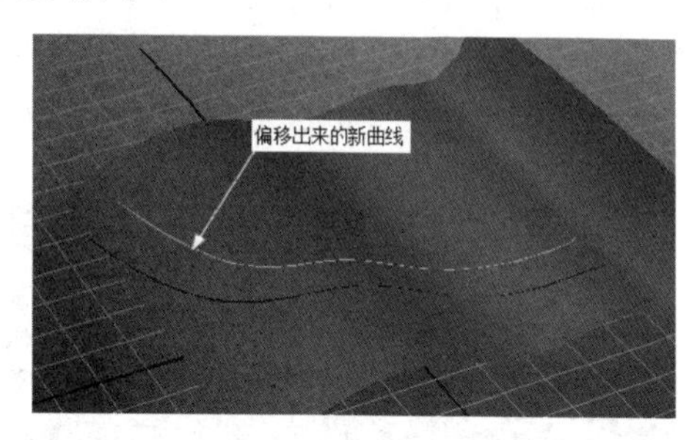

图 2.69

13) Reverse Curve Direction(翻转曲线方向)

Reverse Curve Direction 命令的主要作用是将曲线的起始点与结束点进行互换。如果翻转创建曲面时的曲线方向，则曲面的 UV 方向会改变。如果翻转作为路径的曲线方向，则改变对象沿路径的方向。

具体操作方法如下。

步骤 1：选择需要进行方向翻转的曲线，如图 2.70 所示。

步骤 2：在菜单栏中单击 Edit Curves(编辑曲线)→Reverse Curve(翻转曲线方向)→■图标，打开 Reverse Curve Options(翻转曲线方向选项)窗口，具体设置如图 2.71 所示。

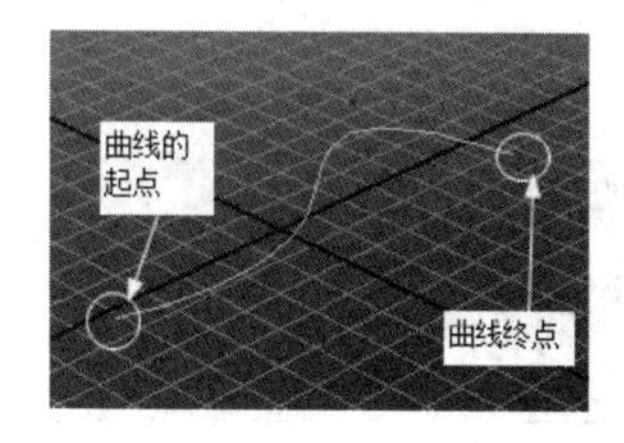

图 2.70

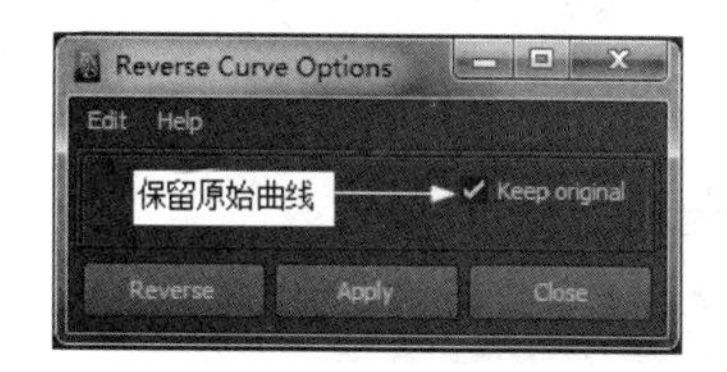

图 2.71

步骤 3：单击 Reverse(翻转)按钮即可，如图 2.72 所示。

14) Rebuild Curve(重建曲线)

Rebuild Curve 命令的主要作用是对曲线进行重新定义 EP(编辑点)的个数并将曲线上的 CV(控制点)进行均匀分布。

具体操作步骤如下。

步骤 1：选择需要进行重建的曲线，如图 2.73 所示，这是重建曲线之前 CV(控制点)的分布情况。

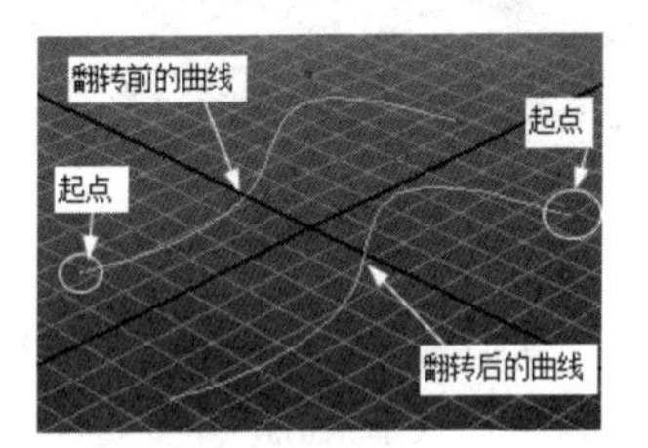

图 2.72

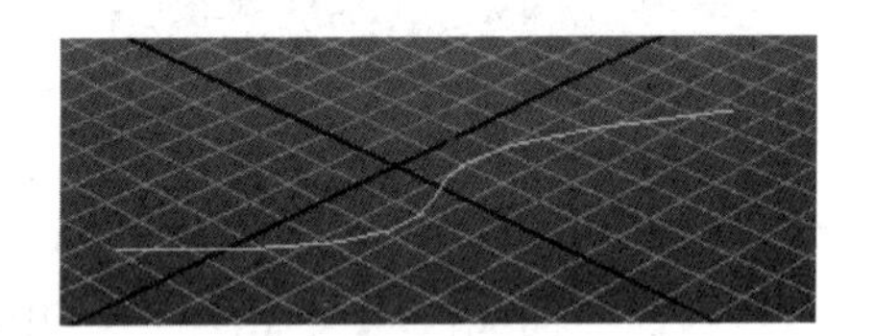

图 2.73

步骤 2：在菜单栏中单击 Edit Curves(编辑曲线)→Rebuild Curve(重建曲线)→■图标，打开 Rebuild Curve Options(重建曲线选项)窗口，具体设置如图 2.74 所示。

步骤 3：单击 Rebuild(重建)按钮即可，如图 2.75 所示。

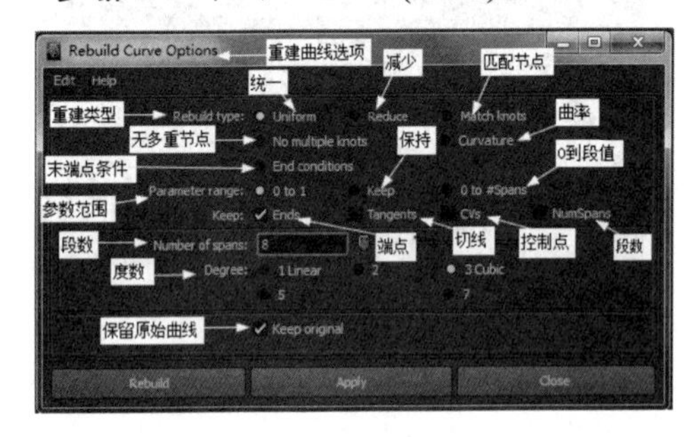

图 2.74

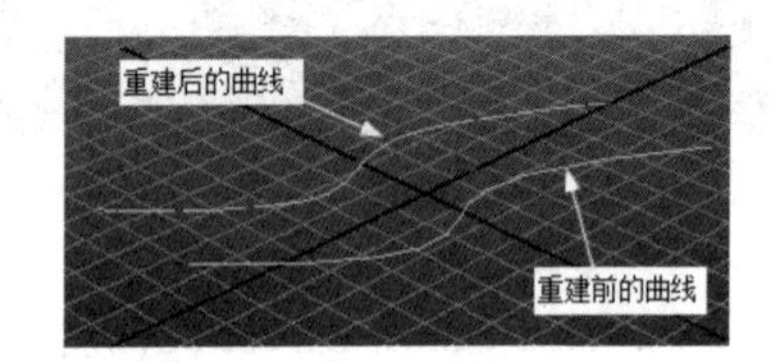

图 2.75

15) Fit B-Spline (适配 B 样条曲线)

Fit B-Spline 命令的主要作用是将选择的曲线生成为一条新的 3Cubic(3 立方)曲线。新生成的曲线度数与原始曲线的度数相同。

具体操作步骤如下。

步骤 1：选择需要适配的曲线，如图 2.76 所示。

步骤 2：在菜单栏中单击 Edit Curves(编辑曲线)→Fit B-Spline (适配 B 样条曲线)→■图标，打开 Fit B-Spline Options(适配 B 样条曲线选项)窗口，具体设置如图 2.77 所示。

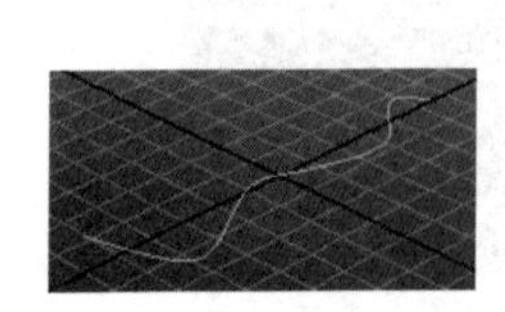

图 2.76

图 2.77

步骤 3：单击 Fit B-Spline (适配 B 样条曲线)按钮即可，如图 2.78 所示。

16) Smooth Curve(平滑曲线)

Smooth Curve 命令的主要作用是在不改变曲线的 CV(控制点)数量的前提下，对曲线进行平滑处理。

具体操作步骤如下。

步骤 1：选择需要进行平滑处理的曲线，如图 2.79 所示。

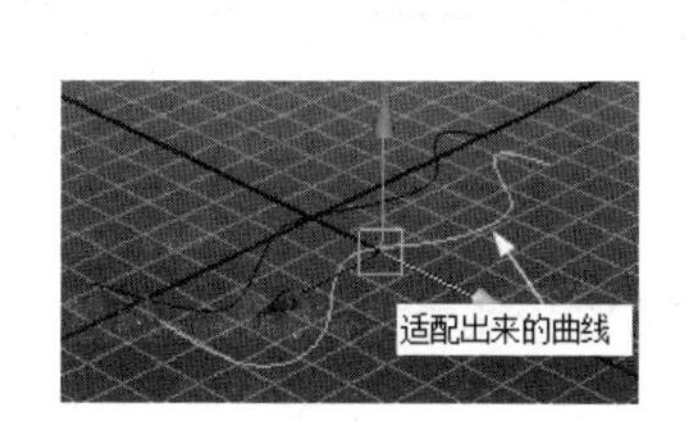

图 2.78

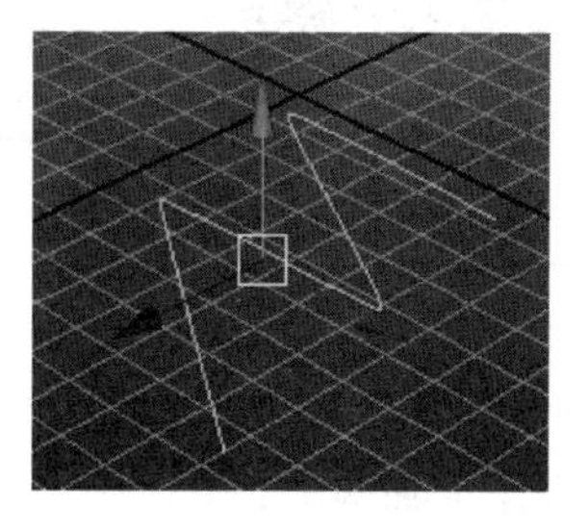

图 2.79

步骤 2：在菜单栏中单击 Edit Curves(编辑曲线)→Smooth Curve(平滑曲线)→■图标，打开 Smooth Curve Options(平滑曲线选项)窗口，具体设置如图 2.80 所示。

步骤 3：单击 Smooth(平滑)按钮即可，如图 2.81 所示。

提示：Smooth Curve(平滑曲线)命令不能对线性曲线、闭合曲线、Isoparm(等参线)和曲面曲线进行平滑处理。Rebuild Curve(重建曲线)命令可以对曲线进行平滑处理，但它是通过改变曲线 CV(控制点)的数量来达到平滑的效果，而 Smooth Curve(平滑曲线)命令不会改变原始曲线的 CV(控制点)的数量。

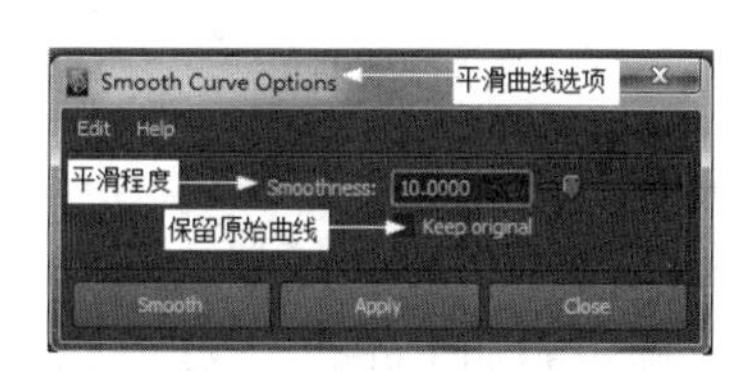

图 2.80

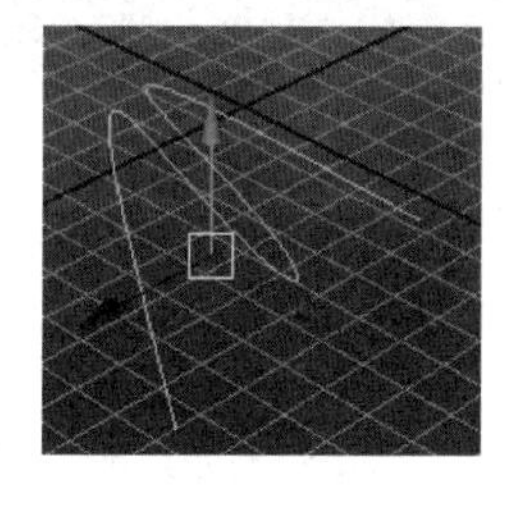

图 2.81

17) CV Hardness(CV 硬度)

CV Hardness 命令的主要作用是调节曲线上被选择的 CV(控制点)位置处的硬度。它是通过在被选中的 CV(控制点)位置处插入多个 EP(编辑点)来达到曲线的硬化处理。

具体操作步骤如下。

步骤 1：在视图中选择需要进行硬化处理的 CV(控制点)，如图 2.82 所示。

步骤 2：在菜单栏中单击 Edit Curves(编辑曲线)→CV Hardness(CV 硬度)→■图标，打开 CV Hardness Options(CV 硬度选项)窗口，具体设置如图 2.83 所示。

步骤 3：单击 Harden(硬化)按钮即可，如图 2.84 所示。

提示：CV Hardness(CV 硬度)命令只对曲线度数为 3Cubic(3 立方)的曲线起作用。

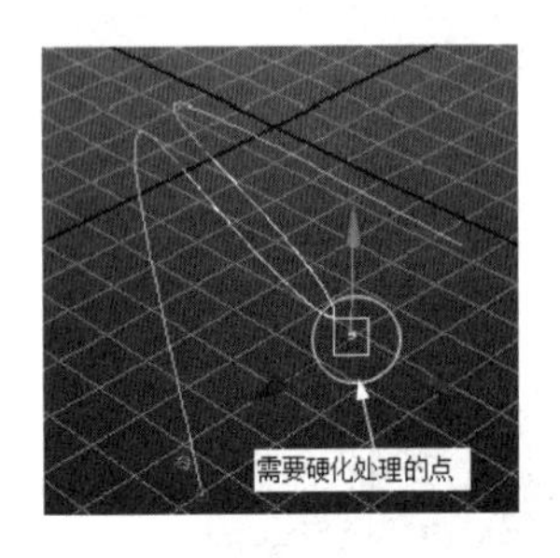

图 2.82

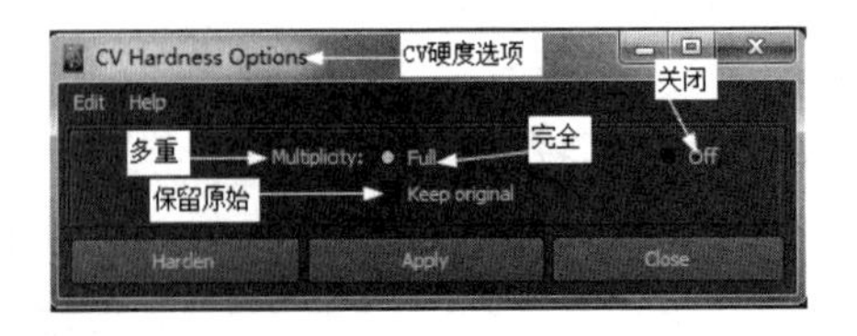

图 2.83

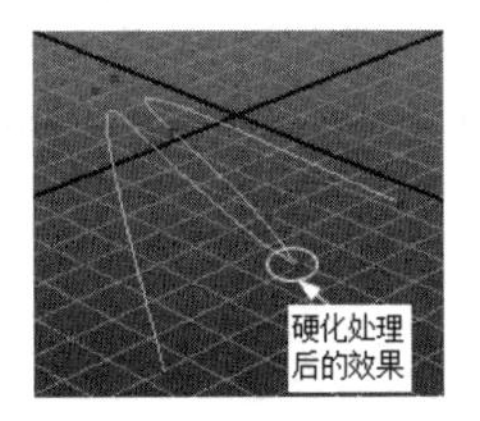

图 2.84

18) Add Points Tool(加点工具)

Add Points Tool 命令的主要作用是在曲线末端添加 CV(控制点)或 EP(编辑点)。

具体操作步骤如下。

步骤 1：选择曲线末端的 CV(控制点)，如图 2.85 所示。

步骤 2：在菜单栏中选择 Edit Curves(编辑曲线)→Add Points Tool(加点工具)命令。

步骤 3：在视图中需要添加 CV(控制点)的位置单击即可添加 CV(控制点)，连续单击不同的位置即可创建多个 CV(控制点)，如图 2.86 所示。

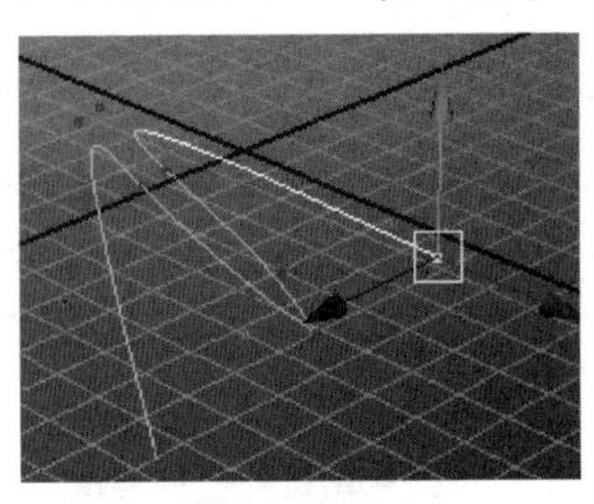

图 2.85

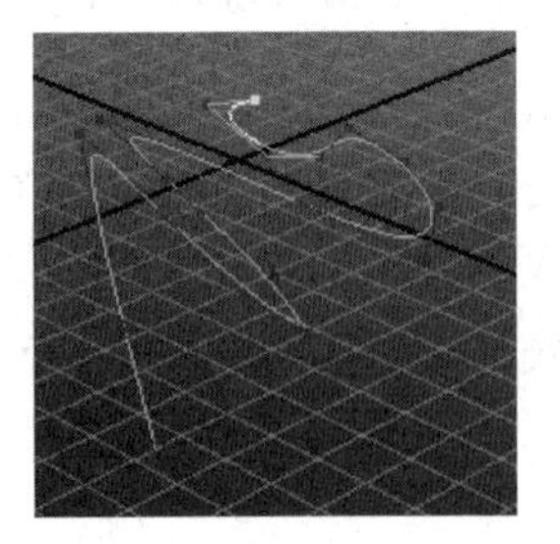

图 2.86

步骤 4：选择曲线末端的 EP(编辑点)，如图 2.87 所示。

步骤 5：在菜单栏中选择 Edit Curves(编辑曲线)→Add Points Tool(加点工具)命令。

步骤 6：在视图中需要添加 EP(编辑点)的位置单击即可添加 EP(编辑点)，连续在不同的位置单击即可创建多个 EP(编辑点)，如图 2.88 所示。

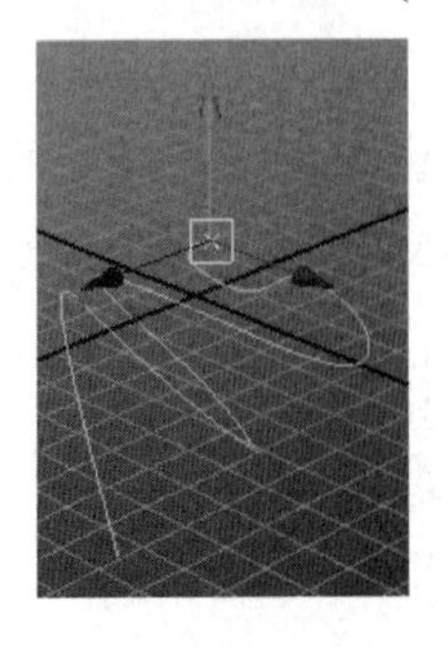

图 2.87

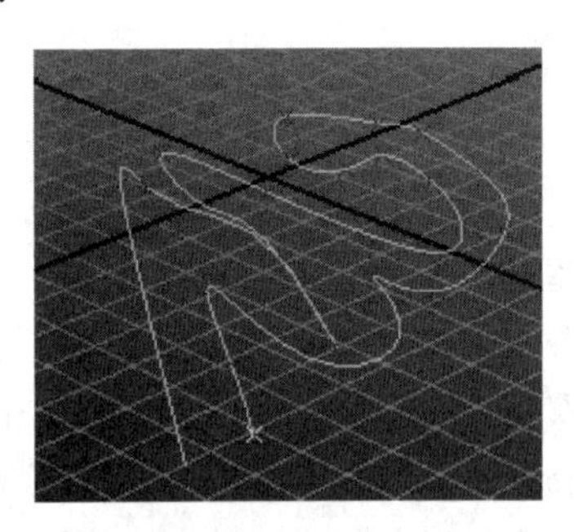

图 2.88

提示：Add Points Tool(加点工具)命令只能沿曲线的末端添加 CV(控制点)或 EP(编辑点)。如果用户想在曲线的起始端添加 CV(控制点)或 EP(编辑点)，则可以使用 Rebuild Curve(重建曲线)命令将曲线的起始点和终止点进行互换之后，再使用 Add Points Tool(加点工具)命令即可。

19) Curve Editing Tool(曲线编辑工具)

Curve Editing Tool 命令的主要作用是编辑曲线的形态。

具体操作方法如下。

步骤 1：选择需要编辑的曲线。在菜单栏中选择 Edit Curves(编辑曲线)→Curve Editing Tool(曲线编辑工具)命令，如图 2.89 所示。

步骤 2：在视图中通过调节这些手柄，即可调节曲线的形态。

各个手柄作用如下。

(1) [1]手柄主要用来垂直排列切线。

(2) [2]手柄主要用来水平排列切线。

(3) [3]手柄主要用来在曲线上任意滑动操纵器。

(4) [4]手柄主要用来缩放当前点的切线。

(5) [5]手柄主要用来改变当前切线的方向。

20) Project Tangent(投影切线)

Project Tangent 命令的主要作用是调整曲线的曲率，以匹配曲面的曲率或两条曲线交叉处的曲率。

具体操作步骤如下。

步骤 1：选择需要修改的曲线，按住 Shift 键选择两条相交曲线，或选择多条需要修改的曲线，再选择一个曲面。

步骤 2：在菜单栏中单击 Edit Curves(编辑曲线)→Project Tangent(投影切线)→■图标，打开 Project Tangent Options(投影切线选项)窗口，具体设置如图 2.90 所示。

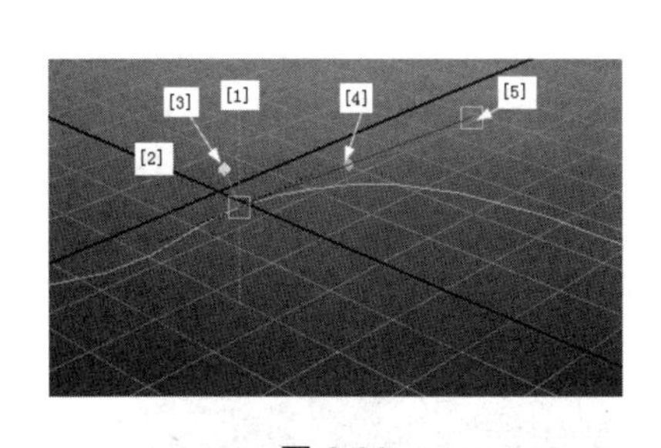

图 2.89

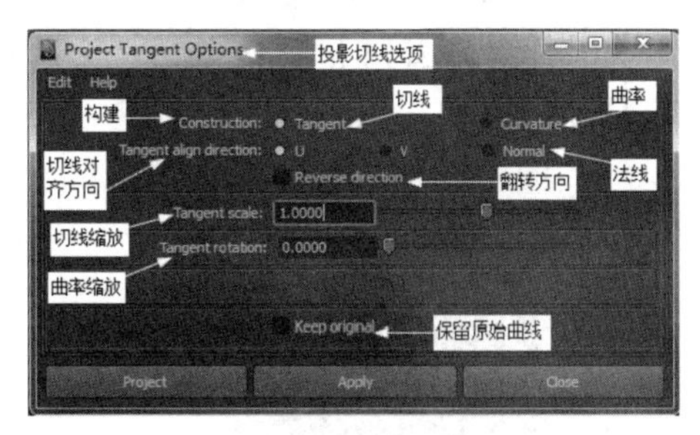

图 2.90

步骤 3：单击 Project(投影)按钮即可。

21) Modify Curves(修改曲线)

Modify Curves 子菜单主要包括 Lock Length(锁定长度)、Unlock Length(不锁定曲线长度)、Straighten(拉直)、Smooth(平滑)、Curl(卷曲)、Bend(弯曲)和 Scale Curvature(缩放曲率)7 个命令。它们的具体介绍如下。

(1) Lock Length(锁定长度)命令的主要作用是锁定曲线的长度。

具体操作方法如下。

步骤 1：选择曲线。

步骤 2：在菜单栏中选择 Edit Curves(编辑曲线)→Modify Curves(修改曲线)→Lock Length(锁定长度)命令即可锁定。

(2) Unlock Length(不锁定曲线长度)命令的主要作用是解除长度锁定。

具体操作方法如下。

步骤 1：选择曲线。

步骤 2：在菜单栏中选择 Edit Curves(编辑曲线)→Modify Curves(修改曲线)→Unlock Length(不锁定曲线长度)命令即可解除锁定。

(3) Straighten(拉直)命令的主要作用是将曲线拉直或翻转曲线长度。

其具体操作步骤如下。

步骤 1：选择需要拉直的曲线，如图 2.91 所示。

步骤 2：在菜单栏中单击 Edit Curves(编辑曲线)→Modify Curves(修改曲线)→Straighten Curves(拉直)→■图标，打开 Straighten Curves Options(拉直选项)窗口，具体设置如图 2.92 所示。

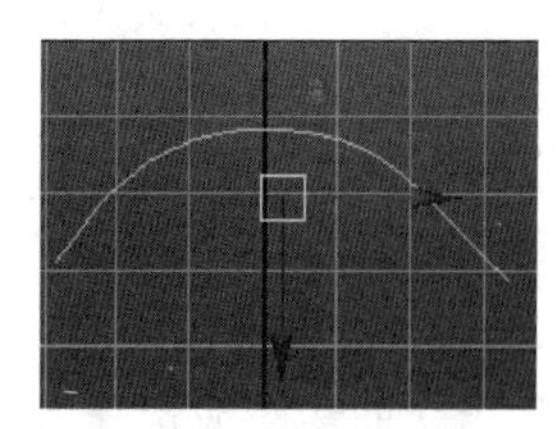

图 2.91

图 2.92

步骤 3：单击 Straighten Curves(拉直曲线长度)按钮即可，如图 2.93 所示。

(4) Smooth(平滑)命令的主要作用是对选择的曲线进行平滑处理。

其具体操作步骤如下。

步骤 1：选择需要进行平滑处理的曲线，如图 2.94 所示。

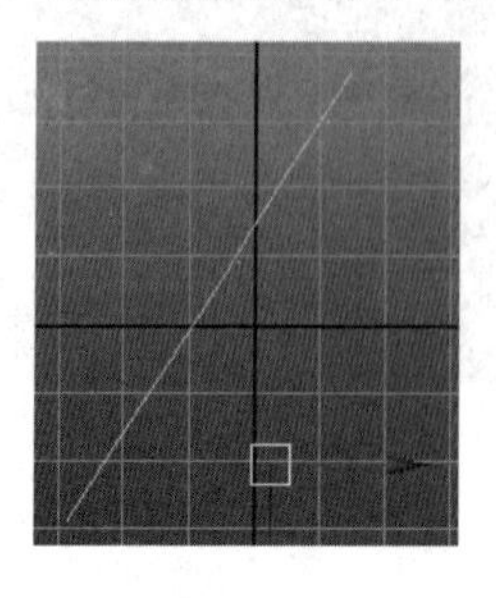

图 2.93

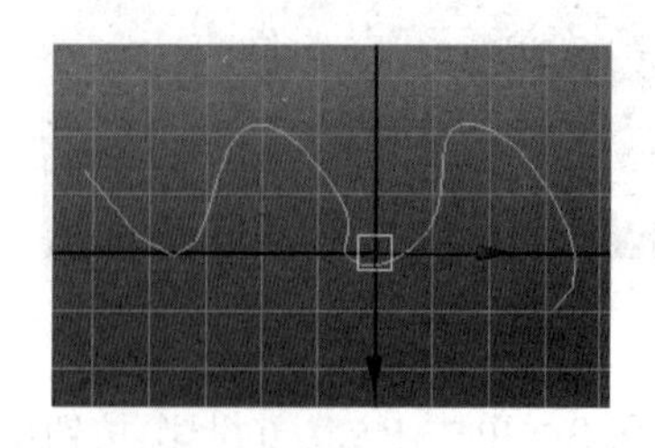

图 2.94

步骤 2：在菜单栏中单击 Edit Curves(编辑曲线)→Modify Curves(修改曲线)→Smooth Curves(平滑)→■图标，打开 Smooth Curves Options(平滑选项)窗口，具体设置如图 2.95 所示。

步骤 3：单击 Smooth Curves(平滑曲线)按钮即可，如图 2.96 所示。

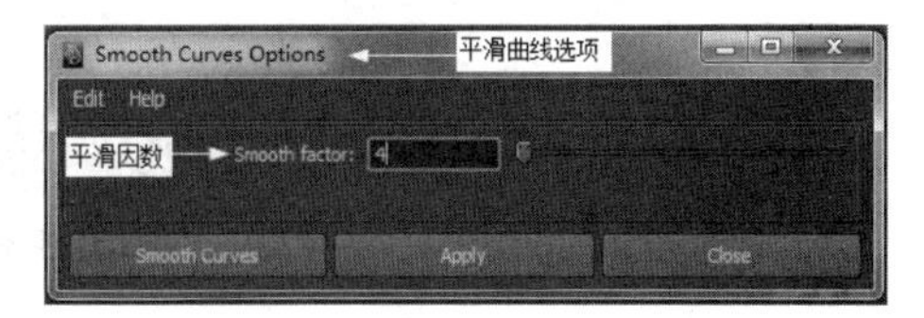

图 2.95

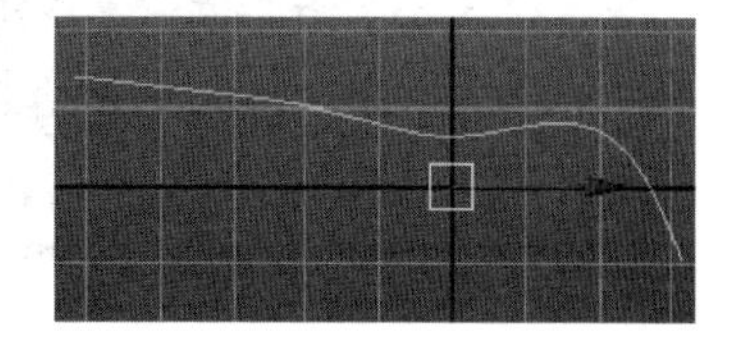

图 2.96

Curl(卷曲)命令的主要作用是对选择的曲线进行卷曲操作。

其具体操作方法如下。

步骤 1：选择需要进行卷曲操作的曲线。

步骤 2：在菜单栏中单击 Edit Curves(编辑曲线)→Modify Curves(修改曲线)→Curl Curves(卷曲)→■图标，打开 Curl Curves Options(卷曲选项)窗口，具体设置如图 2.97 所示。

步骤 3：单击 Curl Curves(卷曲曲线)按钮即可。

(5) Bend(弯曲)命令的主要作用是将选择的曲线进行弯曲处理。

具体操作步骤如下。

步骤 1：选择需要弯曲处理的曲线。

步骤 2：在菜单栏中单击 Edit Curves(编辑曲线)→Modify Curves(修改曲线)→Bend Curves(弯曲)→■图标，打开 Bend Curves Options(弯曲选项)窗口，具体设置如图 2.98 所示。

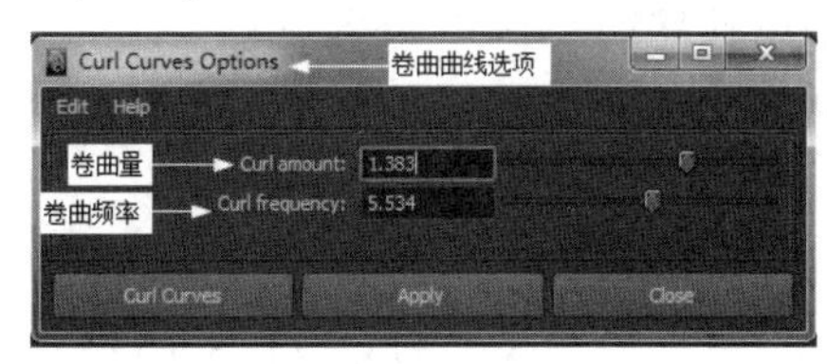

图 2.97

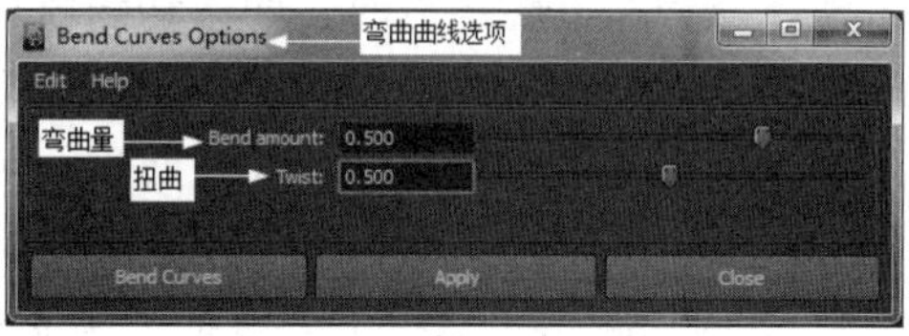

图 2.98

步骤 3：单击 Bend Curves(弯曲曲线)按钮即可。

(6) Scale Curvature(缩放曲率)命令的主要作用是对选择的曲线进行曲率的缩放。

具体操作步骤如下。

步骤 1：选择需要缩放曲率的曲线或曲线的 CV(控制点)。

步骤 2：在菜单栏中单击 Edit Curves(编辑曲线)→Modify Curves(修改曲线)→Scale Curvature(缩放曲率)→■图标，打开 Scale Curvature Options(缩放曲率选项)窗口，具体设置如图 2.99 所示。

步骤 3：单击 Scale Curvature(缩放曲率)按钮即可。

22) Bezier Curves(贝塞尔曲线)

在 Bezier Curves(贝塞尔曲线)子菜单中包含了 Anchor Presets(锚点预设)和 Wangent Options(切线选项)两个子菜单，如图 2.100 所示。

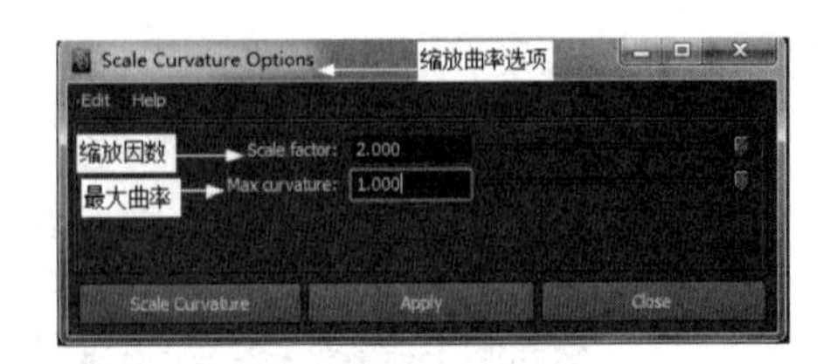

图 2.99

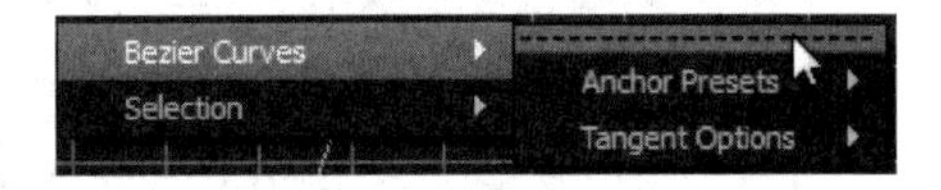

图 2.100

在 Anchor Presets(锚点预设)菜单下包含了 Bezier(贝塞尔)、Bezier Corner(贝塞尔拐角)和 Corner(拐角)3 个命令。这些命令的主要作用是改变贝塞尔曲线上的所选控制点到所选锚点预设。它们的具体作用如下。

(1) Bezier(贝塞尔)命令：主要用未打断的切线来平滑锚点的贝塞尔曲线。

(2) Bezier Corner(贝塞尔拐角)命令：主要用打断的切线使锚点处曲线变尖锐。

(3) Corner(拐角)命令：不用切线也可将锚点处曲线变尖锐。

在 Tangent Options(切线选项)菜单下包含 Smooth Anchor Tangents(平滑锚点切线)、Breake Anchor Tangents(打断锚点切线)和 Even Anchor Tangents(平均化锚点切线)3 个命令。这些命令的主要作用是改变贝塞尔曲线上所选的切线。它们的具体作用如下。

(1) Smooth Anchor Tangents(平滑锚点切线)命令的主要作用是将所选切线与其在相同锚点上的对应切线连接起来，从而在旋转锚点时，两个切线就可以一起移动。

(2) breaks Anchor Tangents(打断锚点切线)命令的主要作用是将在同一锚点上的两条切线打断，从而在旋转锚点时，两条切线就可以分别单独移动。

(3) Even Anchor Tangents(平均化锚点切线)命令的主要作用是调整在相同锚点上一条切线的长度，从而使两条切线长度匹配。

23) Selection(选择)

在 Selection 子菜单中主要包括了 Select Curve CVs(选择曲线上的 CVs)、Select First CV on Curve(选择曲线上的初始 CV)、Select CV on Curve(选择曲线上的终止 CV)和 Cluster Curve(簇化曲线)4 个命令。它们的具体作用如下。

(1) Select Curve CVs(选择曲线上的 CVs)命令的主要作用选择曲线上的所有 CV 控制点。

(2) Select First CV on Curve(选择曲线上的初始 CV)命令的主要作用是选择曲线的初始 CV 控制点。

(3) Select CV on Curve(选择曲线上的终止 CV)命令的主要作用是选择曲线的终止 CV 控制点。

(4) Cluster Curve(簇化曲线)命令的主要作用是为所选曲线上的每个 CV(控制点)创建一个簇。

它们的具体操作方法很简单。若要选择曲线，执行该命令即可。

视频播放：Edit Curves(编辑曲线)命令的使用的详细讲解，请观看配套视频“part\video\chap02_video05”。

6. Surfaces(曲面)命令的使用

在 Maya 2011 中，Surfaces(曲面)命令主要包括 Revolve(旋转)、Loft(放样)、Planar(平面)、Extrude(挤出)、Birail(双轨)、Boundary(边界)、Square(方形)、Bevel(倒角)和 Bevel Plus(倒角插件)9 个编辑命令，如图 2.101 所示。用户如果熟练掌握这些编辑命令，就可以在曲线的基础上创建更复杂的 NURBS 模型。下面对这些命令的作用和使用方法进行讲解。

1) Revolve(旋转)

Revolve 命令的主要作用是将选定的曲线按预定的轴旋转成面。

具体操作步骤如下。

步骤 1：在视图中选择需要进行旋转的曲线，如图 2.102 所示。

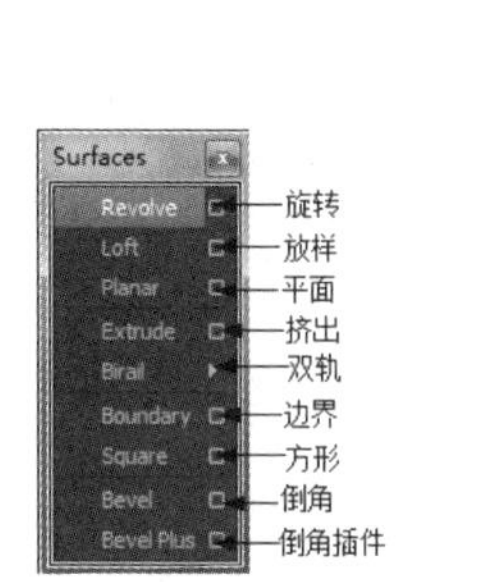

图 2.101　　图 2.102

步骤 2：在菜单栏中单击 Surfaces(曲面)→Revolve(旋转)→■图标，打开 Revolve Options(旋转选项)窗口，具体设置如图 2.103 所示。

步骤 3：单击 Revolve(旋转)按钮，即可生成面，如图 2.104 所示。用户在没有删除历史构造的情况下，可以对旋转的曲线进行编辑。

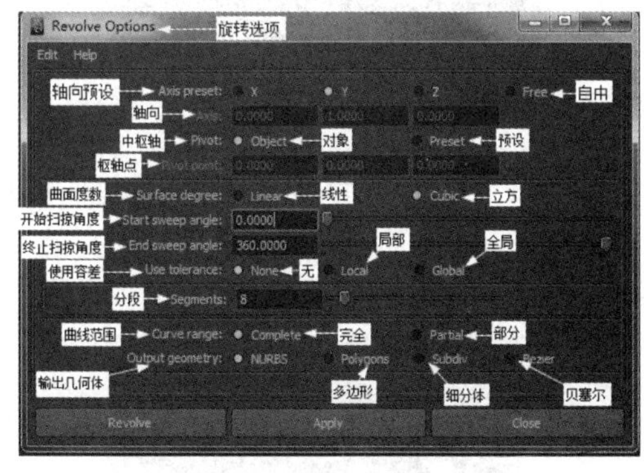

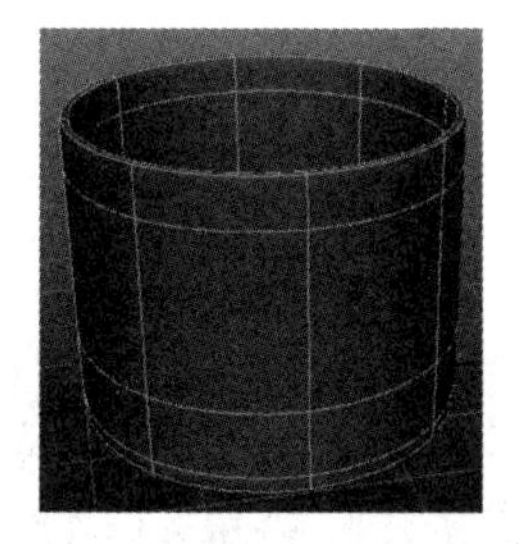

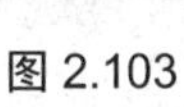

图 2.103　　图 2.104

2) Loft(放样)

Loft 命令的主要作用是对选择的多条曲线进行放样成面。

具体操作步骤如下。

步骤 1：选择需要放样的曲线，如图 2.105 所示。

步骤 2：在菜单栏中单击 Surfaces(曲面)→Loft(放样)→■图标，打开 Loft Options(放样选项)窗口，具体设置如图 2.106 所示。

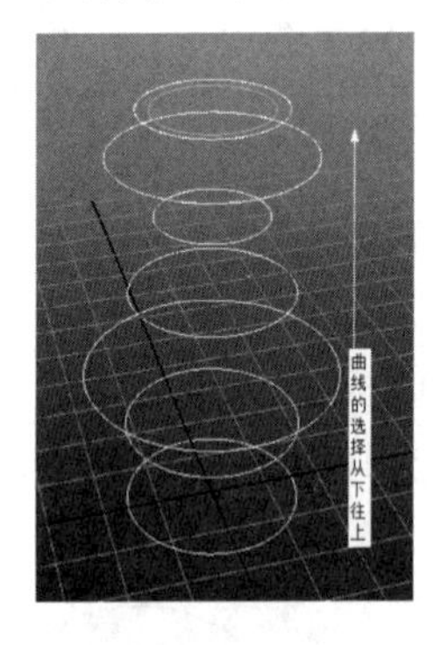

图 2.105

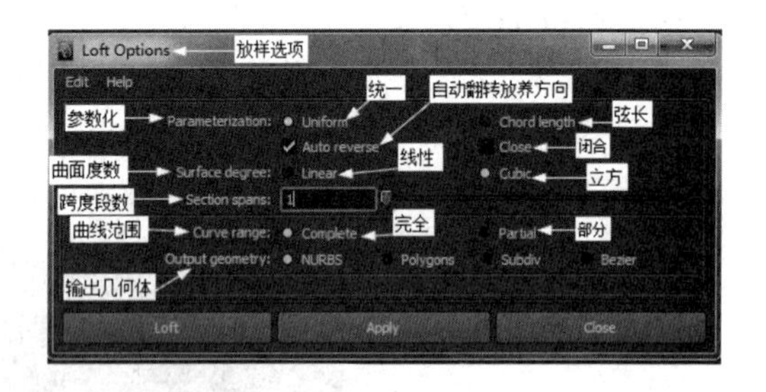

图 2.106

步骤 3：单击 Loft(放样)按钮即可，如图 2.107 所示。用户在没有删除历史构造的情况下，可以对放样的曲线进行编辑。

3) Planar(平面)

Planar 命令的主要作用是对选择的多条曲线生成面。

具体操作方法如下。

步骤 1：在视图中选择多条曲线，如图 2.108 所示。

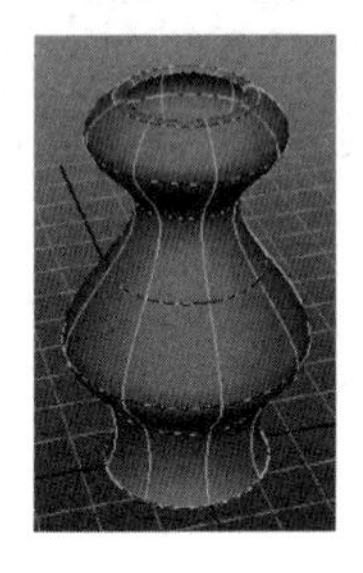

图 2.107

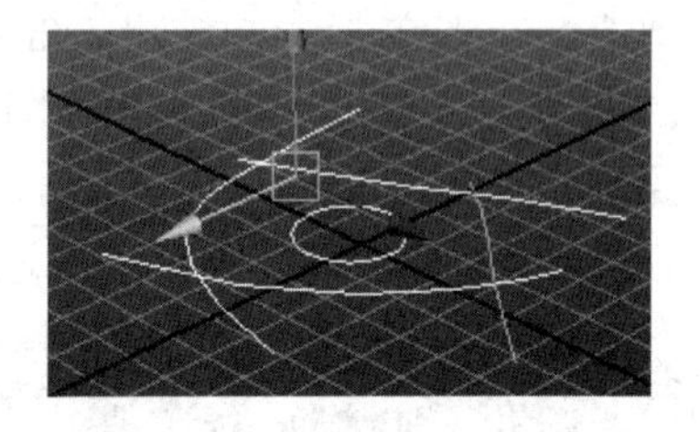

图 2.108

步骤 2：在菜单栏中单击 Surfaces(曲面)→Planar(平面)→■图标，打开 Planar Trim Surface Options(平面剪切曲面选项)窗口，具体设置如图 2.109 所示。

步骤 3：单击 Planar Trim(平面剪切)按钮即可，如图 2.110 所示。

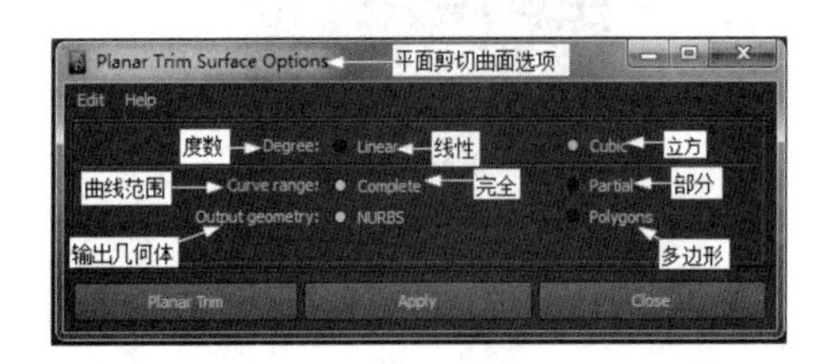

图 2.109

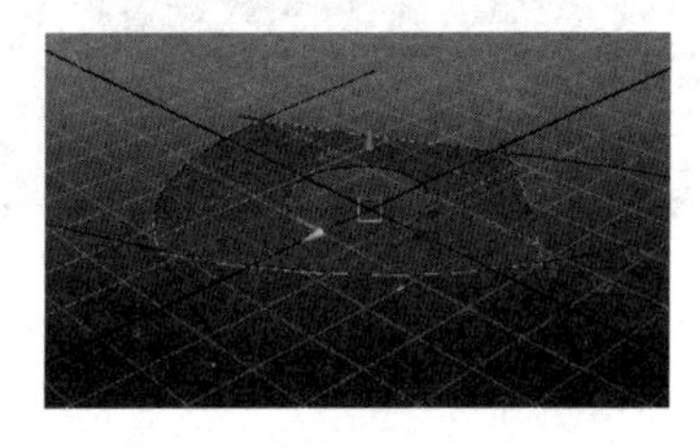

图 2.110

提示：在使用 Planar(平面)命令创建平面时，所选的曲线必须形成闭合或多条曲线形成封闭的区域，而且所有曲线的控制点在同一个平面上。

4) Extrude(挤出)

Extrude 命令的主要作用是将选择的轮廓线沿选择的路径挤出成面。

具体操作方法如下。

步骤 1：选择需要进行挤出的轮廓曲线和路径曲线，如图 2.111 所示。

步骤 2：在菜单栏中单击 Surfaces(曲面)→Extrude(挤出)→■图标，打开 Extrude Options(挤出选项)窗口，具体设置如图 2.112 所示。

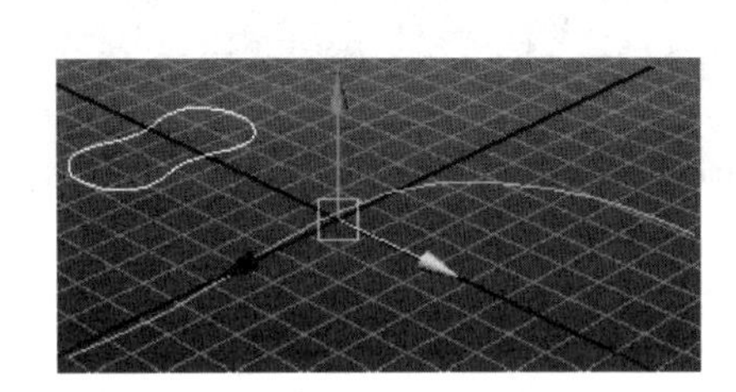

图 2.111

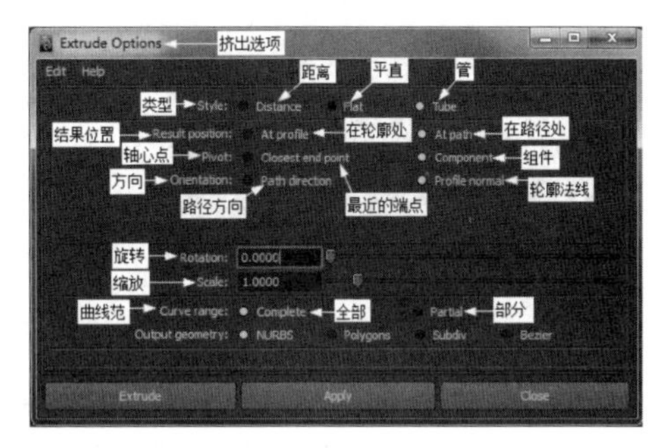

图 2.112

步骤 3：单击 Extrude(挤出)按钮即可，如图 2.113 所示。

5) Birail(双轨)

Birail 命令组主要作用是沿两条轨道曲线扫掠轮廓曲线，生成一个曲面。Birail(双轨)命令组主要包括：Birail 1 Tool(双轨 1 工具)、Birail 2 Tool(双轨 2 工具)和 Birail 3+ Tool(双轨 3+工具)3 个子命令。各个命令的作用和具体操作如下。

(1) Birail 1 Tool(双轨 1 工具)命令的主要作用是沿选择的两条轨道线扫掠选择的轮廓线，生成一个曲面。

具体操作方法如下。

步骤 1：在菜单栏中单击 Surfaces(曲面)→Birail(双轨)→Birail 1 Tool(双轨 1 工具)→■图标，打开 Birail 1 Options(双轨 1 选项)窗口，具体设置如图 2.114 所示。

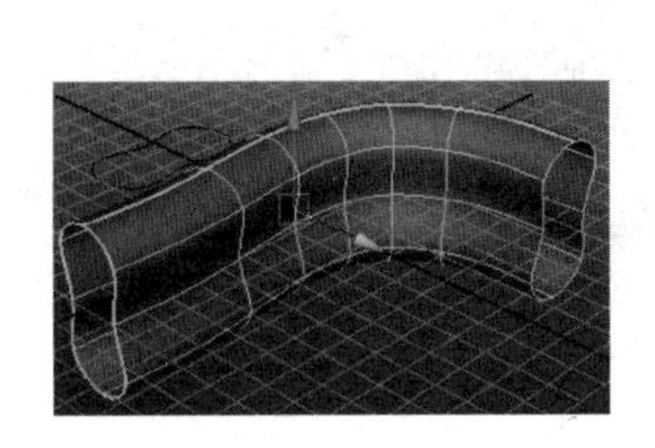

图 2.113

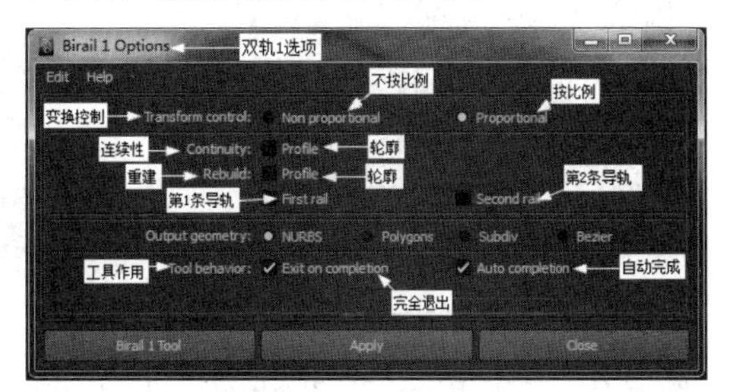

图 2.114

步骤 2：单击 Birail 1 Tool(双轨 1 工具)按钮。

步骤 3：在视图中依次单击轮廓线、轨道 1 曲线和轨道 2 曲线，按回车键即可，最终效果如图 2.115 所示。

(2) Birail 2 Tool(双轨 2 工具)命令的主要作用是两条轨道曲线扫掠两条选择的轮廓线，生成一个曲面。

具体操作步骤如下。

步骤 1：在菜单栏中单击 Surfaces(曲面)→Birail(双轨)→Birail 2 Tool(双轨 2 工具)→■图标，打开 Birail 2 Options(双轨 2 选项)窗口，具体设置如图 2.116 所示。

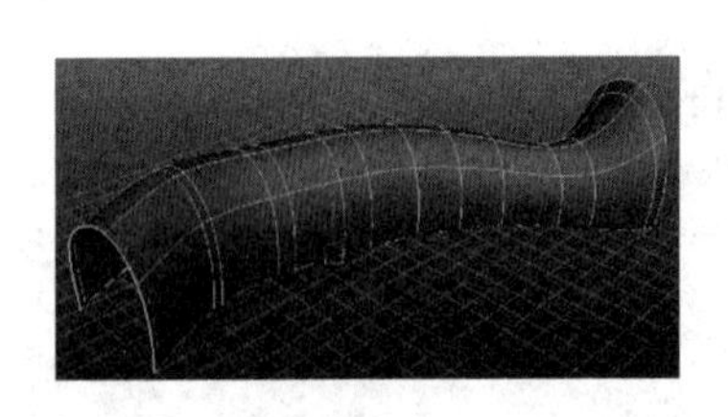

图 2.115

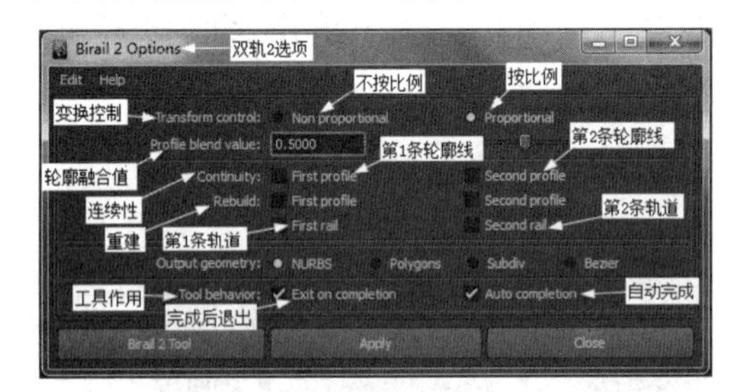

图 2.116

步骤 2：单击 Birail 2 Tool(双轨 2 工具)按钮。

步骤 3：在视图中依次单击轮廓曲线和轨道曲线即可。最终效果如图 2.117 所示。

提示：当使用 Birail 2 Tool(双轨 2 工具)命令时，轮廓线必须与两条轨道曲线相交才能生成曲面。用户可以使用曲线、Isoparm(等参线)、曲面曲线和 Trim Edge(剪切边线)作为轮廓曲线和轨道曲线。

(3) Birail 3+ Tool(双轨 3+工具)命令的主要作用是两条轨道曲线扫掠 3 条或 3 条以上选择的轮廓线，生成一个曲面。

具体操作步骤如下。

步骤 1：在菜单栏中单击 Surfaces(曲面)→Birail(双轨)→Birail 3+ Tool(双轨 3+工具)→■图标，打开 Birail 3+ Options(双轨 3+选项)窗口，具体设置如图 2.118 所示。

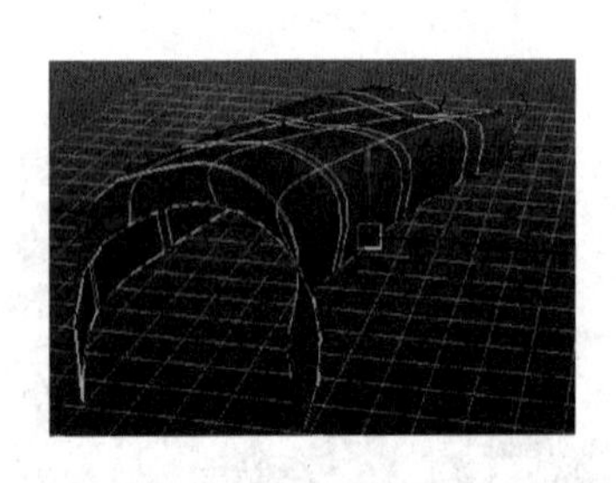

图 2.117

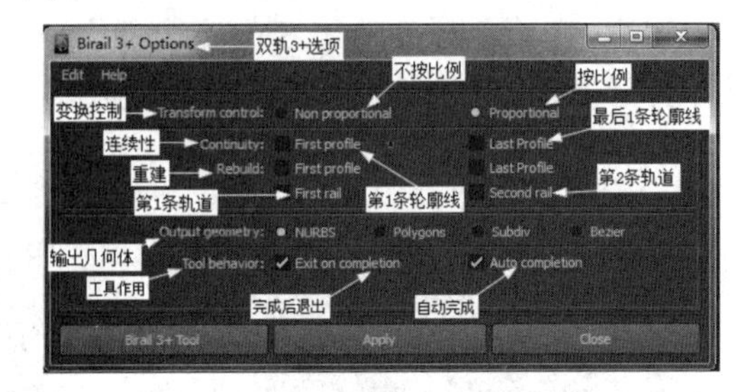

图 2.118

步骤 2：单击 Birail 3+ Tool(双轨 3+工具)按钮。

步骤 3：在视图中依次单击轮廓曲线，按回车键，再单击轨道曲线即可，如图 2.119 所示。

提示：当使用 Birail 3+ Tool(双轨 3+工具)命令时，轮廓线必须与两条轨道曲线都相交，才能生成曲面。

6) Boundary(边界)

Boundary 命令的主要作用是将所选的边界曲线生成边界曲面。

具体操作方法如下。

步骤 1：选择曲线，如图 2.120 所示。

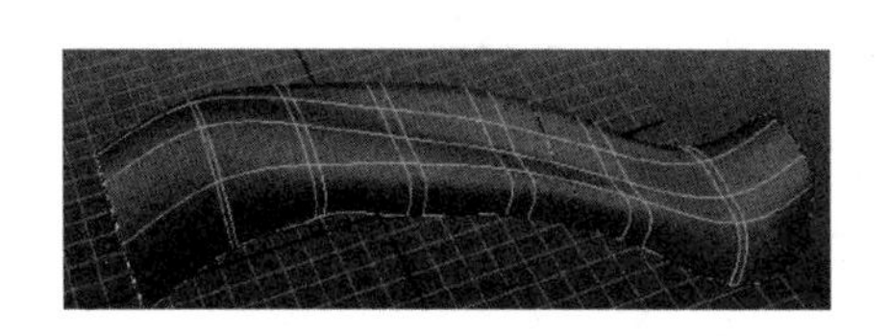

图 2.119

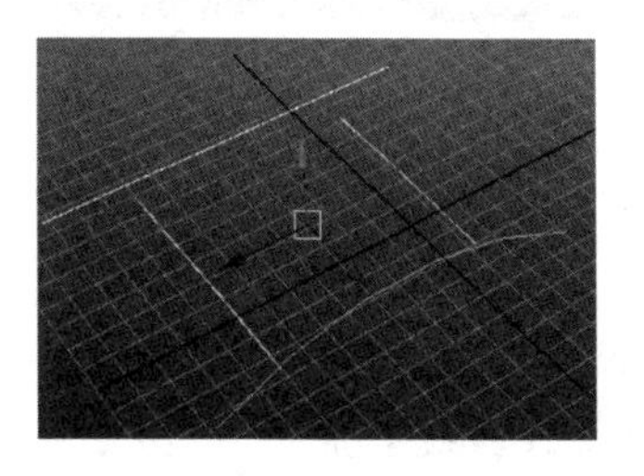

图 2.120

步骤 2：在菜单栏中单击 Surfaces(曲面)→Boundary(边界)→■图标，打开 Boundary Options(边界选项)窗口，具体设置如图 2.121 所示。

步骤 3：单击 Boundary(边界)按钮即可，如图 2.122 所示。

提示：当使用 Boundary(边界)命令生成面时，不论是三边生成面还是四边生成面，选择的第 1 条曲线都将定义结果曲线面的 U 参数方向。当四边或三边生成面时，边线的端点不一定要两两相交，用户可以在 Common End Points(公共端点)栏中设置。如果用户使用四边生成面，则建议用户按照对边的次序选取曲线。

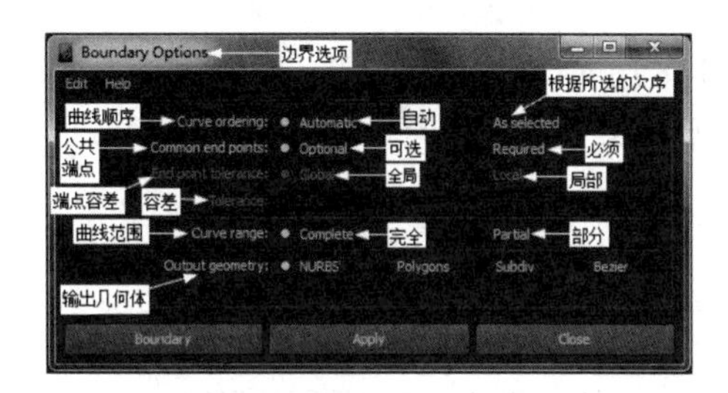

图 2.121

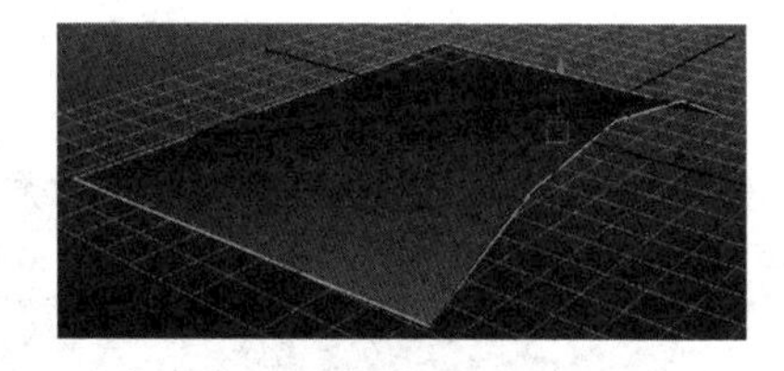

图 2.122

7) Square(方形)

Square 命令的主要作用是根据所选的 4 条或 3 条两两相交的边界曲线生成曲面。

具体操作步骤如下。

步骤 1：选择 4 条边界曲线，如图 2.123 所示。

步骤 2：在菜单栏中单击 Surfaces(曲面)→Square(方形)→■图标，打开 Square Surface Options(方形选项)窗口，具体设置如图 2.124 所示。

图 2.123

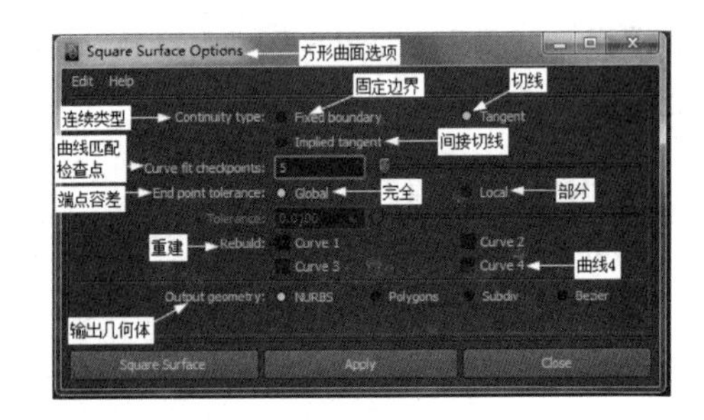

图 2.124

步骤 3：单击 Square Surfaces(方形曲面)按钮即可，如图 2.125 所示。

8) Bevel(倒角)

Bevel 命令的主要作用是将用户所选的曲线生成带有过渡的曲面。

具体操作步骤如下。

步骤 1：选择边界曲线，如图 2.126 所示。

图 2.125

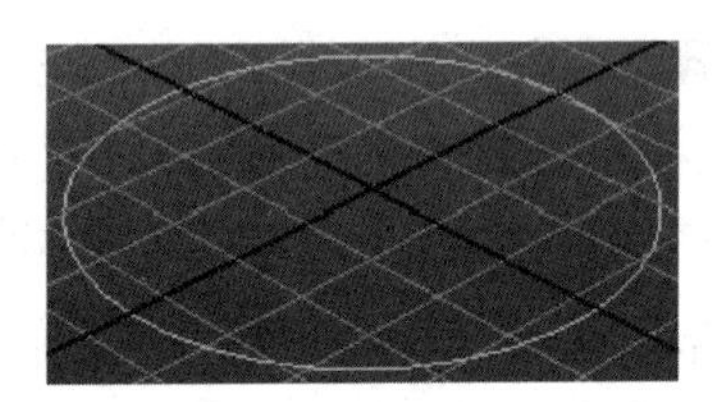

图 2.126

步骤 2：在菜单栏中单击 Surfaces(曲面)→Bevel(倒角)→■图标，打开 Bevel Options(倒角选项)窗口，具体设置如图 2.127 所示。

步骤 3：单击 Bevel(倒角)按钮即可，如图 2.128 所示。

提示：曲线、等参线、剪切线和曲面曲线都可以使用 Bevel(倒角)命令生成倒角。

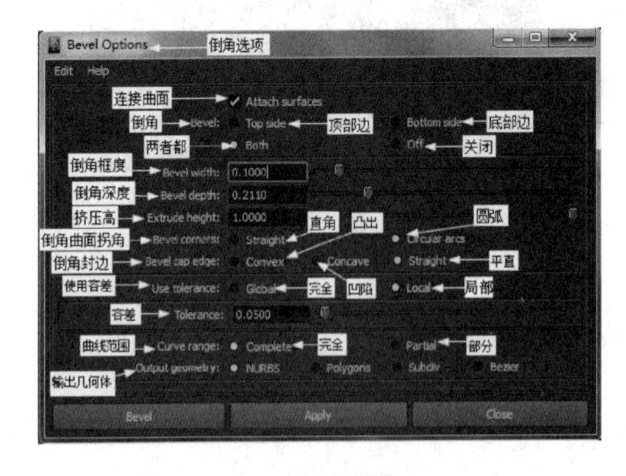

图 2.127

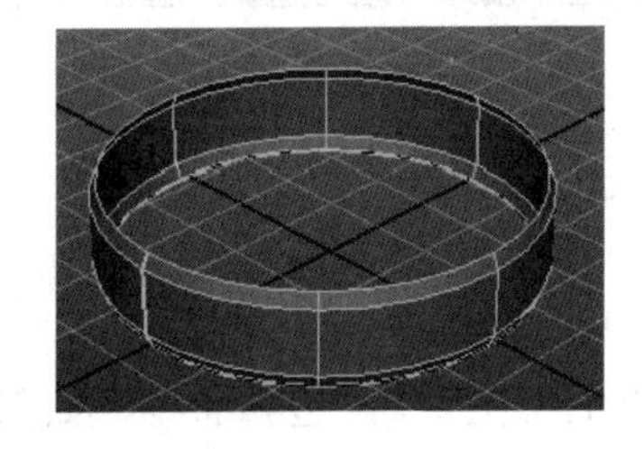

图 2.128

9) Bevel Plus(倒角插件)

Bevel Plus 命令的主要作用是根据所选的曲线生成具有更高控制度的带有斜面的曲面。

具体操作步骤如下。

步骤 1：选择曲线，如图 2.129 所示。

步骤 2：在菜单栏中单击 Surfaces(曲面)→Bevel Plus(倒角插件)→■图标，打开 Bevel Plus Options(倒角插件选项)窗口，具体设置如图 2.130 所示。

步骤 3：单击 Bevel(倒角)命令即可，如图 2.131 所示。

图 2.129

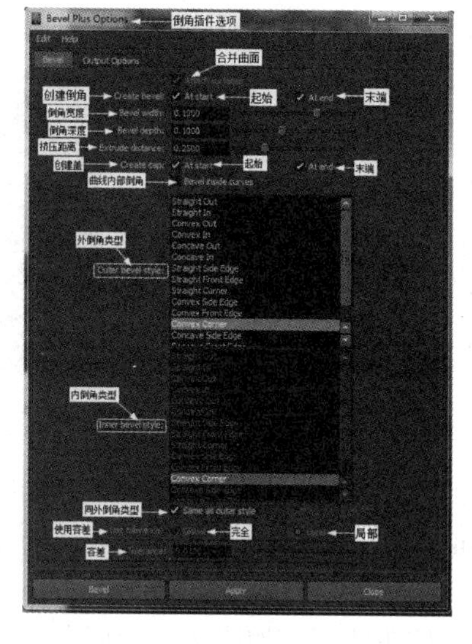

图 2.130

图 2.131

视频播放：Surfaces(曲面)命令使用的详细讲解，请观看配套视频“part\video\chap02_video06”。

7. Edit NURBS(编辑曲面)命令的使用

在 Maya 2011 中，Edit NURBS(编辑曲面)命令主要包括 Duplicate NURBS Patches(复制 NURBS 面片)、Project Curve on Surface(投射曲线到曲面)、Intersect Surfaces(曲面相交)、Trim Tool(修剪工具)、Untrim Surfaces(取消修剪曲面)、Booleans(布尔)、Attach Surfaces(附加曲面)、Attach Without Moving(非移动附加)、Detach Surfaces(分离曲面)、Align Surfaces(对齐曲面)、Open/Close Surfaces(开放/闭合曲面)、Move Seam(移动接缝)、Insert Isoparms(插入参考线)、Extend Surfaces(延伸曲面)、Offset Surfaces(偏移曲面)、Reverse Surface Direction(反转曲面方向)、Rebuild Surfaces(重建曲面)、Round Tool(圆角工具)、Surface Fillet(曲面圆角)、Stitch(缝合)、Sculpt Geometry Tool(雕刻几何体工具)、Surface Editing(曲面编辑)和 Selection(选择)23 个命令，如图 2.132 所示。

如果用户熟练掌握 Edit NURBS(编辑曲面)命令的使用，则可以轻松地对前面使用 Surfaces(曲面)命令创建的曲面或 NURBS 基本体进行编辑和修改，并调节模型形态增加细节。下面详细介绍 Edit NURBS(编辑曲面)命令中的各个命令的作用和使用方法。

1) Duplicate NURBS Patches(复制 NURBS 面片)

Duplicate NURBS Patches 命令的主要作用是对选中的曲面进行复制，形成独立物体。具体操作步骤如下。

步骤 1：选中需要复制的曲面，如图 2.133 所示。

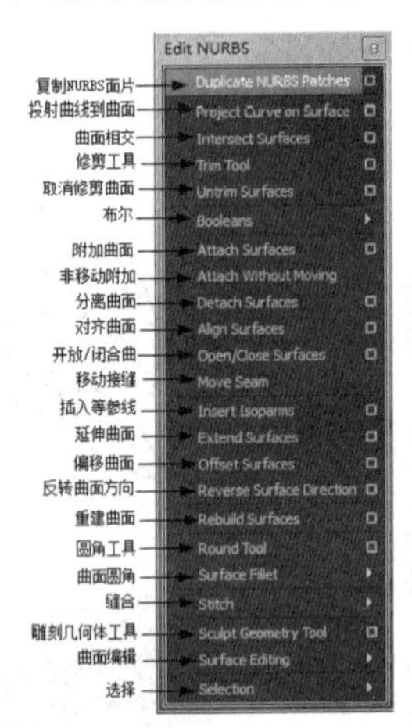

图 2.132

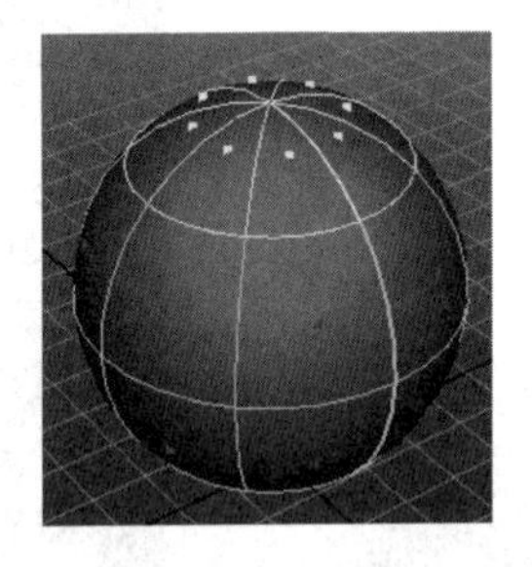
图 2.133

步骤 2：在菜单栏中单击 Edit NURBS(编辑 NURBS)→Duplicate NURBS Patches(复制NURBS面片)→□图标，打开 Duplicate NURBS Patches Options(复制NURBS面片选项)窗口，具体设置如图 2.134 所示。

步骤 3：单击 Duplicate(复制)按钮即可，如图 2.135 所示。

2) Project Curve on Surface(投射曲线到曲面)

Project Curve on Surface 命令的主要作用是将选择的曲线通过一个指定角度投射到曲面上，形成曲面曲线，而生成的曲面曲线可以对曲面进行剪切操作。

具体操作步骤如下。

步骤 1：在视图中选择需要投射的曲线和曲面，如图 2.136 所示。

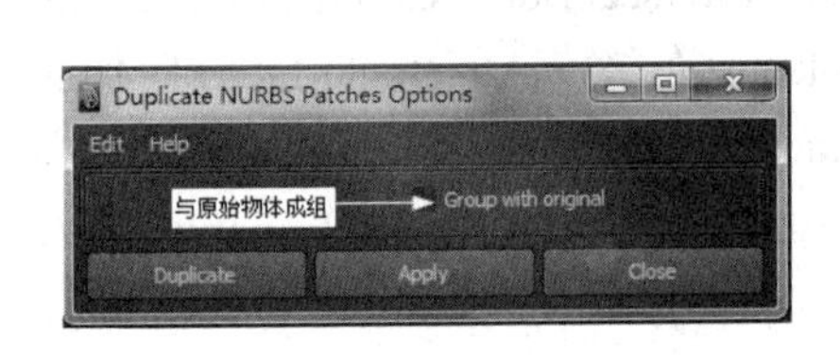

图 2.134

图 2.135

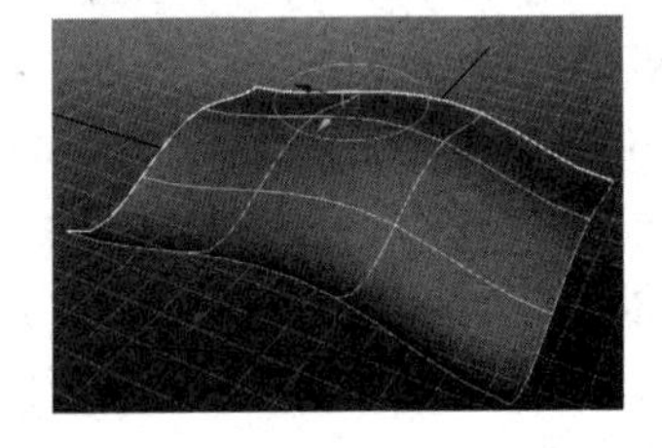
图 2.136

步骤 2：在菜单栏中单击 Edit NURBS(编辑 NURBS)→Project Curve on Surface(投射曲线到曲面)→□图标，打开 Project Curve on Surface Options(投射曲线到曲面选项)窗口，具体设置如图 2.137 所示。

步骤 3：单击 Project(投射)按钮即可，如图 2.138 所示。

3) Intersect Surfaces(曲面相交)

Intersect Surfaces 命令的主要作用是在两个相交的曲面上生成一条相交线，相交线是依附在两个曲面上的表面曲线。该命令通常与 Trim Tool(修剪工具)配合使用，通过曲面生成交线，再剪切曲面得到各种形状的曲面。

具体操作步骤如下。

步骤 1：选择相交的曲面，如图 2.139 所示。

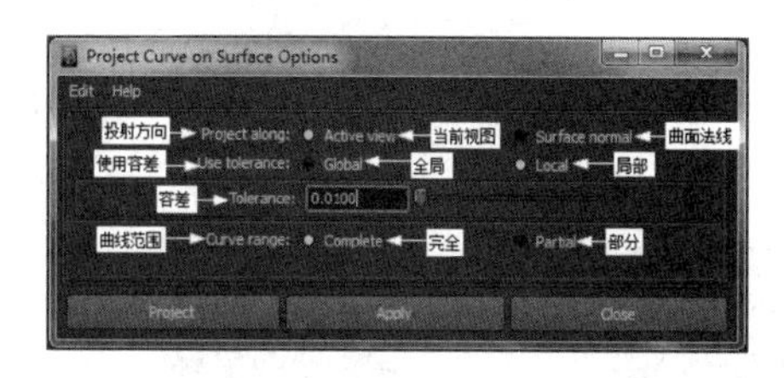

图 2.137

图 2.138

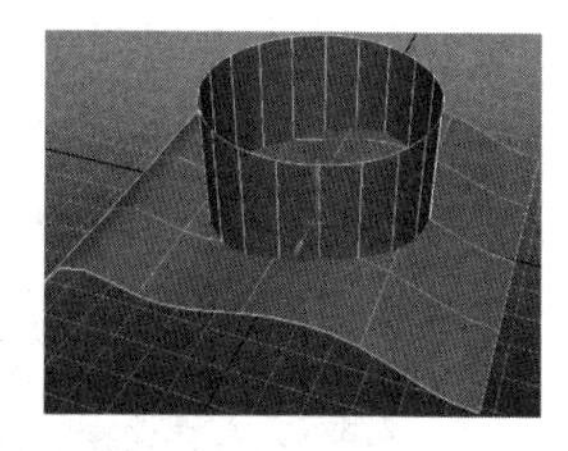

图 2.139

步骤 2：在菜单栏中单击 Edit NURBS(编辑 NURBS)→Intersect Surfaces(曲面相交)→■图标，打开 Intersect Surfaces Options(曲面相交选项)窗口，具体设置如图 2.140 所示。

步骤 3：单击 Intersect(相交)按钮即可，如图 2.141 所示。

4) Trim Tool(修剪工具)

Trim Tool 命令的主要作用是根据曲面曲线进行剪切操作。用户可以控制曲面保留或删除的部分。

具体操作步骤如下。

步骤 1：选择需要进行修剪的曲面，如图 2.142 所示。

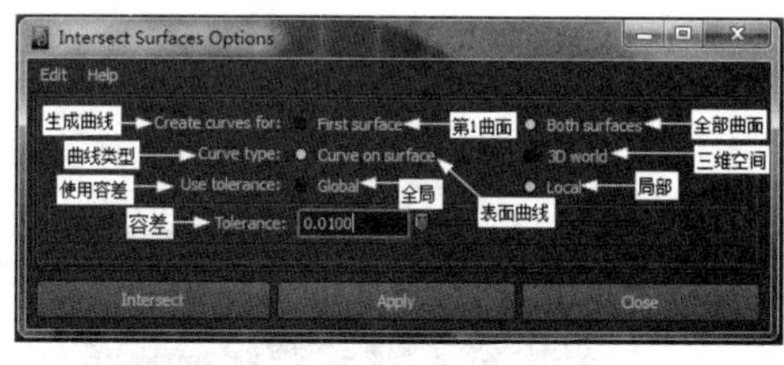

图 2.140

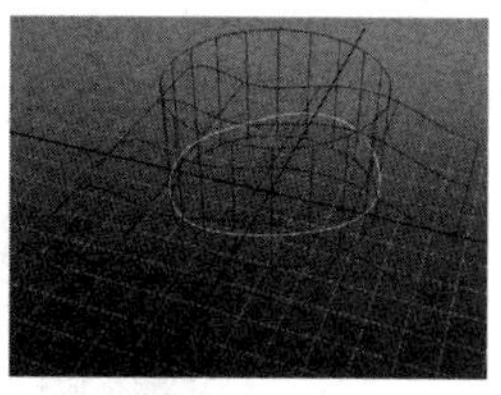

图 2.141

图 2.142

步骤 2：在菜单栏中选择 Edit NURBS(编辑 NURBS)→Trim Tool(修剪工具)命令，此时被选择的曲面变成如图 2.143 所示的形态。用鼠标单击需要保留的曲面部分，再按回车键即可。

步骤 3：使用同样的方法对另一个曲面进行修剪操作，最终效果如图 2.144 所示。

5) Untrim Surfaces(取消修剪曲面)

Untrim Surfaces 命令的主要作用是还原被剪切过的曲面。如果曲面经过多次剪切，则可以逐步进行还原，也可以一次还原到最初始的状态。如果在剪切去曲面时，在剪切命令选项窗口中勾选项了 Shrink Surface(收缩曲面)选项，则 Untrim Surfaces(取消修剪曲面)命令失效。

其操作方法很简单，选择需要还原的剪切面，再选择该命令即可。

6) Booleans(布尔)

Booleans 命令包含了 Union Tool(并集工具)、Difference Tool(差集工具)和 Intersection Tool(交集工具)3 个布尔命令。

Booleans(布尔)命令的主要作用是对两个相交的 NURBS 曲面进行并集、差集和交集运算。

具体操作步骤如下。

步骤 1：两个相交的物体如图 2.145 所示，在菜单栏中选择 Edit NURBS(编辑 NURBS)→Booleans(布尔)→Difference Tool(差集工具)命令。

图 2.143

图 2.144

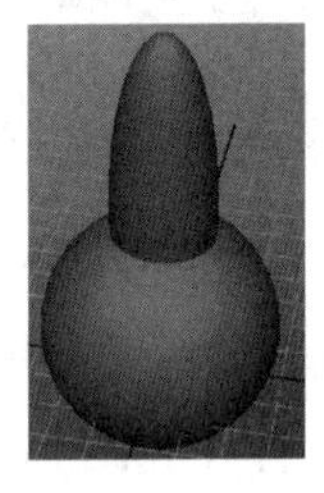

图 2.145

步骤 2：单击相交的第 1 个对象，按回车键；再单击第 2 个对象，按回车键即可，如图 2.146 所示。

步骤 3：如果使用 Intersection Tool(交集工具)命令，即可得到如图 2.147 所示的效果。

7) Attach Surfaces(附加曲面)

Attach Surfaces 命令的主要作用是将两个曲面合并成一个曲面。

具体操作步骤如下。

步骤 1：选择两个需要进行合并的曲面，如图 2.148 所示。

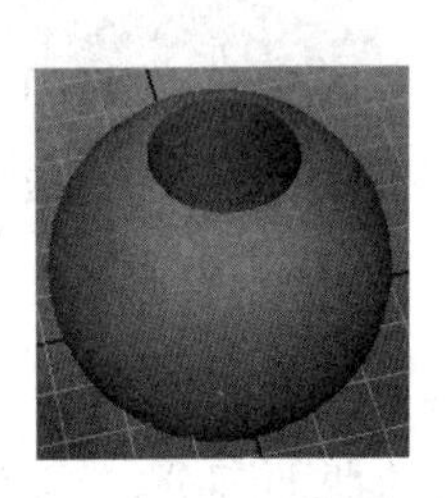

图 2.146

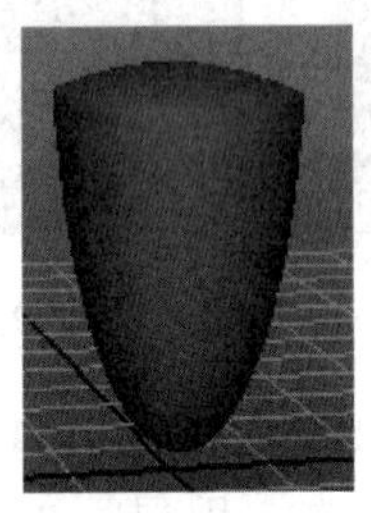

图 2.147

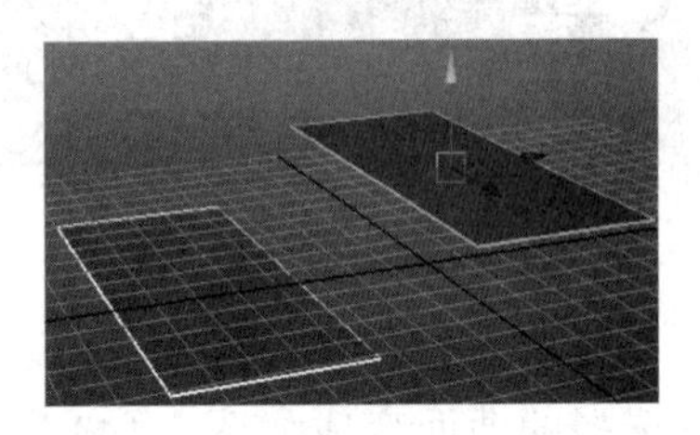

图 2.148

步骤 2：在菜单栏中单击 Edit NURBS(编辑 NURBS)→Attach Surfaces(附加曲面)→■图标，打开 Attach Surfaces Options(附加曲面选项)窗口，具体设置如图 2.149 所示。

步骤 3：单击 Attach(附加)按钮即可，如图 2.150 所示。

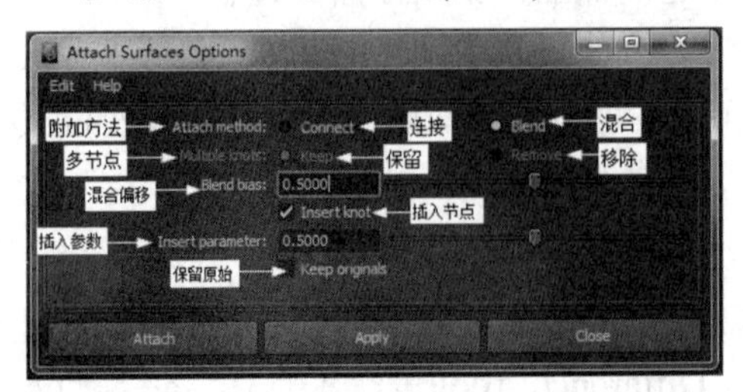

图 2.149

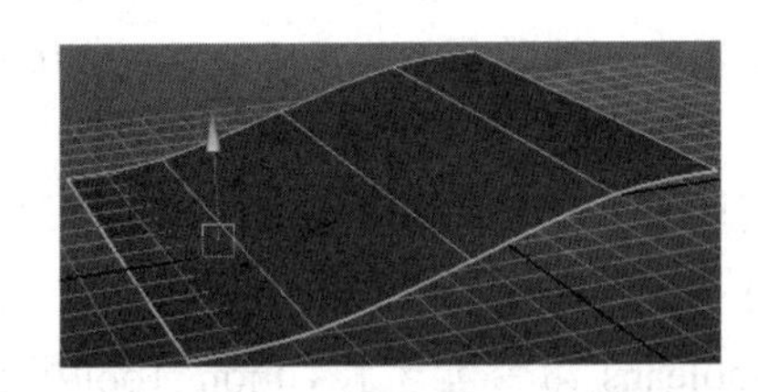

图 2.150

8) Attach Without Moving(非移动附加)

Attach Without Moving 命令的主要作用是在不改变两个曲面的位置的情况下，将两个曲面合并成一个曲面。

具体操作步骤如下。

步骤 1： 选择两个曲面的等参线，如图 2.151 所示。

步骤 2： 在菜单栏中选择 Edit NURBS(编辑 NURBS)→Attach Without Moving(非移动附加)命令即可，如图 2.152 所示。

图 2.151

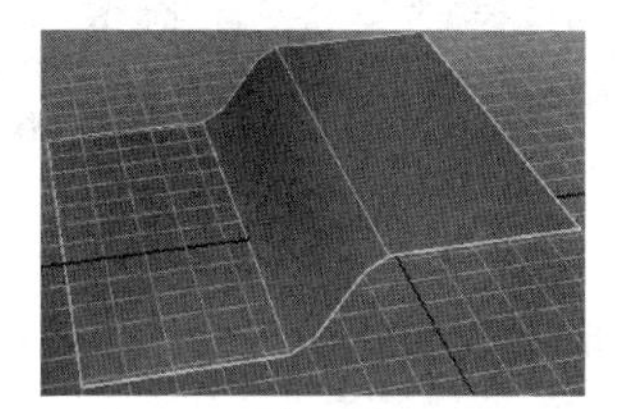

图 2.152

9) Detach Surfaces(分离曲面)

Detach Surfaces 命令的主要作用是根据用户指定的 Isoparm(等参线)位置将曲面断开，形成独立的曲面。

具体操作步骤如下。

步骤 1： 选择需要分离曲面位置的 Isoparm，如图 2.153 所示。

步骤 2： 在菜单栏中选择 Edit NURBS(编辑 NURBS)→Detach Surfaces(分离曲面)命令即可，分离后的效果如图 2.154 所示。

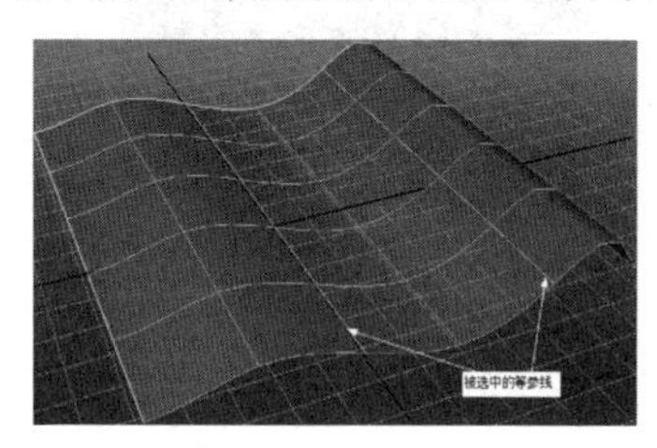

图 2.153

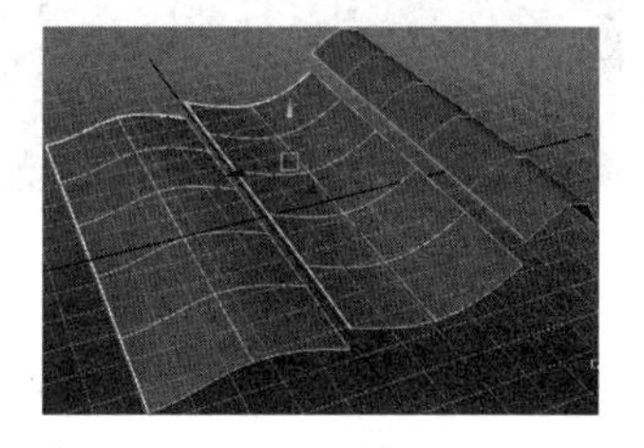

图 2.154

10) Align Surfaces(对齐曲面)

Align Surfaces 命令的主要作用是将两个曲面沿指定的边界位置对接，并在对齐处保持曲面之间的连续性，形成无缝的对齐效果。

具体操作步骤如下。

步骤 1： 在视图中选择需要对齐的两个曲面的等参线，如图 2.155 所示。

步骤 2： 在菜单栏中单击 Edit NURBS(编辑 NURBS)→Align Surfaces(对齐曲面)→■图标，打开 Align Surfaces Options(对齐曲面选项)窗口，具体设置如图 2.156 所示。

步骤 3： 单击 Align(对齐)按钮即可，如图 2.157 所示。

提示： 在 Align Surfaces(对齐曲面)命令的选项窗口中，Attach(附加)项参数在默认情况下为关闭状态，如果勾选此项，对齐的曲面会在对齐位置处进行合并，效果类似于执行了 Attach Surfaces(附加曲面)命令的结果。

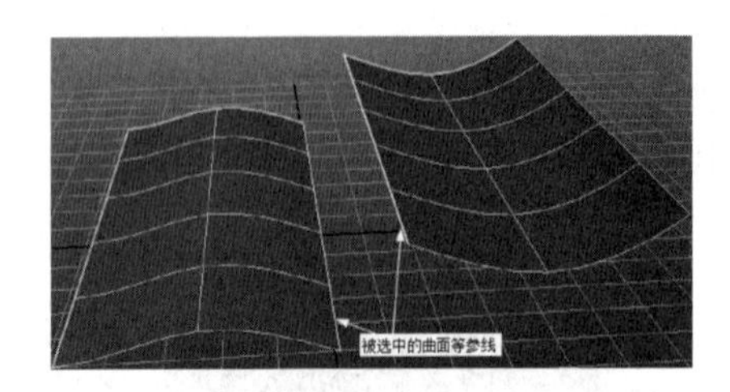

图 2.155

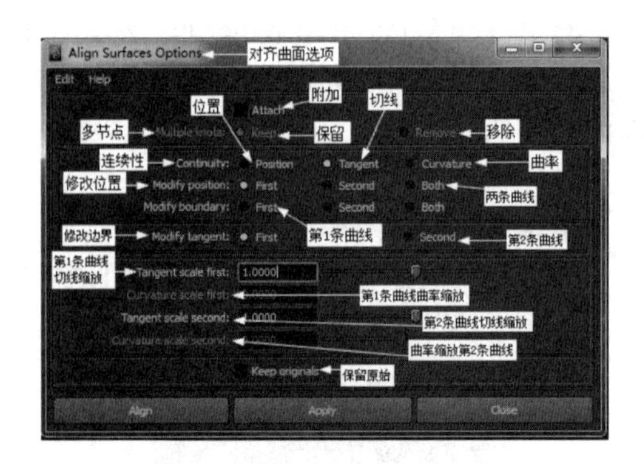

图 2.156

11) Open/Close Surfaces(开放/闭合曲面)

Open/Close Surfaces 命令的主要作用是对曲面的 U 向或 V 向进行开放或封闭处理。开放的曲面执行该命令将曲面封闭，而封闭的曲面执行该命令将曲面在起点处开放曲面。

具体操作方法如下。

步骤 1：选择一个闭合的 NURBS 球体，如图 2.158 所示。

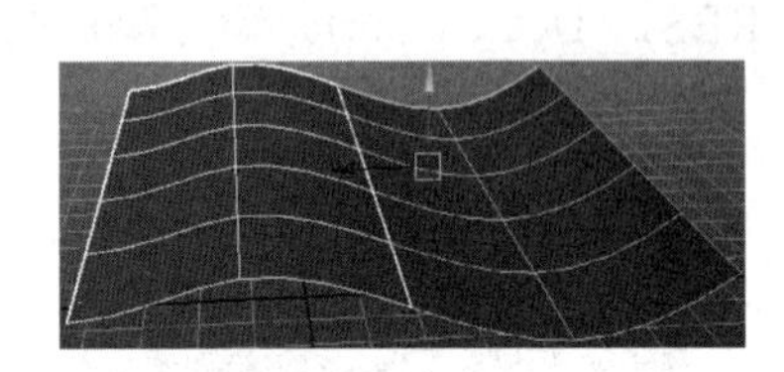

图 2.157

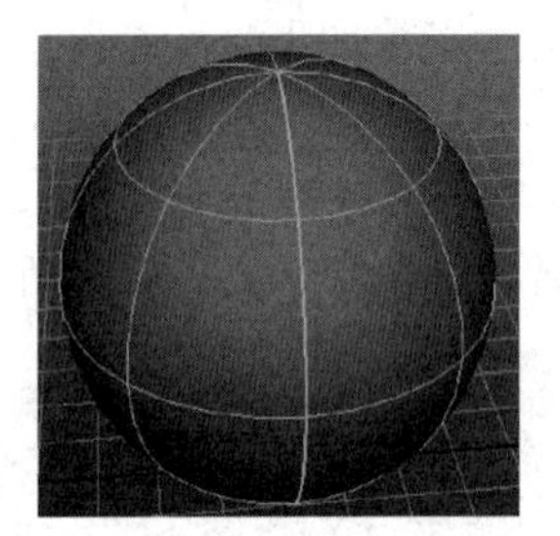

图 2.158

步骤 2：在菜单栏中单击 Edit NURBS(编辑 NURBS)→Open/Close Surfaces(开放/闭合曲面)→■图标，打开 Open/Close Surfaces Options(开放/闭合曲面选项)窗口，具体设置如图 2.159 所示。

步骤 3：单击 Open/Close(开放/封闭)按钮即可，如图 2.160 所示。

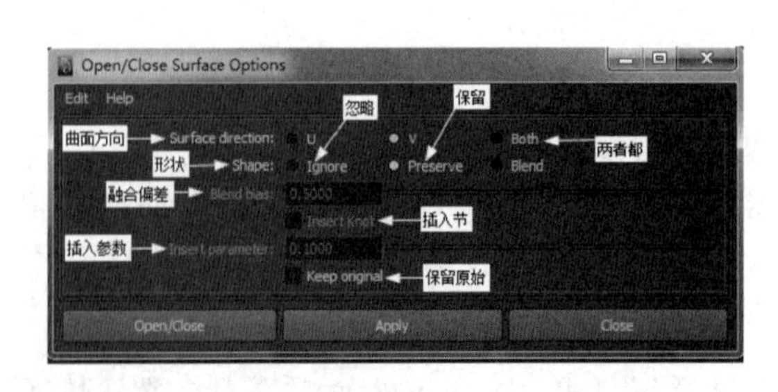

图 2.159

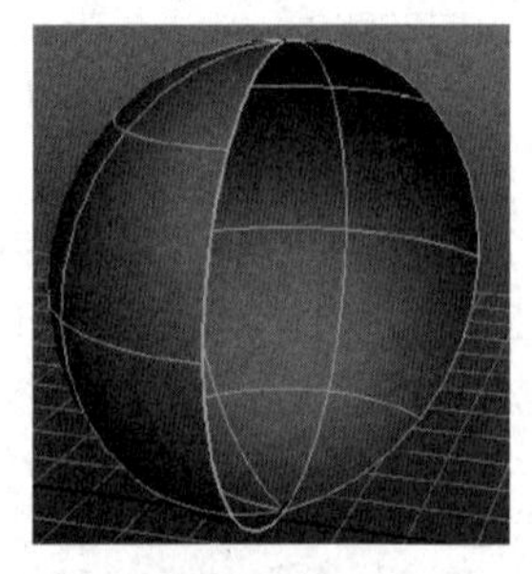

图 2.160

12) Move Seam(移动接缝)

Move Seam 命令的主要作用是将闭合曲面的接缝移到用户指定的位置。

具体操作步骤如下。

步骤 1：在视图中选择需要放置接缝位置处的 Isoparm(等参线)，如图 2.161 所示。

步骤 2：在菜单栏中选择 Edit NURBS(编辑 NURBS)→Move Seam(移动接缝)命令即可，如图 2.162 所示。

图 2.161

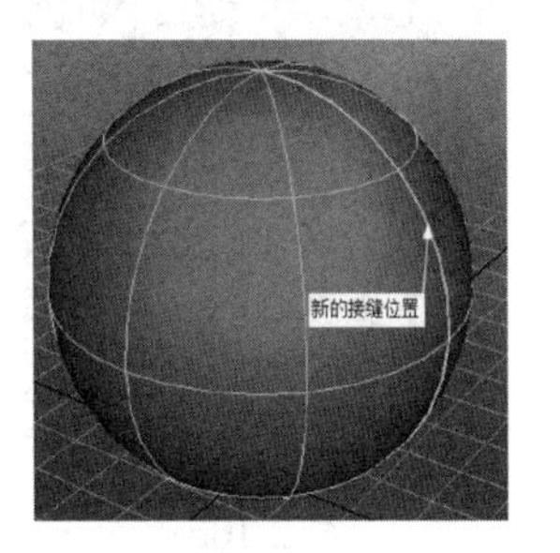

图 2.162

13) Insert Isoparms(插入参考线)

Insert Isoparms 命令的主要作用是在不改变曲面形状的情况下，在指定位置添加 Isoparm(等参线)，从而增加曲面的细分段数，便于更精细地进行编辑操作。

具体操作步骤如下。

步骤 1：在需要插入 Isoparm(等参线)的曲面上单击鼠标右键，弹出快捷菜单，在按住鼠标右键不放的同时，将鼠标移到 Isoparm 命令上松开鼠标右键，进入曲面的组元编辑模式。

步骤 2：将鼠标放置在已有的 Isoparm 上，按住鼠标左键不放拖动到需要插入 Isoparm 的位置，此时出现一条虚线，如图 2.163 所示。

步骤 3：在菜单栏中单击 Edit NURBS(编辑 NURBS)→Insert Isoparms(插入参考线)→■图标，打开 Insert Isoparms Options(插入参考线选项)窗口，具体设置如图 2.164 所示。

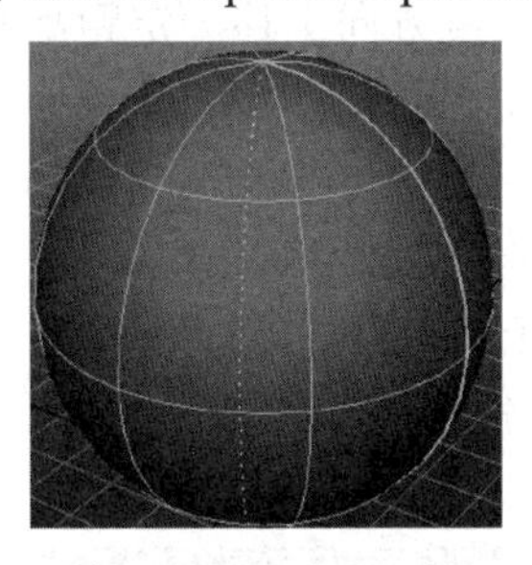

图 2.163

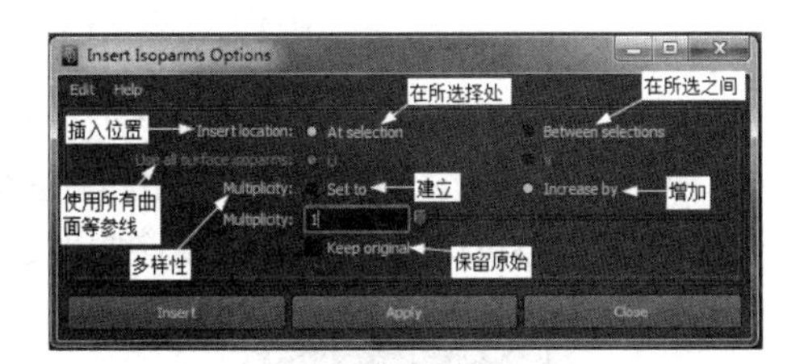

图 2.164

步骤 4：单击 Insert(插入)按钮即可，如图 2.165 所示。

提示：如果需要插入多条 Isoparm(等参线)，则在第 2 步中按住 Shift 键不放，将鼠标放置在已有的参考线上按住鼠标左键拖动鼠标到需要插入等参线的位置。重复该动作多次，就会出现多条虚线，再执行 Insert Isoparms(插入参考线)命令即可。

14) Extend Surfaces(延伸曲面)

Extend Surfaces 命令的主要作用是在曲面的 U 向、V 向或曲面的 4 个开放边界延伸曲面。被延伸的曲面可以是独立的，也可以是一个整体。

具体操作步骤如下。

步骤 1：选择需要延伸的曲面，如图 2.166 所示。

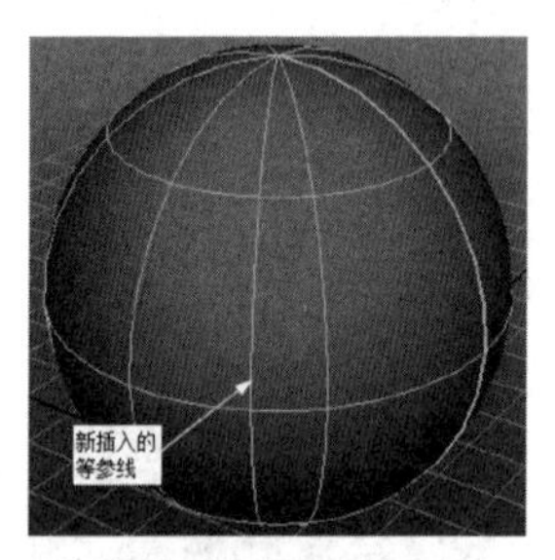

图 2.165

图 2.166

步骤 2：在菜单栏中单击 Edit NURBS(编辑 NURBS)→Extend Surfaces(延伸曲面)→■图标，打开 Extend Surfaces Options(延伸曲面选项)窗口，具体设置如图 2.167 所示。

步骤 3：单击 Extend(延伸)按钮即可，如图 2.168 所示。

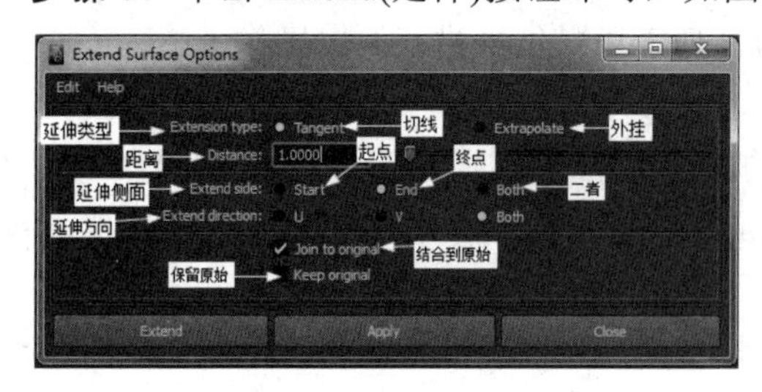

图 2.167

图 2.168

15) Offset Surfaces(偏移曲面)

Offset Surfaces 命令的主要作用是将选定的曲面沿法线方向平移一定距离复制出一个新的曲面。

具体操作步骤如下。

步骤 1：在视图中选择需要进行偏移曲面操作的曲面，如图 2.169 所示。

步骤 2：在菜单栏中单击 Edit NURBS(编辑 NURBS)→Offset Surfaces(偏移曲面)→■图标，打开 Offset Surfaces Options(偏移曲面选项)窗口，具体设置如图 2.170 所示。

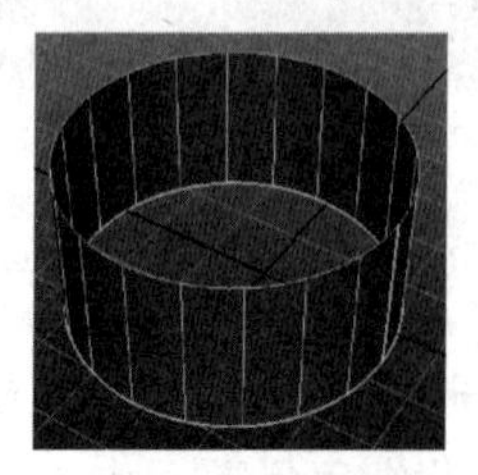

图 2.169

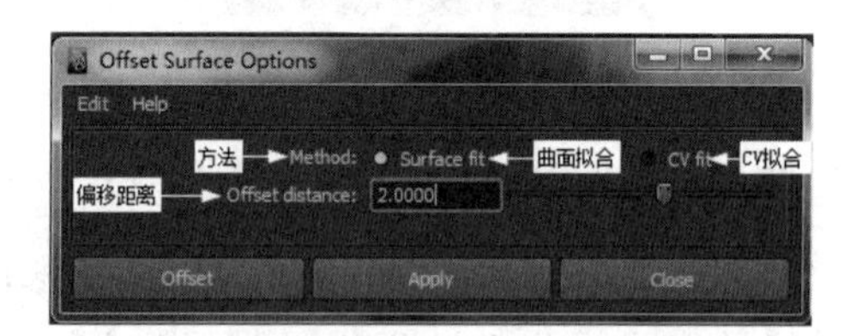

图 2.170

步骤 3：单击 Offset(偏移)按钮即可，如图 2.171 所示。

16) Reverse Surface Direction(反转曲面方向)

Reverse Surface Direction 命令的主要作用是改变选择曲面的 UV 方向和法线方向。

具体操作步骤如下。

步骤 1：选择需要反转的曲面，如图 2.172 所示，这是没有反转之前的法线方向。

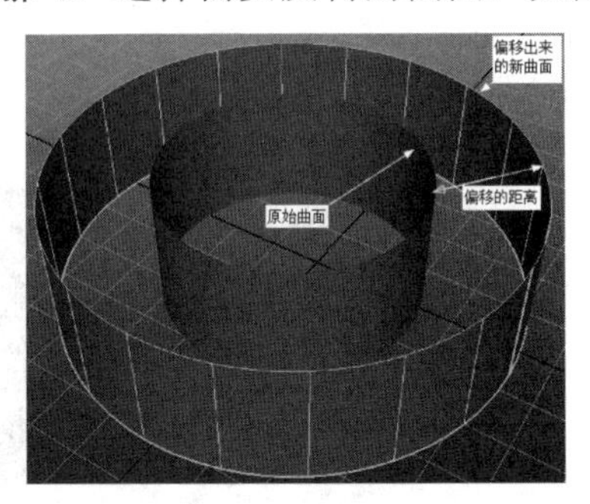

图 2.171

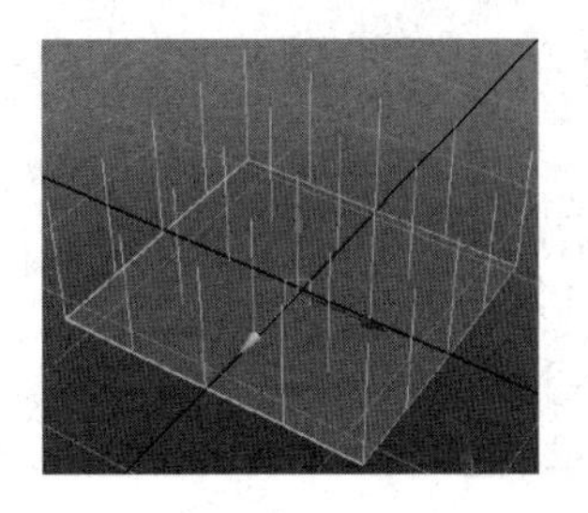

图 2.172

步骤 2：在菜单栏中单击 Edit NURBS(编辑 NURBS)→Reverse Surface Direction(反转曲面方向)→▣图标，打开 Reverse Surface Direction Options(反转曲面方向选项)窗口，具体设置如图 2.173 所示。

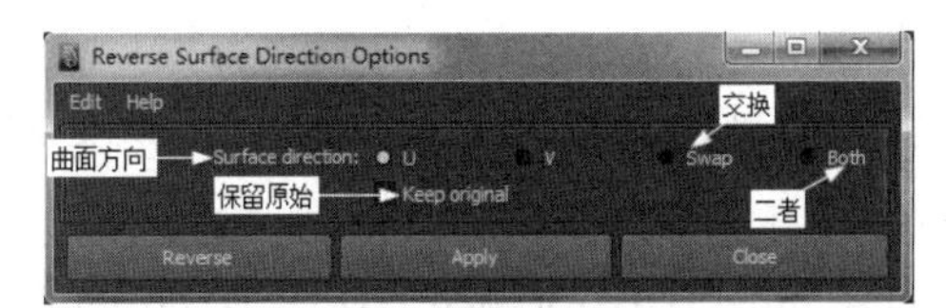

图 2.173

步骤 3：单击 Reverse(反转)按钮即可，如图 2.174 所示。

17) Rebuild Surfaces(重建曲面)

Rebuild Surfaces 命令的主要作用是通过对选择的曲面进行重建，来改变曲面的度数、CV 点的数量、U 向和 V 向的段数以及参数范围等。

具体操作步骤如下。

步骤 1：选择需要进行重建的曲面，如图 2.175 所示。

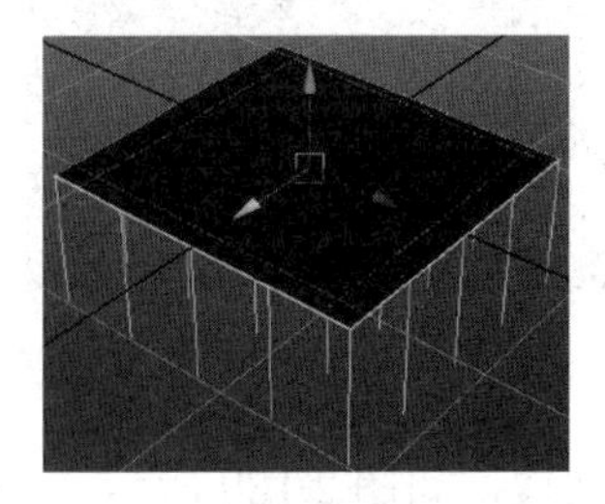

图 2.174

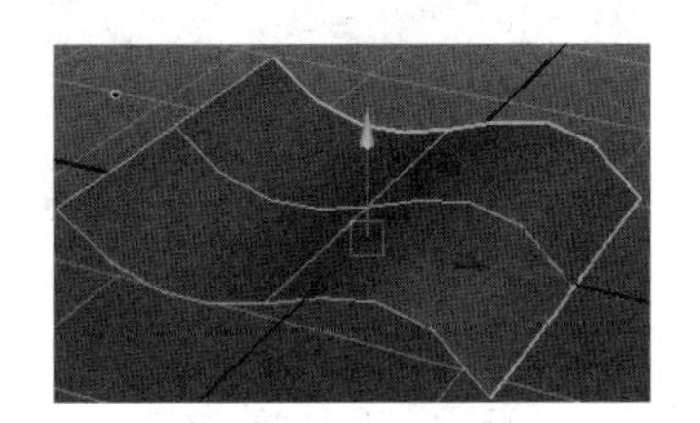

图 2.175

步骤 2：在菜单栏中单击 Edit NURBS(编辑 NURBS)→Rebuild Surfaces(重建曲面)→▣图标，打开 Rebuild Surfaces Options(重建曲面选项)窗口，具体设置如图 2.176 所示。

步骤 3：单击 Rebuild(重建)按钮即可，如图 2.177 所示。

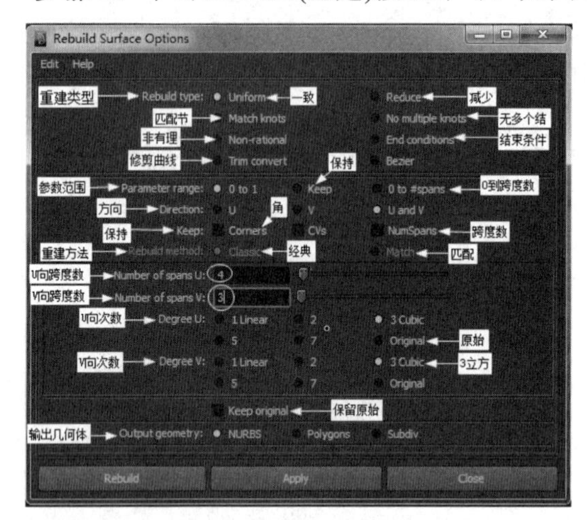

图 2.176

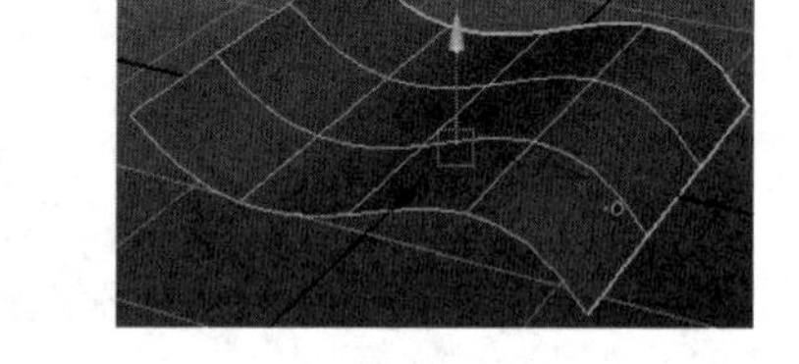

图 2.177

提示：Rebuild Surfaces(重建曲面)命令在 NURBS 建模中非常重要，用户可以通过 Rebuild Surfaces(重建曲面)命令来改变曲面的精度、光滑程度并将等参线重新分配。

18) Round Tool(圆角工具)

Round Tool 命令的主要作用是在 NURBS 曲面的共享边界处创建圆形光滑过渡倒角。具体操作步骤如下。

步骤 1：在菜单栏中选择 Edit NURBS(编辑 NURBS)→Round Tool(圆角工具)命令。

步骤 2：在视图中框选需要圆角处理的公共边，如图 2.178 所示。

步骤 3：调节圆角的大小。将鼠标放在图标上，按住鼠标左键不放的同时进行移动来改变它的圆角大小或在通道盒中修改参数也可。最终效果如图 2.179 所示。

图 2.178

图 2.179

步骤 4：继续框选其他需要进行圆角处理的面的公共边，如图 2.180 所示。

步骤 5：按回车键即可得到如图 2.181 所示创建圆角后的效果。

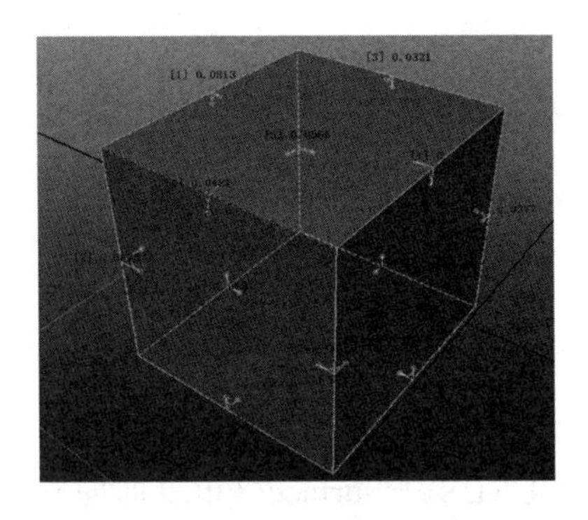

图 2.180

图 2.181

19) Surface Fillet(曲面圆角)

Surface Fillet 命令组的主要作用是在曲面之间创建光滑的过渡曲面。它的命令子菜单中主要包括 Circular Fillet(圆形圆角)、Freeform Fillet(自由形式圆角)和 Fillet Blend Tool(圆角混合工具)3 个命令。这 3 个命令都是用来创建圆角曲面的，但它们在操作上有所区别。

Circular Fillet(圆形圆角)命令的主要作用是在两个相交曲面的交叉处生成环形圆角曲面，形成平滑的转折。

具体操作步骤如下。

步骤 1：选择两个交叉曲面，如图 2.182 所示。

步骤 2：在菜单栏中单击 Edit NURBS(编辑 NURBS)→Surface Fillet(曲面圆角)→Circular Fillet(圆形圆角)→■图标，打开 Circular Fillet Options(圆形圆角选项)窗口，具体设置如图 2.183 所示。

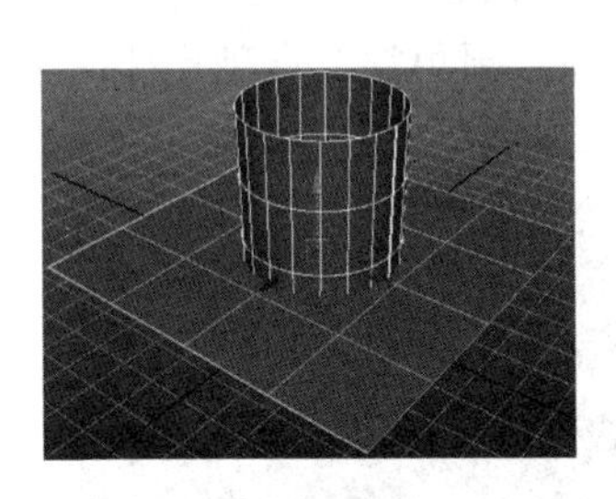

图 2.182

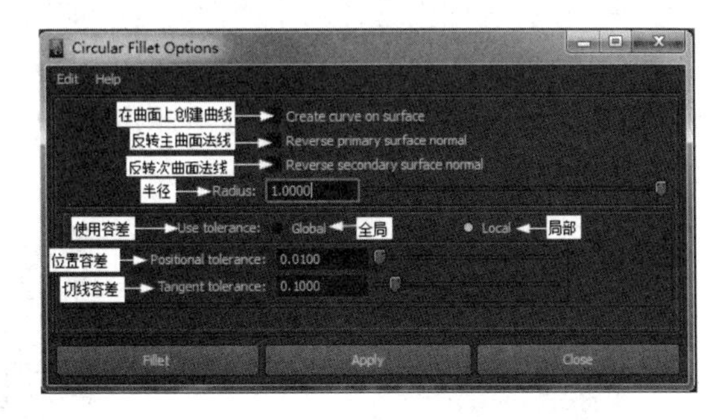

图 2.183

步骤 3：单击 Fillet(圆角)按钮即可，如图 2.184 所示。

Freeform Fillet(自由形式圆角)命令的主要作用是在一个或两个曲面之间，通过指定的 Isoparm(等参线)位置生成自由圆角曲面。具体操作方法如下。

步骤 1：在视图中选择两个曲面的 Isoparm(等参线)，如图 2.185 所示。

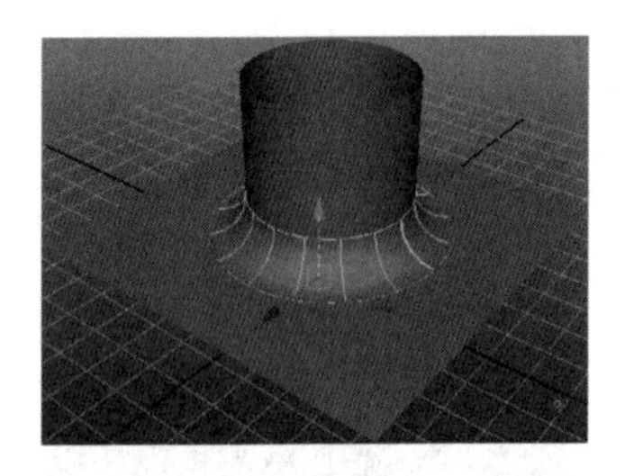

图 2.184

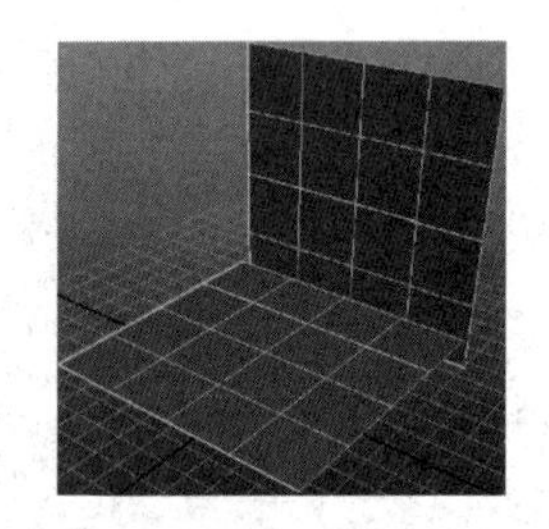

图 2.185

步骤 2：在菜单栏中单击 Edit NURBS(编辑 NURBS)→Surface Fillet(曲面圆角)→Freeform Fillet(自由形式圆角)→▣图标，打开 Freeform Fillet Options(自由形式圆角选项)窗口，具体设置如图 2.186 所示。

步骤 3：单击 Fillet(圆角)按钮即可，如图 2.187 所示。

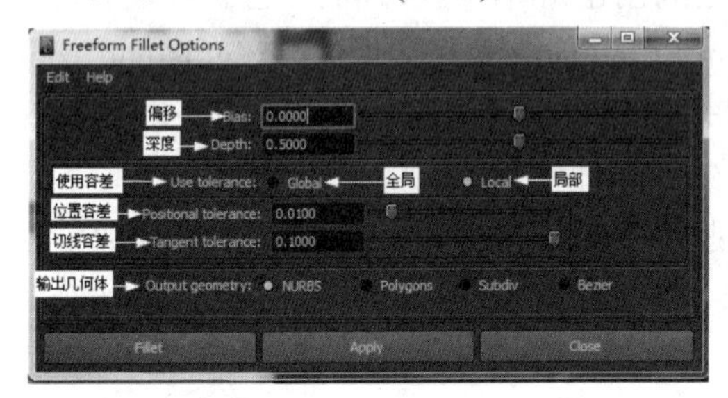

图 2.186

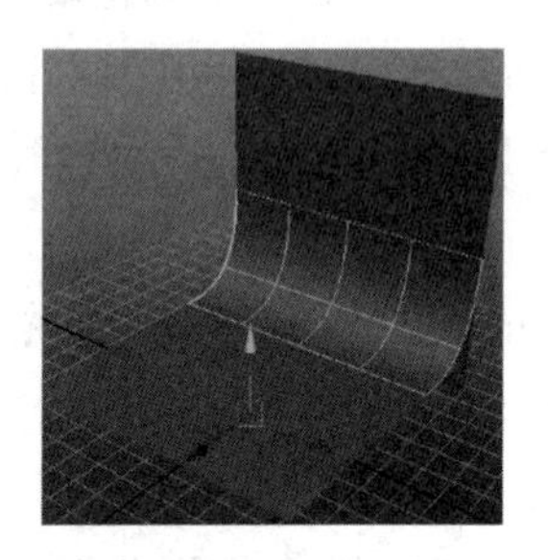

图 2.187

Fillet Blend Tool (圆角混合工具)命令的主要作用是通过选择 Isoparm(等参线)、曲面曲线或剪切边界线来定义圆角位置，生成过渡圆角曲面。具体操作步骤如下。

步骤 1：在视图中选择两个曲面对象，如图 2.188 所示。

步骤 2：在菜单栏中单击 Edit NURBS(编辑 NURBS)→Surface Fillet(曲面圆角)→Fillet Blend Tool (圆角混合工具)→▣图标，打开 Fillet Blend Options(圆角混合选项)窗口，具体设置如图 2.189 所示。

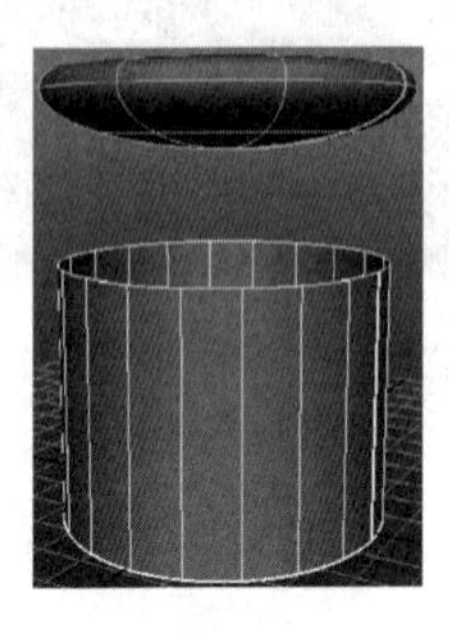

图 2.188

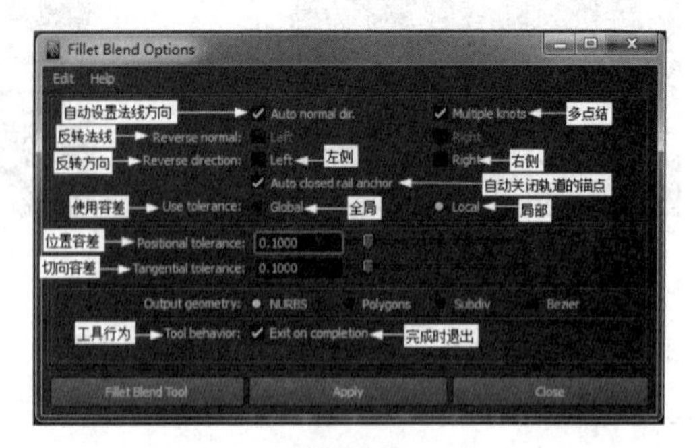

图 2.189

步骤 3：单击 Fillet Blend Tool(圆角混合工具)按钮。

步骤 4：单击第 1 个曲面的 Isoparm(等参线)，按回车键；再单击第 2 个曲面的 Isoparm (等参线)，按回车键即可，如图 2.190 所示。

图 2.190

提示：对于 Surface Fillet(曲面圆角)命令组中的 3 个圆角命令生成的过渡曲面的参数，在没有删除历史构造之前，用户可以在通道盒中修改参数。

20) Stitch(缝合)

在 Maya 2011 中，Stitch(缝合)子菜单主要包括 Stitch Surface Points(缝合曲面点)、Stitch Edges Tool(缝合边工具)和 Global Stitch(全局缝合)3 个命令。

这 3 个缝合命令在 NURBS 建模中非常重要。因为 NURBS 建模是使用面片方式将 NURBS 模型一片一片地缝合在一起，才形成面与面之间光滑过渡的效果，而它们之间的缝合可以通过 Stitch(缝合)子菜单中的 3 个缝合命令来实现。这 3 个命令的作用和具体操作步骤如下。

(1) Stitch Surface Points(缝合曲面点)命令的主要作用是对选择曲面边界上的点进行缝合，可以是 CV 控制点或曲面点。

具体操作步骤如下。

步骤 1：在视图中选择需要缝合曲面的 CV 控制点，如图 2.191 所示。

步骤 2：在菜单栏中单击 Edit NURBS(编辑 NURBS)→Stitch(缝合)→Stitch Surface Points(缝合曲面点)→■图标，打开 Stitch Surface Points Options(缝合曲面点选项)窗口，具体设置如图 2.192 所示。

步骤 3：单击 Stitch(缝合)按钮即可，如图 2.193 所示。

图 2.191

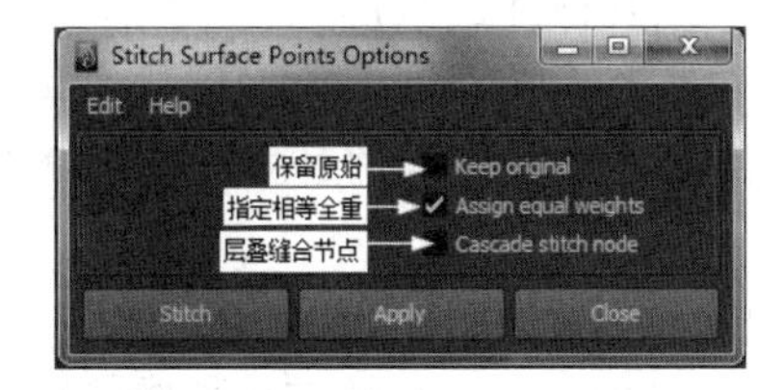

图 2.192

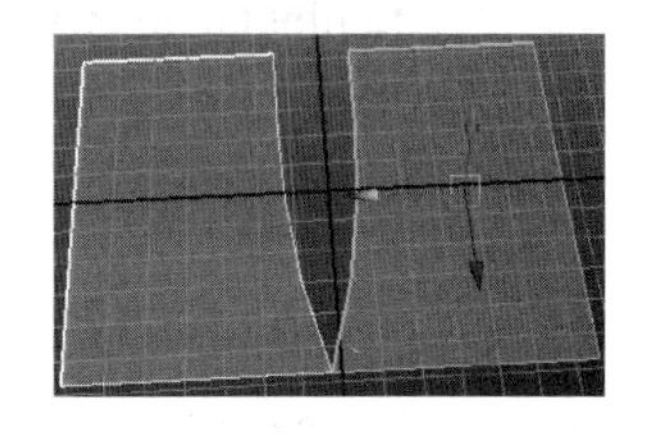

图 2.193

(2) Stitch Edges Tool(缝合边工具)命令的主要作用是将两个曲面的边界缝合对接在一起。缝合边工具只能选择曲面边界线，不能选择其他类型。

具体操作步骤如下。

步骤 1：打开图 2.194 所示的两个曲面。

步骤 2：在菜单栏中单击 Edit NURBS(编辑 NURBS)→Stitch(缝合)→Stitch Edges Tool(缝合边工具)→■图标，打开 Tool settings(工具设置)对话框，具体设置如图 2.195 所示。

步骤 3：单击■按钮关闭对话框，然后单击第 1 个曲面的边界线，单击第 2 个曲面的边界线，再按回车键，完成缝合操作，如图 2.196 所示。

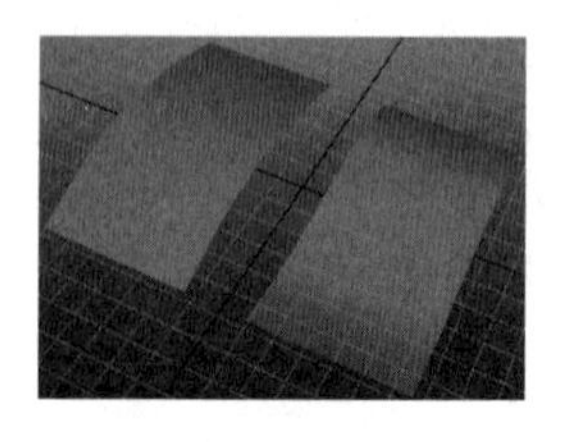

图 2.194

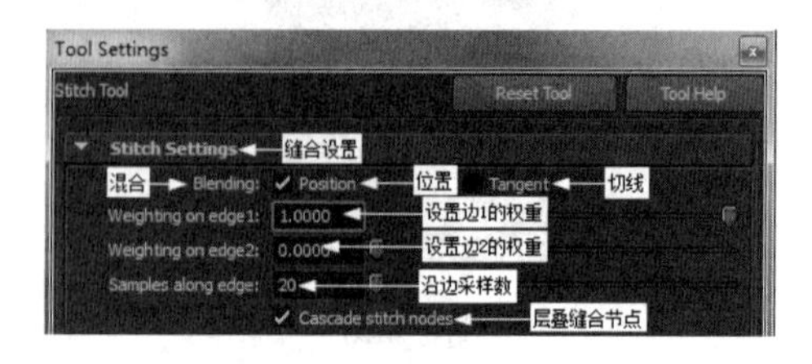

图 2.195

图 2.196

(3) Global Stitch(全局缝合)命令的主要作用是一次性将多个相邻的曲面进行缝合，在曲面与曲面之间产生很好的切线连续性，形成光滑无缝表面效果。用户需要注意的是，Global Stitch(全局缝合)命令不能对剪切曲面进行缝合。

具体操作步骤如下。

步骤 1：选择图 2.197 所示的多个曲面。

步骤 2：在菜单栏中单击 Edit NURBS(编辑 NURBS)→Stitch(缝合)→Global Stitch(全局缝合)→■图标，打开 Global Stitch Options(全局缝合选项)窗口，具体设置如图 2.198 所示。

步骤 3：单击 Global Stitch(全局缝合)按钮即可，如图 2.199 所示。

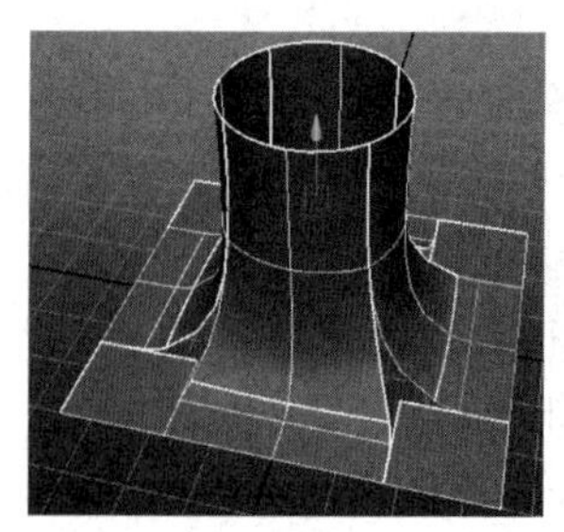

图 2.197

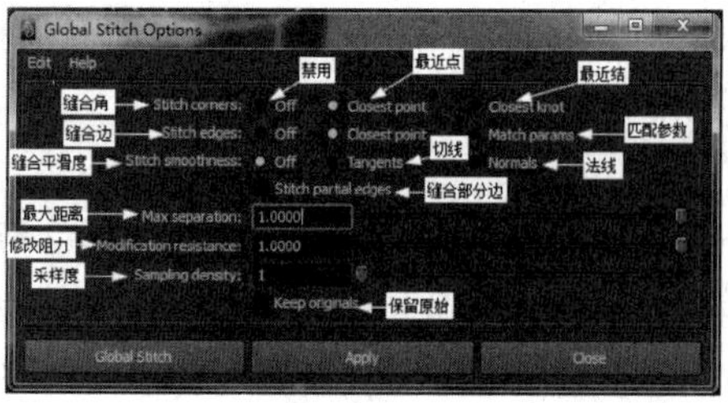

图 2.198

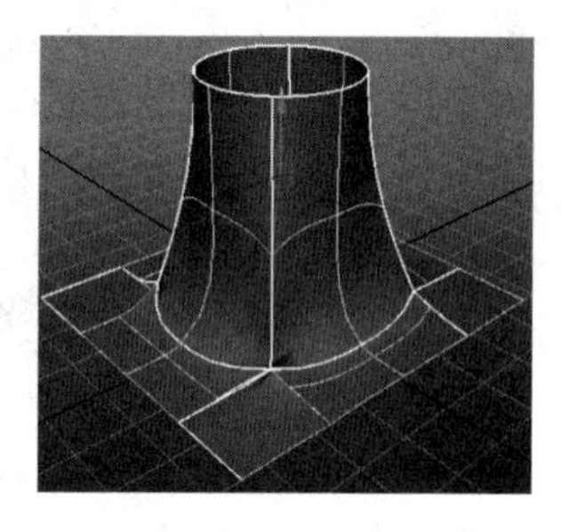

图 2.199

21) Sculpt Geometry Tool(雕刻几何体工具)

在 Maya 2011 中，有很多种雕刻笔刷工具，用于不同类型，而 Sculpt Geometry Tool(雕刻几何体工具)命令主要针对几何体雕刻。几何体主要包括 NURBS、多边形和细分三大模型。

Sculpt Geometry Tool(雕刻几何体工具)对曲面的 CV 控制点做推、拉、平滑等移动操作。通过雕刻工具所提供的 4 种不同雕刻类型，对曲面进行雕刻操作，还可以根据不同视角和不同方向对曲面做推拉操作。具体操作方法请读者观看配套视频讲解。

Surface Editing(曲面编辑)和 Selection(选择)两个命令菜单组中的命令比较简单。在这里就不再详细介绍，用户可以观看配套视频讲解。

视频播放：Edit NURBS(编辑曲面)命令使用的详细讲解，请观看配套视频“part\video\chap02_video07”。

四、拓展训练

根据本案例所学知识创建如下效果的 NURBS 模型。基础比较差的同学可以观看配套视频讲解。

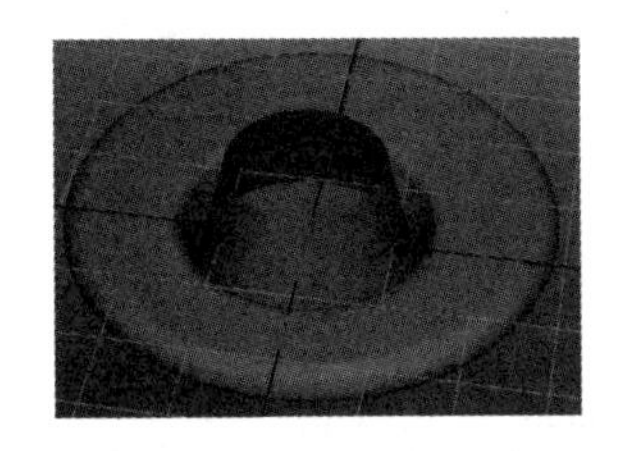  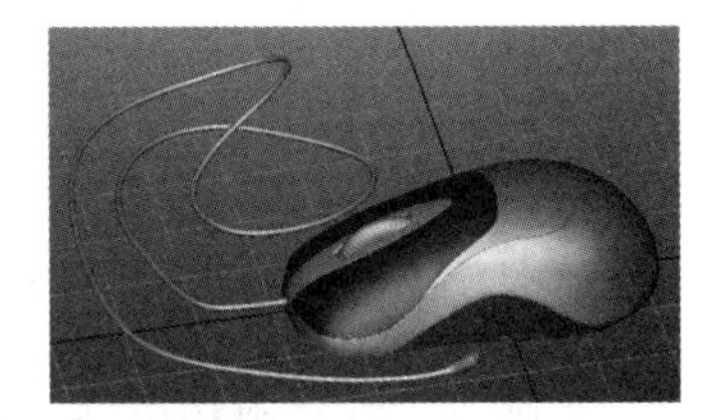

案例 2：酒杯模型的制作

一、案例效果

二、案例制作流程(步骤)分析

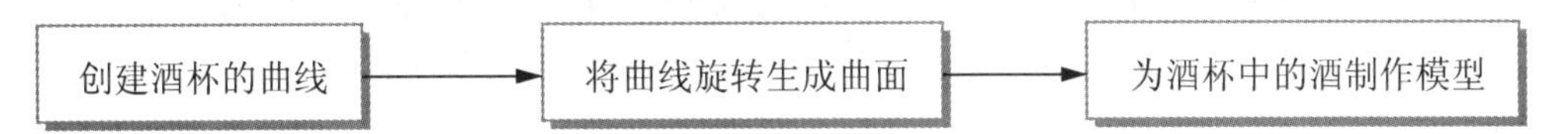

三、详细操作步骤

在本章案例 1 中，已经详细地介绍了 NURBS 建模的基础知识。酒杯模型是一个比较简单的综合案例。在这里使用上面介绍的基础知识来制作一个酒杯模型，具体操作步骤如下。

1. 创建酒杯的曲线

步骤 1：启动 Maya 2011。

步骤 2：在菜单栏中选择 Create(创建)→CV Curve Tool(CV 曲线工具)命令。

步骤 3：在 Side(侧视图)中创建图 2.200 所示的曲线。如果对绘制的曲线不满意，可以进入曲线的元素级别对曲线的 CV 控制点的位置进行调节。

2. 将曲线旋转生成曲面

步骤 1：选择曲线。

步骤 2：在菜单栏中选择 Surfaces(曲面)→Revolve(旋转)命令即可。在 Persp(透视图)中的效果如图 2.201 所示。

步骤 3：保存文件。在菜单栏中选择 File(文件)→Save Scene(保存场景)命令，弹出 Save as(另存为)对话框。在该对话框中选择保存路径并输入保存文件的名称，单击 Save(保存)按钮即可。

3. 为酒杯中的酒制作模型

步骤 1：选择酒杯模型并删除历史记录。在菜单栏中选择 Edit(编辑)→Delete by Type(按类型删除)→History(历史)命令。

步骤 2：复制酒杯模型并隐藏复制模型。按 Ctrl+D 组合键，复制一个酒杯模型。在层编辑器中单击按钮，创建一个新层并将复制的酒模型放置在该层。层编辑器的具体设置，如图 2.202 所示。

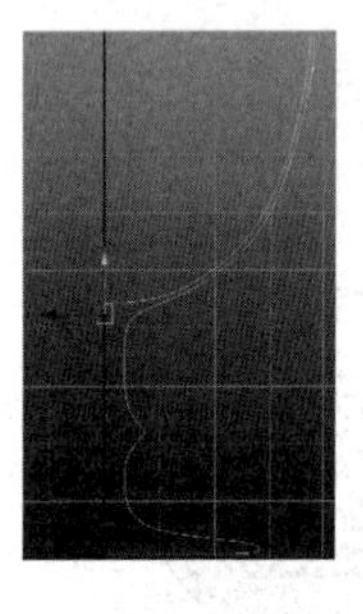

图 2.200

图 2.201

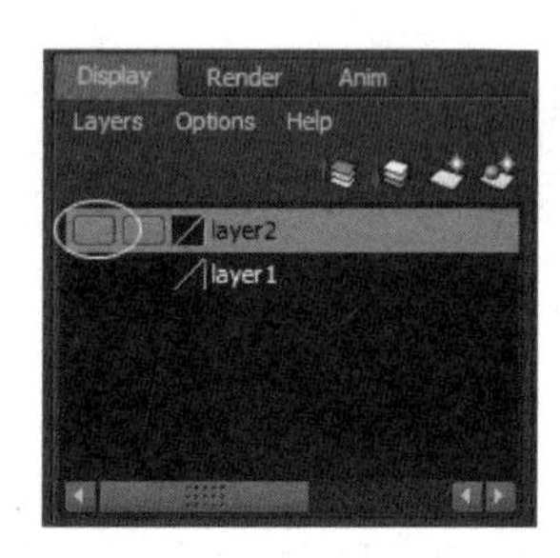

图 2.202

步骤 3：在视图中选择未隐藏的酒杯。选择需要断开处的 Isoparm(等参线)，如图 2.203 所示。

步骤 4：分离曲面并删除不需要的部分。选择菜单栏中的 Edit NURBS(编辑 NURBS)→Detach Surfaces(分离曲面)命令。选中不需要的部分按键盘上的 Delete 键即可，如图 2.204 所示。

步骤 5：对分离曲面进行平面化处理。选择 Isoparm(等参线)，在菜单栏中单击 Surfaces(曲面)→Planar(平面)按钮即可，如图 2.205 所示。

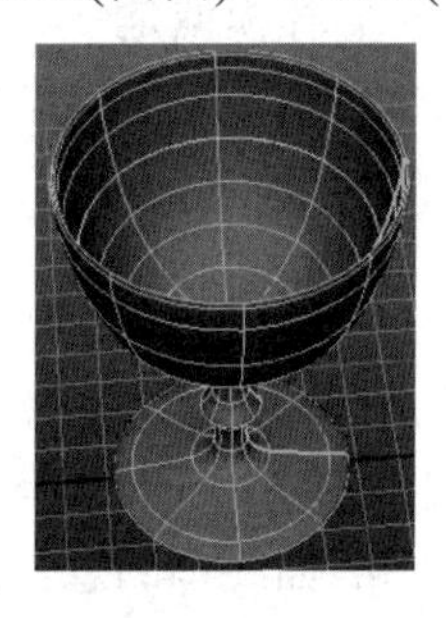

图 2.203

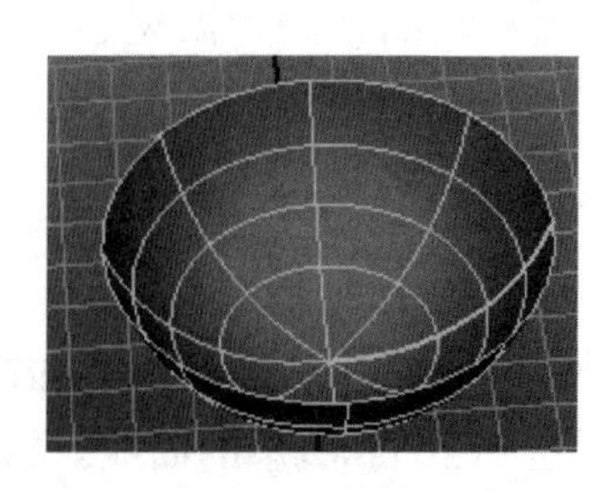

图 2.204

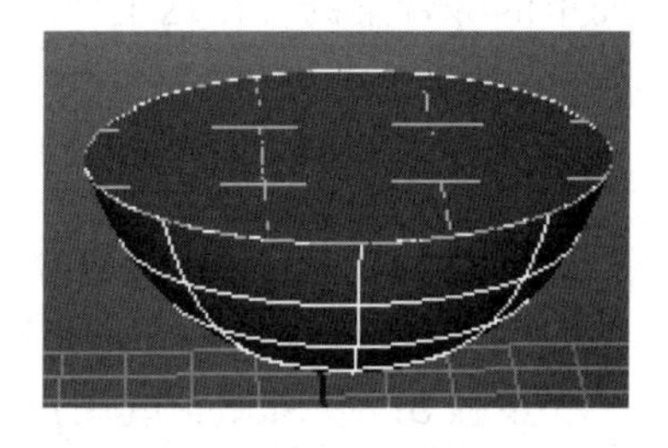

图 2.205

步骤 6：显示原先复制出来的酒杯模型。在层编辑器中单击前面的图标即可，如图 2.206 所示。最终效果如图 2.207 所示。

步骤 7：删除历史记录。选择所有模型，在菜单栏中选择 Edit(编辑)→Delete All by Type(按类型删除所有)→History(历史)命令即可。

步骤 8：优化场景。在菜单栏中选择 File(文件)→Optimize Scene Size(优化场景大小)命令，弹出如图 2.208 所示的对话框，单击 OK(确定)按钮即可。

图 2.206

图 2.207

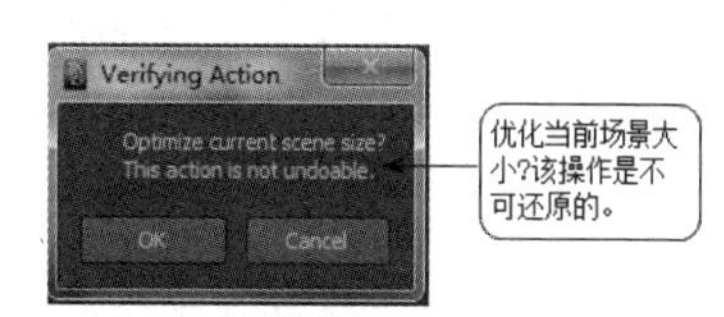

图 2.208

视频播放：创建酒杯模型的详细讲解，请观看配套视频“part\video\chap02_video08”。

四、拓展训练

根据前面所学知识制作如下效果的模型。详细操作步骤读者可以参考配套视频资源。

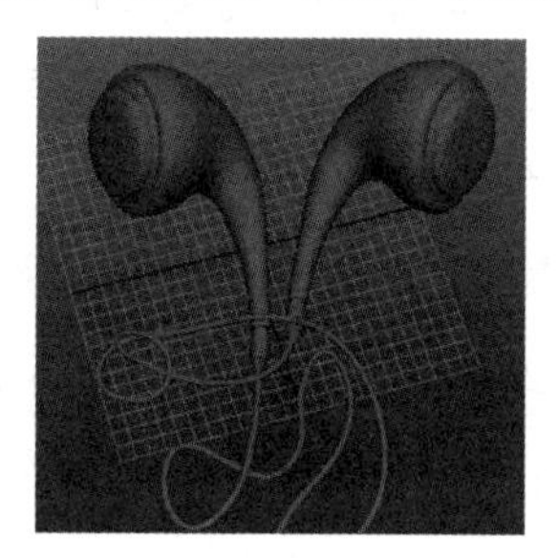

案例 3：矿泉水瓶模型的制作

一、案例效果

二、案例制作流程(步骤)分析

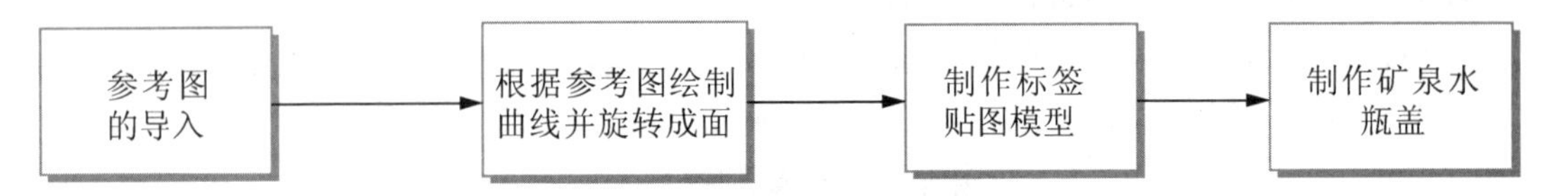

三、详细操作步骤

在本案例中主要使用参考图来创建一个简单的模型。通过该案例的学习读者需要掌握参考图的导入、编辑和 NURBS 相关命令的综合使用。

1. 参考图的导入

参考图的导入是制作模型的基础，特别是作为一个三维建模的初学者，要从参考图开始进行练习，当达到一定的水平之后，就可以不用将参考图导入 Maya 中，而直接凭自己的理解去把握模型的制作。参考图导入的详细操作步骤如下。

步骤 1：将视图切换到 Side(侧视图)。

步骤 2：在视图菜单中选择 View(视图)→Image Plane(图像平面)→Import Image(导入图像)命令，弹出 Open(打开)对话框。

步骤 3：在 Open(打开)对话框选择需要导入的图片，单击 Open(打开)按钮即可将图片导入视图中，如图 2.209 所示。

2. 根据参考图绘制曲线并旋转成面

步骤 1：在菜单栏中选择 Create(创建)→CV Curve Tool(CV 曲线工具)命令。

步骤 2：在 Side(侧视图)中绘制曲线。绘制好的曲线如图 2.210 所示。

提示：在绘制曲线的过程中，在转角的位置控制点可以多放置几个。如果绘制的曲线不够精确。读者可以转到 CV 控制点的状态下进行精确调整。

步骤 3：将视图切换到 Persp(透视图)中，选择绘制的曲线。

步骤 4：在菜单栏中选择 Surfaces(曲面)→Revolve(旋转)命令，即可得到如图 2.211 所示曲面效果。

步骤 5：删除历史记录。选择生成的曲面，在菜单栏中选择 Edit(编辑)→Delete by Type (按类型删除)→History(历史)命令即可。

3. 制作标签贴图模型

步骤 1：选择生成的曲面。按 Ctrl+D 键，复制一个新的曲面。

步骤 2：在图层编辑器中单击按钮，创建一个新的图层并将刚复制的曲面加入该层中。设置图层，将该图层中的曲面隐藏。图层具体设置如图 2.212 所示。

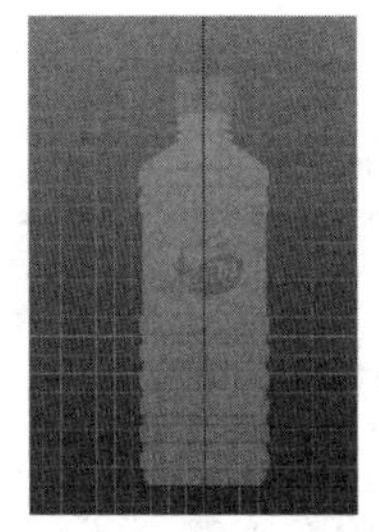

图 2.209

图 2.210

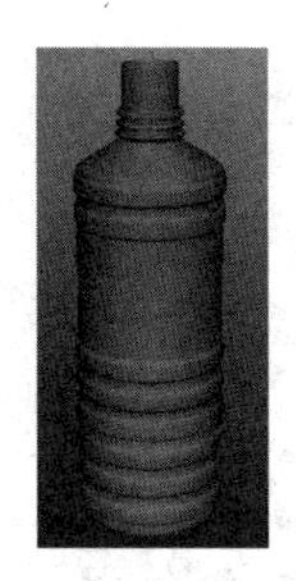

图 2.211

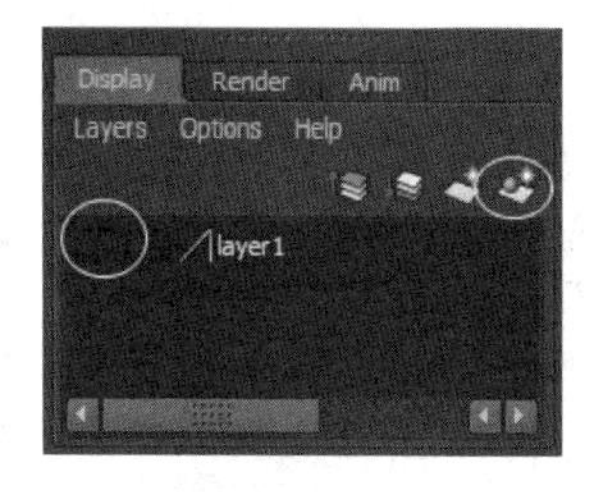

图 2.212

步骤 3：选择没有隐藏的曲面的两条 Isoparm(等参线)，如图 2.213 所示。

步骤 4：分离曲面。在菜单栏中选择 Edit NURBS(编辑 NURBS)→Detach Surfaces(分离曲面)命令。

步骤 5：删除曲面。选择不需要的曲面，按 Delete 键，剩下的部分如图 2.214 所示。

步骤 6：设置剩下部分曲面的通道参数，将其位置放置在视图中心位置并稍微放大一点。具体参数设置如图 2.215 所示。最终效果如图 2.216 所示。

图 2.213

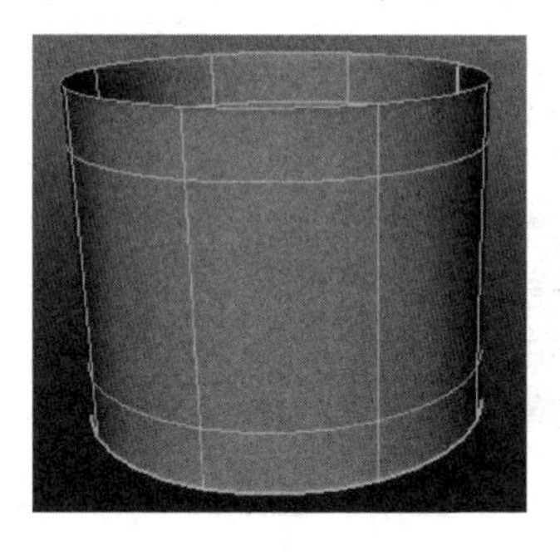

图 2.214

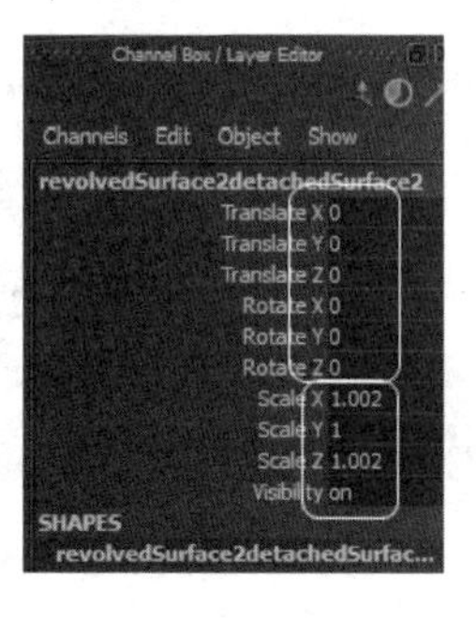

图 2.215

图 2.216

4. 制作矿泉水瓶盖

矿泉水瓶盖的制作主要使用 Loft(放样)和 Hull(壳)线的调节来制作。

具体操作步骤如下。

步骤 1：选择矿泉水瓶顶部最外围的 Isoparm(等参线)，如图 2.217 所示。

步骤 2：复制曲线。在菜单栏中选择 Edit Curves(编辑曲线)→Duplicate Surface Curves(复制曲面曲线)命令即可。

步骤 3：重建曲线。选择刚复制出来的曲线，在菜单栏中单击 Edit Curves(编辑曲线)→Rebuild Curve(重建曲线)→■图标，打开 Rebuild Curve Options(重建曲线选项)窗口，具体设置如图 2.218 所示。单击 Rebuild(重建)按钮即可将曲线重建为 64 段。

步骤 4：在 Top(顶视图)中，将曲线转到 CV 控制点状态下，隔一个 CV 点选择一个，如图 2.219 所示。

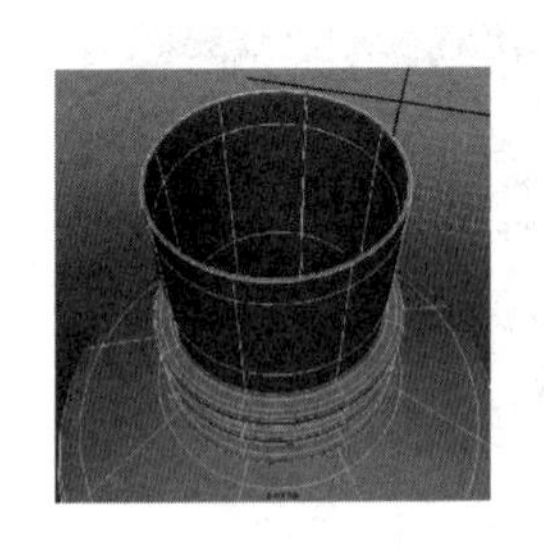

图 2.217

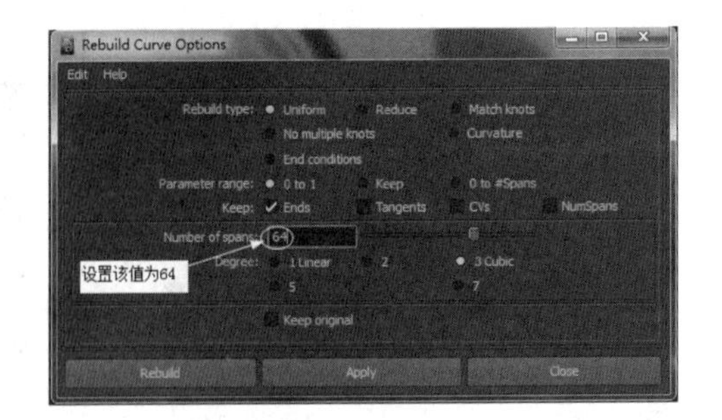

图 2.218

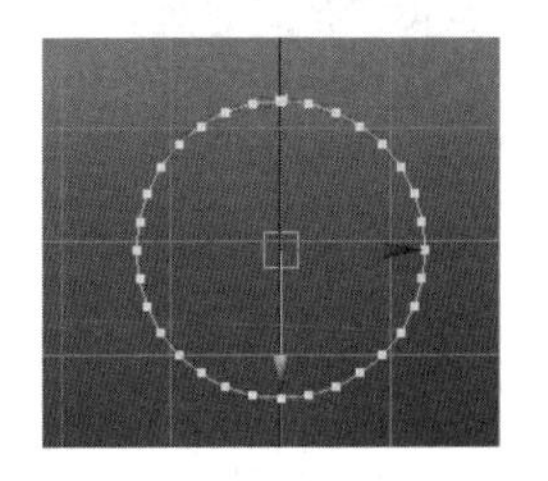

图 2.219

步骤 5：对选择的 CV 控制点进行适当的缩放操作。最终效果如图 2.220 所示。

步骤 6：选择该闭合曲线。按 Ctrl+D 组合键复制曲线，调整好位置，如图 2.221 所示。

步骤 7：在菜单栏中选择 Surfaces(曲面)→Loft(放样)命令，即可得到如图 2.222 所示的效果。

步骤 8：选择放样生成的曲面的最上方的 Isoparm(等参线)，拖出两条 Isoparm，如图 2.223 所示。

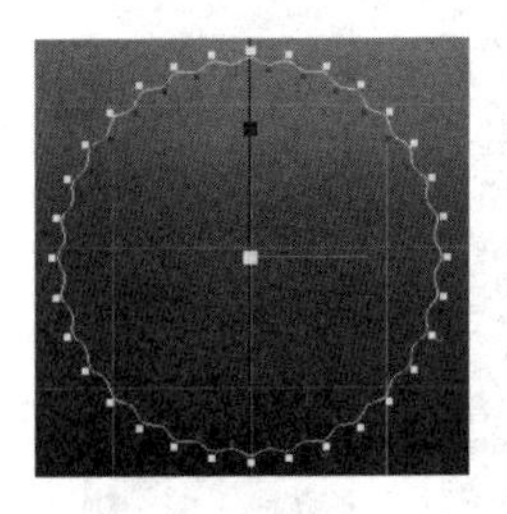

图 2.220

图 2.221

图 2.222

图 2.223

步骤 9：在菜单栏中选择 Edit NURBS(编辑 NURBS)→Insert Isoparms(插入等参线)命令，如图 2.224 所示。

步骤 10：转到曲面的 Hull(壳)级别元素状态，选择最上方的 Hull(壳)线，进行缩放操作，最终效果如图 2.225 所示。

步骤 11：再对曲面的最下边的 Hull(壳)线进行适当缩放操作，效果如图 2.226 所示。

步骤 12：矿泉水瓶的最终效果如图 2.227 所示。

图 2.224

图 2.225

图 2.226

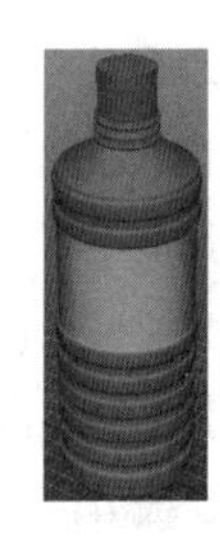

图 2.227

视频播放：矿泉水瓶模型的制作详细讲解，请观看配套视频“part\video\chap02_video09”。

四、拓展训练

根据前面所学知识制作如下模型。详细操作步骤读者可以参考配套视频资源。

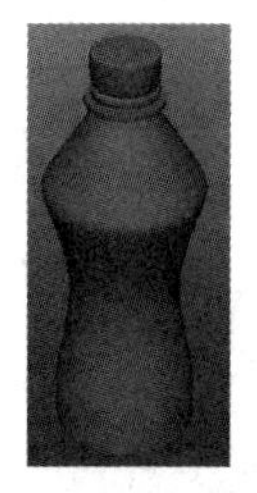

案例 4：功夫茶壶模型的制作

一、案例效果

二、案例制作流程(步骤)分析

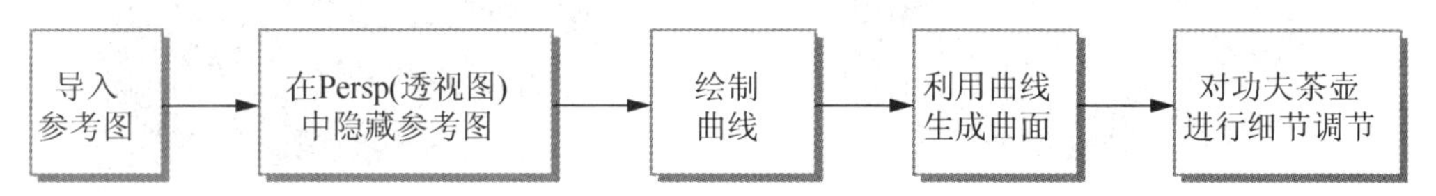

三、详细操作步骤

使用 NURBS 制作茶壶模型，是 NURBS 建模命令比较复杂的综合应用。主要用到的命令有 Revolve(旋转)、Extude(挤出)、Intersect Surface(交叉曲面)、Circular Fillet(圆形圆角)和 Trim Tool(修剪工具)等。功夫茶壶模型的具体制作步骤如下。

1．导入参考图

步骤 1：在 Side(侧视图)中导入参考图。选择 View(视图)→Image Plane(图像平面)→Import Image(导入图像)命令，弹出 Open(打开)对话框。

步骤 2：在 Open(打开)对话框中选择需要导入的参考图。导入之后的效果如图 2.228 所示。

图 2.228

2. 在 Persp(透视图)中隐藏参考图

步骤 1：切换到 Persp(透视图)，在视图菜单中选择 View(视图)→Select Camera(选择摄影机)命令，在 Persp(透视图)中选择参考图。

步骤 2：按 Ctrl+A 键，弹出 Attribute Editor(属性编辑器)对话框，具体设置如图 2.229 所示。

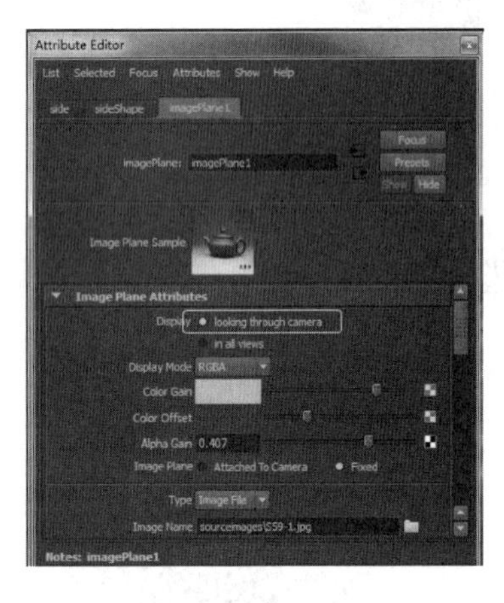

图 2.229

3. 绘制曲线

步骤 1：将视图切换到 Side(侧视图)。

步骤 2：绘制第 1 条曲线。在菜单栏中选择 Create(创建)→CV Curve Tool(CV 曲线工具)命令，在视图中绘制曲线如图 2.230 所示。

步骤 3：方法同上，继续绘制其他 3 条曲线，如图 2.231 所示。

图 2.230

图 2.231

4. 利用曲线生成曲面

步骤 1：在 Persp(透视图)中，选择壶盖和壶身的两条曲线。在菜单栏中选择 Surfaces(曲面)→Revolve(旋转)命令，即可得到如图 2.232 所示的曲面效果。

步骤 2：在菜单栏中选择 Create(创建)→NURBS Primitire(NURBS 基本体)→Circle(圆形)命令，在 Persp(透视图)中绘制一个圆。

步骤 3：选择绘制的圆形和壶嘴的曲线。在菜单栏中单击 Surfaces(曲面)→Exturde(挤出)→■图标，弹出 Exturde Options(挤出选项)窗口，具体设置如图 2.233 所示。

图 2.232

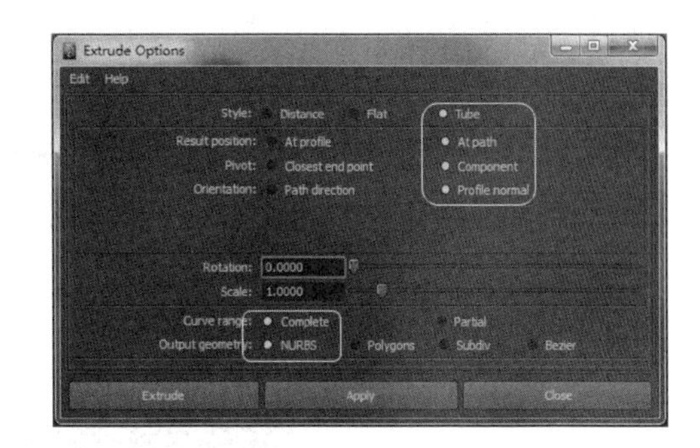

图 2.233

步骤 4：单击 Exturde(挤出)按钮即可，如图 2.234 所示。

步骤 5：方法同上，将壶把也挤出来，最终效果如图 2.235 所示。

步骤 6：选择挤出的壶嘴并进入壶嘴的 Hull(壳)级别，对壶嘴进行收缩操作，最终效果如图 2.236 所示。

步骤 7：删除所有历史记录。选择所有对象，单击工具架中的(按类型删除所有)图标即可。

图 2.234

图 2.235

图 2.236

5. 对功夫茶壶进行细节调节

步骤 1：选择壶嘴和壶体。在菜单栏中选择 Edit NURBS(编辑 NURBS)→Surface Fillet (曲面圆角)→Circular Fillet(圆形圆角)命令即可，如图 2.237 所示。

步骤 2：方法同第 1 步。将壶把与壶身进行圆角处理，最终效果如图 2.238 所示。

步骤 3：选择壶嘴、壶身和壶把。在菜单栏中选择 Edit NURBS(编辑 NURBS)→Intersect Surfaces(相交曲面)命令。

步骤 4：选择壶嘴。在菜单栏中选择 Edit NURBS(编辑 NURBS)→Trim Tool(修剪工具)命令，单击需要保留的壶嘴部分，如图 2.239 所示。按回车键，即可将不需要的部分修剪掉。

图 2.237

图 2.238

图 2.239

步骤 5：方法同第 4 步。对壶身和壶把进行修剪操作，完成功夫茶壶的制作。最终效果请观看案例效果。

视频播放：功夫茶壶模型的制作详细讲解，请观看配套视频“part\video\chap02_video10”。

四、拓展训练

根据前面所学知识制作如下模型。详细操作步骤读者可以参考配套视频资源。

案例 5：手机模型的制作

一、案例效果

二、案例制作流程(步骤)分析

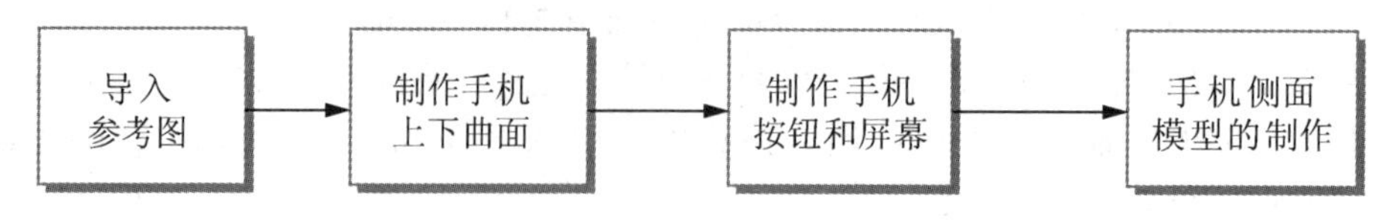

三、详细操作步骤

通过前面 4 个案例的学习，读者已经对 NURBS 建模的各个命令有了一定的了解。在本案例中，来制作一个难度比较大的复杂模型——手机模型。在手机模型制作过程，除了了解 NURBS 中各个命令的使用外，还要掌握以下几个知识点。

(1) 明确层级的概念。根据要操作的对象性质进入不同的层级中制作。

(2) 理解独立性的概念。也就是说，手机模型的各个曲面在什么情况下应该独立，什么情况下不能独立。

手机模型的具体制作步骤如下。

1. 导入参考图

在这里，通过使用多边形平面来制作参考图。这种参考图制作方法，在 Maya 中用的比较多。

步骤 1：在 Top(顶视图)中绘制一个 Plane(平面)。通道栏中的参数设置如图 2.240 所示。

步骤 2：在创建的平面上右击，弹出快捷菜单。在弹出的快捷菜单中选择 Assign New Material(指定新的材质)命令(图 2.41)，打开 Assign New Material(指定新的材质)窗口，如图 2.242 所示。

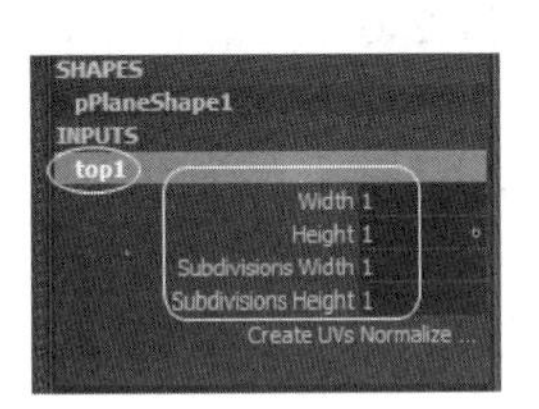

图 2.240

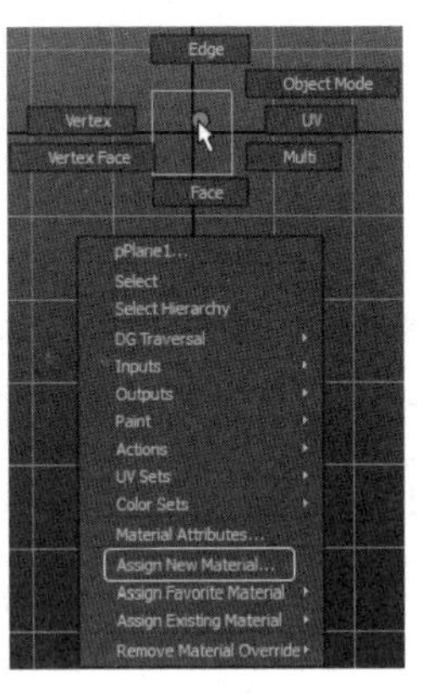

图 2.241

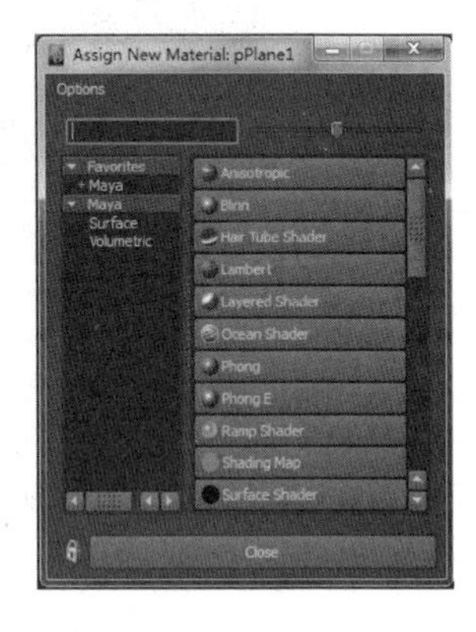

图 2.242

步骤 3：在 Assign New Material(指定新的材质)窗口中，单击 Lambert (兰伯特)材质项按钮，弹出 Attribute Editor(属性编辑器)对话框，如图 2.243 所示。

步骤 4：单击 Color(颜色)右边的图标，弹出 Create Rende Node(创建渲染节点)对话框，在该对话框中单击 File (文件)按钮，返回 Attribute Editor(属性编辑器)对话框。

步骤 5：在 Attribute Editor(属性编辑器)对话框中，单击 Image Name(图片名称)右边的图标，弹出 Open(打开)对话框。

步骤 6：在 Open(打开)对话框中，选择需要导入的参考图片，单击 Open 按钮即可将图片导入，如图 2.244 所示。

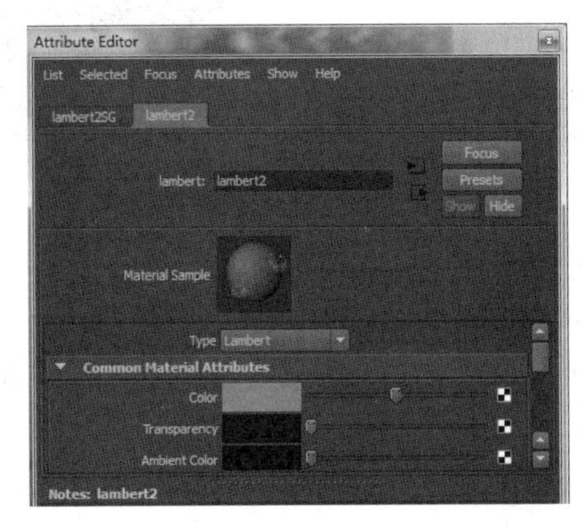

图 2.243

图 2.244

步骤 7：从图 2.244 可以看出，导入的图片显示已经变形。调整图片的大小，在保存文件中观看图片的分辨率大小为 274×602。选择平面，在通道栏中修改大小。具体修改，如图 2.245 所示。

步骤 8：方法同上。在 Side(侧视图)中导入侧面参考图。

步骤 9：选择两个参考图，添加到图层中并将其锁定，如图 2.246 所示。

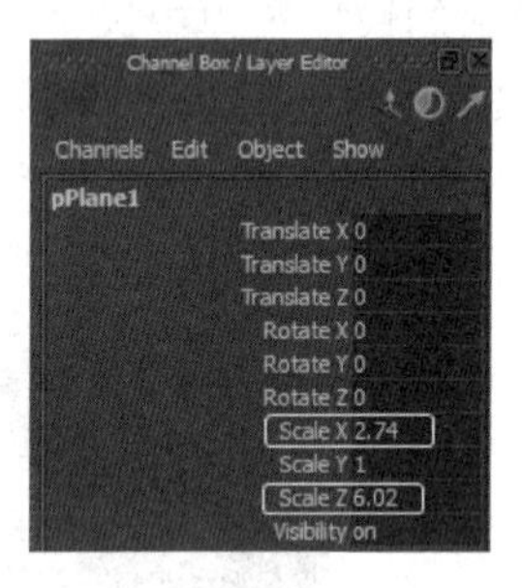

图 2.245

图 2.246

2. 制作手机上下曲面

步骤 1：在 Side(侧视图)中创建一个 NURBS 圆形。

步骤 2：对圆形进行重建。选择创建的圆形，在菜单栏中单击 Edit Curves(编辑曲线)→Rebuild Curve(重建曲线)→■图标，弹出 Rebuild Curve Options(重建曲线选项)窗口，具体设置如图 2.247 所示。单击 Rebuild(重建)按钮即可将创建的圆形重建为 16 段。

步骤 3：进入圆形的 CV 点级别，对曲线进行调节，最终形状如图 2.248 所示。

步骤 4：选择调节好的曲线，按 Ctrl+D 组合键复制一个并调节好位置，如图 2.249 所示。

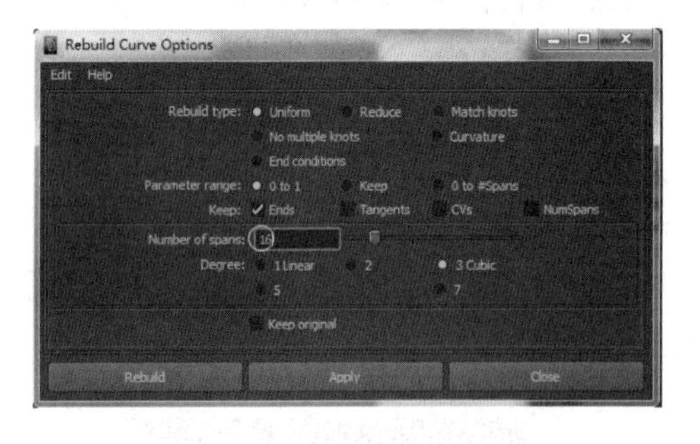

图 2.247

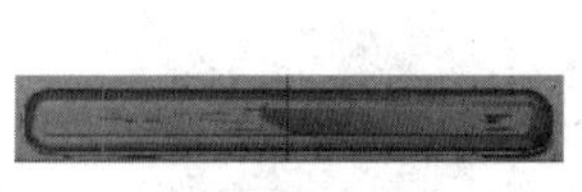

图 2.248

图 2.249

步骤 5：放样操作。选择两条曲线，在菜单栏中选择 Surfaces(曲面)→Loft(放样)命令，即可得到如图 2.250 所示的效果。

步骤 6：单击工具架中的■(按类型删除所有)图标，删除历史记录。插入一条 Isoparm(等参线)，如图 2.251 所示。

步骤 7：进入曲面的 Hull(壳)编辑状态。对最右侧的 Hull(壳)线进行缩放和移动操作，最终效果如图 2.252 所示。

图 2.250

图 2.251

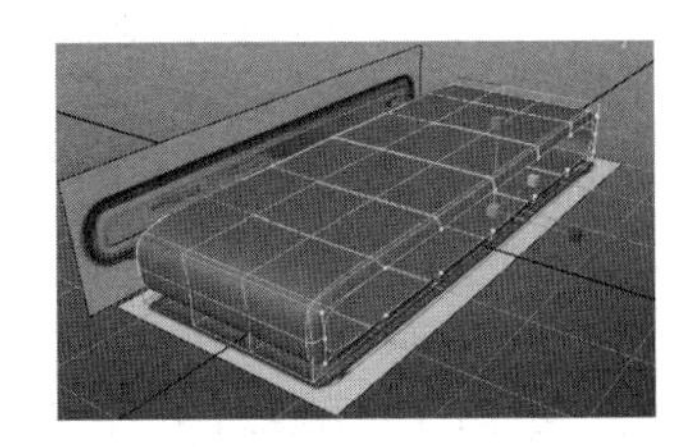
图 2.252

步骤 8：再插入一条 Isoparm(等参线)，如图 2.253 所示。

步骤 9：进入曲面的 Hull(壳)编辑状态。对 Hull(壳)线进行缩放和移动操作，最终效果如图 2.254 所示。

步骤 10：方法同上。在曲面的左侧插入 Isoparm 并进行缩放和移动，最终效果如 2.255 所示。

图 2.253

图 2.254

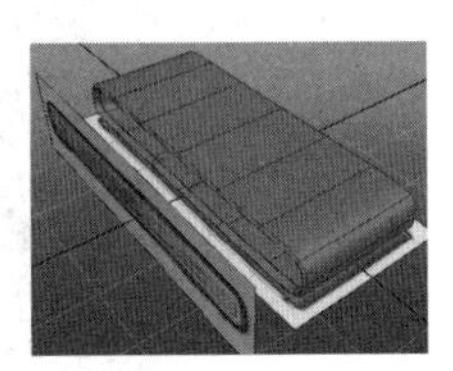
图 2.255

步骤 11：进入曲面的 Isoparm 控制级别，选择曲面两侧的 Isoparm，如图 2.256 所示。

步骤 12：在菜单栏中选择 Edit NURBS(编辑 NURBS)→Detach Surfaces(分离曲面)命令，即可将曲面分离成两个曲面。

步骤 13：为上面的一个曲面一端插入一条 Isoparm，如图 2.257 所示。

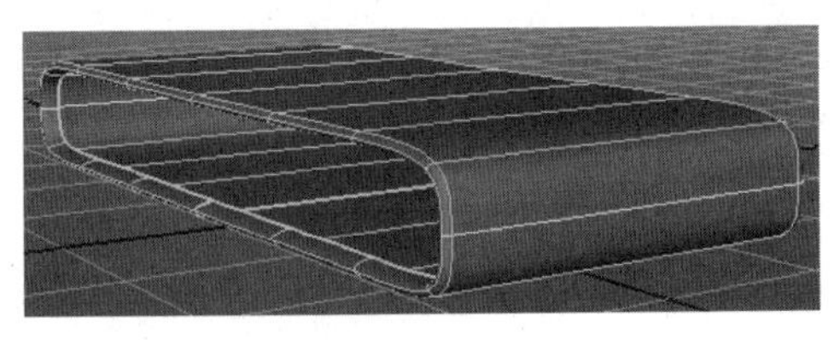
图 2.256

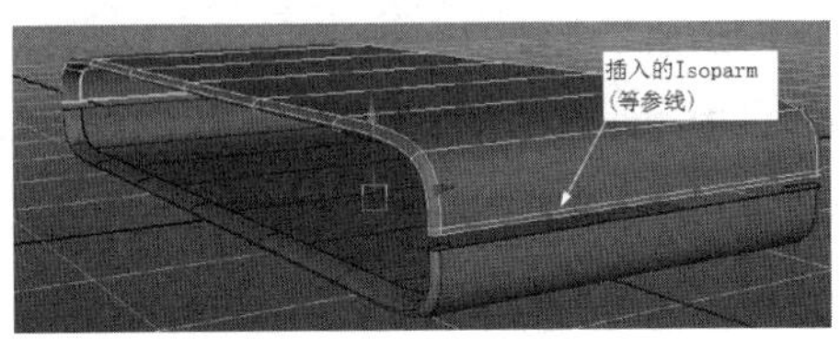

图 2.257

步骤 14：进入曲面的 Hull(壳)线级别，对 Hull(壳)线进行缩放，如图 2.258 所示。

步骤 15：方法同第 13 和 14 步。对曲面的另一端和下面曲面两端进行插入 Isoparm 和缩放操作，调整好位置，如图 2.259 所示。

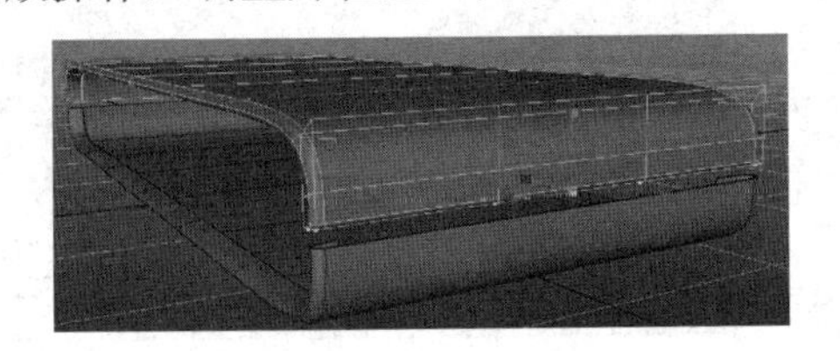
图 2.258

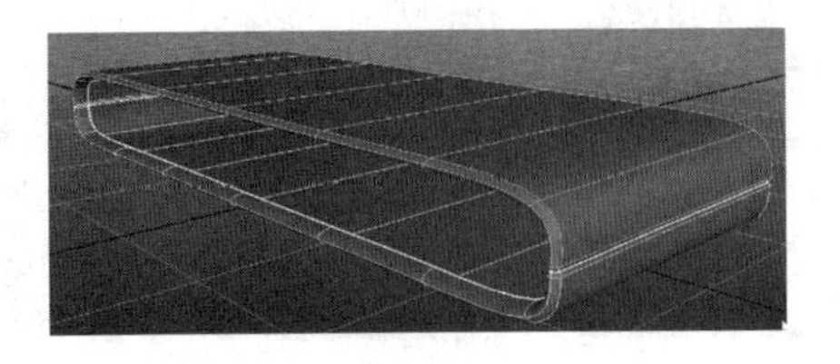
图 2.259

3. 制作手机按钮和屏幕

手机的按钮和屏幕制作主要使用 NURBS 中的 Loft(放样)、Bevel(倒角)、Project Curve on surface(投射曲线到曲面)和 Trim Tool(修剪工具)等命令。具体操作步骤如下。

1) 绘制曲线

步骤 1：在菜单栏中选择 Create(创建)→NURBS Primitives(NURBS 基本体)→Squre(正方形)命令，在 Top(顶视图)中绘制一个正方形。调整大小使其与手机屏幕大小匹配，如图 2.260 所示。

步骤 2：选择两条相邻的曲线。在菜单栏中单击 Edits Curves(编辑曲线)→Attach Curves(结合曲线)→■图标，打开 Attach Curves Options(结合曲线选项)窗口，具体设置如图 2.261 所示。

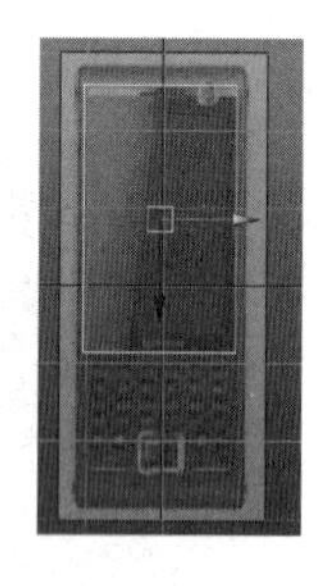

图 2.260

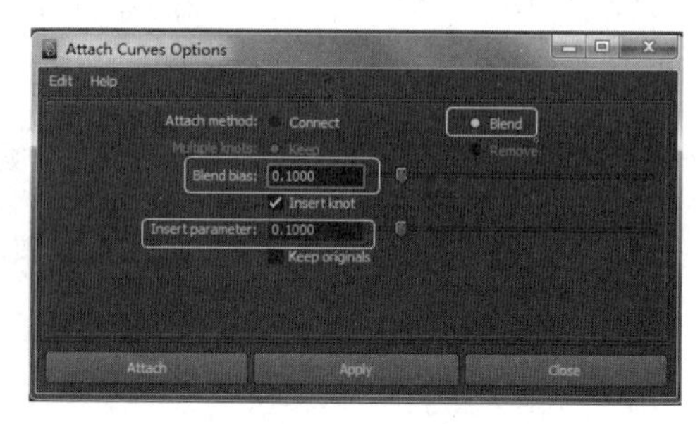

图 2.261

步骤 3：单击 Apply(应用)按钮即可对两条曲线进行结合处理，最终效果如图 2.262 所示。

步骤 4：重复上面的步骤，对曲线进行结合处理，最终效果如图 2.263 所示。

步骤 5：选择结合处理之后的曲线。在菜单栏中单击 Edits Curves(编辑曲线)→Open/Close Curves(打开/闭合曲线)→■图标，打开 Open/Close Curves Options(打开/闭合曲线选项)窗口，具体设置如图 2.265 所示。

提示：如果在结合最后两条曲线的时候，出现结合不正确的情况，如图 2.264 所得结果。先按 Ctrl+Z 组合键进行撤销，再选择最后一条曲线，在菜单栏中选择 Edits Curves(编辑曲线)→Reverse Curve Direction(翻转曲线方向)命令即可。

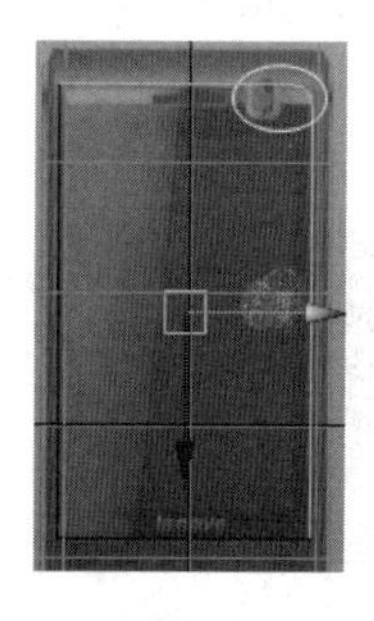

图 2.262

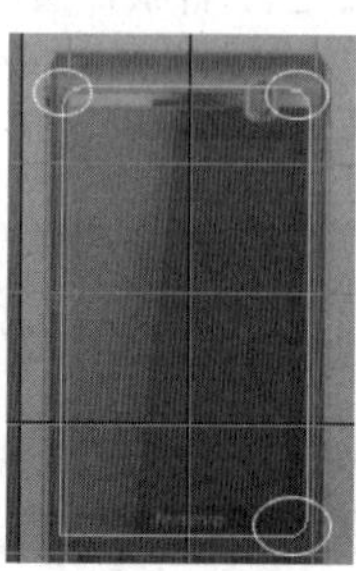

图 2.263

图 2.264

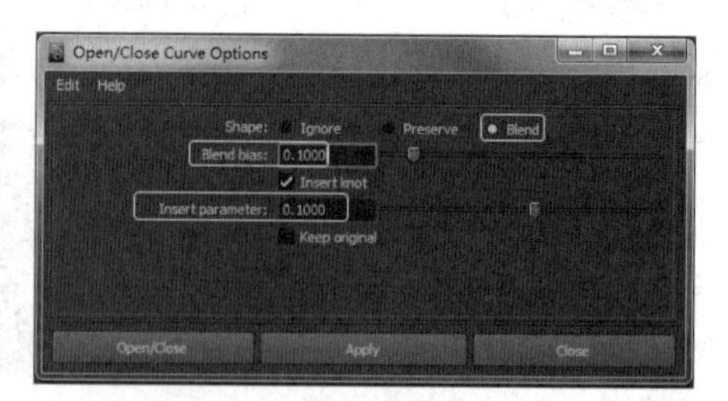

图 2.265

步骤 6：单击 Open/Close(打开/闭合)按钮，即可得到图 2.266 所示的闭合曲线。

步骤 7：方法同刚才闭合曲线制作，继续绘制其他按钮的曲线。最终绘制好的曲线如图 2.267 所示。

步骤 8：在图层编辑器中新建一个图层，并将绘制好的曲线加入到该层中，如图 2.268 所示。

图 2.266

图 2.267

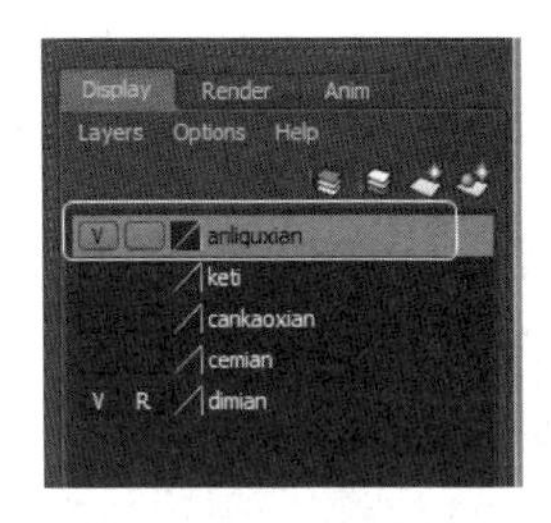

图 2.268

步骤 9：选择刚才绘制的曲线和曲面，如图 2.269 所示。

2) 对曲面进行修剪操作

步骤 1：将视图切换到 Top(顶视图)中，在菜单栏中选择 Edit NURBS→Project Curve on Surface(投射曲线到曲面上)命令，将视图切换回 Persp(透视图)，效果如图 2.270 所示。

步骤 2：选择曲面。按 Ctrl+D 键，将投射曲面复制一份备用。

步骤 3：选择需要修剪的曲面。在菜单栏中选择 Edit NURBS(编辑 NURBS)→Trim Tool(修剪工具)命令，单击需要保留的部分，如图 2.271 所示。

图 2.269

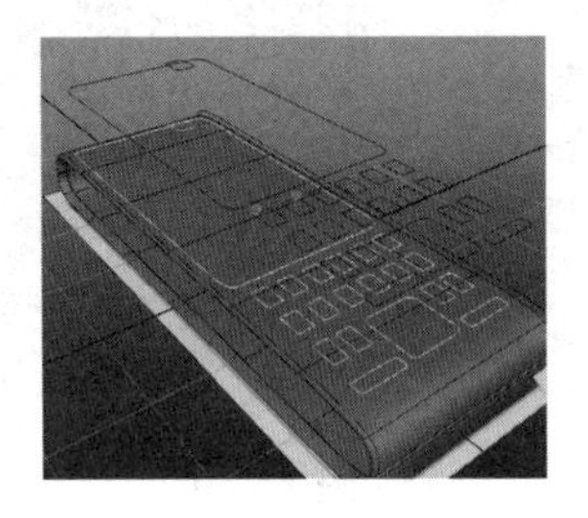

图 2.270

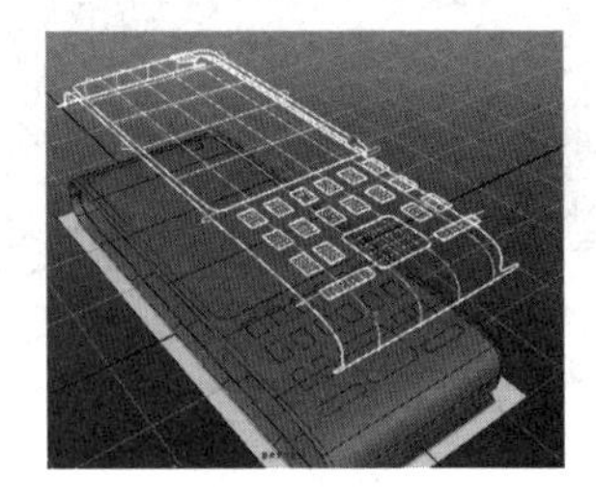

图 2.271

步骤 4：按回车键即可得到图 2.272 所示的效果。

步骤 5：方法同上。对刚复制的投射曲面进行修剪操作，最终效果如图 2.273 所示。

步骤 6：给手机屏幕一个颜色比较浅的材质效果，如图 2.274 所示。

图 2.272

图 2.273

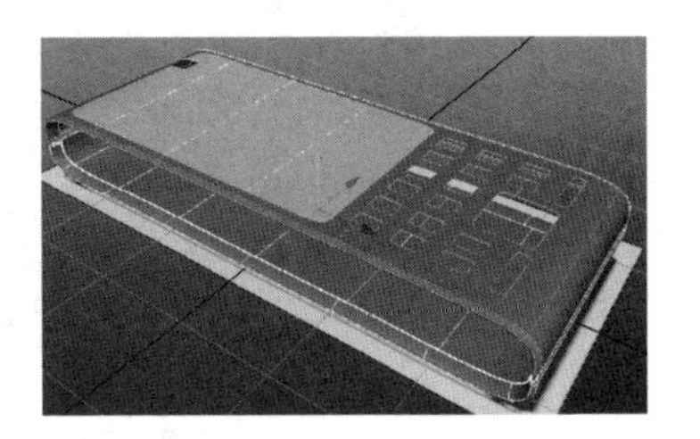

图 2.274

3) 制作手机按钮

步骤 1：在视图中选择曲面的一条 Trim Edge(修剪边)和前面绘制的曲线，如图 2.275 所示。

步骤 2：在菜单栏中选择 Surfaces(曲面)→Loft(放样)命令，效果如图 2.276 所示。

步骤 3：在菜单栏中选择 Edit NURBS(编辑 NURBS)→Round Tool(圆角工具)命令。在需要进行圆角的边界进行框选，调节圆角大小，如图 2.277 所示。

图 2.275

图 2.276

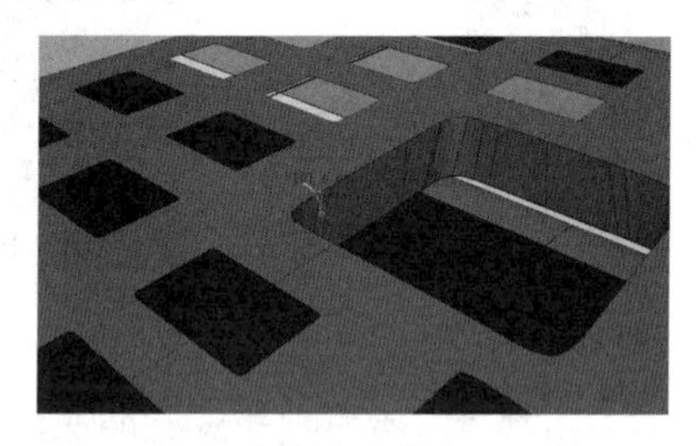

图 2.277

步骤 4：按回车键即可，效果如图 2.278 所示。

步骤 5：进入 Hull(壳)级别。对放样的曲面进行缩放操作，如图 2.279 所示。

步骤 6：将前面绘制的曲线往上移到需要的位置，选择 Isoparm(等参线)和绘制的曲线，如图 2.280 所示。

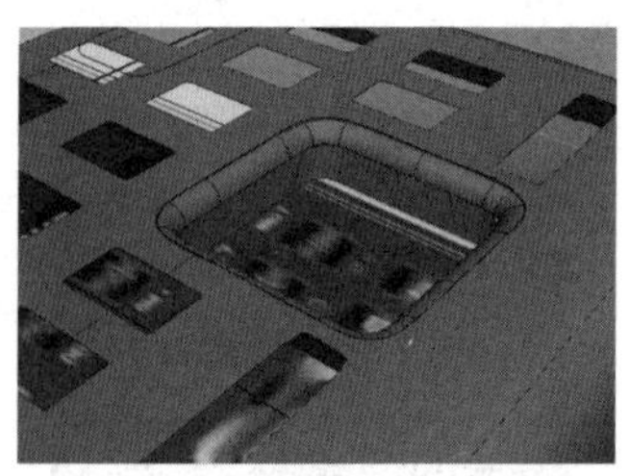

图 2.278

图 2.279

图 2.280

步骤 7：在菜单栏中选择 Surfaces(曲面)→Loft(放样)命令，效果如图 2.281 所示。

步骤 8：选择刚放样出来的曲面最上方的 Isoparm(等参线)，在菜单栏中选择 Surfaces (曲面)→Planar(平面化)命令，即可得到如图 2.282 所示的效果。

图 2.281

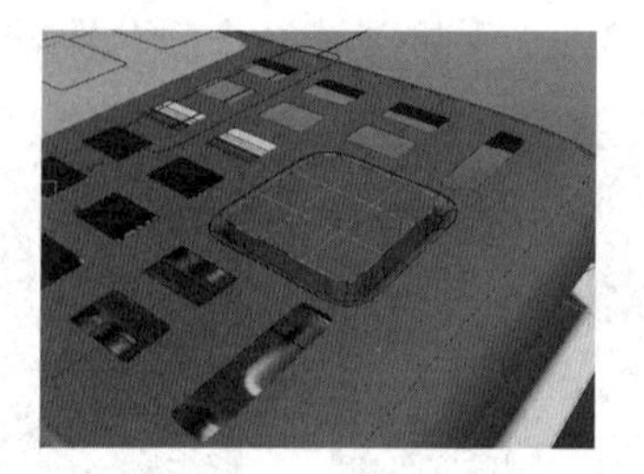

图 2.282

提示：如果在使用 Planar(平面化)命令之后，平面出现黑色，说明平面化出来的曲面方向反了。用户只要选择 Edit NURBS(编辑 NURBS)→Reverse Surface Dircetion(翻转曲面方向)命令即可。

步骤 9：使用 Round Tool(圆角工具)命令，再进行圆角处理，最终效果如图 2.283 所示。

步骤 10：其他按钮的制作方法同上，最终效果如图 2.284 所示。

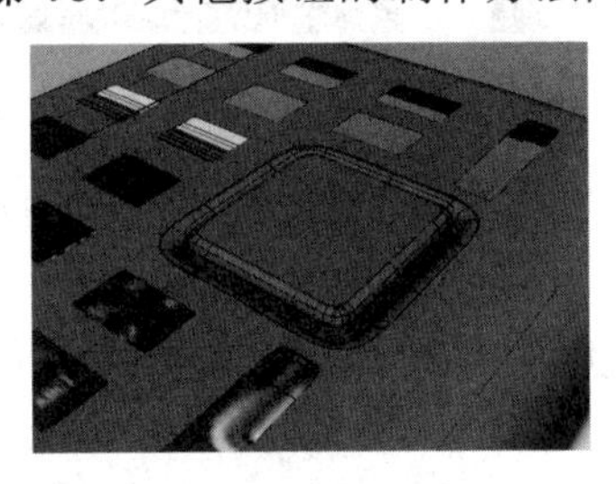

图 2.283

图 2.284

4. 手机侧面模型的制作

手机侧面模型的制作方法相对于手机按钮和屏幕的制作要简单一些。使用前面绘制的闭合曲线，进行 Planar(平面化)处理。绘制闭合曲线，将闭合曲线与平面进行 Project Curve on Surface(投射曲线到曲面)处理，再使用 Trim Tool(修剪工具)命令进行修剪操作。其具体操作步骤如下。

步骤 1：在 Side(侧视图)中选择前面绘制的闭合曲线，如图 2.285 所示。

步骤 2：在菜单栏中选择 Surfaces(曲面)→Planar(平面化)命令，即可生成一个曲面。在 Persp(透视图)中调整好位置，如图 2.286 所示。

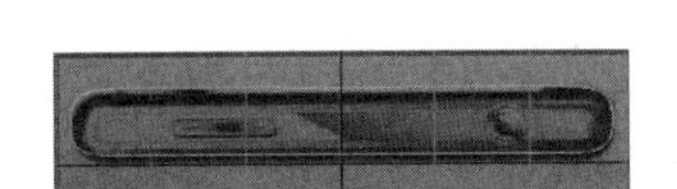

图 2.285

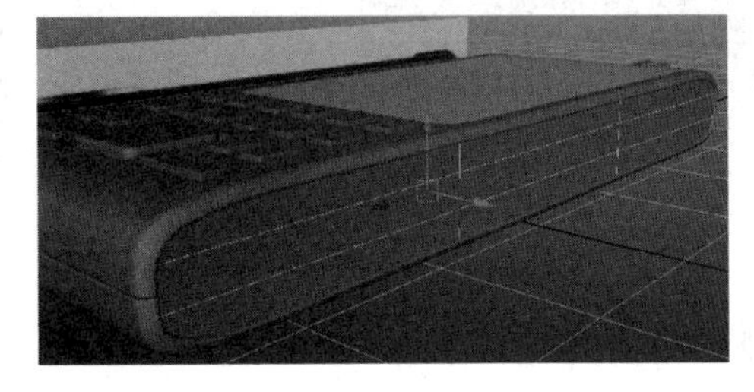

图 2.286

步骤 3：利用前面所学知识，在 Side(侧视图)中绘制一个圆形和一条闭合曲线，如图 2.287 所示。

步骤 4：在 Side(侧视图)中选择绘制的闭合曲线、圆形和侧面平面。在菜单中选择 Edit NURBS(编辑 NURBS)→Project Curve on Surface(投射曲线到曲面)命令。

步骤 5：选择进行了投射的侧面平面。在菜单栏中选择 Edit NURBS(编辑 NURBS)→Trim Tool(修剪工具)命令，单击侧面平面需要保留的部分，如图 2.288 所示。

步骤 6：按回车键，即可得到如图 2.289 所示的效果。

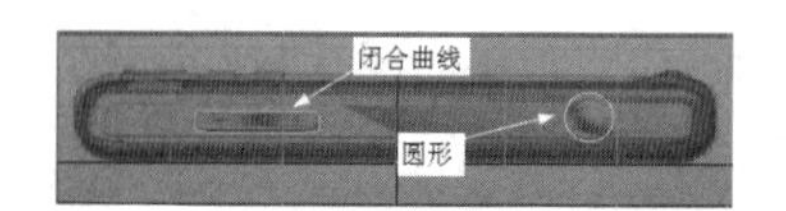

图 2.287

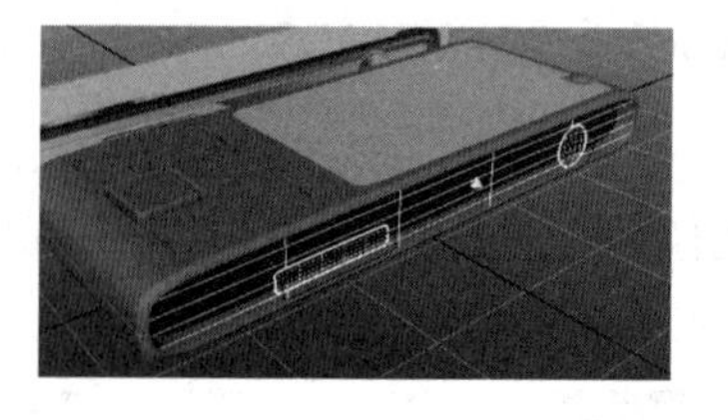

图 2.288

图 2.289

步骤 7：方法同制作手机按钮的方法一样，对侧面进行 Loft(放样)和 Round(圆角)处理，最终效果如图 2.290 所示。

步骤 8：制作按键。按键的制作方法同按钮制作相同，最终效果如图 2.291 所示。

图 2.290

图 2.291

步骤 9：创建一个 NURBS 球体。通过调节 NURBS 球体的 Hull(壳)线，添加 Isoparm (等参线)。使用移动工具和缩放工具进行调节，最终效果如图 2.292 所示。

步骤 10：手机的另一侧，只要使用前面绘制的曲线，使用 Planar(平面化)命令即可，如图 2.293 所示。

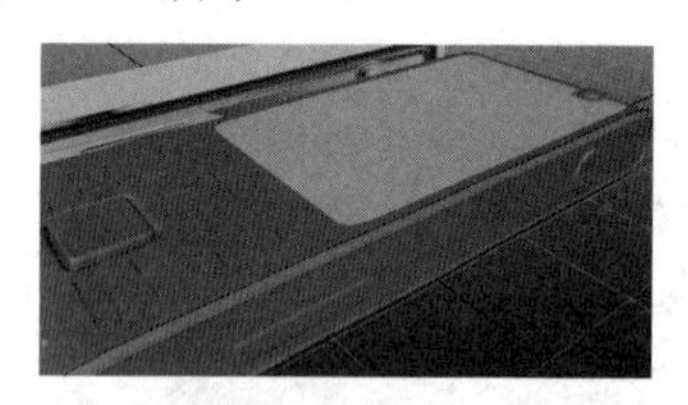

图 2.292

图 2.293

视频播放：手机模型的制作详细讲解，请观看配套视频“part\video\chap02_video11”。

四、拓展训练

根据前面所学知识制作如下模型。详细操作步骤读者可以参考配套视频资源。

第3章

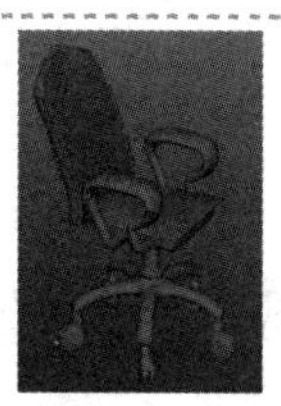

Subdivision(细分)建模技术

知识点

- 案例1：Subdivision(细分)建模技术基础
- 案例2：椅子模型的制作
- 案例3：手模型的制作
- 案例4：电话模型的制作

说明

本章主要通过4个案例介绍Maya 2011的Subdivision(细分)建模技术基础、使用Subdivision(细分)建模的基本流程和Maya 2011中相关命令的使用。

教学建议课时数

一般情况下需要10课时，其中理论4课时，实际操作6课时(特殊情况可做相应调整)。

在本章中主要介绍 Maya Subivion Surfaces(细分表面)模型的特性、Subdivision(细分)建模技术与 NRUBS 建模技术和 Polygon(多边形)建模技术之间的关联与区别、Subdivision(细分)建模的编辑方式、Subdivision(细分)建模中各个命令的作用和使用方法、Subdivision(细分)建模案例。

Subdivision(细分)建模具有 NRUBS 建模和 Polygon(多边形)建模的一些特性，也有自己独特的建模特征。希望读者好好地了解 NRUBS 建模技术和 Polygon(多边形)建模技术，相信建模水平会有很大的提高。

案例 1：Subdivision(细分)建模技术基础

一、案例效果

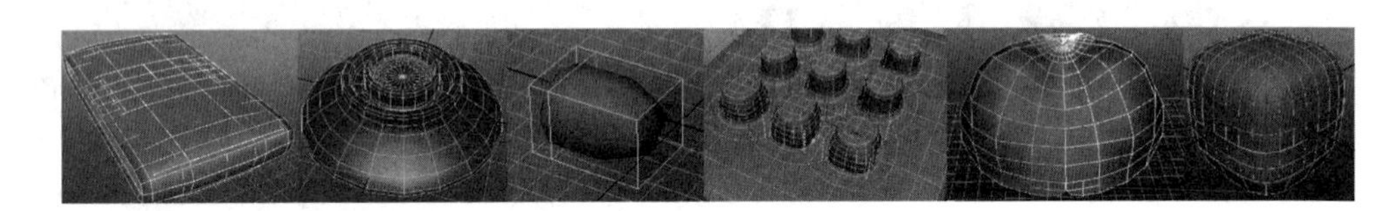

二、案例制作流程(步骤)分析

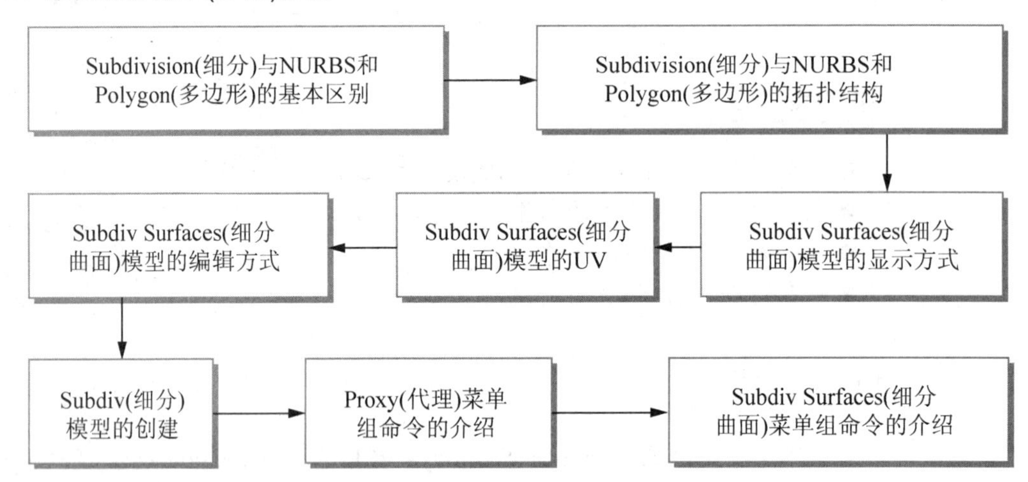

三、详细操作步骤

在 Subdivision(细分)建模中，随着 Maya 软件的不断升级和改进，Subdivision(细分)建模技术有了很大改善。到了 Maya 2011 版本，它完全可以支持分层编辑、分层材质指定、仅边和顶点完全折痕、取消折痕、纹理引用对象、运动模糊和导入。但在之前的版本中，Maya mental ray 只能处理四边形基础网格，不支持 Maya 标准细分曲面形状，只能在基础网格也就是 0 级别上指定 UV 坐标。

1. Subdivision(细分)与 NURBS 和 Polygon(多边形)的基本区别

Subdivision(细分)模型和 NURBS 模型具有一个共同的特性，就是它们都具有平滑的曲面，控制点不一定在对象曲面上，这些控制点可以很柔软地控制曲面的形状。而 Polygon(多边形)模型的特性是控制点一定在曲面和边线上，不能像 Subdivision(细分)模型和 NURBS 模型中的控制点那样柔软地控制曲面的形状，如图 3.1 所示。

2. Subdivision(细分)与 NURBS 和 Polygon(多边形)的拓扑结构

在复杂建模中，Subdivision(细分)的拓扑结构和 Polygon(多边形)的拓扑结构差不多，可以任意进行拓扑结构，具有完整的整体性，用户不需要考虑面片与面片之间无缝缝合的问题。而 NURBS 模型是由多个面片拼接而成，用户在建模过程需要考虑面片与面片之间的缝隙接合的问题，如图 3.2 所示。

3. Subdiv Surfaces(细分曲面)模型的显示方式

Subdiv Surfaces(细分曲面)模型的显示方式与 Polygon(多边形)模型有相似之处，都可以使用键盘上的 1、2 和 3 键来切换对象的显示精度，如图 3.3 所示。

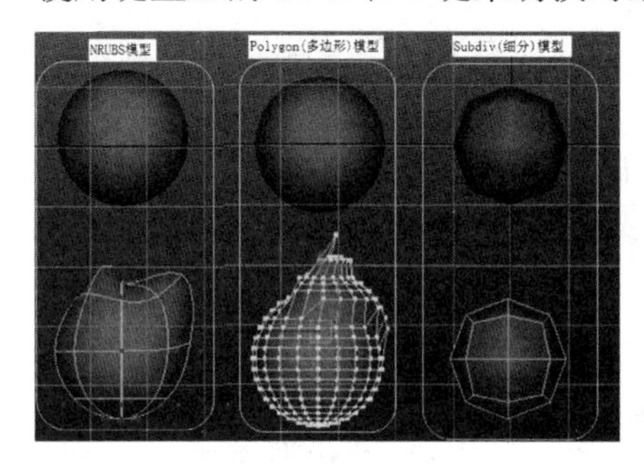

图 3.1

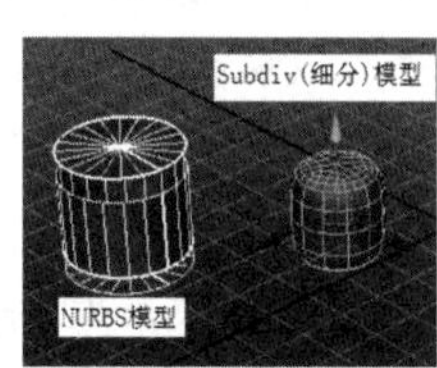

图 3.2

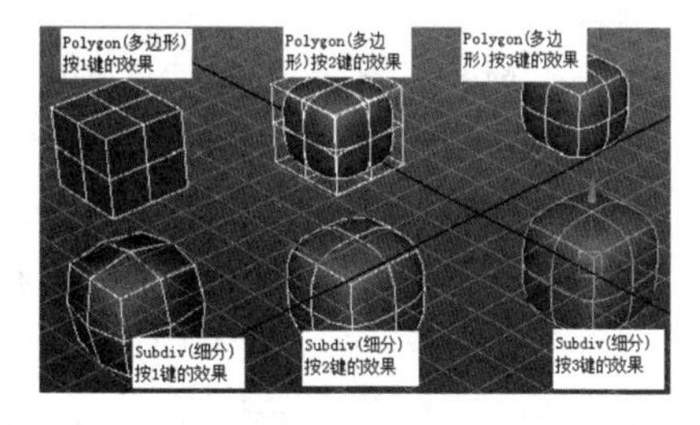

图 3.3

Subdiv Surfaces(细分曲面)模型的显示方式，也可以通过菜单命令来显示它的精度。其具体操作步骤如下。

步骤 1：在视图中选择 Subdiv Surfaces(细分曲面)模型。

步骤 2：在菜单栏中选择 Display(显示)→Subdiv Surfaces(细分曲面)→Hull(壳)或 Rough(粗糙)、Medium(适中)和 Fine(精细)命令即可。

提示：在 Maya 2011 中，执行 Hull(壳)、Rough(粗糙)、Medium(适中)和 Fine(精细)命令相当于按键盘上的 0、1、2 或 3 键。一般情况下，在建模过程中建议用户通过按键盘上的数字键来实现模型精度显示的切换，这样有利于提高建模速度。

4. Subdiv Surfaces(细分曲面)模型的 UV

Subdiv Surfaces(细分曲面)模型 UV 的编辑非常灵活。它像 Polygon(多边形)模型 UV 一样可以随意编辑，也可以先将 Subdiv(细分)模型转换为 Polygon(多边形)模型，使用 Polygon(多边形)的编辑命令编辑 UV，然后再将其转换为细分模型。而 NURBS 模型的 UV 不能随意编辑，因为它具有固定的 UV。

5. Subdiv Surfaces(细分曲面)模型的编辑模式

在 Maya 2011 中，Subdiv Surfaces(细分曲面)模型主要有 Standard(标准)和 Polygon(多边形)两种编辑模式。这两种编辑模式的子物体元件如图 3.4 和图 3.5 所示。

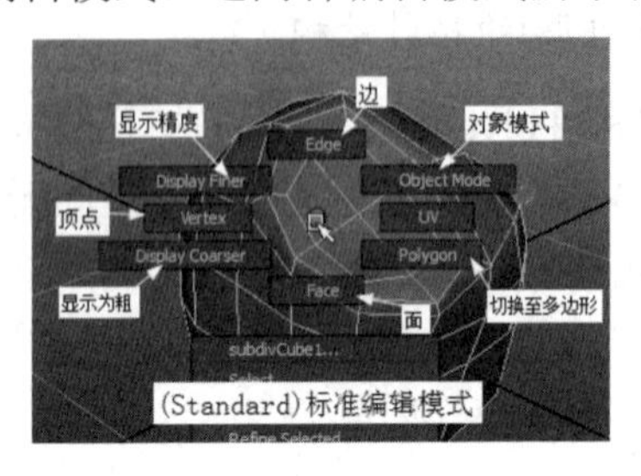

图 3.4

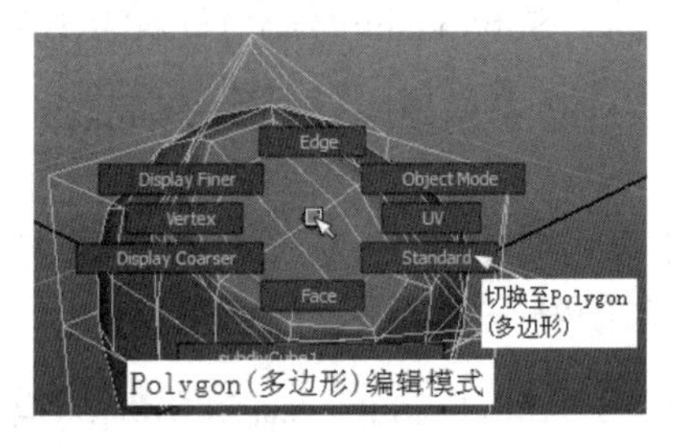

图 3.5

1) Standard(标准)编辑模式

在 Standard(标准)编辑模式下只能对模型控制点进行细分处理，方便用户进入细节的编辑。

在 Maya 2011 中，刚创建的 Subdiv Surfaces(细分曲面)模型的控制点为 0(Base)级，也就是模型的基础网格显示方式。用户可以根据实际需要对模型不断地进行细分处理。最高级别可以达到 13(Finset)级。

2) Polygon(多边形)代理编辑模式

在 Polygon(多边形)代理编辑模式下，在代理网格上右击，弹出快捷菜单，在弹出的快捷菜单中选择需要编辑的组件，对其进行移动、旋转和缩放操作来修改代理模型。此外，也可以使用 Mesh(网格)和 Edit Mesh(编辑网格)菜单组中的相关命令对代理模型进行编辑。具体操作方法在后面的实际案例中再详细介绍。

6. Subdiv(细分)模型的创建

Subdiv(细分)模型的创建方法主要有以下两种。

1) 通过 Subdiv Primitives(细分基本体)菜单组中的命令来创建

通过 Subdiv Primitives(细分基本体)菜单组中的命令来创建细分模型的具体步骤如下。

步骤 1：在菜单栏中选择 Create(创建)→Subdiv Primitives(细分基本)命令，弹出下级子菜单，如图 3.6 所示。

步骤 2：在弹出的子菜单中选择需要创建的基本体命令，即可在视图中创建一个标准的 Subdiv Primitives(细分基本)对象。

2) 通过转换命令来实现 Subdiv(细分)模型的创建

使用 Convert(转换)命令将 NURBS 模型或 Polygon(多边形)模型转换为 Subdiv(细分)模型。转换的具体操作步骤如下。

(1) 将 NURBS 模型转换为 Subdiv(细分)模型。

步骤 1：选择需要转换的 NURBS 模型，如图 3.7 所示。

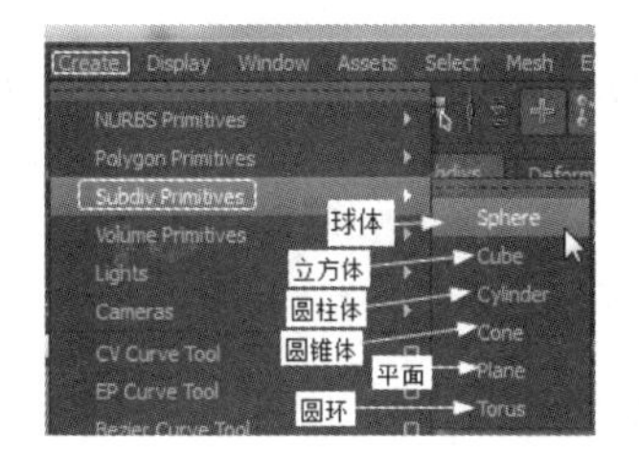

图 3.6

图 3.7

步骤 2：在菜单栏中单击 Modify(修改)→Convert(转换)→NURBS to Subdiv(NURBS 转换为细分曲面)→■图标，打开 Convert NURBS/Polygons to Subdiv Options(NURBS/多边形转换为细分选项)窗口，具体设置如图 3.8 所示。

步骤 3：在窗口中单击 Create(创建)按钮即可，如图 3.9 所示。

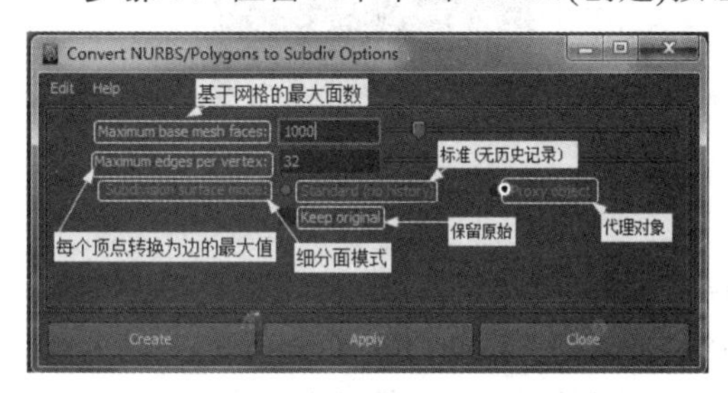

图 3.8

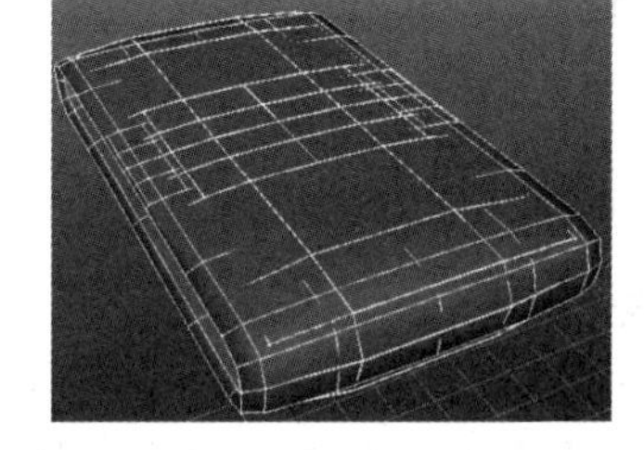

图 3.9

(2) 将 Polygon(多边形)模型转换为 Subdiv(细分)模型。

步骤 1：选择需要转换的多边形对象，如图 3.10 所示。

步骤 2：在菜单栏中单击 Modify(修改)→Convert(转换)→Polygon to Subdiv(多边形转换为细分曲面)→■图标，打开 Convert NURBS/Polygons to Subdiv Options(NURBS/多边形转换为细分选项)窗口，具体设置如图 3.11 所示。

步骤 3：在窗口中单击 Create(创建)按钮即可，如图 3.12 所示。

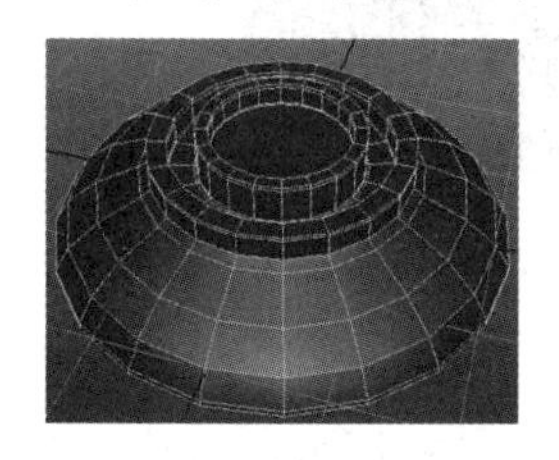

图 3.10

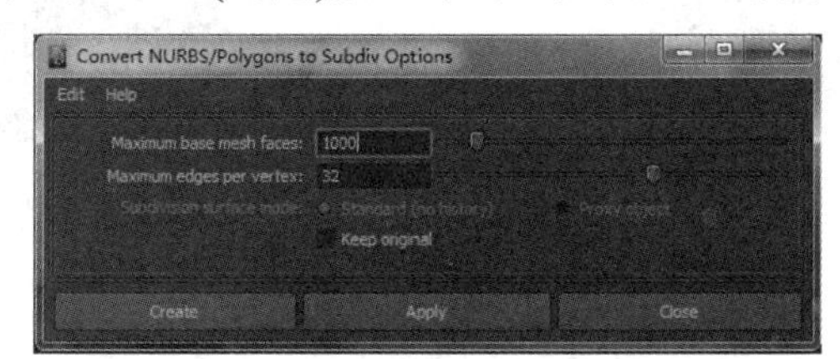

图 3.11

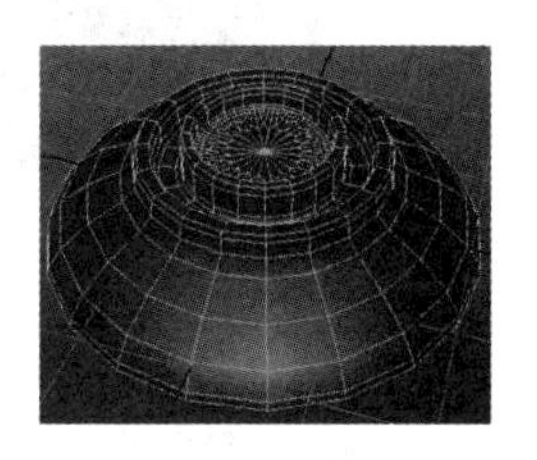

图 3.12

7. Proxy(代理)菜单组命令的介绍

在 Maya 2011 中，Proxy(代理)菜单组命令主要包括 Subdiv Proxy(细分代理)、Remove Subdiv Proxy Mirror(移除细分代理镜像)、Crease Tool(折痕工具)、Toggle Proxy Display(固定代理显示)和 Both Proxy and Subdiv Display(以代理和细分显示)5 个命令。各个命令的主要作用和使用方法如下。

1) Subdiv Proxy(细分代理)

Subdiv Proxy(细分代理)命令的主要作用是将对象进行细分，将细分后的对象与原始对象同时显示在窗口中并保留关联关系。

Subdiv Proxy(细分代理)命令的具体操作步骤如下。

步骤 1：选择需要进行细分代理的多边形对象，如图 3.13 所示。

步骤 2：在菜单栏中选择 Proxy(代理)→Subdiv Proxy(细分代理)命令，即可得到图 3.14 所示的效果。

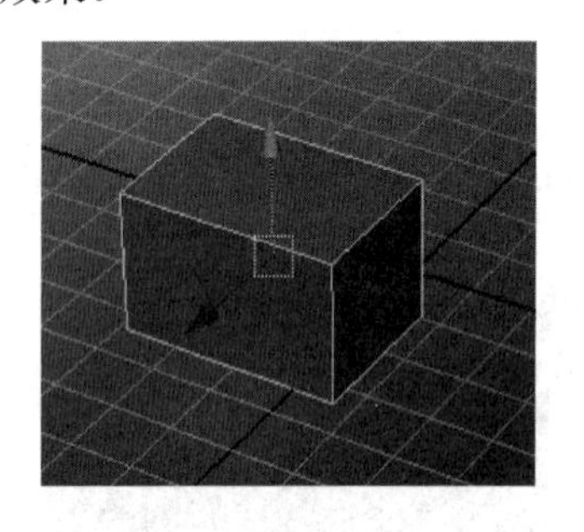

图 3.13

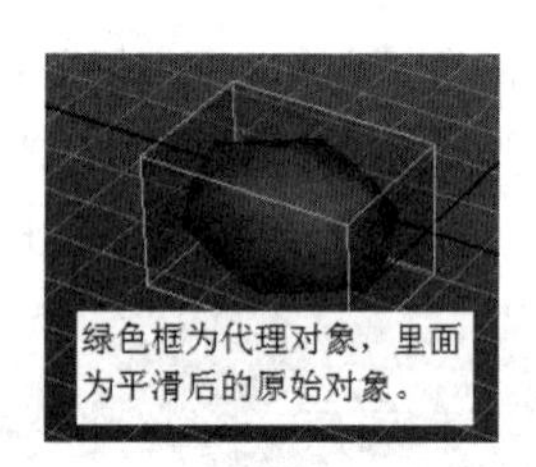

图 3.14

步骤 3：用户在对代理对象进行编辑的时候，原始对象也发生改变。在这里给代理对象插入一条循环边，在菜单栏中选择 Edit Mesh(编辑网格)→Insert Edge Loop Tool(插入循环边工具)命令。在绿色边上单击，如图 3.15 所示，松开鼠标左键即可得到图 3.16 所示的效果。

步骤 4：编辑完成之后，选择代理对象，按删除键即可。

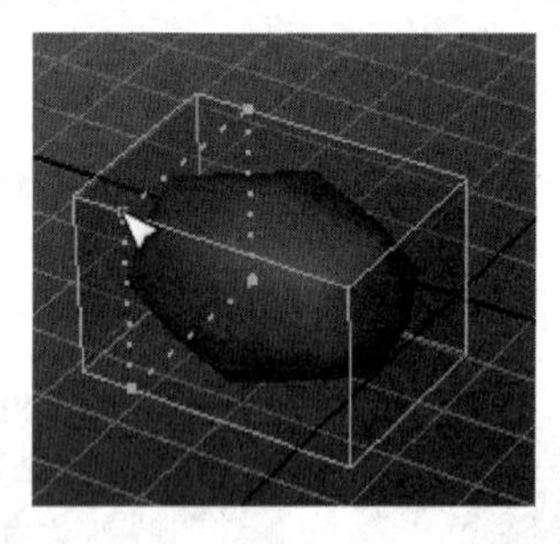

图 3.15

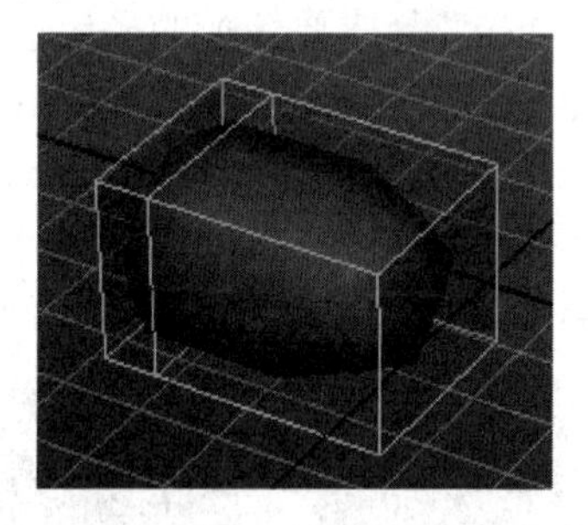

图 3.16

2) Remove Subdiv Proxy Mirror(移除细分代理镜像)

Remove Subdiv Proxy Mirror(移除细分代理镜像)命令的主要作用是将细分代理产生镜像后的代理对象删除。

Remove Subdiv Proxy Mirror(移除细分代理镜像)命令的具体操作步骤如下。

步骤 1：选择需要移除细分代理镜像的对象。

步骤 2：在菜单栏中选择 Proxy(代理)→Remove Subdiv Proxy Mirror(移除细分代理镜像)命令即可。

3) Crease Tool(折痕工具)

Crease Tool(折痕工具)命令的主要作用是将细分对象进行直角处理。具体操作步骤如下。

步骤 1：选择需要折痕处理的代理对象。

步骤 2：在菜单栏中选择 Proxy(代理)→Crease Tool(折痕工具)命令。

步骤 3：在视图中选择需要折痕处理的边，按回车键即可。

4) Toggle Proxy Display(固定代理显示)

Toggle Proxy Display(固定代理显示)命令的主要作用是将细分代理后的原始对象删除，保留产生后的对象。具体操作步骤如下。

步骤 1：选择代理对象。

步骤 2：在菜单栏中选择 Proxy(代理)→Toggle Proxy Display(固定代理显示)命令即可。

5) Both Proxy and Subdiv Display(以代理和细分显示)

Both Proxy and Subdiv Display(以代理和细分显示)命令的主要作用是将细分代理对象和原始对象同时显示在视图中。具体操作步骤如下。

步骤 1：选择细分代理对象或细分对象。

步骤 2：在菜单栏中选择 Proxy(代理)→Both Proxy and Subdiv Display(以代理和细分显示)命令即可。

8. Subdiv Surfaces(细分曲面)菜单组命令的介绍

Subdiv Surfaces(细分曲面)菜单组命令分布在 Surfaces(曲面)模块菜单栏中，主要包括 Texture(纹理)、Full Crease Edge/Vertex(完全折痕边/顶点)、Partial Crease Edge/Vertex(部分折痕边/顶点)、Uncrease Edge/Vertex(取消折痕边/顶点)、Mirror(镜像)、Attach(连接)、Match Topology(匹配拓扑结构)、Clean Topogy(清除拓扑结构)、Collapse Hierarchy(塌陷层级)、Standard Mode(标准模式)、Polygon Proxy Mode(多边形代理模式)、Sculpt Geometry Tool(雕刻几何体工具)、Convert Selection to Faces(将选择物体转换为面)、Convert Selection to Edges(将选择物体转换为边)、Convert Selection to Vertices(将选择物体转换为顶点)、Convert Selection to UVs(将选择物体转换为 UVs)、Refine Selected Components(细化所选组件)、Select Coarser Components(选择更简略组件)、Expand Selected Components(扩展所选组件)、Component Display Level(组件显示层级)和 Component Display Filler(组件显示过滤器)21 个命令。熟练掌握这些命令的作用和使用方法，对用户提高细分建模的能力非常有利。它们的具体介绍如下。

1) Texture(纹理)

Texture(纹理)菜单组的主要作用是对所选细分表面创建贴图映射，主要包括 Planar Mapping(平面映射)、Automatic Mapping(自动映射)和 Layout UVS(布局 UVS)3 个命令。

Planar Mapping(平面映射)命令的主要作用是对所选细分表面创建平面贴图映射，这种贴图方式比较适合平坦的对象。具体操作步骤如下。

步骤 1：选择需要 Planar Mapping(平面映射)的细分对象的曲面，如图 3.17 所示。

步骤 2：在菜单栏中选择 Windows(窗口)→UV Texture Editor(UV 纹理编辑器)命令，打开 UV Texture Editor(UV 纹理编辑器)窗口，此时的纹理如图 3.18 所示。

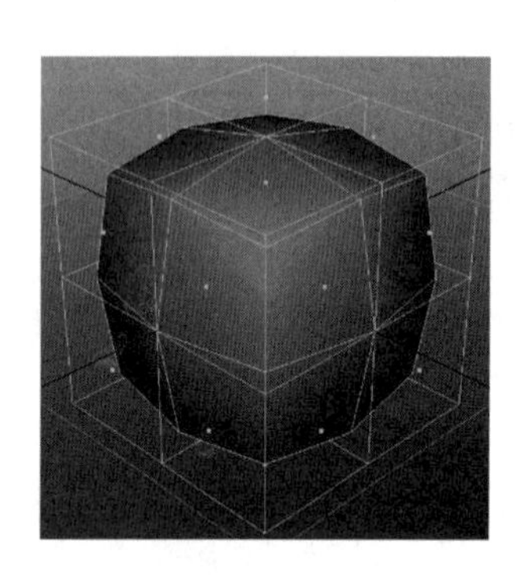

图 3.17

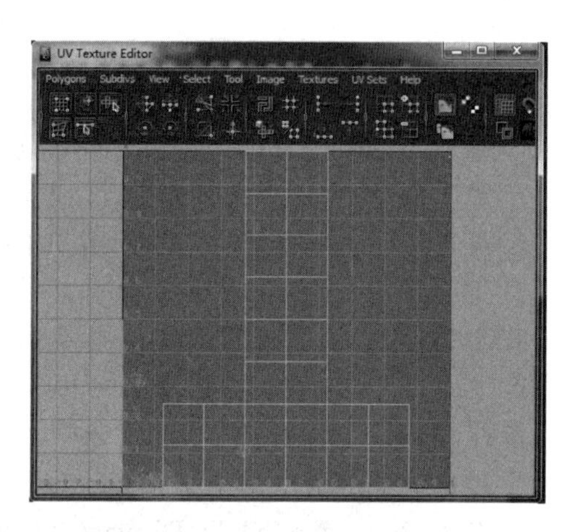

图 3.18

步骤 3：在菜单栏中单击 Subdiv Surfaces(细分曲面)→Texture(纹理)→Planar Mapping (平面映射)→■图标，打开 Subdiv Planar Mapping Options(细分平面映射选项)窗口，具体设置如图 3.19 所示。

步骤 4：单击 Project(投射)按钮即可。此时的 UV 纹理效果如图 3.20 所示。

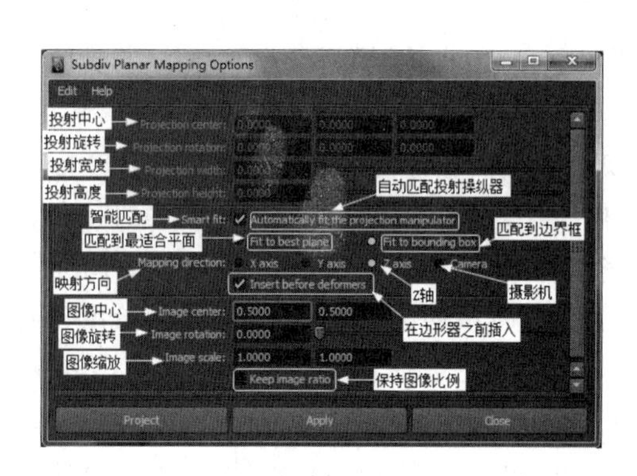

图 3.19

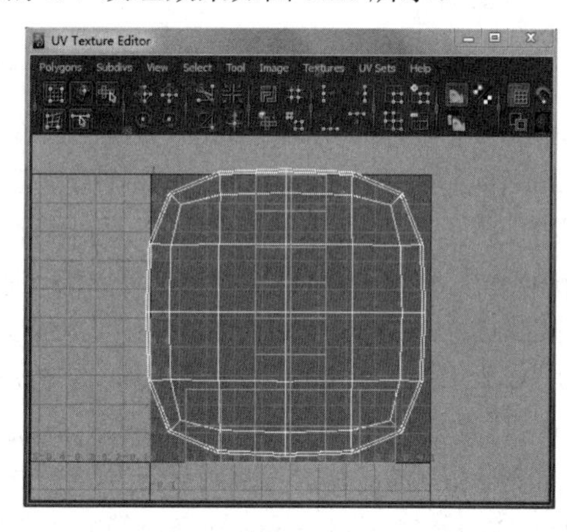

图 3.20

Automatic Mapping(自动映射)命令的主要作用是在纹理编辑器中，将模型中多个未连接的面片进行映射并把 UV 分割成不同的片，分布在 0～1 的纹理编辑器中。具体操作步骤如下。

步骤 1：选择需要 Automatic Mapping(自动映射)的细分对象的曲面，如图 3.21 所示。

步骤 2：在 UV Texture Editor(UV 纹理编辑器)窗口中的显示如图 3.22 所示。

步骤 3：在菜单栏中单击 Subdiv Surfaces(细分曲面)→Texture(纹理)→Automatic Mapping (自动映射)→■图标，打开 Subdiv Automatic Mapping Options(细分自动映射选项)窗口，具体设置如图 3.23 所示。

步骤 4：单击 Project(投射)按钮即可。此时的 UV 纹理效果如图 3.24 所示。

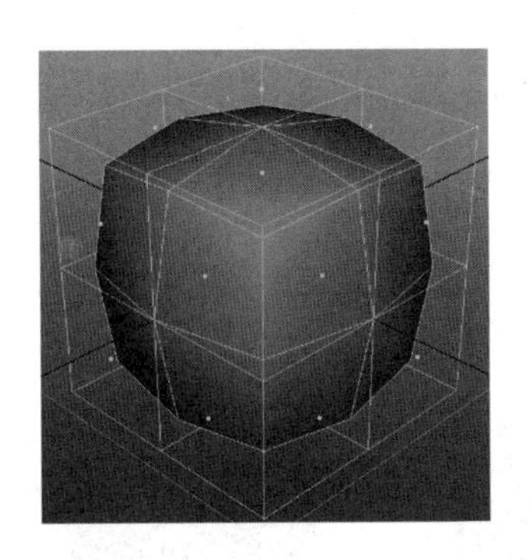

图 3.21

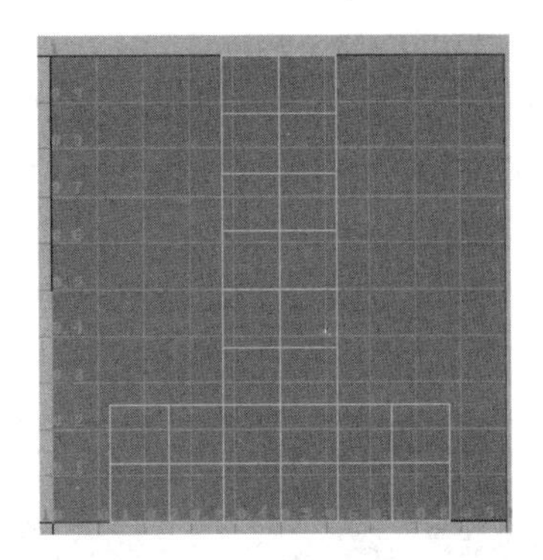

图 3.22

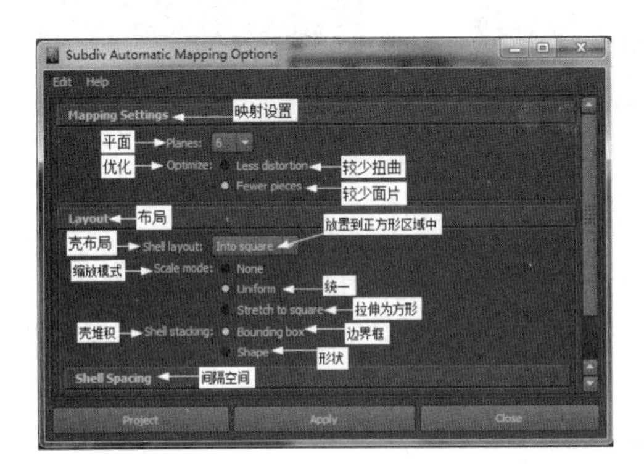

图 3.23

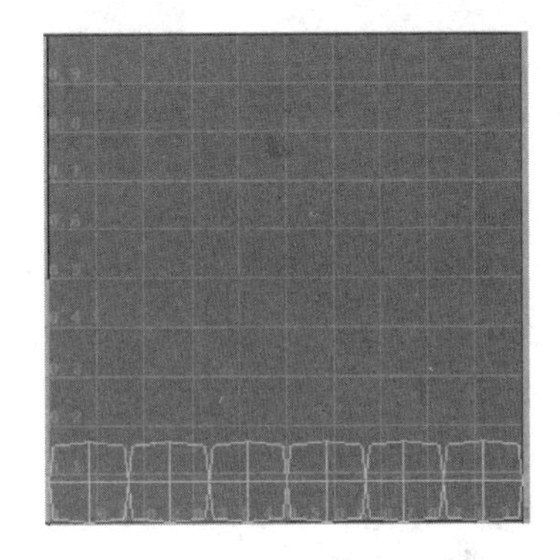

图 3.24

Layout UVS(布局 UVS)命令的主要作用是将互相重叠的 UVs 分离展开，缩放匹配到 0～1UV 纹理空间中。具体操作步骤如下。

步骤 1：选择需要进行排布的面。

步骤 2：在菜单栏中单击 Subdiv Surfaces(细分曲面)→Texture(纹理)→Layout UVS(布局 UVS)→■图标，打开 Subdiv Layout Options(细分布局选项)窗口，具体设置如图 3.25 所示。

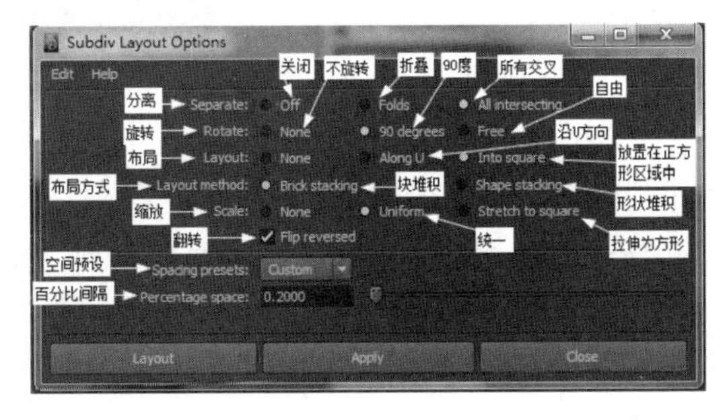

图 3.25

步骤 3：单击 Layout(布局)按钮即可。最终效果如图 3.26 所示。

2) Full Crease Edge/Vertex(完全折痕边/顶点)

Full Crease Edge/Vertex(完全折痕边/顶点)命令的主要作用是对所选的边或顶点创建硬边或尖锐的点。具体操作步骤如下。

步骤 1：选择需要创建硬边的边，如图 3.27 所示。

步骤 2：在菜单栏中选择 Subdiv Surfaces(细分曲面)→Full Crease Edge/Vertex(完全折痕边/顶点)命令即可，如图 3.28 所示。

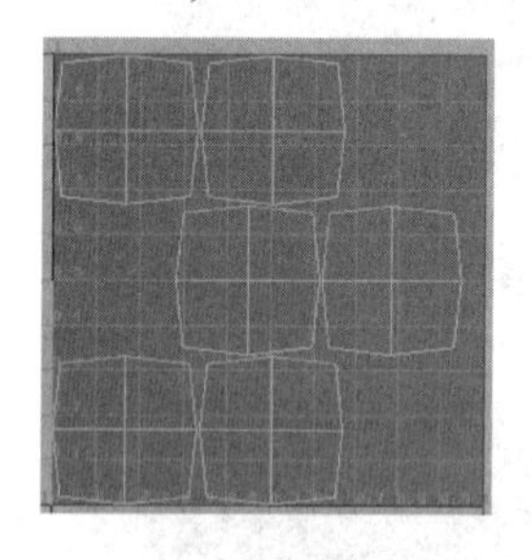

图 3.26

图 3.27

图 3.28

3) Partial Crease Edge/Vertex(部分折痕边/顶点)

Partial Crease Edge/Vertex(部分折痕边/顶点)命令的主要作用是将选择的边或顶点进行折痕处理并与相邻的未折痕的边或顶点进行平滑地融合。该命令经常用来制作嘴唇和眼眶上的边的效果。具体操作步骤如下。

步骤 1：选择需要进行折痕处理的边，如图 3.29 所示。

步骤 2：在菜单栏中选择 Subdiv Surfaces(细分曲面)→Partial Crease Edge/Vertex(部分折痕边/顶点)命令即可，如图 3.30 所示。

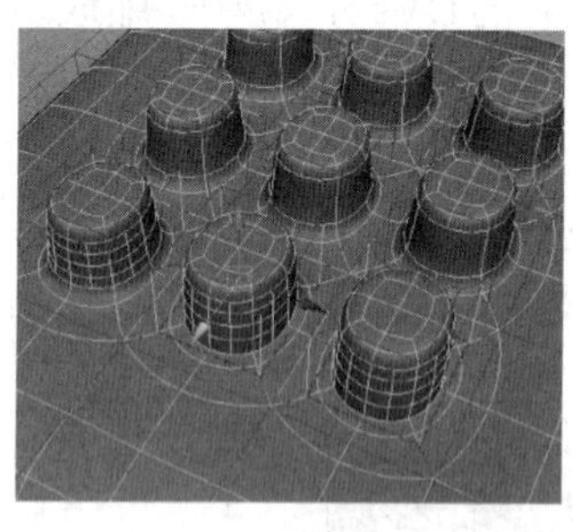

图 3.29

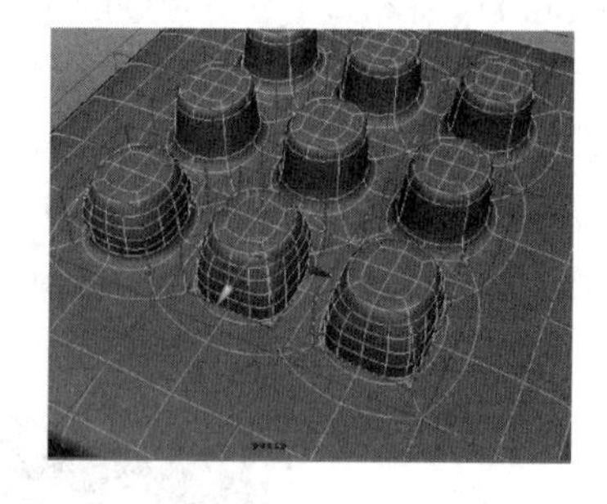

图 3.30

4) Uncrease Edge/Vertex(取消折痕边/顶点)

Uncrease Edge/Vertex(取消折痕边/顶点)命令的主要作用是去除折痕。具体操作步骤如下。

步骤 1：选择需要取消已折痕的边，如图 3.31 所示。

步骤 2：在菜单栏中选择 Subdiv Surfaces(细分曲面)→Uncrease Edge/Vertex(取消折痕边/顶点)命令即可，如图 3.32 所示。

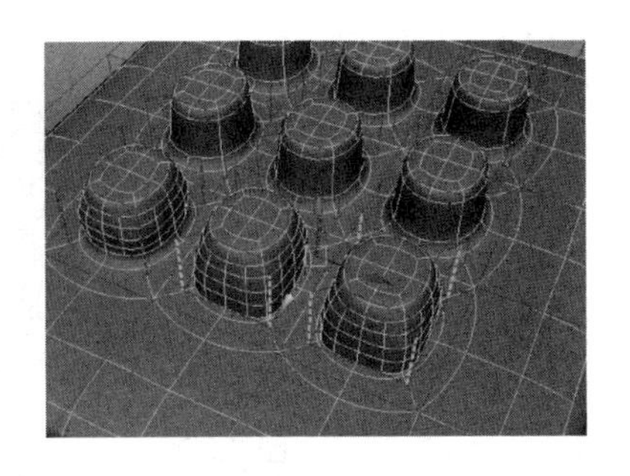

图 3.31

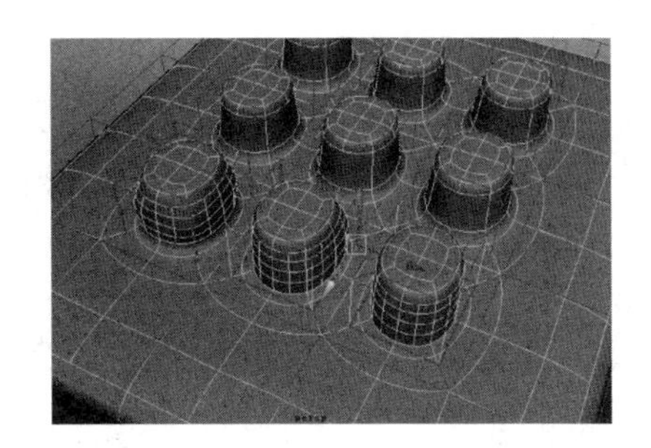

图 3.32

5) Mirror(镜像)

Mirror(镜像)命令的主要作用是镜像复制所选细分模型。它经常用在制作两边对称的模型，例如人体、动物和对称物体等，可以先制作一半模型，再使用 Mirror(镜像)命令镜像出另一半模型。

Mirror(镜像)命令的具体操作步骤如下。

步骤 1：选择需要进行镜像处理的对象，如图 3.33 所示。

步骤 2：在菜单栏中单击 Subdiv Surfaces(细分曲面)→Mirror(镜像)→■图标，打开 Subdiv Mirror Options(细分镜像选项)窗口，如图 3.34 所示。

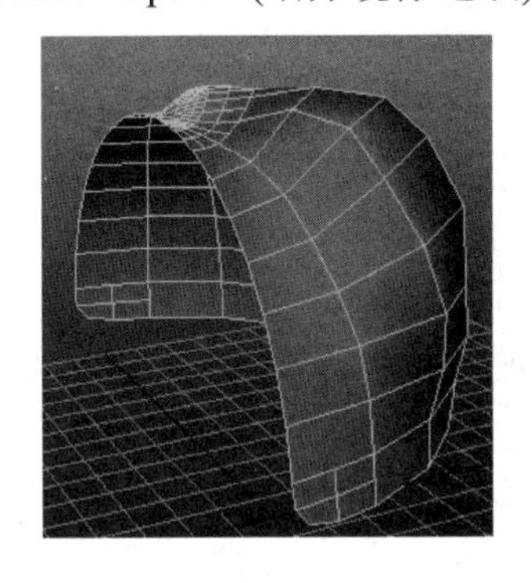

图 3.33

图 3.34

步骤 3：单击 Mirror(镜像)按钮，即可得到图 3.35 所示的效果。

6) Attach(连接)

Attach(连接)命令的主要作用是将两个细分曲面合并成一个新的单一细分曲面，尤其是镜像复制出来的曲面。在人体制作中，在最后完成模型之后，需要合成一个整体，此时就可以通过使用 Attach(连接)命令来实现。

Attach(连接)命令的具体操作步骤如下。

步骤 1：选择需要连接的两个曲面，如图 3.36 所示。

步骤 2：在菜单栏中单击 Subdiv Surfaces(细分曲面)→Attach(连接)→■图标，打开 Subdiv Attach Options(细分连接选项)窗口，如图 3.37 所示。

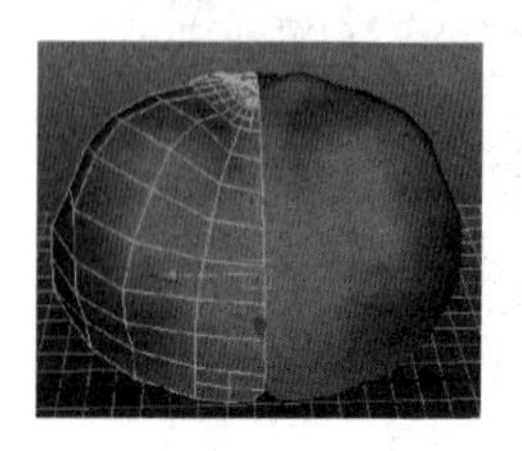

图 3.35

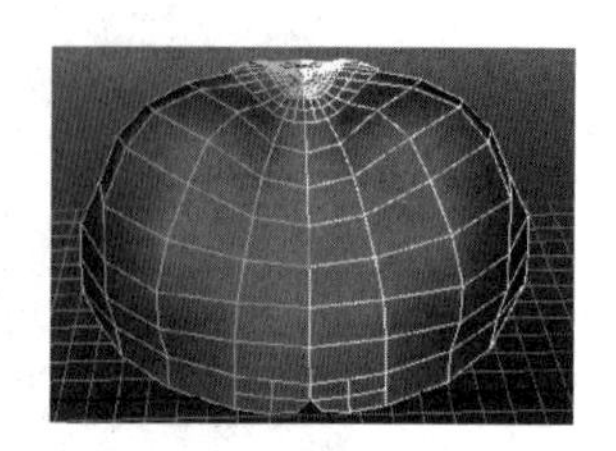

图 3.36

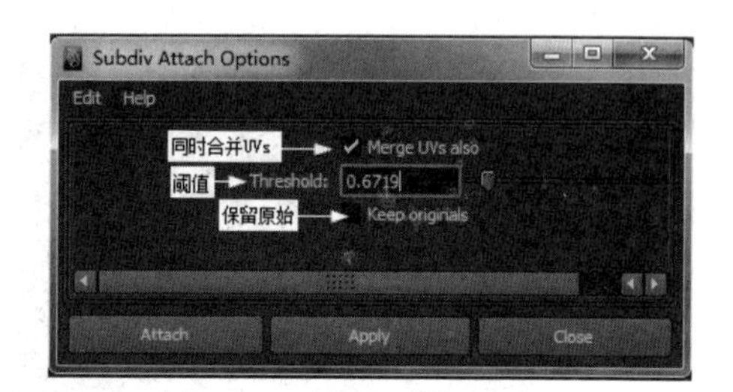

图 3.37

步骤 3：单击 Attach(连接)按钮即可。最终效果如图 3.38 所示。

7) Match Topology(匹配拓扑结构)

Match Topology(匹配拓扑结构)命令的主要作用是增加细分曲面的顶点以匹配拓扑，增加细节，满足变形需要。具体操作步骤如下。

步骤 1：选择两个或两个以上细分模型。

步骤 2：在菜单栏中选择 Subdiv Surfaces(细分曲面)→Match Topology(匹配拓扑结构)命令即可。

提示：*在使用 Match Topology(匹配拓扑结构)命令时，选择的细分模型在基础网格时必须具有相同的面数，但可以有不同的层级。*

8) Clean Topogy(清除拓扑结构)

Clean Topogy(清除拓扑结构)命令的主要作用是清除 Match Topology(匹配拓扑结构)命令时增加的不必要的细分。具体操作方法是选择模型，执行该命令即可。

9) Collapse Hierarchy(塌陷层级)

Collapse Hierarchy(塌陷层级)命令的主要作用是在保持细分曲面形状不变的前提下，减少模型的细分层级，同时增加基础网格的边数。通常在需要保持细分曲面形状不变的情况下，又需要得到更多的 UVs，以便在编辑更多的 UVs 细节时，使用该命令来达到。

Collapse Hierarchy(塌陷层级)命令的具体操作步骤如下。

步骤 1：选择需要塌陷层级操作的曲面，如图 3.39 所示。

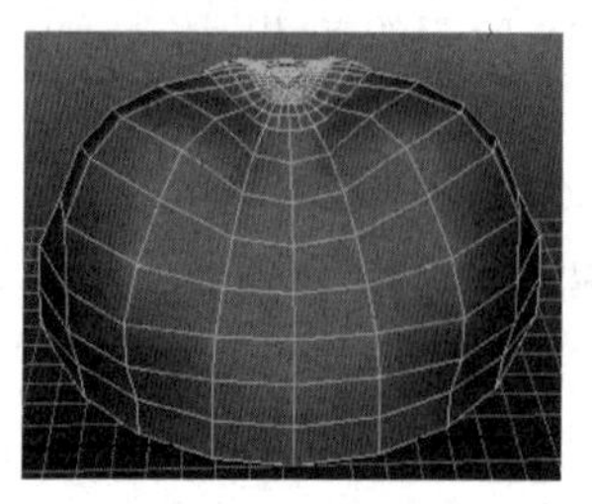

图 3.38

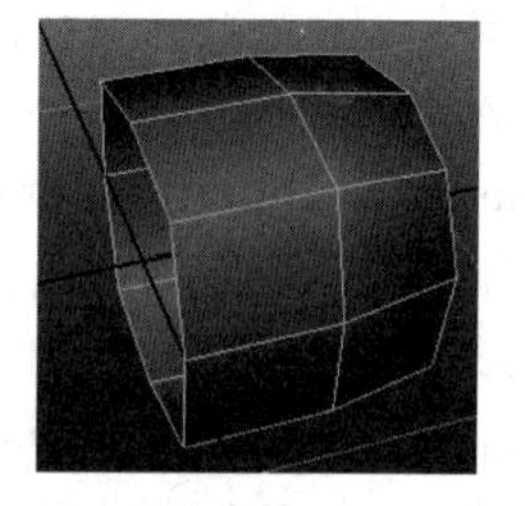

图 3.39

步骤 2：在菜单栏中单击 Subdiv Surfaces(细分曲面)→Collapse Hierarchy(塌陷层级)→■图标，打开 Subdiv Collapse Options(细分塌陷选项)窗口，如图 3.40 所示。

步骤 3：单击 Collapse(塌陷)按钮，即可得到图 3.41 所示的效果。

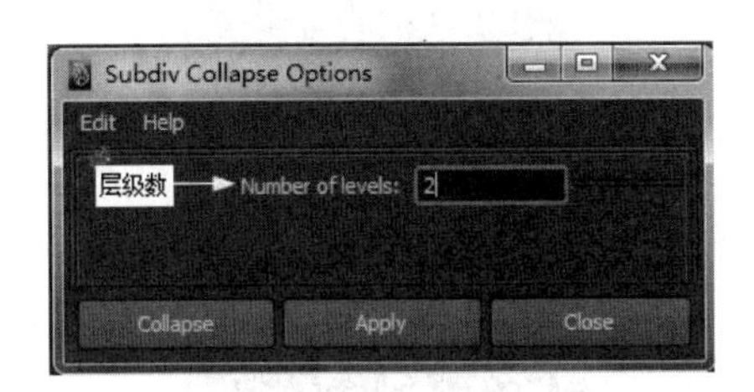

图 3.40

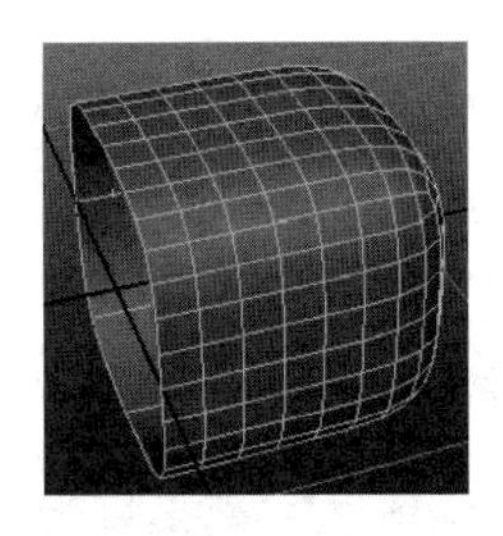
图 3.41

10) Standard Mode(标准模式)

Standard Mode(标准模式)命令的主要作用是将选择的细分模型切换到 Standard Mode(标准模式)。具体操作方法是选择细分模型，执行该命令即可。

11) Polygon Proxy Mode(多边形代理模式)

Polygon Proxy Mode(多边形代理模式)命令的主要作用是将选择的细分模型切换到 Polygon Proxy Mode(多边形代理模式)。具体操作方法是选择细分模型，执行该命令即可。

12) Sculpt Geometry Tool(雕刻几何体工具)

Sculpt Geometry Tool(雕刻几何体工具)命令的主要作用是对选择的细分模型进行雕刻操作。具体操作和参数介绍请参考 Sculpt Geometry Tool(雕刻几何体工具)。

13) Convert Selection to Faces(将选择物体转换为面)

Convert Selection to Faces(将选择物体转换为面)命令的主要作用是将选择的细分模型切换到面的选择状态。具体操作方法是选择细分模型，执行该命令即可。

14) Convert Selection to Edges(将选择物体转换为边)

Convert Selection to Edges(将选择物体转换为边)命令的主要作用是将选择的细分模型切换到边的选择状态。具体操作方法是选择细分模型，执行该命令即可。

15) Convert Selection to Vertices(将选择物体转换为顶点)

Convert Selection to Vertices(将选择物体转换为顶点)命令的主要作用是将选择的细分模型切换到顶点选择状态。具体操作方法是选择细分模型，执行该命令即可。

16) Convert Selection to UVs(将选择物体转换为 UVs)

Convert Selection to UVs(将选择物体转换为 UVs)命令的主要作用是将选择的细分模型切换到 UVs 选择状态。具体操作方法是选择细分模型，执行该命令即可。

17) Refine Selected Components(细化所选组件)

Refine Selected Components(细化所选组件)命令的主要作用是细化所选组件，并增加一个细分层级。具体操作步骤如下。

步骤 1：选择需要细化的模型的边或顶点，如图 3.42 所示。

步骤 2：在菜单栏中选择 Subdiv Surfaces(细分曲面)→Refine Selected Components(细化所选组件)命令即可，如图 3.43 所示。

18) Select Coarser Components(选择更简略组件)

Select Coarser Components(选择更简略组件)命令的主要作用是切换所选细分模型的组件到上一层级的组件。具体操作方法是选择细分曲面的高层级组件，执行该命令即可。

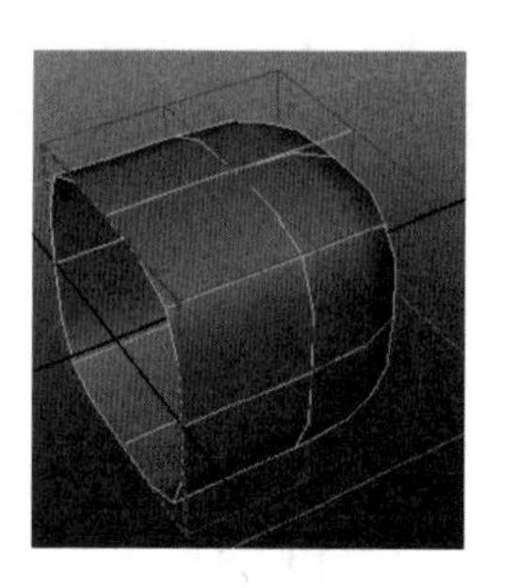

图 3.42

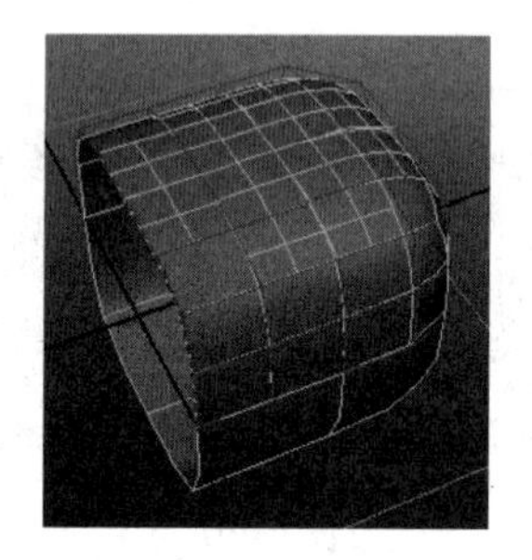

图 3.43

19) Expand Selected Components(扩展所选组件)

Expand Selected Components(扩展所选组件)命令的主要作用是使所选组件邻近的区域与所选组件具有相同的细化程度。具体操作步骤如下。

步骤 1：在视图中选择需要扩展的边组件，如图 3.44 所示。

步骤 2：在菜单栏中选择 Subdiv Surfaces(细分曲面)→Expand Selected Components(扩展所选组件)命令即可，如图 3.45 所示。

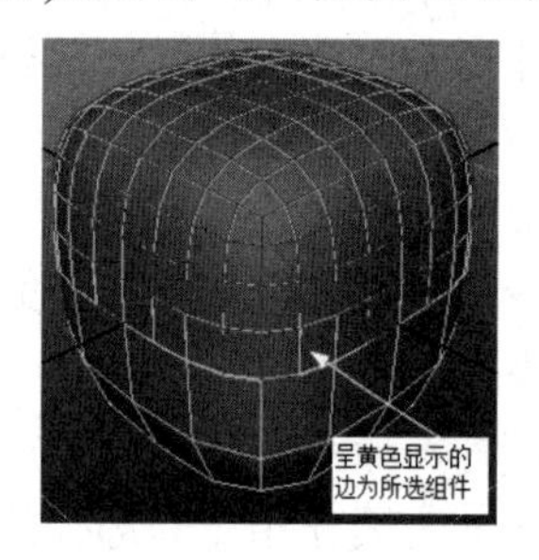

图 3.44

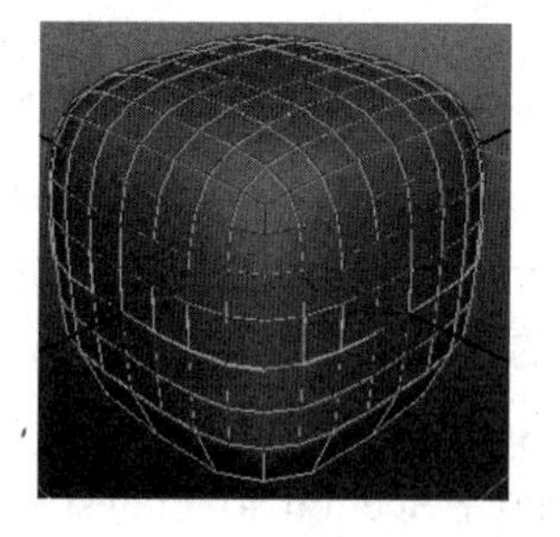

图 3.45

20) Component Display Level(组件显示层级)

Component Display Level(组件显示层级)子菜单主要包括 Finer(更精细)、Coarser(更简略)和 Base(基本)3 个命令，具体介绍如下。

Finer(更精细)命令的主要作用是显示细分曲面更高层级的组件。

Coarser(更简略)命令的主要作用是显示细分曲面更低层级的组件。

Base(基本)命令的主要作用是无论当前显示的是哪个细分层级，可以立刻切换到基础网格显示，也就是(Level 0)级。

这 3 个命令的具体操作方法如下。

步骤 1：选择部分细分曲面的组件，如图 3.46 所示。

步骤 2：执行 Finer(更精细)命令，显示效果如图 3.47 所示。

步骤 3：执行 Coarser(更简略)命令，显示效果如图 3.48 所示。

步骤 4：执行 Base(基本)命令，返回基础网格显示，如图 3.49 所示。

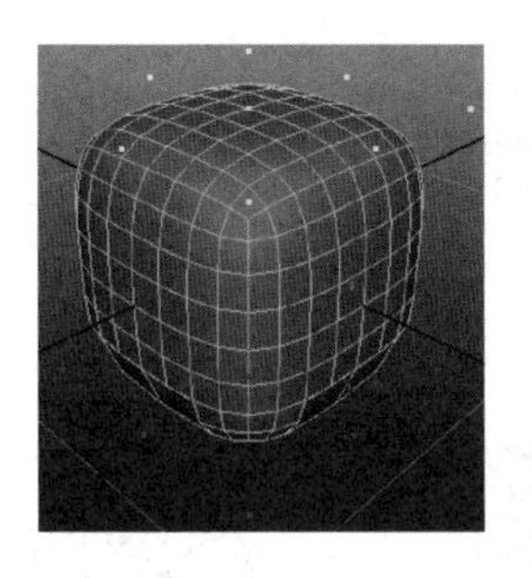

图 3.46

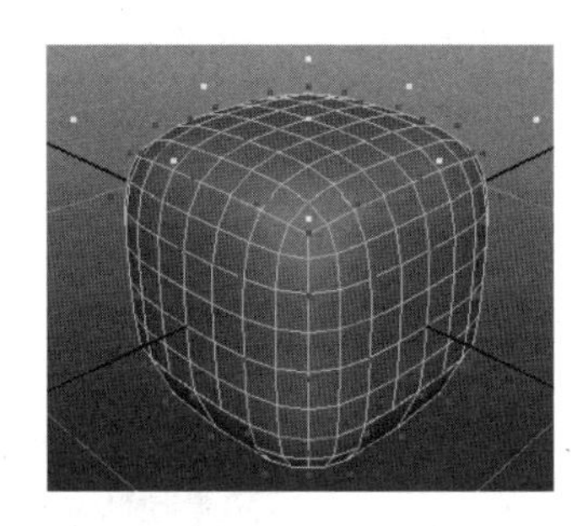

图 3.47

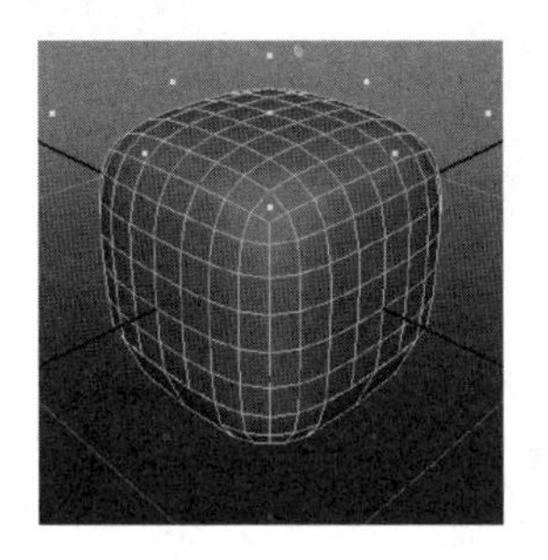

图 3.48

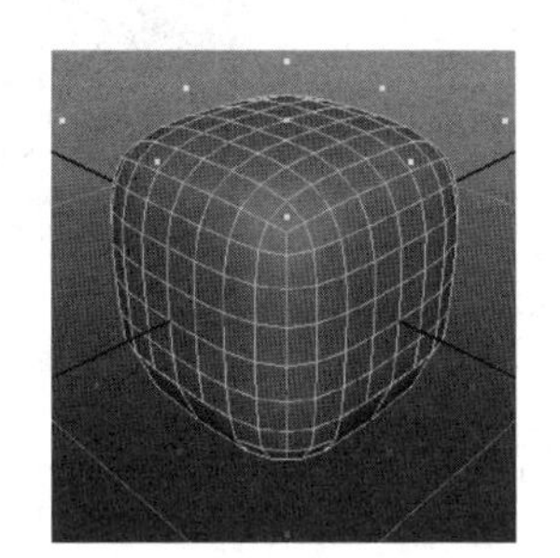

图 3.49

21) Component Display Filler(组件显示过滤器)

Component Display Filler(组件显示过滤器)子菜单主要包括 All(所有)和 Edits(编辑)两个命令，具体介绍如下。

All(所有)命令的主要作用是显示当前细分层级上的所有组件。

Edits(编辑)命令的主要作用是只显示当前的细分层级上正在编辑的组件或变换的组件，隐藏其他组件。

这两个命令的具体操作方法是选择部分细分曲面的组件，执行 All(所有)或 Edits(编辑)命令即可。

视频播放：Subdivision(细分)建模技术基础的详细讲解，请观看配套视频“part\video\chap03_video01”。

四、拓展训练

根据本案例所学知识创建如下 Subdivion 模型。基础较差的同学可以观看配套视频讲解。

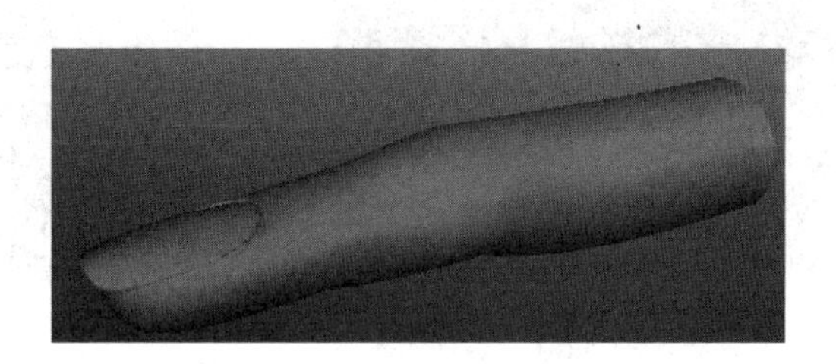

案例 2：椅子模型的制作

一、案例效果

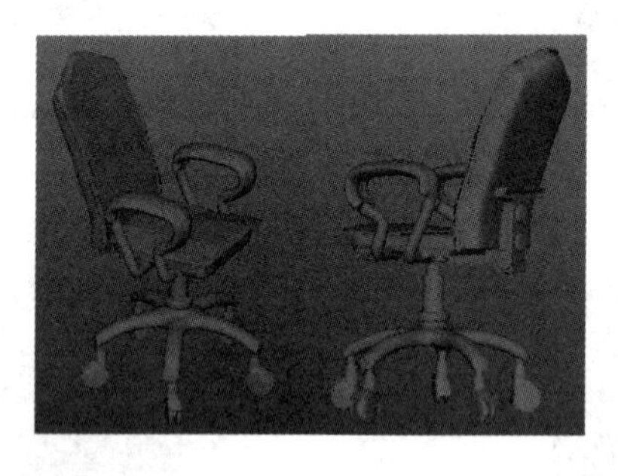

二、案例制作流程(步骤)分析

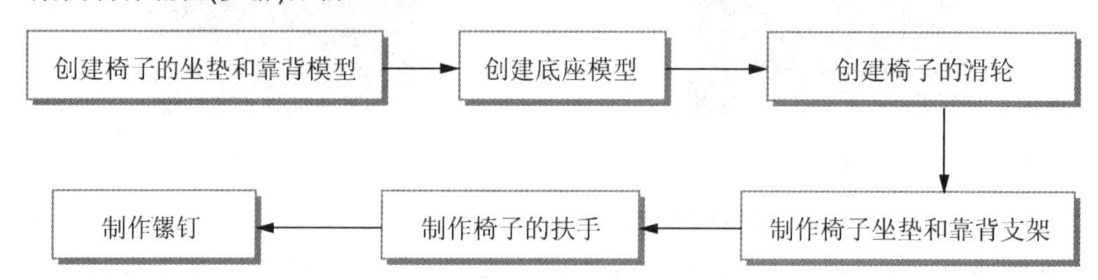

三、详细操作步骤

在本章案例 1 中，已经详细地介绍了 Subdiv(细分)建模的基础知识。在这里使用上面介绍的基础知识来制作一张椅子模型，具体操作步骤如下。

1. 创建椅子的坐垫和靠背模型

步骤 1： 启动 Maya 2011。

步骤 2： 在菜单栏中选择 Create(创建)→Polygon Promitives (多边形基本体)→Cube(立方体)命令，在视图中创建一个立方体，设置立方体的段数和形状，如图 3.50 所示。

步骤 3： 将立方体转为细分模型。在菜单栏中选择 Modify(修改)→Convert(转换)→Polygons to Subdiv(多边形转换为细分曲面)命令，即可得到图 3.51 所示的效果。

图 3.50

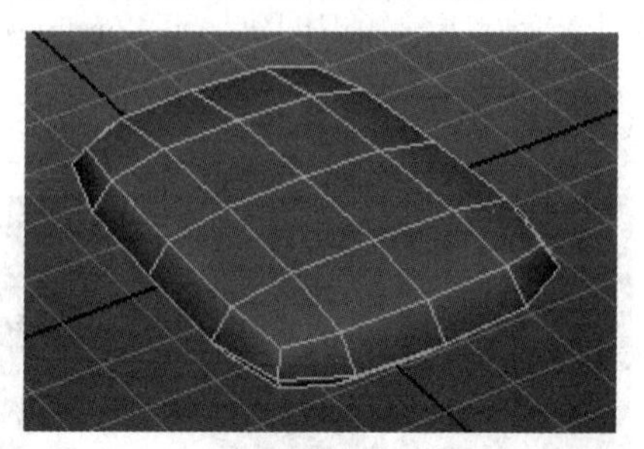

图 3.51

步骤 4：将对象转换为多边形编辑模式。右击对象，弹出快捷菜单。在按住鼠标右键不放的同时将鼠标移到 Polygon(多边形)快捷命令，即可转到多边形编辑模式，如图 3.52 所示。

步骤 5：插入循环边，将编辑模块切换到 Polygons(多边形)模块。在菜单栏中选择 Edit Mesh(编辑网格)→Insert Edge Loop Tool(插入循环边工具)命令，在 Persp(透视图)中，将鼠标移到需要插入循环边的边上单击即可，如图 3.53 所示。

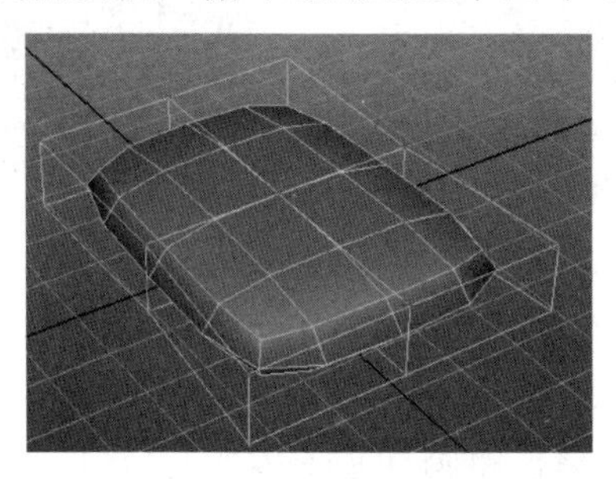

图 3.52

图 3.53

步骤 6：方法同上。再插入 5 条循环边，效果如图 3.54 所示。

步骤 7：将对象切换到面编辑状态。在对象上右击，弹出快捷菜单，按住鼠标右键不放的同时将鼠标移到 Face(面)快捷命令上，如图 3.55 所示。选择图 3.56 所示的面。

图 3.54

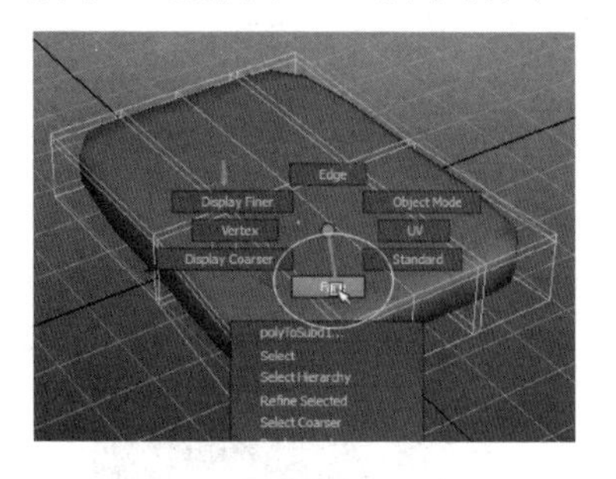

图 3.55

步骤 8：在工具架中单击(挤出)图标，对选择的面进行挤出，再对挤出的面进行向下调节，最终效果如图 3.57 所示。

图 3.56

图 3.57

步骤 9：方法同上。在对象的侧面进行挤出操作，再调节位置，最终效果如图 3.58 所示。

步骤 10：方法同上。再插入 2 条循环边，使用移动工具对点进行调节，最终效果如图 3.59 所示。

步骤 11：椅子靠背的制作方法同椅子的坐垫方法相同，在这里就不再介绍，详细制作请观看配套的视频资料，最终效果如图 3.60 所示。

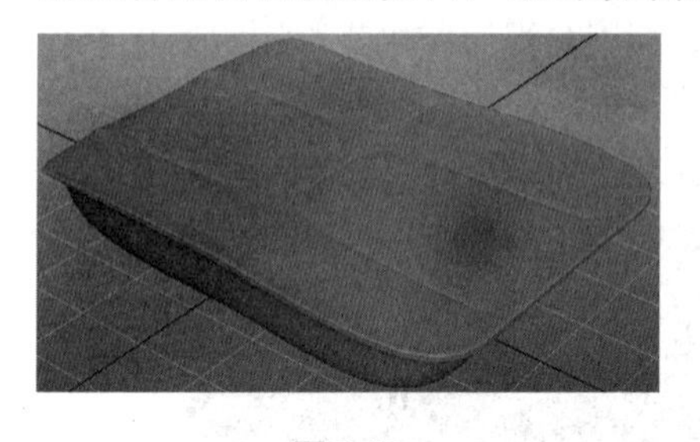

图 3.58

图 3.59

图 3.60

2. 创建底座模型

椅子底座模型的创建主要通过创建一个圆柱基本体，将圆柱基本体转换为细分模型，通过挤出操作和调点来制作，具体制作步骤如下。

步骤 1：在 Persp(透视图)中创建一个圆柱体，通道栏中的具体参数设置如图 3.61 所示。

步骤 2：将圆柱基本体转换为细分模型。选择圆柱基本体，在菜单栏中选择 Modify(修改)→Convert(转换)→Polygons to Subdiv(多边形转换为细分曲面)命令，即可得到图 3.62 所示的效果。

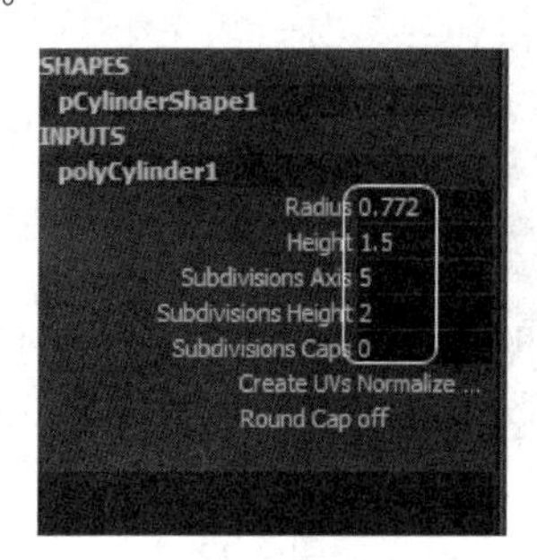

图 3.61

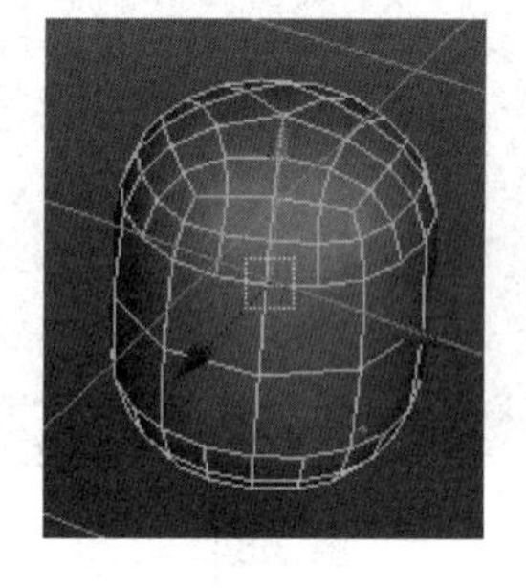

图 3.62

步骤 3：将 Edit Mesh(编辑网格)菜单下的 Keep Faces Togother(保持面合并)命令前面的“√”去掉。

步骤 4：将细分对象切换到 Polygon(多边形)编辑模式，选择图 3.63 所示的面。

步骤 5：单击工具架中的(挤出)图标，对选择的面进行挤出，调节挤出的面，最终效果如图 3.64 所示。

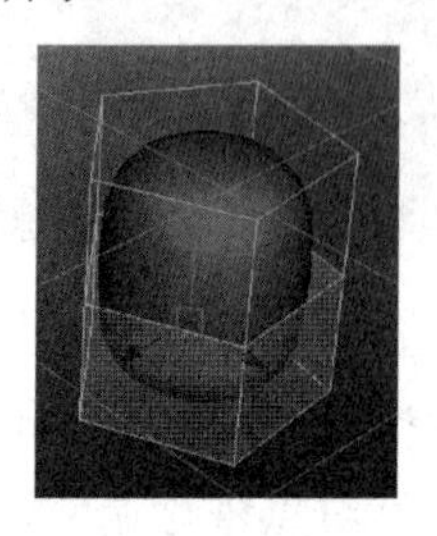

图 3.63

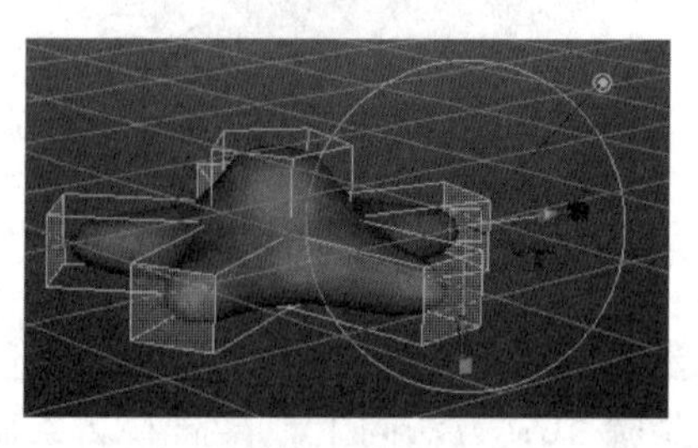

图 3.64

步骤 6：方法同第 5 步，继续挤出，调节位置，最终效果如图 3.65 所示。

步骤 7：选择顶面，继续对面进行挤出和位置调节，最终效果如图 3.66 所示。

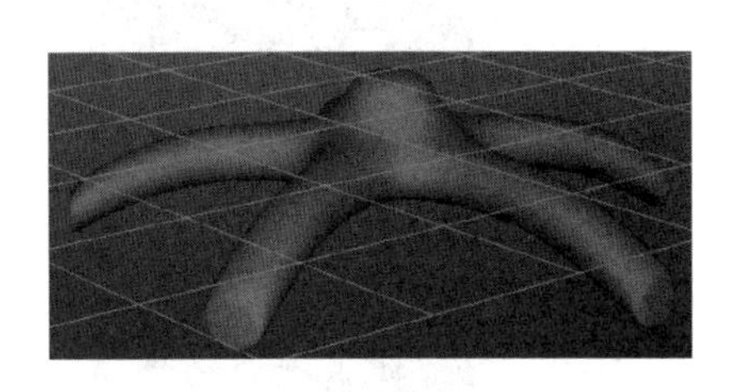

图 3.65

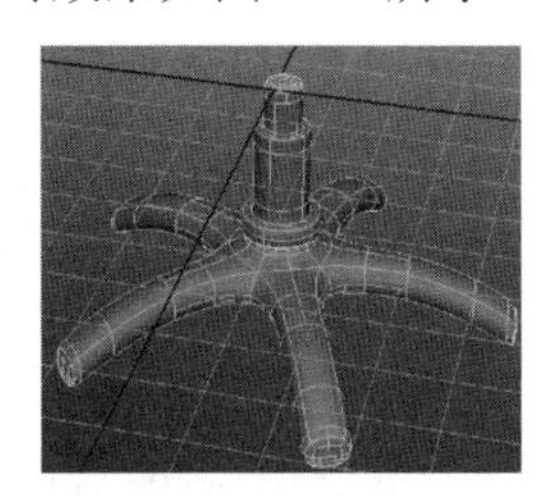

图 3.66

3. 创建椅子的滑轮

椅子的滑轮主要通过创建一个圆柱基本体，调节圆柱基本体的基本参数。删除多余的面，对剩下的面进行挤出、调点和位置调节，具体操作步骤如下。

步骤 1：在 Persp(透视图)中创建一个圆柱体，通道栏中的具体参数设置如图 3.67 所示。

步骤 2：将对象切换到 Face(面)编辑状态，删除多余的面，最终效果如图 3.68 所示。

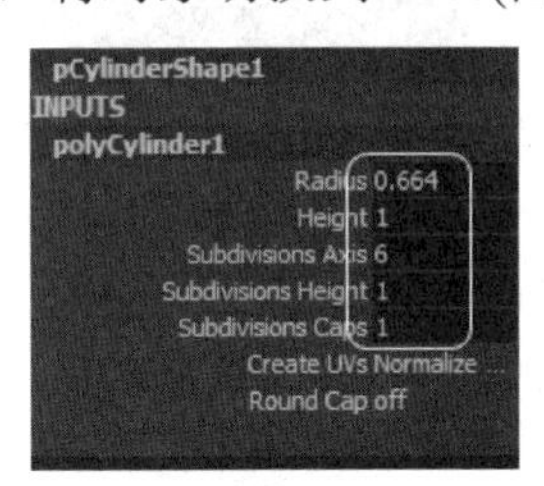

图 3.67

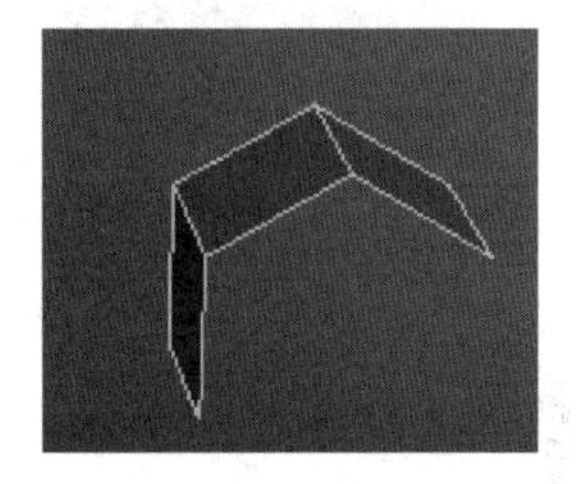

图 3.68

步骤 3：选择对象所有的面，单击工具架中的(挤出)图标，调节位置，最终效果如图 3.69 所示。

步骤 4：选择图 3.70 所示的面。

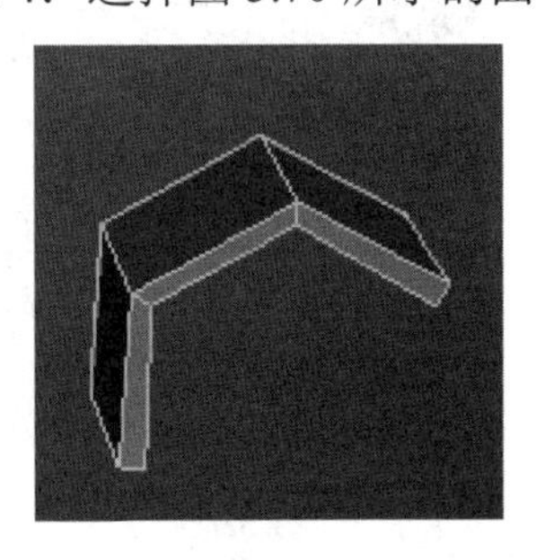

图 3.69

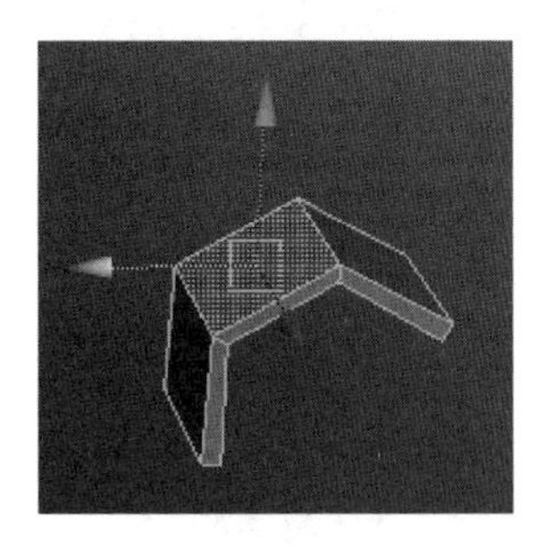

图 3.70

步骤 5：对选择的面进行挤出、缩放和位置调节，最终效果如图 3.71 所示。

步骤 6：继续对面进行挤出、缩放和位置调节，最终效果如图 3.72 所示。

步骤 7：再继续对面进行挤出、缩放和位置调节，最终效果如图 3.73 所示。

步骤 8：添加 4 条循环边。在菜单栏中选择 Edit Mesh(编辑网格)→Insert Edge Loop

Tool(插入循环边工具)命令，在 Persp(透视图)中，将鼠标移到需要插入循环边的边上单击即可，如图 3.74 所示。

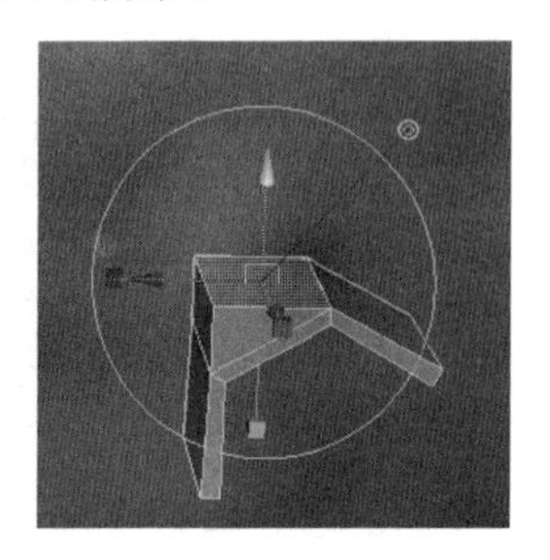

图 3.71

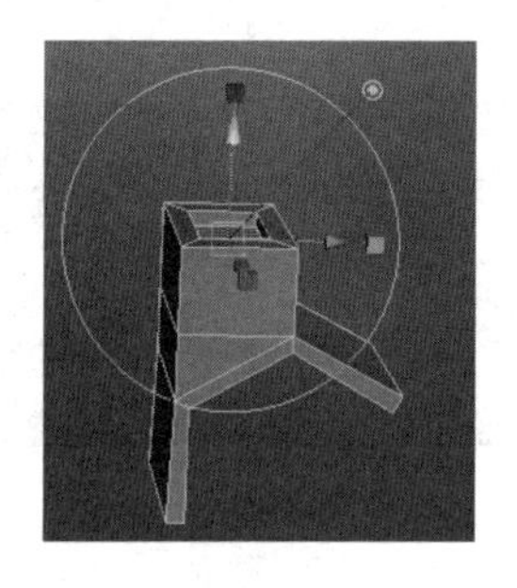

图 3.72

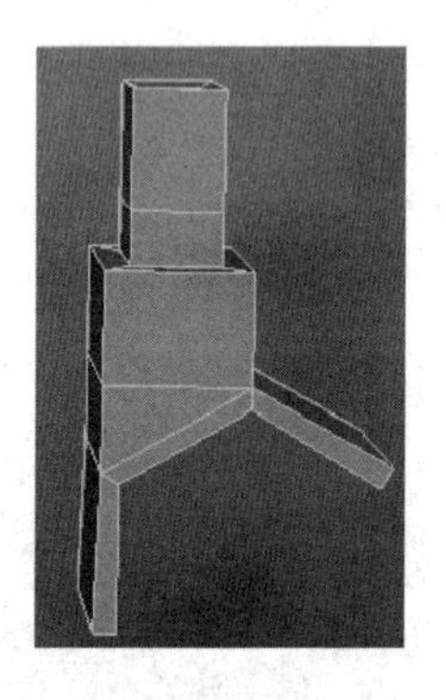

图 3.73

图 3.74

步骤 9：将对象转换为细分模型。选择对象，在菜单栏中选择 Modify(修改)→Convert(转换)→Polygons to Subdiv(多边形转换为细分曲面)命令，得到图 3.75 所示的效果。

步骤 10：在 Persp(透视图)中创建一个圆柱体，如图 3.76 所示。

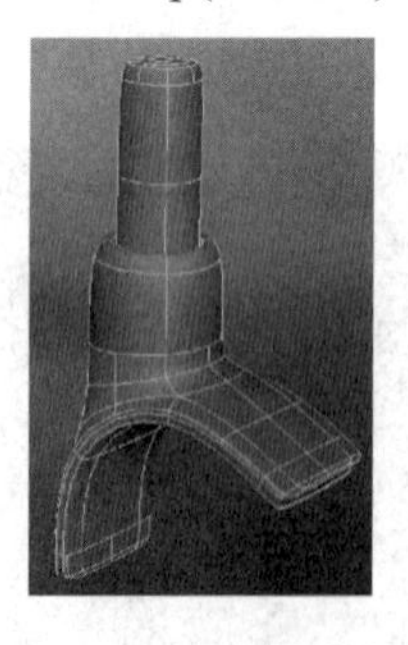

图 3.75

图 3.76

步骤 11：选择中间的面，单击工具架中的(挤出)图标，进行挤出操作，再对面进行缩放操作，最终效果如图 3.77 所示。

步骤 12：插入 4 条循环边。在菜单栏中选择 Edit Mesh(编辑网格)→Insert Edge Loop Tool(插入循环边工具)命令，在 Persp(透视图)中，将鼠标移到需要插入循环边的边上单击即可，如图 3.78 所示。

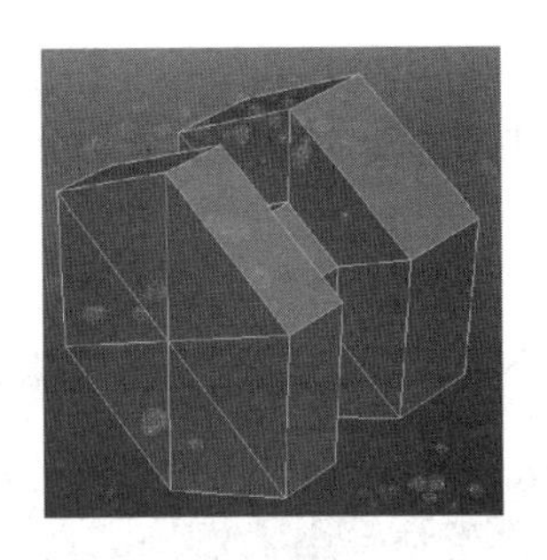

图 3.77

图 3.78

步骤 13：将模型转换为细分模型。选择对象，在菜单栏中选择 Modify(修改)→Convert(转换)→Polygons to Subdiv(多边形转换为细分曲面)命令，即可得到图 3.79 所示的效果。

步骤 14：将创建的两个对象通过缩放和移动进行对位，最终效果如图 3.80 所示。

图 3.79

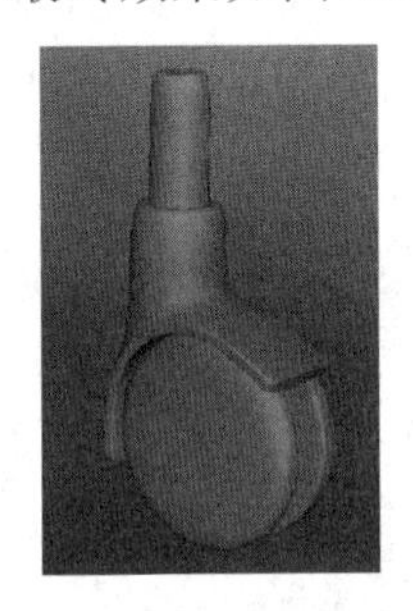

图 3.80

步骤 15：将两个对象进行群组。选择两个对象，按 Ctrl+G 组合键即可。

步骤 16：将群组的对象复制 4 个，调整好位置，最终效果如图 3.81 所示。

4. 制作椅子坐垫和靠背支架

对于椅子坐垫和靠背支架模型的制作，主要通过圆柱基本体和立方体创建基础模型，通过挤压、调点和加边操作制作精细模型，再将精细模型转换为细分模型。具体操作步骤如下。

1) 制作椅子坐垫支架

步骤 1：创建一个 Cube(立方体)，大小位置如图 3.82 所示。

图 3.81

图 3.82

步骤 2：将前面制作好的模型隐藏，给立方体添加循环曲线。在菜单栏中选择 Edit Mesh(编辑网格)→Insert Edge Loop Tool(插入循环边工具)命令，在 Persp(透视图)中，给立方体添加循环边，如图 3.83 所示。

步骤 3：进入立方体 vertex(点)编辑状态，调节点的位置，如图 3.84 所示。

图 3.83

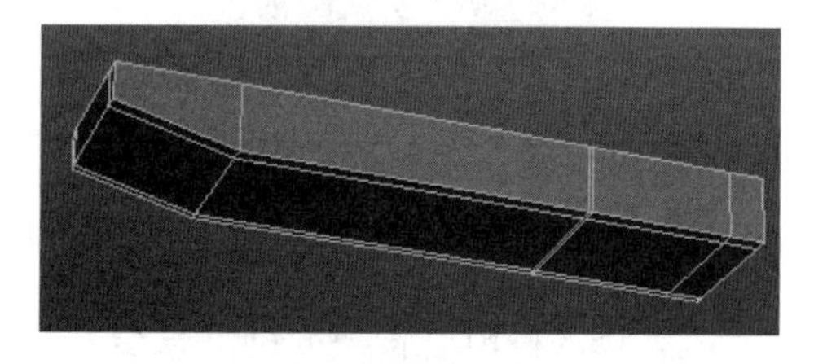

图 3.84

步骤 4：进入 Face(面)编辑状态，选择下面 3 个面。单击工具架中的(挤出)图标，对选择的面进行挤出，调节挤出面的位置，最终效果如图 3.85 所示。

步骤 5：选择对象前面的面进行挤出和位置调节，最终效果如图 3.86 所示。

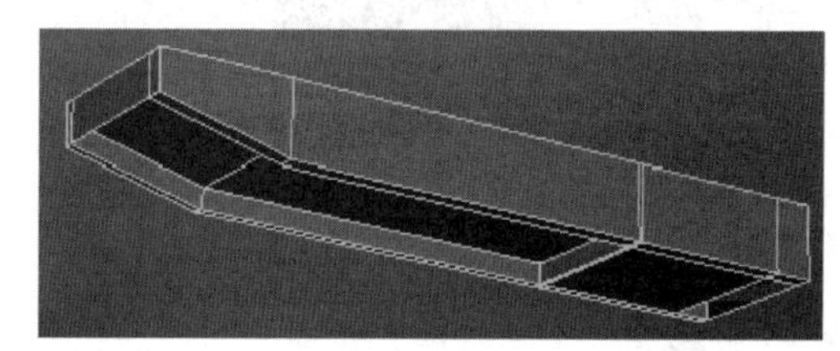

图 3.85

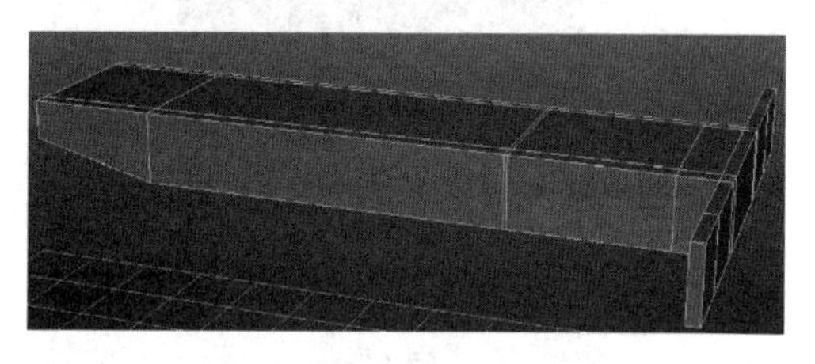

图 3.86

步骤 6：方法同上。再添加一条循环边，选择面进行挤出和位置调节，最终效果如图 3.87 所示。

2) 制作椅子靠背支架

制作方法同椅子靠背支架的制作方法基本相同，创建 Cube(立方体)作为基本体，再添加线和挤出等操作，最终效果如图 3.88 所示。在这里就不再详细介绍，用户可以观看配套视频介绍。

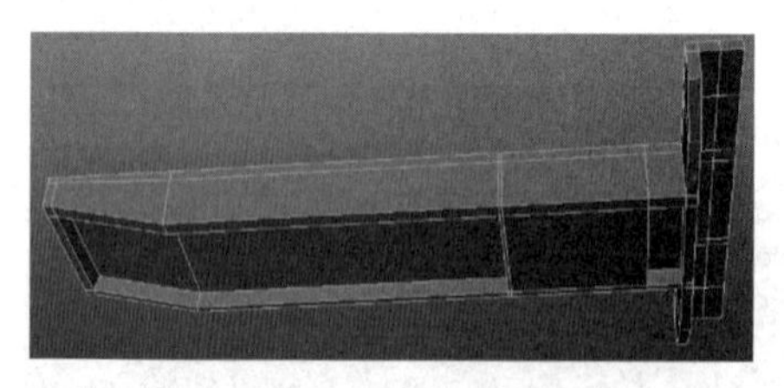

图 3.87

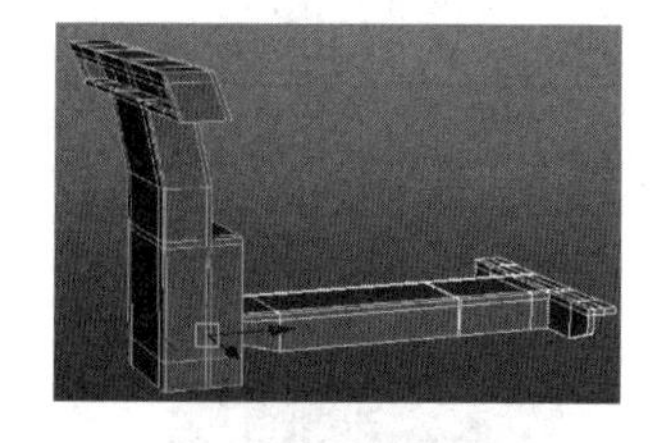

图 3.88

将制作好的椅子坐垫和靠背支架转换为细分模型，最终效果如图 3.89 所示。

5. 制作椅子的扶手

椅子的扶手制作比较简单。创建一个圆柱体和一条路径，进行挤出操作，再对挤出的模型进行挤压和缩放等操作即可。具体操作步骤如下。

步骤 1：绘制曲线。在菜单栏中选择 Create(创建)→CV Curve Tool(创建曲线工具)命令，在视图中创建图 3.90 所示曲线。

步骤 2：在视图中创建一个圆柱体，如图 3.91 所示。

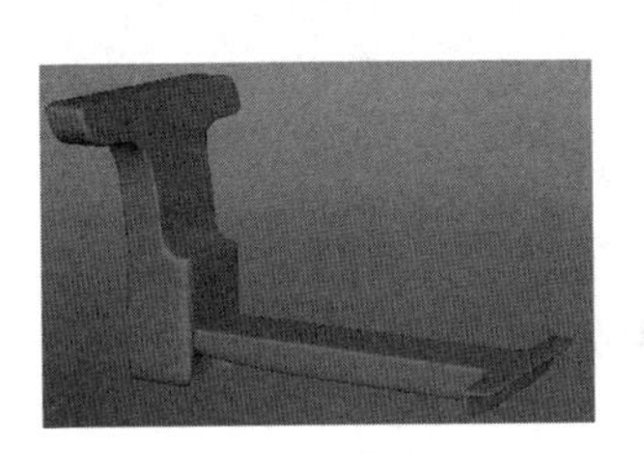

图 3.89

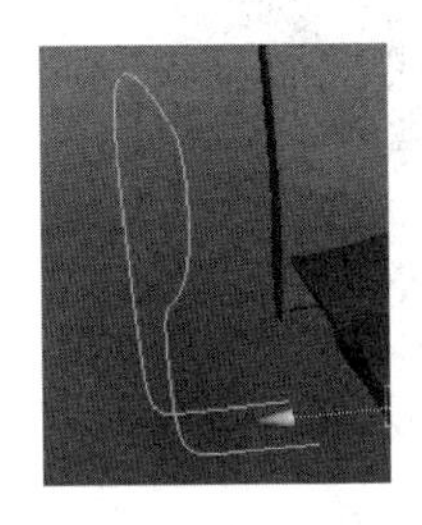

图 3.90

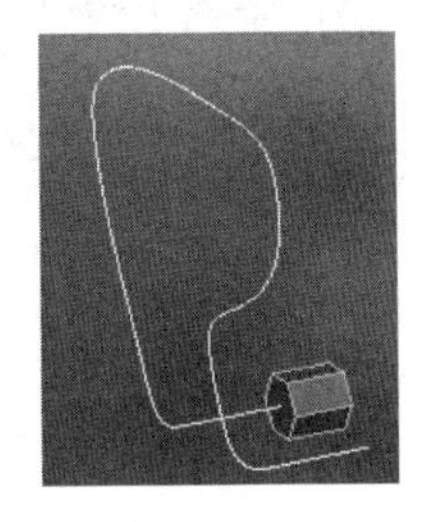

图 3.91

步骤 3：进入圆柱体的 Face(面)编辑状态。选择曲面和曲线，在菜单栏中选择 Edit Mesh(编辑网格)→Extrude(挤出)命令，在通道盒中设置细分数为 50，如图 3.92 所示。挤出的效果如图 3.93 所示。

步骤 4：选择图 3.94 所示的两侧面，进行一次挤出，调节缩放，再挤出一次，进行缩放操作，最终效果如图 3.95 所示。

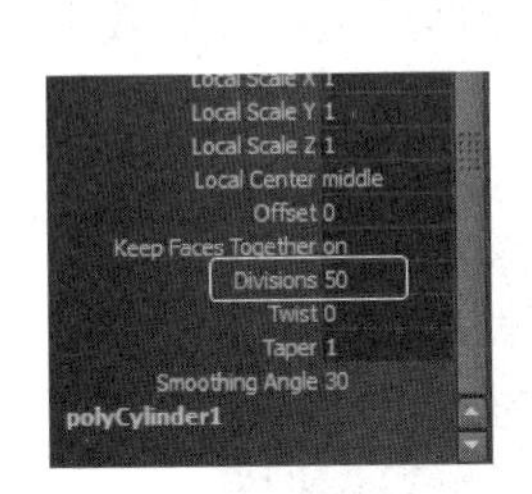

图 3.92

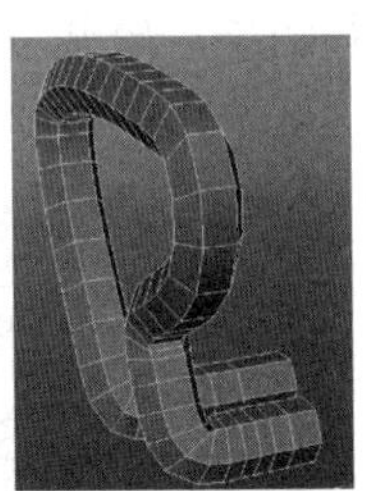

图 3.93

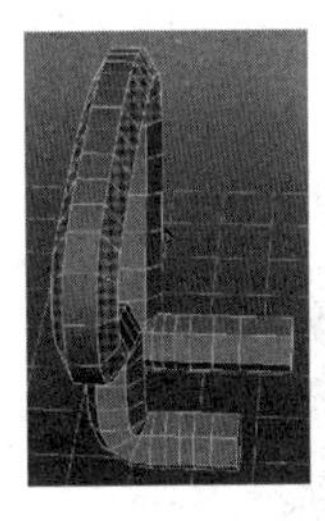

图 3.94

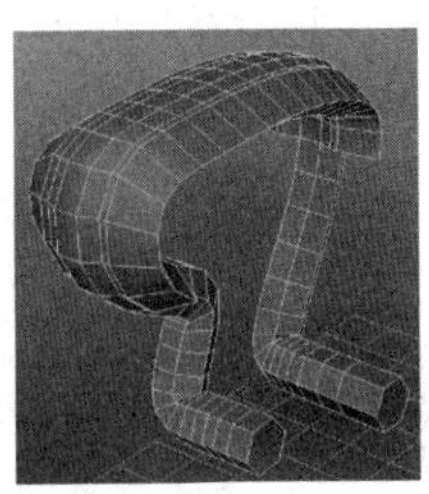

图 3.95

步骤 5：方法同上。进行挤出缩放和添加循环边操作，最终效果如图 3.96 所示。

步骤 6：将椅子扶手转换为细分模型，效果如图 3.97 所示。

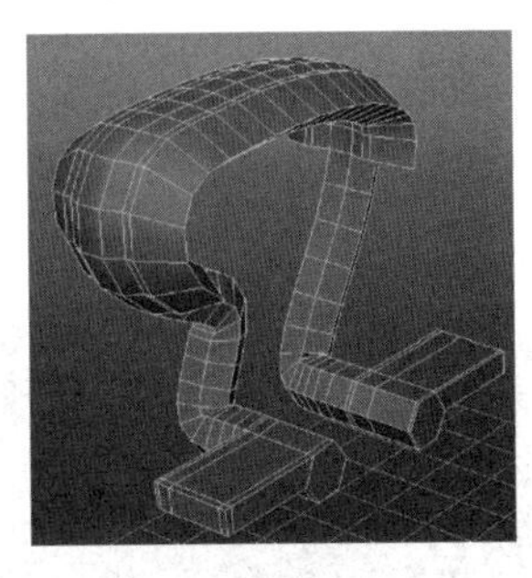

图 3.96

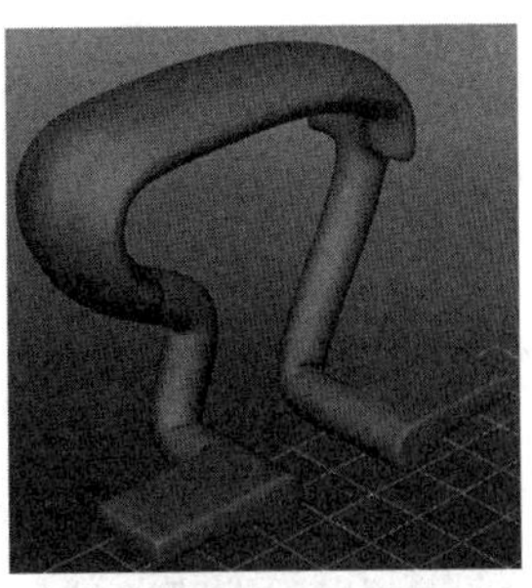

图 3.97

步骤 7：将制作好的扶手进行特殊复制。单选扶手，在菜单栏中单击 Edit(编辑)→Duplicate Special(特殊复制)→■图标，打开 Duplicate Special Opiions(特殊复制选项)窗口，具体设置如图 3.98 所示。单击 Duplicate Special(特殊复制)按钮即可，如图 3.99 所示。

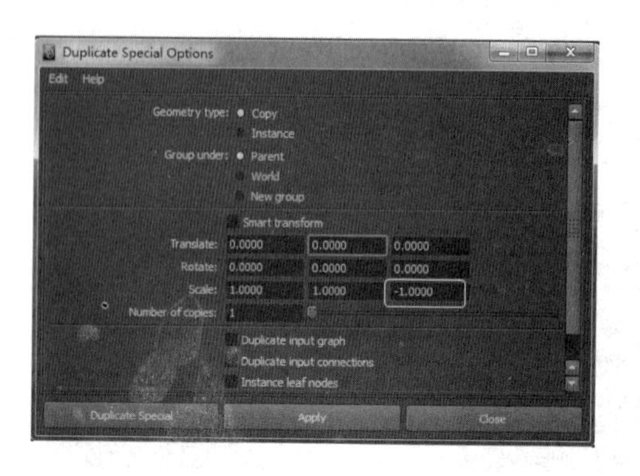

图 3.98

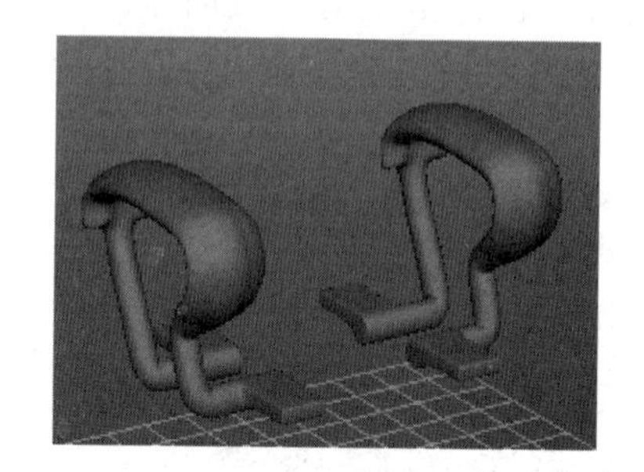

图 3.99

6. 制作螺钉

螺钉的制作很简单。创建一个圆柱体，对圆柱体进行挤出和位置调节，再将其转换为细分模型，具体操作步骤如下。

步骤 1：在视图中创建一个圆柱体并对圆柱体进行面挤出和位置调节，最终效果如图 3.100 所示。

步骤 2：单击工具架上的▣(插入循环边工具)图标，给圆柱体添加循环边，最终效果如图 3.101 所示。

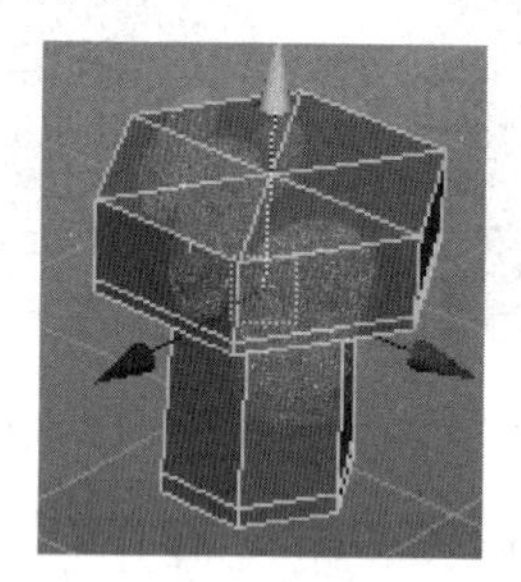

图 3.100

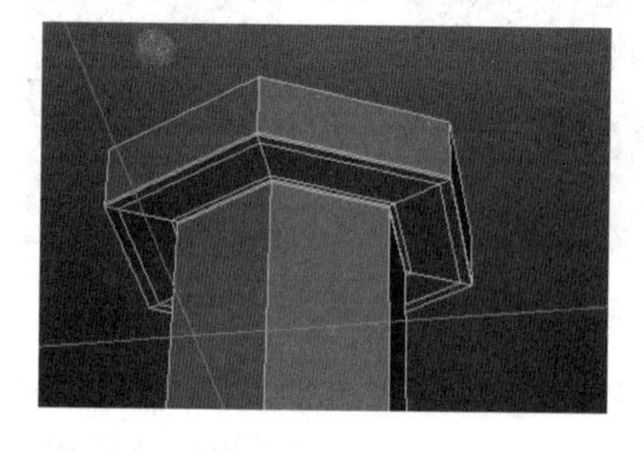

图 3.101

步骤 3：将圆柱体转换为细分模型，最终效果如图 3.102 所示。

步骤 4：将该模型复制 9 个，通过移动和旋转操作，放置到需要的位置，最终效果如图 3.103 所示。

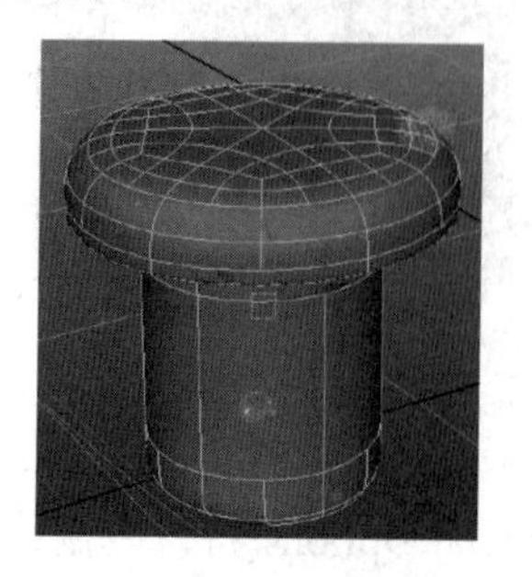

图 3.102

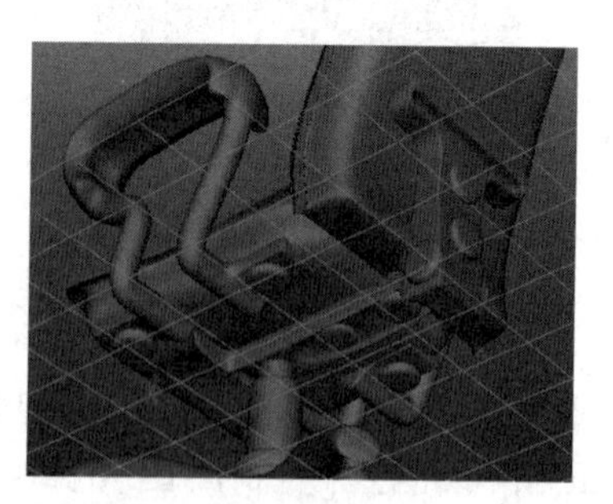

图 3.103

视频播放：椅子模型制作的详细讲解，请观看配套视频“part\video\chap03_video02”。

四、拓展训练

根据前面所学知识制作如下效果模型。详细操作步骤读者可以参考配套视频资源。

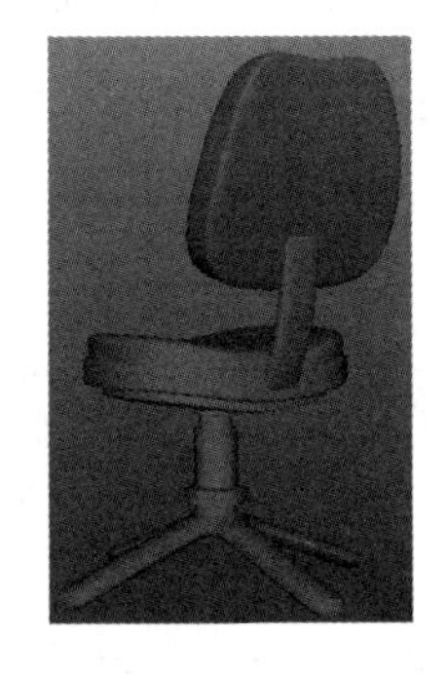

案例 3：手模型的制作

一、案例效果

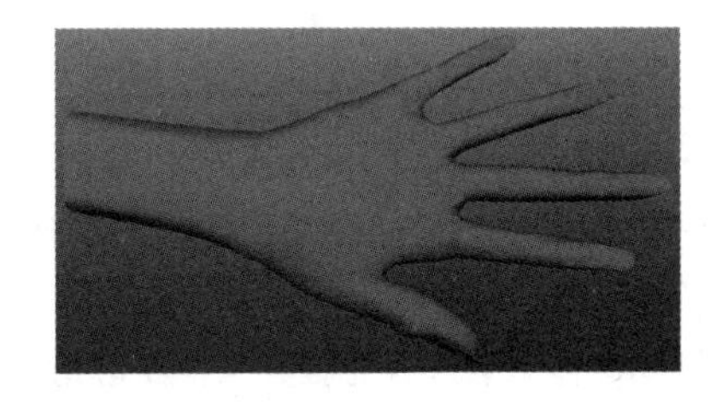

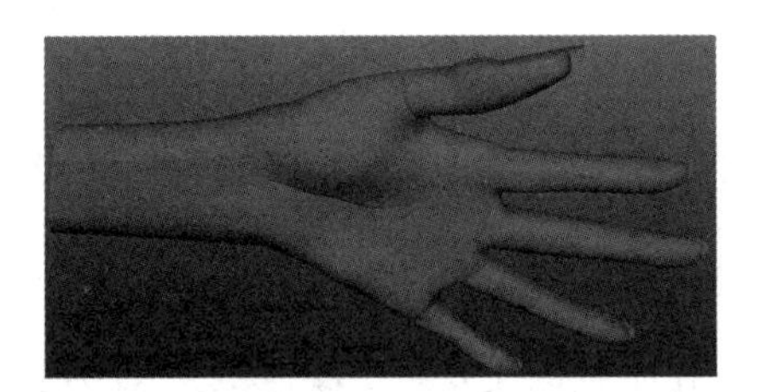

二、案例制作流程(步骤)分析

三、详细操作步骤

在本案例中主要使用参考图来制作手的模型。通过该案例的学习，读者要掌握参考图的导入、编辑和 Subdiv(细分)相关命令的综合使用。

1. 参考图的导入

参考图导入的具体步骤在这里就不详细介绍，请读者参考前面参考图导入的方法。导入的参考图如图 3.104 所示。

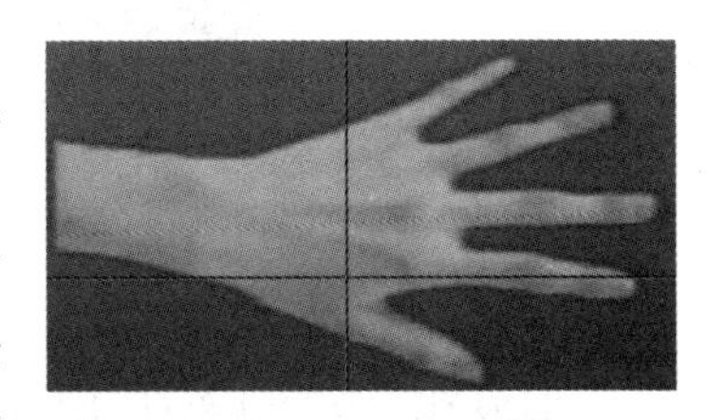

图 3.104

在这里，建议读者在制作手的模型时，最好是上网去下载一些有关手结构的图片，了解手的结构。为了方便读者学习，在配套资源当中为用户提供了一些手的图片，如图 3.105 所示。手的骨骼结构图如图 3.106 所示。

在这里制作手模型的方法是，分别制作手指和手掌。将手指和手掌进行合并和融合操作。再对手进行精细调节即可。

图 3.105

2. 手指的制作

手指的制作主要使用 Polygon Cube(多边形立方体)命令，创建一个基本立方体，按键盘上的 3 键，进入光滑细分显示状态，对该立方体进行缩放、添加线和调节点来制作。具体制作步骤如下。

步骤 1：在工具架中，单击■(多边形立方体)图标。在视图中，创建一个多边形立方体，对该立方体进行缩放操作，按键盘上的 3 键，最终效果如图 3.107 所示。

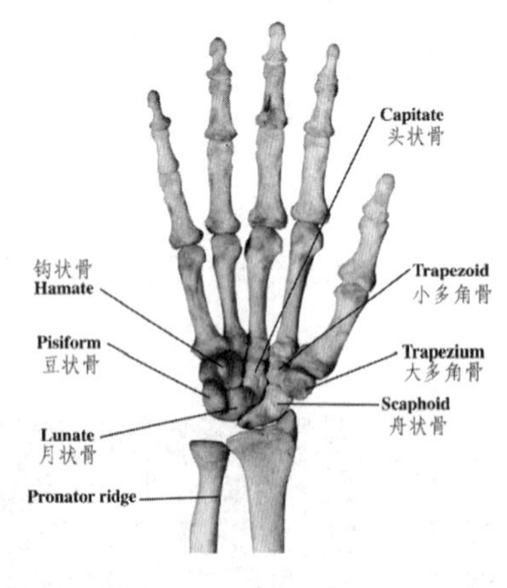

图 3.106

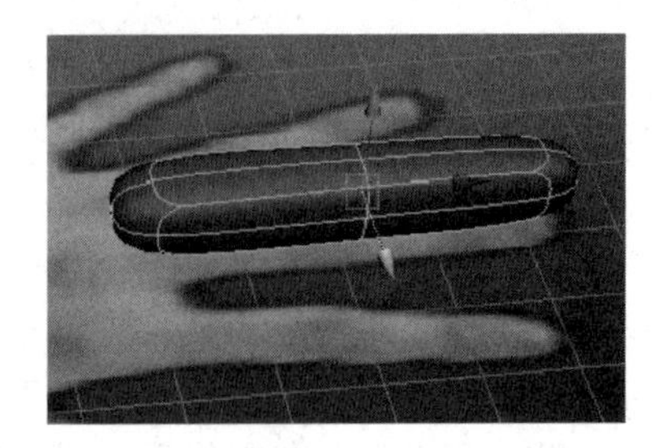

图 3.107

步骤 2：进入立方体的 Face(面)编辑状态，将与手掌连接端的面删除，如图 3.108 所示。

步骤 3：使用 Insert Edge Loop Tool(插入循环边工具)命令给模型添加循环边。添加循环边之后的效果如图 3.109 所示。

步骤4：进入模型的Vertex(顶点)编辑状态，使用移动工具和缩放工具进行点的调节，调节之后的效果如图3.110所示。

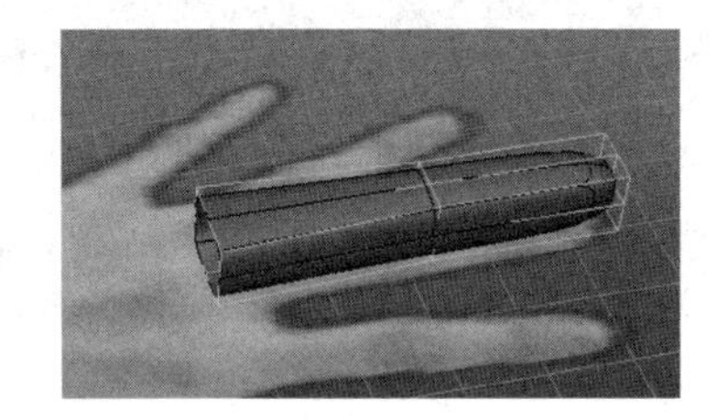

图3.108

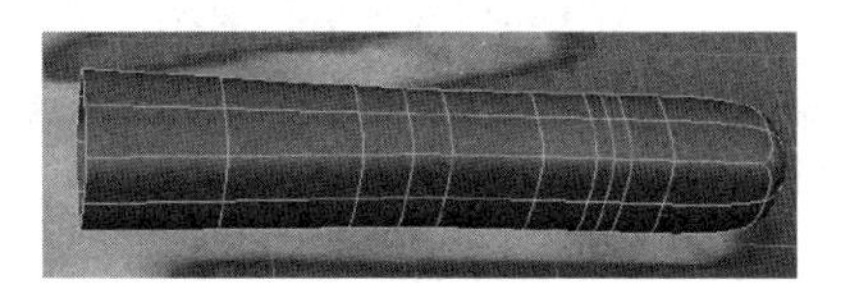

图3.109

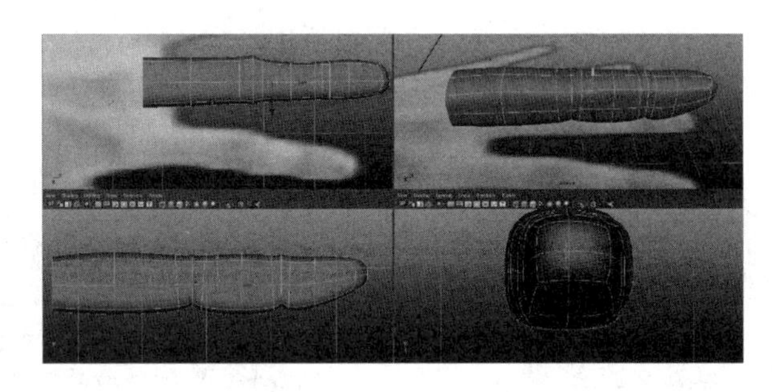

图3.110

步骤5：进入模型Face(面)编辑状态，选择需要挤出操作的面。在菜单栏中选择Edit Mesh(编辑网格)→Extrude(挤出)命令，对选择的面进行挤出操作，再使用缩放工具进行缩放操作，最终效果如图3.111所示。

步骤6：制作指甲。创建一个立方体，按键盘上的3键，进入物体光滑显示，使用缩放工具进行缩放和调点，最终效果如图3.112所示。

步骤7：将制作好的手指再复制4根，使用缩放和移动工具调节好位置，如图3.113所示。

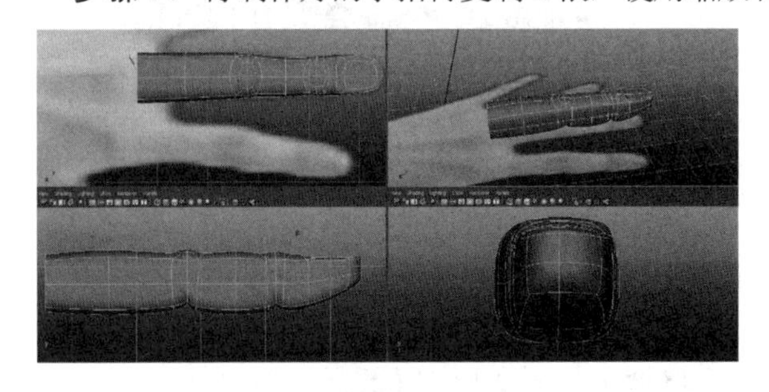

图3.111

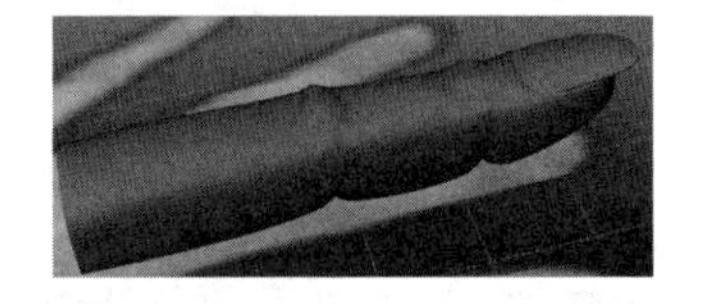

图3.112

3. 手掌的制作

手掌的制作方法比较简单，主要通过创建一个立方体，段数设置为8，根据参考图进行调点。具体制作步骤如下。

步骤1：在工具架中单击(多边形立方体)图标，在视图中创建一个多边形立方体，使用移动工具对点的位置进行调节，最终效果如图3.114所示。

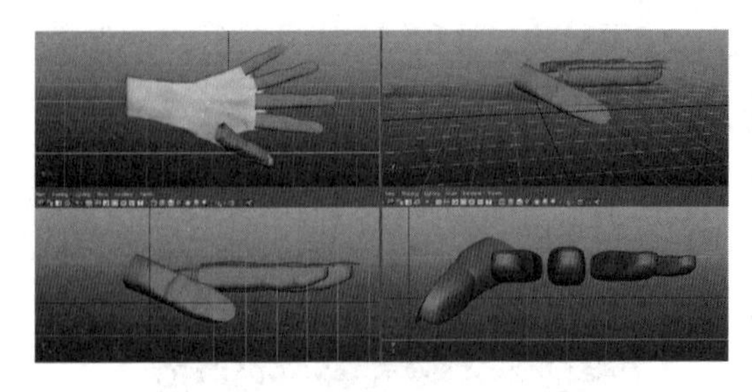

图 3.113

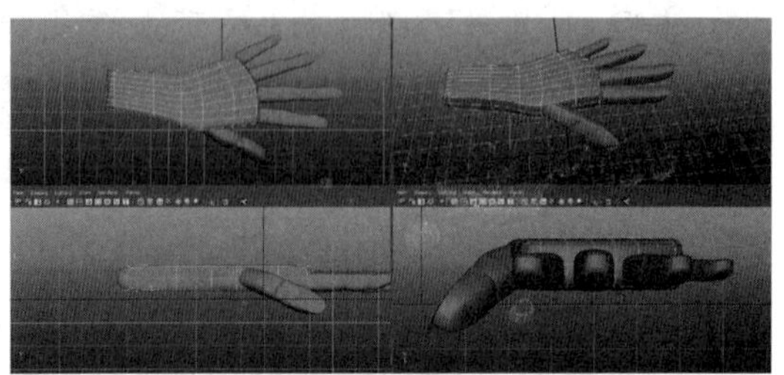

图 3.114

步骤 2：在 Persp(透视图)中，选择所有模型，按键盘上的 1 键，使模型以低精度模式显示，如图 3.115 所示。

步骤 3：布尔运算。选择手掌和大拇指，在菜单栏中选择 Mesh(网格)→Booleans(布尔)→Union(并集)命令，对选择的两个对象进行布尔运算。使用同样的方法，将其他 4 根手指与手掌进行 Union(并集)运算，最终效果如图 3.116 所示。

图 3.115

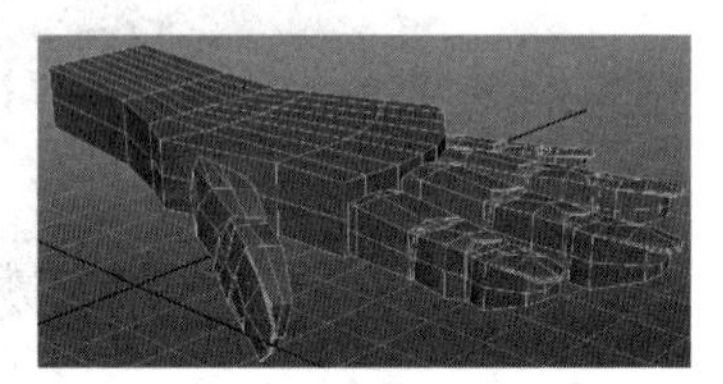

图 3.116

步骤 4：将多余的边删除。删除方法是选择需要删除的边，单击工具架上的(删除边和顶点)图标即可。将布尔运算出的三边面转为四边面，最终效果如图 3.117 所示。

步骤 5：使用(分离多边形工具)命令、(缝合点)命令和移动工具，为对象进行加边和调点操作，最终效果如图 3.118 所示。

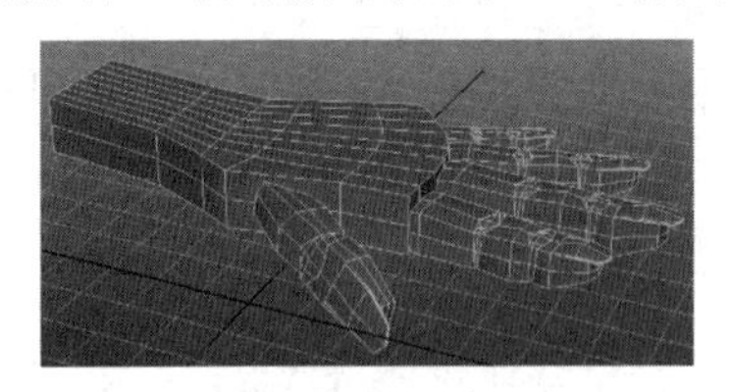

图 3.117

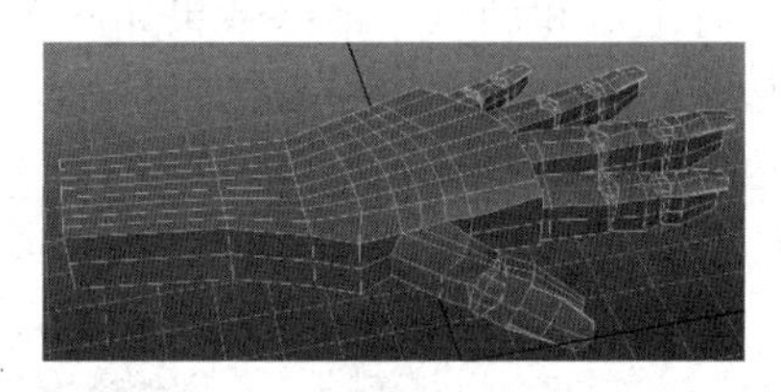

图 3.118

步骤 6：删除手掌与手连接的面，使用移动工具调节点的位置，最终效果如图 3.119 所示。

步骤 7：再对手指和手背进行微调，最终效果如图 3.120 所示。

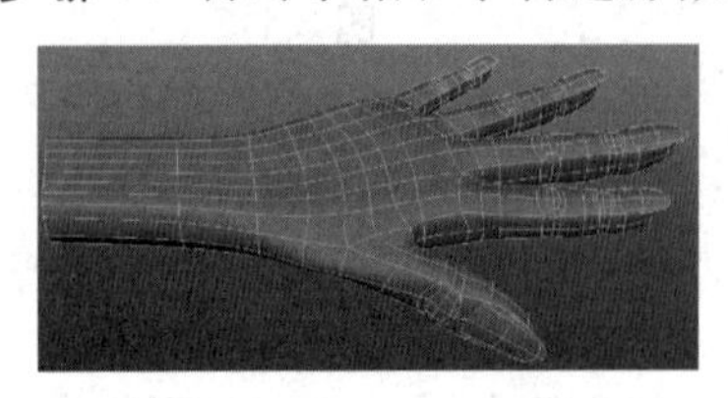

图 3.119

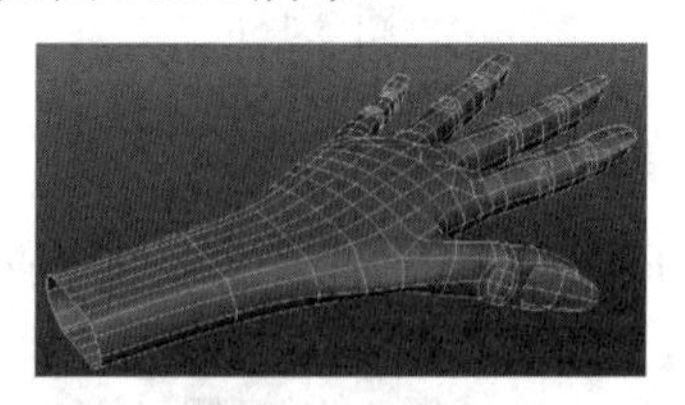

图 3.120

步骤 8：使用几何体雕刻工具对模型进行雕刻处理，使手背略突起。在菜单栏中选择 Mesh(网格)→Sculpt Geometry Tool(雕刻几何体工具)命令，在透视图中对手进行推拉操作，最终效果如图 3.121 所示。

步骤 9：选择制作手掌纹理的布线，如图 3.122 所示。在菜单栏中选择 Edit Mesh(编辑网格)→Extrude(挤出)命令，对所选择的面进行挤出，适当调节挤出面的位置，最终效果如图 3.123 所示。

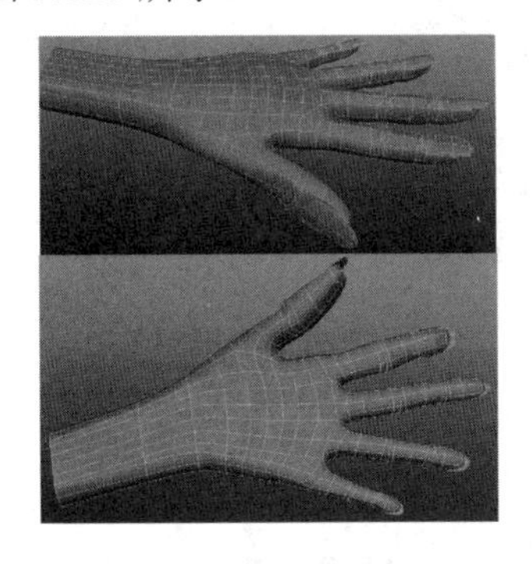

图 3.121

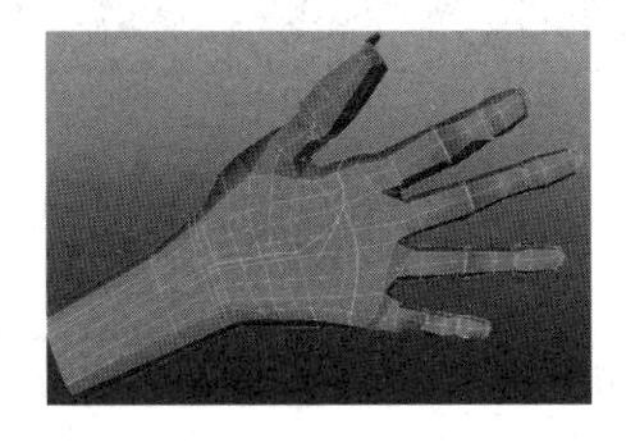

图 3.122

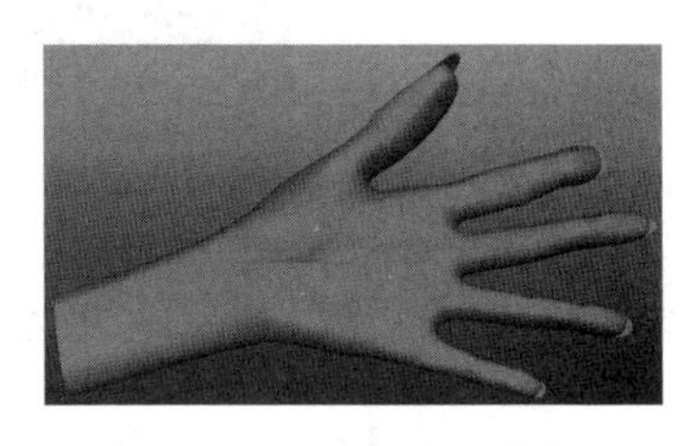

图 3.123

步骤 10：选择手指与手掌连接处的手背的面，通过挤出操作来制作手指与手掌连接处的关节效果，如图 3.124 所示。

步骤 11：使用 Split Polygon Tool(分割多边形工具)命令、Extrude(挤出)命令和 Sculpt Geometry Tool(雕刻几何体工具)对手的布线进行精细调节，最终的布线情况如图 3.125 所示。

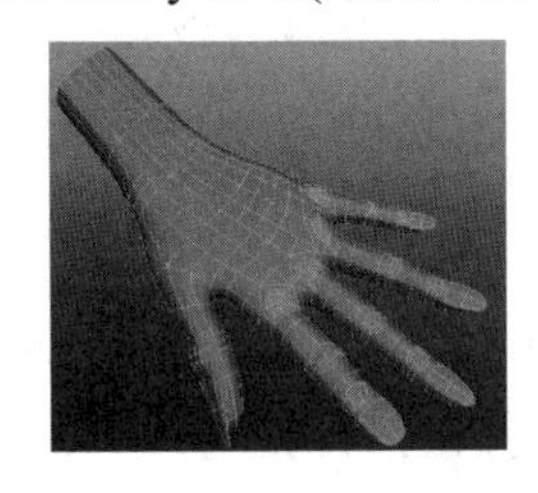

图 3.124

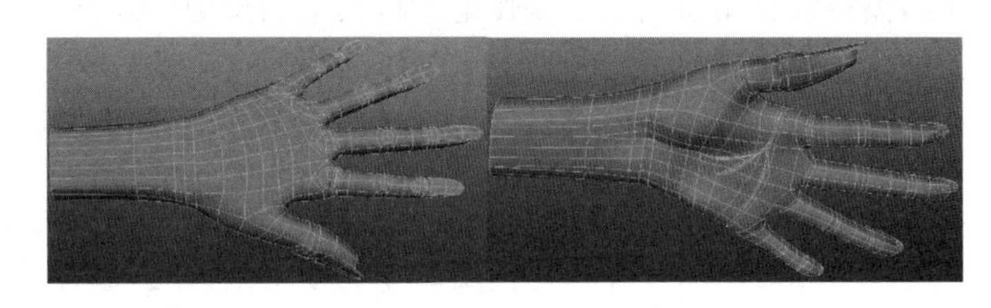

图 3.125

步骤 12：将制作好的手进行光滑处理或转换为细分模型即可。

视频播放：手模型的制作详细讲解，请观看配套视频“part\video\chap03_video03”。

四、拓展训练

根据前面所学知识制作如下模型。详细操作步骤读者可以参考配套视频资源。

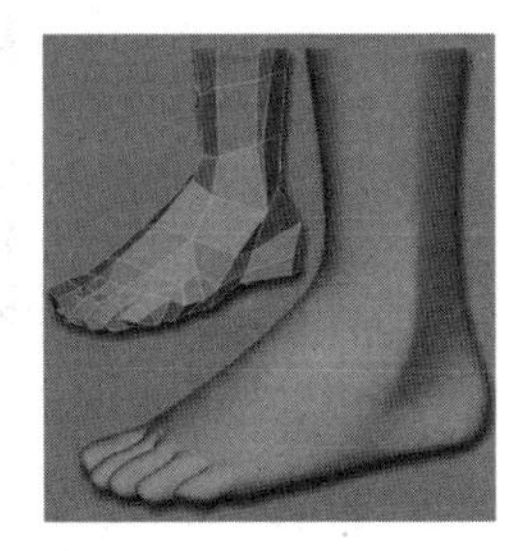

案例4：电话模型的制作

一、案例效果

二、案例制作流程(步骤)分析

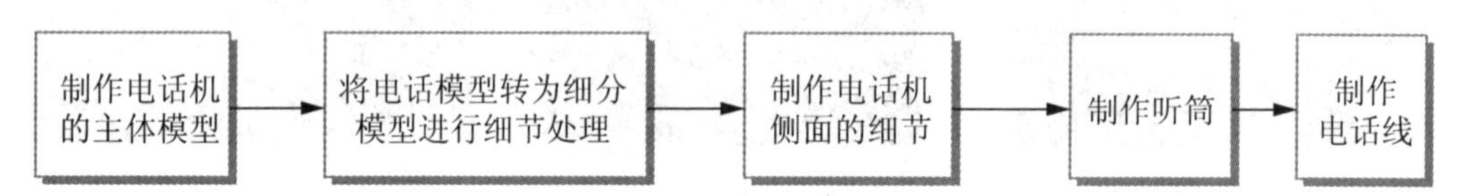

三、详细操作步骤

在这里，使用细分建模技术来制作一个电话机。在前面的案例中，都是使用参考图进行对位来制作，本案例的制作只提供实际参考图片，没有提供精确的参考图，要靠读者自己对模型结构和比例的理解来制作。电话模型制作的方法如下：①使用立方体创建电话机的基本造型；②使用挤出命令制作电话机模型的按键；③将电话机模型转换为细分模型，使用折痕命令对边进行折痕处理；④制作话筒和电话线。

1. 制作电话机的主体模型

对于电话机主体模型的制作，主要使用Polygon(多边形)建模中的创建立方体命令创建一个立方体，通过缩放、加边、挤出命令制作电话机的大致模型和按键，再将电话主体转换为细分模型，制作折痕和细节，具体制作方法如下。

步骤1：使用看图软件打开参考图片，如图3.126所示。

步骤2：创建电话机主体的大致模型。在工具架中单击■(多边形立方体)图标，在Top(顶视图)中创建一个立方体，单击缩放工具■(缩放工具)按钮对创建的立方体进行缩放操作，最终效果如图3.127所示。

图3.126

图3.127

步骤 3：添加环形边。在菜单栏中选择 Edit Mesh(编辑网格)→Insert Edge Loop Tool(插入环形边工具)命令，根据参考图片，给创建的立方体插入循环边，最终布线如图 3.128 所示。

步骤 4：选择面，使用 Extrude(挤出)命令进行基础操作。使用移动工具对挤出的面和顶点进行调节，如图 3.129 所示。

图 3.128

图 3.129

步骤 5：使用 Insert Edge Loop Tool(插入环形边工具)命令添加一条环形边，选择面，使用 Extrude(挤出)命令对选择的面进行挤出，如图 3.130 所示。

步骤 6：根据参考图，使用 Insert Edge Loop Tool(插入环形边工具)命令插入环形边，划分出按钮的布局，如图 3.131 所示。

图 3.130

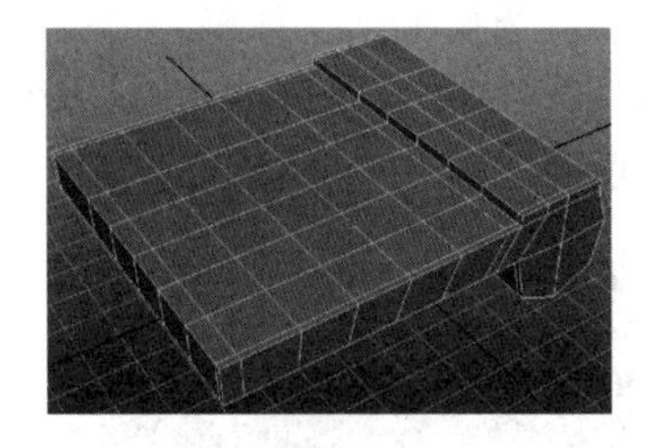

图 3.131

步骤 7：在菜单栏中选择 Edit Mesh(编辑网格)→Keep Faces Together(保持面合并)命令，取消保持面合并。

步骤 8：选择需要挤出按键的面，使用 Extrude(挤出)命令进行挤出，再进行缩放操作，如图 3.132 所示。

步骤 9：再进行挤出，使用移动工具向上移动一段距离。

步骤 10：在步骤 9 中所选择的面没有取消的情况下，再进行一次挤出操作，最终效果如图 3.133 所示。

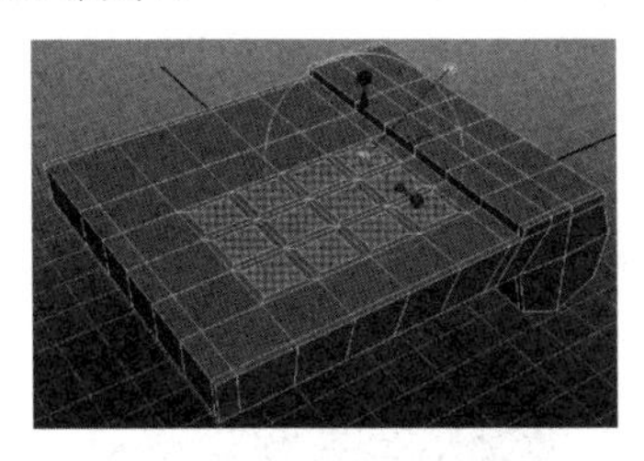

图 3.132

图 3.133

步骤 11：使用选择工具、Split Polygon Tool(分离多边形工具)和 Delete Edge /Vertex(删除边/顶点)命令，对需要挤出辅助按键的区域重新布线，使其符合辅助按键的基础，布线如图 3.134 所示。

步骤 12：方法同上。使用 Extrude(挤出)命令挤出辅助按键，最终效果如图 3.135 所示。

图 3.134

图 3.135

步骤 13：挤出放置话筒的凹槽和显示屏。选择需要挤出的面，使用 Extrude(挤出)命令挤出，最终效果如图 3.136 所示。

2. 将电话模型转为细分模型进行细节处理

步骤 1：选择电话主体模型，在菜单栏中选择 Modify(修改)→Convert(转换)→Polygons to Subdiv(多边形转换为细分曲面)命令，即可将多边形转为细分模型，如图 3.137 所示。

图 3.136

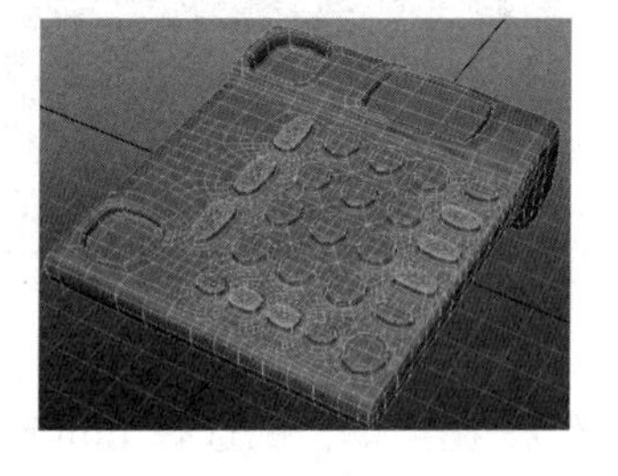

图 3.137

步骤 2：在模型上右击，弹出快捷菜单，在弹出的快捷菜单中选择 Edge(边)命令快捷键，如图 3.138 所示。

步骤 3：将编辑模块切换到 Surfaces(曲面)模块。

步骤 4：对按键的边进行折痕处理。选择需要进行折痕处理的边，在菜单栏中选择 Subdiv Surfaces(细分曲面)→Full Creases Edge/Vertex(完全折痕边/顶点)命令即可。折痕之后的效果如图 3.139 所示。

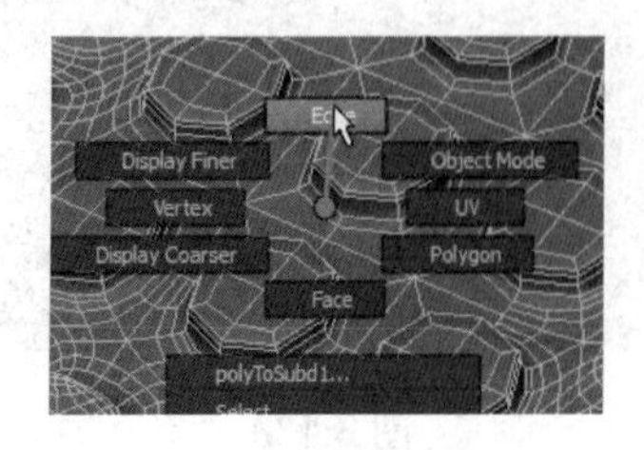

图 3.138

图 3.139

步骤 5：通过删除多余的点和加边，对电话机主体进行细节处理，最终效果如图 3.140 所示。

3. 制作电话机侧面的细节

步骤 1：制作电话机主体侧面的细节。进入 Polygon(多边形)编辑模式，再进入 Face(面)编辑状态，选择图 3.141 所示的面。

图 3.140

图 3.141

步骤 2：使用 Extrude(挤出)命令对侧面进行挤出，并进行缩放操作 4 次，最终效果如图 3.142 所示。

4. 制作听筒

听筒的制作比较简单，首先创建一个立方基本体，通过挤出操作、添加线并对点和线进行调节即可，具体操作步骤如下。

步骤 1：在工具架中单击■(多边形立方体)图标，在视图中创建一个立方体，如图 3.143 所示。

图 3.142

图 3.143

步骤 2：使用 Insert Edge Loop Tool(插入环形边工具)命令添加两条环形边，如图 3.144 所示。

步骤 3：将电话机主体隐藏，选择话筒底部的两个面进行挤出和缩放操作，如图 3.145 所示。

图 3.144

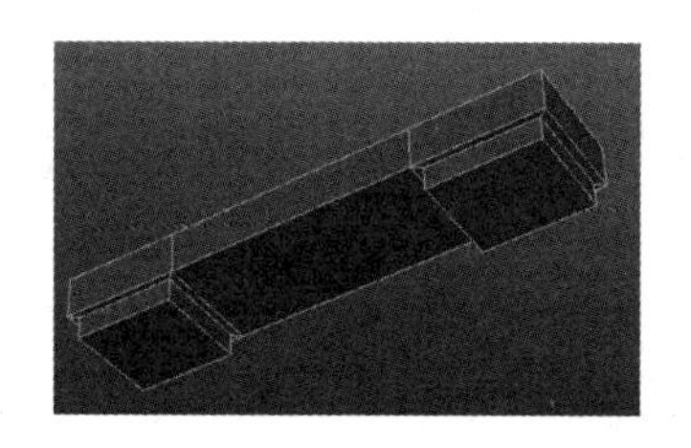

图 3.145

步骤 4：使用 Insert Edge Loop Tool(插入环形边工具)命令添加循环边，使用移动工具对添加的循环边进行位置调节，最终效果如图 3.146 所示。

步骤 5：使用 Extrude(挤出)命令，制作听筒的插孔，选择面进行挤出，如图 3.147 所示。

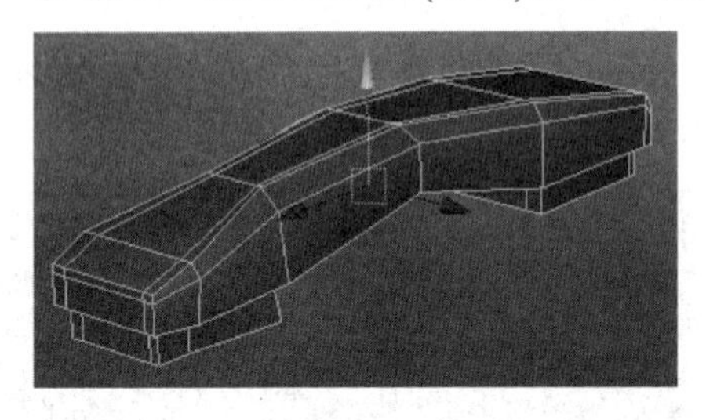

图 3.146

图 3.147

步骤 6：按键盘上的 3 键，进行光滑处理，使用旋转工具对听筒和电话主体进行一定的旋转操作，最终效果如图 3.148 所示。

5. 制作电话线

电话线主要使用 NURBS 曲线进行放样来制作，具体制作方法如下。

步骤 1：创建曲线。在菜单栏中选择 Create(创建)→CV Curve Tool(CV 曲线工具)命令，在 Top(顶视图)中绘制图 3.149 所示的曲线。

图 3.148

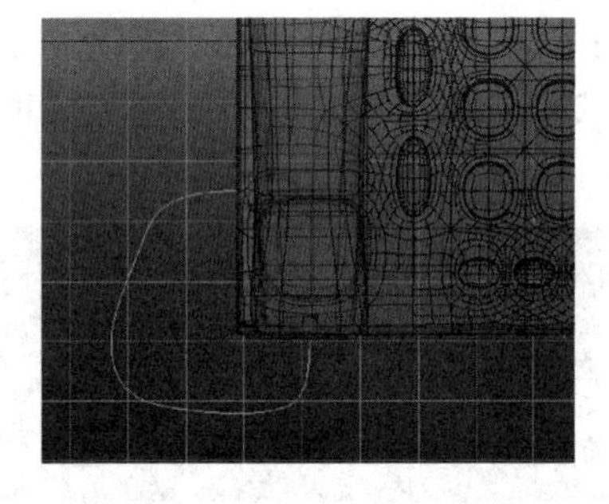

图 3.149

步骤 2：绘制圆形，在工具架中单击(NURBS 圆形)图标，在 Top(顶视图)中绘制一个圆形。

步骤 3：选择创建的圆形和曲线。在菜单栏中单击 Surfaces(曲面)→Extrude(挤出)→图标，打开 Extrude Options (挤出选项)窗口，具体设置如图 3.150 所示。单击 Extrude(挤出)按钮即可得到图 3.151 所示的效果。

步骤 4：选择刚挤出的对象，单击工具(吸附到对象)按钮。

步骤 5：在菜单栏中选择 Create(创建)→CV Curve Tool(CV 曲线工具)命令，在对象上绘制曲线。具体绘制方法是先在对象上用鼠标连续单击几次，创建几个点，再按住鼠标中键，在对象的末端口进行转圈，圈数达到要求之后，松开鼠标中键，再在对象上单击几次，创建几段。绘制好的曲线如图 3.152 所示。

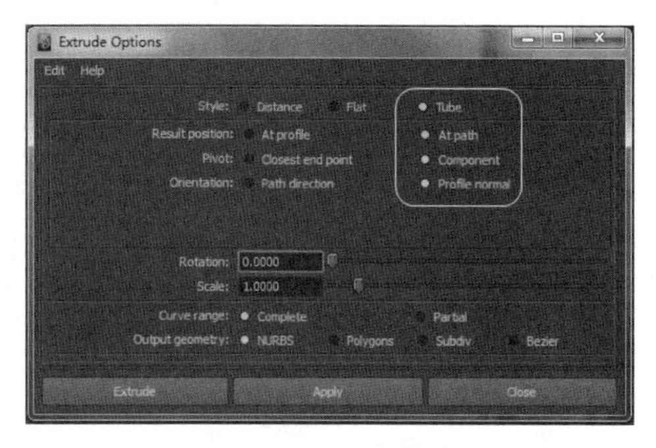

图 3.150

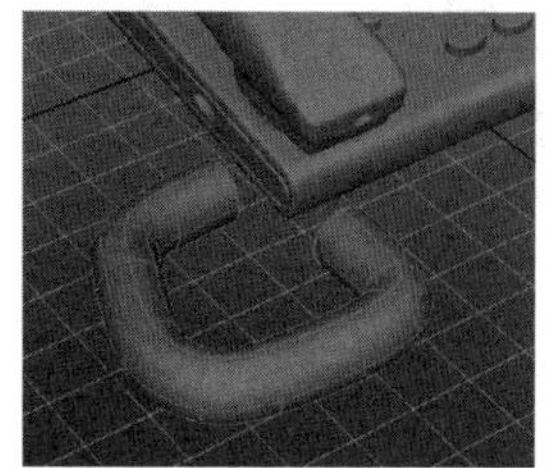

图 3.151

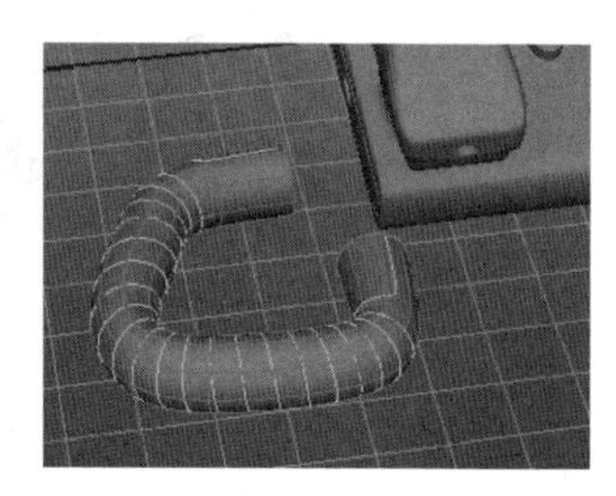

图 3.152

步骤 6：选择刚创建的曲线，在菜单栏中选择 Edit Curves(编辑曲线)→Duplicate Surface Curves(复制曲面曲线)命令，即可复制图 3.153 所示的曲线。

步骤 7：选择刚复制出来的曲线，进入 Control Vertex(控制点)编辑状态，调节控制点的位置，使曲线的两端与电话机主体和听筒的插口对齐。

步骤 8：方法同上。在顶视图中创建一个圆形，选择圆形和曲线，使用 Extrude(挤出)命令，进行挤出操作，最终效果如图 3.154 所示。如果挤出的曲面太大，则在没有删除历史构造之前，可以通过对创建的圆形进行缩放操作来调节大小。

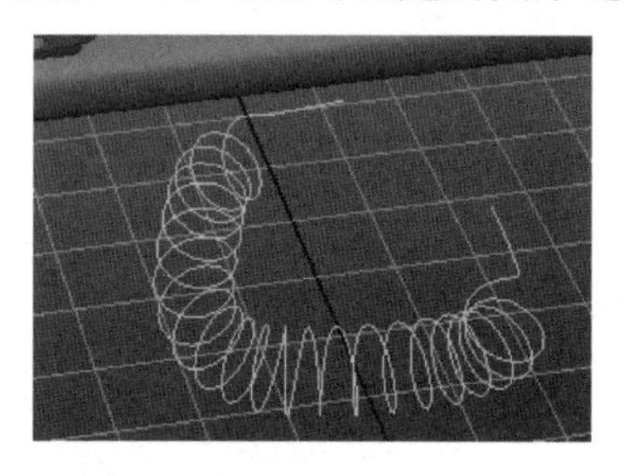

图 3.153

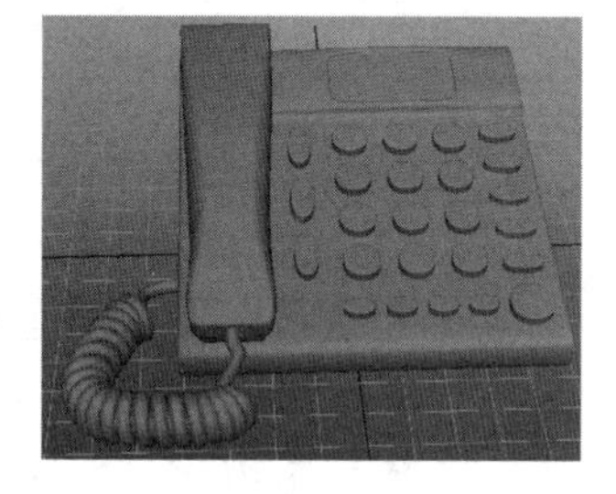

图 3.154

视频播放：电话模型的制作详细讲解，请观看配套视频“part\video\chap03_video04”。

四、拓展训练

根据前面所学知识制作如下模型。详细操作步骤读者可以参考配套视频资源。

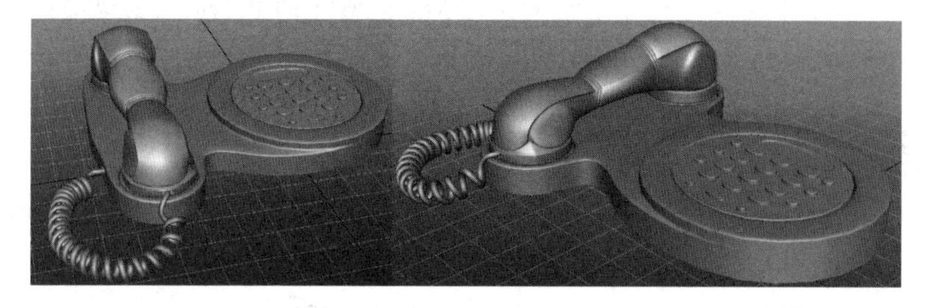

第4章

Polygon(多边形)建模技术

知识点

- 案例1：Polygon(多边形)建模技术基础
- 案例2：键盘模型的制作
- 案例3：飞机模型的制作
- 案例4：自行车模型的制作
- 案例5：人体模型的制作

说明

本章主要通过5个案例介绍Maya 2011的Polygon(多边形)建模技术基础、使用Polygon(多边形)建模的基本流程和Maya 2011中相关命令的使用。

教学建议课时数

一般情况下需要24课时，其中理论8课时，实际操作16课时(特殊情况可做相应调整)。

在本章中主要介绍 Maya Polygon Primitives(多边形基本体)的创建、Polygon 建模中的各个命令的作用和使用方法、使用 Polygon(多边形)建模的基本流程、Polygon(多边形)建模的方法和技巧以及复杂模型制作的基本原则。

Polygon(多边形)建模技术是 Maya 2011 中三大建模技术之一，也是使用比较频繁的一种建模技术。熟练掌握 Polygon(多边形)建模技术，读者就可以将看到的大部分物体模型制作出来。希望读者通过本章的学习，能够举一反三并独立制作出自己喜欢的模型。

案例 1：Polygon(多边形)建模技术基础

一、案例效果

二、案例制作流程(步骤)分析

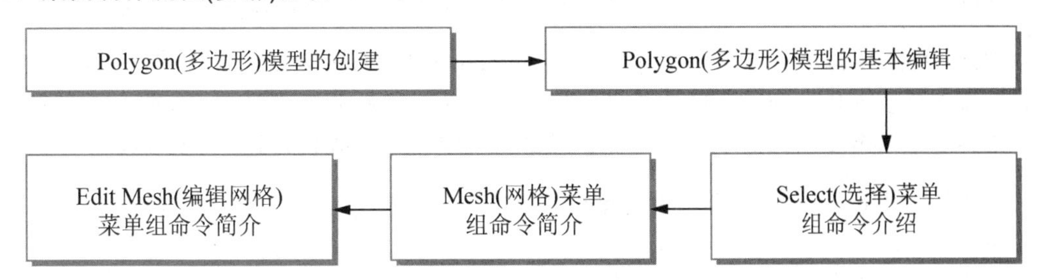

三、详细操作步骤

Polygon(多边形)建模技术是 Maya 2011 建模中三大建模技术之一，应用领域非常广泛。所以，熟练掌握 Polygon(多边形)建模技术是学习 Maya 2011 建模的最基本要求。

Polygon(多边形)是指由多条边围成的一个闭合路径形成的面，一个多边形主要由顶点、边(线)、面和法线 4 种元素组成。顶点与顶点之间的连接线称为边。边与边连接形成面。面与面有规律地衔接构成模型。在三维空间中每个面都有正和反两面，正反面由法线决定，法线的正方向代表面的正面。在 Maya 中，Polygon(多边形)模型的最小单位就是顶点。

1. Polygon(多边形)模型的创建

在 Maya 2011 中，Polygon(多边形)基本体模型主要包括 Sphere(球体)、Cube(立方体)、Cylinder(圆柱体)、Cone(圆锥体)、Plane(平面)、Torus(圆环)、Prism(棱柱)、Pyramid(棱锥)、Pipe(管状体)、Helix(螺旋体)、Soccer Ball(足球)和 Platonic Solids(柏拉图多面体)12 个。

Polygon(多边形)模型的创建主要有 3 种方法。

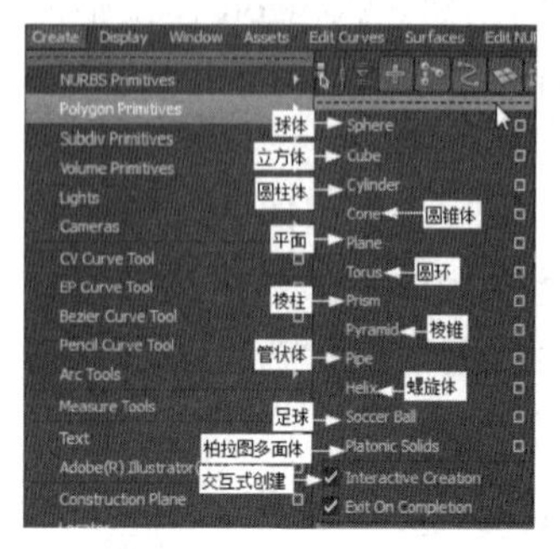

图 4.1

1) 通过菜单命令来创建 Polygon(多边形)基本模型

步骤 1：在菜单栏中选择 Create(创建)→Polygon Primitives(多边形基本几何体)命令，弹出下级子菜单，如图 4.1 所示。

步骤 2：在下级子菜单中选择需要创建的基本模型命令，即可在视图中创建基本体模型。

提示：用户可以在创建基本体模型之前设置基本体命令的相关参数，也可以在创建之后，在通道面板中设置。若要在创建之前设置参数，只需单击基本体命令右边的▣图标即可弹出相应的参数设置对话框，用户可以根据实际需要设置参数。

2) 通过工具架中的快捷图标创建 Polygon(多边形)基本模型

步骤 1：在工具架中选择 Polygons(多边形)项。此时，在工具架中显示 Polygon(多边形)建模的常用命令的图标，如图 4.2 所示。

图 4.2

步骤 2：在工具架单击需要创建的基本体命令的图标，即可在视图中创建基本体模型。

提示：用户在创建基本体模型时，如果 Interactive Creation(交互式创建)命令前面出现☑图标，在选择基本体命令时，用户在视图中可以手动创建基本体模型。如果前面没有打勾，用户选择基本体命令，Maya 2011 即可在视图中创建一个默认参数的基本体模型。

3) 通过 NURBS 模型转换为 Polygon(多边形)

步骤 1：打开 Maya 2011 的场景文件。

步骤 2：选择需要转换的模型，如图 4.3 所示。

步骤 3：在菜单栏中单击 Modify(修改)→Convert(转换)→NURBS to Polygons(NURBS 转为多边形)→▣图标，打开 Convert NURBS to Polygons Options 窗口，具体设置如图 4.4 所示。单击 Apply(应用)按钮即可转换为 Polygon(多边形)模型，如图 4.5 所示。

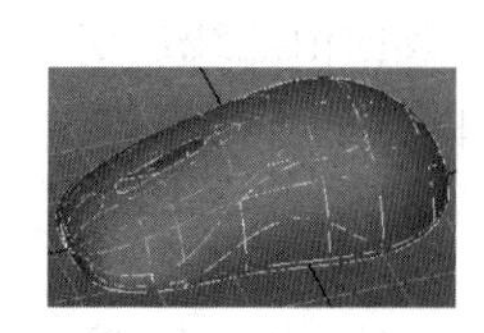

图 4.3

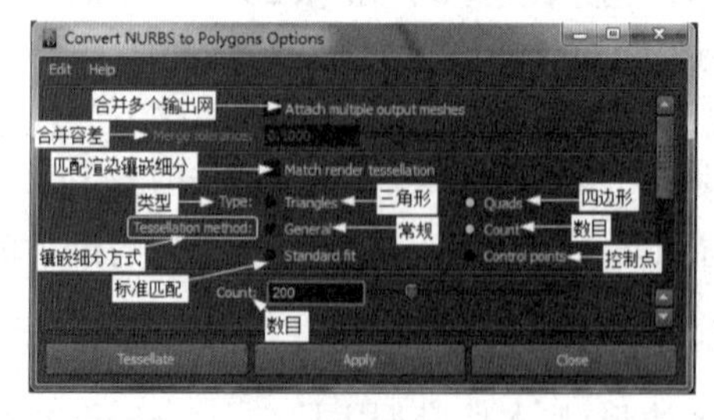

图 4.4

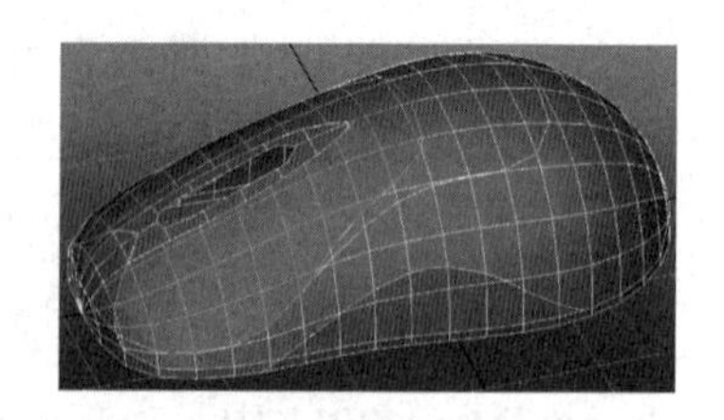

图 4.5

2. Polygon(多边形)模型的基本编辑

对 Polygon 模型的基本编辑主要是对多边形模型的基本元素进行删除、添加和位置改变等操作。具体操作方法如下。

步骤 1： 打开需要编辑的多边形模型，如图 4.6 所示。

步骤 2： 在需要编辑的模型上右击，弹出快捷菜单，如图 4.7 所示。

步骤 3： 按住鼠标右键不放的同时，将鼠标移到需要编辑的命令上。松开鼠标右键，进入需要的编辑状态，用户即可使用相应的多边形编辑命令、移动工具、缩放工具和旋转工具进行编辑。

步骤 4： 在这里以移动顶点为例。在需要移动的顶点模型上右击，弹出快捷菜单，在按住鼠标右键不放的同时，将鼠标移到 Vertex(顶点)快捷菜单上，松开鼠标进入顶点编辑模式，如图 4.8 所示。单击(移动工具)按钮，选择需要移动的顶点，即可进行移动。

图 4.6

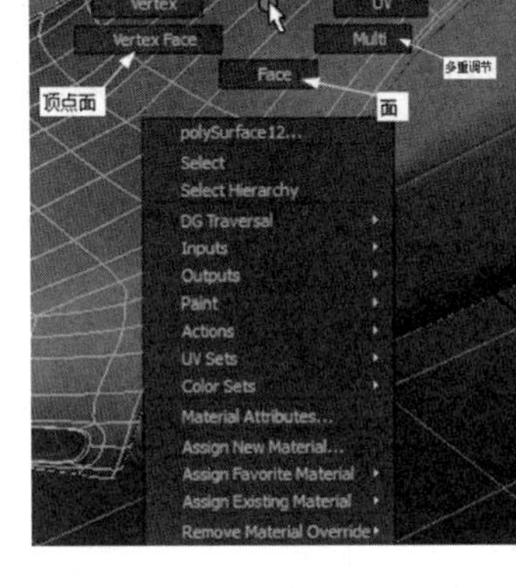

图 4.7

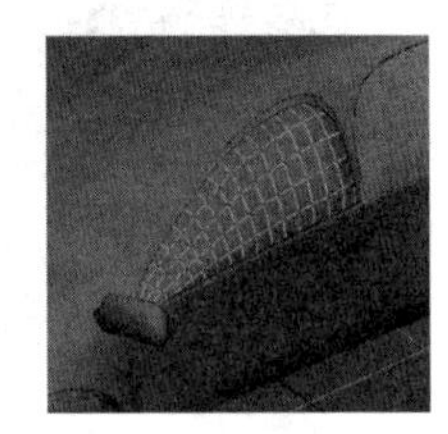

图 4.8

3. Select(选择)菜单组命令介绍

Select(选择)菜单组的命令主要包括 Object/Component(对象/组件)、Vertex(顶点)、Edge(边)、Face(面)、UV、Vertex Face(顶点面)、Select Edge Loop Tool(环形边选择工具)、Select Edge Ring Tool(循环边选择工具)、Select Border Edge Tool(选择边界边工具)、Select Shortest Edge Path Tool(选择最短边路径工具)、Convert Selection(转换选项)、Grow Selection Region(扩展选择区域)、Shrink Selection Region(收缩选择区域)、Select Selection Boundary(选择所选边界)、Select Contiguous Edges(选择相邻的边)、Select Using Constraints(选择使用约束)等命令。

这些命令的具体作用和具体操作方法如下。

1) Object/Component(对象/组件)模式

在 Object/Component 模式中主要包括 Object/Component(对象/组件)、Vertex(顶点)、Edge(边)、Face(面)、UV 和 Vertex Face(顶点面)6 个命令。它们的主要作用是使选择的编辑对象进入相应的编辑模式。

Object/Component(对象/组件)模式命令中，各个命令的具体操作步骤如下。

步骤 1：选择编辑对象。

步骤 2：选择 Object/Component(对象/组件)模式中的命令，即可进入相应的编辑模式。例如选择 Face(面)命令，进入选择对象的 Face(面)编辑模式。

步骤 3：使用多边形编辑命令即可对选择对象的面组件进行编辑。

2) Select Edge Loop Tool(环形边选择工具)命令

Select Edge Loop Tool 命令的主要作用是选择多边形网格上的环形边。具体操作步骤如下。

步骤 1：选择对象，如图 4.9 所示。

步骤 2：在菜单栏中选择 Select(选择)→Select Edge Loop Tool(环形边选择工具)命令。

步骤 3：在选择的对象上双击需要选择的环形边中的任意一条边即可选择环形边，如图 4.10 所示。

步骤 4：选择多条环形边。按住 Shift 键不放的同时双击需要选择的环形边中的任意一条边即可。需要选择多少条，就执行该操作多少次，如图 4.11 所示。

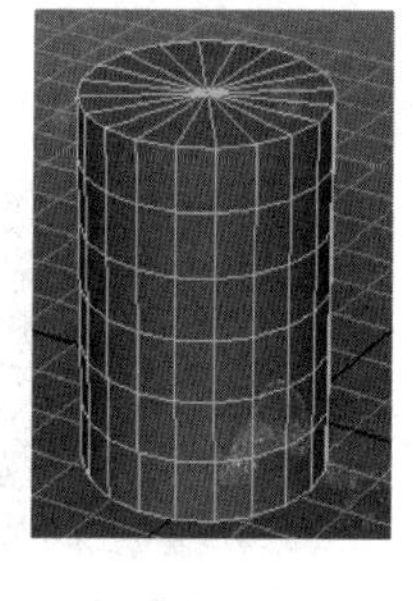

图 4.9

图 4.10

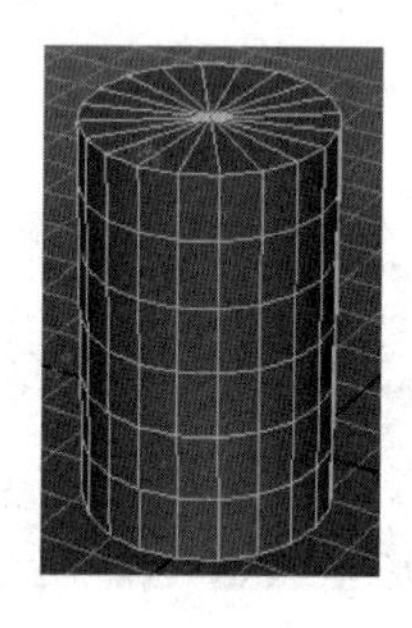

图 4.11

3) Select Edge Ring Tool(循环边选择工具)命令

Select Edge Ring Tool 命令的主要作用是选择多边形网格上的循环边。具体操作步骤如下。

步骤 1：选择对象，如图 4.12 所示。

步骤 2：在菜单栏中选择 Select(选择)→Select Edge Ring Tool(循环边选择工具)命令。

步骤 3：在选择的对象上双击需要选择的循环边中的任意一条边即可选择环形边，如图 4.13 所示。

步骤 4：选择多条循环边。在没有取消该命令之前，继续执行第 3 步操作即可。需要选择多少条循环边，就执行多少次操作，如图 4.14 所示。

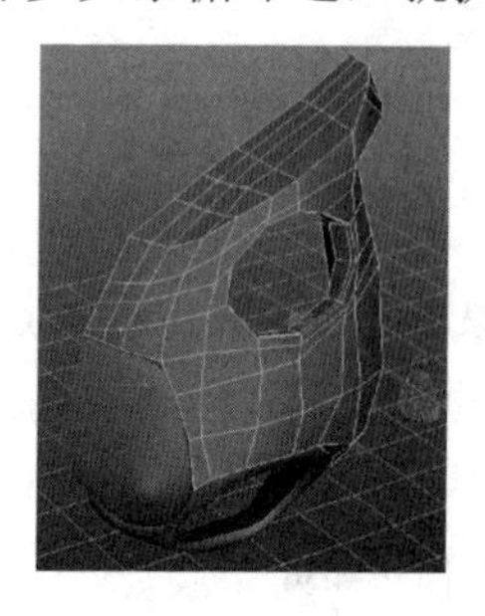

图 4.12

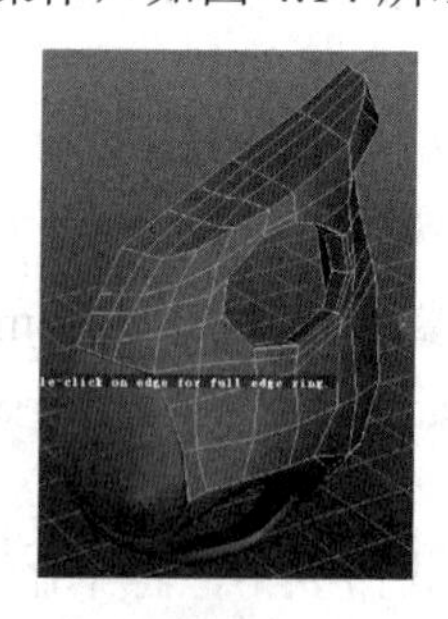

图 4.13

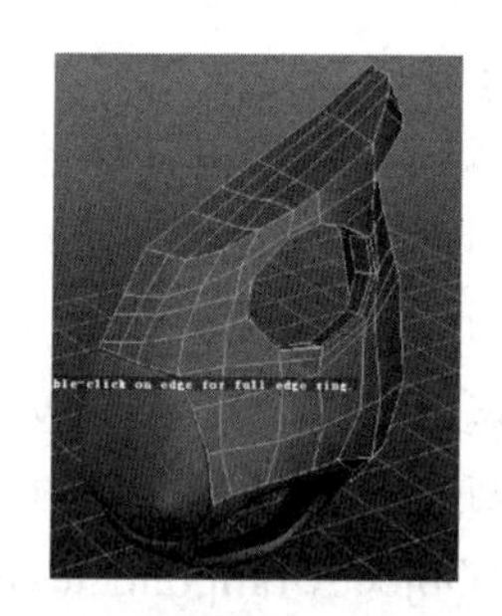

图 4.14

4) Select Border Edge Tool(选择边界边工具)命令

多边形对象的组件有两种，一种是两个面的公共边；另一种是只有一个面使用的边，这种边是多边形对象的边缘，称为边界边。

Select Border Edge Tool 命令的主要作用是选择多边形网格上的边界边。具体操作步骤如下。

步骤 1：在菜单栏中选择 Select(选择)→Select Border Edge Tool(选择边界边工具)命令。

步骤 2：在视图中选择对象，如图 4.15 所示。在边界边上双击，即可选择边界边，如图 4.16 所示。

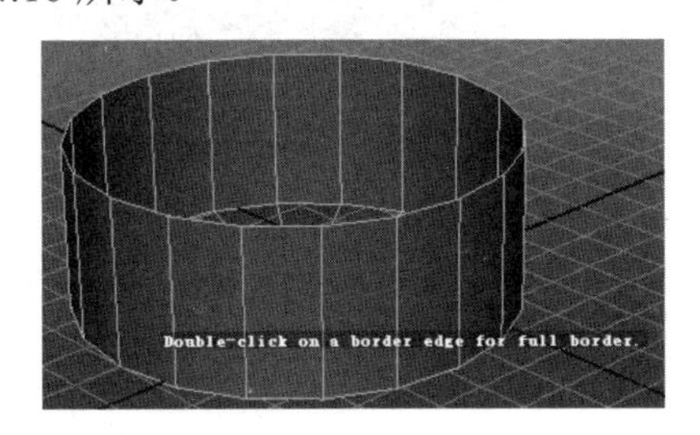

图 4.15

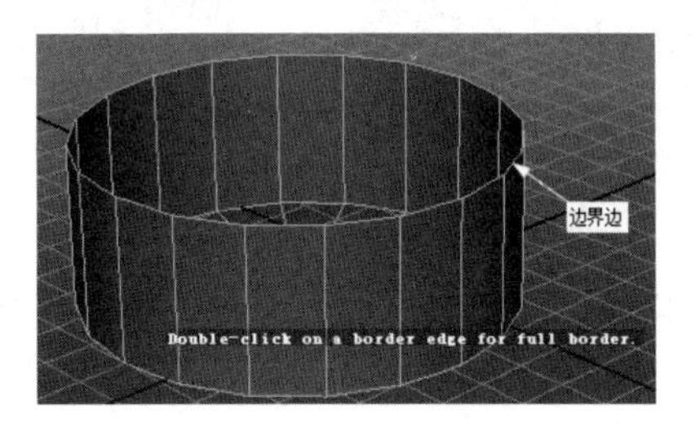

图 4.16

5) Select Shortest Edge Path Tool(选择最短边路径工具)命令

Select Shortest Edge Path Tool 命令的主要作用是将多边形对象上的两个顶点之间最近的边选择出来。具体操作步骤如下。

步骤 1：单选多边形对象。

步骤 2：在菜单栏中选择 Select(选择)→Select Shortest Edge Path Tool(选择最短边路径工具)命令，此时被选中的对象进入点编辑状态。

步骤 3：用鼠标单击需要选择的第一个顶点，如图 4.17 所示。

步骤 4：再用鼠标单击需要选择的第二个顶点，系统会自动计算最短的连接的边并选中，如图 4.18 所示。

图 4.17

图 4.18

6) Convert Selection(转换选项)命令组

Convert Selection 命令组主要包括图 4.19 所示的命令。该命令组中的命令主要作用是将对象当前选择的组件转换到对应命令的组件。具体操作步骤如下。

步骤 1：选择对象，进入该对象的顶点编辑模式，选择图 4.20 所示的顶点。

步骤 2：在菜单栏中选择 Select(选择)→Convert Selection(转换选项)→To Faces(到面)命

令，即可将当前选择的顶点切换到面的选择，如图 4.21 所示。

图 4.19

图 4.20

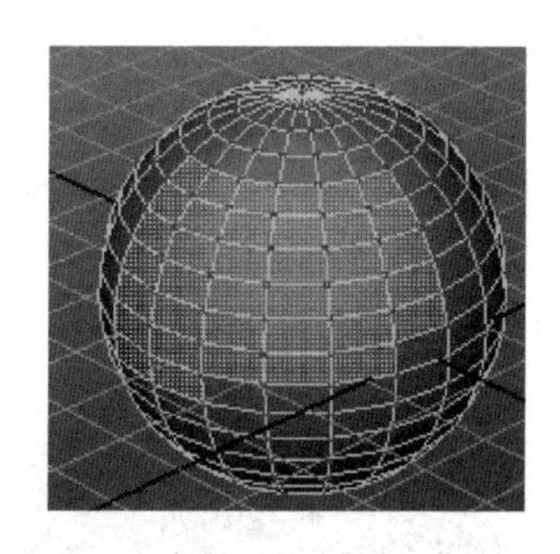

图 4.21

步骤 3：其他命令的操作方法完全相同，在这里就不再重复介绍。

7) Grow Selection Region(扩展选择区域)命令

Grow Selection Region 命令的主要作用是连续扩展多边形当前所选择的组件区域。具体操作方法很简单，选择对象的组件，执行该命令即可。

8) Shrink Selection Region(收缩选择区域)命令

Shrink Selection Region 命令的主要作用是收缩多边形当前所选择的组件区域。具体操作方法是选择对象的组件，执行该命令即可。

9) Select Selection Boundary(选择所选边界)

Select Selection Boundary 命令的主要作用是定义当前选择区域的边界。这是一种快速选择边界组件的方法，无论当前处于面、顶点、边还是 UVs 模式都可以进行选择。具体操作方法如下。

步骤 1：选择对象，进入对象的面(或顶点、边、UVs)编辑模式，选择图 4.22 所示的面。

步骤 2：执行 Select Selection Boundary(选择所选边界)命令，效果如图 4.23 所示。

10) Select Contiguous Edges(选择相邻的边)命令

Select Contiguous Edges 命令的主要作用是选择与所选边相邻的一圈的边。具体操作步骤如下。

步骤 1：选择对象，进入对象的边选择模式，选择一条边，如图 4.24 所示。

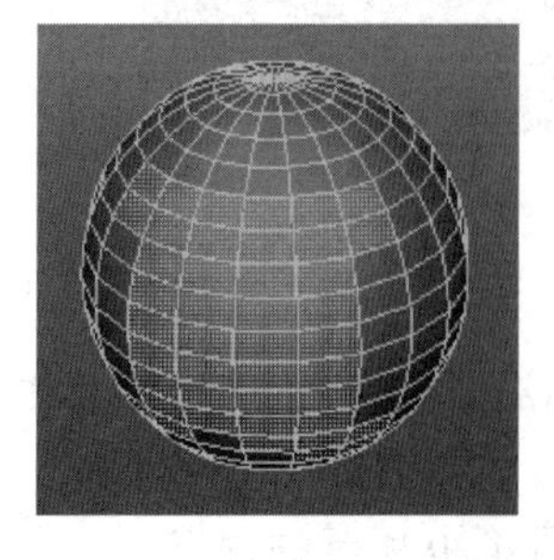

图 4.22

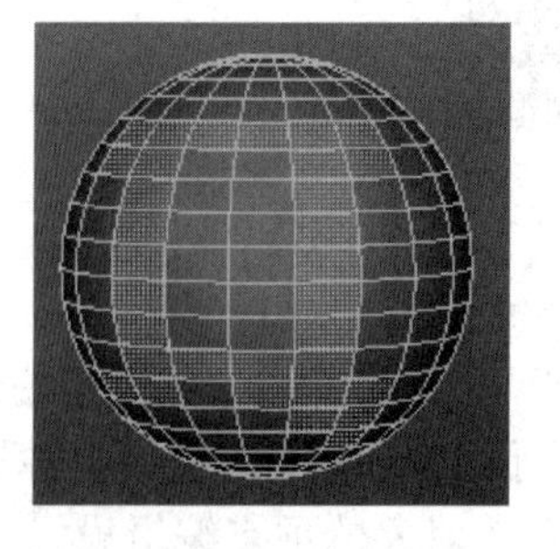

图 4.23

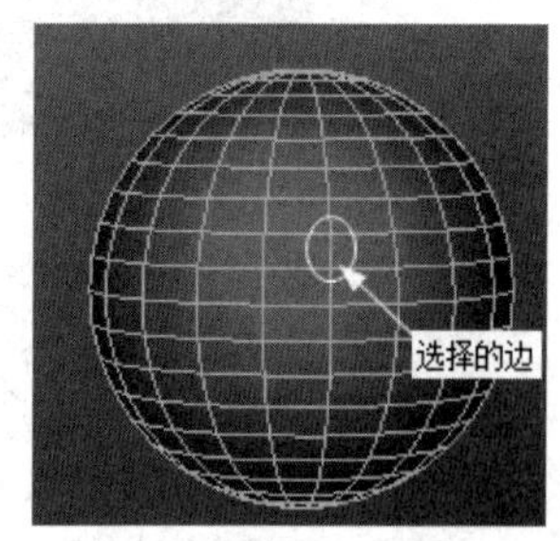

图 4.24

步骤 2：在菜单栏中单击 Select(选择)→Select Contiguous Edges(选择相邻的边)→■图标，打开 Select Contiguou Edges Options 窗口，具体设置如图 4.25 所示。

步骤 3：单击 Select(选择)按钮即可，如图 4.26 所示。

11) Select Using Constraints(选择使用约束)命令

Select Using Constraints 命令的主要作用是为用户提供约束设置操作。具体操作方法是选择 Select Using Constraints(选择使用约束)命令，弹出图 4.27 所示的对话框，用户可以根据实际需求进行参数设置。

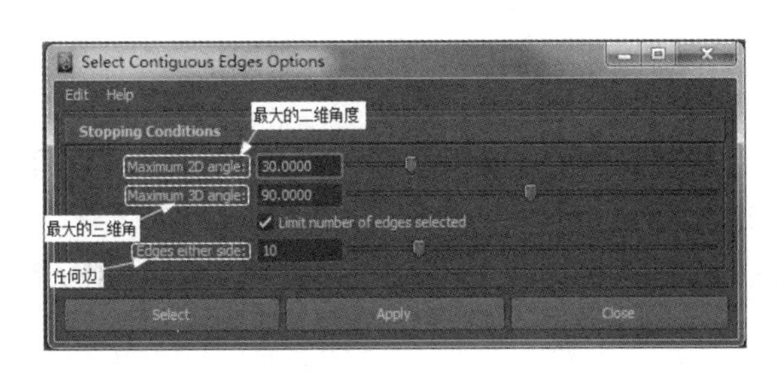

图 4.25

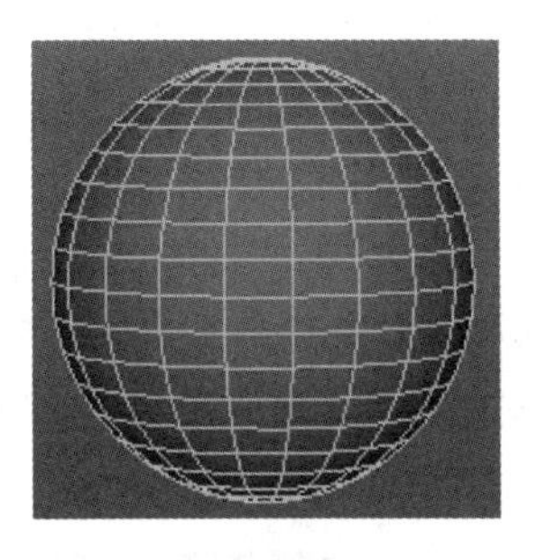

图 4.26

4. Mesh(网格)菜单组命令简介

在这里，主要介绍 Mesh(网格)菜单组命令的作用和使用方法。Mesh(网格)菜单组命令主要包括图 4.28 所示的命令。各个 Mesh(网格)命令的作用和具体操作方法如下。

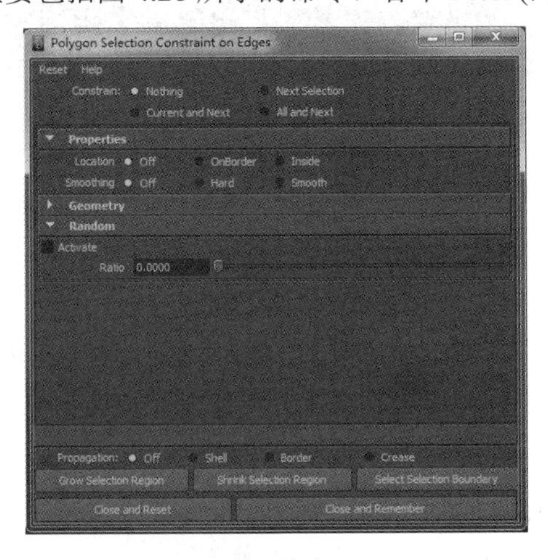

图 4.27

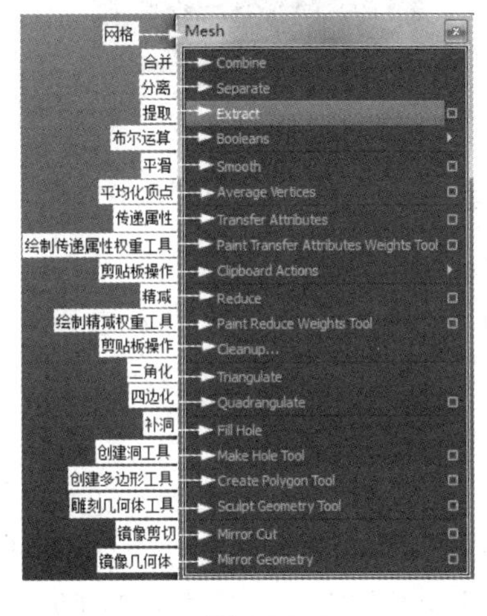

图 4.28

1) Combine(合并)命令

Combine 命令的主要作用是将选择的多个对象合并成一个对象。具体操作步骤如下。

步骤 1：选择需要合并的两个或两个以上的对象。

步骤 2：在菜单栏中选择 Mesh(网格)→Combine(合并)命令即可。

提示：使用 Combine(合并)命令之后的合并对象并没有共享边，它们自身在形状上仍然是相互独立的，只是这些多边形可以当做一个对象来操作。

2) Separate(分离)命令

Separate 命令的主要作用是将多边形对象中没有共享边的多边形面分离成独立的对象。它的作用与 Combine(合并)命令相反。

Separate(分离)命令的具体操步骤如下。

步骤 1：选择需要分离的对象。

步骤 2：在菜单栏中选择 Mesh(网格)→Separate(分离)命令即可。

3) Extract(提取)命令

Extract 命令的主要作用是将多边形对象上选择的面分离出来。具体操作步骤如下。

步骤 1：选择需要提取的面，如图 4.29 所示。

步骤 2：在菜单栏中单击 Mesh(网格) → Extract(提取)→■图标，打开 Extract Options 窗口，具体设置如图 4.30 所示。

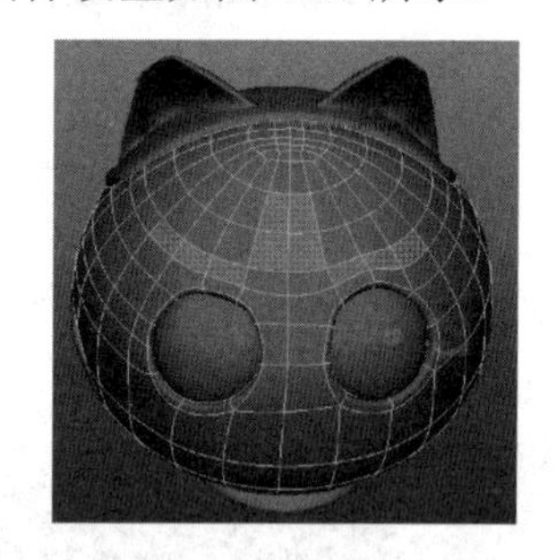

图 4.29

图 4.30

步骤 3：单击 Extract(提取)按钮，即可将选择的面提取出来，如图 4.31 所示。

提示：如果 Extract Options (提取选项)窗口中的 Separate extracted faces(分离提取的表面)选项没有打钩，执行 Extract(提取)命令，提取出来的表面与原始对象属于一个对象；如果打了钩，则提取出来的面为一个新的多边形对象。Offset(偏移)数值决定提取出来的面与原始对象之间的距离。

4) Booleans(布尔运算)命令组

Booleans 命令组主要包括 Union(并集)、Difference(差集)和 Intersection(交集)3 个命令，其主要作用是使用一个对象来切割另一个对象，从而生成一个新的对象。

(1) Union(并集)的主要作用是将基础对象与工具对象进行合并，删除工具对象相交的面，保留基础对象表面的材质信息。

Union(并集)命令的具体操作步骤如下。

步骤 1：选择两个需要进行 Union(并集)运算的对象，如图 4.32 所示。

步骤 2：在菜单栏中单击 Mesh(网格) →Booleans(布尔运算)→Union(并集)→■图标，打开 Bodean Operation Options 窗口，具体设置如图 4.33 所示。

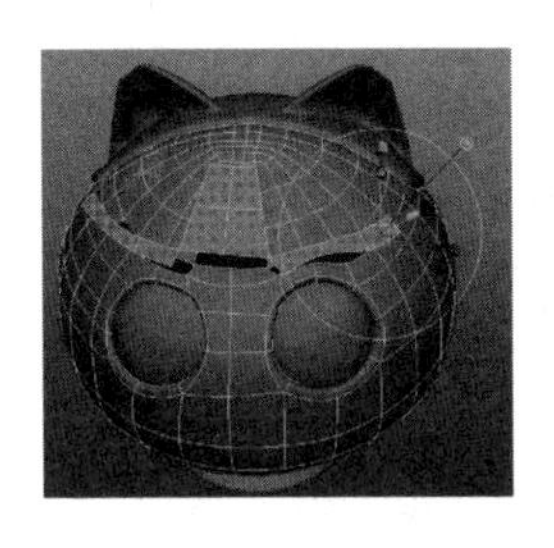

图 4.31

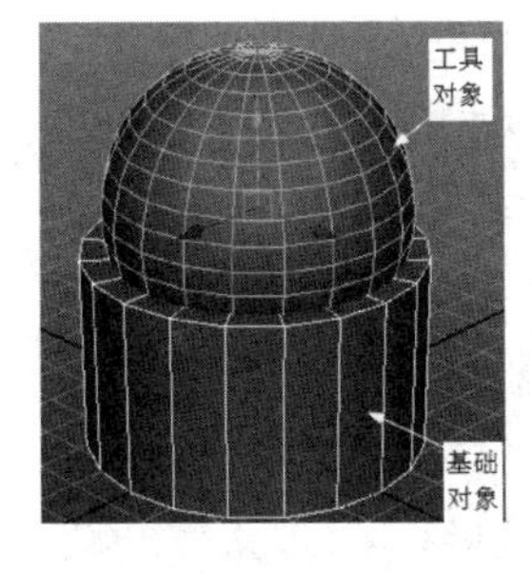

图 4.32

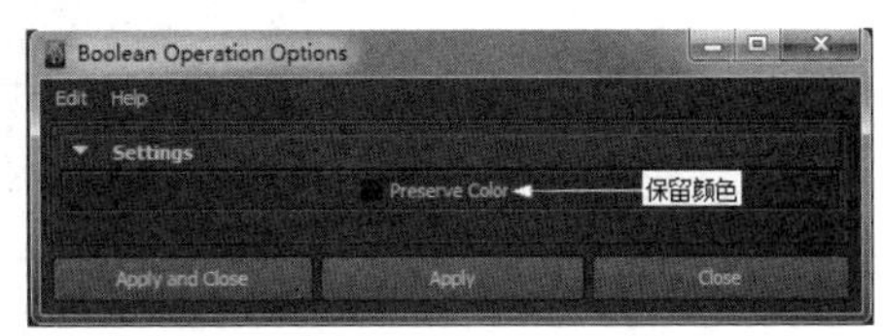

图 4.33

步骤 3：单击 Apply and Close(应用并关闭)按钮，即可得到图 4.34 所示的效果。

(2) Difference(差集)命令的主要作用是从基础对象上减去基础对象与工具对象相交的部分，保留其余的基础对象。具体操作步骤同 Union(并集)命令的操作。执行该命令的结果如图 4.35 所示。

(3) Intersection(交集)命令的主要作用是保留基础对象与工具对象相交的部分。具体操作步骤同 Union(并集)命令的操作。执行该命令的结果如图 4.36 所示。

提示：当使用 Booleans(布尔运算)命令组中的命令时，在布尔运算窗口中有一个 Preserve(保留颜色)选项，在执行布尔运算命令组中的命令时，如果 Preserve(保留颜色)选项被勾选，执行该命令之后，对象的颜色不发生改变(如果基础对象赋予颜色)，材质信息被保留。

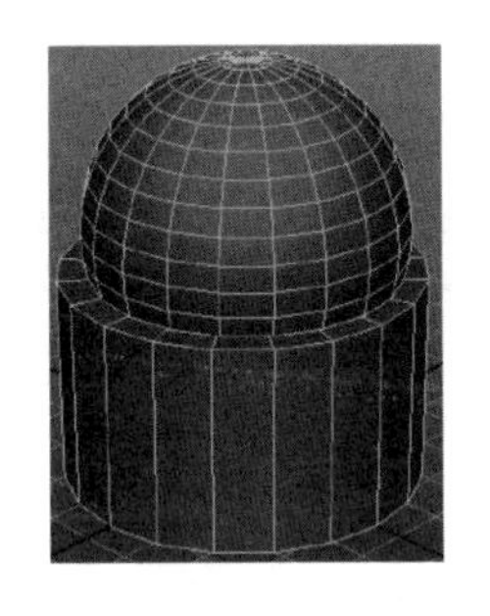

图 4.34

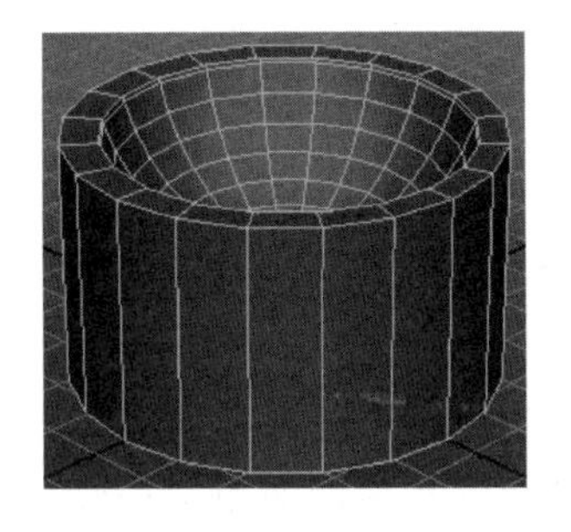

图 4.35

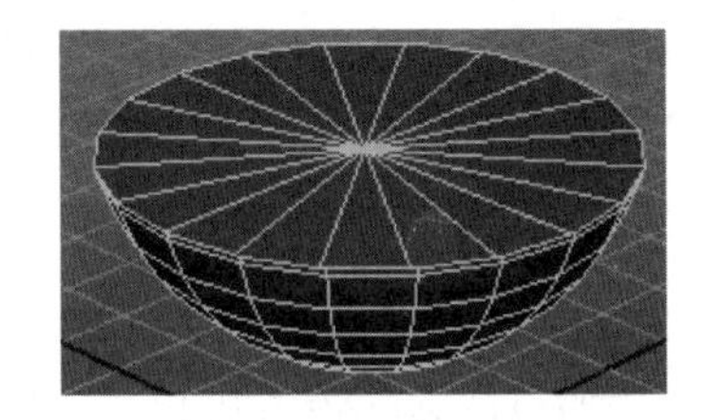

图 4.36

5) Smooth(平滑)

Smooth 命令的主要作用是对所选对象进行细分处理，自动调整顶点位置得到平滑的表面。

提示：Smooth(平滑)命令不仅可以对多边形对象进行整体操作，也可单独对选择的面、边和顶点进行局部操作。

Smooth(平滑)命令的具体操作步骤如下。

步骤 1：选择需要进行平滑操作的对象(或面、顶点、边)，如图 4.37 所示。

步骤 2：在菜单栏中单击 Mesh(网格) →Smooth(平滑)→■图标，打开 Smooth Options 窗口，具体设置如图 4.38 所示。

步骤 3：单击 Smooth(平滑)按钮，即可得到图 4.39 所示的效果。

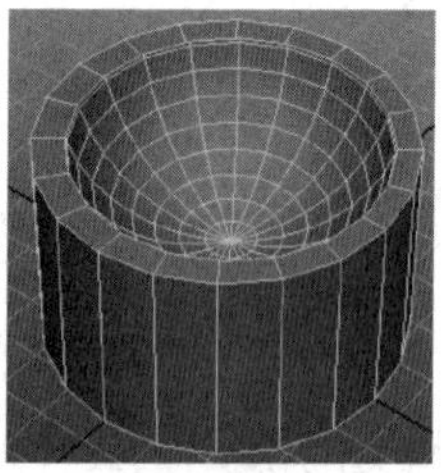

图 4.37

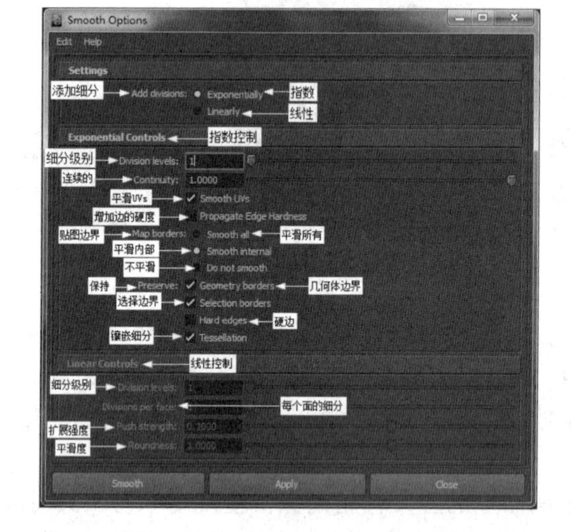

图 4.38

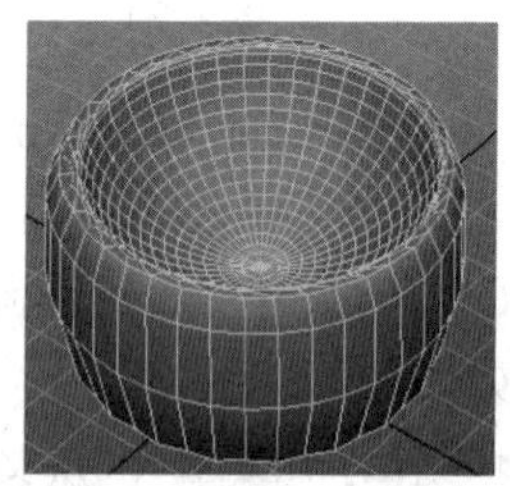

图 4.39

提示：Smooth(平滑)命令的参数设置非常多，而不同的参数平滑之后的效果差别也非常大。用户可以自己改变参数来预览效果。由于篇幅有限，故详细介绍请读者观看配套视频资料 Smooth.avi 文件。

6) Average Vertices(平均化顶点)命令

Average Vertices 命令的主要作用是调节顶点的位置来平滑多边形网格。

提示：Average Vertices(平均化顶点)命令与 Smooth(平滑)命令不同，执行 Average Vertices(平均化顶点)命令不增加多边形的数量，而执行 Smooth(平滑)命令则会增加多边形的数量。

Average Vertices(平均化顶点)命令的具体操作步骤如下。

步骤 1：选择需要进行平均化顶点的对象，如图 4.40 所示。

步骤 2：在菜单栏中单击 Mesh(网格) →Average Vertices(平均化顶点)→▣图标，打开 Average Vertices Options 窗口，具体设置如图 4.41 所示。

步骤 3：单击 Average(平均化)按钮，即可得到图 4.42 所示的效果。

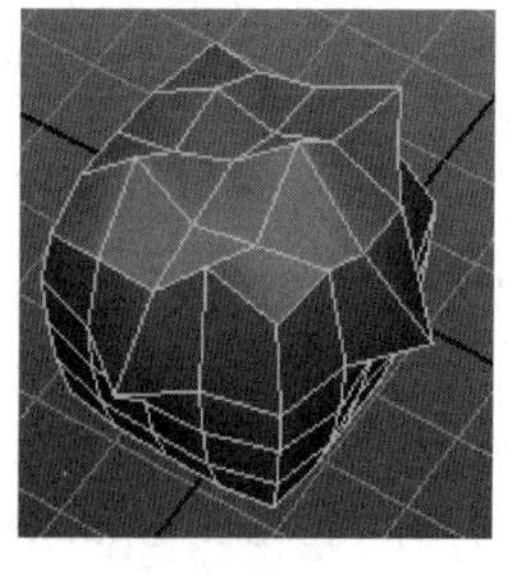

图 4.40

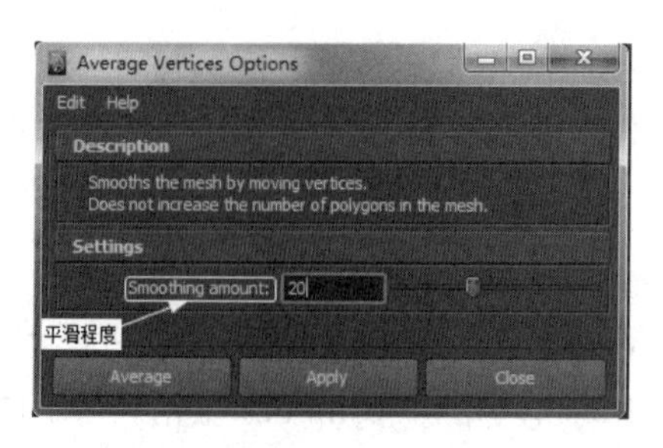

图 4.41

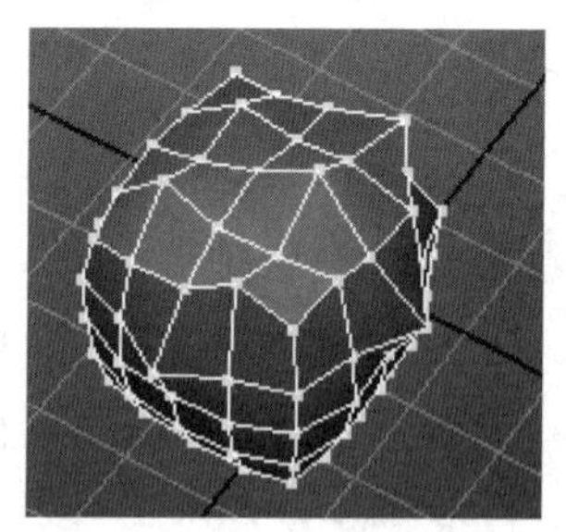

图 4.42

7) Transfer Attributes(传递属性)命令

Transfer Attributes 命令主要作用是传递 UV、Color Per Vertex(每顶点颜色)和不同拓扑结构之间的顶点位置信息。具体操作步骤如下。

步骤 1：选择传递属性的对象，再选择被传递属性的对象。

步骤 2：在菜单栏中单击 Mesh(网格) →Transfer Attributes(传递属性)→▣图标，打开 Transfer Attributes Options 窗口，具体设置如图 4.43 所示。

步骤 3：单击 Transfer(传递)按钮即可。

8) Paint Transfer Attributes Weights Tool(绘制传递属性权重工具)命令

Paint Transfer Attributes Weights Tool 命令的主要作用是融合原对象属性值和目标对象的属性值。具体操作步骤如下。

步骤 1：选择需要绘制传递属性权重的对象。

步骤 2：在菜单栏中选择 Mesh(网格) →Paint Transfer Attributes Weights Tool(绘制传递属性权重工具)命令。

步骤 3：在工具箱中双击▨(绘制属性工具)图标，弹出 Tool Settings(工具设置)对话框，读者根据实际需求，在该对话框中设置参数。参数的具体介绍请观看配套视频资源。

步骤 4：在视图中进行属性权重的绘制(参数可以反复设置)。

9) Clipboard Actions(剪贴板操作)命令组

Clipboard Actions 命令组主要包括 Copy Attributes(复制属性)、Paste Attributes(粘贴属性)和 Clear Clipboard(清空剪贴板)3 个命令。Clipboard Actions(剪贴板操作)命令组的主要作用是快速从其他对象复制和粘贴 UV、材质和颜色，也可以在同一对象内进行面与面之间的复制和粘贴。

Clipboard Actions(剪贴板操作)命令组的具体操作如下。

步骤 1：选择需要被复制属性的对象。执行 Copy Attributes(复制属性)命令，将属性复制到剪贴板。

步骤 2：选择需要粘贴属性的对象。执行 Paste Attributes(粘贴属性)命令，将剪贴板中的属性粘贴给对象。

步骤 3：执行 Clear Clipboard(清空剪贴板)命令，将剪贴板中的属性清空。

提示：Clipboard Actions(剪贴板操作)命令组只能对图 4.44 所示的 3 个属性进行操作。

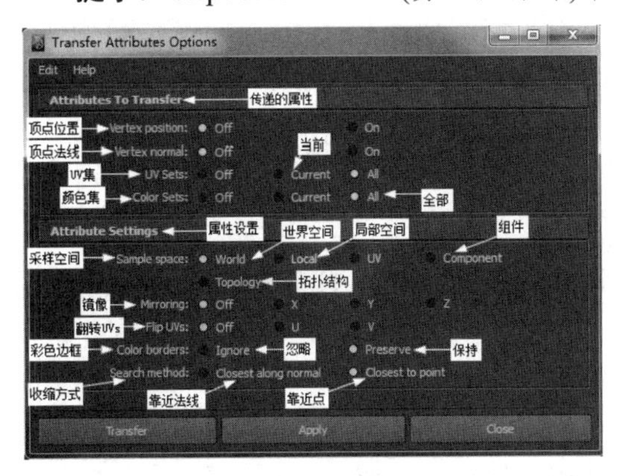

图 4.43

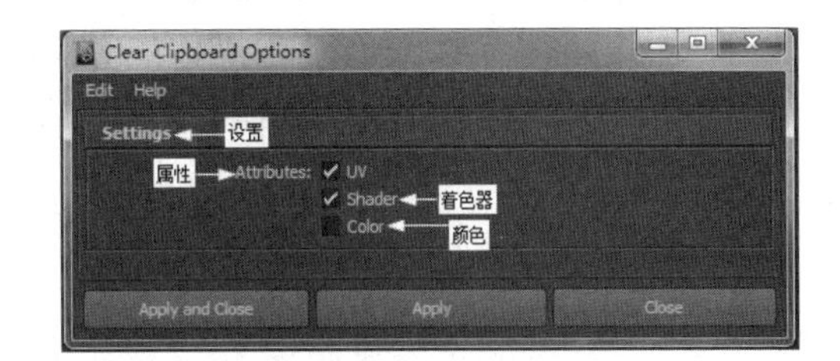

图 4.44

10) Reduce(精简)命令

Reduce 命令的主要作用是减少多边形网格上所选区域的多边形数量。具体操作步骤如下。

步骤 1：选择需要进行精简的对象，进入顶点编辑模式，选择需要进行精简的区域，如图 4.45 所示。

步骤 2：在菜单栏中单击 Mesh(网格)→Reduce(精简)→■图标，打开 Reduce Options 窗口，具体设置如图 4.46 所示。

步骤 3：单击 Reduce(精简)按钮，即可得到图 4.47 所示的效果。

提示：使用 Reduce 命令对模型进行精简时，会改变模型的形状，建议用户在使用该命令时要慎重。

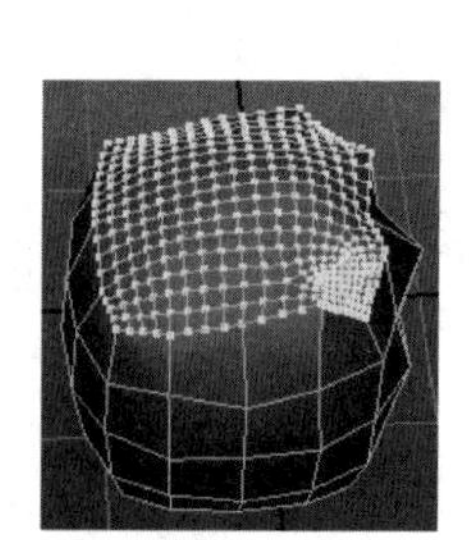

图 4.45

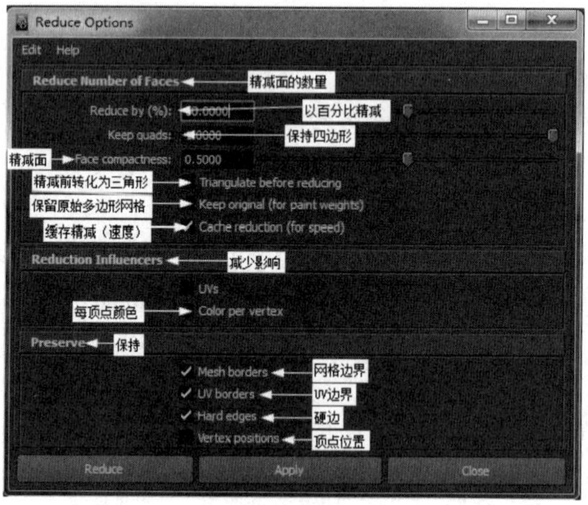

图 4.46

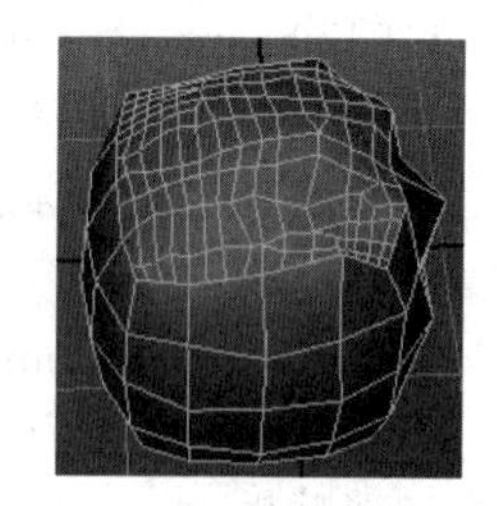

图 4.47

11) Paint Reduce Weights Tool(绘制精简权重工具)命令

Paint Reduce Weights Tool(绘制精简权重工具)命令的主要作用是通过笔刷工具决定多边形不同区域的精简程度。命令的使用和参数设置请参考前面的介绍或配套的视频资料。

12) Cleanup(清除)命令

Cleanup 命令的主要作用是清除模型中的零面积的面或零长度的边，还可以镶嵌面，而这些面在 Maya 2011 中有效，但在游戏引擎中是无效的面(凹面或带洞的面)。

Cleanup(清除)命令的具体操作步骤如下。

步骤 1：选择需要进行清除操作的对象。

步骤 2：在菜单栏中选择 Mesh(网格) →Cleanup(清除)命令，打开 Cleanup Options 窗口，具体设置如图 4.48 所示。

步骤 3：单击 Cleanup(清除)按钮即可。

13) Triangulate(三角化)命令

Triangulate(三角化)命令的主要作用是将多边形分解为三角形。

提示：使用该命令后可以确保所有的多边形都是平面且没有洞，Triangulate(三角化)命令比较适合渲染计算，特别是在模型中包含非平面的面时。

Triangulate(三角化)命令的具体操作步骤如下。

步骤 1：选择需要三角化的对象，如图 4.49 所示。

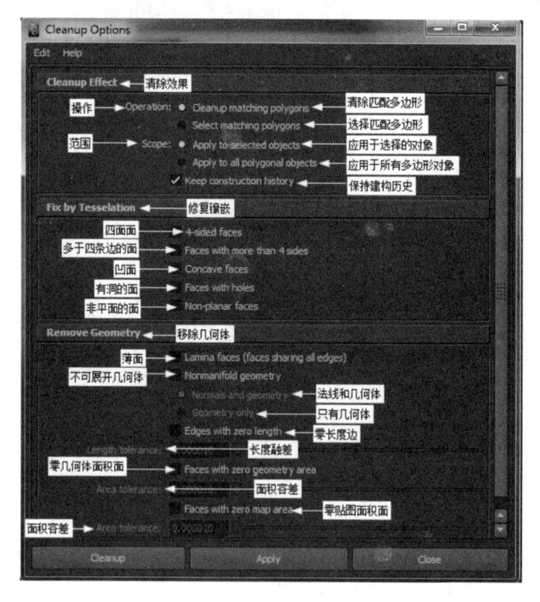

图 4.48

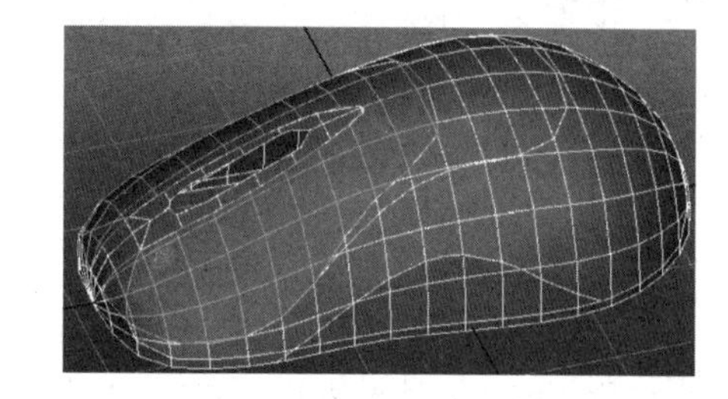

图 4.49

步骤 2：在菜单栏中选择 Mesh(网格) →Triangulate(三角化)命令，即可得到图 4.50 所示的效果。

14) Quadrangulate(四边化)命令

Quadrangulate 命令的主要作用是将多边形对象中的三边面合并为四边面。具体操作步骤如下。

步骤 1：选择需要四边化的对象，如图 4.51 所示。

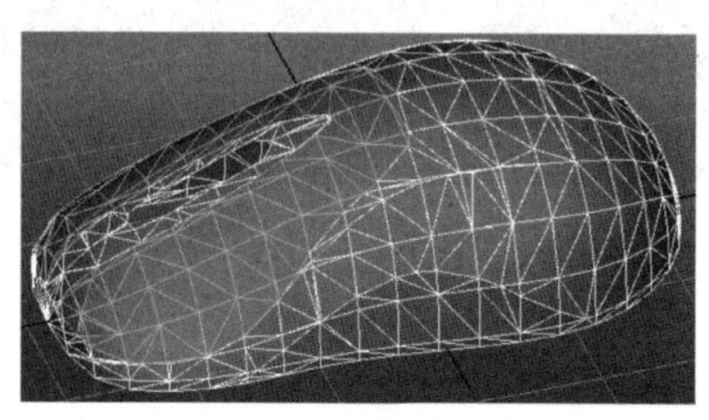

图 4.50

图 4.51

步骤 2：在菜单栏中单击 Mesh(网格)→Quadrangulate(四边化)→■图标，打开 Quadrangulate Face Options 窗口，具体设置如图 4.52 所示。

步骤 3：单击 Quadrangulate(四边化)按钮即可，如图 4.53 所示。

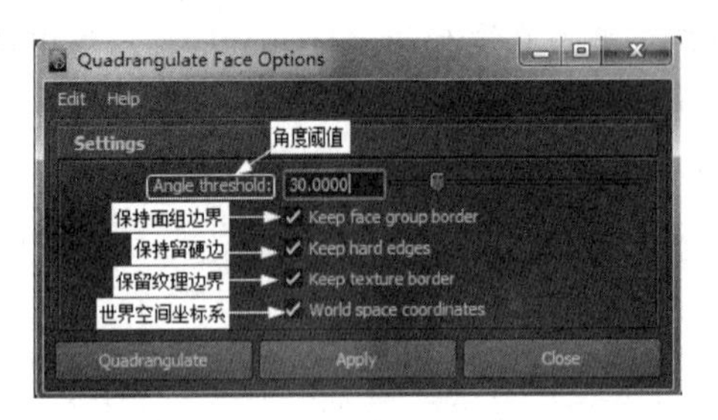

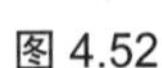
图 4.52

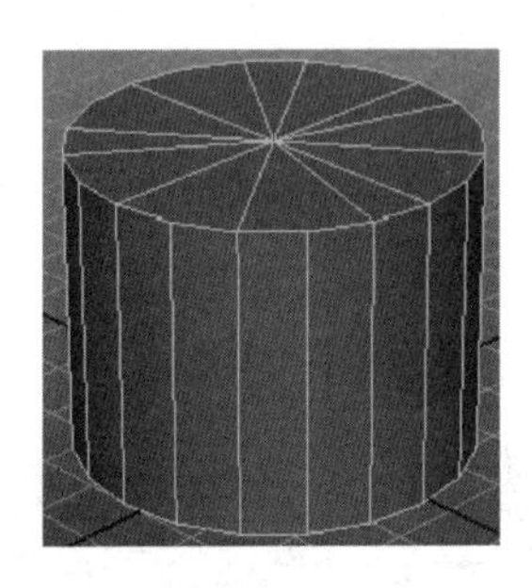

图 4.53

15) Fill Hole(补洞)命令

Fill Hole 命令的主要作用是通过创建一个由多条边组成的多边形来填补模型网格上有洞的区域。具体操作步骤如下。

步骤 1：选择需要补洞的对象。

步骤 2：在菜单栏中选择 Mesh(网格) →Fill Hole(补洞)命令即可。

16) Make Hole Tool(创建洞工具)命令

Make Hole Tool 命令的主要作用是在多边形上创建一个指定形状的洞。具体操作步骤如下。

步骤 1：选择创建洞的两个面，如图 4.54 所示。

步骤 2：在菜单栏中单击 Mesh(网格) →Make Hole Tool(创建洞工具)→▣图标，弹出 Tool Settings(工具设置)对话框，根据需要进行设置，如图 4.55 所示。

步骤 3：在融合模式右边选择 First(第一个)，单击一个面，再单击另一投射面，按回车键即可，如图 4.56 所示。

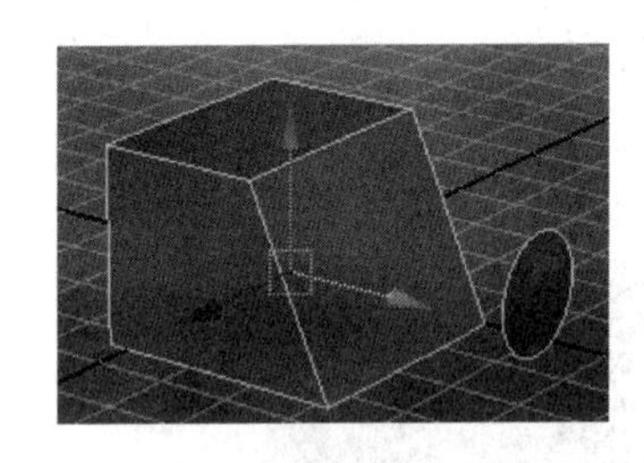

图 4.54

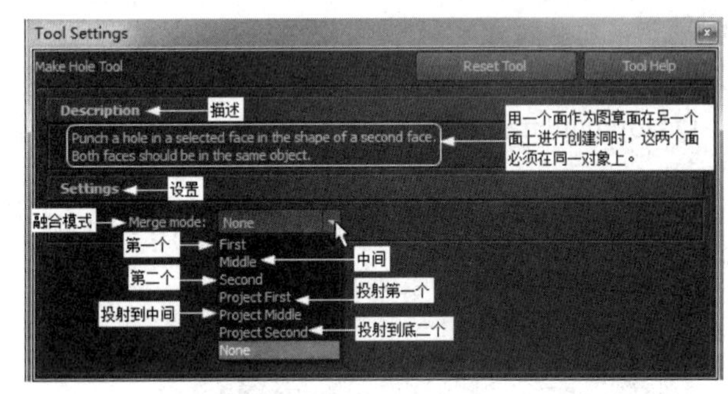

图 4.55

提示：其他几种投射模式，用户自己使用上面同样的方法进行操作对比，并分析它们之间的区别。不清楚的地方可以观看配套视频资料。

17) Create Polygon Tool(创建多边形工具)命令

Create Polygon Tool 命令的主要作用是为用户提供创建任意形状的多边形。

提示：使用 Create Polygon Tool(创建多边形工具)命令只能创建只有一个组件的多边形。也就是说，创建的多边形内部没有共享边，该工具还可以创建有洞的多边形。

Create Polygon Tool(创建多边形工具)命令的具体操作步骤如下。

步骤 1：在菜单栏中单击 Mesh(网格) →Create Polygon Tool(创建多边形工具)→■图标，弹出 ToolSettings(工具设置)对话框，根据需要进行设置，如图 4.57 所示。

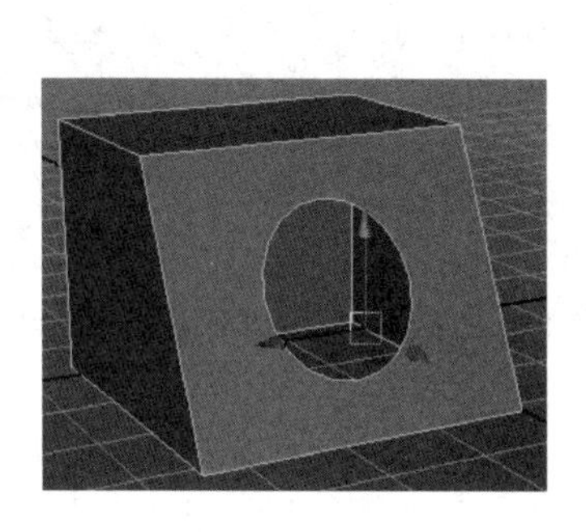

图 4.56

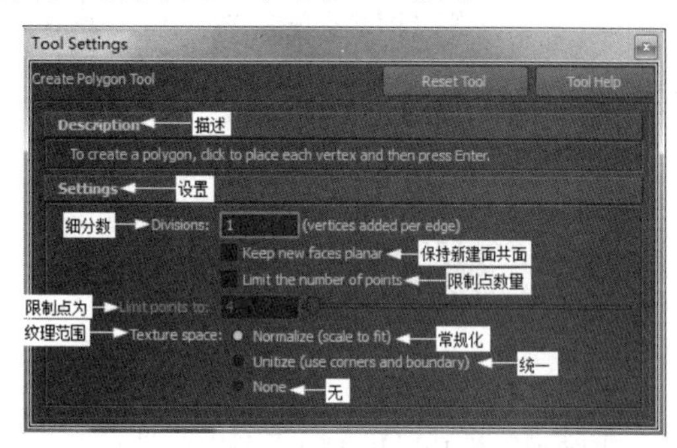

图 4.57

步骤 2：在菜单栏中选择 Mesh(网格) →Create Polygon Tool(创建多边形工具)命令，在视图中连续单击即可得到图 4.58 所示的效果。如果此时按回车键，即可完成该图形的绘制。

步骤 3：如果需要在中间创建一个洞，在按住 Ctrl 键不放的同时，在中间创建洞的位置单击，松开 Ctrl 键，继续绘制，到最后按回车键，即可得到图 4.59 所示的效果。

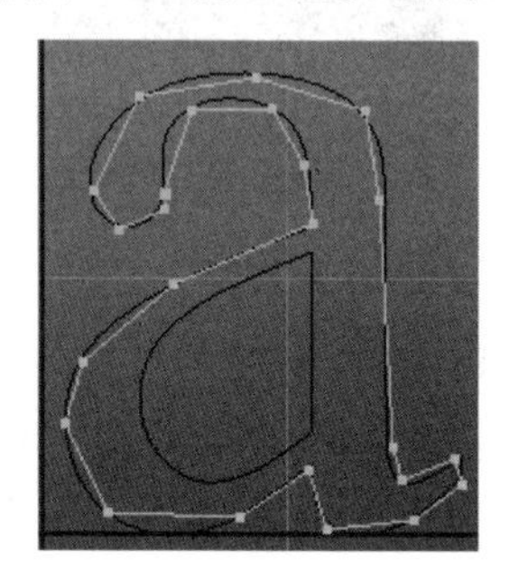

图 4.58

图 4.59

18) Sculpt Geometry Tool(雕刻几何体工具)命令

Sculpt Geometry Tool 命令的主要作用是为用户提供使用笔刷快速改变 NURBS、多边形以及细分曲面的形状。用户使用该命令通过对模型进行推、拉多边形的顶点来调整模型的形状。

对于 Sculpt Geometry Tool(雕刻几何体工具)命令的具体操作和参数设置，在这里就不再介绍。用户可以参考前面的介绍或观看配套的视频资料。

19) Mirror Cut(镜像剪切)命令

Mirror Cut 命令的主要作用是对所选对象创建一个对称框，用户通过移动其操纵器来改变对称的位置和方向，从而指定镜像中心与镜像方向。如果镜像后的对象与原对象重叠，就会将重叠部分自动拆掉。

Mirror Cut(镜像剪切)命令的具体操作步骤如下。

步骤 1：选择需要镜像剪切的对象，如图 4.60 所示。

步骤 2：在菜单栏中单击 Mesh(网格)→Mirror Cut(镜像剪切)→■图标，打开 Mirror Cut Options 窗口，具体设置如图 4.61 所示。

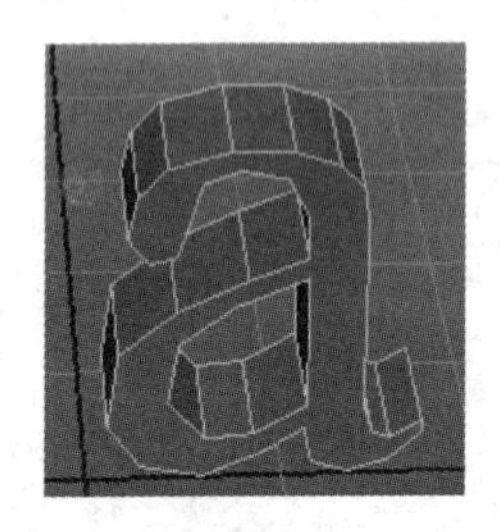

图 4.60

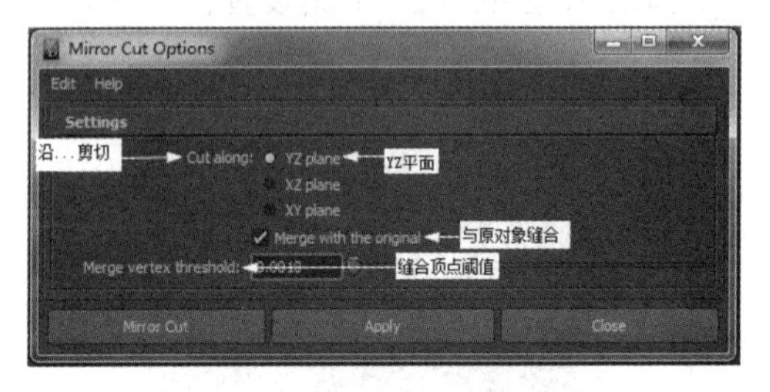

图 4.61

步骤 3：单击 Mirror Cut(镜像剪切)按钮，即可得到图 4.62 所示的效果。此时，用户可以通过移动操纵杆来改变对称框的位置和方向。

步骤 4：向左移动操纵杆，即可得到图 4.63 所示的效果。

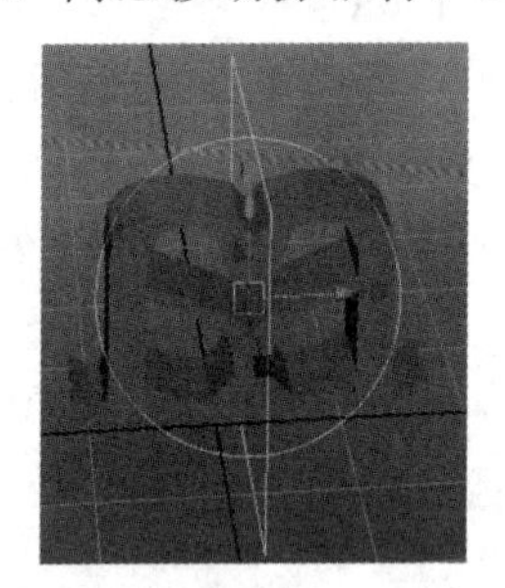

图 4.62

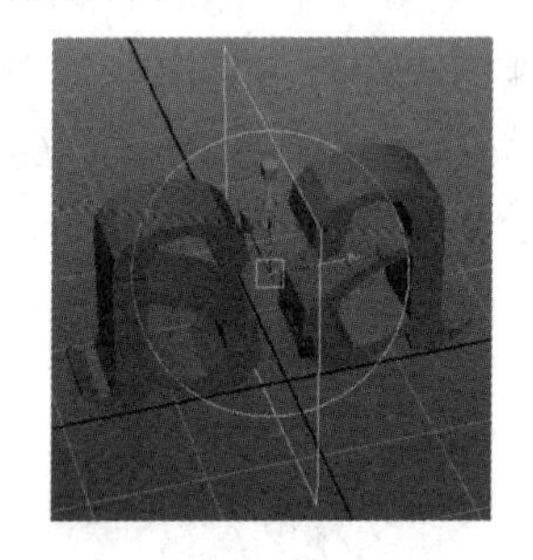

图 4.63

20) Mirror Geometry(镜像几何体)命令

Mirror Geometry 命令的主要作用是对对象进行复制并进行镜像反转。该命令主要用来创建一些对称模型。具体操作步骤如下。

步骤 1：选择需要进行镜像操作的几何体，如图 4.64 所示。

步骤 2：在菜单栏中单击 Mesh(网格) →Mirror Geometry(镜像几何体)→■图标，打开 Mirror Options 窗口，具体设置如图 4.65 所示。

步骤 3：单击 Mirror(镜像)按钮，即可得到图 4.66 所示的效果。

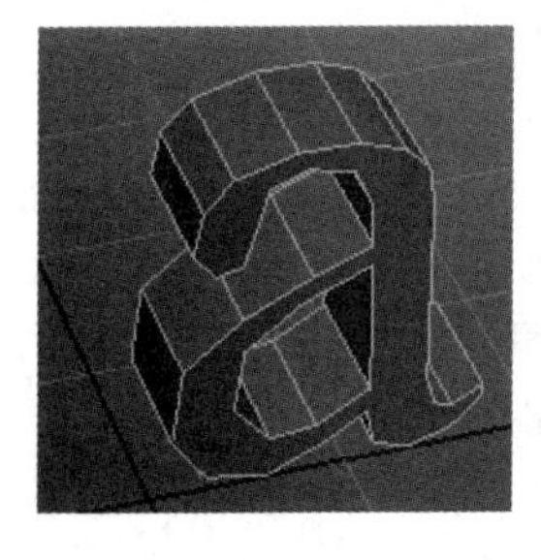

图 4.64

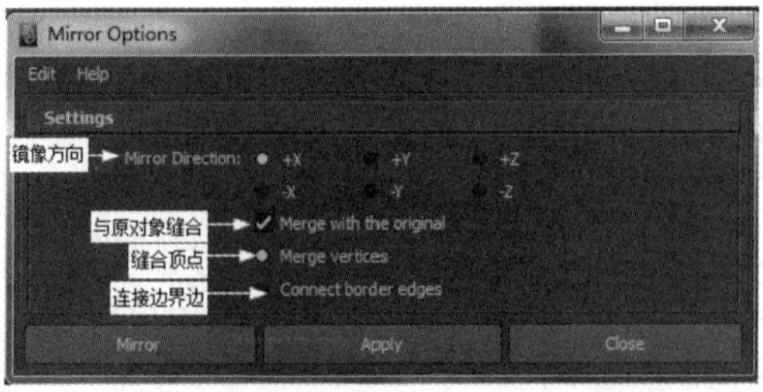

图 4.65

5. Edit Mesh(编辑网格)菜单组命令简介

在这里，主要介绍 Maya 2011 中 Edit Mesh(编辑网格)菜单组命令中各个命令的作用、参数设置和具体操作步骤。该菜单命令组中主要包括图 4.67 所示的 Edit Mesh(编辑网格)菜单命令。

图 4.66

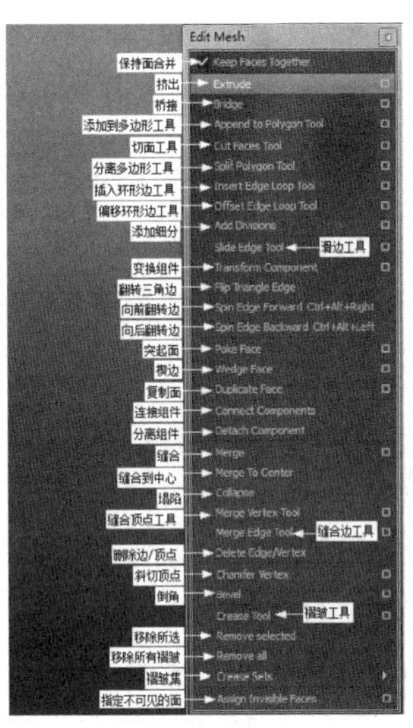

图 4.67

1) Keep Faces Together(保持面合并)命令

Keep Faces Together 命令的主要作用是保持新生成的面合并在一起。如果该命令前面打了勾，新生成的面保持合并在一起；反之，新生成的面各自独立。此命令一般与挤出面、挤出边、复制面和提取等操作结合使用。

2) Extrude(挤出)命令

Extrude 命令的主要作用是对选择的 Edge(边)、Face(面)或 Vertex(点)进行挤出操作。具体操作步骤如下。

步骤 1：选择对象，进入对象的 Face(面)编辑模式，选择需要挤出的面，如图 4.68 所示。

步骤 2：在菜单栏中单击 Edit Mesh(编辑网格)→Extrude(挤出)→■图标，打开 Extrude Face Options 窗口，具体设置如图 4.69 所示。

图 4.68

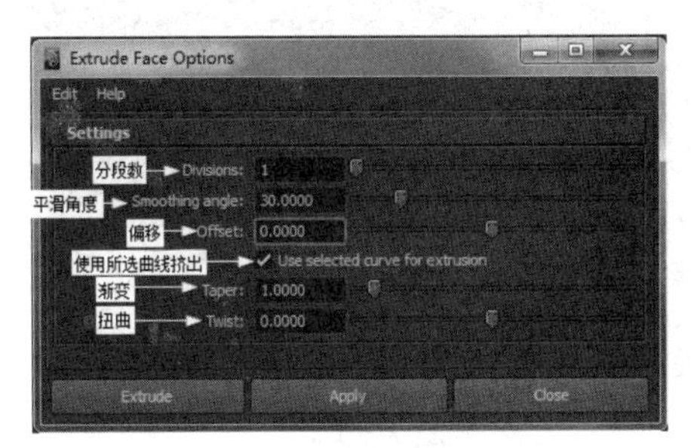

图 4.69

步骤 3：单击 Extrude(挤出)按钮即可对选择的面进行挤出。移动操纵器，效果如图 4.70 所示。

提示：使用 Extrude(挤出)命令对点和边的基础操作方法与对面的基础操作方法基本相同，还有沿路径基础和其他操作，用户可以观看配套资源中的视频文件，在此就不再详细介绍。

3) Bridge(桥接)命令

Bridge 命令的主要作用是在两条边界边之间根据用户设置的参数建立多边形过渡面。

提示：在 Maya 2011 中，还允许用户选择两个组件进行桥接操作。使用该命令会自动删除选择的相应面，然后在新生成的边界边之间建立桥接操作。

Bridge(桥接)命令的具体操作步骤如下。

步骤 1：选择需要桥接的对象，进入 Edge(边)编辑模式。选择需要桥接的两条边界边，如图 4.71 所示。

步骤 2：在菜单栏中单击 Edit Mesh(编辑网格)→Bridge(桥接)→■图标，打开 Bridge Options 窗口，具体设置如图 4.72 所示。

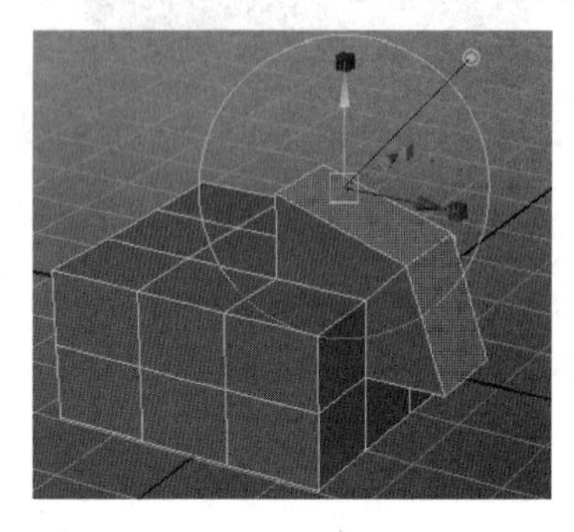

图 4.70

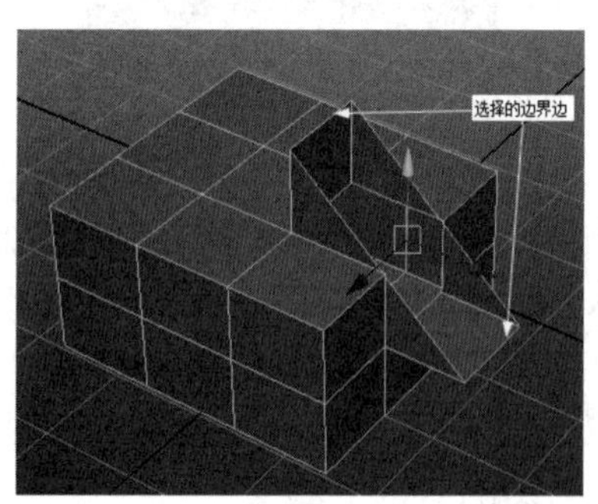

图 4.71

步骤 3：单击 Bridge(桥接)按钮即可得到图 4.73 所示的效果。

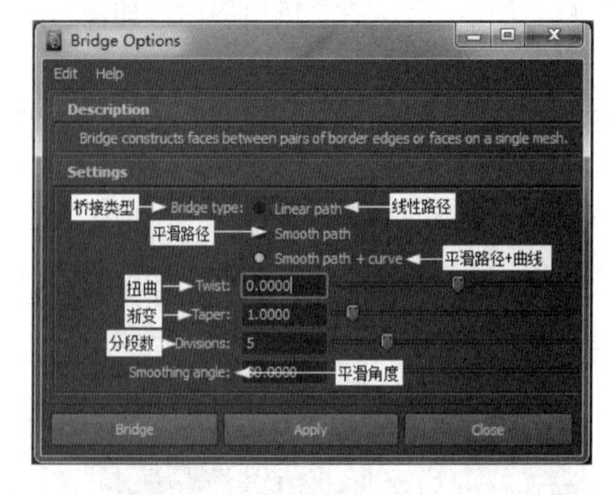

图 4.72

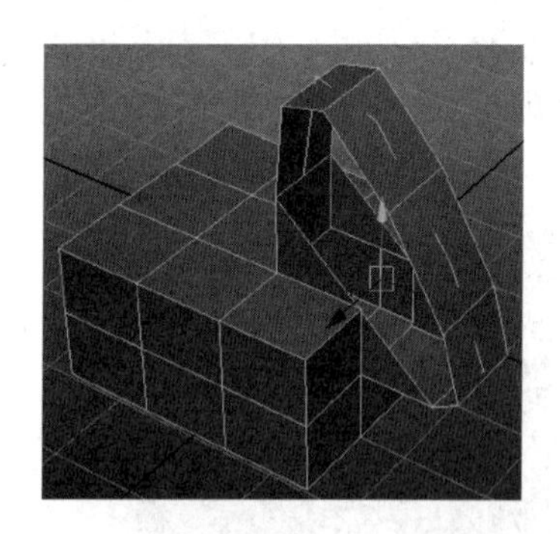

图 4.73

提示：在使用 Bridge(桥接)命令之后，在没有删除历史构造之前，用户可以在通道盒中对 Bridge(桥接)命令的相关参数进行修改，而在视图中可以对曲线进行编辑。

步骤 4：进入面编辑模式，选择进行桥接的两个面如图 4.74 所示。

步骤 5：执行 Bridge(桥接)命令，即可得到如图 4.75 所示效果。

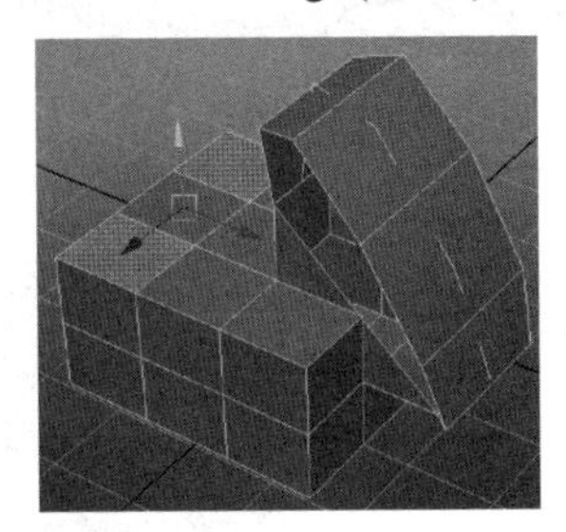

图 4.74

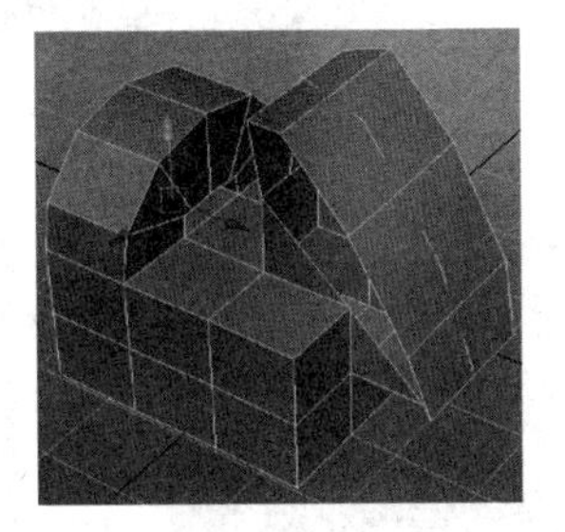

图 4.75

4) Append to Polygon Tool(添加到多边形工具)命令

Append to Polygon Tool 命令的主要作用是以当前多边形的边界边向外追加边。具体操作步骤如下。

步骤 1：设置 Append to Polygon Tool(添加到多边形工具)命令的参数。在菜单栏中单击 Edit Mesh(编辑网格)→Append to Polygon Tool(添加到多边形工具)→■图标，弹出 Tool Settings 对话框，具体设置如图 4.76 所示。

步骤 2：选择需要添加多边形边的对象。执行 Append to Polygon Tool(添加到多边形工具)命令，在需要添加边的起点边处单击，此时对象的边界出现红色的三角形，如图 4.77 所示。

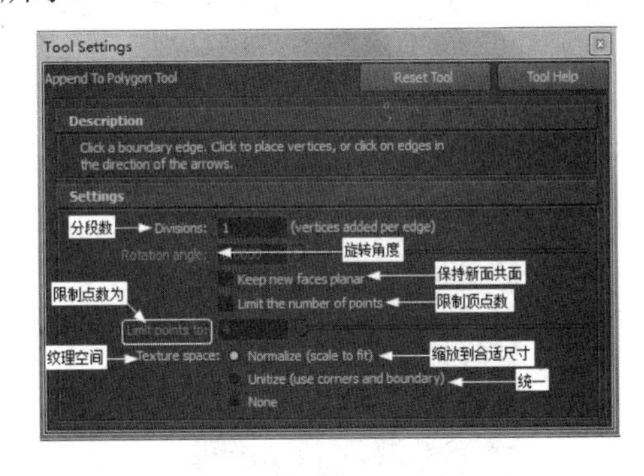

图 4.76

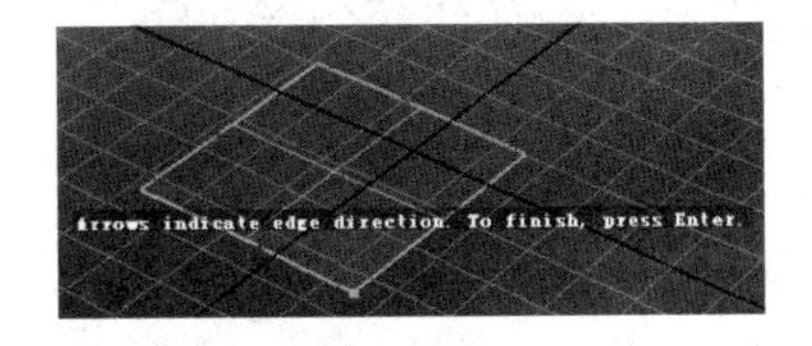

图 4.77

步骤 3：在起始的外侧单击，效果如图 4.78 所示。

步骤 4：如果还需要继续添加，再连续单击即可，如图 4.79 所示。最后按 Enter 键完成操作，如图 4.80 所示。

提示：Append to Polygon Tool(添加到多边形工具)命令也可以达到补洞的效果。选择需要补洞的对象，执行该命令，在多边形对象的边界处单击，出现粉红色三角形，如图 4.81 所示。依次单击粉红色三角形，最后按回车键，即可得到图 4.82 所示的效果。

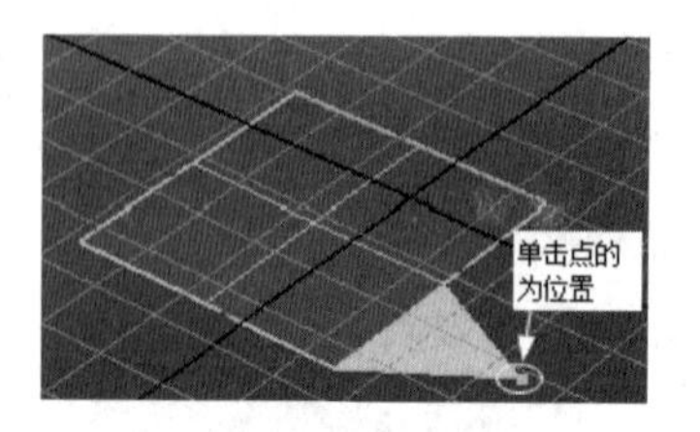

图 4.78

图 4.79

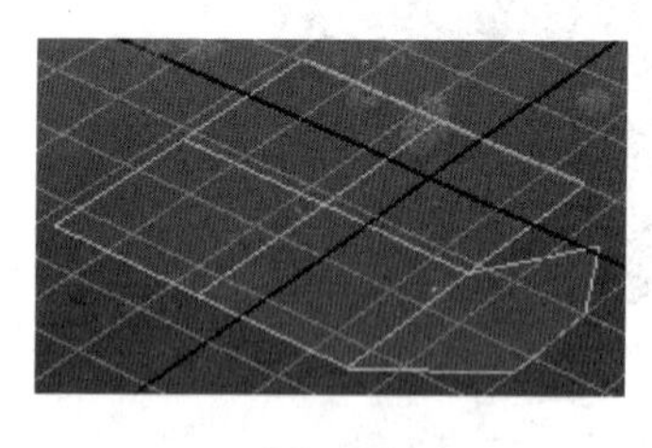

图 4.80

图 4.81

图 4.82

5) Cut Faces Tool(切面工具)命令

Cut Faces Tool 命令的主要作用是沿一条线切割选择对象的所有面，与该条线相交的面都被切割。具体操作步骤如下。

步骤 1：单选需要切割的对象。

步骤 2：在菜单栏中单击 Edit Mesh(编辑网格)→Cut Faces Tool(切面工具)→■图标，打开 Cut Faces Tool Options 窗口，如图 4.83 所示。

步骤 3：根据实际需求设置参数，单击 Enter Cut Tool And Close(回车切割工具并关闭)按钮，将鼠标移到视图中对象上，按住鼠标左键不放出现一条切割线，如图 4.84 所示。

步骤 4：此时，用户可以移动鼠标来改变切割线方向，如果不改变，松开鼠标即可得到图 4.85 所示的效果。

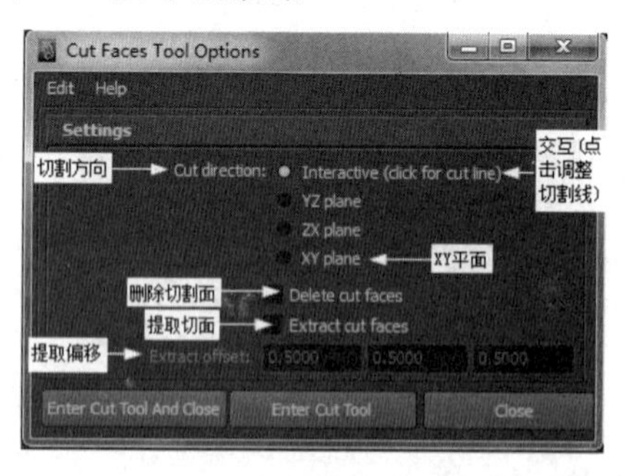

图 4.83

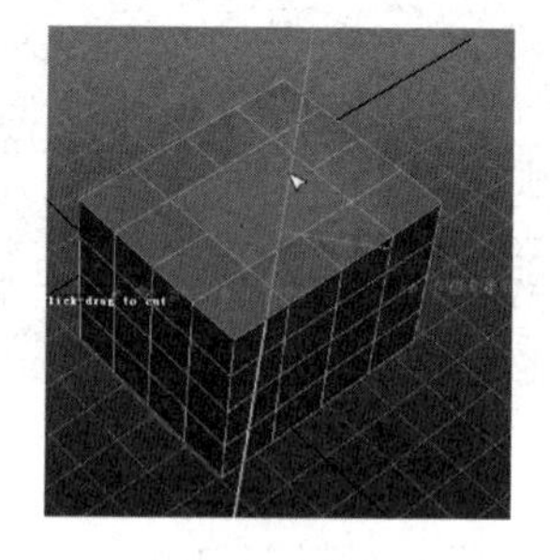

图 4.84

6) Split Polygon Tool(分离多边形工具)命令

Split Polygon Tool 命令的主要作用是创建新的面、顶点和边，把现有的面分割为多个面。具体操作步骤如下。

步骤 1：在菜单栏中单击 Edit Mesh(编辑网格)→Split Polygon Tool(分离多边形工具)→■图标，弹出 Tool Settings 对话框，具体设置如图 4.86 所示。

图 4.85

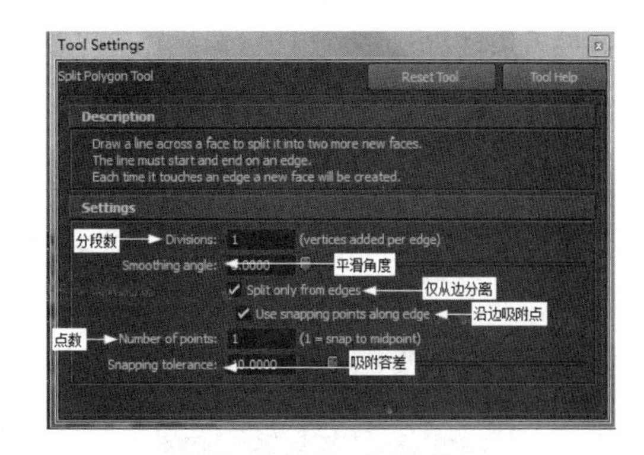

图 4.86

步骤 2：将鼠标移到需要分离的边上，按住鼠标左键不放，进行移动确定添加顶点的位置，再移到另一条边上按住鼠标左键不放进行移动，确定第二个添加的顶点，依次类推，添加其他顶点，如图 4.87 所示。最后按回车键即可，如图 4.88 所示。

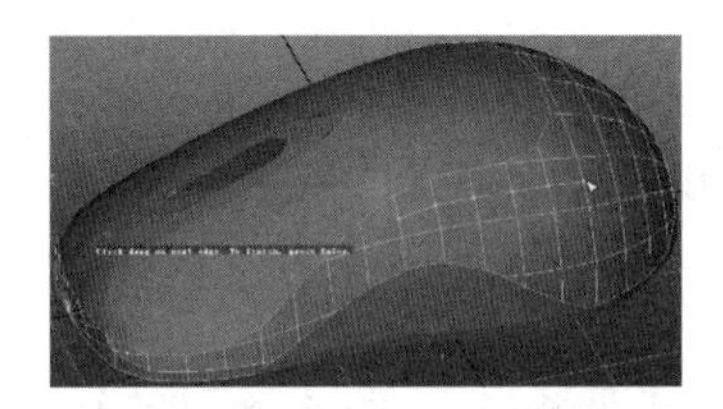

图 4.87

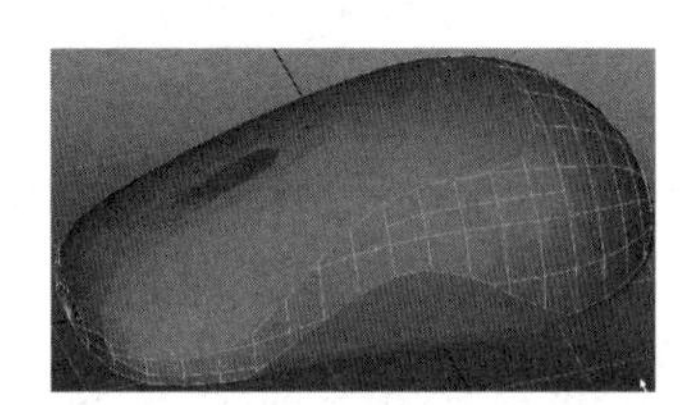

图 4.88

7) Insert Edge Loop Tool(插入环形边工具)命令

Insert Edge Loop Tool 命令的主要作用是在被选对象上找到一排环状线，插入一条或几条新的环状线将它们切开。具体操作步骤如下。

步骤 1：在菜单栏中单击 Edit Mesh(编辑网格)→Insert Edge Loop Tool(插入环形边工具)→■图标，弹出 Tool Settings 对话框，具体设置如图 4.89 所示。

步骤 2：执行 Insert Edge Loop Tool(插入环形边工具)命令。

步骤 3：将鼠标移到对象上，在需要添加环形边的位置单击，如图 4.90 所示。松开鼠标即可得到图 4.91 所示的效果。

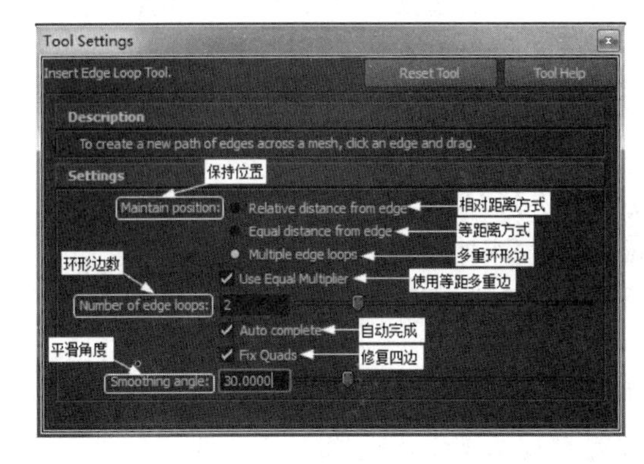

图 4.89

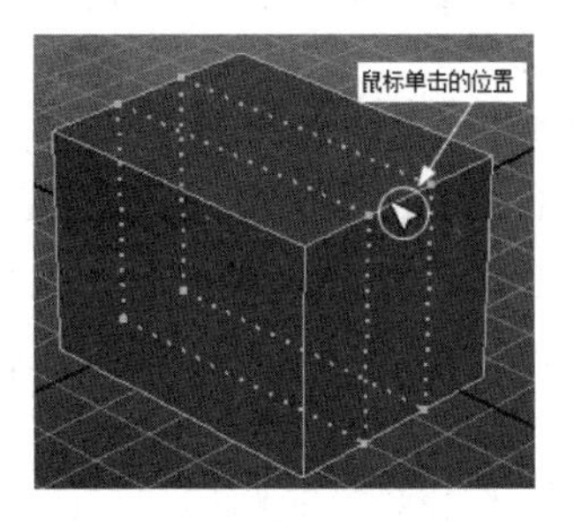

图 4.90

8) Offset Edge Loop Tool(偏移环形边工具)命令

Offset Edge Loop Tool 命令的主要作用是在被用户指定的环形边的两侧各插入一条等距离的环形边。具体操作步骤如下。

步骤 1：在菜单栏中单击 Edit Mesh(编辑网格)→Offset Edge Loop Tool(偏移环形边工具)→▣图标，打开 Offset Edge Tool Options 窗口，具体设置如图 4.92 所示。

图 4.91

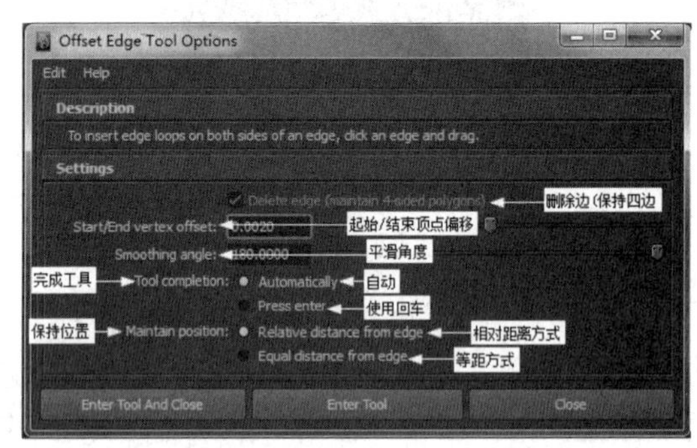

图 4.92

步骤 2：单击 Enter Tool And Close(按回车键并关闭)按钮，在视图中单击需要在两侧插入环形边的环形边，如图 4.93 所示。最终效果如图 4.94 所示。

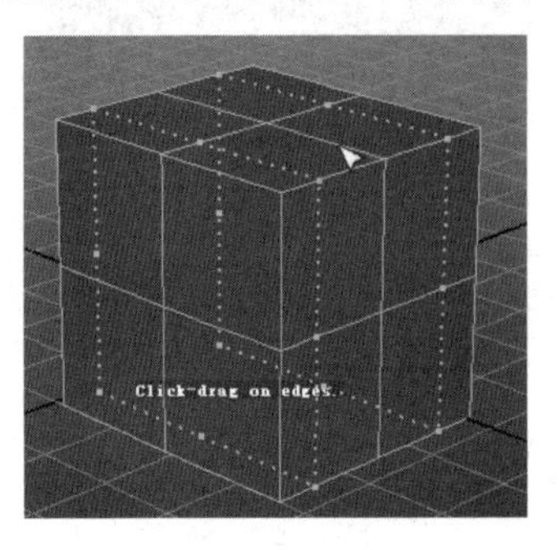

图 4.93

图 4.94

9) Add Divisions(添加细分)命令

Add Divisions 命令的主要作用是将多边形面细分成三边面或四边面。具体操作方法如下。

步骤 1：选择需要添加的细分的对象，进入 Face(面)编辑模式。选择需要细分的面，如图 4.95 所示。

步骤 2：在菜单栏中单击 Edit Mesh(编辑网格)→Add Divisions(添加细分)→▣图标，打开 Add Divisions to Face Options 窗口，具体设置如图 4.96 所示。

步骤 3：单击 Add Divisions(添加细分)按钮即可，如图 4.97 所示。

10) Slide Edge Tool(滑边工具)命令

Slide Edge Tool 命令的主要作用是将选择的边沿一个多边形的面进行移动。此移动操作的结果不改变对象的结构，只改变移动边的位置。具体操作步骤如下。

步骤 1：选择对象，进入对象的 Edge(边)编辑模式，选择需要进行移动的边。

步骤 2：在菜单栏中单击 Edit Mesh(编辑网格)→Slide Edge Tool(滑边工具)→■图标，弹出 Tool Settings 对话框，具体设置如图 4.98 所示。

图 4.95

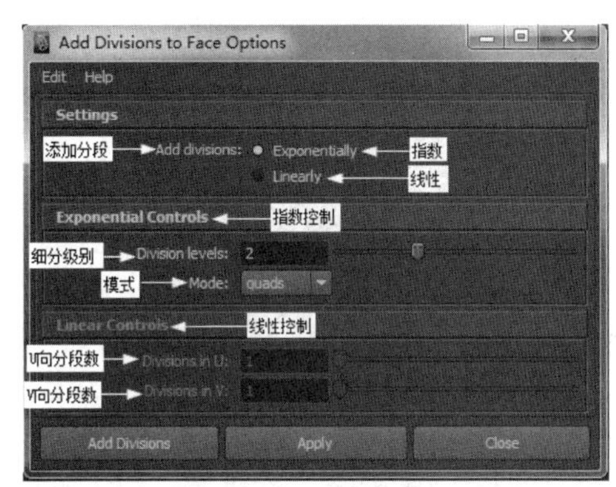

图 4.96

图 4.97

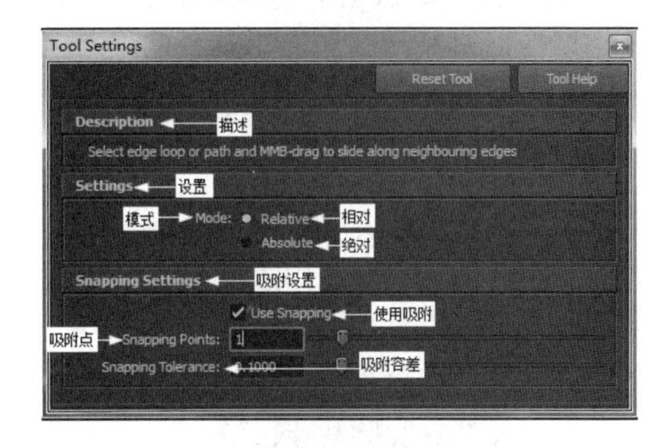

图 4.98

步骤 3：关闭设置窗口。在视图中按住鼠标中键不放，进行移动即可。

提示：在 Maya 2011 默认情况下进行滑边操作时，遇到顶点将会停止，不能越过顶点继续滑边，如果用户需要越过顶点进行滑边，只要在按住 Ctrl 键不放的同时，按住鼠标中键继续移动即可。

11) Transform Component(变换组件)命令

Transform Component 命令的主要作用是控制多边形组件(边、顶点、面或 UV)的变换(旋转、移动或缩放)方式，并创建一个历史节点。

提示：使用 Transform Component(变换组件)命令，可以将特定组件上应用的特定变换操作保存起来，在以后操作中可以随意选择变换节点，而不用烦琐地重复设置变换数值。

Transform Component(变换组件)命令的具体操作步骤如下。

步骤 1：选择对象，进入对象的组件编辑模式。选择需要变换组件的组件(边、顶点、面或 UV)，如图 4.99 所示。

步骤 2：在菜单栏中选择 Edit Mesh(编辑网格)→Transform Component(变换组件)命令，

此时被选组件上出现一个可控制的控制手柄，如图 4.100 所示。

步骤 3：用户如果要对选择的组件进行操作，通过单击控制手柄的图标，可以在自身坐标和世界坐标之间进行切换。

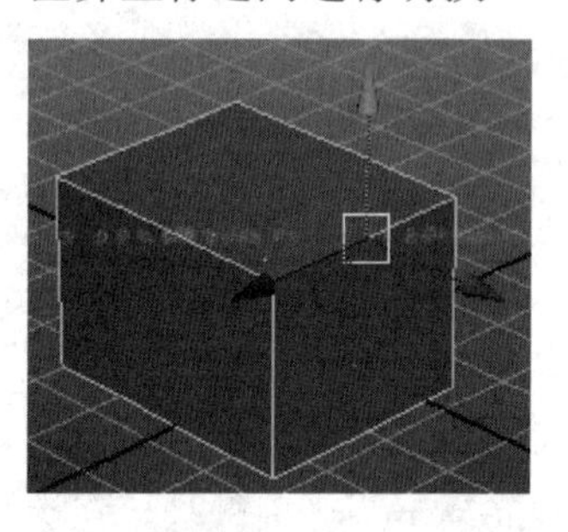

图 4.99

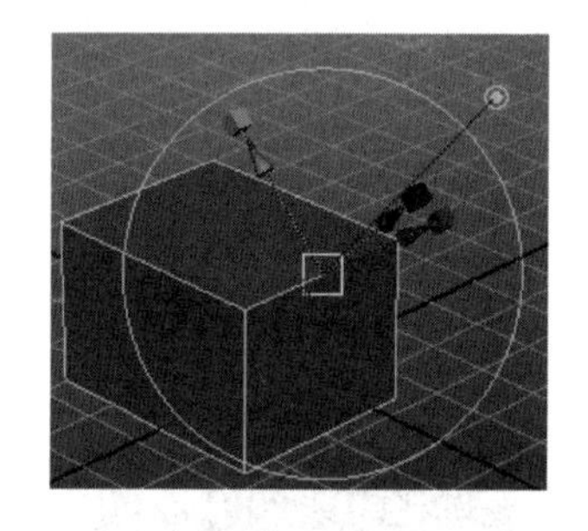

图 4.100

12) Flip Triangle Edge(翻转三角边)命令

Flip Triangle Edge 命令的主要作用是为用户提供一种对边操作的快捷方式，该命令的操作相当于删除一条边，寻找相反的顶点，再重新进行分割操作。

提示：使用 Flip Triangle Edge(翻转三角边)命令，边的放置对于决定多边形对象的形状非常重要，因为它可以快捷控制相邻多边形边的方向。

Flip Triangle Edge(翻转三角边)命令的具体操作步骤如下。

步骤 1：选择需要操作的对象，进入 Edge(边)编辑模式，选择需要翻转的边，如图 4.101 所示。

步骤 2：执行 Flip Triangle Edge(翻转三角边)命令，即可得到图 4.102 所示的效果。

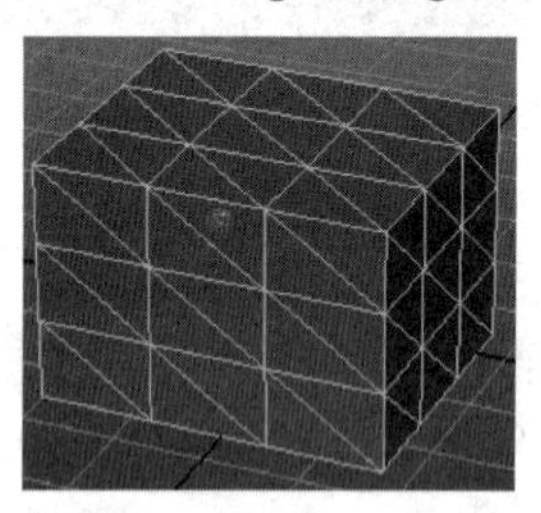

图 4.101

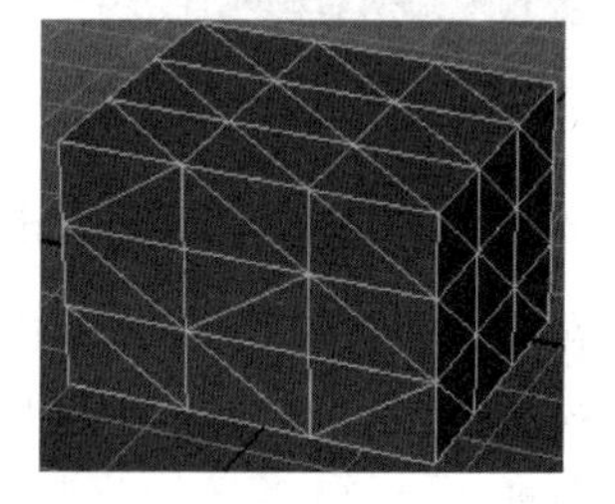

图 4.102

13) Spin Edge Forward/Backward(向前/后旋转边)命令

Spin Edge Forward/Backward 命令的主要作用是快速切换两个相连四边面中的公共边，这样用户可以快速改变模型的拓扑结构。具体操作步骤如下。

步骤 1：选择需要进行向前/后旋转的边，如图 4.103 所示。

步骤 2：执行 Spin Edge Forward(向前旋转边)命令，效果如图 104 所示。

提示：当执行 Spin Edge Forward(向前旋转边)命令时，被选择的边进行逆时针旋转。当执行 Spin Edge Backward(向后旋转边)命令时，被选择的边进行顺时针旋转。

图 4.103

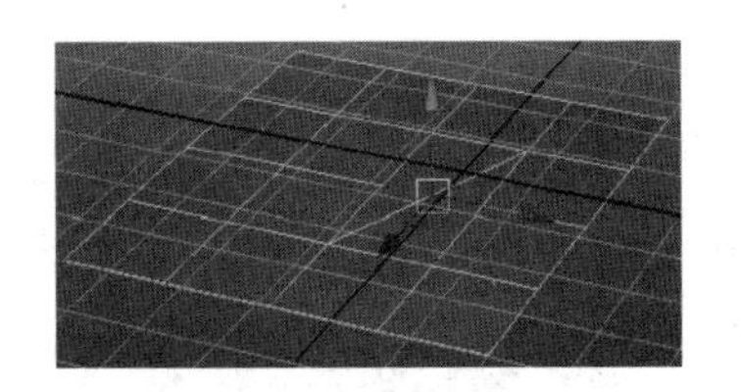

图 4.104

14) Poke Face(凸起面)命令

Poke Face 命令的主要作用是将选择的多边形面，细分成三角面，并在面上形成一个细分中心，用户可以通过推拉手柄改变中心点位置，得到凸起或凹陷的效果。具体操作步骤如下。

步骤 1：选择对象，进入 Face(面)编辑模式，选择面，如图 4.105 所示。

步骤 2：在菜单栏中单击 Edit Mesh(编辑网格)→Poke Face(凸起面)→■图标，打开 Poke Face Options 窗口，具体设置如图 4.106 所示。

步骤 3：单击 Poke Face(凸起面)按钮，效果如图 4.107 所示。此时，用户可以通过手柄来改变中心顶点的位置。

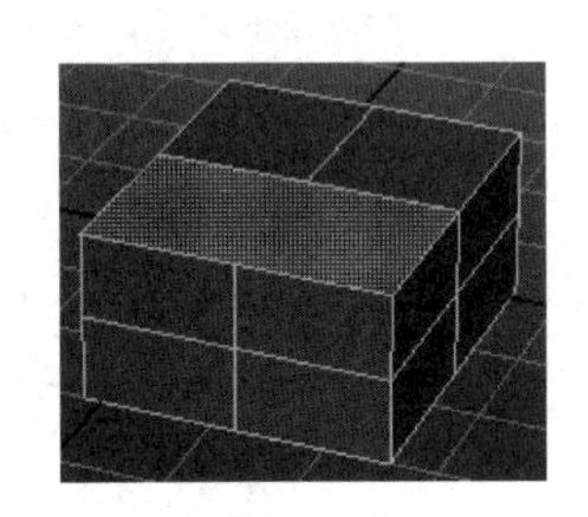

图 4.105

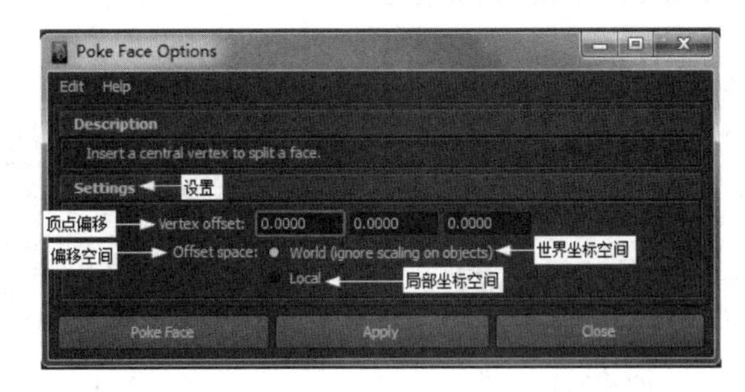

图 4.106

15) Wedge Face(楔入面)命令

Wedge Face 命令的主要作用是基于用户选择的面和边，拖曳出弧形的多边形几何体。具体操作步骤如下。

步骤 1：选择对象，进入对象的组件编辑模式，选择面和边，如图 4.108 所示。

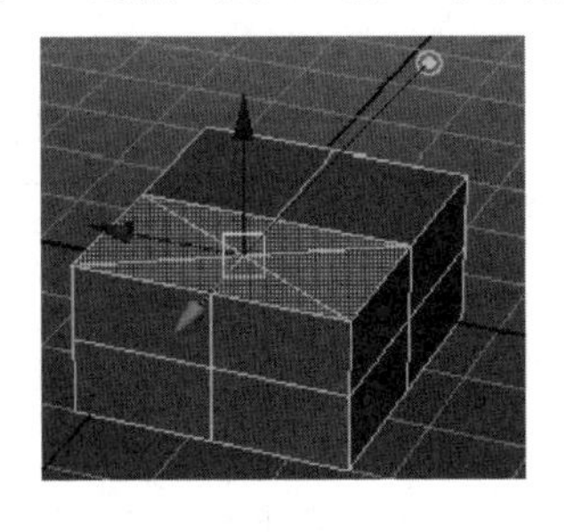

图 4.107

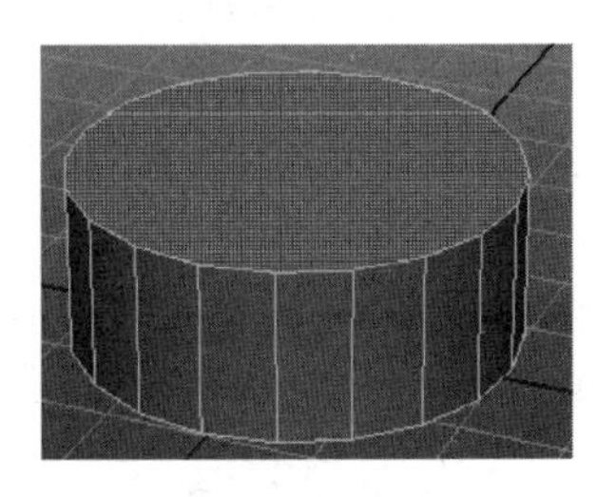

图 4.108

步骤 2：在菜单栏中单击 Edit Mesh(编辑网格)→Wedge Face(楔入面)→■图标，打开 Wedge Face Options 窗口，具体设置如图 4.109 所示。效果如图 4.110 所示。

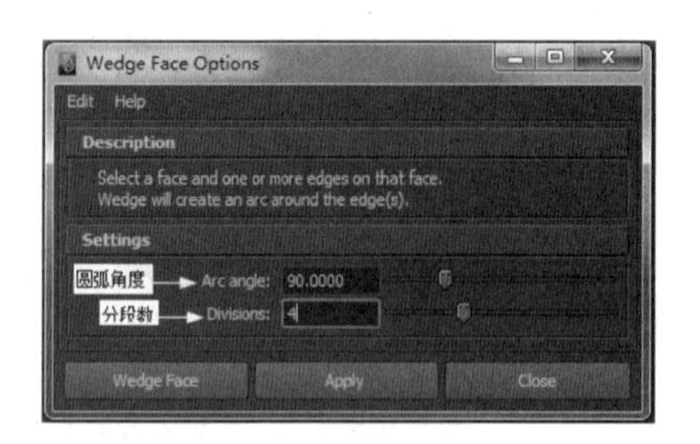

图 4.109

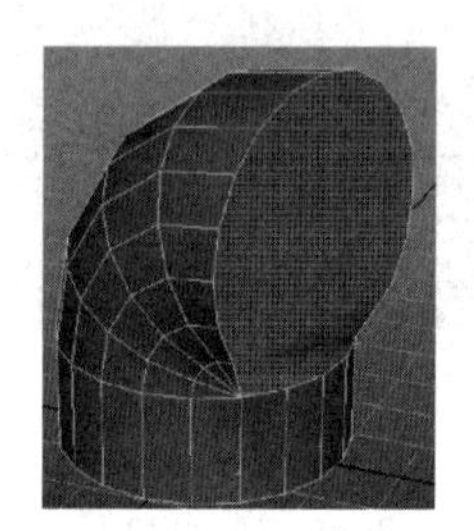
图 4.110

16) Duplicate Face(复制面)命令

Duplicate Face 命令的主要作用是复制用户选择的面，将复制的面成为现有网格的一部分或脱离原来的模型成为独立的面片，原模型保持不变。具体操作步骤如下。

步骤 1：选择需要复制的面，如图 4.111 所示。

步骤 2：在菜单栏中单击 Edit Mesh(编辑网格)→Duplicate Face(复制面)→■图标，弹出 Duplicate Face Options 窗口，具体设置如图 4.112 所示。

步骤 3：单击 Duplicate(复制)按钮即可，如图 4.113 所示。

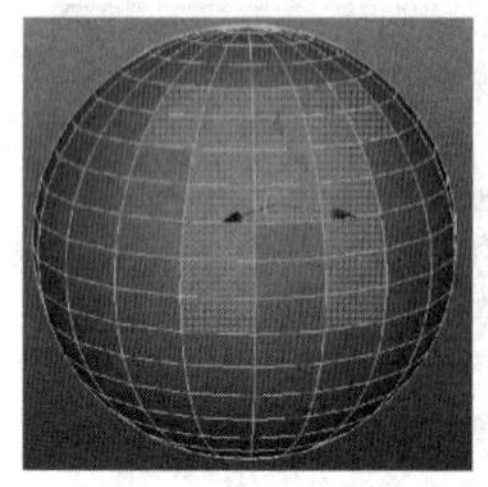
图 4.111

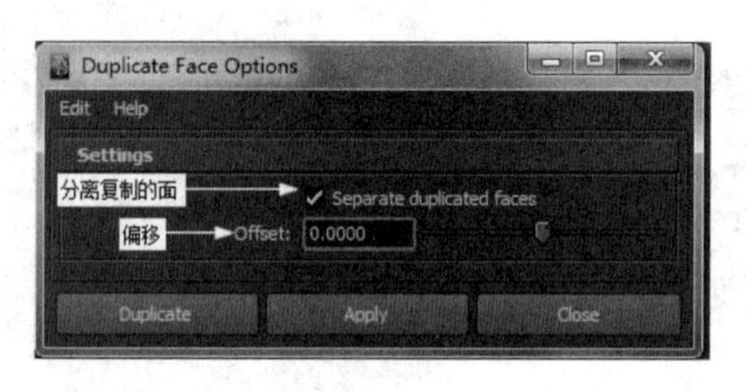

图 4.112

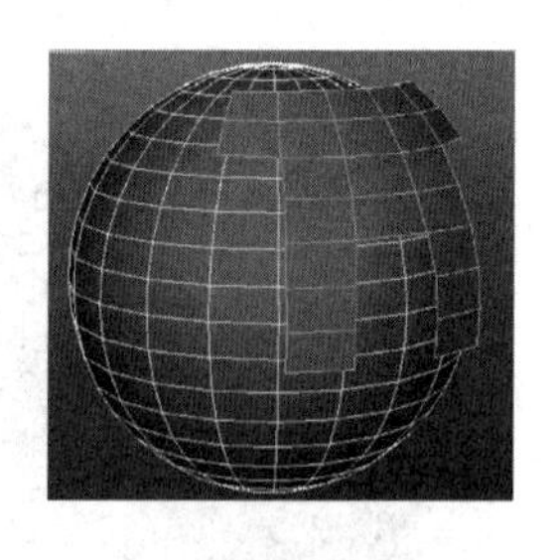
图 4.113

17) Connect Components(连接组件)命令

Connect Components 命令的主要作用是将选择的顶点和边通过边(直线)进行连接。

提示：如果选择的是边，在边的中间点处相连。使用 Connect Components 命令可以同时连接多个顶点和边，但这些顶点和边必须相邻，也就是说顶点和边必须共面并且相邻。

Connect Components(连接组件)命令的具体操作步骤如下。

步骤 1：选择对象，进入对象的组件编辑模式，选择图 4.114 所示的顶点和边。

步骤 2：在菜单栏中选择 Edit Mesh(编辑网格)→Connect Components(连接组件)命令即可，如图 4.115 所示。

18) Detach Components(分离组件)命令

Detach Components 命令的主要作用是将选择的顶点或边进行分离。

提示：当使用 Detach Components(分离组件)命令时，顶点分离出来的顶点数量由顶点所连接的面的数量决定。当分离边时，必须选择两条或两条以上的边，该命令才有效果。

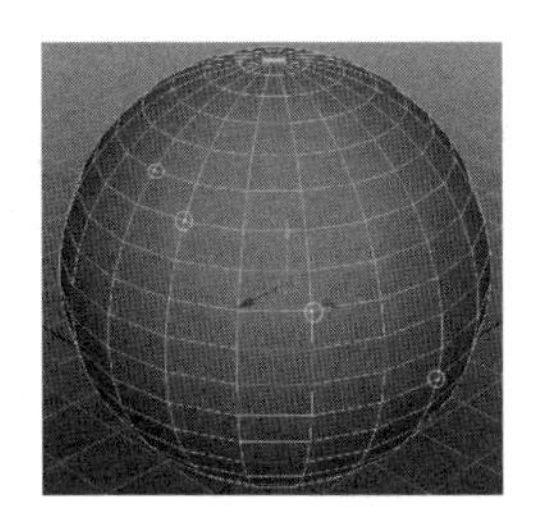

图 4.114

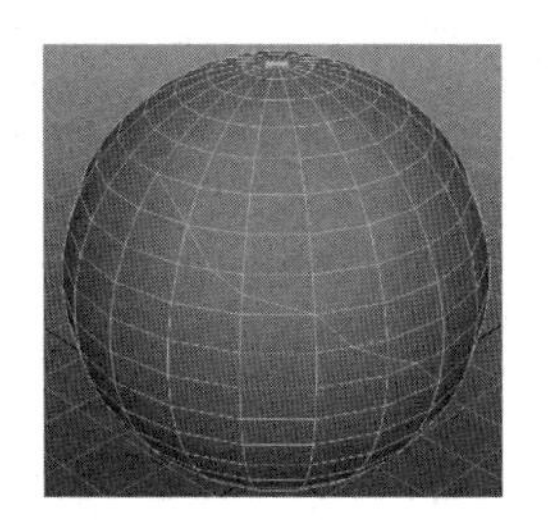

图 4.115

Detach Components(分离组件)命令的具体操作如下。

步骤 1：选择需要进行分离的组件(顶点或边)，如图 4.116 所示。

步骤 2：执行 Detach Components(分离组件)命令，效果如图 4.117 所示。

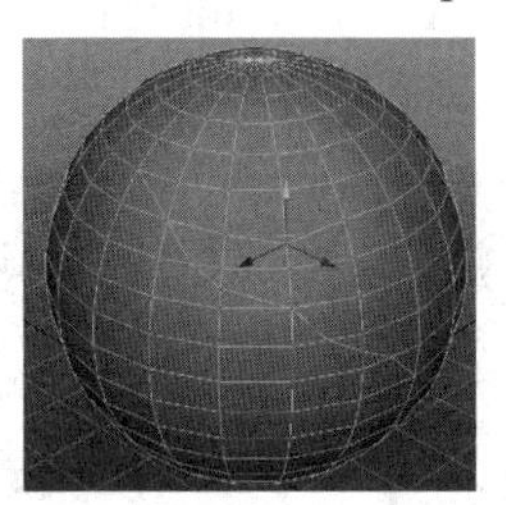

图 4.116

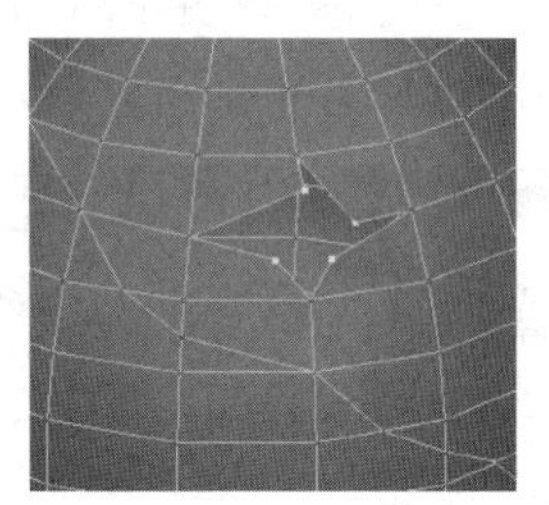

图 4.117

19) Merge(缝合)命令

Merge 命令的主要作用是将设定缝合范围内的被选中的组件(顶点、边或面)合并成一个顶点。具体操作步骤如下。

步骤 1：选择需要进行缝合的组件，如图 4.118 所示。

步骤 2：在菜单栏中单击 Edit Mesh(编辑网格)→Merge(缝合)→■图标，打开 Merge Vertices Options 窗口，具体设置如图 4.119 所示。

步骤 3：单击 Merge(缝合)按钮即可，如图 4.120 所示。

提示：在 Merge Vertices Options(缝合顶点选项)窗口中，如果 Always Merge for two Vertices(总是缝合两个顶点)项被勾选，选择两个点，执行 Merge(缝合)命令，合并功能将忽略 Thershold(阈值)设定的距离将其合并，该项仅使用于顶点的合并。

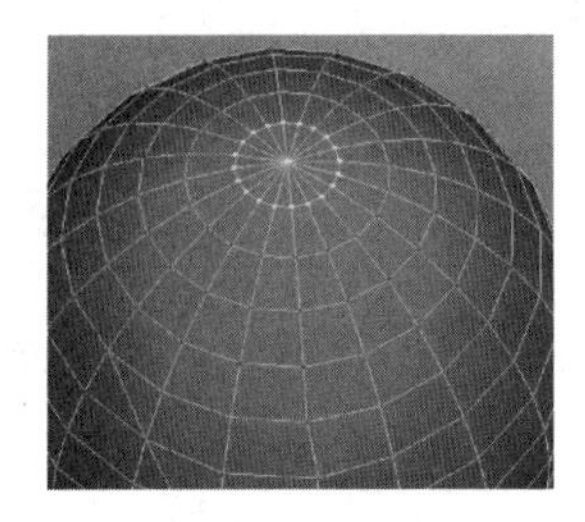

图 4.118

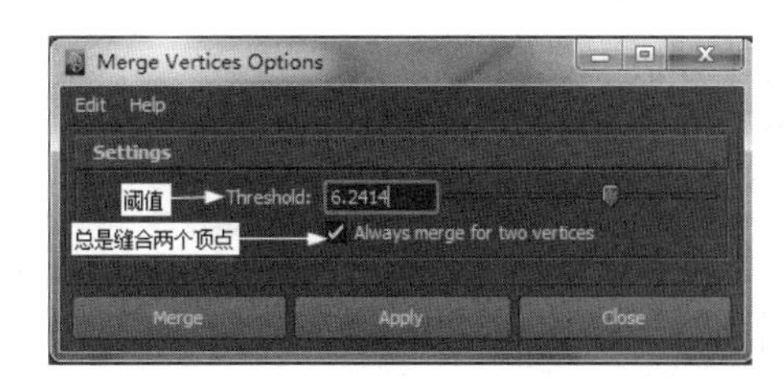

图 4.119

图 4.120

20) Merge To Center(缝合到中心)命令

Merge To Center 命令的主要作用是将选择的面、边或者顶点缝合到中心的位置。具体操作方法同上。

21) Collapse(塌陷)命令

Collapse 命令的主要作用是将选择的边或面塌陷为一个顶点。具体操作步骤如下。

步骤 1：选择需要塌陷操作的面或边，如图 4.121 所示。

步骤 2：执行 Collapse(塌陷)命令，效果如图 4.122 所示。

22) Merge Vertex Tool(缝合顶点工具)命令

Merge Vertex Tool 命令的主要作用是将选择的点拖曳到想要合并的顶点之上进行合并。具体操作步骤如下。

步骤 1：在菜单栏中单击 Edit Mesh(编辑网格)→Merge Vertex Tool(缝合顶点工具)→■图标，弹出 Tool Settings 对话框，具体设置如图 4.123 所示。

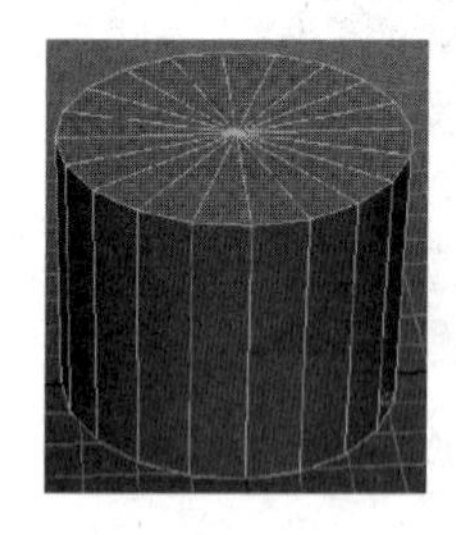

图 4.121

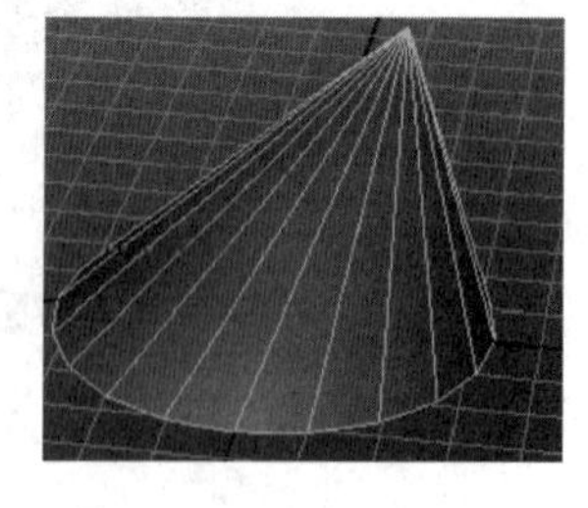

图 4.122

图 4.123

步骤 2：将鼠标移到第 1 个顶点上按住鼠标左键不放，拖曳到目标点上，此时出现一条红色连线，如图 4.124 所示。松开鼠标即可将两个顶点合并，效果如图 4.125 所示。

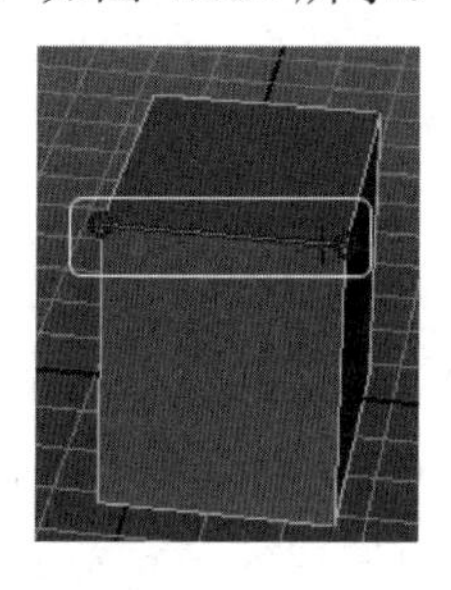

图 4.124

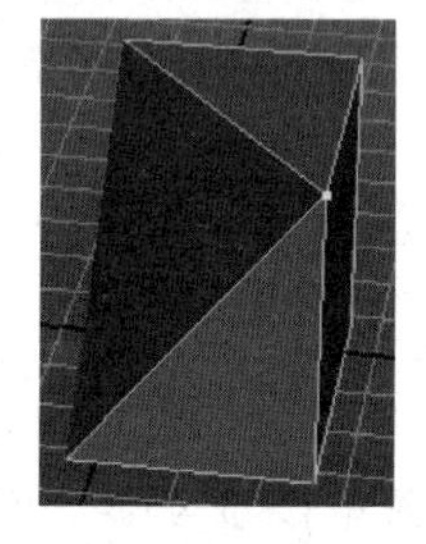

图 4.125

23) Merge Edge Tool(缝合边工具)命令

Merge Edge Tool 命令的主要作用是对两条边界边进行合并，并在两条边之间生成一条新的边。具体操作步骤如下。

步骤 1：在菜单栏中单击 Edit Mesh(编辑网格)→Merge Edge Tool(缝合边工具)→■图标，弹出 Tool Settings 对话框，具体设置如图 4.126 所示。

步骤 2：单击第一条边界边，此时其他能合并的边上出现红色的三角形，如图 4.127 所示。

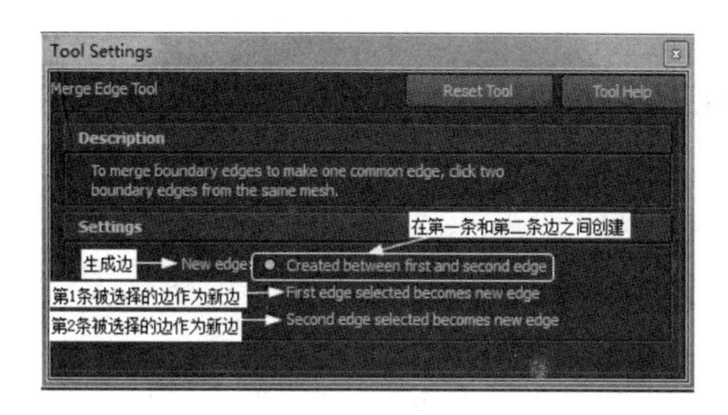

图 4.126

图 4.127

步骤 3：在需要进行合并的边界边上单击，两条边呈黄色显示，再单击即可将两条边界边合并，如图 4.128 所示。

24) Delete Edge/Vertex(删除边/顶点)命令

Delete Edge/Vertex 命令的主要作用是删除选择的边和顶点。该命令的操作方法很简单，选择需要删除的边或顶点，执行该命令即可。

25) Chamfer Vertex(斜切顶点)命令

Chamfer Vertex 命令的主要作用是将选择的顶点斜切为一个四边面。具体操作步骤如下。

步骤 1：选择需要进行斜切操作的顶点，如图 4.129 所示。

图 4.128

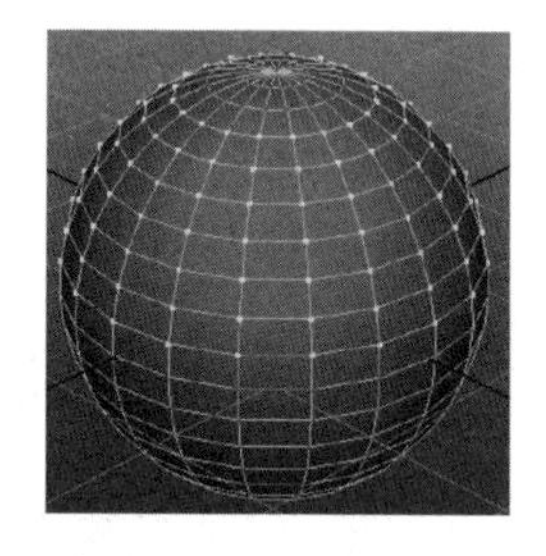

图 4.129

步骤 2：在菜单栏中单击 Edit Mesh(编辑网格)→Chamfer Vertex(斜切顶点)→■图标，打开 Chamfer Vertex Options 窗口，具体设置如图 4.130 所示。

步骤 3：单击 Chamfer Vertex(斜切顶点)按钮即可，如图 4.131 所示。

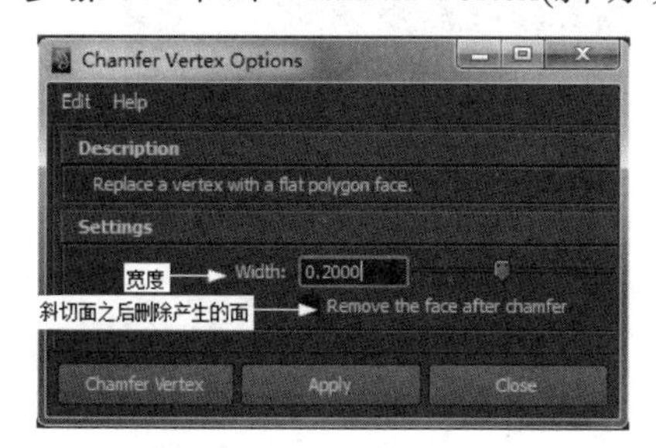

图 4.130

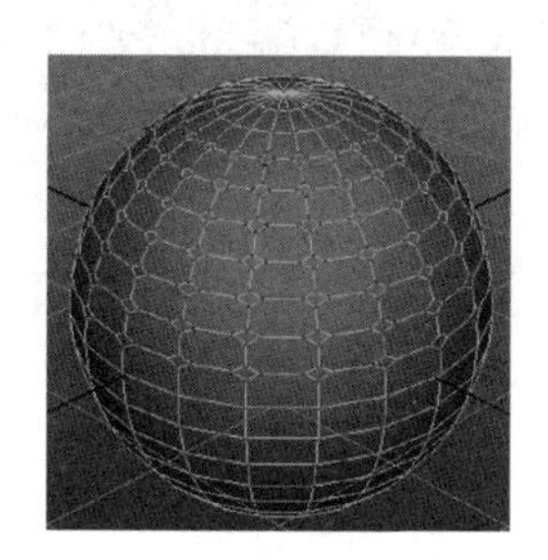

图 4.131

26) Bevel(倒角)命令

Bevel 命令的主要作用是为多边形网格在角或边缘处通过添加边来产生圆滑过渡。具体操作步骤如下。

步骤 1：选择需要进行倒角的边或顶点，如图 4.132 所示。

步骤 2：在菜单栏中单击 Edit Mesh(编辑网格)→Bevel(倒角)→■图标，打开 Bevel Options 窗口，具体设置如图 4.133 所示。

步骤 3：单击 Bevel(倒角)按钮，即可得到图 4.134 所示的效果。

提示：在执行 Bevel(倒角)命令之前，最好不要为模型分配 UV 或赋予纹理。这样会丢失对象 UV 和纹理材质信息。还有，对于带洞的多边形进行倒角有可能会报错。

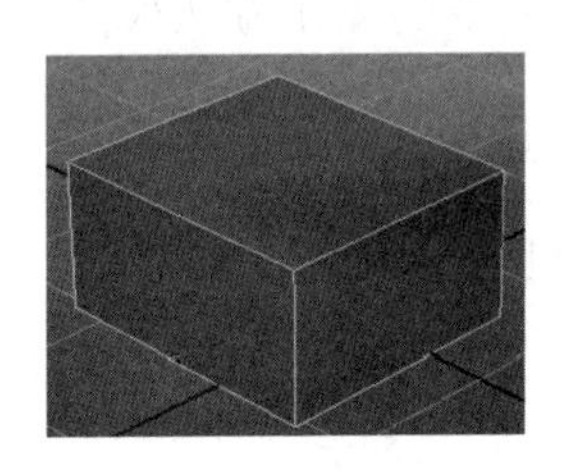

图 4.132

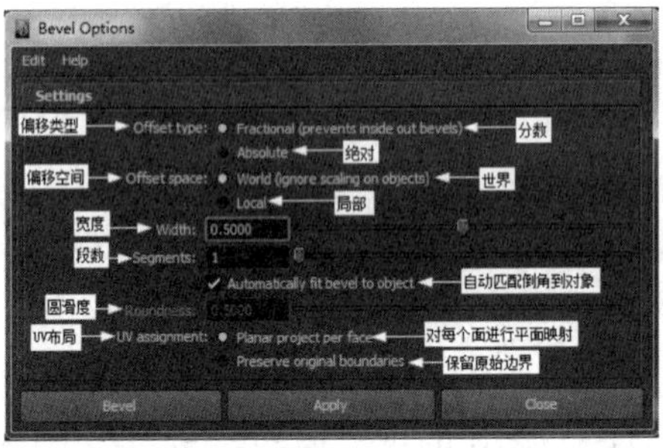

图 4.133

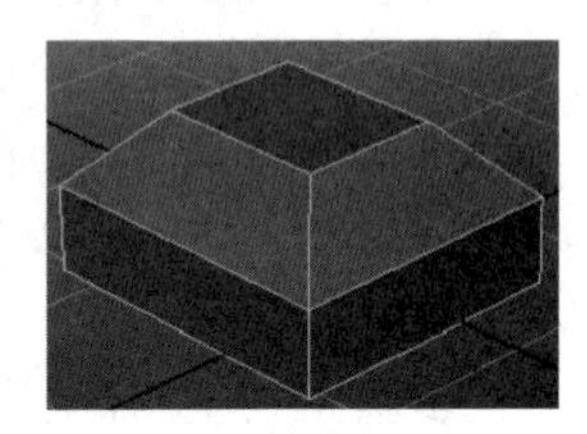

图 4.134

27) Crease Tool(褶皱工具)命令

Crease Tool 命令的主要作用是对选择的边或顶点产生褶皱，形成硬边效果。具体操作步骤如下。

步骤 1：在菜单栏中单击 Edit Mesh(编辑网格)→Crease Tool(褶皱工具)→■图标，弹出 Tool Settings 对话框，具体设置如图 4.135 所示。

步骤 2：选择对象，按键盘上的 2 键或 3 键，进入模型的中等质量或高质量显示模式。

步骤 3：选择需要进行褶皱处理的边，如图 4.136 所示。

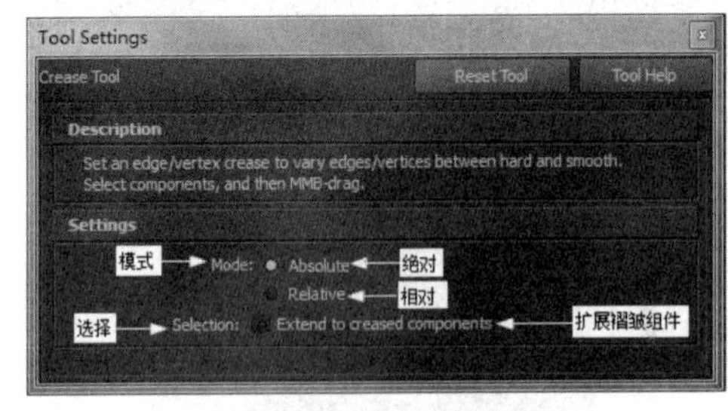

图 4.135

图 4.136

步骤 4：根据提示，按住鼠标中键，进行左右移动即可，如图 4.137 所示。

28) Remove Selected(移除所选)命令

Remove Selected 命令的主要作用是移除选择的褶皱边效果。其操作方法是选择褶皱边，执行该命令即可。

29) Remove all(移除所有褶皱)命令

Remove all 命令的主要作用是移除所选对象的所有褶皱效果。其操作方法是选择对象，执行该命令即可。

30) Crease Sets(褶皱集)命令

Crease Sets 命令的主要作用是创建褶皱集，方便用户再次选择之前选择的褶皱边。具体操作步骤如下。

步骤 1：选择图 4.138 所示的褶皱边。

步骤 2：在菜单栏中单击 Edit Mesh(编辑网格)→Crease Sets(褶皱集)→Create Crease Set(创建褶皱集)→■图标，打开 create Crease Set Options 窗口 ，在窗口中输入褶皱集命令名称，如图 4.139 所示。

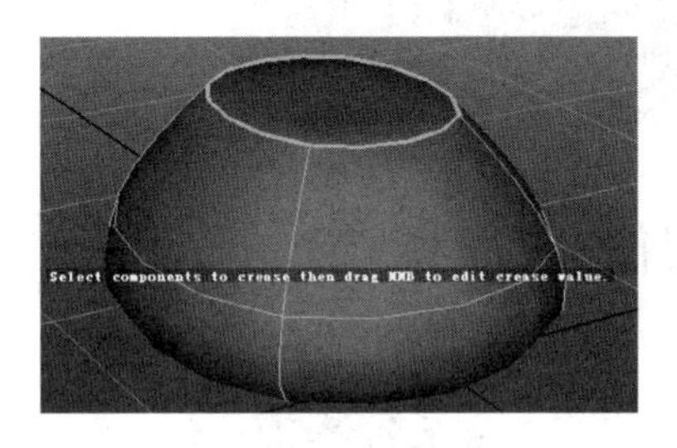

图 4.137

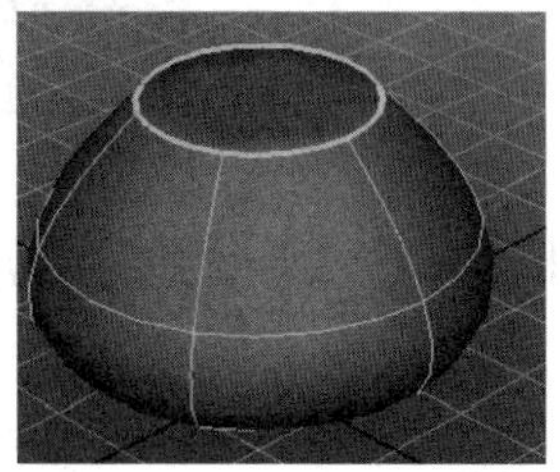

图 4.138

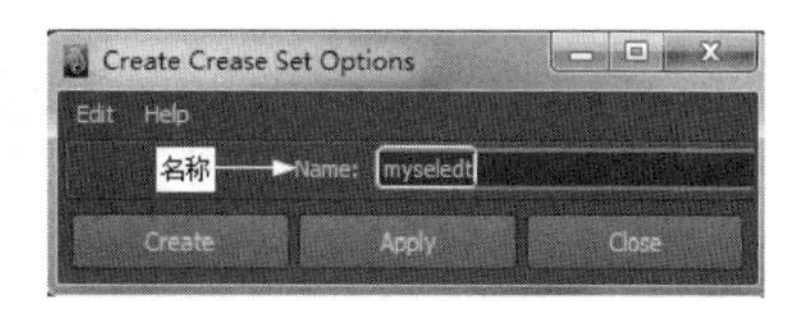

图 4.139

步骤 3：单击 Create(创建)按钮，完成褶皱集的创建，下次可以直接调用。

步骤 4：图 4.140 所示是上图经过一系列处理之后的效果。现在如果要选择顶面的褶皱线，就可以直接通过褶皱集来选择。在菜单栏中选择 Edit Mesh(编辑网格)→Crease Sets(褶皱集)→myseldt 项即可，如图 4.141 所示。

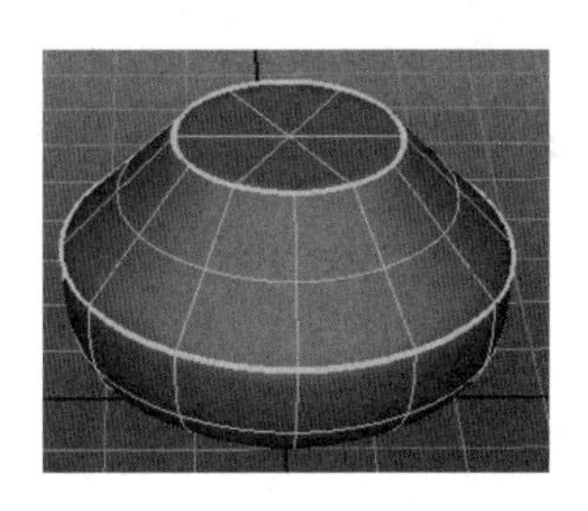

图 4. 140

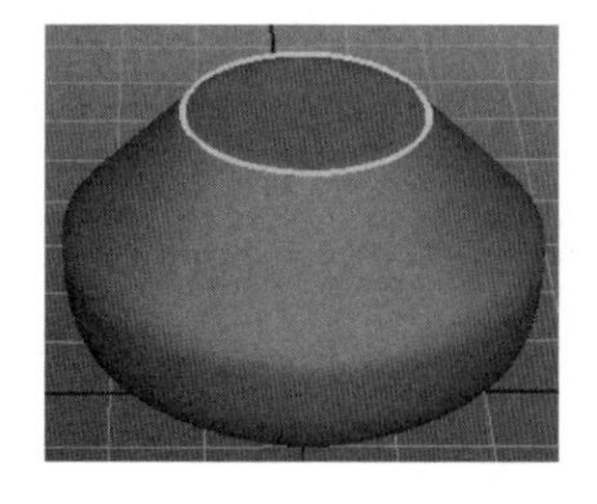

图 4. 141

31) Assign Invisible Faces(指定不可见的面)命令

Assign Invisible Faces 命令的主要作用是将多边形网格中选中的面设定为不可见。

提示：这些被设定为不可见的面仍然存在，用户可以对其进行操作，但在渲染中不会显示出来。

Assign Invisible Faces 命令的操作方法是选择需要进行设定的面，执行该命令即可。

视频播放：Polygon(多边形)建模技术基础的详细讲解，请观看配套视频“part\video\chap04_video01”。

四、拓展训练

根据本案例所学知识创建如下 Polygon(多边形)模型。基础比较差的同学可以观看配套视频讲解。

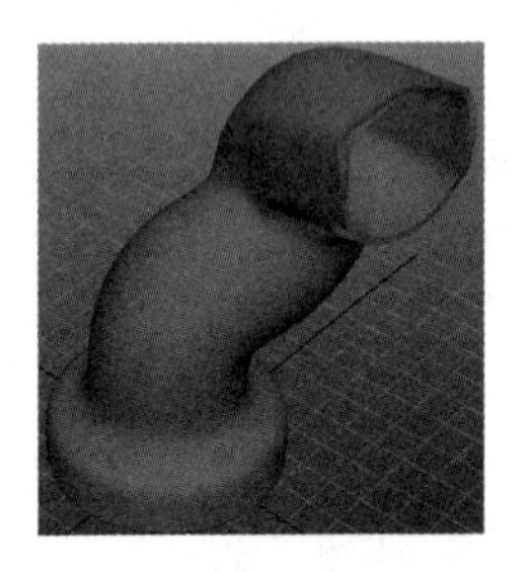

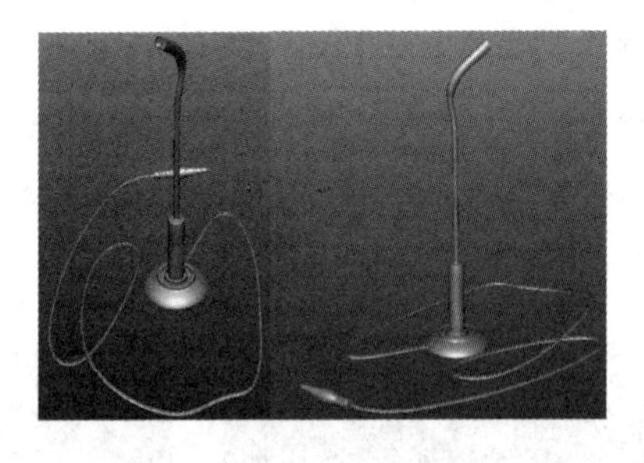

案例 2：键盘模型的制作

一、案例效果

二、案例制作流程(步骤)分析

创建键盘模型的按键 → 复制按键并对按键进行编辑 → 制作键盘模型的主体部分

三、详细操作步骤

在本章案例 1 中已经详细地介绍了 Polygon(多边形)建模的基础知识。在这里，使用上面介绍的基础知识来制作一个键盘模型。键盘模型是一个比较简单的综合案例，具体操作步骤如下。

1. 创建键盘模型的按键

键盘按键模型的创建主要通过 Cube(立方体)、Bevel(倒角)和 Insert Edge Loop Tool(插入环形边工具)等命令来制作。

步骤 1：收集资料。对所做模型结构进行分析。参考图如图 4.142 所示。

步骤 2：启动 Maya 2011。根据前面所学知识创建一个项目文件。

步骤 3：使用 Cube(立方体)命令创建键盘的基本体。将 Interactive Creation(创建交互)前面的勾去掉。在工具架中单击■(立方体)图标，在视图中创建一个长、宽和高都为 1 的立方体，如图 4.143 所示。

步骤 4：选择立方体，进入立方体的 Vertex(顶点)编辑模式进行调节，如图 4.144 所示。

图 4.142

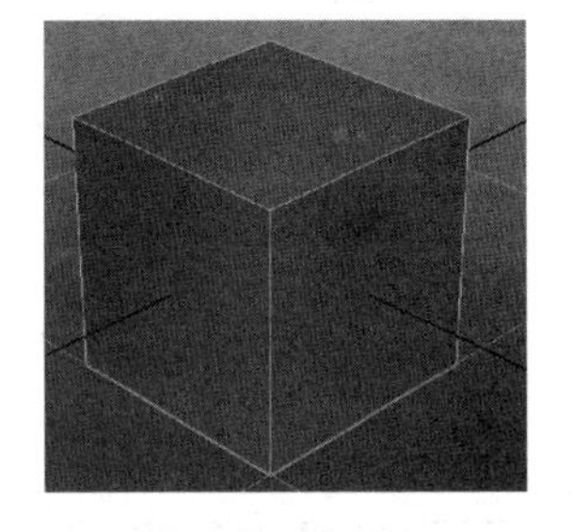

图 4.143

步骤 5：进入对象 Face(面)的编辑模式，选择顶面。单击工具架中的(挤出)图标，对选择的面进行挤出。使用缩放工具对模型进行缩放操作。最终效果如图 4.145 所示。

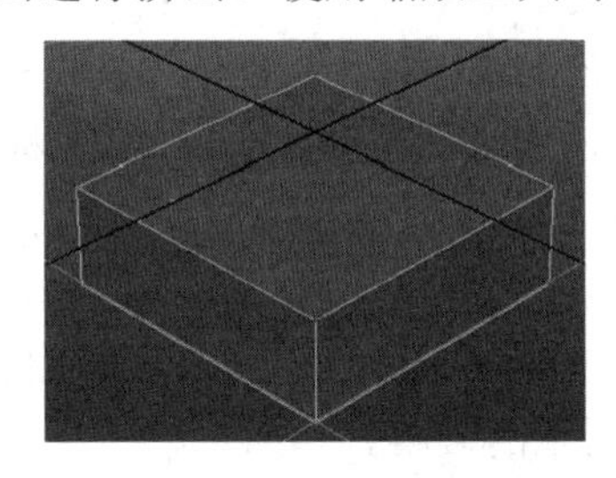

图 4.144

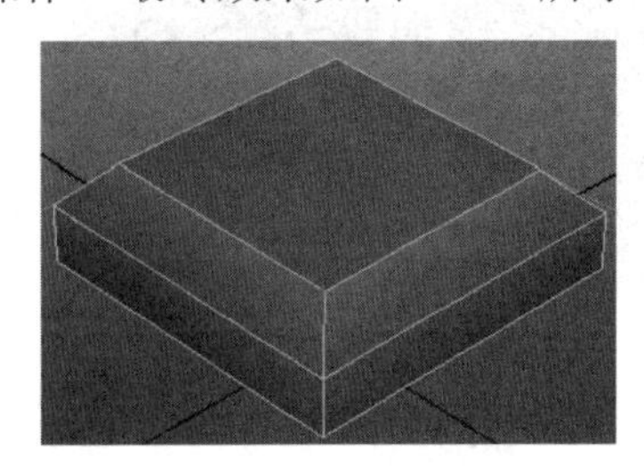

图 4.145

步骤 6：在工具架中单击(插入环形边工具)图标，为模型插入两条等距离的环形边，进入模型的 Vertex(顶点)编辑模式，将中间的顶点往下调一点，最终效果如图 4.146 所示。

步骤 7：选择模型顶面的 4 条边，如图 4.147 所示。在菜单栏中单击 Edit Mesh(编辑网格)→Bevel(倒角)→图标，打开 Bevel Options 窗口，具体设置如图 4.148 所示。

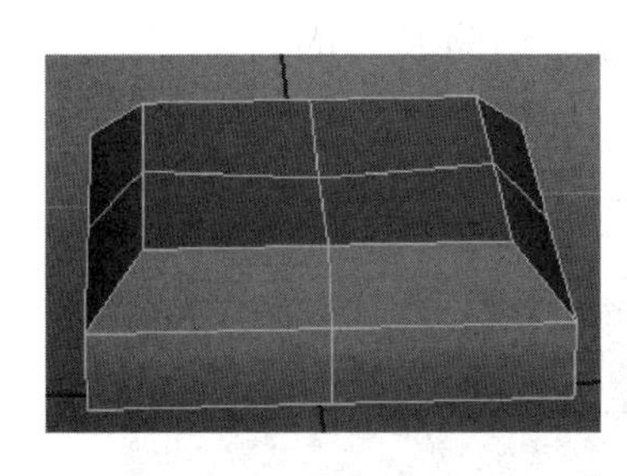

图 4.146

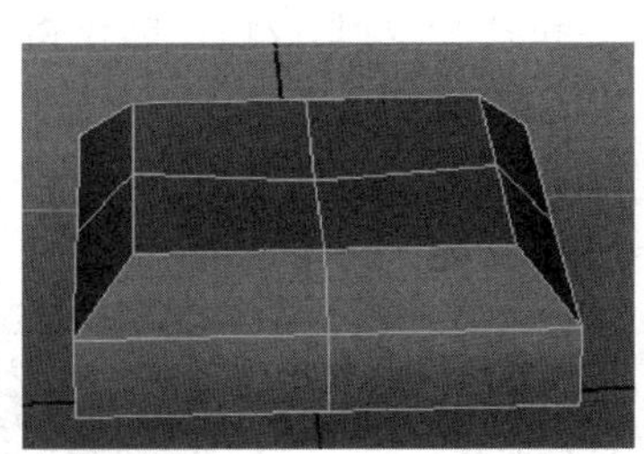

图 4.147

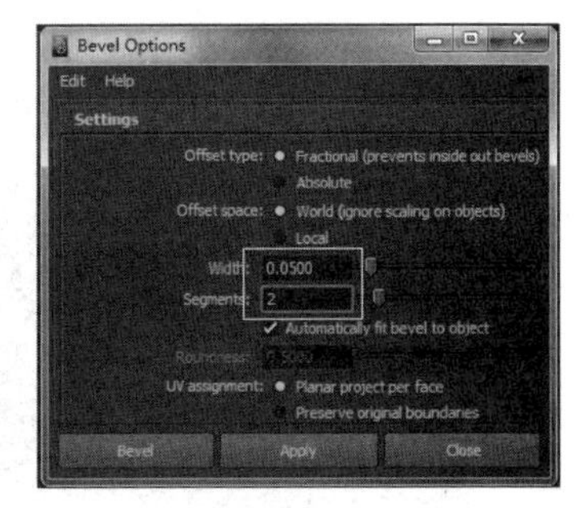

图 4.148

步骤 8：单击 Bevel(倒角)按钮，即可得到图 4.149 所示的效果。

步骤 9：方法同上。对模型的 4 个角的边进行倒角处理。最终效果如图 4.150 所示。

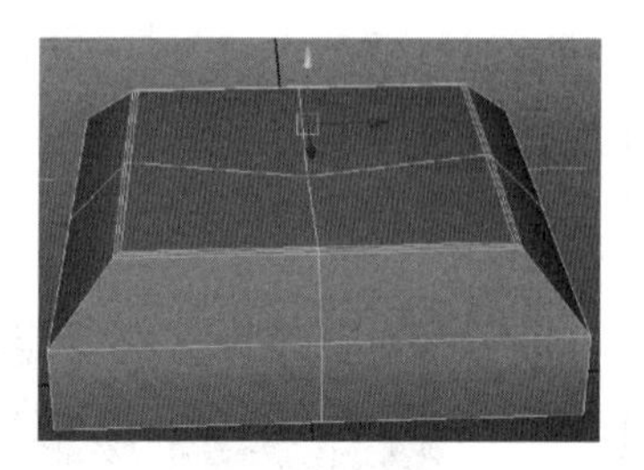

图 4.149

图 4.150

2. 复制按键并对按键进行编辑

此时，主要通过 Duplicate Special(特殊复制)命令来复制和进行排列。再根据实际情况对按键进行整体调节和编辑。

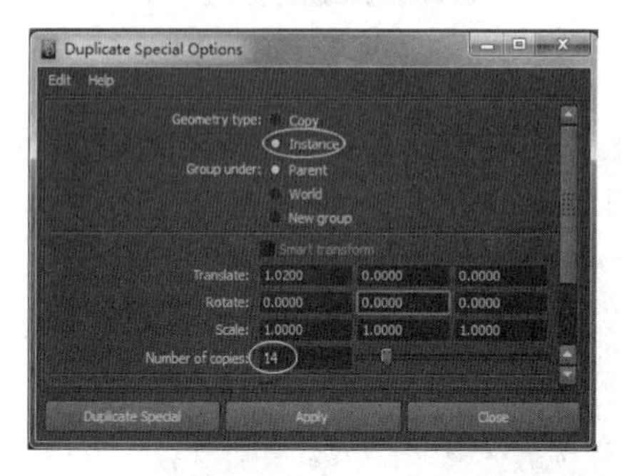

图 4.151

步骤 1：对按键的分布排列进行分析可知，键盘主按键区，横向最多是 15 个，纵向最多 5 个。

步骤 2：选择按键模型，在菜单栏中单击 Edit(编辑)→Duplicate Special(特殊复制)→■图标，打开 Duplicate Special Options 窗口，具体设置如图 4.151 所示。

步骤 3：单击 Duplicate Special(特殊复制)按钮即可得到图 4.152 所示的效果。

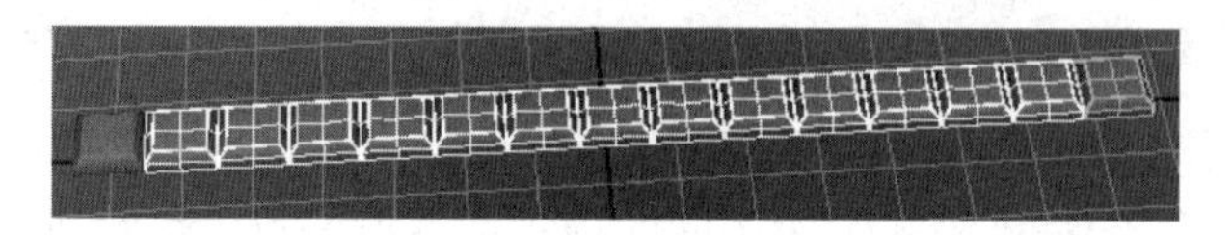

图 4.152

步骤 4：选中所有复制出来的按键，在菜单栏中单击 Edit(编辑)→Duplicate Special(特殊复制)→■图标，打开 Duplicate Special Options 窗口，具体设置如图 4.153 所示。

步骤 5：单击 Duplicate Special(特殊复制)按钮，即可得到图 4.154 所示的效果。

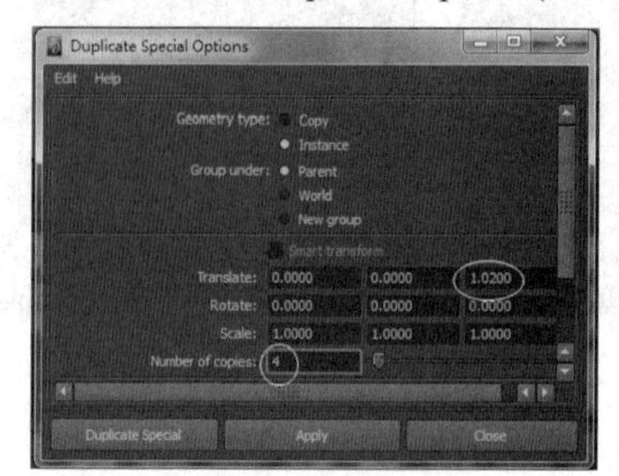

图 4.153

图 4.154

步骤 6：选择其中任意一个按键，进入 Vertex(顶点)编辑模式，选择按键最上面两排顶点进行旋转，再选择横向中间的顶点适当地往下移动一点，最终效果如图 4.155 所示。

步骤 7：根据参考图，将多余的按键删除。对大小不一致的按键进行复制，进入按键的顶点编辑模式，再对大小不一致的按键进行调节，最终效果如图 4.156 所示。

图 4.155

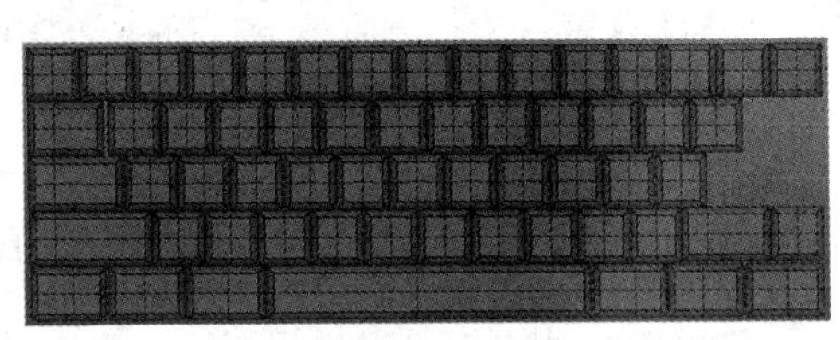

图 4.156

步骤 8：制作回车键，在菜单栏中选择 Mesh(网格)→Create Polygon Tool(创建多边形工具)命令，在 Top(顶视图)中创建一个图 4.157 所示平面。

步骤 9：使用 Extrude(挤出)命令对面进行挤出，进入顶点编辑模式调点，再对边进行倒角，最终效果如图 4.158 所示。

步骤 10：方法同上。将其他区域的按键排列好，如图 4.159 所示。

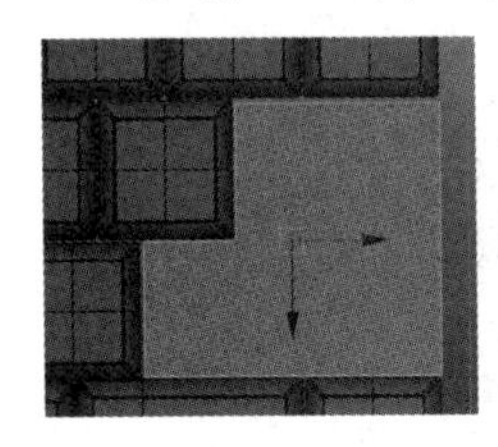

图 4.157

图 4.158

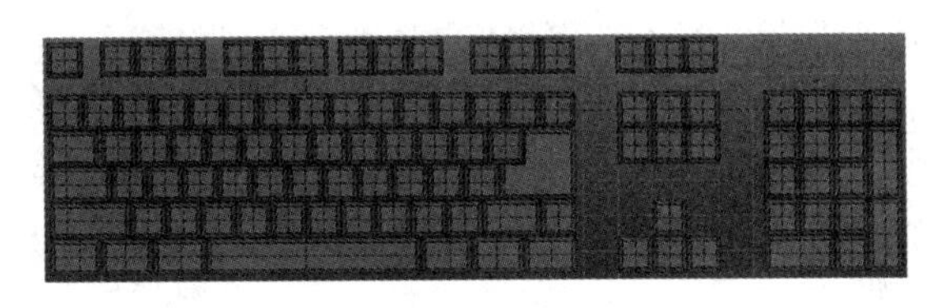

图 4.159

步骤 11：方法同上。使用 Cube(立方体)命令创建一个基础立方体，使用 Insert Edge Loop Tool(插入环形边工具)命令插入两条环形边，再执行两次 Smooth(平滑)命令，效果如图 4.160 所示。

3. 制作键盘模型的主体部分

键盘模型的主体部分制作很简单，只要使用 Cube(立方体)命令创建，使用 Insert Edge Loop Tool(插入环形边工具)命令插入环形边，对立方体进行分区，选择面进行挤出操作，最后进行光滑处理即可。具体操作步骤如下。

步骤 1：在工具架中单击■(立方体)图标，在视图中创建一个立方体，进入立方体的 Vertex(顶点)编辑模式，对立方体进行调节，最终效果如图 4.161 所示。

步骤 2：在工具架中单击■(插入环形边工具)图标，根据参考图插入环形边，对键盘主体部分进行分区。最终布线情况如图 4.162 所示。

步骤 3：进入模型的面编辑模式，选择需要挤出操作的面，如图 4.163 所示。

步骤 4：执行 Extrude(挤出)命令操作并向下移动一段距离，按键盘上的 3 键。效果如图 4.164 所示。

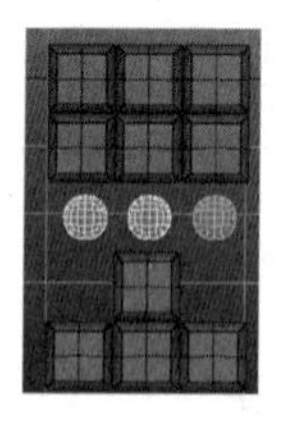

图 4.160

图 4.161

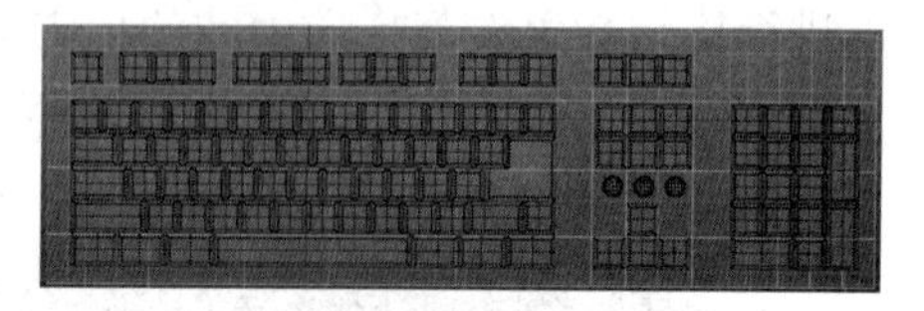

图 4.162

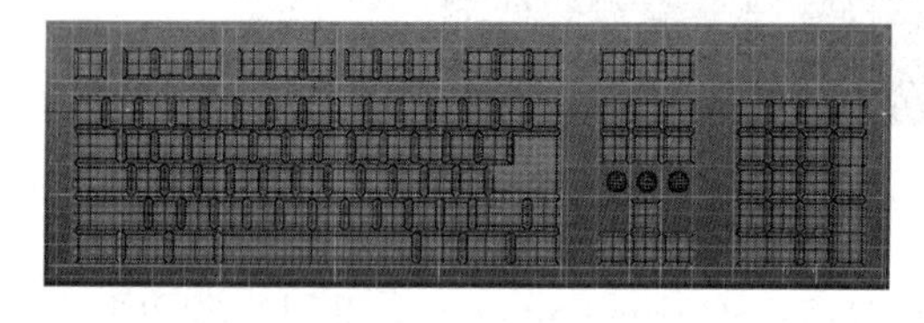

图 4.163

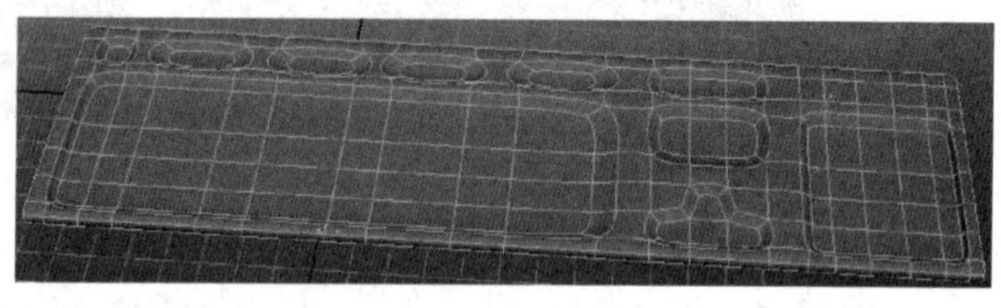

图 4.164

步骤 5：在工具架中单击(插入环形边工具)图标，给模型添加环形线。最终效果如图 4.165 所示。

步骤 6：方法同上。将键盘上其他没有挤出的按键位置进行挤出并添加环形边。最终效果如图 4.166 所示。

图 4.165

图 4.166

步骤 7：将前面制作好的键盘按键显示出来。最终效果如图 4.167 所示。

图 4.167

视频播放：键盘模型制作的详细讲解，请观看配套视频“part\video\chap04_video02”。

四、拓展训练

根据前面所学知识制作如下效果模型。详细操作步骤读者可以参考配套视频资源。

案例 3：飞机模型的制作

一、案例效果

二、案例制作流程(步骤)分析

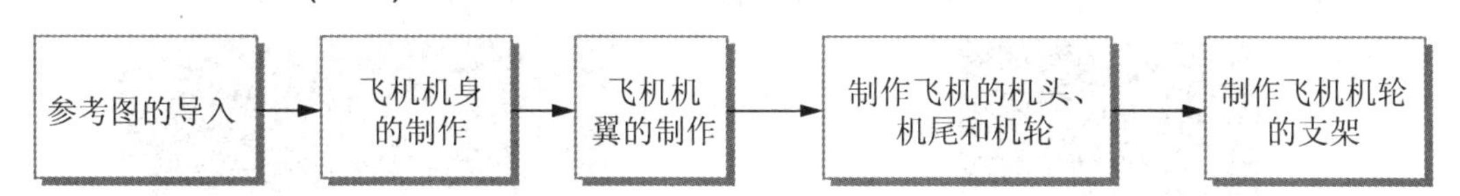

三、详细操作步骤

在本案例中主要使用参考图来制作飞机模型。通过本案例的学习，主要要求读者掌握对参考图的分析、参考图的编辑和 Polygon(多边形)相关命令的综合使用。

1. 参考图的导入

参考图导入的具体步骤在这里就不详细介绍，请读者参考前面参考图导入的方法。导入的参考图如图 4.168 至图 4.170 所示。

图 4.168　　　　图 4.169

图 4.170

在这里建议读者在制作飞机模型时，最好是上网去下载一些有关飞机结构的图片，或买一些精度比较高的飞机模型了解结构。为了方便读者学习，在配套资源当中为用户提供了一些飞机图片。

在这里制作飞机模型的方法是先分别制作飞机的机身、机翼和附件 3 个部分，再根据参考图进行精细调节。

2. 飞机机身的制作

对于飞机模型的机身的制作，主要通过创建一个圆柱体，添加环形边、缩放、挤出操作和顶点调节来制作。具体制作步骤如下。

步骤 1：在工具架中单击(圆柱体)图标，在视图中创建一个多边形圆柱体。圆柱体通道栏的设置如图 4.171 所示。对该立方体进行缩放操作，最终效果如图 4.172 所示。

步骤 2：分析飞机参考图的结构，单击(插入环形边工具)图标，在圆柱体上插入环形边，使用缩放工具和移动工具对圆柱体进行调节，最终效果如图 4.173 所示。

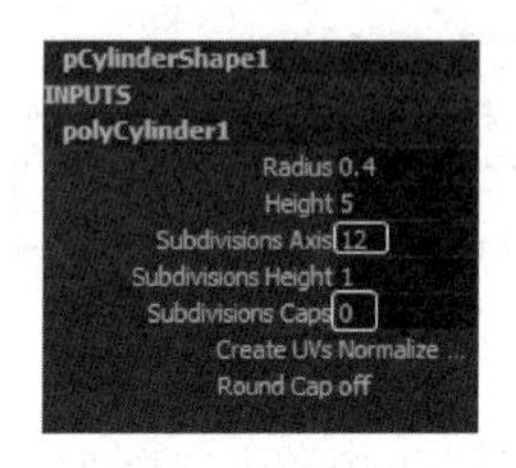

图 4.171

图 4.172

步骤 3：制作飞机机身底部的效果。选择圆柱体底部的面，使用 Extrude(挤出)命令进行挤出并进行适当的调节，最终效果如图 4.174 所示。

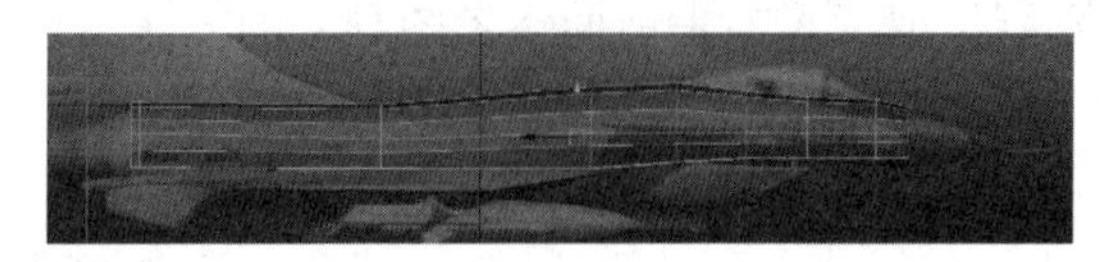

图 4.173

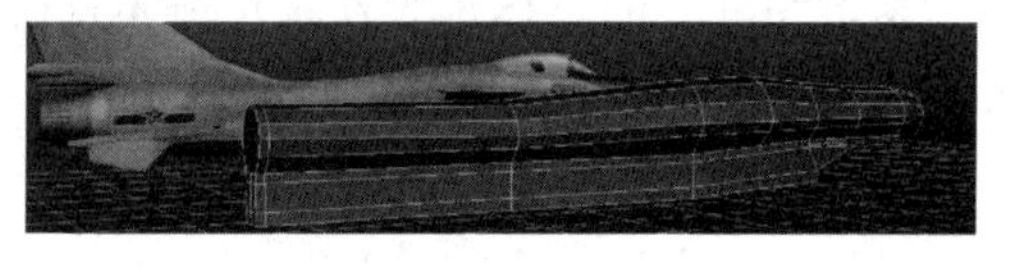

图 4.174

步骤 4：再根据参考图，使用 Extrude(挤出)命令进行挤出并进行适当的调节，最终效果如图 4.175 所示。

步骤 5：选择飞机的一半的面，将其删除，再使用 Duplicate Special(特殊复制)对另一半进行关联复制。

步骤 6：制作驾驶舱。使用 Split Polygon Tool(分离多边形工具)命令，根据参考图，在飞机顶面进行连线，如图 4.176 所示。

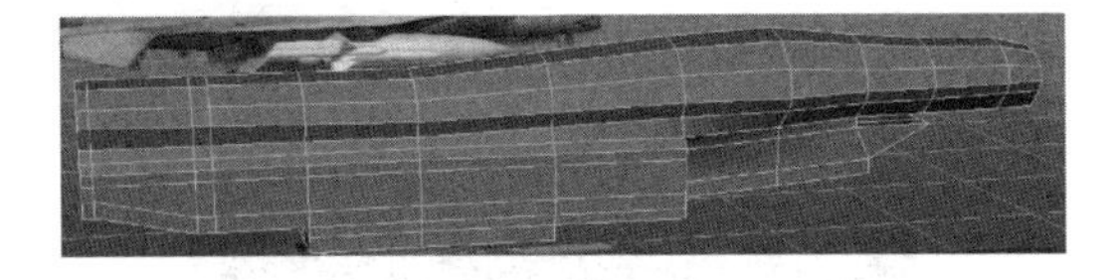

图 4.175

图 4.176

步骤 7：选择顶面，使用 Split Polygon Tool(分离多边形工具)命令划分出面，再使用 Extrude(挤出)命令进行挤出，删除中间不需要的面并进行适当的调节。按键盘上的 3 键，最终效果如图 4.177 所示。

3. 飞机机翼的制作

飞机的机翼制作主要是在飞机机身的基础上，使用 Extrude(挤出)命令进行挤出，再对顶点进行调节即可。具体制作步骤如下。

1) 制作飞机的后翼

步骤 1：选择图 4.178 所示的面，使用 Extrude(挤出)命令进行挤出，使用缩放工具进行缩放，最终效果如图 4.179 所示。

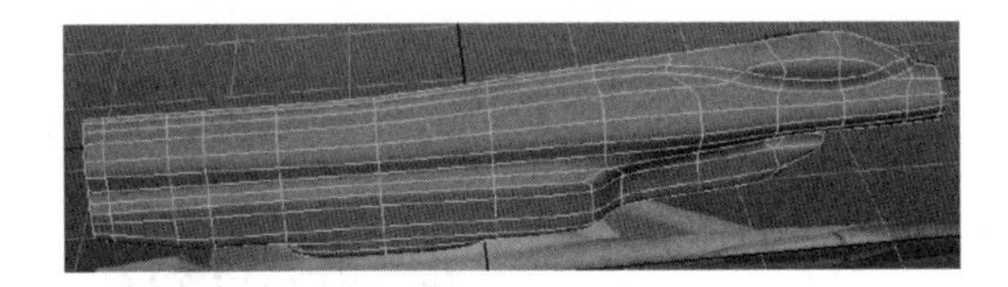

图 4.177

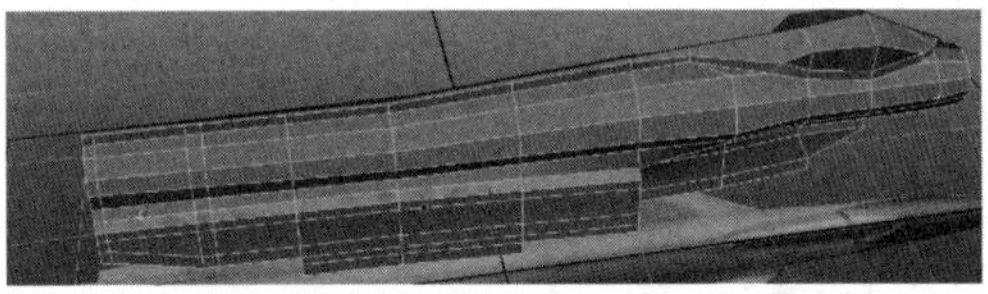

图 4.178

步骤 2：方法同上。选择机身侧面的面进行挤出，如图 4.180 所示。

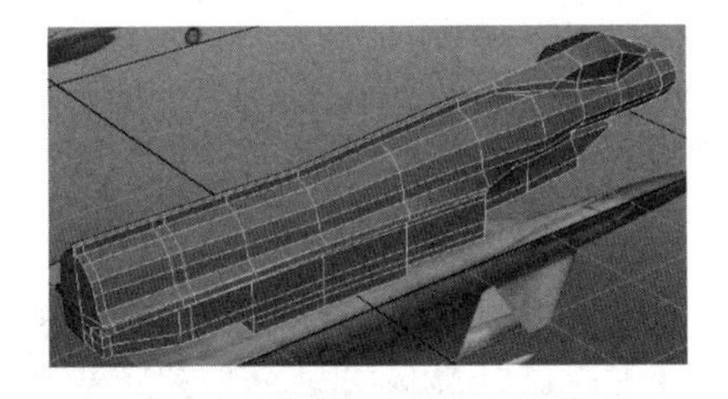

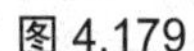

图 4.179

图 4.180

步骤 3：选择后翼的面，进行挤出并调节，最终效果如图 4.181 所示。

2) 制作飞机顶面的机翼

步骤 1：根据参考图选择飞机机身顶面，挤出飞机顶面机翼的面。

步骤 2：使用 Extrude(挤出)命令进行挤出，调节顶点的位置，最终效果如图 4.182 所示。

3) 制作飞机的前翼

步骤 1：选择挤出飞机前翼的面，如图 4.183 所示。

步骤 2：使用 Extrude(挤出)命令，对选择的面进行挤出，再调节顶点，最终效果如图 4.184 所示。

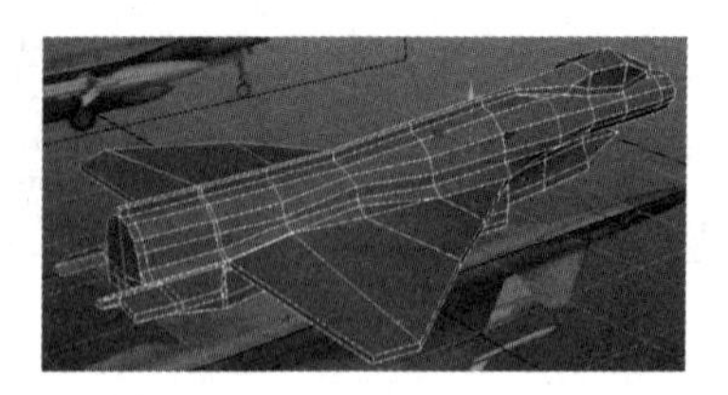

图 4.181

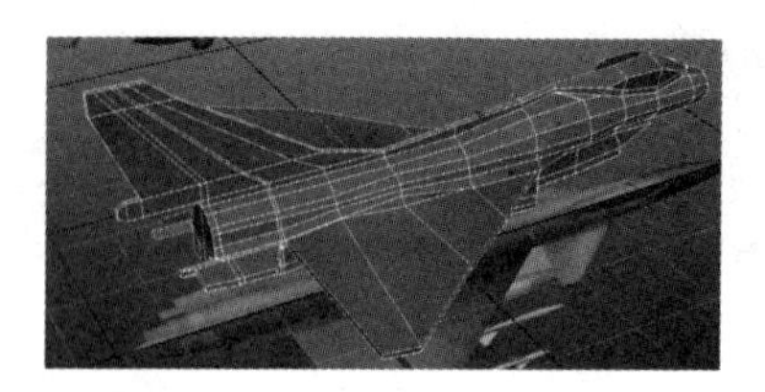

图 4.182

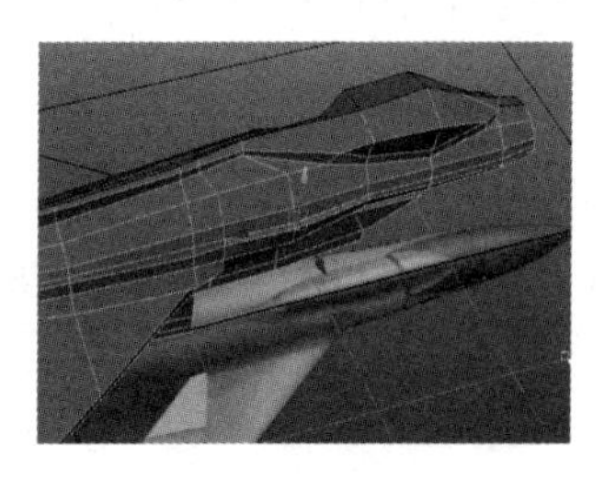

图 4.183

图 4.184

步骤 3：将两个模型合并成一个模型。选择两个模型，在菜单栏中选择 Edit Mesh(编辑网格)→Combine(合并)命令即可。

步骤 4：合并顶点。选择两部分结合处的所有顶点，在菜单栏中选择 Edit Mesh(编辑网格)→Merge(缝合)命令，对顶点进行合并，按键盘上的 3 键，效果如图 4.185 所示。

4. 制作飞机的机头、机尾和机轮

1) 制作飞机的机头部分

步骤 1：选择飞机机身与机头交接处的面，使用 Extrude(挤出)命令进行挤出。

步骤 2：使用缩放工具对挤出的面进行缩放操作，再进行调节，最终效果如图 4.186 所示。

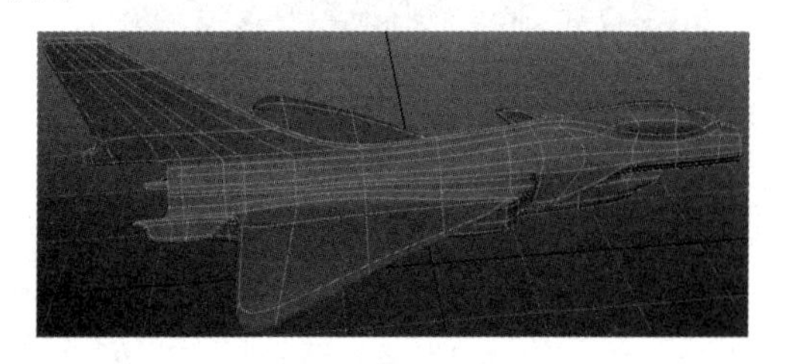

图 4.185

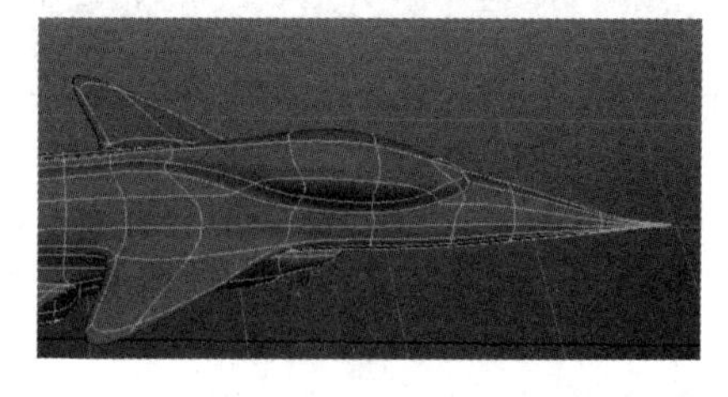

图 4.186

2) 制作飞机的机尾部分

步骤 1：选择机身与机尾连接部分，使用 Extrude(挤出)命令进行挤出，如图 4.187 所示。

步骤 2：将尾部的中间线删除，再使用 Extrude(挤出)命令和缩放命令进行挤出和缩放，最终效果如图 4.188 所示。

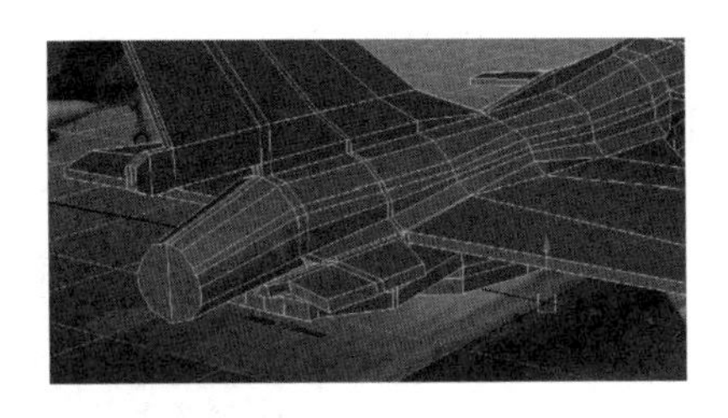

图 4.187

图 4.188

3) 制作飞机的机轮部分

步骤 1：在工具架中单击(圆柱体)图标，在视图中创建一个多边形圆柱体，如图 4.189 所示。

步骤 2：在工具架中单击(插入环形边工具)图标，在圆柱体侧面插入环形边，将不要的面进行删除，最终效果如图 4.190 所示。

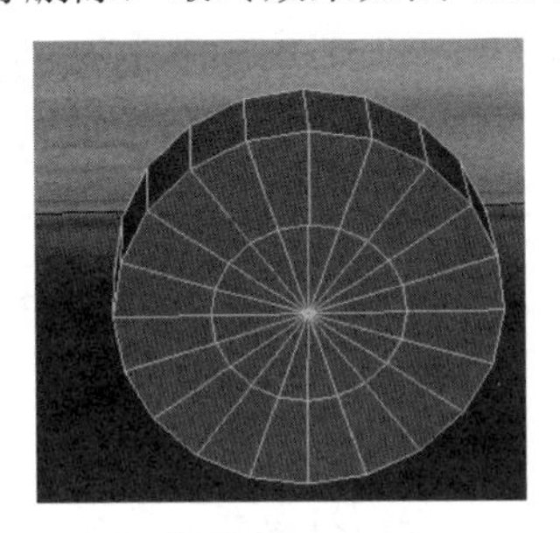

图 4.189

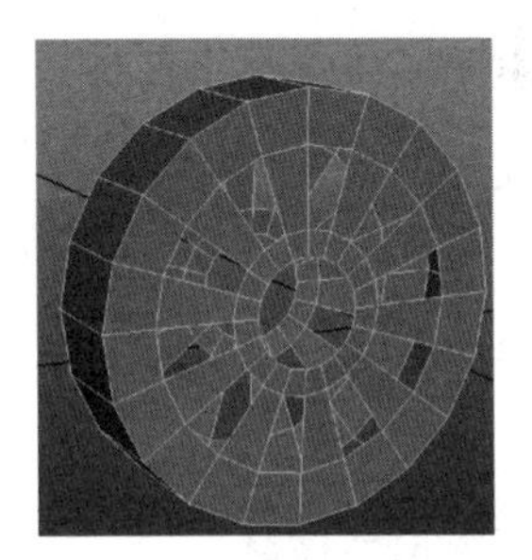

图 4.190

步骤 3：选择删除了面的边界边，如图 4.191 所示。使用 Extrude(挤出)命令进行挤出，直到与对边的边界重合，如图 4.192 所示。

步骤 4：使用 Merge(缝合)命令和 Merge Vertex Tool(缝合顶点工具)命令对顶点进行合并，按键盘上的 3 键，最终效果如图 4.193 所示。

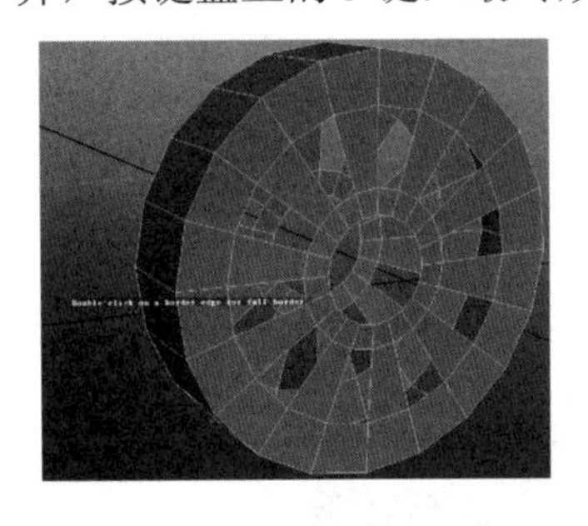

图 4.191

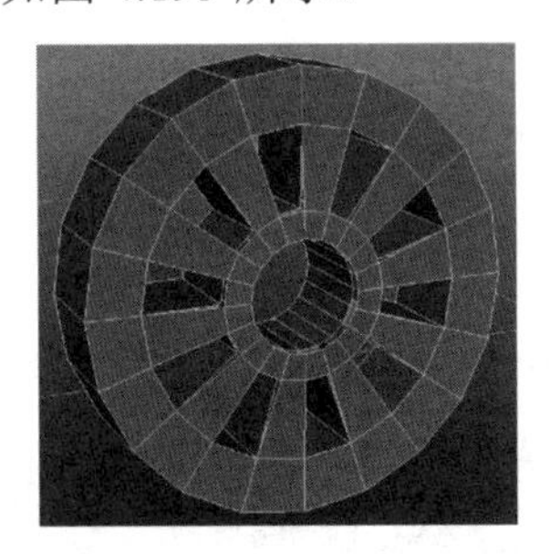

图 4.192

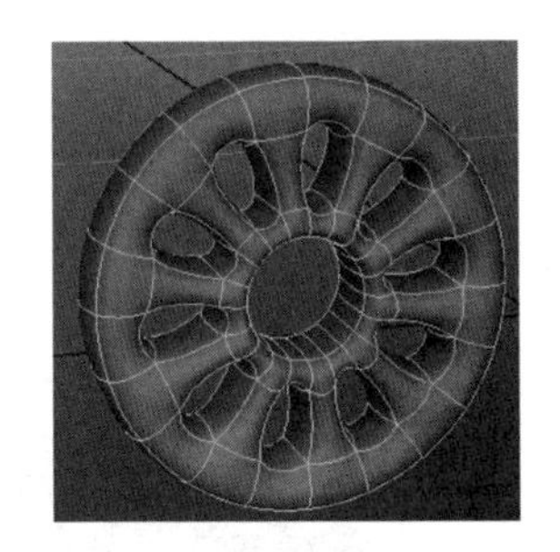

图 4.193

5. 制作飞机机轮的支架

1) 前支架的制作

步骤 1：在工具架中单击(圆柱体)图标，在视图中创建一个多边形圆柱体，如图 4.194 所示。

步骤 2：在工具架中单击(插入环形边工具)图标，插入环形边，如图 4.195 所示。

步骤 3：选择面，使用 Extrude(挤出)命令进行挤出并调节位置，最终效果如图 4.196 所示。

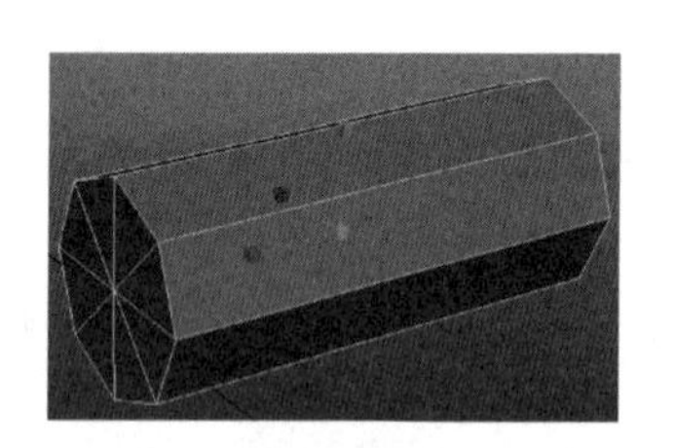

图 4.194

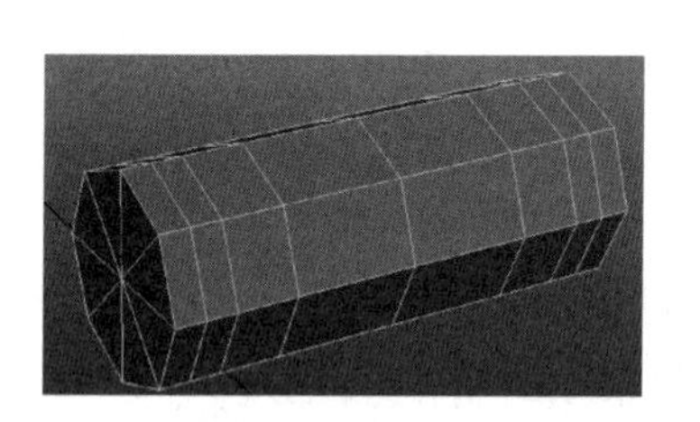

图 4.195

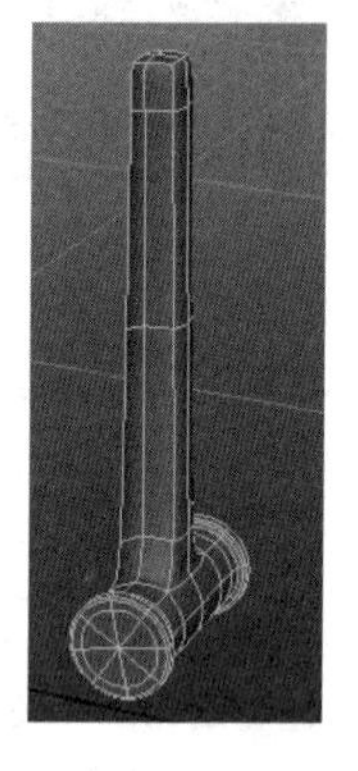

图 4.196

2) 后支架的制作

步骤 1：在工具架中单击(圆柱体)图标，在视图中创建一个圆柱体。

步骤 2：方法同前支架制作一样。加环形边并执行挤出操作，效果如图 4.197 所示。

步骤 3：将后支架和机轮进行复制，调节位置，最终效果如图 4.198 所示。

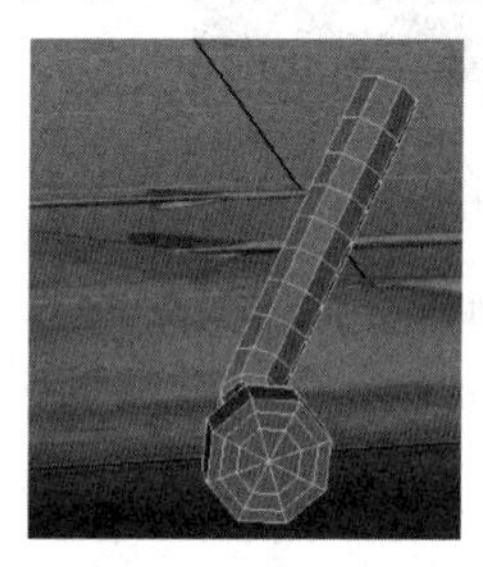

图 4.197

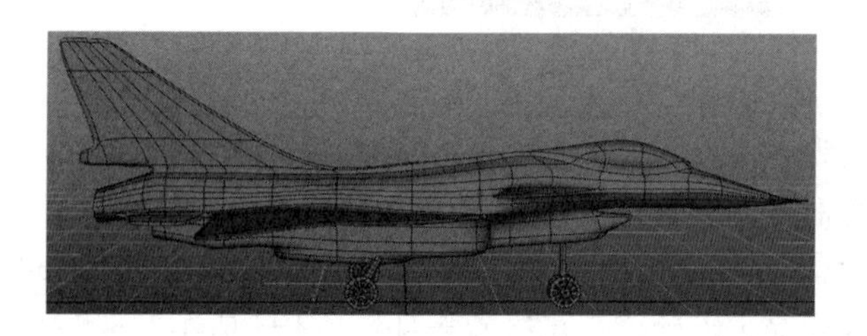

图 4.198

视频播放：飞机模型制作的详细讲解，请观看配套视频“part\video\chap04_video03”。

四、拓展训练

根据前面所学知识制作如下模型。详细操作步骤读者可以参考配套视频资源。

案例 4：自行车模型的制作

一、案例效果

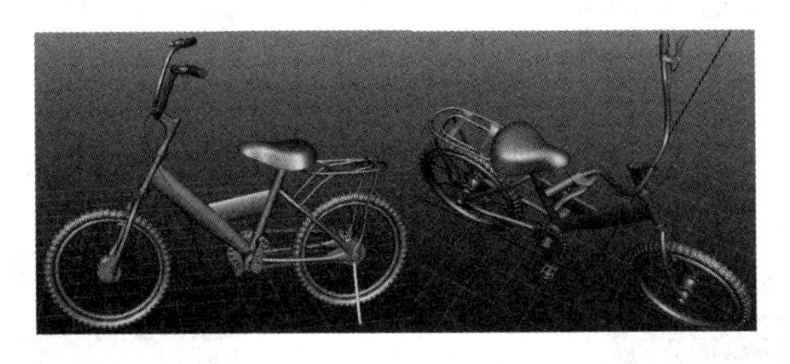

二、案例制作流程(步骤)分析

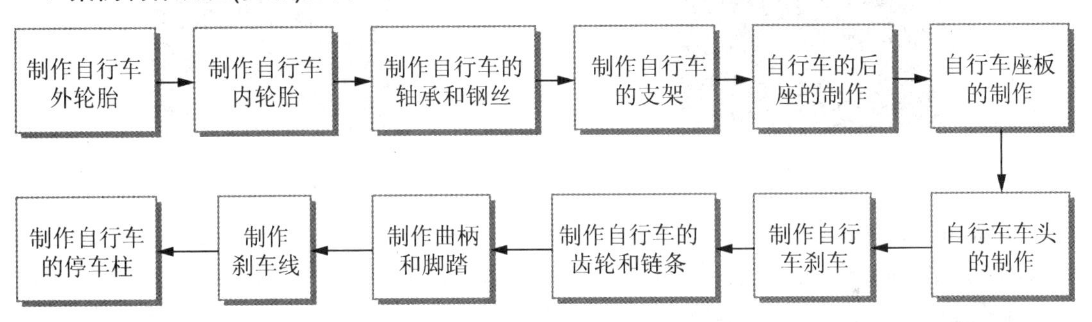

三、详细操作步骤

在这里，使用多边形建模技术来制作自行车。自行车的制作主要通过 Side(侧视图)和 Top(顶视图)两张参考图来制作。通过本案例的学习，主要要求学生掌握多边形建模技术的综合应用。自行车的制作主要分为车轮、支架、踏板、链条和座板几个部分。自行车制作的整个思路是根据参考图，将各部分制作出来，再将各部分组合在一起即可，具体制作步骤如下。

1. 制作自行车外轮胎

自行车车轮的制作主要通过多边形基本体创建基本形状，再对基本形状逐渐细化和编辑。具体制作方法如下。

步骤 1：根据前面所学知识，将参考图导入 Top(顶视图)和 Side(侧视图)中，如图 4.199 和图 4.200 所示。

步骤 2：在 Side(侧视图)中创建一个圆环。在工具架中单击■(圆环)图标。在侧视图中绘制圆环。通道盒中的具体参数设置如图 4.201 所示。

步骤 3：选择创建的圆环，进入圆环的面编辑模式。圆环总共有 20 段，选择 19 段面，将其删除，如图 4.202 所示。

图 4.199

图 4.200

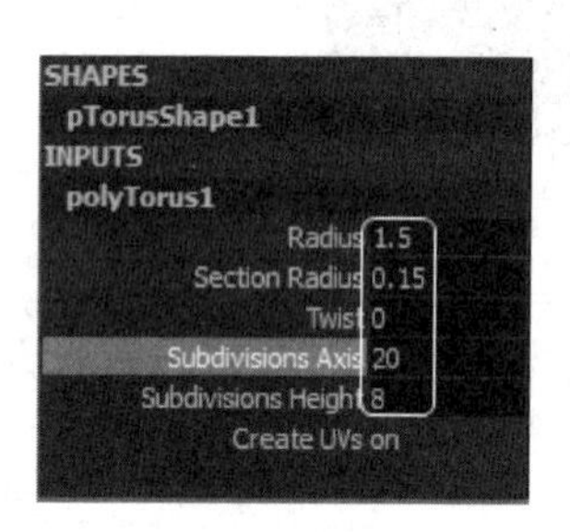

图 4.201

图 4.202

步骤 4：选择保留的面，退出元素编辑模式。在菜单栏中单击 Edit(编辑)→Duplicate Special(特殊复制)→▣图标，打开 Duplicate Special Options 窗口，具体设置如图 4.203 所示。

步骤 5：单击 Duplicate Special(特殊复制)按钮，即可得到图 4.204 所示的效果。

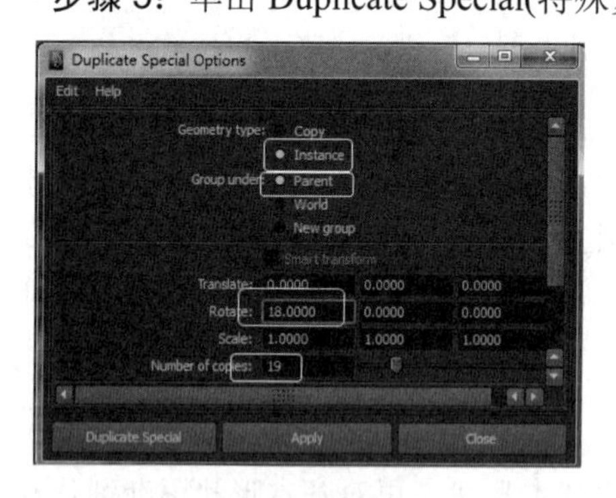

图 4.203

图 4.204

步骤 6：制作车轮的防滑凹槽。在工具架中单击▣(插入环形边工具)图标，选择其中的任意一段，插入环形边，如图 4.205 所示。

步骤 7：选择需要挤出的面，使用 Extrude(挤出)命令对选择的面进行挤出一次，进行适当缩放，再挤出一次，再进行适当的缩放，最终效果如图 4.206 所示。

步骤 8：选择所有对象，在菜单栏中选择 Mesh(网格)→Combine(合并)命令，将所有对象合并成一个对象，效果如图 4.207 所示。

步骤 9：进入合并对象的 Vertex(顶点)编辑模式，使用 Merge(缝合)命令，将其顶点进行合并，按键盘上的 3 键，效果如图 4.208 所示。

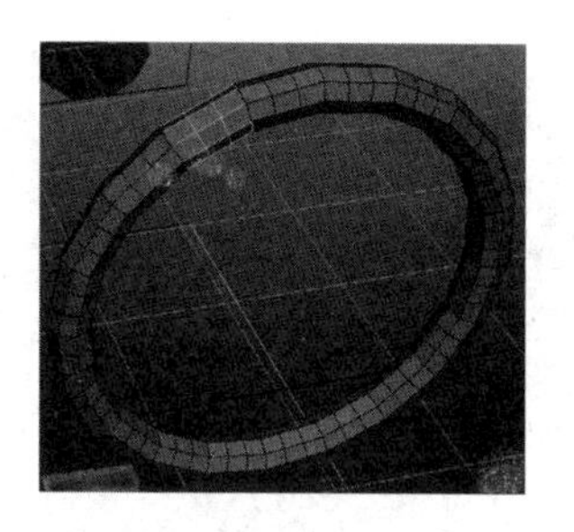

图 4.205

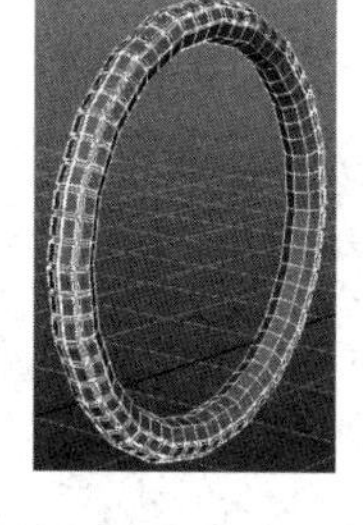

图 4.206

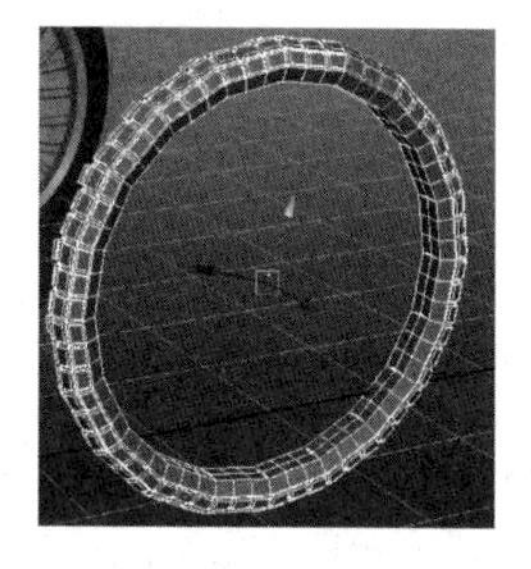

图 4.207

图 4.208

2. 制作自行车内轮胎

自行车的内轮胎制作主要是使用圆环来制作，比外轮胎要简单。具体制作方法如下。

步骤 1：在工具架中单击(圆环)图标，在 Side(侧视图)中创建一个圆环。通道盒中的具体参数设置如图 4.209 所示。

步骤 2：选择中间的一条环形边，进行缩放操作，如图 4.210 所示。最终效果如图 4.211 所示。

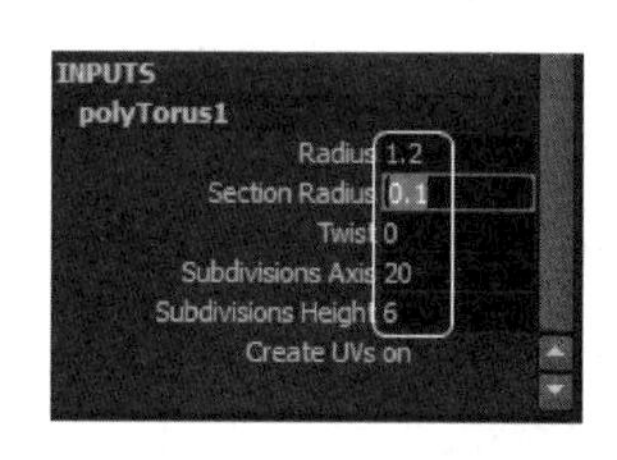

图 4.209

图 4.210

步骤 3：在没有取消环形边的情况下，在菜单栏中单击 Edit Mesh(编辑网格)→Bevel(倒角)→图标，打开 Bevel Options 窗口，具体设置如图 4.212 所示。

步骤 4：单击 Bevel(倒角)按钮完成倒角，将中间一条环形线删除，最终效果如图 4.213 所示。

图 4.211

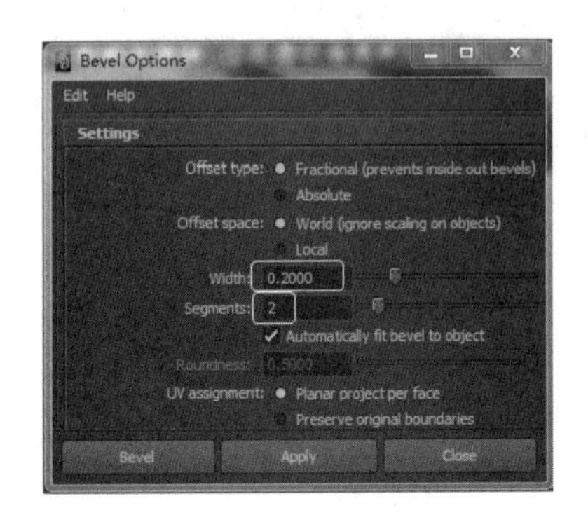

图 4.212

3. 制作自行车的轴承和钢丝

自行车轴承的制作主要使用一个圆柱体作为基本形状，再进行挤出和调节来制作，具体制作步骤如下。

步骤 1：在工具架中单击(圆柱体)图标，在 Side(侧视图)中创建一个圆柱体，并进行适当缩放操作，如图 4.214 所示。

图 4.213

图 4.214

步骤 2：选择面，使用 Extrude(挤出)命令进行挤出，再进行适当的调节，最终效果如图 4.215 所示。

步骤 3：在 Side(侧视图)中创建一个圆柱体，方法同上。使用 Extrude(挤出)命令和 Insert Edge Loop Tool(插入环形边工具)命令插入环形边，再选择面进行挤出操作，最终效果如图 4.216 所示。

图 4.215

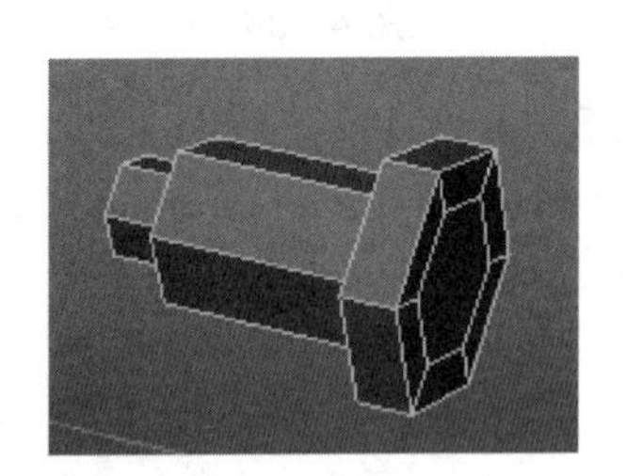

图 4.216

步骤 4：在菜单栏中选择 Create(创建)→CV Curve Tool(CV 曲线工具)命令。在 Front(前视图)中创建一条曲线，如图 4.217 所示。

步骤 5：选择曲线和曲线连接的面，在菜单栏中选择 Edit Mesh(编辑网格)→Extrude(挤出)命令，在通道栏中将 Divisions 的数值设置为 10。挤出的效果如图 4.218 所示。

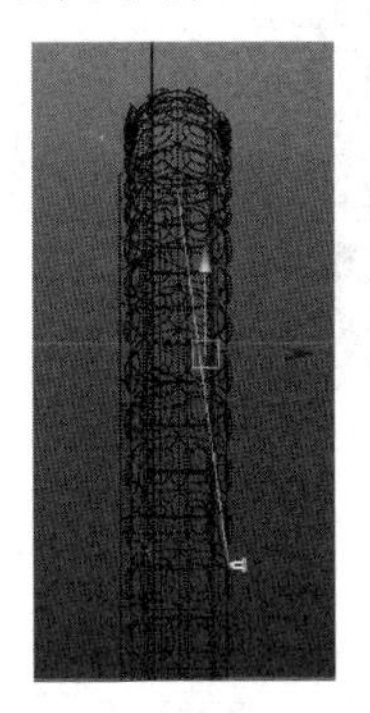

图 4.217

图 4.218

步骤 6：改变对象的轴心。其方法是在 Side(侧视图)中，按住键盘上的 D 键不放，移动轴心位置即可。

步骤 7：将钢丝再复制一根，通过旋转来调节位置，效果如图 4.219 所示。

步骤 8：使用 Insert Edge Loop Tool(插入环形边工具)命令在钢丝末端的适当位置插入环形边，再选择面进行挤出。最终效果如图 4.220 所示。

图 4.219

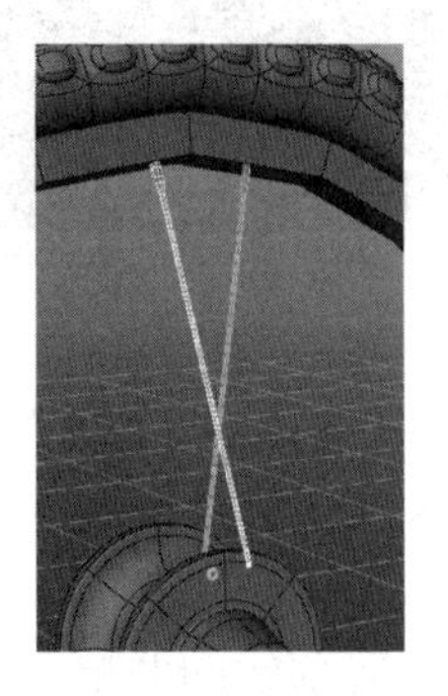

图 4.220

步骤 9：选择两根钢丝，在菜单栏中选择 Mesh(网格)→Combine(合并)命令，将两根钢丝合并为一个对象。将对象的轴心点移到轮胎中心位置。

步骤 10：在菜单栏中单击 Edit(编辑)→Duplicate Special(特殊复制)→■图标，打开 Duplicate Special Options 窗口，具体设置如图 4.221 所示。

步骤 11：单击 Duplicate Special(特殊复制)按钮，即可得到图 4.222 所示的效果。

步骤 12：选择所有复制出来的钢丝，按 Ctrl+D 键，复制一份并调节好位置，最终效果如图 4.223 所示。

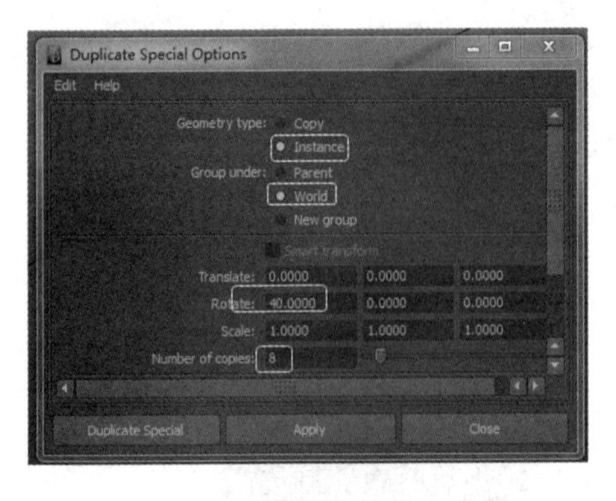

图 4.221

图 4.222

4. 制作自行车的支架

自行车的支架制作非常简单，大致步骤是绘制曲线和圆柱，再通过面沿曲线挤出，对挤出的对象进行缩放和位置调节即可。具体操作步骤如下。

步骤 1：绘制曲线。使用 CV Curve Tool(CV 曲线工具)命令绘制曲线，如图 4.224 所示。

图 4.223

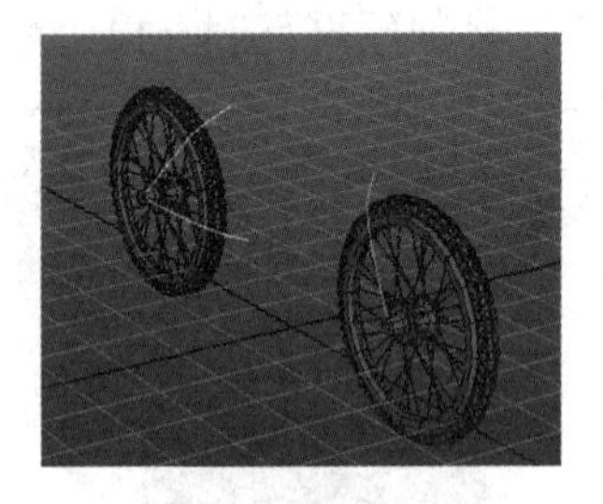

图 4.224

步骤 2：使用前面讲解的方法，创建一个圆柱体，选择面沿路径进行挤出。在通道盒中将 Divisions 的数值设置为 10，再将挤出的对象进行对称复制一份。最终效果如图 4.225 所示。

步骤 3：选择前轮的两根支架，执行 Combine(合并)命令，将两根支架合并为一根支架。选择面，执行 Bridge(桥接命令)，如图 4.226 所示。

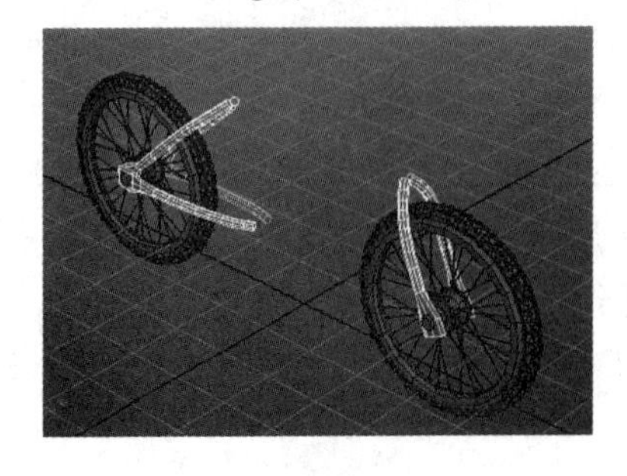

图 4.225

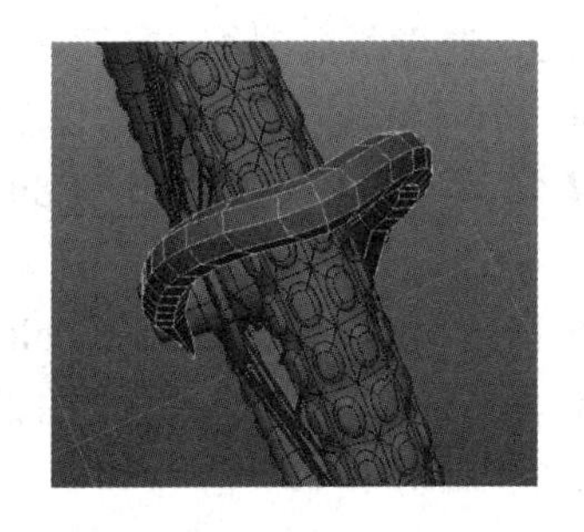

图 4.226

步骤 4：制作其他几根支架。方法很简单，创建圆柱体，进行缩放和位置调节即可。最终效果如图 4.227 所示。

5. 自行车后座的制作

自行车的后座制作方法是使用 CV Curve Tool(CV 曲线工具)命令绘制曲线，创建圆柱体，使用沿路径挤出命令进行挤出，再进行适当缩放和位置调节即可。其具体制作步骤如下。

步骤 1：使用 CV Curve Tool(CV 曲线工具)命令绘制曲线，如图 4.228 所示。

图 4.227

图 4.228

步骤 2：创建 3 个圆柱体。沿路径进行挤出，再进行适当的缩放操作，最终效果如图 4.229 所示。

步骤 3：选择两个面，使用 Bridge(桥接)命令对面进行桥接，最终效果如图 4.230 所示。

图 4.229

图 4.230

6. 自行车座板的制作

自行车座板的制作方法是创建一个球体，根据参考图进行旋转，删除一半，进行定点位置调节，使用 Extrude(挤出)命令进行挤出，执行 Bridge(桥接)命令进行。具体操作步骤如下。

步骤 1：在工具架中单击(球体)图标，创建一个球体。在 Side(侧视图)中旋转 90°，删除一半，调节好位置，如图 4.231 所示。

步骤 2：删除半球体前后两端细线，如图 4.232 所示。

步骤 3：根据参考图调节顶点的位置，按键盘上的 3 键，最终效果如图 4.233 所示。

步骤 4：选择座板对象，使用 Extrude(挤出)命令进行挤出，再使用 Insert Edge Loop Tool(插入环形边工具)命令插入 4 条环形边。

步骤 5：选择面，使用 Bridge(桥接)命令对选择的面进行桥接，制作出座板的支撑条。调节位置，最终效果如图 4.234 所示。

图 4.231

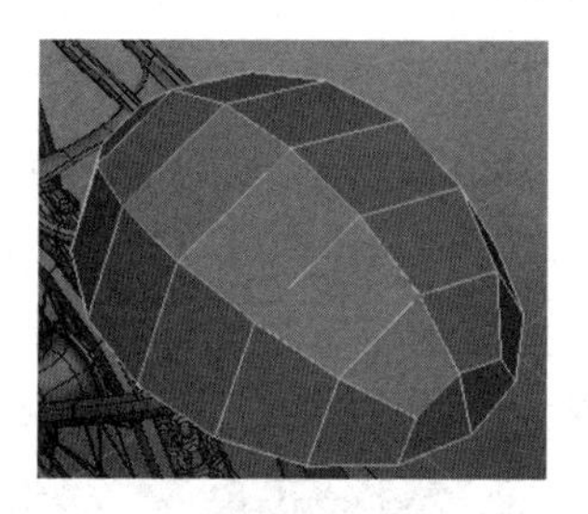

图 4.232

图 4.233

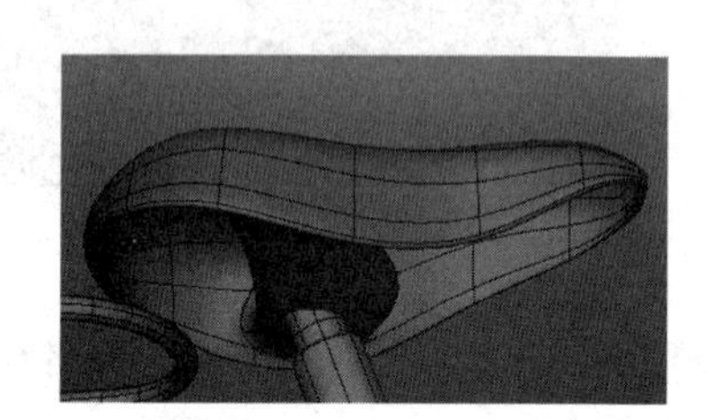

图 4.234

7. 自行车车头的制作

自行车车头的制作主要包括车头支架和刹车把的制作，主要通过使用基本物体编辑和沿路径挤出等操作来实现，具体操作步骤如下。

1) 制作自行车车头支架

步骤 1：通过 CV Curve Tool(CV 曲线工具)命令，在视图中绘制图 4.235 所示的曲线。

步骤 2：在工具架中单击(圆柱体)图标，在 Side(侧视图)中创建一个圆柱体。选择圆柱需要挤出的面和曲线，执行 Extrude(挤出)命令进行挤出。

步骤 3：在通道盒中将 Divisions 的数值设置为 30，最终效果如图 4.236 所示。

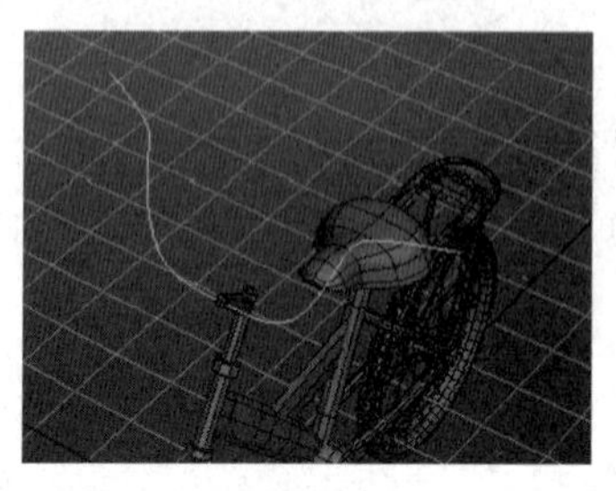

图 4.235

图 4.236

步骤 4：选择挤出的对象，进入面编辑模式，再选择面进行挤出，最终效果如图 4.237 所示。

2) 制作自行车刹车把

步骤 1：在工具架中单击(圆柱体)图标，在 Side(侧视图)中创建一个圆柱体，大小稍稍比自行车支架大一点。

步骤 2：根据参考图选择面进行挤出、缩放和顶点的调节，最终效果如图 4.238 所示。

图 4.237

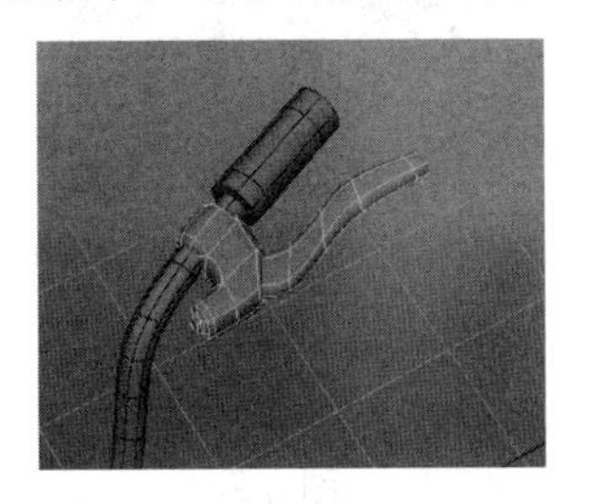

图 4.238

步骤 3：将制作好的刹车把进行对称复制一个，调节好位置。最终效果如图 4.239 所示。

8. 制作自行车刹车

自行车的刹车主要分为前刹和后刹。前刹和后刹的制作主要通过圆柱体作为基本对象，通过插入边、挤出和调节来制作。具体操作步骤如下。

1) 前刹的制作

步骤 1：在 Front(前视图)中创建一个圆柱体并进行适当的调节，如图 4.240 所示。

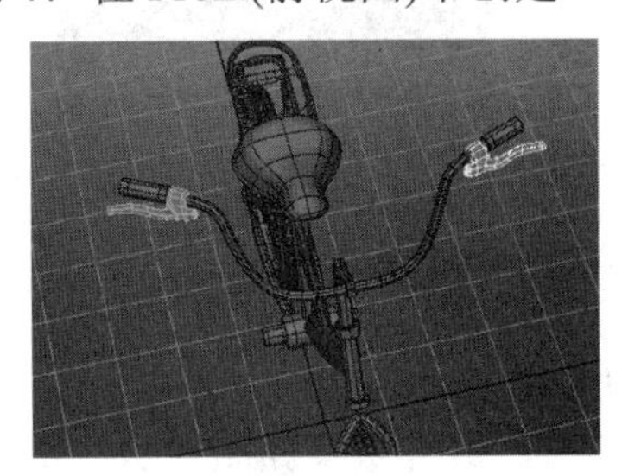

图 4.239

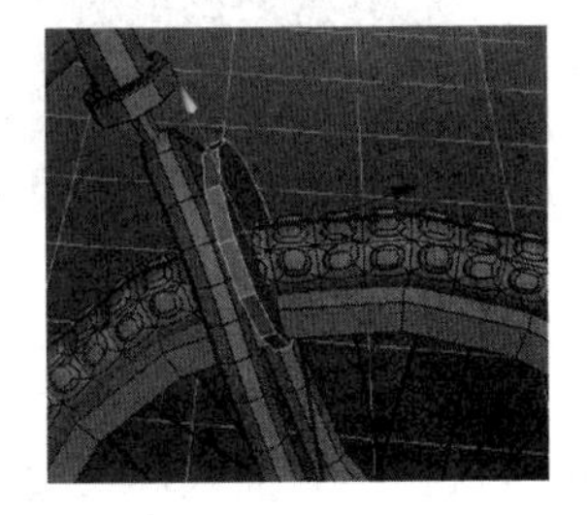

图 4.240

步骤 2：选择圆柱体两侧的面进行挤出和缩放操作，将中间和下边的面删除，效果如图 4.241 所示。

步骤 3：使用 Append to Polygon Tool(添加到多边形工具)命令进行添加边操作，最终效果如图 4.242 所示。

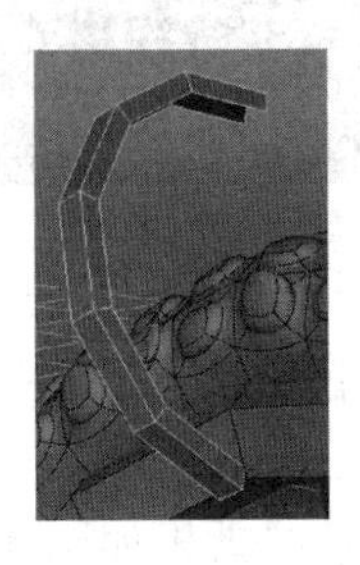

图 4.241

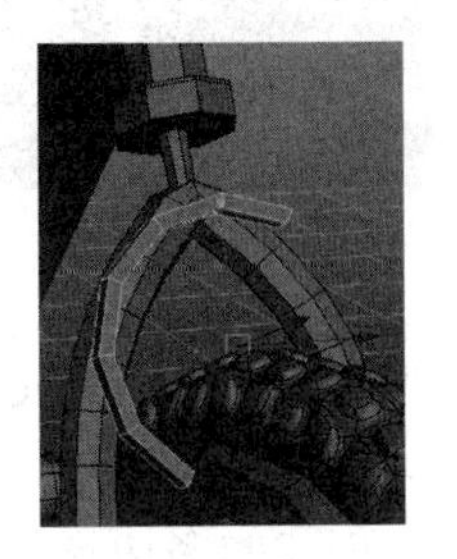

图 4.242

步骤 4：使用 Extrude(挤出)命令和缩放工具进行挤出和缩放操作，再对顶点进行调节，最终效果如图 4.243 所示。

步骤 5：将制作好的前刹的一半进行对称复制，调节好位置，如图 4.244 所示。

图 4.243

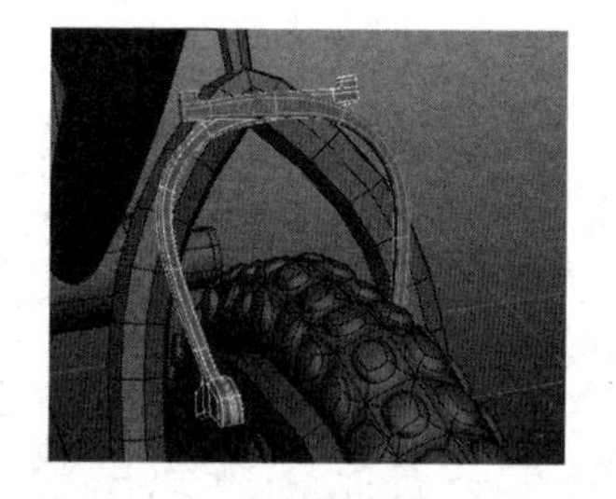
图 4.244

步骤 6：使用圆柱体作为基本体，制作一颗螺丝，最终效果如图 4.245 所示。

2) 制作自行车的后刹

步骤 1：在 Side(侧视图)中创建一个圆柱体，选择面使用 Extrude(挤出)命令进行挤出，效果如图 4.246 所示。

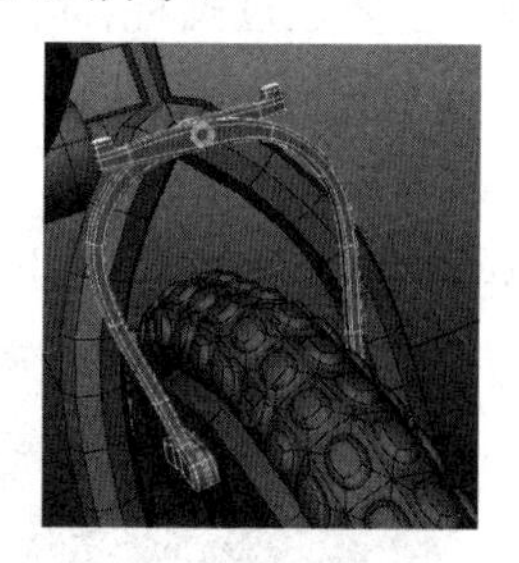
图 4.245

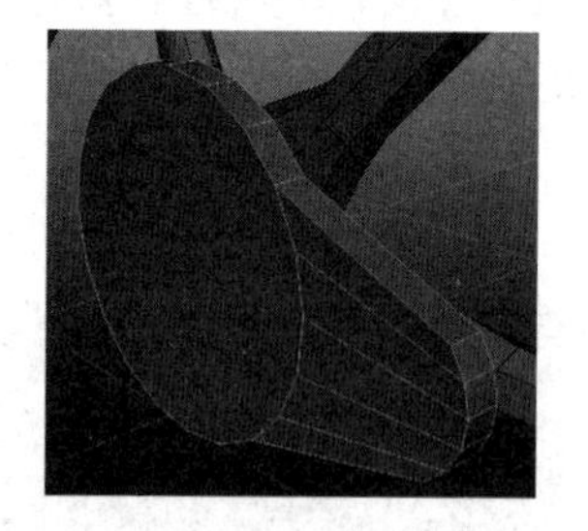
图 4.246

步骤 2：删除内侧的边之后，选择内侧面，使用 Extrude(挤出)命令进行挤出，再使用 Insert Edge Loop Tool(插入环形边工具)命令插入循环边，最终效果如图 4.247 所示。

步骤 3：再创建一个圆柱体，效果如图 4.248 所示。

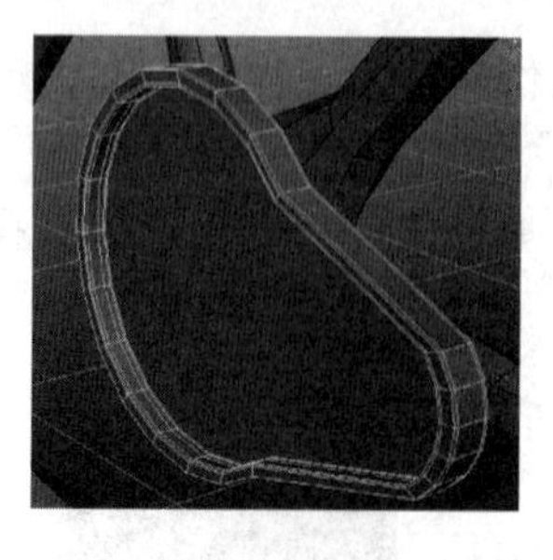
图 4.247

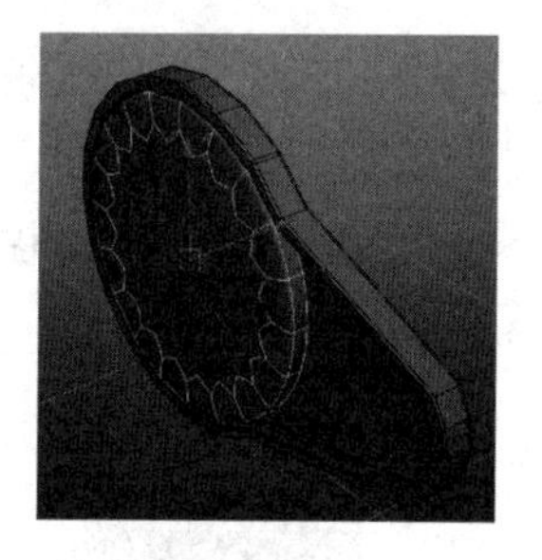
图 4.248

步骤 4：使用 Create polygon Tool(创建多边形工具)命令在 Side(侧视图)中绘制图 4.249 所示的多边形。

步骤 5：对创建的多边形形状进行挤出和插入环形边，最终效果如图 4.250 所示。

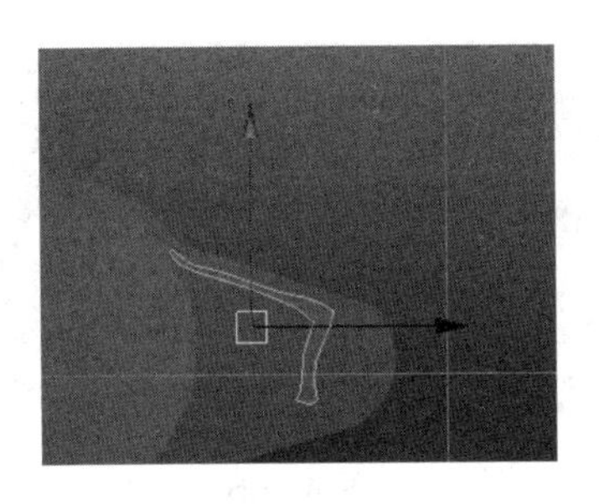

图 4.249

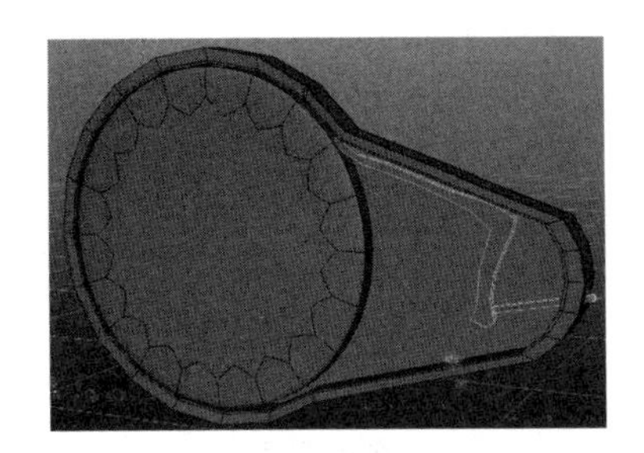

图 4.250

步骤 6：再使用 Split Polygon Tool(分离多边形工具)命令添加一些边，如图 4.251 所示。

9. 制作自行车的齿轮和链条

1) 自行车压盘的制作

自行车压盘的制作比较简单，使用圆柱体进行挤出即可，具体操作步骤如下。

步骤 1：在 Side(侧视图)中创建一个圆柱体，如图 4.252 所示。

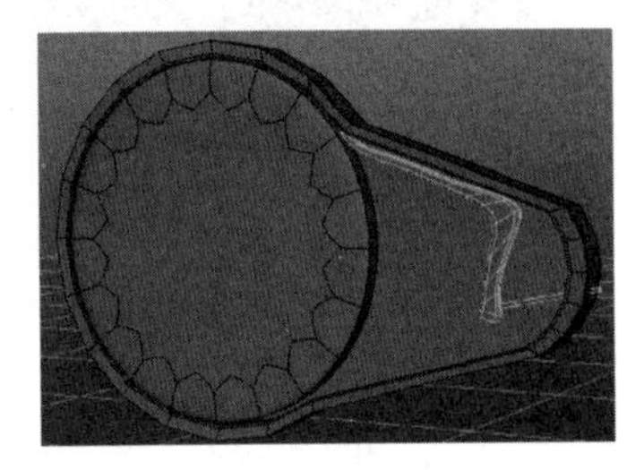

图 4.251

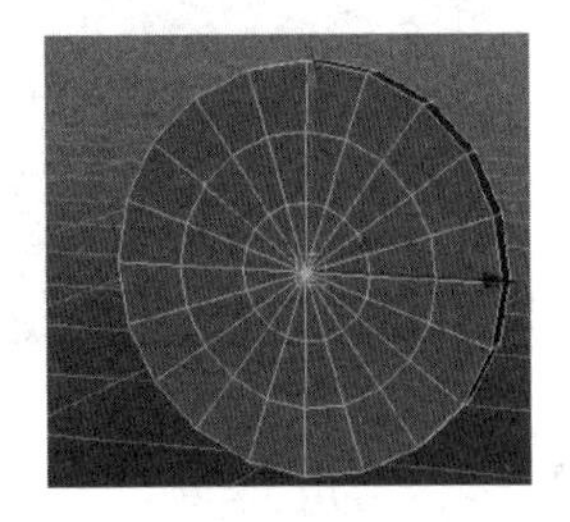

图 4.252

步骤 2：将 Keep Faces Together(保持面合并)命令前面的钩去掉。选择圆柱体的面进行挤出和缩放操作(图 4.253)，再挤出一次，按键盘上的 3 键，最终效果如图 4.254 所示。

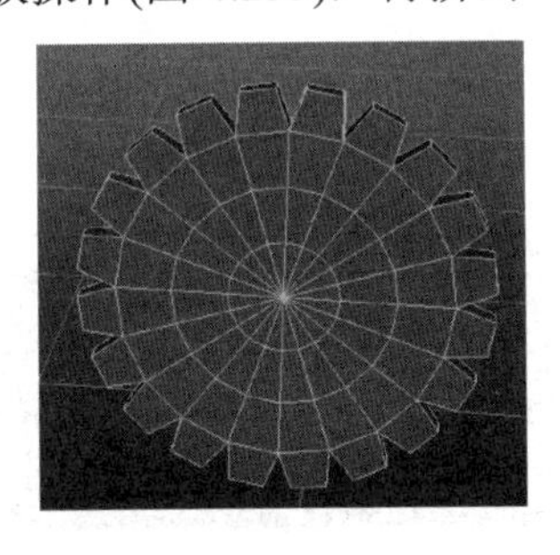

图 4.253

图 4.254

步骤 3：将制作好的齿轮复制一个，进行缩放和位置调节，最终效果如图 4.255 所示。

2) 自行车链条的制作

自行车链条的制作主要使用圆柱体和立方体来制作链条的基本形态，再通过动画中的相关命令来制作。具体制作步骤如下。

步骤 1：制作闭合曲线。在 Side(侧视图)中创建一个圆形，进入圆形的控制点编辑模式，对控制点进行调节，最终形状如图 4.256 所示。

图 4.255

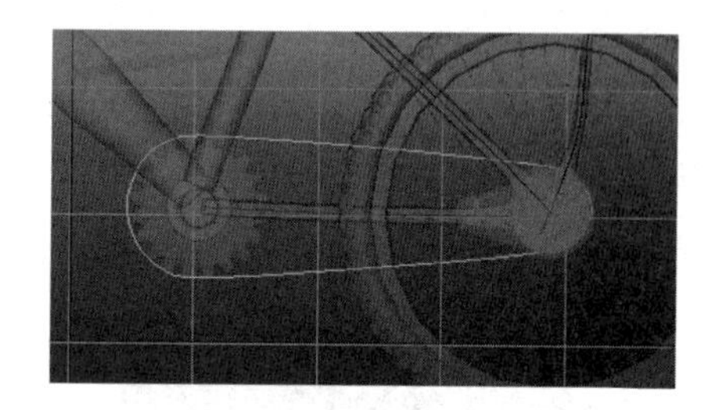

图 4.256

步骤 2：在视图中创建 6 个圆柱体和 2 个立方体，根据参考图的要求，进行适当缩放和调节，并对这 6 个圆柱体和 2 个立方体进行 Combine(合并)操作，最终效果如图 4.257 所示。

步骤 3：选择对象和曲线。在菜单栏中选择 Animate(动画)→Motion Paths(运动路径)→Attach to Motion Path(连接到运动路径)命令，如图 4.258 所示。

图 4.257

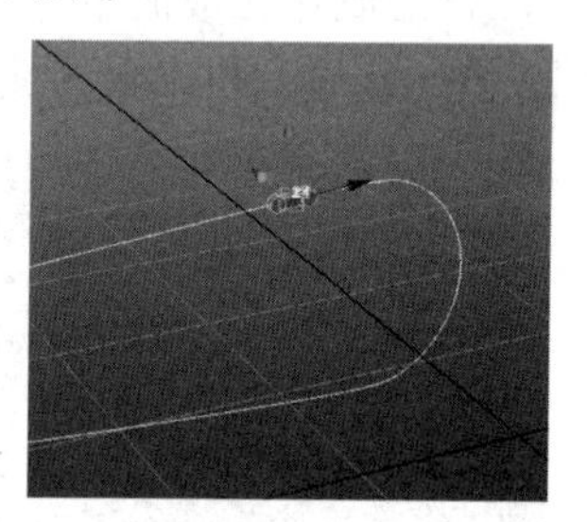

图 4.258

步骤 4：在菜单栏中单击 Animate(动画)→Create Animation Snapshot(创建动画快照)→▣图标，打开 Animation Snapshot Options 窗口，具体设置如图 4.259 所示。

步骤 5：单击 Snapshot(快照)按钮，即可得到图 4.260 所示的效果。

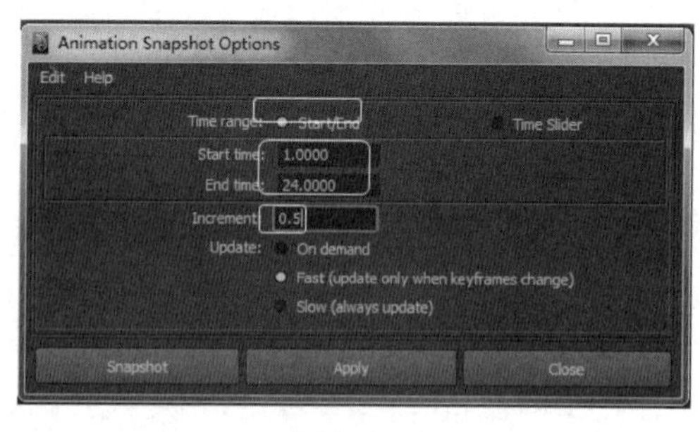

图 4.259

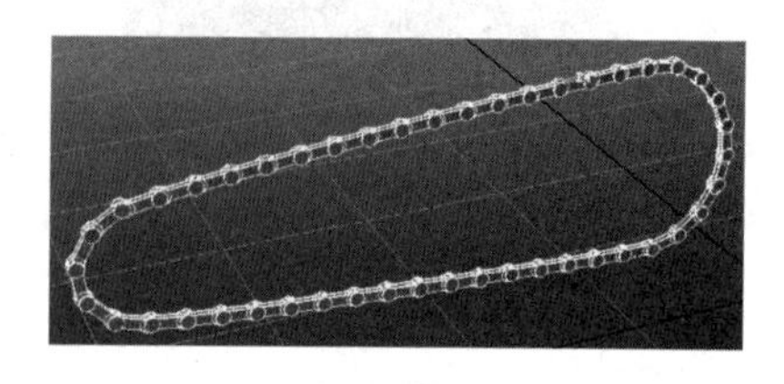

图 4.260

步骤 6：选中链条的所有对象，执行 Combine(合并)命令，调节好位置，最终效果如图 4.261 所示。

10. 制作曲柄和脚踏

曲柄和脚踏的制作比较简单，主要是使用立方体和圆柱体作为基本体，进行挤出、调点、桥接和添加多边形来制作。具体制作步骤如下。

1) 制作曲柄

步骤 1：在 Side(侧视图)中创建两个圆柱体，进行适当的缩放操作。选择两个圆柱体，执行 Combine(合并)命令。以进行合并后对象的面操作为模型，选择面，执行 Bridge(桥接)命令。最终效果如图 4.262 所示。

步骤 2：使用 Extrude(挤出)命令和 Insert Edge Loop Tool(插入环形边工具)命令进行挤出和插入环形边操作，最终效果如图 4.263 所示。

2) 制作脚踏

步骤 1：在视图中创建一个立方体，如图 4.264 所示。

图 4.261

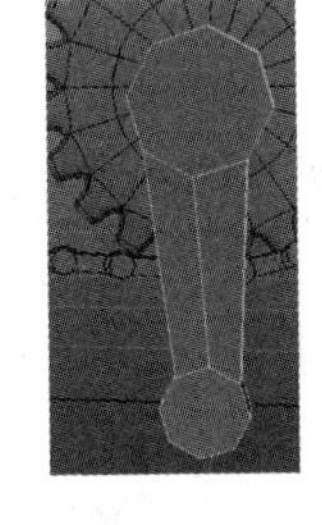

图 4.262

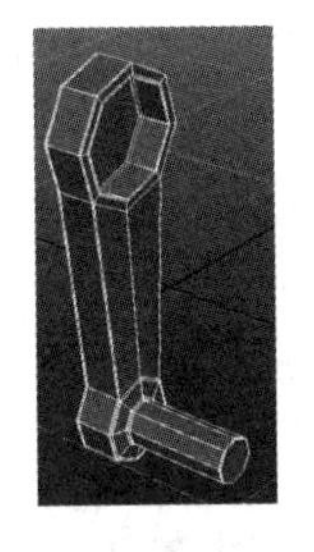

图 4.263

图 4.264

步骤 2：使用 Insert Edge Loop Tool(插入环形边工具)命令插入环形边并进行顶点调节，最终效果如图 4.265 所示。

步骤 3：删除不要的面，使用 Append to Polygon Tool(添加多边形工具)命令添加面，再对顶点进行适当调节，最终效果如图 4.266 所示。

步骤 4：使用 Insert Edge Loop Tool(插入环形边工具)命令插入环形边，最终效果如图 4.267 所示。

步骤 5：方法同步骤 3。删除面再根据参考图的结构添加面，按键盘上的 3 键，最终效果如图 4.268 所示。

图 4.265

图 4.266

图 4.267

图 4.268

步骤 6：将曲柄和脚踏进行对称复制，适当调节位置，最终效果如图 4.269 所示。

步骤 7：在 Front(前视图)中创建一个圆柱体，进行挤出和添加环形边来制作一颗螺丝，再复制一颗，调节好位置，如图 4.270 所示。

11. 制作刹车线

刹车线的制作方法是创建一个圆柱体，选择圆柱体的面，再沿曲线进行挤出操作。其具体操作步骤如下。

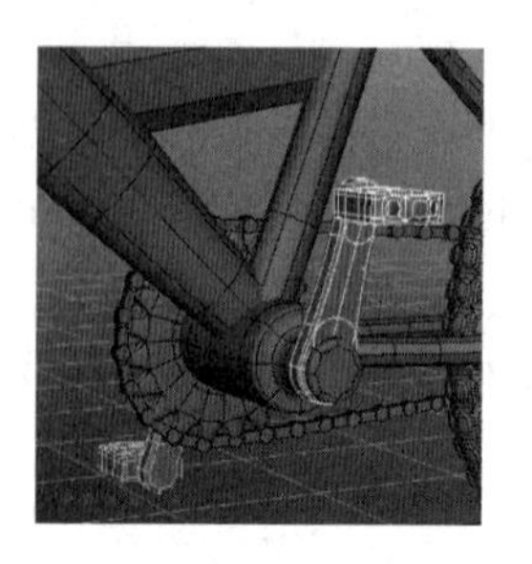

图 4.269

图 4.270

步骤 1：将前面制作的对象全部选中，执行 Combine(合并)命令，将所有物体合并成一个对象。

步骤 2：在工具栏中单击(吸附到对象)图标，再使用 CV Curve Tool(CV 曲线工具)命令，沿对象创建两条曲线，调节控制点的位置，两条曲线如图 4.271 所示。

步骤 3：创建两个圆柱体，调节好位置，分别选择面进行沿路径挤出操作，最终效果如图 4.272 所示。

图 4.271

图 4.272

12. 制作自行车的停车柱

自行车停车柱的制作很简单，在 Front(前视图)中创建一个立方体，进行挤出和调点操作即可，最终效果如图 4.273 所示。

图 4.273

视频播放：自行车模型制作的详细讲解，请观看配套视频“part\video\chap04_video04”。

四、拓展训练

根据前面所学知识制作如下模型。详细操作步骤读者可以参考配套视频资源。

案例 5：人体模型的制作

一、案例效果

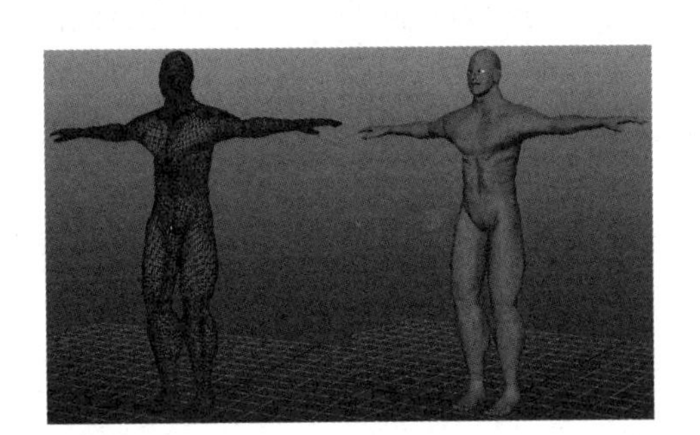

二、案例制作流程(步骤)分析

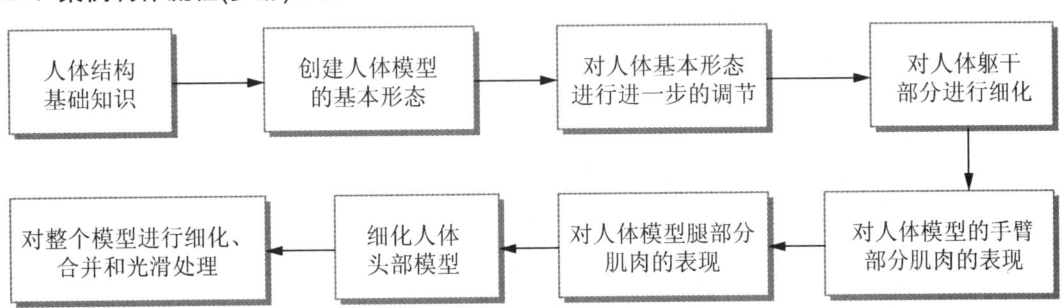

三、详细操作步骤

通过前面案例的学习，相信读者已经熟练掌握了 Polygon(多边形)建模的相关命令和制作流程。在本案例中，给读者讲解如何使用 Polygon(多边形)建模的方法来制作一个男性人体模型。男性人体建模从技术上来讲，没有什么难度，主要要求读者非常熟悉人体结构比例和肌肉分布情况，这样才能制作出好的人体模型。

人体模型的制作主要分为头部、躯干和四肢模型的制作。在制作男性人体之前，先来了解与人体有关的知识。

1. 人体结构基础知识

在制作人体模型中，主要了解人体的骨骼系统、肌肉系统、人体比例关系和主要关节以及它们在人体外形上的变化规律。

1) 人体骨骼系统

人体的组织结构非常复杂和精密，其中人体骨骼系统起了关键性的作用。因为骨骼是人体内固定的支架，是相对比较稳定的实体，基本上决定了人体比例关系、形体大小和个性特征。

一个人从婴儿到成年再到老年，骨骼虽然有所变化，但它的相对位置基本不变。这也是决定一个人的个性特征的原因所在。在制作人体模型时，了解一些有关人体骨骼结构的知识是非常必要的，是人体建模中布线的依据。在这里，就不详细介绍了，希望读者自己找一些有关人体结构方面的书籍了解人体骨骼系统。人体骨骼结构图如图 4.274 所示。

2) 人体肌肉系统

人体肌肉是人体运动的动力器官，是人的生命活动的重要体现。它与人体骨架共同构成了人体外形轮廓和起伏变化。但与骨骼不同的是，肌肉是人体表面形态的主要决定因素，每一块肌肉都具有一定形态、结构和功能，在躯体神经支配下收缩或舒张，进行随意运动。在人体建模中，最难的也是人体肌肉表现和布线。人体肌肉分布图如图 4.275 所示。

3) 人体比例关系

掌握人体比例是人体建模最基本的要求，在人体建模中主要要求掌握全身比例、头部比例、躯干比例、四肢比例、两性的比例和形体差异。

(1) 全身比例。在这里以一个成年人全身高为七个半头长为例，人体比例图如图 4.276 所示。

① 从头顶到下巴为一个头长。

② 从下巴到乳头为一个头长。

③ 从乳头到肚脐为一个头长。

④ 从肚脐到会阴为一个头长。

⑤ 从会阴到膝盖中部为一个半头长。

⑥ 从膝盖中部到脚跟(足底)为两个头长。

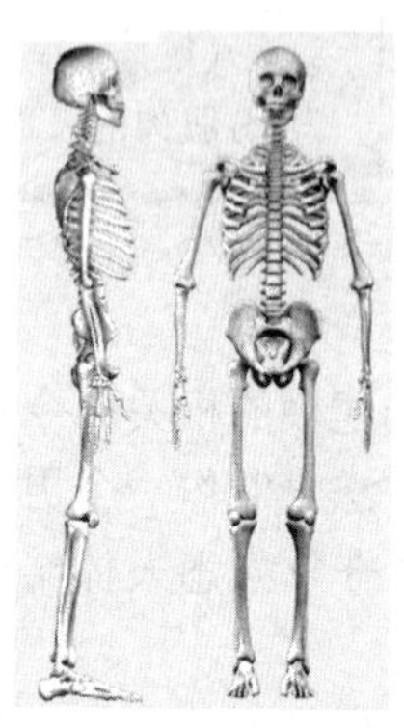

图 4.274

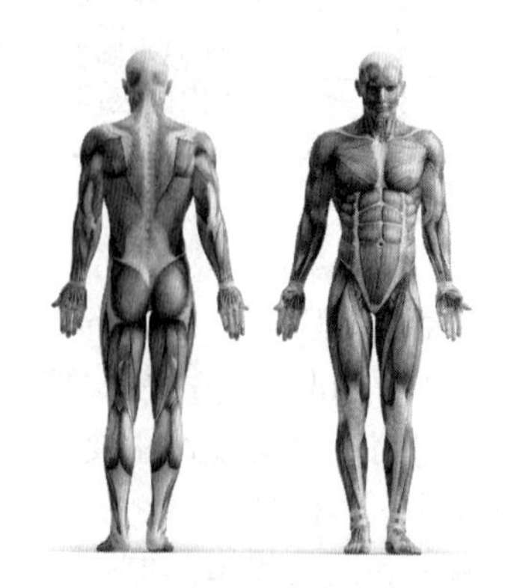

图 4.275

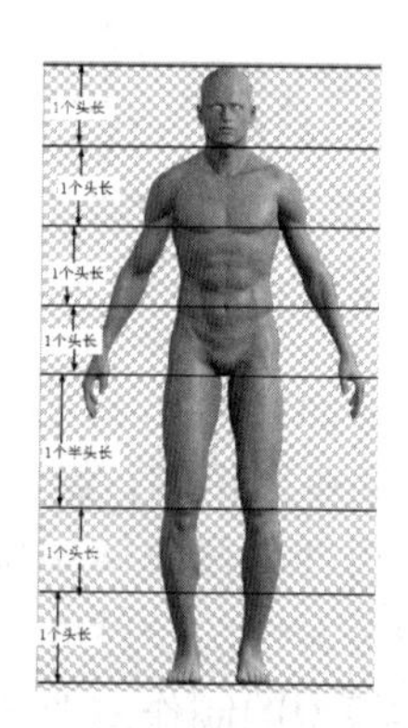

图 4.276

(2) 头部比例。在研究头部比例的时候，一般以“三庭五眼”作为标准。

① 三庭：指发际至眉间、眉间至鼻尖和鼻尖至下巴这 3 段的距离相等。

② 五眼：指眼睛位置的正面脸宽，可分为五等份。脸边至眼角和两内眼角之间均为一个眼睛的宽度，加上两个眼睛的宽度为 5 个眼睛的宽度。

除了掌握“三庭五眼”的比例之外，还需要了解以下比例关系，如图 4.277 所示。

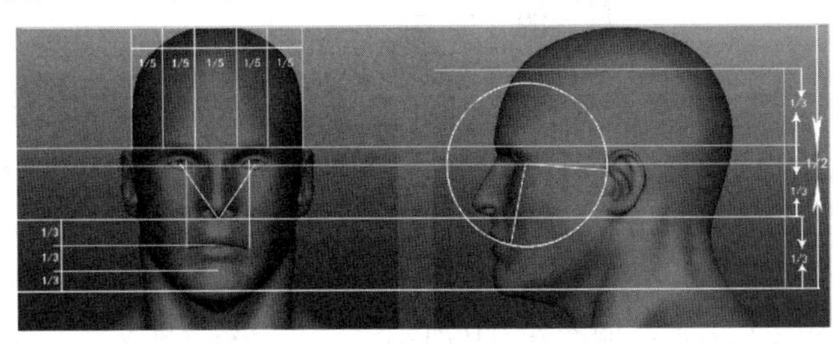

图 4.277

① 头顶至发际相当于发际至眉间距离的一半。

② 耳朵的上端一般与眉毛齐平，下端与鼻尖齐平。

③ 两眼的外眼角至鼻尖形成等腰三角形。

④ 鼻翼等于两眼内角的宽度。

⑤ 两个瞳孔之间的距离等于两嘴角的宽度。

⑥ 嘴巴口裂处在鼻尖至下巴 1/3 的位置。

⑦ 从侧面看，外眼角至耳屏与外眼角至嘴角的距离相等。

⑧ 一般情况，头部高度的 1/2 处在眼睛的水平线上，但儿童和老人的眼睛位置都低于头部高度的 1/2(1/2 一般在眉毛的水平线上)。

(3) 躯干比例，躯干一般情况下为 3 个头长，具体比例情况如下。

① 从正面看，颌底至乳线为一个头长，乳线至脐孔为一个头长，脐孔至耻骨稍下方处(会阴)为一个头长，如图 4.278 所示。

② 从背面看，第七颈椎至肩胛骨下角为一个头长，肩胛骨下角至髂嵴为一个头长，髂嵴至臀部为一个头长，颈宽为半个头长，肩宽为两个头长，如图 4.278 所示。

③ 男女躯干比例差异较大，躯干正面从肩线至腰线再至大转子连线形成的两个梯形来看，男性上大下小，1/2 处在第十肋骨；女性上小下大，1/2 处接近胸廓处。

④ 从侧面看，男女均为喇叭形，背部第七颈椎至臀褶线大于前侧肩窝至耻骨联合的长度。

⑤ 躯干背面以腰际线为界，男性背部长于臀部，女性背部与臀部的距离相等，即女性背面从肩线至臀部线一半的部位为腰际线。

(4) 四肢比例。四肢分为上肢和下肢，具体比例情况如下。

① 上肢一般情况下为 3 个头长。上臂为 4/3 个头长，前臂为一个头长，手掌为 2/3 头长，如图 4.279 所示。

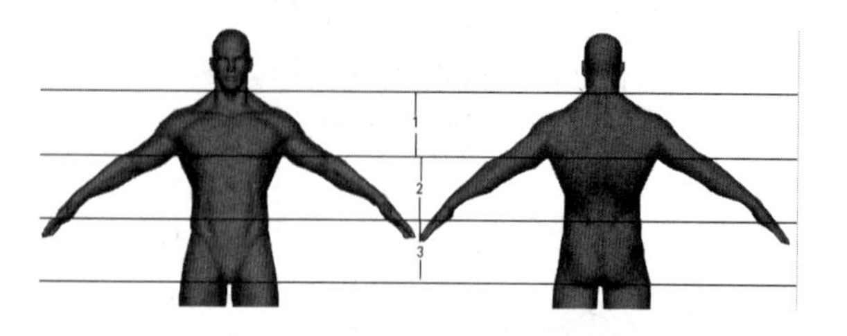

图 4.278

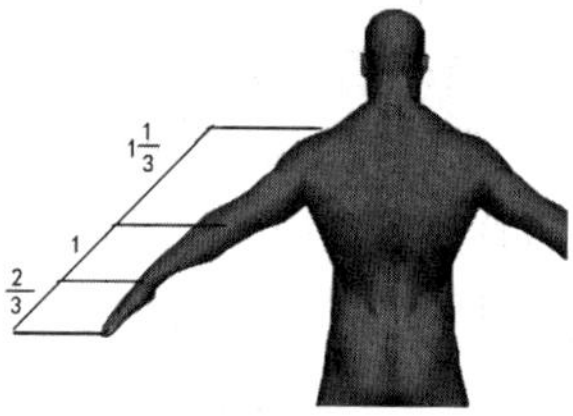

图 4.279

② 手的长度为宽度的两倍。从掌面观看，手掌比手指长；从手背观看，手指比手掌长；拇指的两节长度相等；另外四指分三节，手指第一节略长于第二、第三节。

③ 一般情况下，下肢为 4 个头长，从股骨大转子连线算起，到膝盖中部为两个头长，从膝盖中部到足底为两个头长，如图 4.280 所示。脚背高约 1/4 头长，足底(脚板)为一个头长，足宽为 1/3 头长。

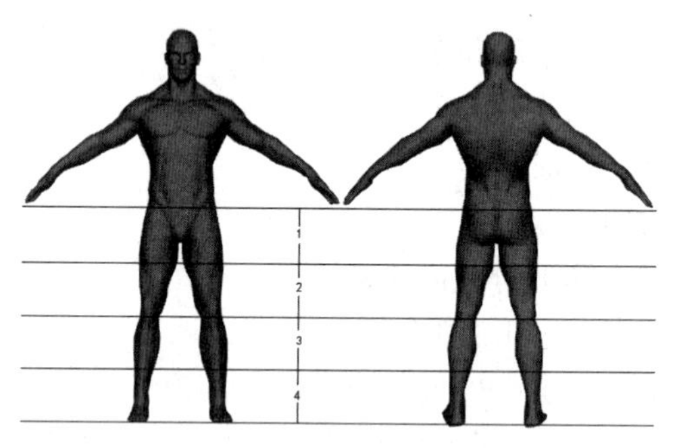

图 4.280

④ 一个人的高矮一般情况下由下肢的长度决定。人矮主要是腿短，尤其是小腿短。

(5) 两性的比例和形体差异。男女人体之间的比例差异，主要表现在躯干部位。正常情况下，男性腰部以上发达，女性腰部以下发达，男女各种形体或比例的具体区别有如下几点。

① 男性的头骨呈方形，显得比较大，而女性的头骨呈圆形，显得比较小，所以同高度的男性和女性，女性显得比较高。

② 男性的脖子比较粗，显得比较短；女性的脖子比较细，显得比较长。

③ 男性的肩膀高、平、方、宽，两肩之间的宽度为两个头长；女性的肩膀低、斜、圆、窄，两肩之间的宽度约为 5/3 头长。

④ 男性的胸廓比较大，两乳头之间为一个头长；女性的胸廓小，两乳头之间不足一个头长。

⑤ 男性的腰比较粗，腰线位置低，接近肚脐；女性腰细，腰线位置高，高出肚脐很多。

⑥ 男性的骨盆窄而高，臀部较窄小，只有一个半头长或更窄；女性的骨盆阔而低，臀部比较宽大，基本上与肩膀一样宽，为一个半至两个头长或更宽。

⑦ 男性大腿肌肉起伏明显，轮廓清晰；女性肌肉圆润丰满，轮廓平滑。

⑧ 男性小腿肚大，脚趾比较粗短；女性小腿肚小，脚趾比较细长。

2. 创建人体模型的基本形态

人体模型基本形态的创建比较简单，导入参考图，根据参考图使用立方体作为基本体，进行加边和调点来制作，具体制作步骤如下。

步骤 1：根据前面所学知识，分别在 Front(前视图)和 Side(侧视图)中导入图 4.281 所示的两张参考图。

步骤 2：在工具架中单击■(立方体)图标，在视图中创建一个立方体，如图 4.282 所示。

步骤 3：进入立方体的 Face(面)编辑模式，在 Front(前视图)中选择面的一半，将其删除；退出 Face(面)编辑模式，进入对象编辑模式。

步骤 4：进行镜像关联复制。选择剩下来的一半立方体，在菜单栏中单击 Edit(编辑)→Duplicate Special(特殊复制)→■图标，打开 Duplicate Special Options 窗口，具体设置如图 4.283 所示。

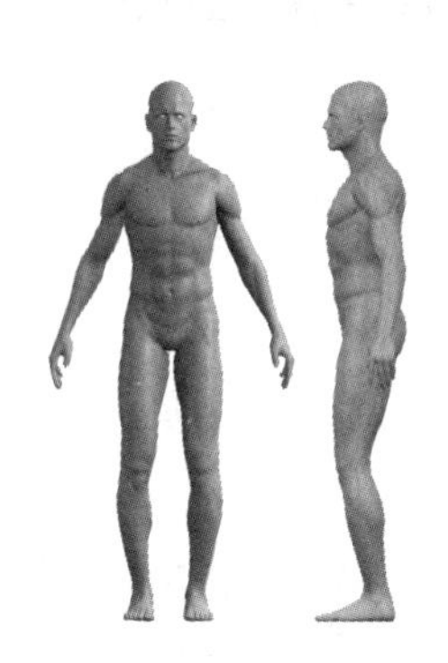

图 4.281

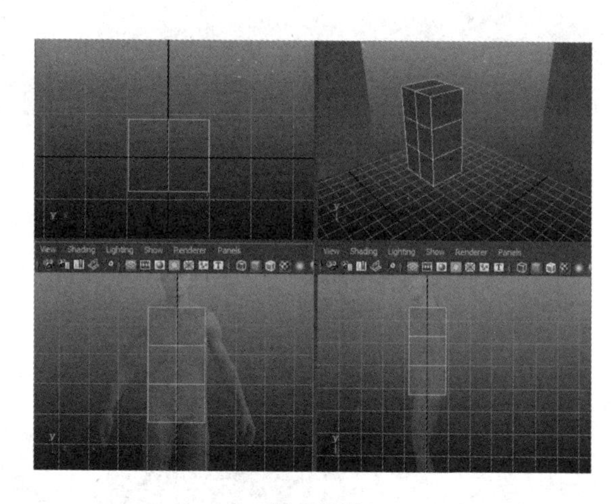

图 4.282

步骤 5：单击 Duplicate Special(特殊复制)按钮即可复制出关联的另一半。

步骤 6：进入对象的 Vertex(顶点)编辑模式，在 Front(前视图)中调节顶点的位置，最终效果如图 4.284 所示。

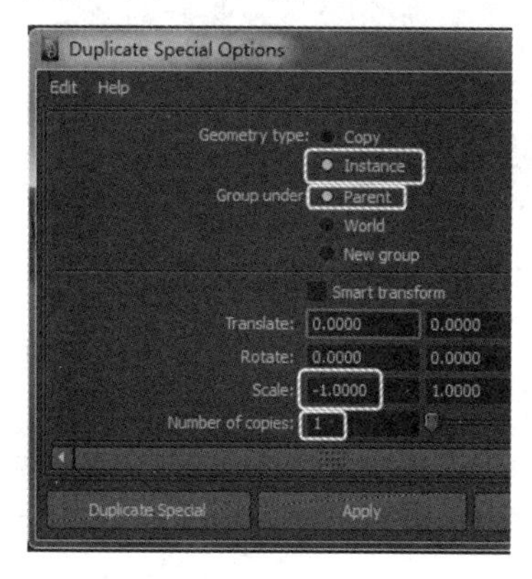

图 4.283

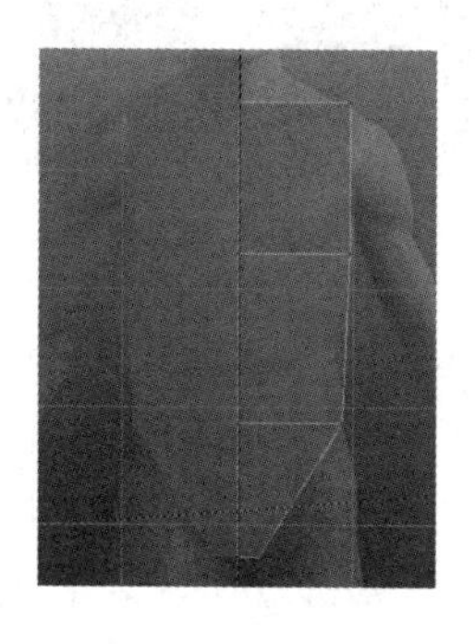

图 4.284

步骤 7：进入对象的 Face(面)编辑模式，选择斜面，使用 Extrude(挤出)命令，对选择的面进行挤出，并移动和调节顶点，如图 4.285 所示。

步骤 8：继续使用 Extrude(挤出)命令，对选择的面进行连续挤出和顶点调节，最终效果如图 4.286 所示。

图 4.285

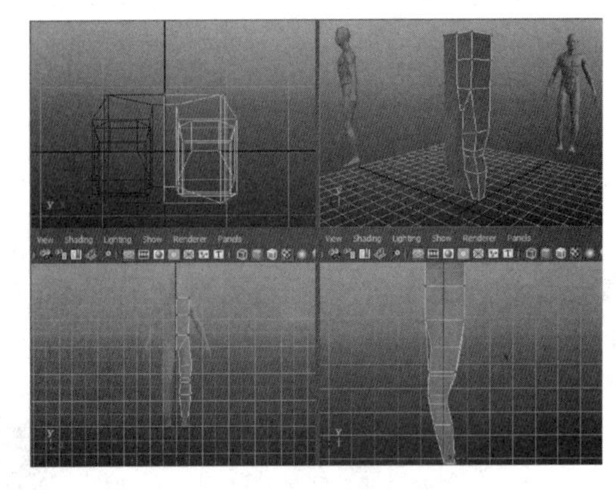

图 4.286

步骤 9：选择顶部的面，使用 Extrude(挤出)命令进行挤出，再对选择的面进行缩放和顶点的调节操作，制作出锁骨的基本形状，如图 4.287 所示。

步骤 10：继续对面进行挤出操作，调节出头部的大致形状，如图 4.288 所示。

步骤 11：使用 Insert Edge Loop Tool(插入环形边工具)命令，在胸部插入几条环形边，调节顶点的位置，突出胸部的形状，如图 4.289 所示。

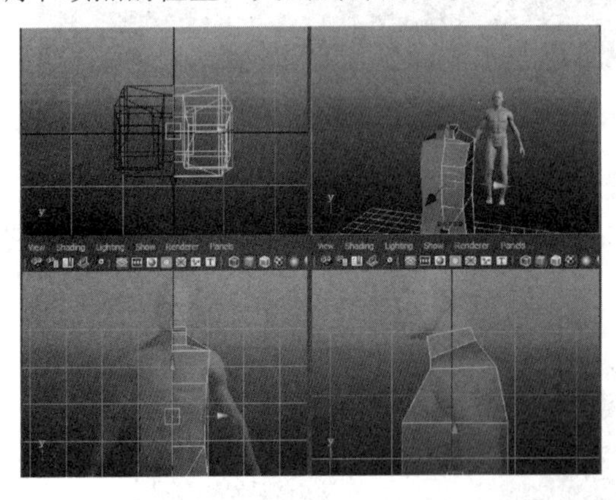

图 4.287

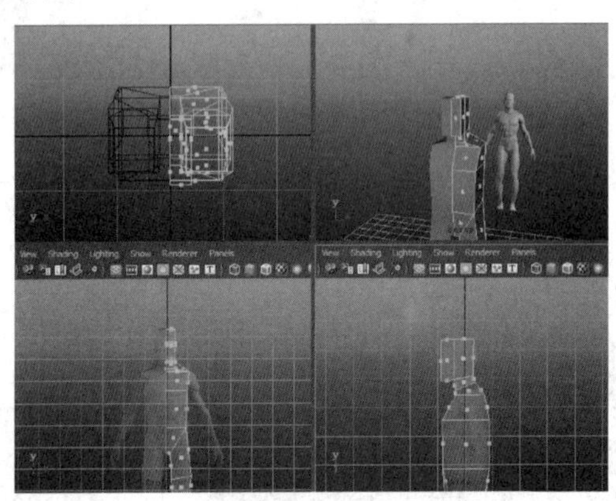

图 4.288

步骤 12：根据参考图选择面，使用 Extrude(挤出)命令挤出手臂，再对顶点位置进行缩放和位置调节，创建出手臂的大臂和小臂的基本形态，如图 4.290 所示。

步骤 13：选择手臂(不包含三角肌位置)的 Vertice(顶点)，按住键盘上的 D 键，将中心点移到三角肌位置处，再对选择的顶点进行旋转，将整个身体调节成“大”字形状，如图 4.291 所示。

步骤 14：选择手臂前端的面，挤出手腕，如图 4.292 所示。

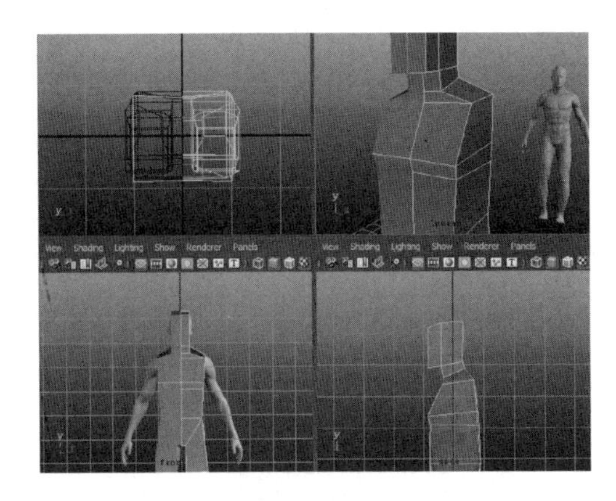

图 4.289

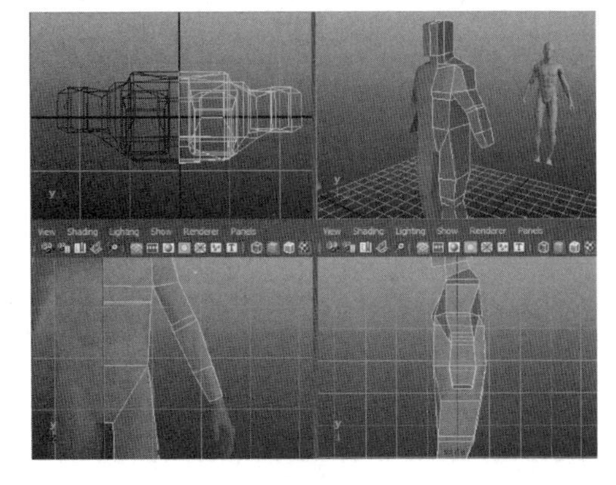

图 4.290

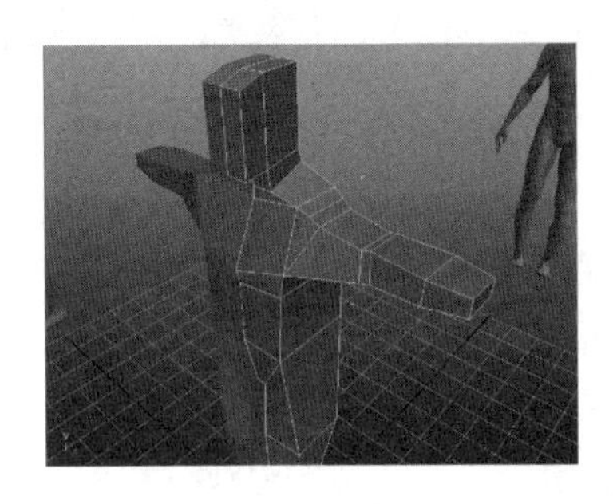

图 4.291

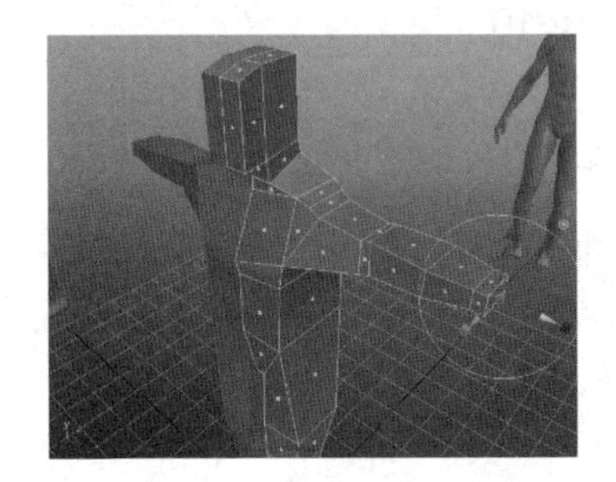

图 4.292

步骤 15：选择前臂的部分 Vertice(顶点)，如图 4.293 所示。

步骤 16：在 Side(侧视图)中，对选择的 Vertice(顶点)沿 X 轴旋转 30°～45°，如图 4.294 所示。

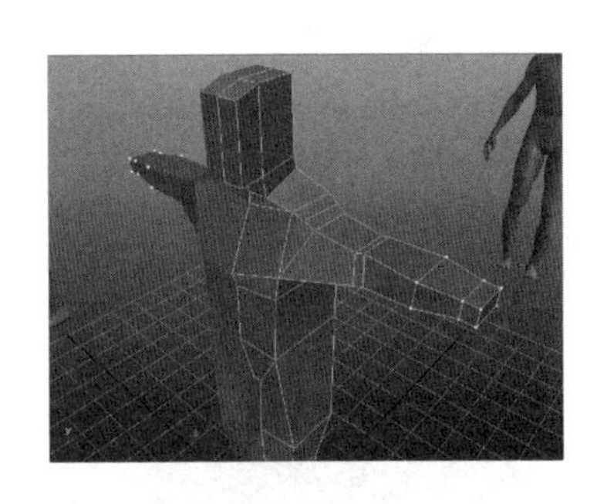

图 4.293

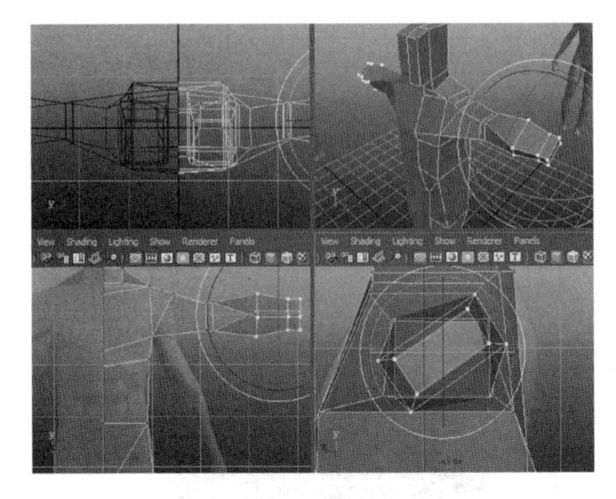

图 4.294

步骤 17：选择手腕部分的 Vertice(顶点)，继续旋转，使手腕平行，最终效果如图 4.295 所示。

步骤 18：根据参考图和人体比例，调节手臂和手腕的形状大小，如图 4.296 所示。

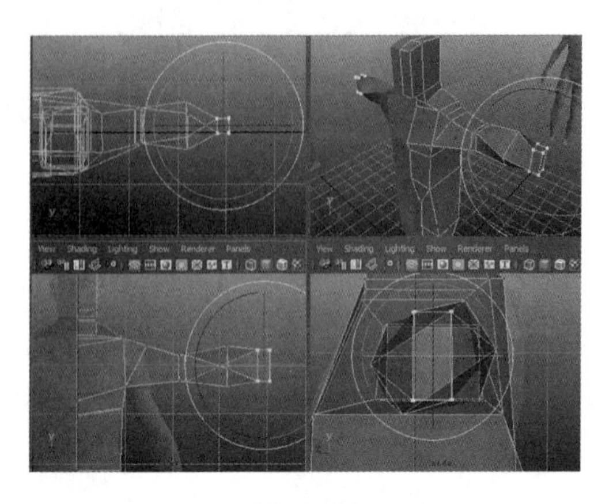

图 4.295

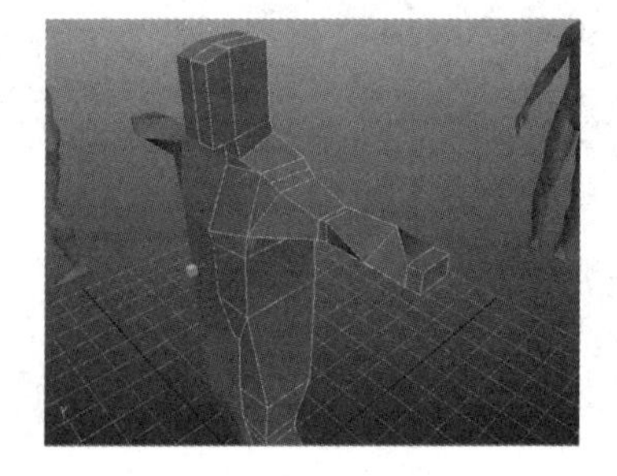

图 4.296

步骤 19：根据参考图对头部的 Vertice(顶点)进行适当调节，使头部趋向于圆滑，如图 4.297 所示。

步骤 20：根据参考图，使用 Extrude(挤出)命令挤出脚的大致形态，如图 4.298 所示。

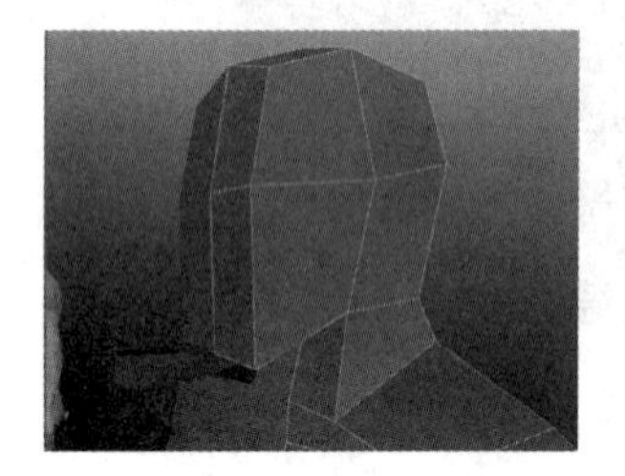

图 4.297

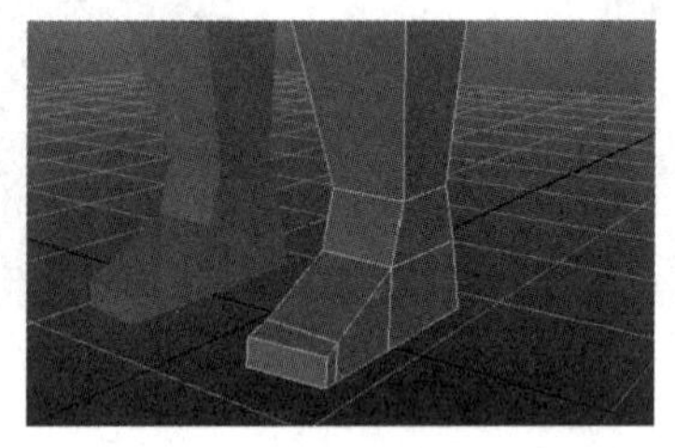

图 2.298

3. 对人体基本形态进行进一步的调节

通过前面的制作，将人体的基本形态表现出来。在这里，通过加环形边和调点的方法，使人体模型的腿、躯干和手臂趋向于圆滑。具体操作过程如下。

1) 对腿部插入环形边并进行适当调节

步骤 1：使用 Insert Edge Loop Tool(插入环形边工具)命令，在腿部插入两条环形边，如图 4.299 所示。

步骤 2：对插入的环形边的位置进行适当调节，最终效果如图 4.300 所示。

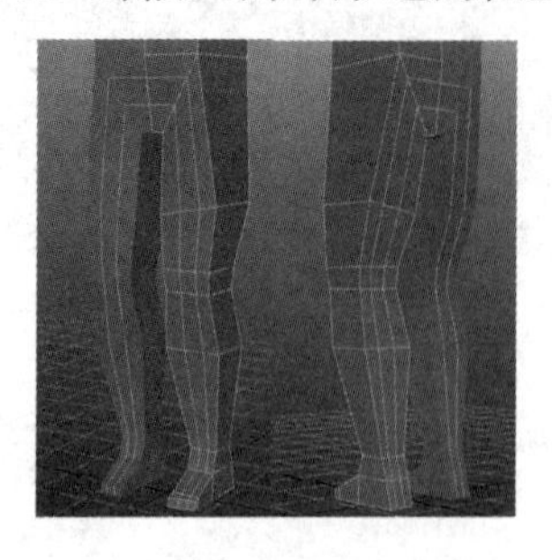

图 4.299

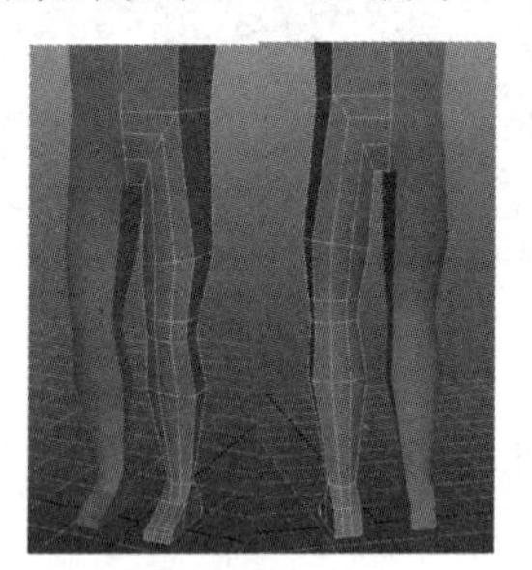

图 4.300

2) 对躯干部分插入环形边并进行适当调节

步骤 1：使用 Insert Edge Loop Tool(插入环形边工具)命令，在躯干部插入一条环形边，如图 4.301 所示。

步骤 2：对躯干部分的 Vertice(顶点)进行适当调节，如图 4.302 所示。

图 4.301

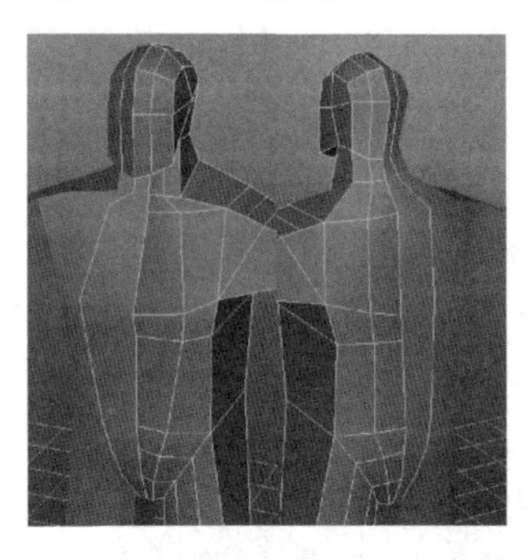

图 4.302

提示：在使用 Maya 建模的过程中，特别是生物建模，每插入一条边或环形边，都要对其进行调节。

3) 对手臂部分插入环形边并进行适当调节

步骤 1：使用 Insert Edge Loop Tool(插入环形边工具)命令，在手臂处插入图 4.303 所示的环形边。

步骤 2：对刚插入的环形边进行适当调节，最终效果如图 4.304 所示。

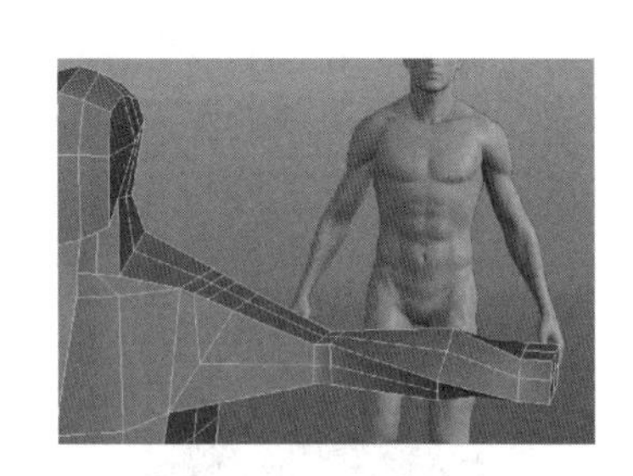

图 4.303

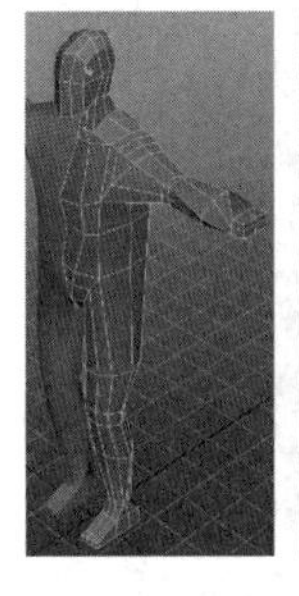

图 4.304

4) 对模型进行整理

到这里，模型的基本形态都得到了圆滑处理。现在，用户就要对模型进行适当的整理操作，删除不需要的废面并对顶点进行适当的调节，让模型看起来更舒服。

具体操作步骤如下。

步骤 1：删除手腕和手部连接处的面。因为手部可以单独制作，制作方法同前面章节方法相同；也可以使用 Polygon(多边形)命令来制作，这样可以简化建模的复杂程度。

步骤 2：删除不需要的废面。

提示：在 Maya 中，使用 Polygon 模型时不允许废面存在。Face(面)一半存在于模型的表面，内部的Face(面)也允许存在。如果内部的Face(面)不起作用并且影响加边和缝合等操作，则称它为废面。这些面要及时删除，以免影响后面的布线。

4. 对人体躯干部分进行细化

对人体躯干部分进行细化处理，根据参考图、人体躯干部分肌肉的布局和走势进行布线。具体操作步骤如下。

步骤1：在工具架中单击(插入环形边工具命令)图标，在躯干中间插入一条环形边，进行适当的调节，如图4.305所示。

步骤2：在胸部继续插入两条环形边，进行整理和Vertex(顶点)的位置调节，增加模型的精度，如图4.306所示。

图4.305

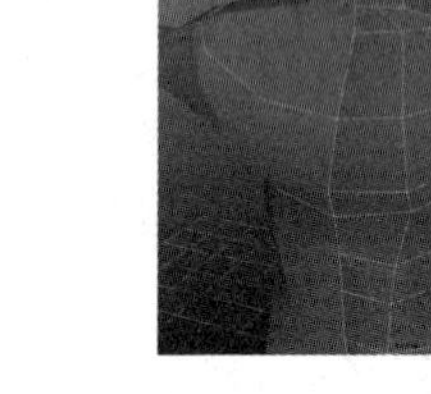

图4.306

步骤3：使用Insert Edge Loop Tool(插入环形边工具)命令，在颈部和背部分别插入环形边，为刻画出背阔肌的轮廓作铺垫。背阔肌从脊柱开始向两侧延伸，脊柱在整个背阔肌的正中央向内部塌陷，如图4.307所示。颈部也要进行适当的调节，插入环形边调节之后的效果如图4.308所示。

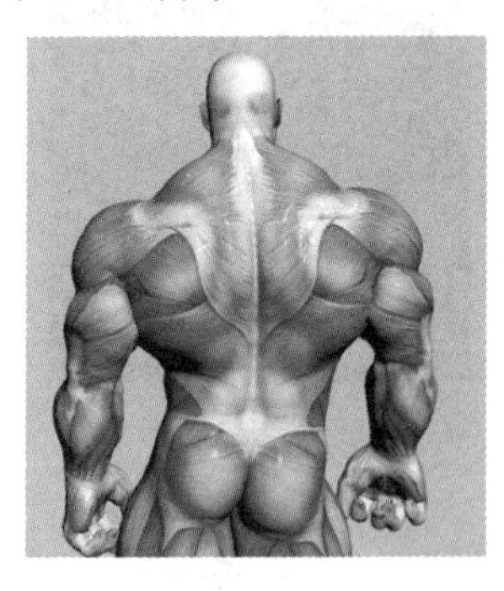

图4.307

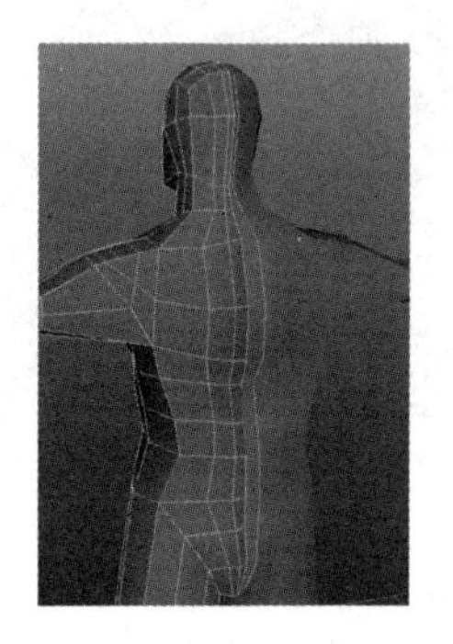

图4.308

步骤4：使用Split Polygon Tool(分离多边形工具)命令，继续在背阔肌上添加Edge(边)，如图4.309所示。

步骤5：在三角边上连接Edge(边)，即可将新生成的面重新拓扑，如图4.310所示。

步骤6：在背部和腋窝的位置插入边，加深背部Face(面)的细分，如图4.311所示。

步骤7：在这里，暂时不要管刚才连接Edge(边)时生成的三角面，加边只是服务于形状的塑造。

步骤 8：重新修改布线，使用 Split Polygon Tool(分离多边形工具)命令，添加图 4.312 所示的边。

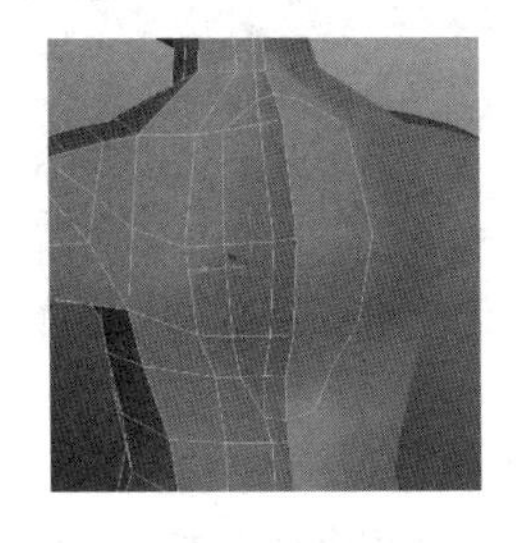
图 4.309

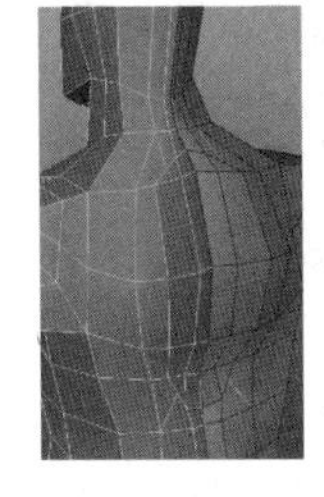
图 4.310

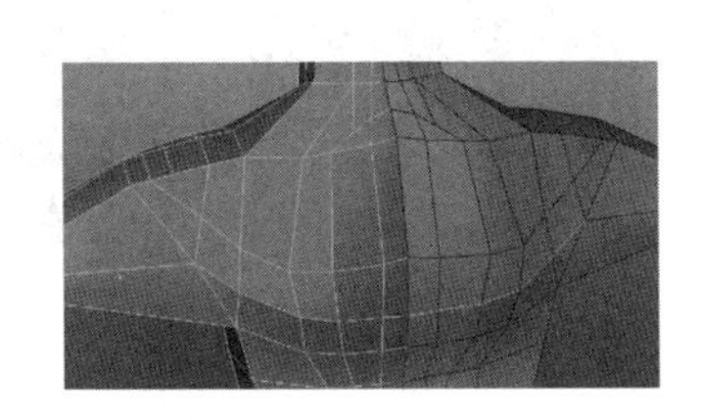
图 4.311

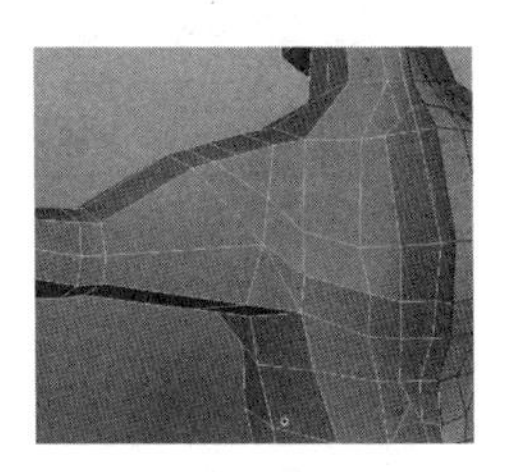
图 4.312

步骤 9：删除两个三角面中间的边，效果如图 4.313 所示。

步骤 10：使用 Split Polygon Tool(分离多边形工具)命令，添加图 4.314 所示的边。

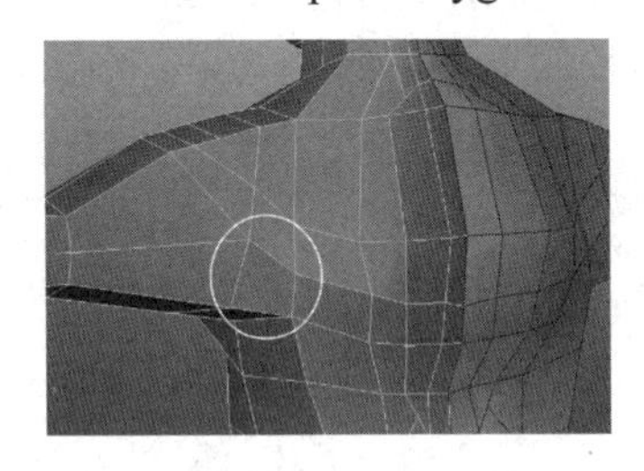
图 4.313

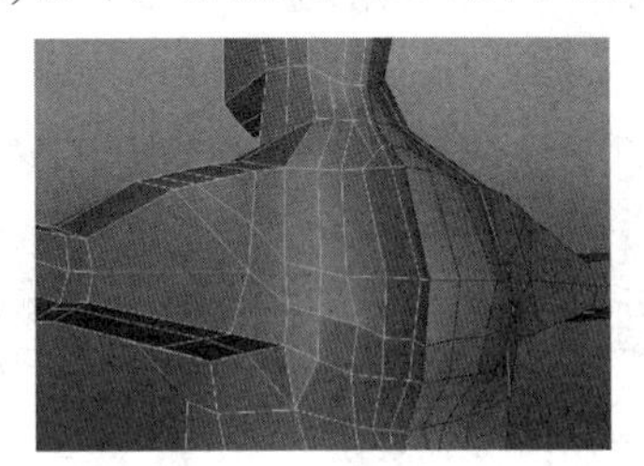
图 4.314

步骤 11：删除两个三边面中间的边，再进行适当调节，如图 4.315 所示。

步骤 12：旋转视图到胸部的位置，使用 Split Polygon Tool(分离多边形工具)命令，连接断边，确保整个模型的 Edge(边)连接完整，如图 4.316 所示。

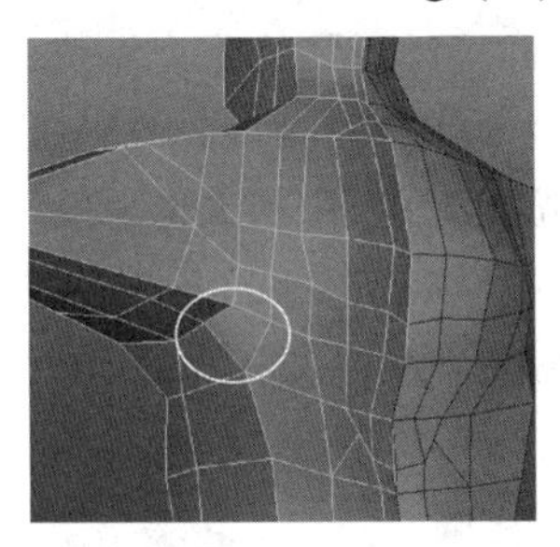
图 4.315

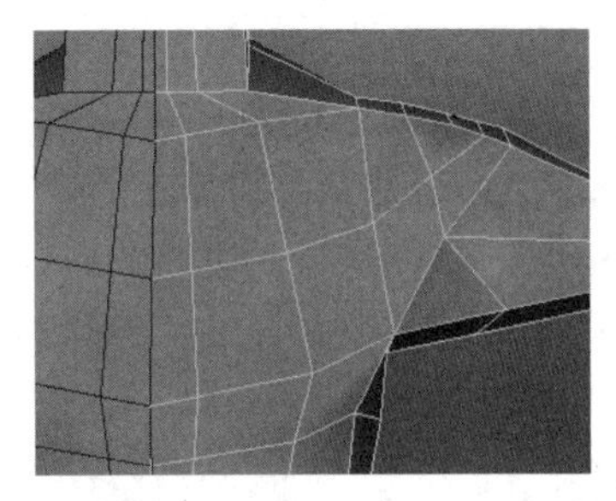
图 4.316

步骤 13：改变腋窝位置处的布线，使用 Split Polygon Tool(分离多边形工具)命令，添加图 4.317 所示的边。

步骤 14：通过删除边来改变模型的布线。删除边之后的效果如图 4.318 所示。

步骤 15：再使用 Split Polygon Tool(分离多边形工具)命令插入一条边，如图 4.319 所示。

步骤 16：继续腹部的布线。在腹部插入一条环形边，调节边的位置来刻画出胸腔的形状，如图 4.320 所示。

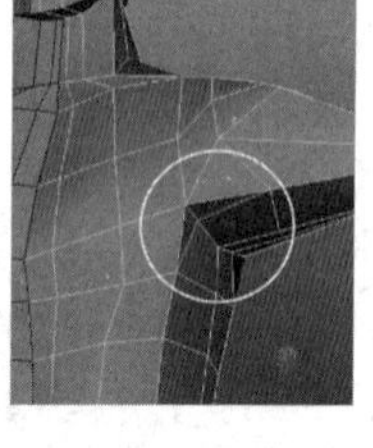

图 4.317

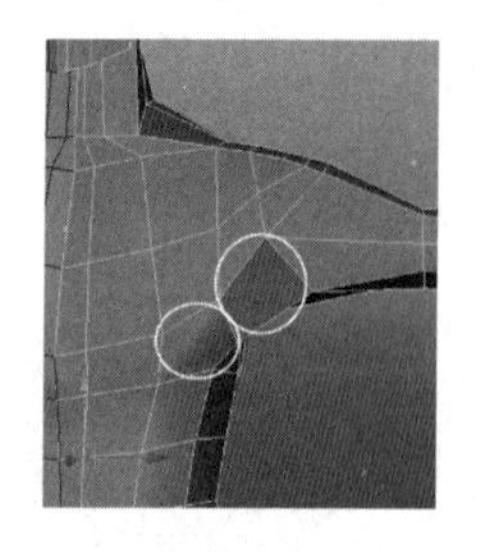

图 4.318

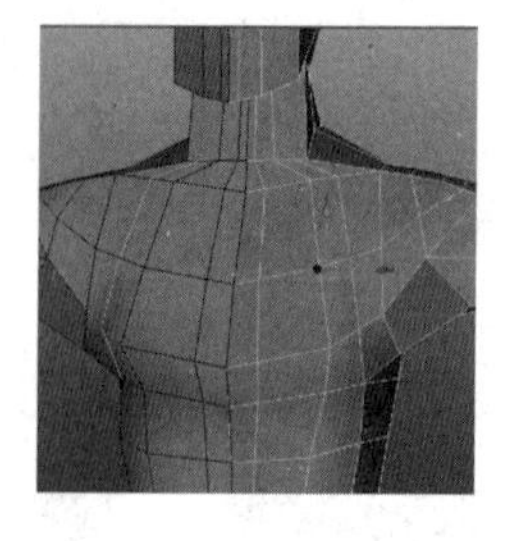

图 4.319

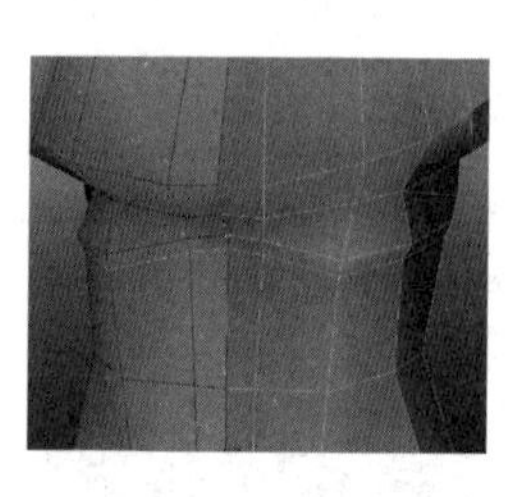

图 4.320

步骤 17：继续使用 Split Polygon Tool(分离多边形工具)命令和 Insert Edge Loop Tool(插入环形边工具)命令，插入环形边和边，通过调节边和顶点刻画出腹部的形态，如图 4.321 所示。

步骤 18：在胸部位置再插入两条环形边，增加胸部的精度，如图 4.322 所示。

步骤 19：在上半部分插入三条环形边，调节出锁骨的形态，如图 4.323 所示。

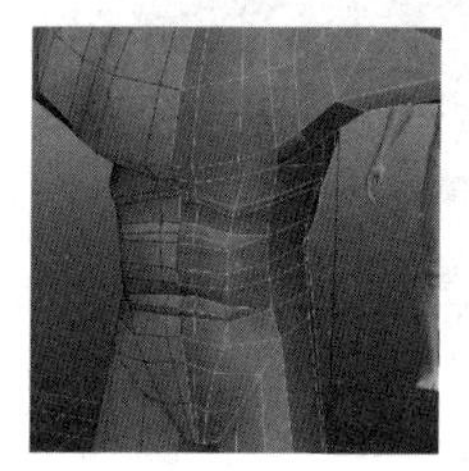

图 4.321

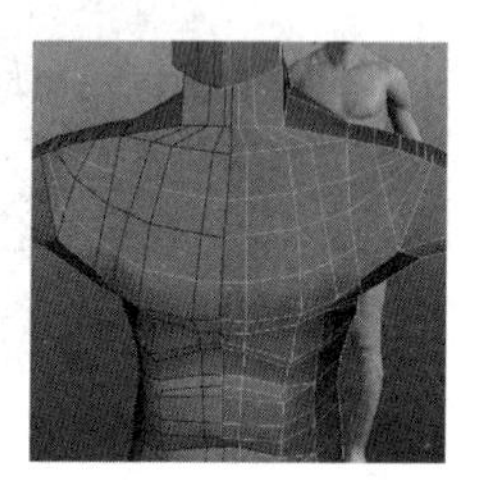

图 4.322

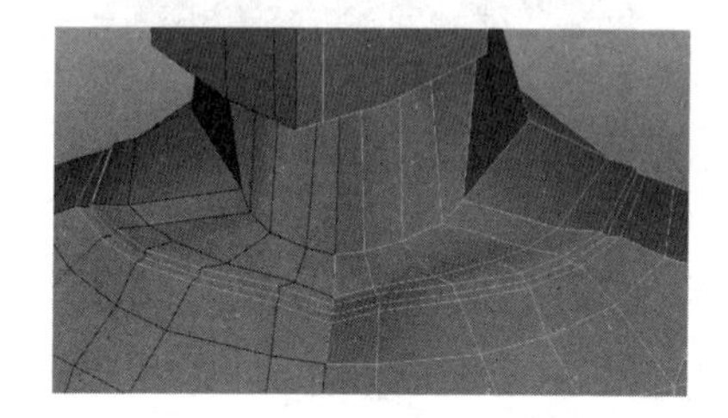

图 4.323

步骤 20：整个躯干部分的轮廓基本表现出来了。在这一步，还需要使用 Split Polygon Tool(分离多边形工具)命令和 Insert Edge Loop Tool(插入环形边工具)命令给模型添加环形边和边，并进行顶点和位置的调节，表现出胸大肌、腹肌、背阔肌的肌肉结构。肌肉的凹凸效果需要调节顶点和边的位置来达到，最终效果如图 4.324 所示。

步骤 21：肚脐的制作。肚脐位于腰部略微靠上的位置，利用腰部的两条环线，使用 Split Polygon Tool(分离多边形工具)命令在中间位置绘制边，如图 4.325 所示。

步骤 22：选择棱形的面，进行挤出和旋转操作，删除中间的废面，最终效果如图 4.326 所示。

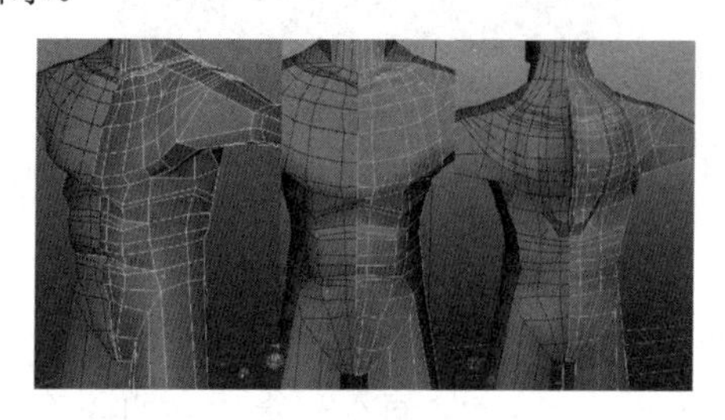

图 4.324

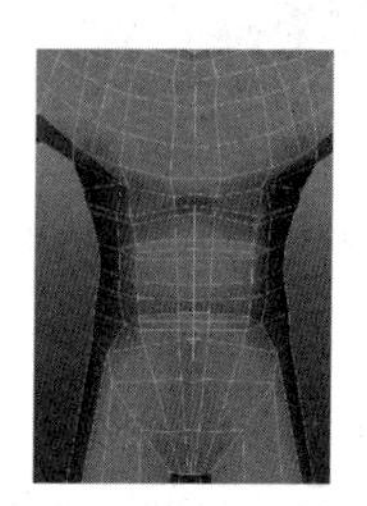

图 4.325

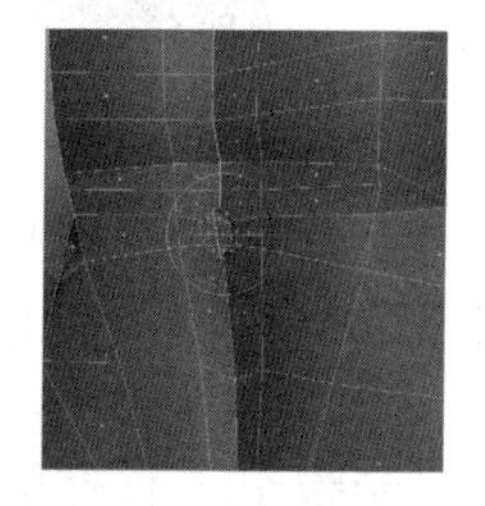

图 4.326

步骤 23：调节臀部的大致形状。选择图 4.327 所示的面，使用 Extrude(挤出)命令，对选择的面进行挤出。

步骤 24：对挤出的面进行边和顶点调节，最终效果如图 4.328 所示。

步骤 25：对颈部的细节调节。使用 Split Polygon Tool(分离多边形工具)命令插入边，并使用 Insert Edge Loop Tool(插入环形边工具)命令插入环形边，调节 Edge(边)的位置和调节 Vertex(顶点)的位置来改变布线，最终效果如图 4.329 所示。

步骤 26：躯干部分制作完成，更多的细节表现在整个人体制作完整后继续添加。需要注意两侧包括背阔肌的地方略微向里塌陷，使躯干侧面显示出更强的凹凸细节。图 4.330 所示是躯干部分的布线情况。

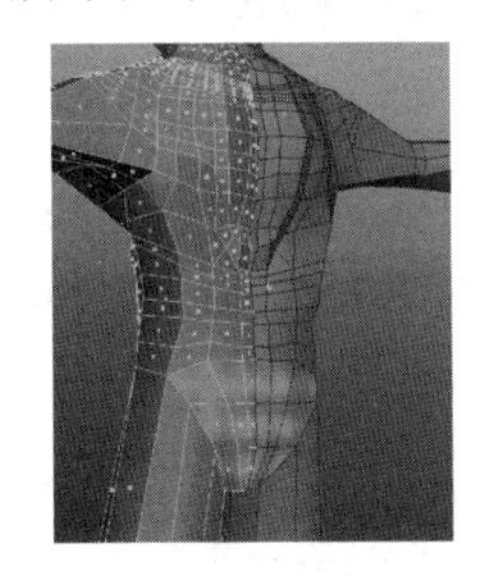

图 4.327

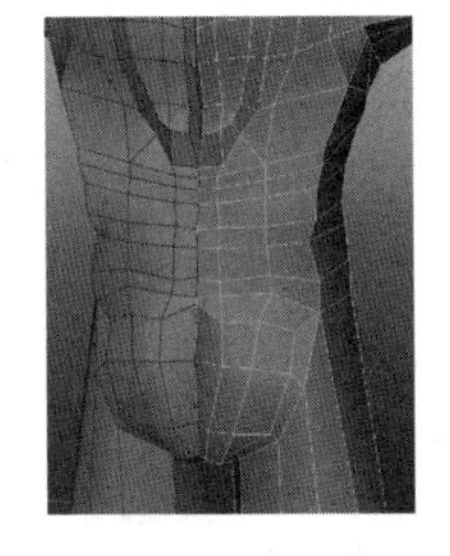

图 4.328

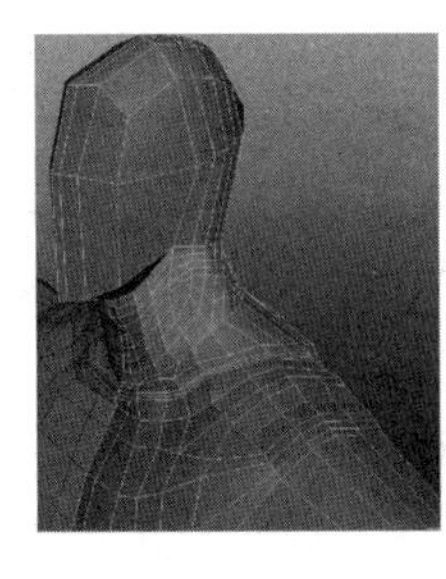

图 4.329

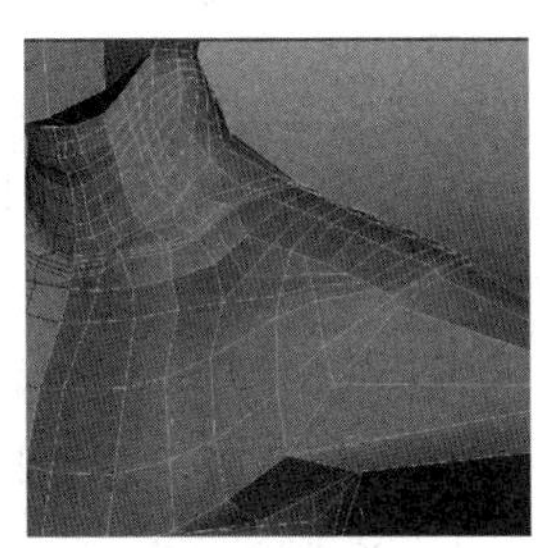

图 4.330

5. 人体模型的手臂部分肌肉的表现

手臂部分肌肉的表现主要有肱二头肌、肱三头肌和三角肌。很好地表现出这些肌肉，才能体现出整个模型的完整性。手臂模型的肌肉如图 4.331 所示。

表现手臂部分的肌肉，具体操作如下。

1) 表现手部模型的肌肉

步骤 1：使用 Insert Edge Loop Tool(插入环形边工具)命令，对手臂部分插入环形边，如图 4.332 所示。

步骤 2：选择图 4.333 所示的面，使用 Extrude(挤出)命令进行挤出。

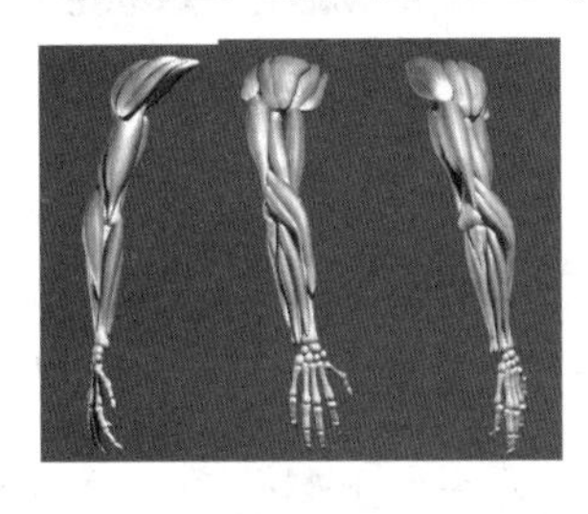

图 4.331

图 4.332

图 4.333

步骤 3：根据三角肌的走势，对挤出的 Face(面)进行 Edge(边)和 Vertex(顶点)调节，表现出三角肌，如图 4.334 所示。

步骤 4：选择图 4.335 所示的 Face(面)，使用 Extrude(挤出)命令进行挤出。

步骤 5：对挤出的 Face(面)进行 Edge(边)和 Vertex(顶点)调节，再使用 Spin Edge Forward/Backward(向前/后旋转边)命令对 Edge(边)进行旋转，调节出肱二头肌的效果，如图 4.336 所示。

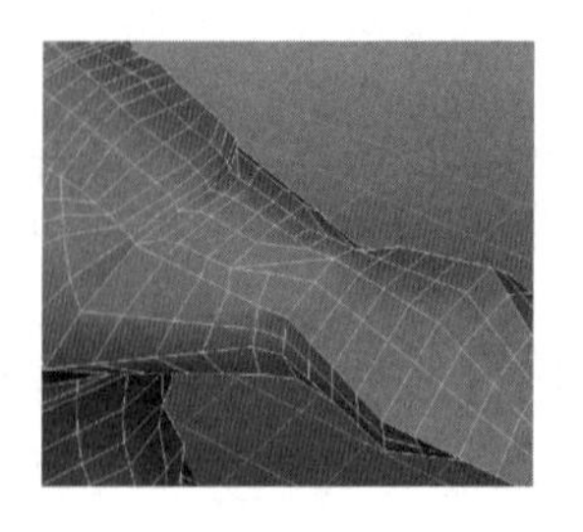
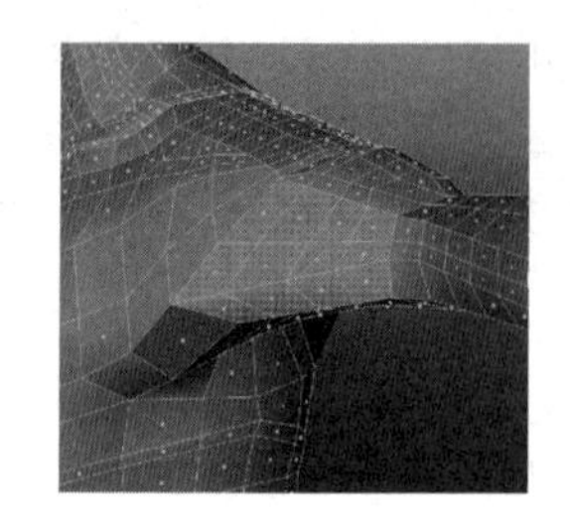

图 4.334　　图 4.335　　图 4.336

步骤 6：将视图旋转到背面，选择图 4.337 所示的面，进行挤出。

步骤 7：对挤出的 Face(面)进行 Edge(边)和 Vertex(顶点)调节，再使用 Spin Edge Forward/Backward(向前/后旋转边)命令对 Edge(边)进行旋转，调节出肱二头肌的效果，如图 4.338 所示。

步骤 8：对手臂的边和顶点进行调节，尽最大可能将 Edge(边)从各个角度调节圆滑，如图 4.339 所示。

提示：肘关节和膝关节两侧的 Edge(边)在纵向上至少是三条边，这样在后期骨骼绑定和动画调节时才不会出现拉伸的错误。

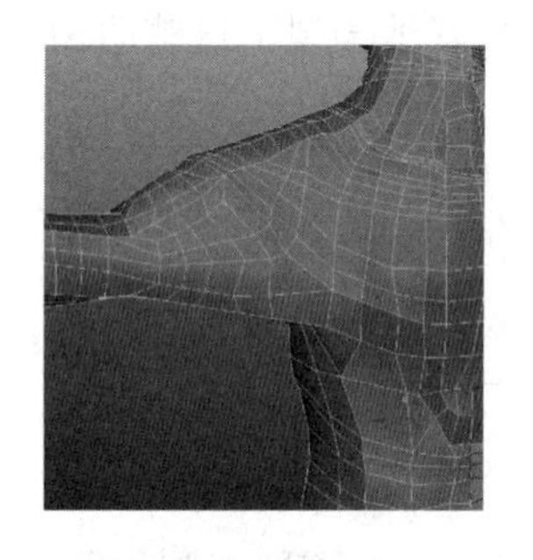

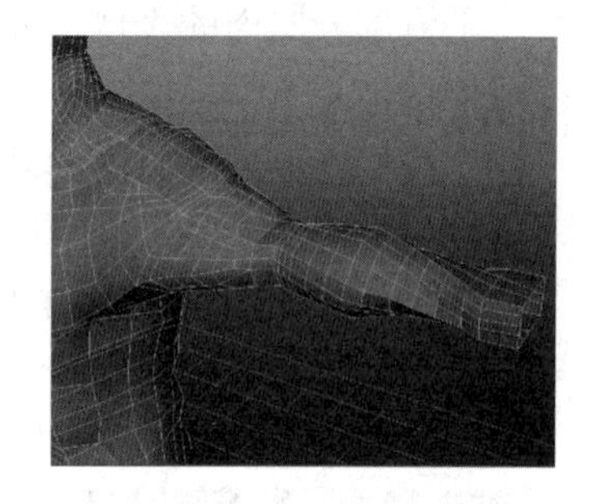

图 4.337　　图 4.338　　图 4.339

步骤 9：选择图 4.340 所示的面，进行挤出操作。

步骤 10：对挤出的 Face(面)进行 Edge(边)和 Vertex(顶点)调节，再使用 Spin Edge Forward/Backward(向前/后旋转边)命令对 Edge 进行旋转，调节出如图 4.341 所示的效果。

提示：在建模的过程中，当处理手部模型时，最好不要直接在手臂上制作手，这样会扰乱布线，从而增加做手模型的难度；最好的方法是调用已做好的手或模型库中的手，再与手进行合并操作。

2) 导入手掌与手臂进行合并

步骤 1：在菜单栏中选择 File(文件)→Import(导入)命令，弹出 Import(导入)对话框，在该对话框中单选需要导入的文件，单击 Import(导入)按钮即可，效果如图 4.342 所示。

图 4.340

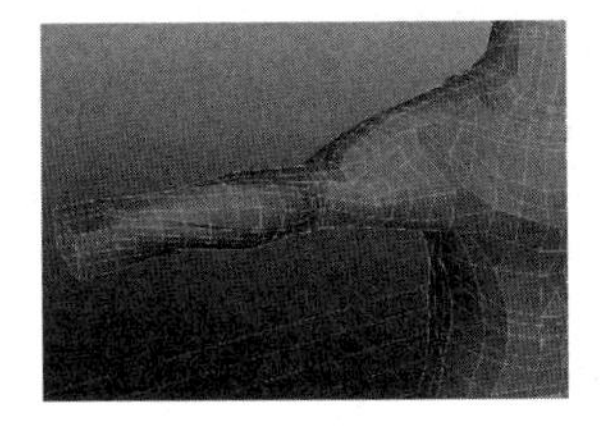

图 4.341

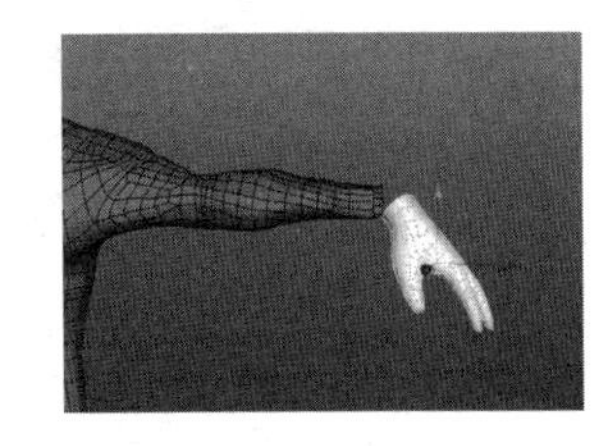

图 4.342

步骤 2：使用 Move Tool(移动工具)命令、Rotate Tool(旋转工具)命令和 Scale Tool(缩放工具)命令对手掌进行移动、旋转和缩放操作，与手臂进行对齐，如图 4.343 所示。

步骤 3：选择手掌和身体模型，在菜单栏中选择 Mesh(网格)→Combine(合并)命令，进行合并。

步骤 4：使用 Merge(缝合)命令进行顶点合并，对多余的边进行化解或删除。最终效果如图 4.344 所示。

图 4.343

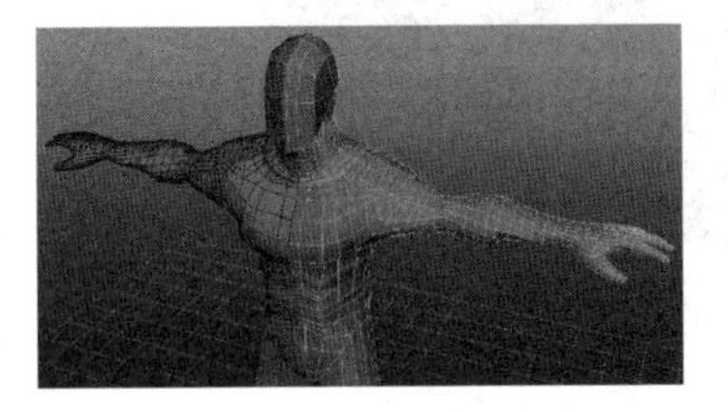

图 4.344

提示：上肢模型基本完成，对于使用过 Combine(合并)命令的模型一定要仔细地检查相邻的 Vertices(顶点)是否被合并，否则会出错。对于上肢的调节，读者还可进行细节调节和更多的肌肉表现。在这就不再一一介绍。最终细节在制作完整个模型之后再进行调节。

6. 人体模型腿部肌肉的表现

在对腿部肌肉进行表现时，先要了解腿部肌肉的分布情况，根据腿部肌肉的分布和结构进行布线。腿部肌肉结构比上肢复杂，为了简化操作，在制作过程中将腿部分成大腿、小腿和脚 3 个部分来做。这样做不仅简化了结构的复杂程度，也使制作思路清晰明了。腿部的肌肉分布情况如图 4.345 所示。

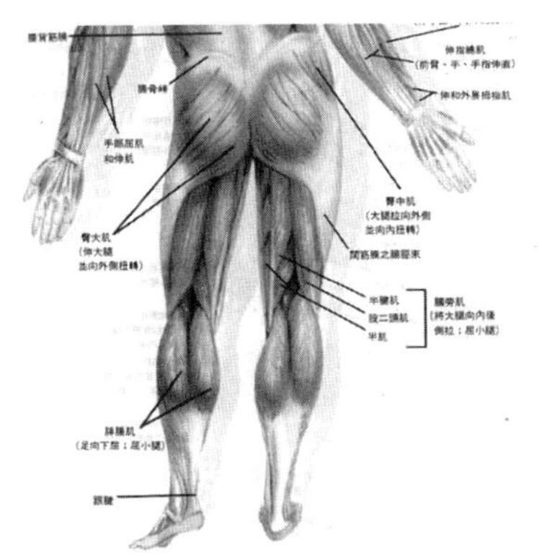

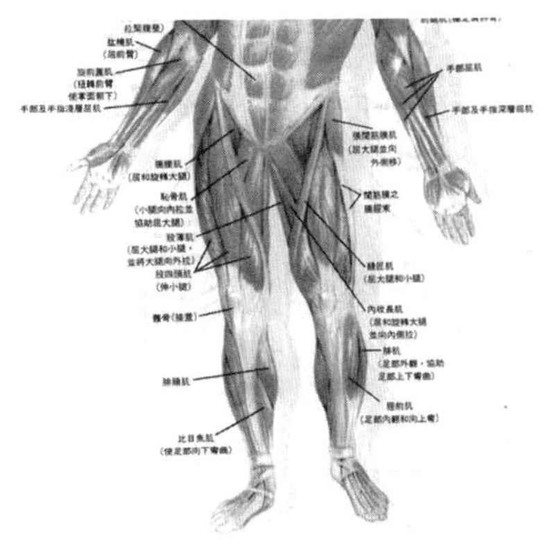

图 4.345

腿部肌肉表现的具体制作步骤如下。

1) 大腿肌肉的表现

大腿肌肉的表现主要有臀大肌、股直肌、股内直肌、股外直肌、阔筋肌、股二头肌、大收肌、半腱肌和股薄肌等，具体制作步骤如下。

步骤 1：使用 Insert Edge Loop Tool(插入环形边工具)命令，在腿部插入图 4.346 所示的环形边。

步骤 2：使用 Split Polygon Tool(分离多边形工具)命令和 Spin Edge Forward/Backward(向前/后旋转边)命令对腿部进行重新布线和调节，使线的走势符合臀大肌的走势，如图 4.347 所示。

步骤 3：选择图 4.348 所示的面，进行挤出并调节，表现臀大肌的效果如图 4.349 所示。

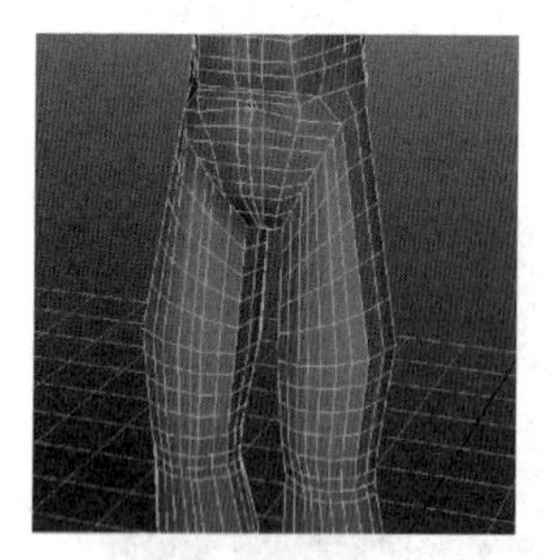

图 4.346

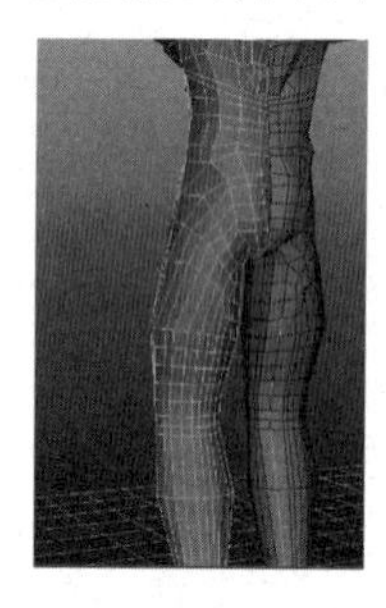

图 4.347

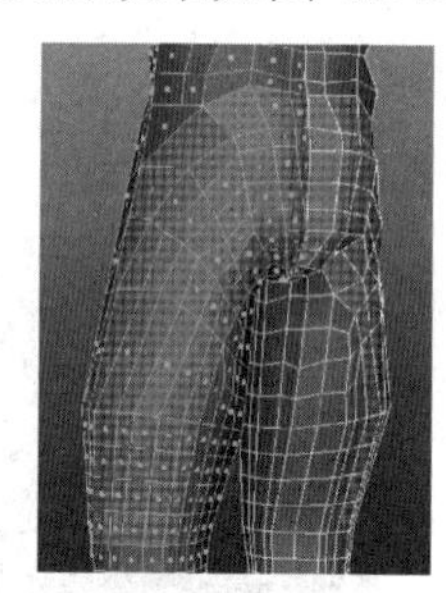

图 4.348

步骤 4：将视图切换到模型的前面，使用同样的方法制作出股四头肌，如图 4.350 所示。

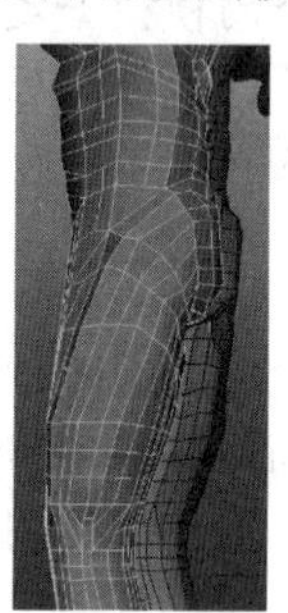

图 4.349

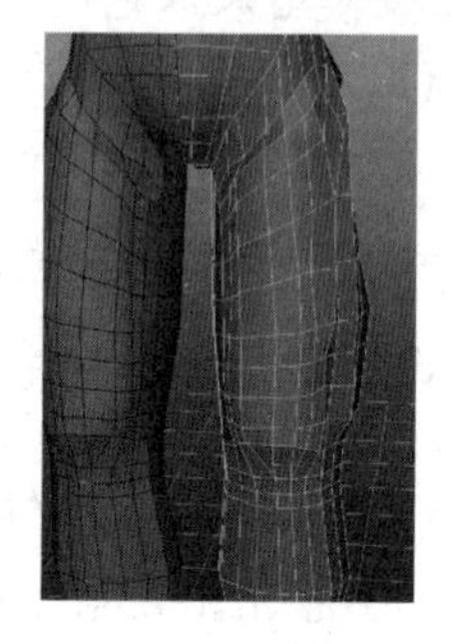

图 4.350

步骤 5：制作缝匠肌。选择图 4.351 所示的面，进行挤出、调点和重新布线，最终效果如图 4.352 所示。

2) 小腿肌肉的表现

小腿肌肉主要有前胫骨肌、腓腹肌和比目鱼肌。小腿肌肉的表现方法和大腿肌肉的制作方法一样，根据肌肉走势布线、挤出和调节等，最终效果如图 4.353 所示。

3) 膝盖的制作

膝盖的制作比较简单，选择膝盖位置处的 Face(面)，进行挤出、调节顶点的位置和布线，最终效果如图 4.354 所示。

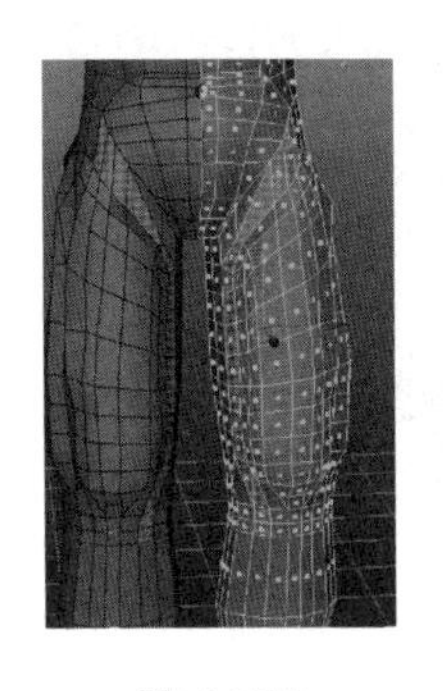

图 4.351

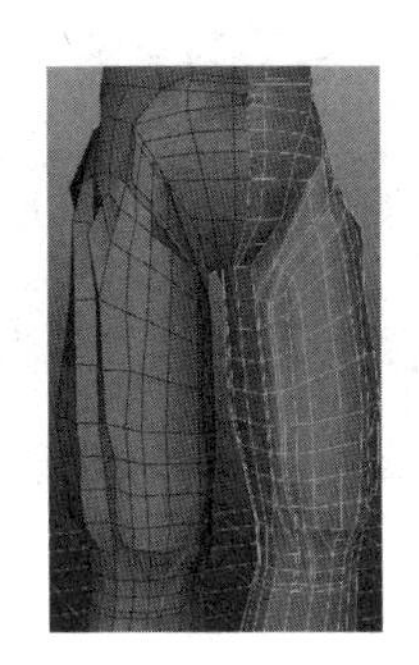
图 4.352

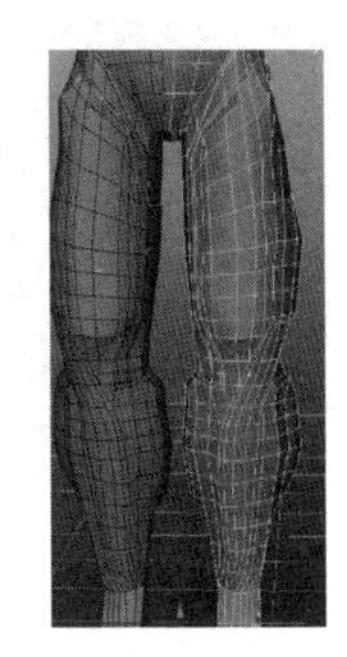
图 4.353

4) 脚模型的制作

脚模型的制作方法是调节出脚的大致形状，制作一根脚趾，再复制 4 根脚趾，将脚趾与脚掌进行合并和调节即可。

步骤 1：插入环形线，调节出连接脚趾的形状，如图 4.355 所示。

步骤 2：选择面，进行挤出和缩放操作，如图 4.356 所示。

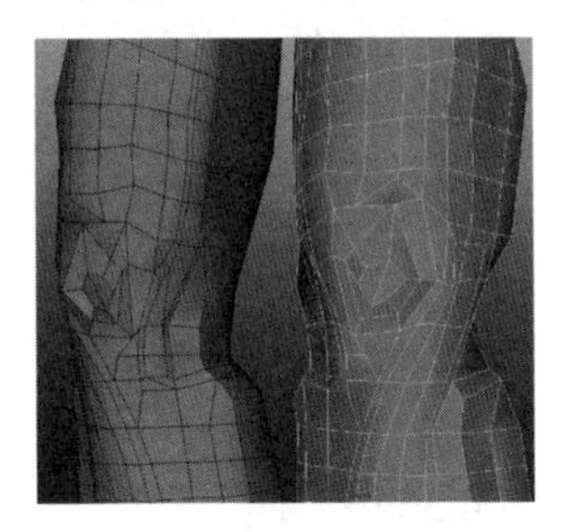
图 4.354

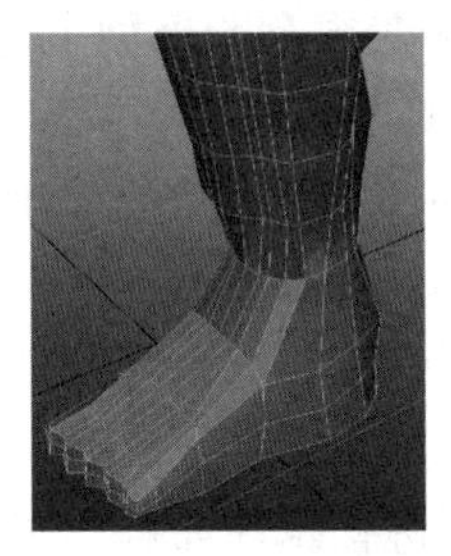
图 4.355

图 4.356

步骤 3：继续进行挤出操作，如图 4.357 所示。

步骤 4：插入四条环形边，调节好形状，如图 4.358 所示。

步骤 5：将大拇脚趾复制 4 根，进行适当的缩放操作，并调节好位置，删除与脚趾连接的面，将脚趾与脚掌进行合并，再将顶点进行融合操作即可，如图 4.359 所示。

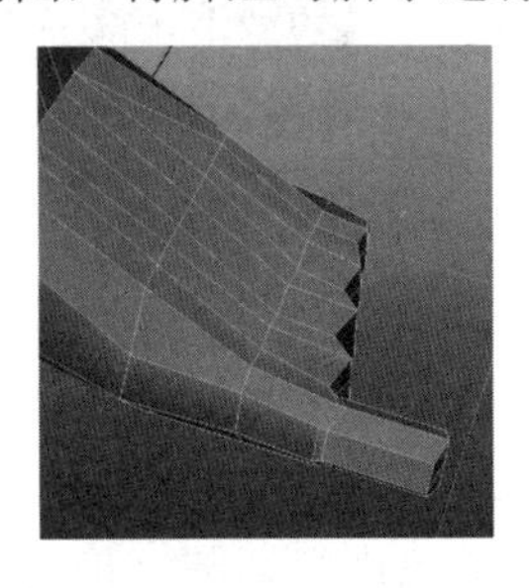
图 4.357

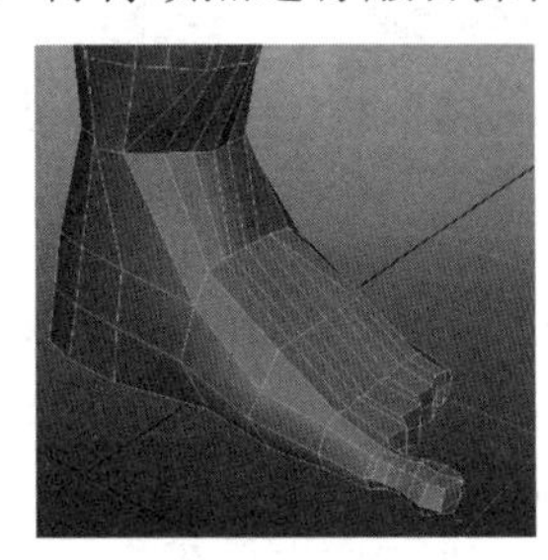
图 4.358

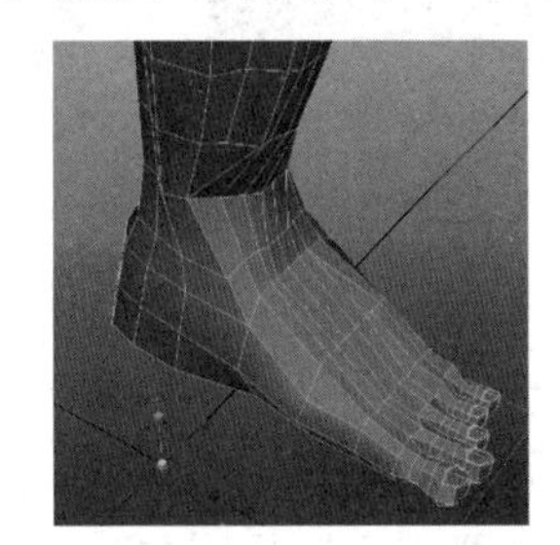
图 4.359

步骤 6：使用 Split Polygon Tool(分离多边形工具)命令、Spin Edge Forward/Backward (向前/后旋转边)命令、Insert Edge Loop Tool(插入环形边工具)命令、缩放和移动工具对脚进行重新布线，最终效果如图 4.360 所示。

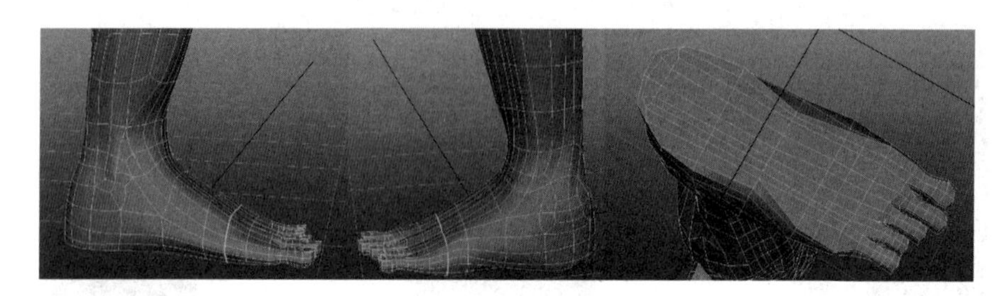

图 4.360

7. 细化人体头部模型

人体头部模型的细化主要包括眼睛、鼻子、嘴和耳朵。整个制作思路是根据参考图使用 Split Polygon Tool(分离多边形工具)命令和 Insert Edge Loop Tool(插入环形边工具)命令绘制出眼睛、鼻子和嘴巴的形状，然后使用 Extrude(挤出)命令进行挤出，再对挤出进行调节。单独制作耳朵，再与模型进行合并、融合和调节操作。

1) 制作眼睛、鼻子和嘴

眼睛、鼻子和嘴的制作主要采取在原有的模型上进行挤压和调节来制作。具体制作步骤如下。

步骤 1：使用 Split Polygon Tool(分离多边形工具)命令和 Insert Edge Loop Tool(插入环形边工具)命令绘制出眼睛、鼻子和嘴巴的形状，如图 4.361 所示。

步骤 2：选择需要挤出鼻子的面进行挤出，如图 4.362 所示。

步骤 3：使用旋转工具进行旋转，如图 4.363 所示。

步骤 4：根据鼻子的结构对鼻子进行重新布线，最终效果如图 4.364 所示。

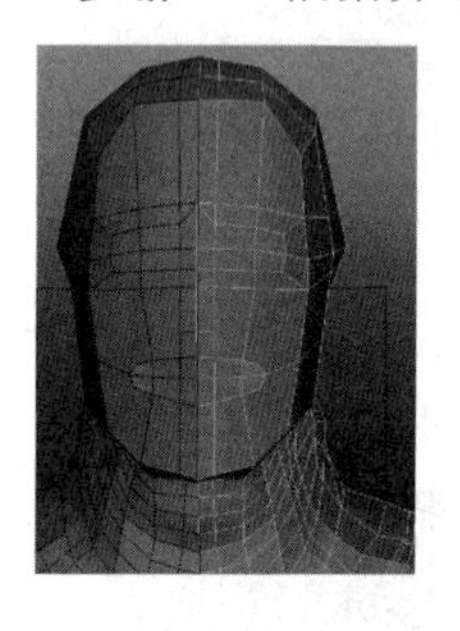

图 4.361

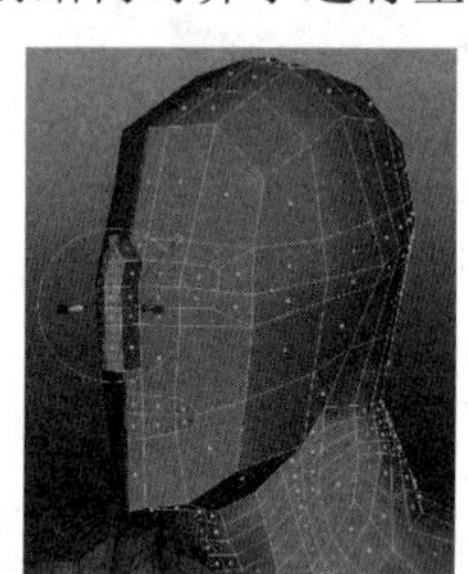

图 4.362

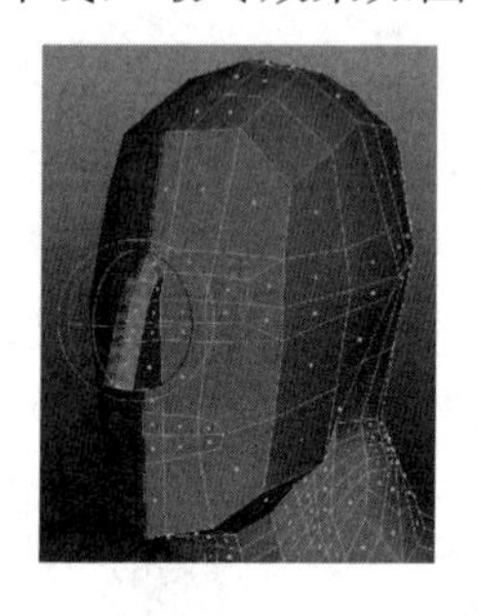

图 4.363

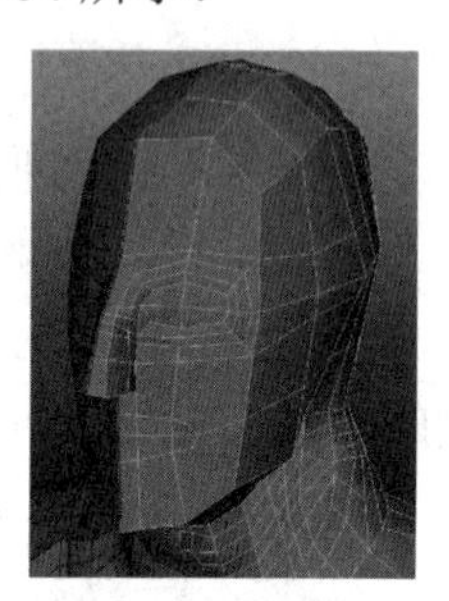

图 4.364

步骤 5：选择需要挤出眼睛的面，进行挤出，如图 4.365 所示。

步骤 6：眼睛的细化要等嘴巴的大致布线出来后再进行。制作出嘴巴的效果，并对嘴巴重新进行布线，效果如图 4.366 所示。

步骤 7：选择需要挤出嘴巴的面进行挤出操作，再对挤出的嘴巴进行调节，最终效果如图 4.367 所示。

步骤 8：对鼻子进行细化。选择鼻头两侧的面，进行挤出，如图 4.368 所示。

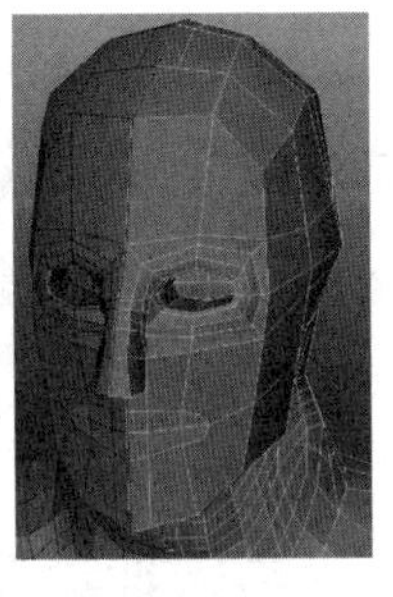

图 4.365

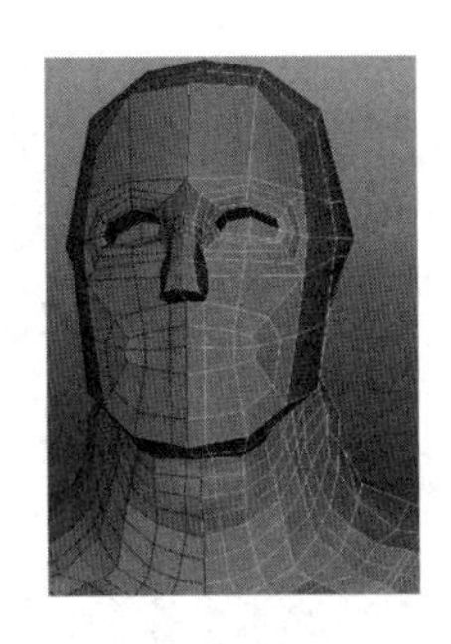

图 4.366

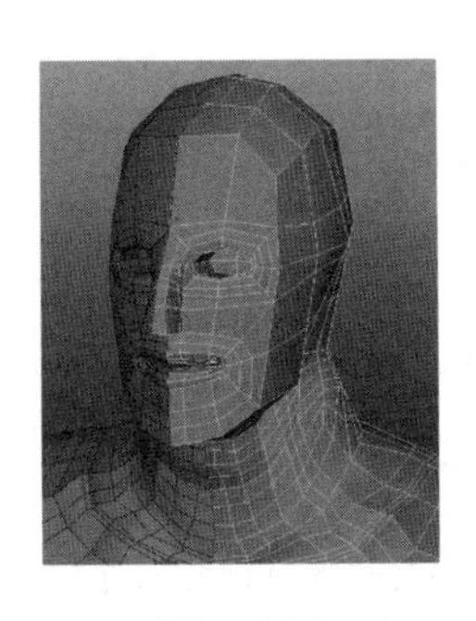

图 4.367

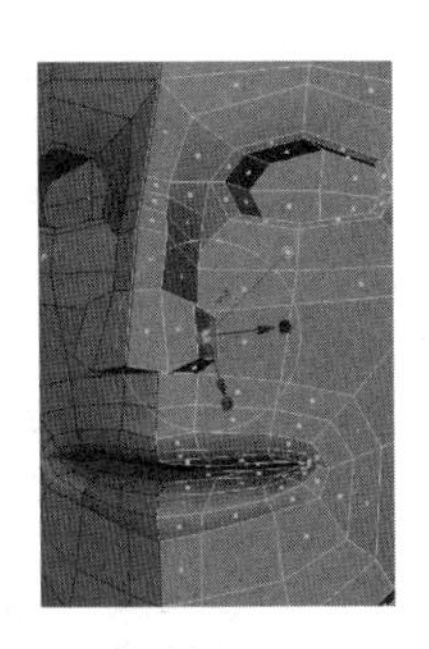

图 4.368

步骤 9：将挤出的面进行调节，并选择需要挤出鼻子的面，如图 4.369 所示。

步骤 10：对选择的面进行挤出和调节，最终效果如图 4.370 所示。

步骤 11：对整个头部进行细化。其方法很简单，即加边和调节，最终效果如图 4.371 所示。

步骤 12：使用 Sphere(球体)命令在 Front(前视图)中创建一个球体，调节好大小和位置，作为眼睛。赋予 Blinn(布林)材质，布林的颜色使用渐变色，最终效果如图 4.372 所示。

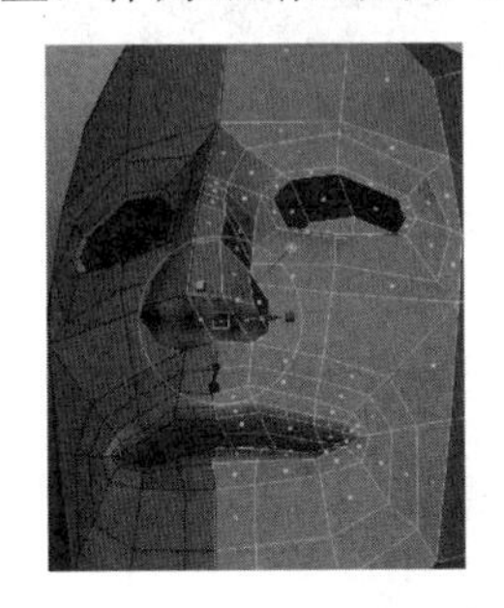

图 4.369

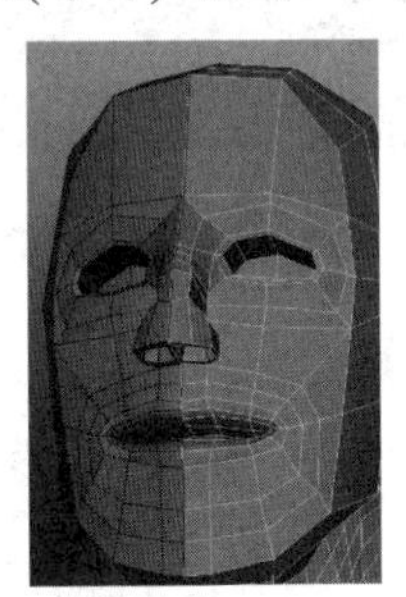

图 4.370

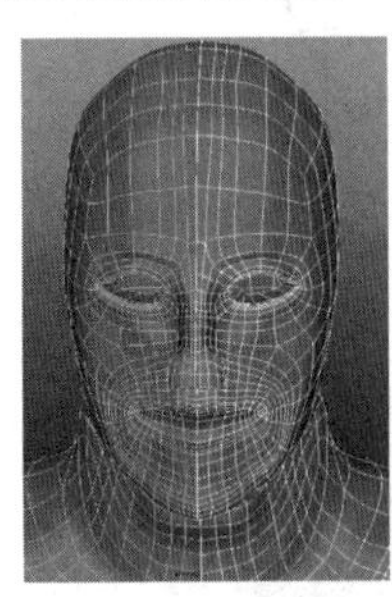

图 4.371

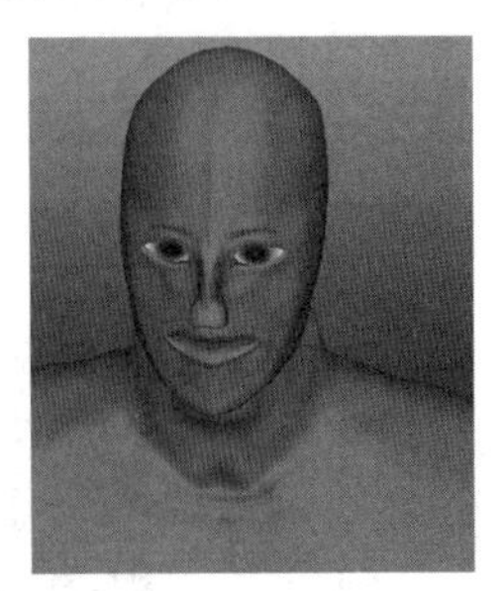

图 4.372

2) 耳朵的制作

耳朵的制作可以像前面制作眼睛、嘴巴和鼻子的方法一样，进行挤压和调节来制作；也可以进行单独制作，再导入进行缝合操作。在这里，主要采取单独制作的方法进行制作，具体制作步骤如下。

步骤 1：新建一个文件，命名为“erduo.mb”。

步骤 2：导入耳朵的结构参考图，如图 4.373 所示。

步骤 3：使用 Create Polygon Tool(创建多边形工具)命令在参考图外围，创建一个多边形；再使用 Split Polygon Tool(分离多边形工具)命令对多边形进行布线，最终效果如图 4.374 所示。

步骤 4：根据导入的参考图和图 4.375 所示的实际耳朵参考图，选择表现耳朵的面，使用 Extrude(挤出)命令进行挤出，并进行适当的调节，效果如图 4.376 所示。

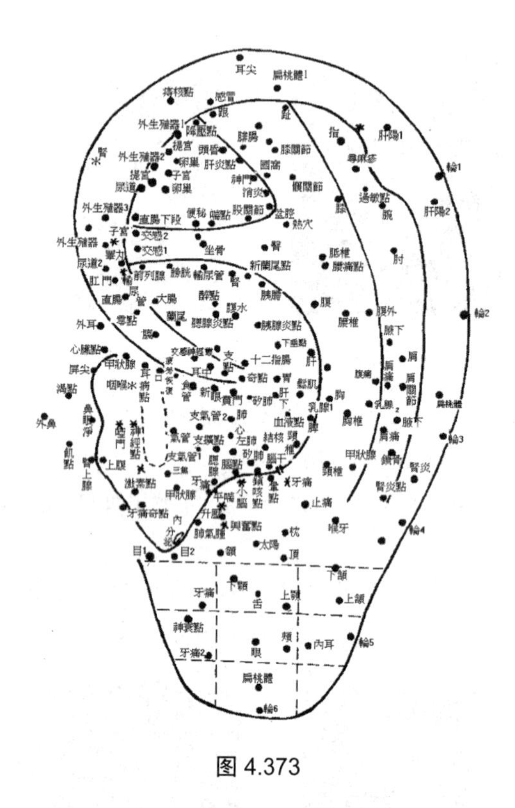

图 4.373

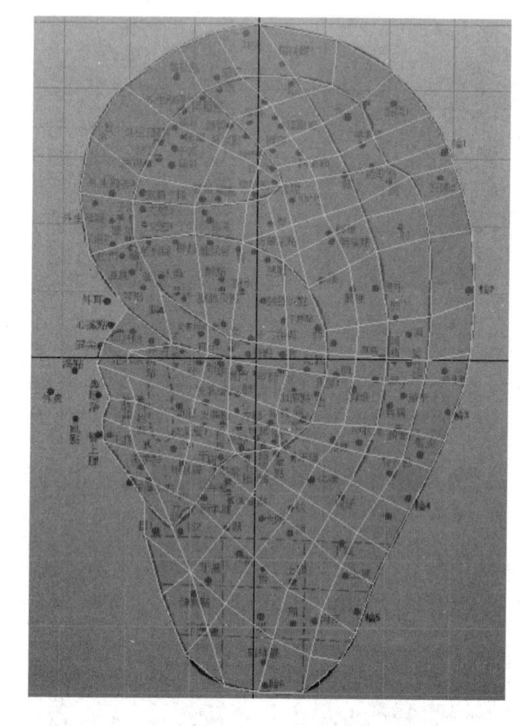

图 4.374

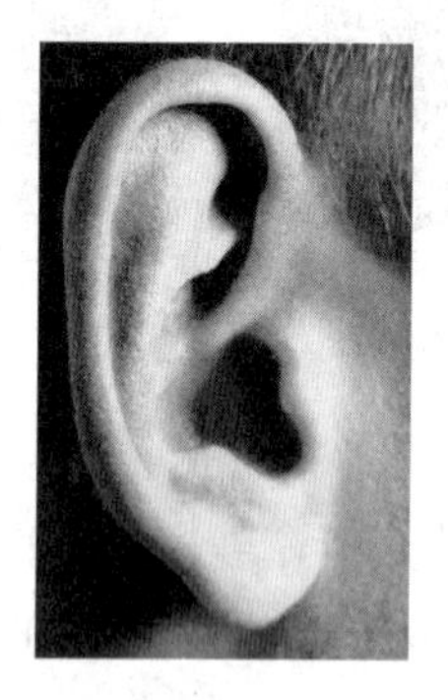

图 4.375

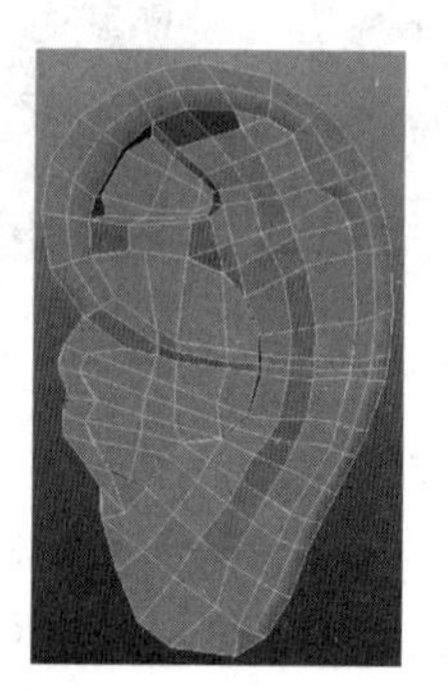

图 4.376

步骤 5：使用移动工具对挤出的边做进一步的调节，如图 4.377 至图 4.379 所示。

步骤 6：根据耳朵的实物参考图，再对耳朵进行细节表现，如图 4.380 所示。

步骤 7：打开前面制作的人体模型文件，导入耳朵模型，调节好位置，如图 4.381 所示。

步骤 8：选择耳朵和身体的一半，使用 Combine(合并)命令，将两个对象合并成一个对象。

步骤 9：使用 Merge(缝合)命令、Merge Vertex Tool(缝合顶点工具)命令和 Append to polygon Tool(添加到多边形工具)命令对顶点进行合并和重新布线，效果如图 4.382 和图 4.383 所示。

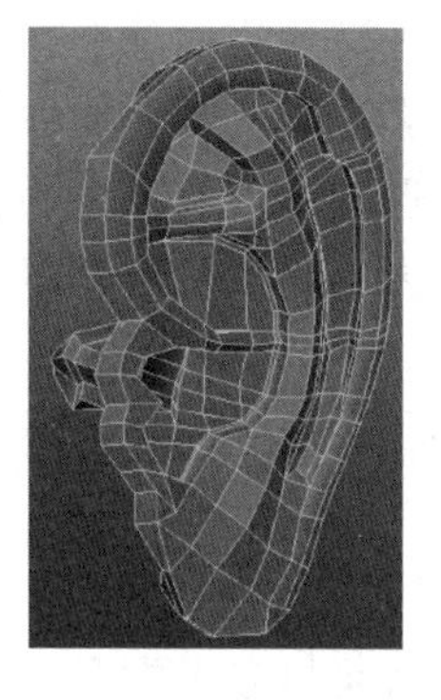

图 4.377

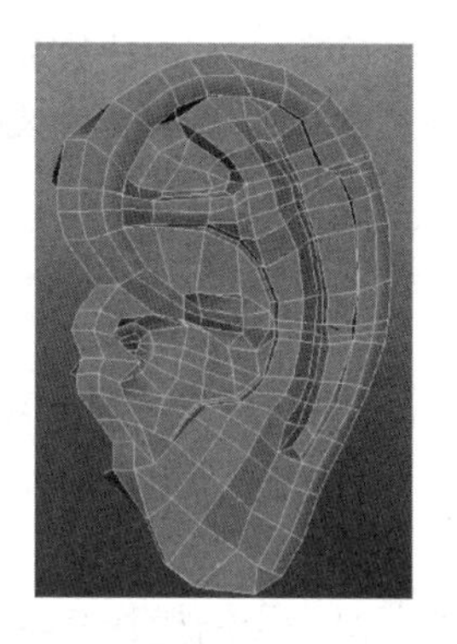

图 4.378

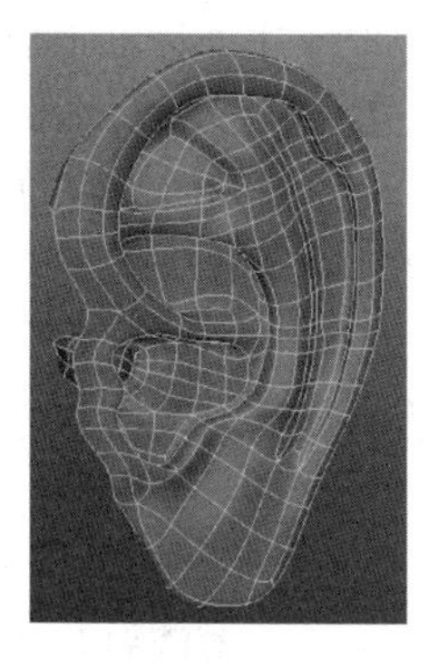

图 4.379

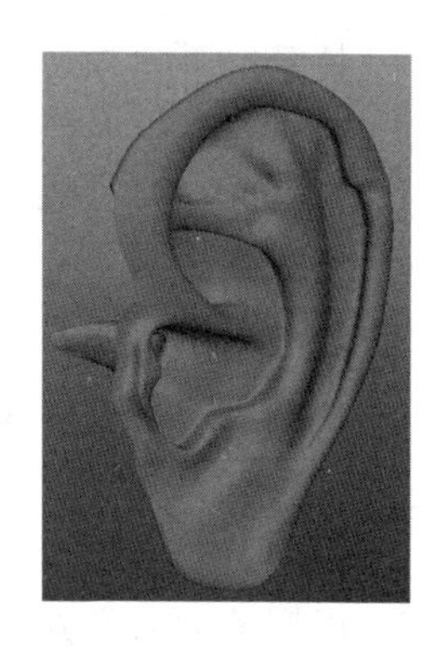

图 4.380

8. 对整个模型进行细化、合并和光滑处理

此时，人体模型基本完成，剩下的主要工作是根据参考图和作者意图进行细节调整、合并和整理。具体操作步骤如下。

步骤 1：根据项目要求对模型的细节进行调节，如图 4.384 所示。

步骤 2：选择模型的两部分，执行 Combine(合并)命令，对两部分模型进行合并。

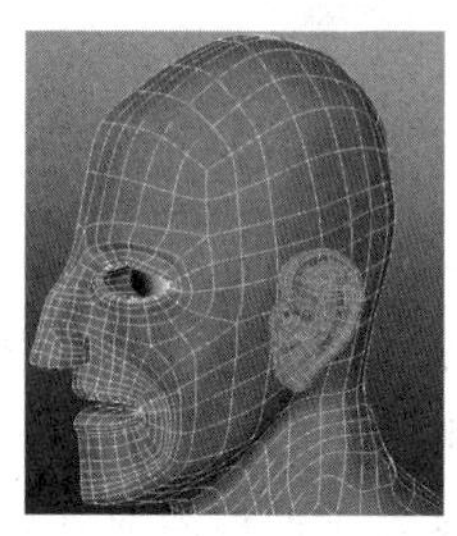

图 4.381

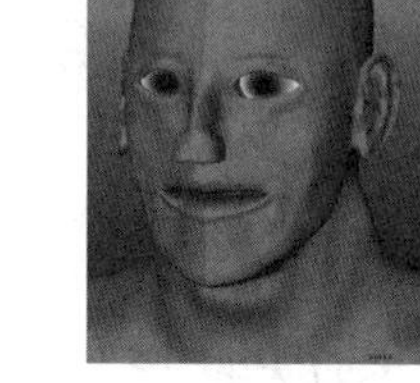

图 4.382

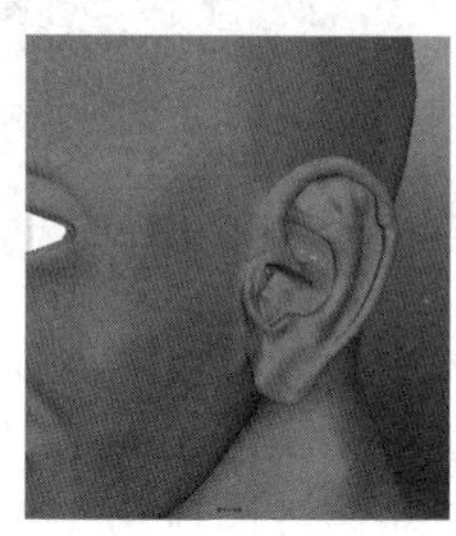

图 4.383

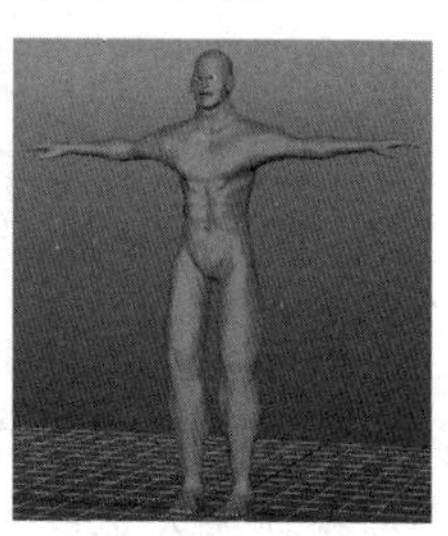

图 4.384

步骤 3：使用 Merge(缝合)命令和 Merge Vertex Tool(缝合顶点工具)命令，对顶点进行合并，如图 4.385 所示。

步骤 4：选择合并后的对象，执行 Smooth(平滑)命令，最终效果如图 4.386 所示。

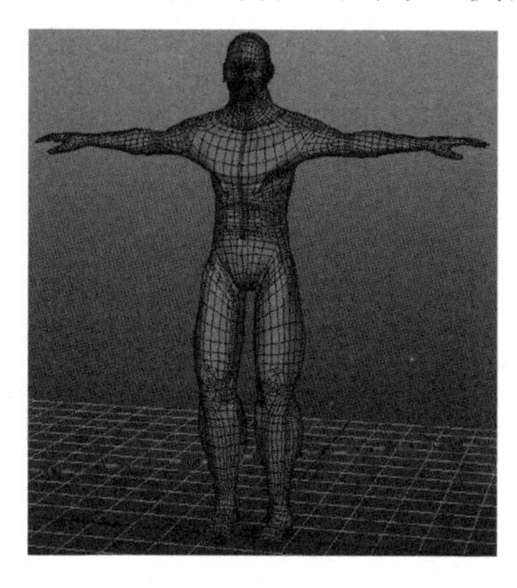

图 4.385

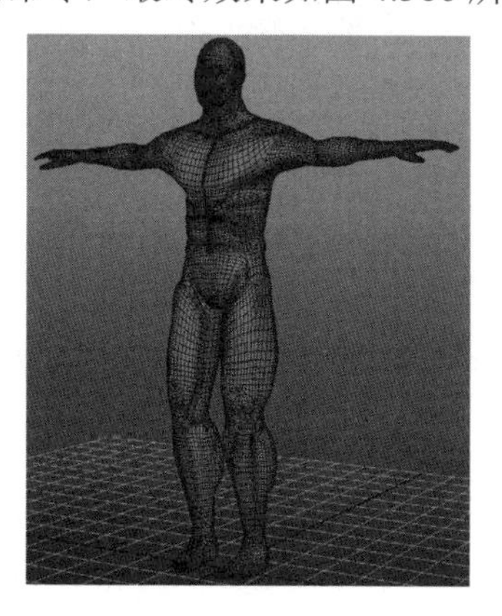

图 4.386

提示：人体模型的制作对读者技术上的要求不高，主要对读者的造型能力和综合素质的要求比较高。因此，只要掌握了 Polygon 中几个建模命令和修改命令即可。要想制作一个非常出色的人体模型，要求读者熟练掌握人体结构、肌肉结构、骨骼结构以及肌肉和骨骼对造型的影响。在这里，建议读者在制作人体模型之前，最好是参考有关医用人体解剖学方面的知识。

视频播放：人体模型的制作详细讲解，请观看配套视频“part\video\chap04_video05”。

四、拓展训练

根据前面所学知识和如下参考图制作人体模型。详细操作步骤读者可以参考配套视频资源。

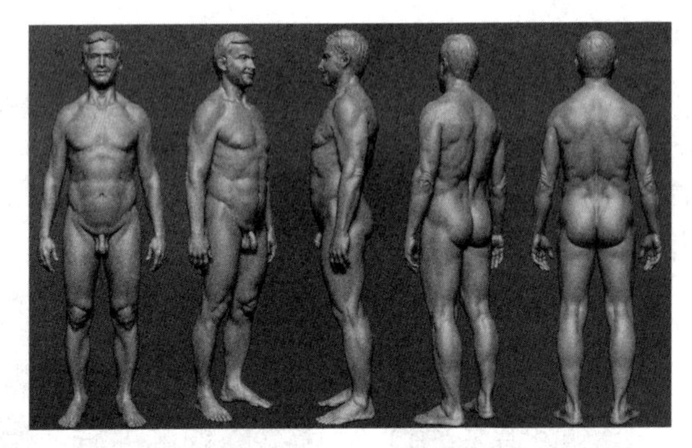

提示：人体模型制作的大致步骤如下：①根据参考图并使用立方体通过多边形操作相关命令，制作人体模型的大致轮廓；②根据参考图和自己对人体的理解，进行重新布线，分别表现出人体的躯干和四肢的肌肉；③制作出人体的头和手；④根据自己的理解对人体模型进行细化操作；⑤对人体的各部分进行合并和细节调节。

第5章

灯光技术

知识点

- 案例1：灯光基础知识
- 案例2：三点布光技术
- 案例3：综合应用案例——书房布光

说　　明

本章主要通过3个案例介绍Maya 2011的灯光技术基础、灯光制作的基本流程和三点布光技术。

教学建议课时数

一般情况下需要8课时，其中理论3课时，实际操作8课时(特殊情况可做相应调整)。

在本章中，主要介绍Maya 2011中灯光的基本类型、灯光基本属性设置和三点布光技术。通过本章的学习，要求读者熟练掌握：①摄影机的创建和灯光的基本设置；②灯光基本参数的作用和设置；③各种灯光类型之间的参数差别；④三点布光技术在实际案例中的应用。

案例1：灯光基础知识

一、案例效果

二、案例制作流程(步骤)分析

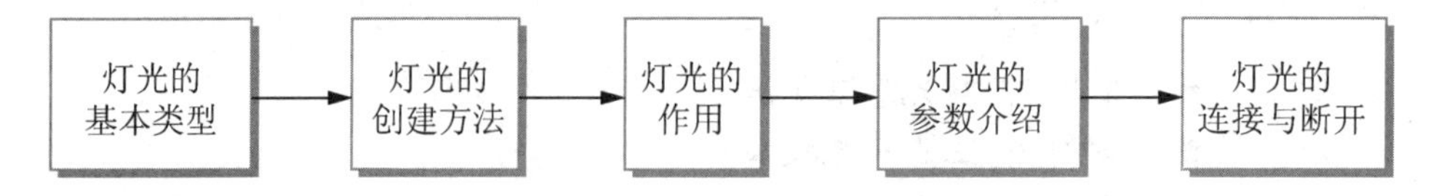

三、详细操作步骤

当使用Maya制作三维动画时，灯光设置是非常重要的一个环节。如果没有灯光，就失去了整个环境的氛围，再好的模型和材质效果也没有办法表现出来。如果没有复杂的模型和多变的材质，那么最终渲染出来的效果也不会精彩，所以模型、灯光、材质和动画之间是相辅相成的，每一个环节都会影响到最终的动画效果。

1. 灯光的基本类型

在Maya 2011中，灯光类型主要包括如下6种灯光类型，如图5.1所示。

(1) Ambient Light(环境光)：在工具架中快捷图标为■。

(2) Directional Light(平行光)：在工具架中快捷图标为■。

(3) Point Light(点光源)：在工具架中快捷图标为■。

(4) Spot Light(聚光灯)：在工具架中快捷图标为■。

(5) Area Light(区域光)：在工具架中快捷图标为■。

(6) Volume Light(体积光)：在工具架中快捷图标为■。

图5.1

2. 灯光的创建方法

灯光的创建方法很简单，具体操作步骤如下。

步骤 1：在菜单栏中选择 Create(创建)→Lights(灯光)命令，弹出下级子菜单，如图 5.2 所示。

步骤 2：将鼠标移到下级子菜单的相应灯光命令上选择即可。在这里，将鼠标移到 Point Light(点光源)命令上选择，即可在视图中创建一个点光源，如图 5.3 所示。

步骤 3：按键盘上的 T 键，此时显示灯光的目标点和调节手柄，方便用户进行调节，如图 5.4 所示。

步骤 4：按键盘上的 Q 键，隐藏灯光的目标点和手柄。

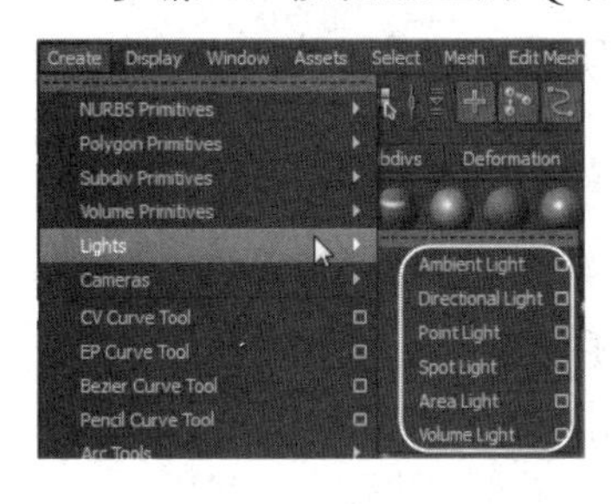

图 5.2

图 5.3

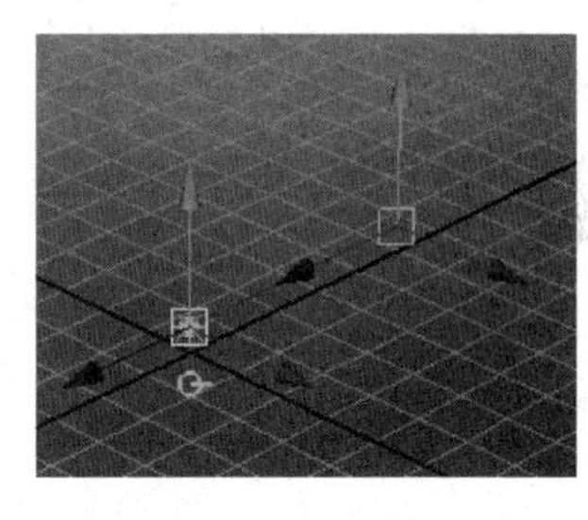

图 5.4

提示：其他灯光的创建方法与 Point Light(点光源)的创建方法完全相同，在这里就不再详细介绍，请读者自己去练习。

3. 灯光的作用

了解 Maya 2011 中的各种灯光的作用，是今后实际项目中对环境的表现选用何种灯光的依据，各种灯光的具体作用介绍如下。

1) Ambient Light(环境光)

Ambient Light 主要用来模拟各种物体受环境漫反射的照明效果。

在 Maya 2011 中，Ambient Light(环境光)主要有如下两种照明方式。

(1) 从一点向外全角度产生照明，主要适合模拟室内物体或大气产生的漫反射效果。

(2) 类似平行光效果，主要适合模拟室外太阳光照效果。

提示：Ambient Light(环境光)的最大优点是使对象在不同角度受光均匀，比较适合模拟对象受环境间接照明的效果，读者也可以将 Ambient Light(环境光)和 Directional Light(平行光)结合使用，模拟室内太阳光效果。

当使用 Ambient Light(环境光)产生阴影时，只能产生光线跟踪阴影，而且产生的光线跟踪阴影质量不高。一般情况下，使用其他灯光类型来产生阴影效果。

使用 Ambient Light 命令产生的灯光效果如图 5.5 所示。

2) Directional Light(平行光)

Directional Light 主要用来模拟太阳光效果。

Directional Light(平行光)的照明只受灯光的方向影响，与灯光的位置无关。读者可以将平行光理解为从无穷远的光源照射过来的光线，光线没有夹角，几乎接近平行光的照明效果。

提示： 平行光没有明显的光照范围，用户经常使用 Directional Light(平行光)来模拟室外全局照明。

Directional Light(平行光)无灯光衰减，但可以设置阴影效果，其灯光的阴影效果主要有如下两种效果供用户选择。

(1) 深度贴图阴影。

(2) 光线跟踪阴影。

Directional Light(平行光)的照明效果是平行的，所以它的阴影也是平行的阴影，没有透视变化，如图 5.6 所示。

3) Point Light(点光源)

Point Light 主要用来模拟从一个发光点发射光线的效果。

Point Light 是从一个点发射光线，灯光照明效果会因光源的位置变化而变化，而与灯光旋转角度或缩放无关。灯光位置的变化会影响到被照对象的阴影透视效果。Point Light(点光源)的位置越远离被照对象，光线越接近于平行光的效果，如图 5.7 所示。

图 5.5

图 5.6

图 5.7

提示： 在 Maya 2011 的 6 种灯光类型中，除了 Ambient Light(环境光)和 Directional Light(平行光)之外，其他 4 种灯光类型都有各种衰减类型。用户可以通过设置灯光的衰减类型，产生细腻的光照效果，且常用于室内照明或制作场景局部细节。例如，用户可以使用 Point Light(点光源)来模拟灯泡或蜡烛的照明效果；使用聚光灯来模拟汽车灯或手电筒的照明效果等。

4) Spot Light(聚光灯)

Spot Light 主要用来模拟聚光效果。例如手电筒、车灯和舞台灯等效果。

Spot Light 具有清晰的照明范围和照明方向，其照明方式为从一个点以一定的角度向一个方向发射，效果为锥状形。照明效果如图 5.8 所示。

提示： Spot Light(聚光灯)的使用范围非常广泛，用户可以通过 Spot Light(聚光灯)的相关参数设置，使 Spot Light(聚光灯)适应于不同场景和不同环境氛围的照明。例如室内外、舞台、早晨和傍晚等照明效果。

5) Area Light(区域光)

Area Light 主要用来模拟区域照明效果。

Area Light 是 Maya 后来版本中新增加的一种灯光效果，相对于其他灯光，它是一种比较特殊的灯光效果。

Area Light(区域光)的外光是一平面，光线从一个平面发射出来。用户在使用 Area Light(区域光)时，需要注意以下几点。

(1) Area Light 的平面大小直接影响光照的范围和光照的强弱。

(2) Area Light 的长宽比例直接影响灯光的照射范围形状。

(3) 如果被照对象具有高光贴图，则会在被照对象上产生一个矩形高光效果。高光的强弱变化与区域光的强度、灯光到物体的距离、灯光形状的面积大小和对象材质的高光属性有关。

Area Light(区域光)与其他灯光相比，具有如下几点差别。

(1) Area Light 的亮度同时受强度和面积大小的影响。

(2) Area Light 本身具有衰减效果，即使用户不设置它的衰减参数，也会产生光线的衰减效果。

(3) Area Light 具有 Depth Map Shadow(深度贴图阴影)和 Raytrace Shadow(光线跟踪阴影)两种阴影供用户设置。Depth Map Shadow(深度贴图阴影)的效果与其他灯光的 Depth Map Shadow(深度贴图阴影)效果差别不大，只是在透视角度上有一点差别。Area Light(区域光)中的 Raytrace Shadow(光线跟踪阴影)阴影效果随着灯光与被照对象之间的距离改变而变化，因此可以使用 Raytrace Shadow(光线跟踪阴影)来模拟真实阴影的衰减效果，如图 5.9 所示。

图 5.8

图 5.9

提示：使用 Area Light(区域光)可以产生非常细腻的且具有层次变化的效果。但由于它的衰减特性(深度贴图阴影效果与其他灯光的深度贴图阴影效果差别不大；使用光线跟踪阴影方式，在渲染时会占用大量的计算时间)，故不适合大场景的照明应用。

6) Volume Light(体积光)

Volume Light 主要用于场景的局部照明。

使用 Volume Light，用户非常容易控制灯光的照明范围、灯光的颜色和衰减效果。Volume Light 的体积大小决定灯光的照射范围和灯光的强度衰减，被照对象必须在 Volume Light 的范围内才能被照亮。

Volume Light(体积光)主要有如下 4 种体积形状，用户可以根据不同情况选择不同的体积照明方式。

(1) Box(立方体)形状。

(2) Sphere(球体)形状。

(3) Cylinder(圆柱体)形状。

(4) Cone(圆锥体)形状。

Volume Light(体积光)的照明效果如图 5.10 所示。

4. 灯光的参数介绍

只有了解各种灯光中各个参数的作用和设置方法，才能很好地掌握灯光的调节和布置。在这里，主要以 Spot Light(聚光灯)为例来介绍灯光参数的作用和调节。因为 Spot Light(聚光灯)与其他灯光相比，它的参数比较全面，而且应用范围比较广泛。通过对 Spot Light(聚光灯)的参数的了解，读者可以举一反三掌握其他灯光参数的作用和使用方法。

1) 调出 Spot Light(聚光灯)参数设置面板

调出 Spot Light 参数设置面板的方法很简单。具体操作步骤如下。

步骤 1：在工具架上单击(聚光灯)图标，在视图中创建一盏聚光灯。

步骤 2：选择聚光灯，按 Ctrl+A 键，调出聚光灯的参数设置面板，如图 5.11 所示。

图 5.10

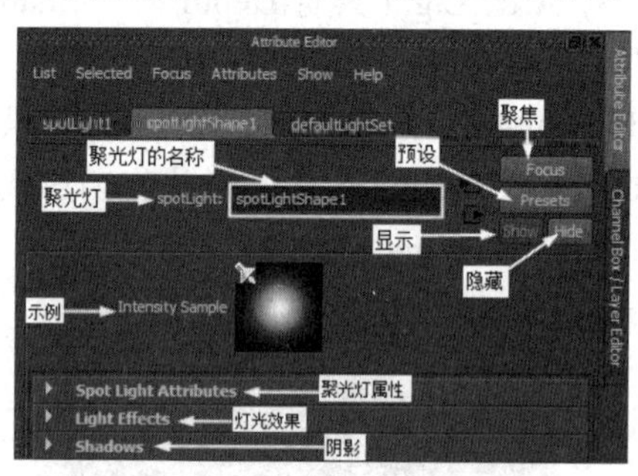

图 5.11

在这里，主要要求读者了解灯光属性中的 Spot Light Attributes(聚光灯属性)、Light Effects(灯光效果)和 Shadows(阴影)3 个选项当中的参数作用和设置。

2) Spot Light Attributes(聚光灯属性)参数介绍

Spot Light Attributes 的具体参数如图 5.12 所示。

(1) Type(类型)：主要设置灯光的类型。读者单击 Type(类型)右边的图标，弹出下拉菜单，如图 5.13 所示。用户可以通过这里改变灯光的类型。

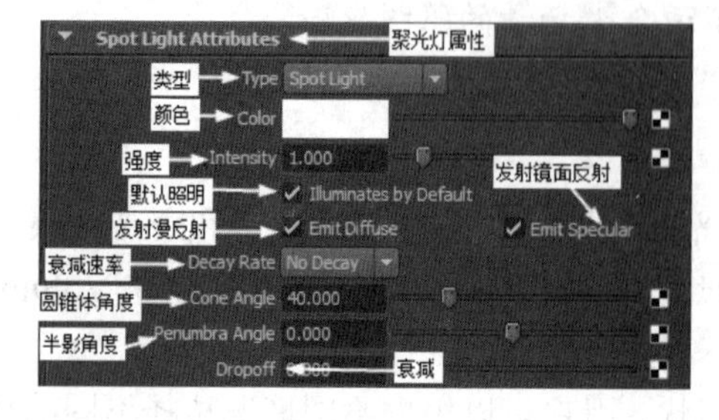

图 5.12

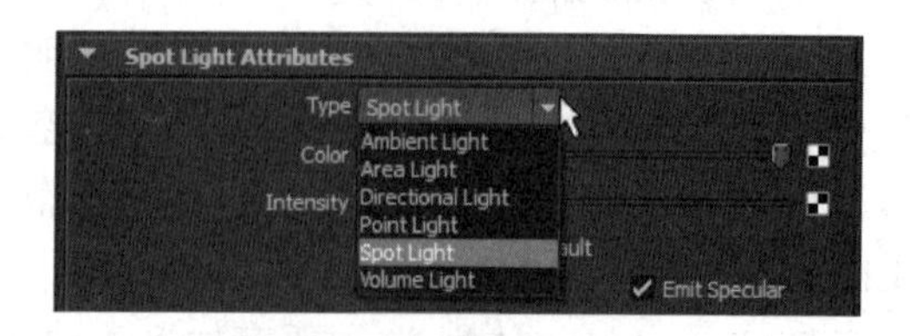

图 5.13

(2) Color(颜色)：主要用来设置灯光的颜色。设置颜色的具体操作步骤如下。

步骤 1： 单击 Color(颜色)右边的■(色块)图标，弹出 Color History(颜色历史)面板，具体设置如图 5.14 所示。最终效果如图 5.15 所示。

步骤 2： 用户可以通过单击色块或调节色环来设置颜色。

步骤 3： 用鼠标按住 Color(颜色)右边的■滑块左右移动，可以调节颜色的明度。

步骤 4： 单击 Color(颜色)右边的■按钮，可以使用图片或程序纹理控制灯光颜色。

(3) Intensity(强度)：主要用来控制灯光的照明强度。在 Maya 2011 中，该参数默认值为 1，数值越大，灯光越亮；数值越小，灯光越暗。

提示： 如果场景中的灯光照明非常亮，则用户可以在 Intensity(强度)右边的文本输入框中输入负值，吸收场景中的光照，减弱照明效果。

(4) Illuminates by Default(默认照明)、Emit Diffuse(发射漫反射)和 Emit Specular(发射镜面反射)这 3 个选项前面打勾表示该项起作用，否则表明该项为不起作用。

(5) Decay Rate(衰退速率)：主要用来控制灯光的衰减率。

单击 Decay Rate(衰退速率)右边的■图标，弹出图 5.16 所示的下拉菜单。用户可以根据实际需要选择不同的衰减样式。Decay Rate(衰退速率)的样式主要有 No Decay(无)、Linear(线性)、Quadratic(二次方)和 Cubic(立方) 4 项。其中，Quadratic(二次方)比较接近真实世界灯光的衰减效果；Linear(线性)衰减比较慢；Cubic(立方)衰减比较快；No Decay(无)没有衰减，灯光所照范围亮度均匀。Maya 2011 默认选择为 No Decay(无)项。

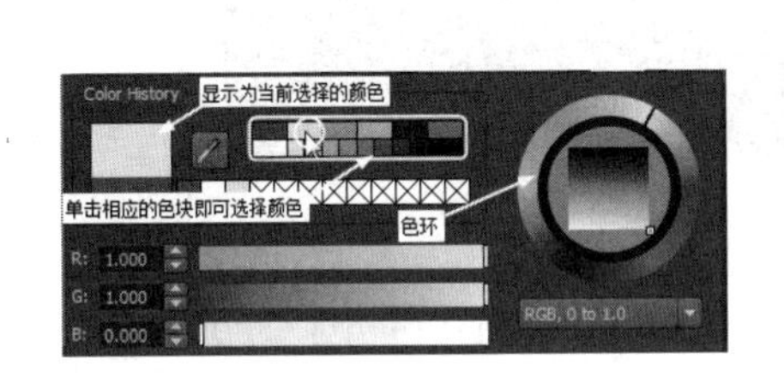

图 5.14

图 5.15

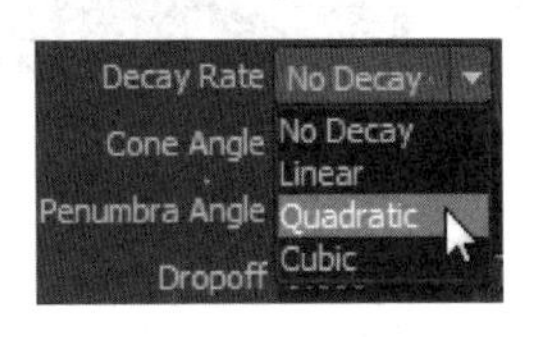

图 5.16

(6) Cone Angle(锥角)：主要用来控制聚光灯的张开角度。

Maya 2011 默认角度为 40，最大可以为 179.5，最小为 0.5。但是，创建灯光之后，在 Attribute Editor(属性编辑器)中，可以设置 Cone Angle(锥角)最大值为 179.994，最小值设置为 0.006。图 5.17 所示是 Cone Angle(锥角)为 20 的效果。图 5.18 所示是 Cone Angle(锥角)为 50 的效果。

(7) Penumbra Angle(半影角度)：主要用来控制圆锥边缘的衰减大小。在 Maya 2011 中，Penumbra Angle(半影角度)的默认参数为 0，最大值为 179.5，最小值为-179.5。但是，创建灯光之后，在 Attribute Editor(属性编辑器)中，可以设置 Penumbra Angle(半影角度)的最大值为 179.994，最小值可以设置为-179.994。

图 5.19 所示是 Cone Angle(锥角)为 20，Penumbra Angle(半影角度)为 10 的效果。

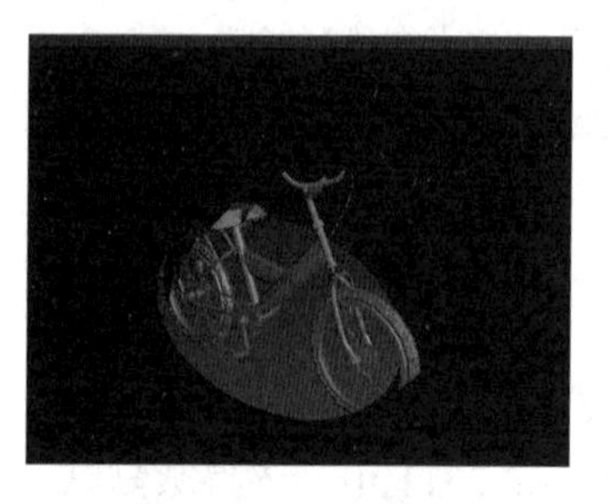

图 5.17

图 5.18

图 5.19

(8) Drop off(衰减)：主要设置聚光灯强度从中心到聚光灯边缘衰减的速率。在 Maya 2011 中，Drop off(衰减)的默认参数为 0，最大值为 1，最小值为 0。但是，创建灯光之后，在 Attribute Editor(属性编辑器)中，可以设置 Drop Off(衰减)的最小值为 0，最大值为 255。

如图 5.20 所示是在上面的参数不变的情况下，设置 Drop Off(衰减)的参数为 155 时的效果。

3) Light Effects(灯光特效)参数介绍

Light Effects 参数如图 5.21 所示。

图 5.20

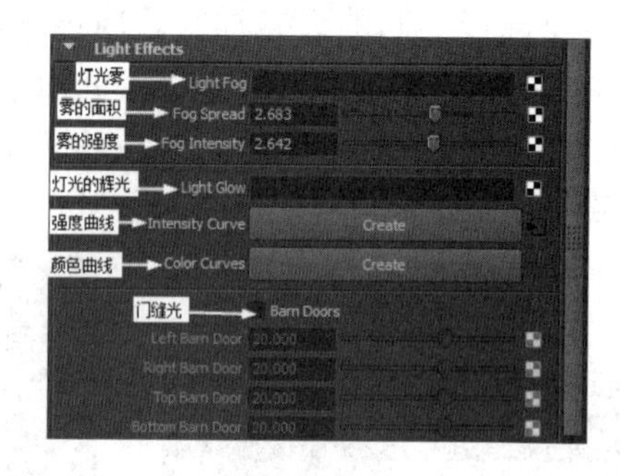

图 5.21

(1) Light Fog(灯光雾)：主要用来模拟空气中的尘埃在光线中扬起、手电筒的光柱、汽车灯的光柱、夜色中的路灯等。

Light Fog 属性仅适用于点光源、聚光灯和体积光。Light Fog(灯光雾)的创建方法很简单。单击 Light Fog(灯光雾)右边的▣按钮，系统自动创建一个 ConeShape 节点。

(2) Fog Spread(雾的面积)：Fog Spread(雾的面积)的值越大产生的雾从聚光灯的锥体中心到两侧越均匀；Fog Spread(雾的面积)的值越小，产生的雾中心比两侧亮，如图 5.22 所示。

图 5.22

(3) Decay Intensity(雾的强度)：主要用来控制雾的强度。图 5.23 和图 5.24 所示是 Decay Intensity(雾的强度)的值分别为 1 和 5 的效果。

(4) Light Glow(灯光辉光)：主要用来模拟发光体产生的辉光，如图 5.25 所示。

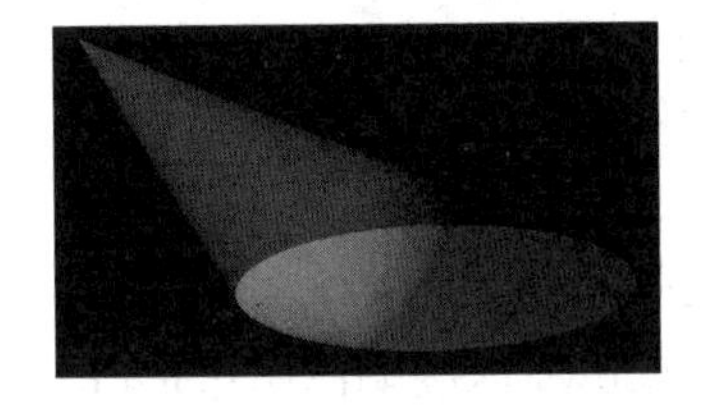

图 5.23

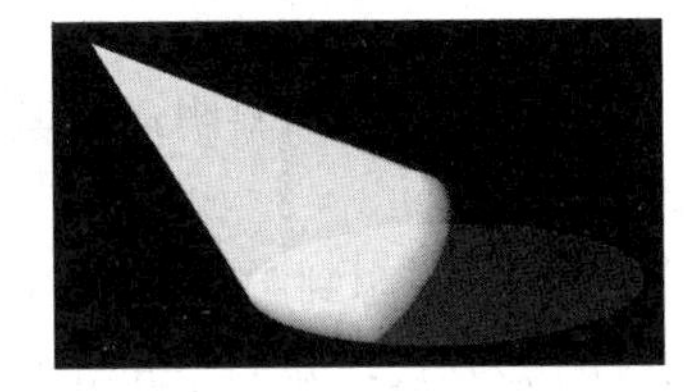

图 5.24

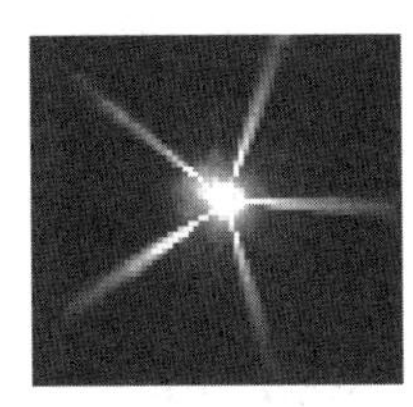

图 5.25

(5) Intensity Curve(强度曲线)：主要用来精确控制灯光的强度变化。读者只要单击 Create(创建)按钮，则系统自动创建一个 Intensity Curve(强度曲线)。另外，可以在 Graph Editor(图表编辑器)中调节 Intensity Curve(强度曲线)，效果如图 5.26 所示。

(6) Color Curves(颜色曲线)：主要用来精确控制灯光颜色的变化。创建方法同上。

Color Curves 的具体调节方法如下。

步骤 1：在 Hypershade(超图)中选择需要编辑的颜色曲线。

步骤 2：在 Graph Editor(图表编辑器)中进行调节即可。调节后的效果如图 5.27 所示。

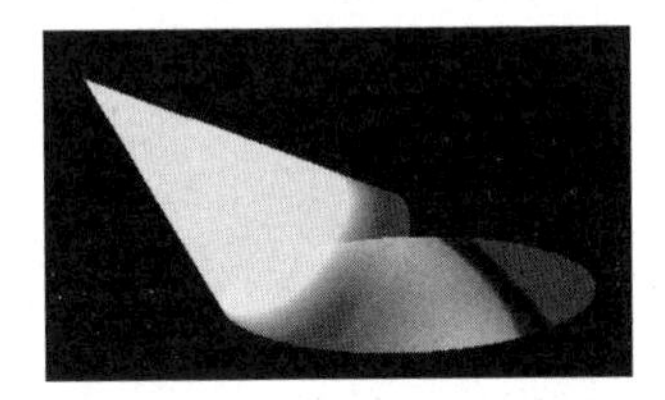

图 5.26

图 5.27

(7) Barn Doors(门缝光)：通过调节 Barn Doors(门缝光)项下面的参数来改变灯光照射的形状。通过参数的调节可以使灯光照射形成类似从门缝照射进来的光效果，门缝光的名称由此而来。Barn Doors(门缝光)设置的具体操作方法如下。

步骤 1：选择需要设置 Barn Doors(门缝光)的灯光。

步骤 2：设置参数，具体设置如图 5.28 所示。最终效果如图 5.29 所示。

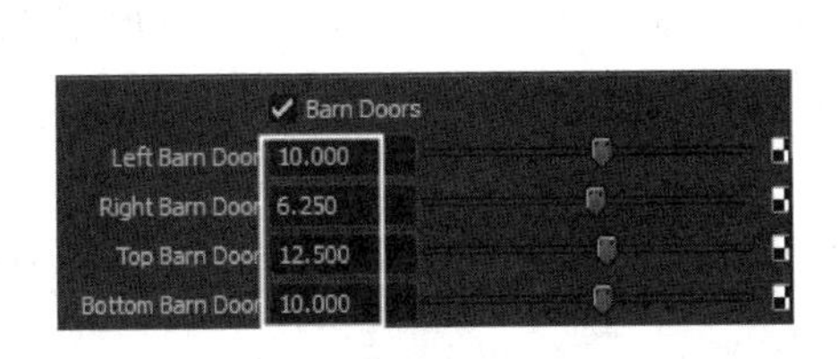

图 5.28

图 5.29

4) Shadows(阴影)

Shadows 的设置在三维动画中非常重要。设置灯光 Shadows(阴影)是增加场景的层次感和真实感的重要途径，具体作用有如下 3 个方面。

(1) 定义空间关系。通过阴影可以显示出物体的相对空间关系，例如表现物体是否与地面连接、表现物体与地面的距离、表现物体与物体之间的层次关系等。

(2) 表现角色差别。通过摄影机，只能观看到靠近摄影的正面角度，而通过摄影又提供了物体的侧面形状。

(3) 增加画面的构成效果。一个放置合理的斜阴影或其他阴影可以分割空间，增加画面的变化，避免画面单一、形成连续的平面。

(4) 指示画外的空间。通过阴影可以联想到画面以外的人或物。

在 Maya 2011 中，主要有两种阴影方式，即 Depth Map Shadows(深度贴图阴影)和 Ray Trace Shadows(光线跟踪阴影)。

Depth Map Shadows(深度贴图阴影)和 Ray Trace Shadows(光线跟踪阴影)的区别介绍如下。

(1) Depth Map Shadows(深度贴图阴影)是一种模拟阴影效果，是通过计算灯光和被照对象之间的位置来产生阴影贴图效果。

它的优点如下：①渲染时可以设置深度贴图的分辨率、阴影颜色和阴影过滤尺寸；②渲染速度相对比较快。

它的缺点是在渲染透明对象时，不会考虑灯光穿过透明对象所产生的阴影效果，阴影仍然为黑色，所以不适合透明对象阴影。

(2) Ray Trace Shadows(光线跟踪阴影)是通过追踪光线路径来产生阴影，也就是光线到被照对象的每一点所跟踪的路径。

它的缺点是渲染速度相对比较慢。

它的优点如下：①渲染出来的阴影效果非常好；②支持透明对象的渲染，光线通过透明对象进行折射，自动对阴影进行着色，产生具有透明的阴影。

提示：在 Maya 2011 中，不是所有灯光都具有深度贴图阴影，有些灯光不支持深度贴图阴影。一盏灯光同时只能使用一种阴影方式，如果要在场景产生两种阴影方式的话，可以在场景中创建两盏灯光来实现。

5. 灯光的连接与断开

在表现三维场景时，用户需要经常对灯光进行“排除”和“包含”操作来制作复杂场景的灯光效果。Maya 2011 中的灯光比现实中的灯光控制要灵活得多。用户可以很方便地对场景中指定的对象或区域进行照明，而不影响其他对象或区域。

1) 灯光的连接

灯光的连接有两种方式，一种是菜单方式连接，另一种是 Relationship Editor(关联编辑器)连接。具体操作步骤如下。

(1) 菜单连接方式。

步骤 1：创建一盏聚光灯。在属性编辑面板中将 Illuminates by Defaul(默认照明)前面的“√”去掉。

步骤 2：选择灯光和需要照明的阴影对象，将模块切换到 Render(渲染模块)。

步骤 3：在菜单栏中选择 Lighting/Shading(灯光/阴影)→Make Light Links(使灯光连接)命令即可。

(2) Relationship Editor(关联编辑器)连接。

步骤 1：在菜单栏中选择 Lighting/Shading(灯光/阴影)→Light Links Editor(灯光连接编辑器)→Light-Centric(以灯光为中心)命令，打开 Relationship Editor(关联编辑器)窗口，如图 5.30 所示。

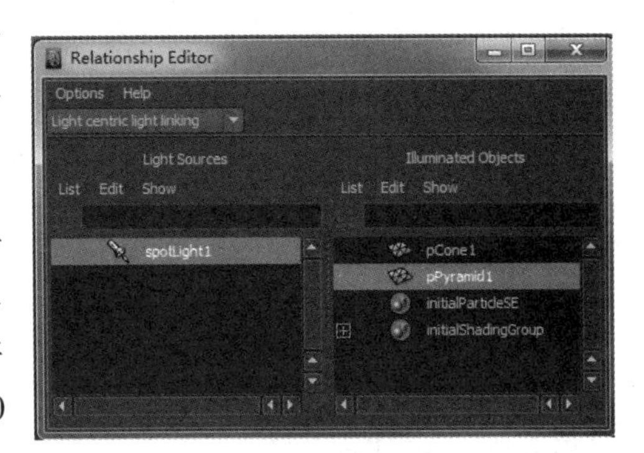

图 5.30

步骤 2：在左侧选择需要连接的灯光，在右侧选择需要受影响的对象即可。

2) 取消灯光的连接

取消灯光的连接方法很简单，具体操作方法如下。

步骤 1：选择对象和灯光。

步骤 2：在菜单栏中选择 Lighting/Shading(灯光/阴影)→Break Light Links(断开灯光连接)命令即可。

视频播放：灯光基础知识的详细讲解，请观看配套视频“part\video\chap05_video01”。

四、拓展训练

根据本案例所学知识创建如下灯光效果。基础比较差的同学可以观看配套视频讲解。

案例 2：三点布光技术

一、案例效果

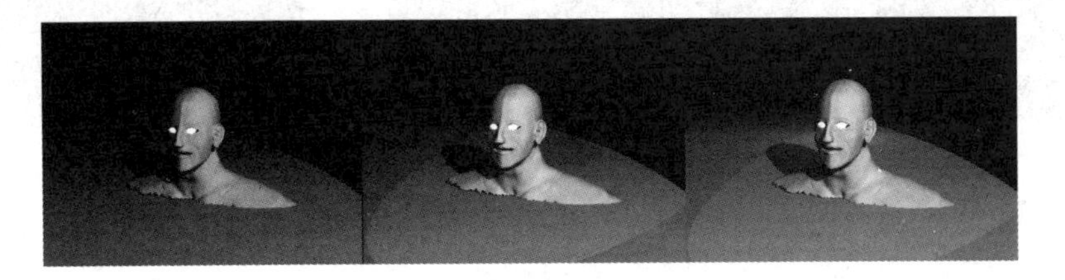

二、案例制作流程(步骤)分析

三、详细操作步骤

三点布光技术是好莱坞的一种传统布光模式，也是当今三维动画布光中比较流行的一种。使用三点布光技术能够很好地表现物体的形体，也提供了令用户满意的光照效果，无论是道具还是角色。

光影的一般规律是在物体受光线照射时，反映在物体上主要表现为高光、亮区、灰度过渡区、明暗交界区、暗区和反光区。而三点布光技术能够很好地表现出现实生活中的这些光影规律。这也是三点光源的基本原理。

在三维场景中，三点布光技术的主要目的是塑造物体对象，通过光照来表现物体的三维形态。

所谓三点布光元素，主要是指主光、辅助光和背景光。这 3 个光源在场景中具有不同作用。

1. 主光介绍

主光是指场景中的主要照明光源。主光主要用来确定光照的方向、满足主要照明、确定阴影和保证画面的逻辑。

一般情况下，主光的照明强度比其他照明强度要强。主光的投射也比其他灯光强和清晰。

主光的位置一般情况下位于物体的上方，而且偏离中心一定的距离。以摄影作为参考的话，一般将主光放置在摄像机的一侧(左侧或右侧)成 15°～45° 角，与摄像机的上部也成 15°～45° 的位置，如图 5.31 所示。渲染效果如图 5.32 所示。

提示： 这里给出的主光的位置，只是一种比较常见的折中的布光方法，作为一个大致的指导原则，在一些特定场景中要根据实际情况进行调整。

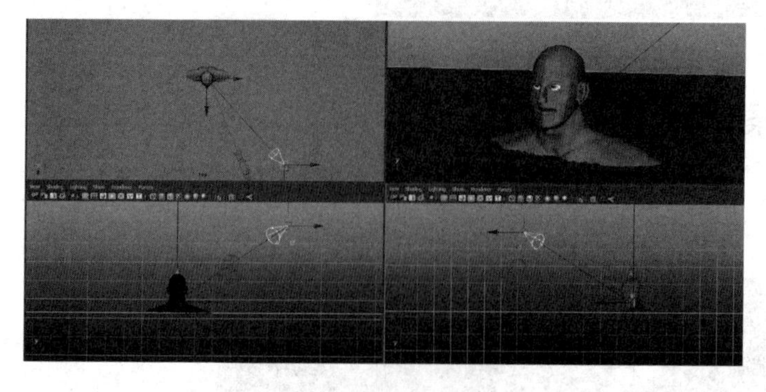

图 5.31

图 5.32

2. 辅助光介绍

辅助光的主要作用是辅助主光照明，照亮没有主光照亮的区域，使场景照明效果具有一定的自然的过渡效果。避免被照对象的明暗区域过度生硬。

辅助光的照明强度不要大于主光的照明强度。如果大于主光的照明强度，就变成主光了。一般情况，辅助光的强度是主光的一半。

辅助光的位置一般放置在主光的相对位置。其目的是发挥辅助光的最大作用。在垂直的方向上与摄像机的角度很小，一般为 15°～60° ，如图 5.33 所示。渲染的效果如图 5.34 所示。

提示：对于辅助光的位置，在这里也同样是一个指导性原则，在实际应用中用户也可以灵活运用。因为三点布光不是一成不变的，所以用户可以进行调节和修改，例如辅助光的数量和位置等。此外，还有背光、反射光和轮廓光灯。

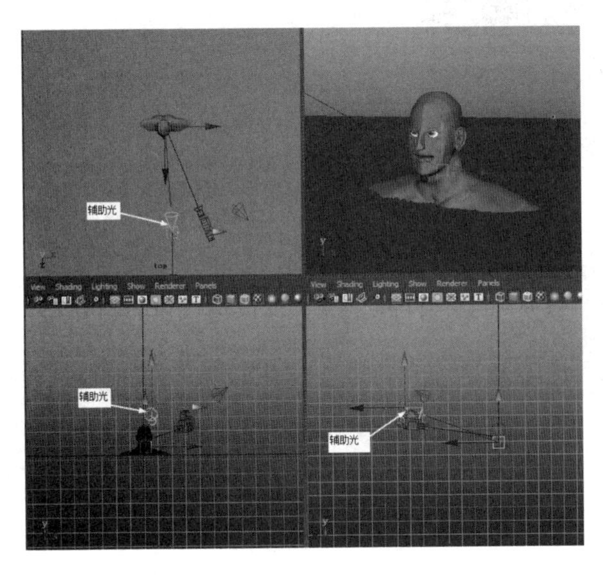

图 5.33

图 5.34

在创建辅助光时，可以参考以下创建原则。

(1) 一般情况下，在创建辅助光时，可以通过复制主光灯，再进行重命名、参数设置和位置调节。

(2) 一般情况下，辅助光设置在主光产生的阴影处。

(3) 辅助光的颜色一般设置成主光的互补色。

(4) 辅助光的灯光强度一般是主光强度的一半以下(左右)。

(5) 辅助光的阴影要比主光的阴影更柔和一些。

(6) 在实际布光中，可能会创建多盏辅助灯光。

(7) 反射光主要用来模拟物体与物体之间的反射效果，且灯光之间的颜色会相互影响。

3. 背景光介绍

背景光主要用来照亮物体的边缘，以区分前景和背景，使场景更加生动。

一般情况下，在使用背景光表现物体的轮廓时，很少考虑它的合理性，这是一种很主观的表现手法。

背景光的位置一般在摄影机或主光的对立面，如图 5.35 所示，渲染效果如图 5.36 所示。

提示：在实际项目制作中，用户也经常使用 Maya 2011 节点工具来模拟背景光(轮廓光)。

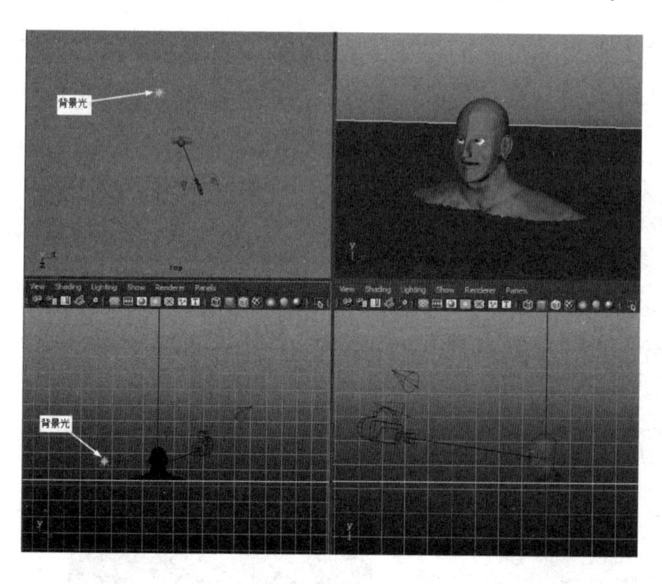

图 5.35

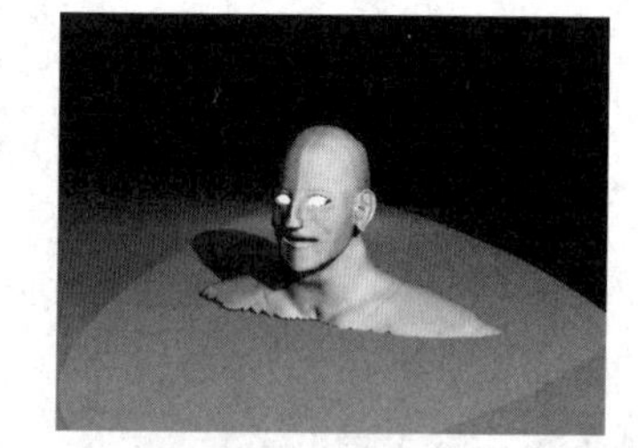

图 5.36

视频播放：三点布光技术的详细讲解，请观看配套视频“part\video\chap05_video02”。

四、拓展训练

根据前面所学知识进行布光，最终效果如下图所示。基础差的同学可以观看配套视频资料。

案例 3：综合应用案例——书房布光

一、案例效果

二、案例制作流程(步骤)分析

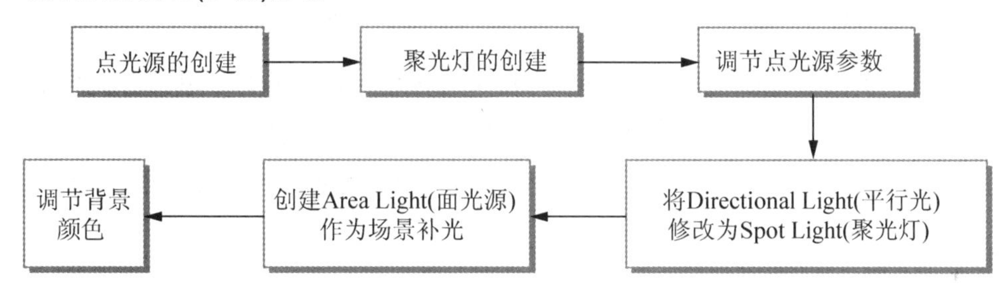

三、详细操作步骤

使用灯光营造场景的整体氛围是三维动画制作的重要环节。再复杂和精细的模型，如果没有灯光，也没有办法表现出来。灯光效果营造得好坏直接关系到整个场景的氛围效果。

如果灯光使用合理，则可以将同一个场景营造成喜庆、庄严或阴森恐怖等多种效果，使场景更加接近于真实环境。如果灯光的使用不合理，则营造出来的场景氛围具有明显的人工处理痕迹。

在营造场景氛围时，要注意不要有过强的反射折射、太洁净的空气和平板的画面等，否则营造出来的场景就是堆砌的积木。

营造真实的场景环境主要从灯光调节、衰减、阴影、排除和灯光投影图像等方面入手。在本案例中，主要以书房为例对场景氛围进行调节，具体操作步骤如下。

1. 点光源的创建

Point Light(点光源)的光照效果，类似白炽灯的发光效果。用户可以使用该灯光来模拟室内的主光照明，也可以作为辅助灯光照明，根据实际项目而定。创建点光源的具体操作步骤如下。

步骤 1：打开配套素材中的 shufang.mb 文件，如图 5.37 所示。

步骤 2：在工具架中单击■(点光源)图标，即可在视图中创建一盏点光源。

步骤 3：调节点光源的位置，如图 5.38 所示。

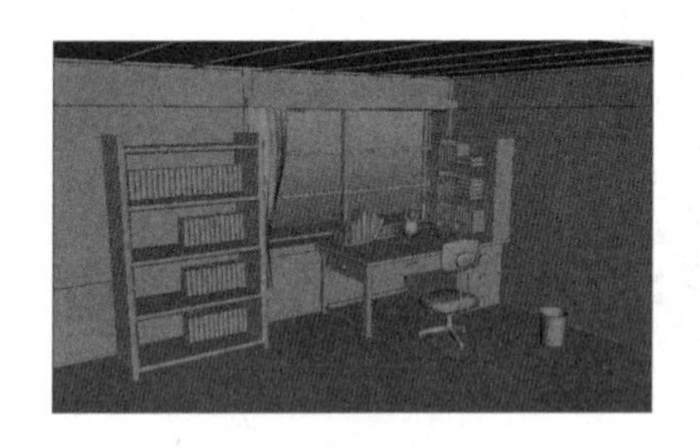

图 5.37

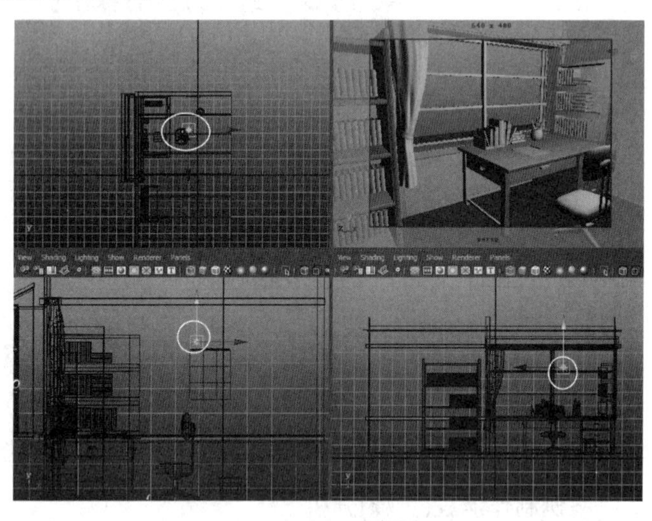

图 5.38

步骤 4：在 Persp(透视图)菜单中选择 Lighting(灯光)→Use All Lights(使用全部灯光)命令，即可使用全局灯光照明。渲染效果如图 5.39 所示。

提示：在没有启用阴影的情况下，灯光的光线不受任何物体的影响，可以直接穿透物体，照亮场景中所有物体。

2. 聚光灯的创建

在这里，创建聚光灯主要用来模拟室外的太阳光照效果，具体操作步骤如下。

步骤 1：在工具架中单击(聚光灯)图标，创建一盏聚光灯。

步骤 2：确保创建的聚光灯被选中，按键盘上的 t 键，显示出聚光灯的操纵器，在视图中调节聚光灯的位置，如图 5.40 所示。

图 5.39

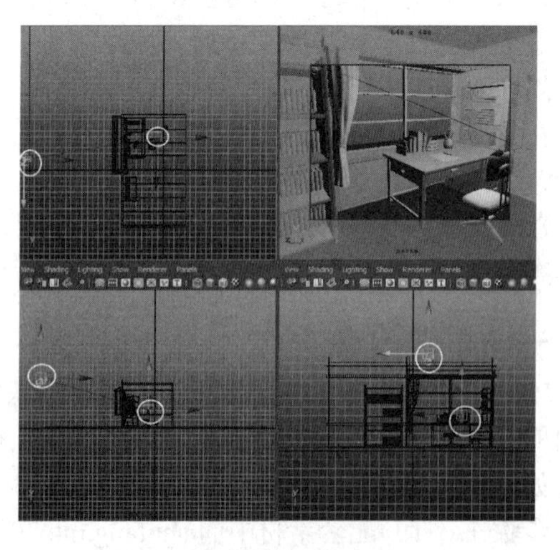

图 5.40

步骤 3： 确保聚光灯被选中状态，按 Ctrl+T 组合键，调出聚光灯参数设置面板。具体设置如图 5.41 所示，渲染效果如图 5.42 所示。

提示： 区域光的照明方式非常真实且具有层次感，用户可以通过改变 Depth map Filter Size(深度贴图过滤值)来改变阴影边缘的模糊程度。

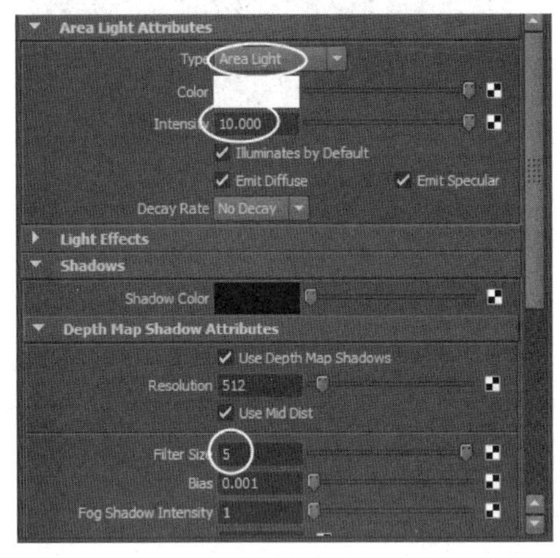

图 5.41

图 5.42

步骤 4： 前面已使用了区域光照明效果，在这里再重新设置区域光的属性。将区域光类型改为平行光类型，再修改相应参数。具体设置如图 5.43 所示，渲染效果如图 5.44 所示。

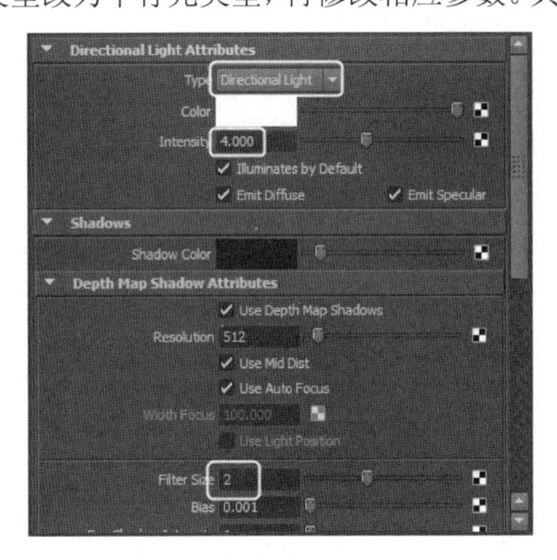

图 5.43

图 5.44

3. 调节点光源参数

步骤 1： 选择前面创建的点光源。

步骤 2： 设置点光源的参数。具体设置如图 5.45 所示，渲染效果如图 5.46 所示。

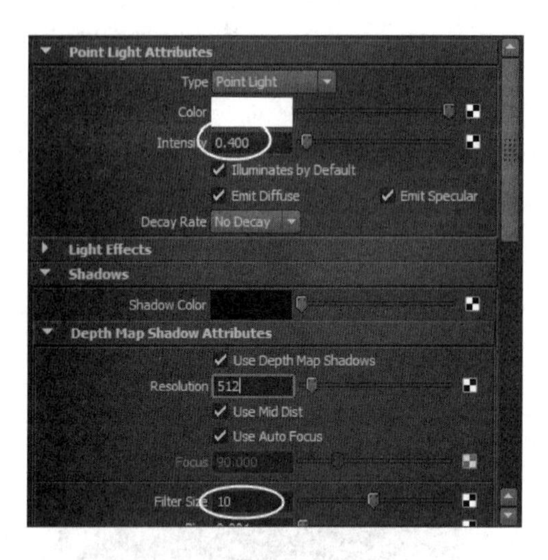

图 5.45

图 5.46

4. 将 Directional Light(平行光)修改为 Spotlight(聚光灯)

步骤 1：选择前面调节好的 Directional Light1(平行光 1)灯光。

步骤 2：设置灯光属性面板中的参数。具体调节如图 5.47 所示，渲染效果如图 5.48 所示。

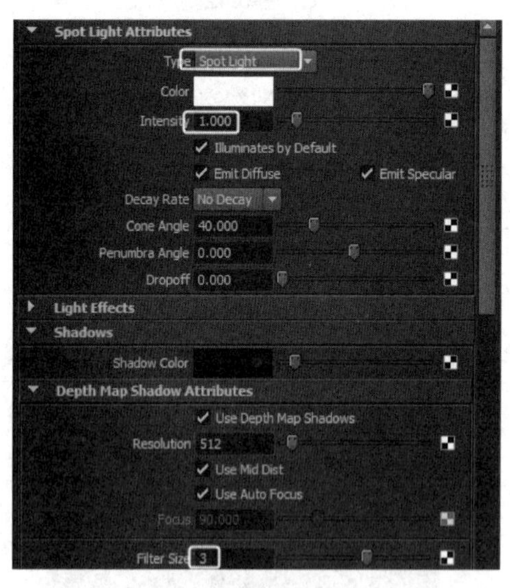

图 5.47

图 5.48

5. 创建 Area Light(面光源)为场景补光

步骤 1：在工具架中单击(面光源)图标，在视图中创建一盏面光源，在各个视图中的位置如图 5.49 所示。具体参数设置如图 5.50 所示。

步骤 2：单击(渲染)按钮，进行渲染。渲染效果如图 5.51 所示。

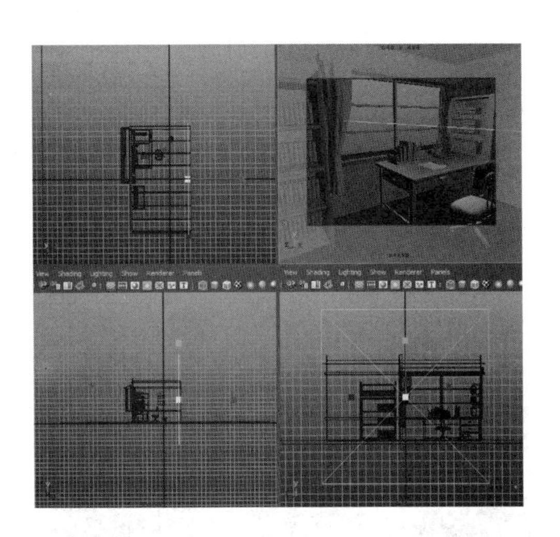

图 5.49

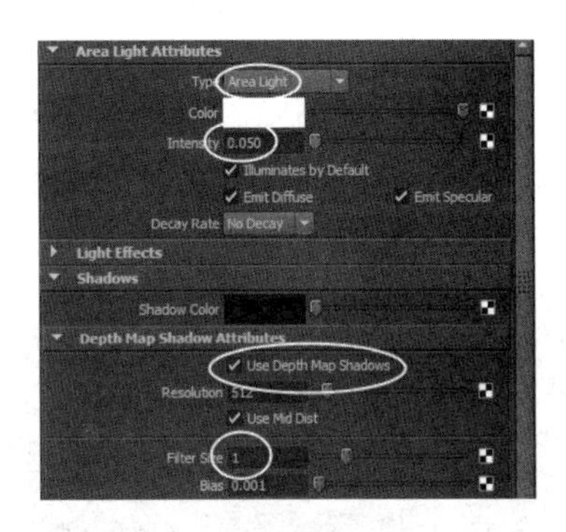

图 5.50

步骤 3：再创建一盏补光，作为太阳光的补光，在各个视图中的位置如图 5.52 所示。具体参数设置如图 5.53 所示，最终效果如图 5.54 所示。

图 5.51

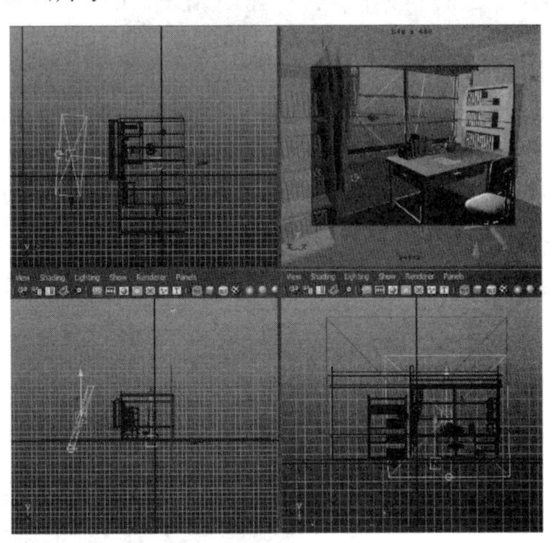

图 5.52

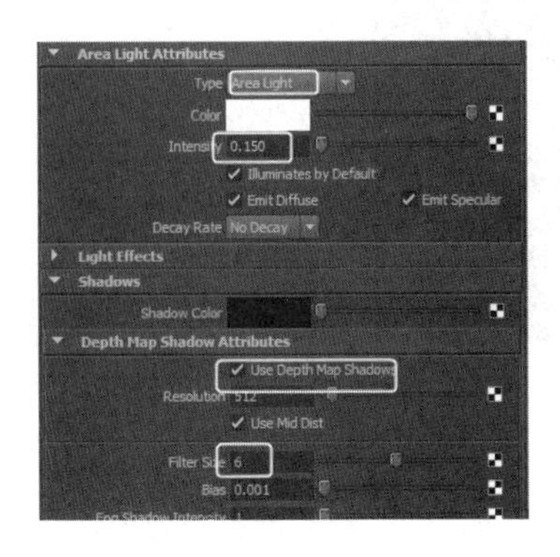

图 5.53

图 5.54

6. 调节背景颜色

从上面的渲染效果可以看出，主光是从外面照射进来的，但窗外渲染效果是全黑，这与现实不符。为了模拟真实环境效果，可以通过调节背景颜色来达到。其具体操作方法如下。

步骤 1：在 Persp(透视图)中选择 View(显示)→Select Camera(选择摄像机)命令。

步骤 2：按 Ctrl+A 键，调出属性编辑面板，设置背景的颜色，具体设置如图 5.55 所示。

步骤 3：单击(渲染)按钮。渲染出来的效果如图 5.56 所示。

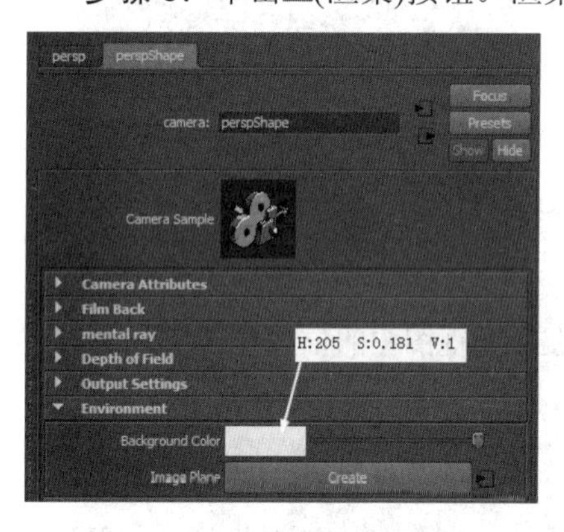

图 5.55

图 5.56

视频播放：综合应用案例——书房的详细讲解，请观看配套视频“part\video\chap05_video03”。

四、拓展训练

根据前面所学知识进行布光，最终效果如下图所示。基础差的同学可以观看配套视频资料。

第6章 材质与渲染技术

知识点

- 案例1：材质基础知识
- 案例2：玻璃酒杯的制作
- 案例3：水晶体中的标志
- 案例4：瓷器碗的制作
- 案例5：遥控器的制作
- 案例6：小车车漆材质的制作

说明

本章主要通过6个案例介绍Maya 2011的材质与渲染的基础知识、材质贴图的方法、制作流程和技巧。

教学建议课时数

一般情况下需要12课时，其中理论4课时，实际操作8课时(特殊情况可做相应调整)。

在使用 Maya 制作三维动画的整个流程中，材质是不可分割的一部分，而且材质和灯光之间是相辅相成的，因为它们共同决定最终的渲染效果。如果只有材质没有灯光，则渲染出来的效果缺少氛围感和层次感。如果只有灯光没有材质，则渲染出来的效果就会缺少材质纹理的细节表现。

在 Maya 2011 中，用户主要通过材质样本球给物体赋予材质。用户可以通过材质样本球控制物体的颜色、透明、环境、自发光、凹凸、漫反射、半透明、高光、反射和折射等表面特性。例如 Lambert(兰伯特)、Anisotropic(各向异性)、Blinn(布林)、Phong、PhongE、Ramp Shader(渐变材质)等。它们各自有自己的特殊属性参数，供用户调节。

在本章中，主要介绍材质的各种特性、作用和材质的赋予方法以及技巧。

案例 1：材质基础知识

一、案例效果

二、案例制作流程(步骤)分析

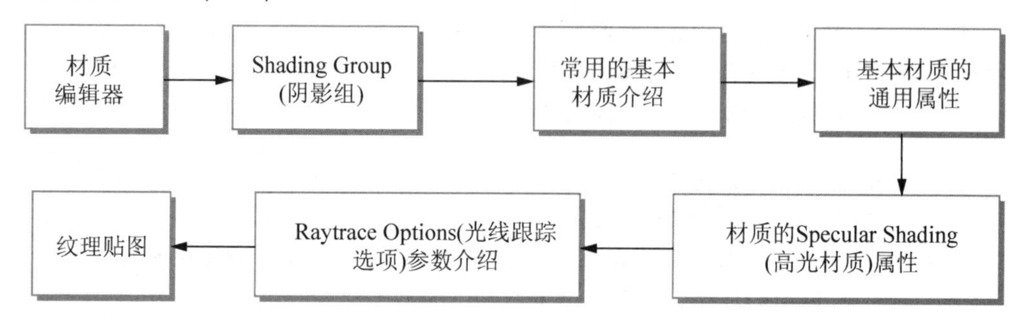

三、详细操作步骤

在本案例中，主要给读者介绍材质编辑器的使用、材质的分类、材质的特性、材质的作用和材质的使用方法以及技巧。

1. 材质编辑器

在 Maya 中主要有两种材质编辑器窗口，一种是 Maya 早期版本中经常使用的 Multillster(多重列表)窗口，另一种是现在版本中使用的 Hypershade(材质超图)窗口。

Hypershade(材质超图)编辑器具有自己的独特优势。它主要是以节点网络的形式显示和编辑材质，具有功能强大、使用方便、直观和容易理解等优势。读者完全可以使用 Hypershade(材质超图)编辑器独立完成整个材质的制作，而不必借助其他材质编辑窗口。

在菜单栏中选择 Windows(窗口)→Rendering Editors(渲染编辑器)→Hypershade(材质超图)命令，即可打开 Hypershade(材质超图)编辑窗口，如图 6.1 所示。

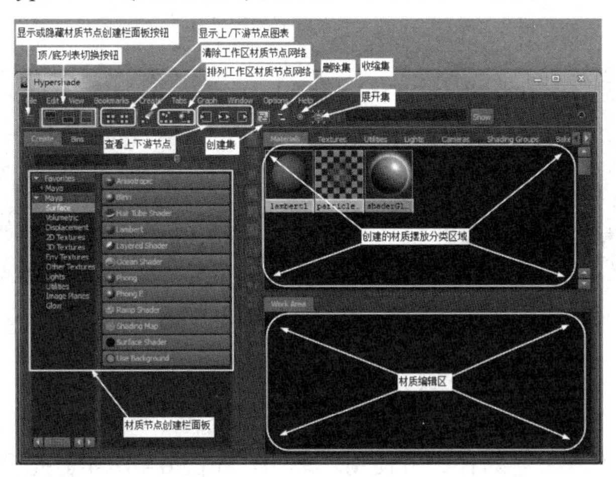

图 6.1

Hypershade(材质超图)各个功能区的详细介绍如下。

1) Crerte Bar(创建栏)

Hypershade(材质超图)窗口的左边为材质节点 Crerte Bar(创建栏)。材质节点 Crerte Bar(创建栏)的主要作用是为用户提供创建材质、纹理、灯光、Utilties 和 Mental Ray 等材质节点。创建材质节点的方法主要有如下两种。

(1) 直接单击 Crerte Bar(创建栏)中的节点按钮即可创建节点。

(2) 将鼠标移到 Crerte Bar 中的节点图标按钮上，按住鼠标中键，将其拖曳到材质编辑区，松开鼠标中键即可创建节点。

显示或隐藏 Crerte Bar(创建栏)面板的方法有如下两种。

(1) 直接单击▤(显示或隐藏创建栏面板)按钮。

(2) 在菜单栏中选择 Options(选项)→Create Bar(创建栏)→Show Create Bar(显示创建栏)命令，即可打开或隐藏 Crerte Bar(创建栏)面板。

2) 材质编辑区与材质分类区之间的切换

在 Hypershade(材质超图)窗口中，主要通过左上部的▤、▤和▤这 3 个按钮来切换顶部和底部的材质工作区的显示或隐藏。其具体操作步骤如下。

步骤 1： 单击▤(仅显示顶部图表)按钮，只显示创建材质分类区。

步骤 2： 单击▤(仅显示底部图表)按钮，只显示材质编辑区。

步骤 3： 单击▤(显示顶部和底部图表)按钮，同时显示创建材质分类区和材质编辑区。

材质编辑区主要用于制作材质、编辑材质网络节点和查看节点网络图。材质分类区主要用于查看材质样本球、纹理、Utilties 节点，灯光、摄像机和阴影组等，如图 6.2 所示。

3) 查看对象的材质

在 Hypershade(材质超图)窗口中，查看对象的材质主要有两种方法。

(1) 在场景中选择对象，单击 Hypershade(材质超图)窗口中的▣图标即可。

(2) 将鼠标移到 Hypershade(材质超图)窗口中的材质样本球上，右击，弹出快捷菜单，按住右键不放的同时，将鼠标移到 Select Opjects With Material(按材质选择对象)命令上，如图 6.3 所示，松开鼠标，即可选择与该材质相连的对象。

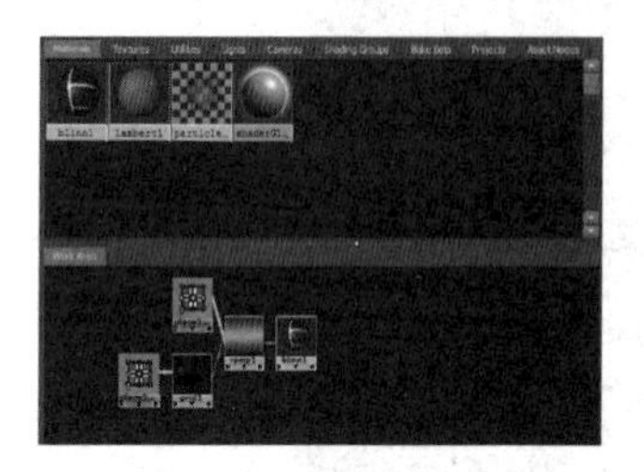

图 6.2

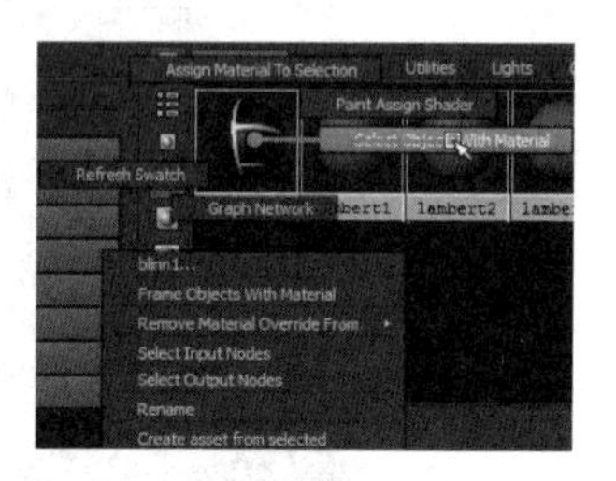

图 6.3

4) 材质编辑区中节点网络的排列和清除

(1) 节点网络的排列。用户在编辑节点网络的过程中，可能会因为各种原因，将整个节点网络排列得非常混乱，这样不方便用户编辑，如图 6.4 所示。此时，用户通过单击■图标，即可将混乱的节点网络排列整齐，如图 6.5 所示。这样，用户就可以清晰地了解整个节点网络的结构关系了。

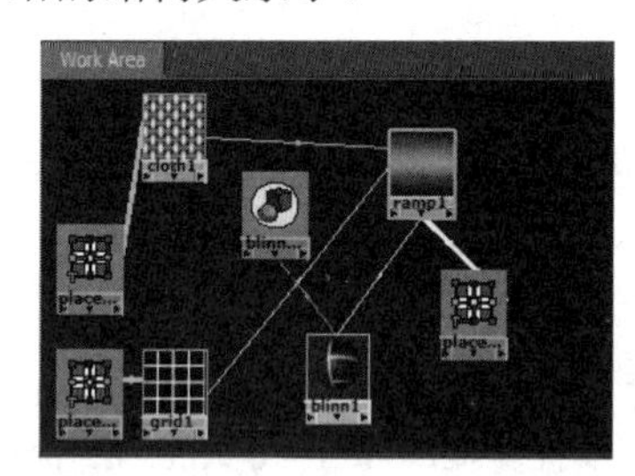

图 6.4

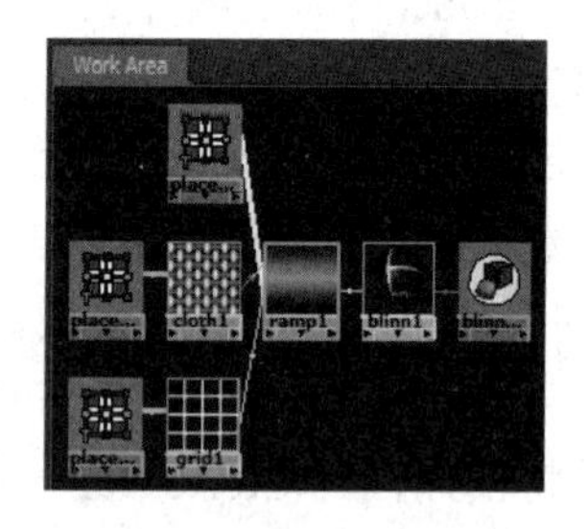

图 6.5

(2) 清除节点。用户在材质编辑区(工作区)中编辑完一个材质之后，当需要编辑下一个材质时，可以将工作区中编辑完的材质进行清除，以方便下一个材质的编辑。

材质节点网络的清除方法很简单，只要单击■(清除)按钮即可清除。

提示：在这里使用单击■(清除)按钮清除工作区中材质节点网络，只是暂时不让它在工作区中显示材质，并不是将该材质节点网络删除，当下次需要编辑时，用户可以使用鼠标中键，从材质分类摆放区中拖出来。

5) 显示和查看上下游节点

在 Hypershade(材质超图)窗口中，用户可以很清楚地了解和查看材质的整个网络结构和上下游节点之间的关系。查看上下游节点的方法很简单，主要通过■、■和■这 3 个按钮来实现。单击■按钮，只显示材质的上游节点；单击■按钮，同时显示材质上下游节点，单击■按钮，只显示材质的下游节点。

2. Shading Group(阴影组)

在 Maya 2011 中，Shading Group 主要用来表现对象的体积、颜色、透明、凹凸和置换等效果。在这里，通过一个小案例来介绍 Shading Group(阴影组)的作用和工作原理，具体操作步骤如下。

步骤 1：启动 Maya 2011，在视图中创建一个 Polygons(多边形)立方体。

步骤 2：给立方体赋予 Blinn1 材质，如图 6.6 所示。

步骤 3：在 Hypershade(材质超图)窗口中，选择 Blinn1 材质。单击按钮，显示 Blinn1 材质的上下游节点，如图 6.7 所示。

步骤 4：选择 blinn1SG 节点，再单击按钮，显示 blinn1SG 节点的上下游节点，如图 6.8 所示。

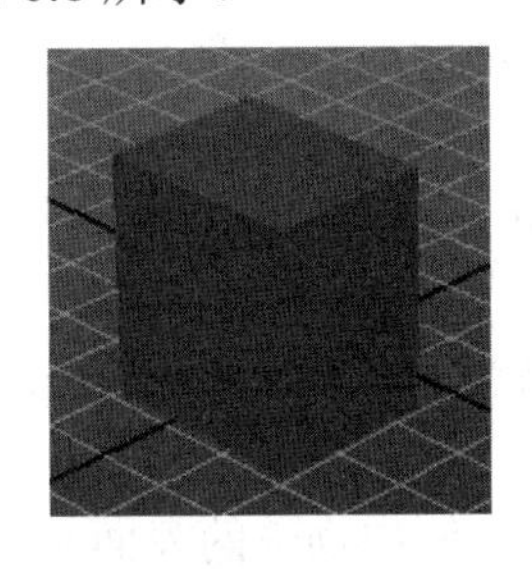

图 6.6

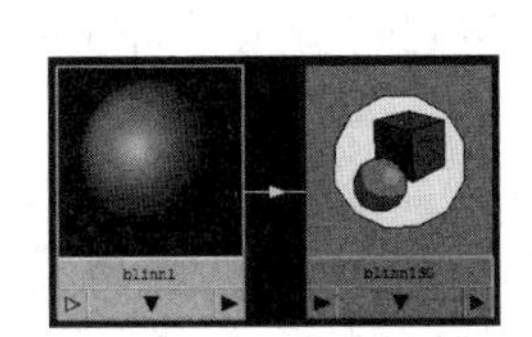

图 6.7

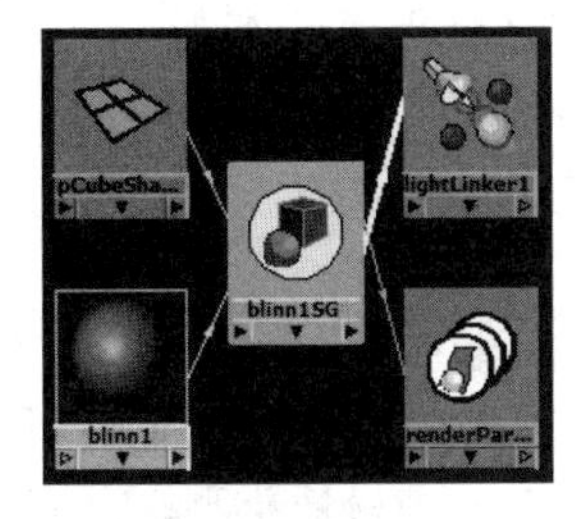

图 6.8

从图 6.8 可以看出，Shading Group(阴影组)不仅与 Blinn1 材质相连，还与 Pcubeshap1(多边形立方体形状节点)、Lightlink1(灯光连接器)和 renderPartition(渲染集)节点相连接。

步骤 5：选择 blinn1SG 阴影组，按删除键删除选择的阴影组，这时立方体实体显示方式失去了体积感，无论用户使用硬件渲染器，还是软件渲染器进行渲染，该立方体都不能被正常渲染，渲染效果为漆黑。

通过上面的案例，用户需要明白以下几点。

(1) 只有将 Pcubeshap1(多变性立方体形状节点)输出到 blinn1SG 阴影组中，对象才产生体积、纹理等效果。

(2) 只有将 blinn1 材质输出到 blinn1SG 阴影组中，才能为所有输出到 blinn1SG 阴影组中的模型产生表面效果。例如颜色、透明、凹凸、反射和折射等。

(3) 只有当 blinn1SG 阴影组输出到 Lightlinker1(灯光连接器)时，所有输出到 blinn1SG 阴影组的模型在渲染时才会被灯光照明，否则渲染的结果为漆黑。

(4) 只有当 blinn1SG 阴影组输出到 Renderpartition(渲染集)中并与其相连接时，与 blinn1SG 阴影组所连接的对象才会被渲染器渲染。

Shading Group Attributes(阴影组属性)简介。

在工作区中双击 blinn1SG(阴影组)图标，调出参数属性设置面板。在参数属性设置面板中选择 blinn1SG(阴影组)选项，显示 blinn1SG(阴影组)的属性，如图 6.9 所示。其中，有如下 3 个选项。

(1) Surface Material(表面材质)：主要作用是与材质相连接，用于控制对象的表面渲染特性。

(2) Volume Material(体积材质)：主要用于控制体积效果。例如灯光雾和粒子云等。

(3) Displacement Mat(置换材质)：主要作用是与置换节点相连接，产生置换效果。

3. 常用的基本材质介绍

在 Maya 2011 中，材质的类型非常多，作为用户不可能完全掌握。在这里，建议读者熟练掌握以下 5 种基本材质和 4 种没有体积效果材质的作用和应用领域即可。

1) 5 种基本材质的作用和应用领域

(1) Anisotropic(各向异性)：主要用于模拟各种凹槽或划痕产生的特殊高光效果。例如用于模拟头发、丝绸、羽毛、CD 光盘和动物毛发等。

(2) Blinn(布林)：主要用于模拟具有金属表面特性、玻璃表面特性、柔和的高光和镜面反射。例如模拟钢、铜、铝和玻璃等。

(3) Lambert(兰伯特)：主要用来模拟非反光表面效果。例如粗糙的石头、泥土、墙壁、木纹和布纹等。

(4) Phong：主要用来模拟具有非常亮的高光表面效果。例如水、玻璃、水银、镀烙和车漆等表面。

(5) PhongE：主要用来模拟高反光表面。例如水、玻璃、车漆和镀烙等表面效果。PhongE 其实就是 Phong 的一个简化版，比 Phong 的高光控制更灵活。

以上 5 种材质类型，它们具有很多共同的特性参数供用户设置。例如物体的表面颜色、透明、环境、自发光、凹凸、漫反射和半透明等参数，只是在高光和反射控制参数上有所差别。图 6.10 所示是这 5 种材质球的高光效果。

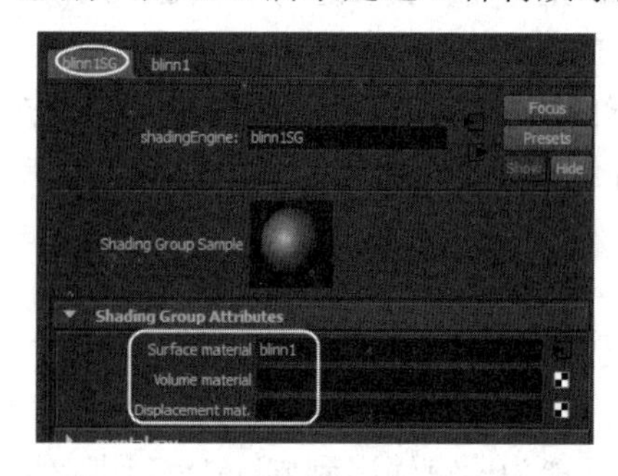

图 6.9

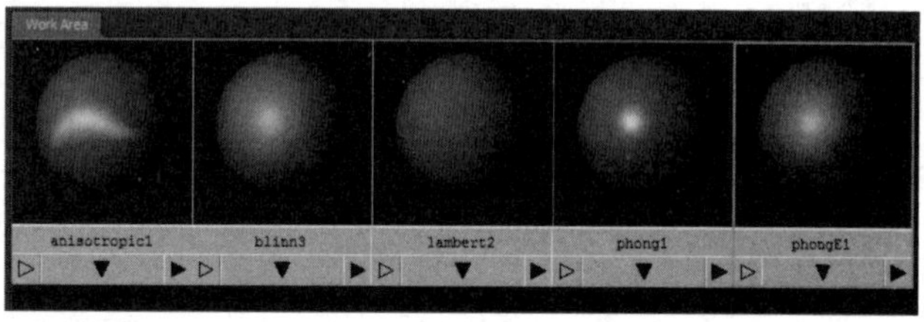

图 6.10

2) 4 种没有体积效果的材质的作用和应用领域

以下 4 种没有体积效果的材质，在三维材质贴图应用领域中使用非常频繁。要求读者了解和掌握这 4 种材质类型的作用和应用领域，具体介绍如下。

(1) Layered Shader(层材质)：主要是通过与其他材质结合在一起，产生一些复杂贴图效果。

提示：单独使用 Layered Shader(层材质)，物体表面没有明暗体积变化。通常需要结合其他材质一起使用，才会起作用。

(2) Shading Map(阴影贴图)和 Surface Shader(表面材质)：主要用于制作类似国画和二维卡通等特殊效果。这两个材质与 Layered Shader(层材质)材质一样，也需要与其他材质结合使用才能起作用。

(3) Use Background(使用背景)：常用于后期合成方面。通过使用 Use Background(使用背景)材质，可以将场景中的阴影和反射效果进行分离后单独渲染。

3) Maya 中的几种特殊材质

除以上介绍的材质之外，还有下面 3 种材质，值得用户了解和掌握，且在以后的三维动画制作项目中会经常使用，对提高工作效率有很大帮助。

(1) Hair Tube Shader(头发管状材质)：主要用于制作头发。在 Maya 2011 中，通过 Hair(头发)系统创建头发，再将 Hair(头发)转换为多边形，此时 Hair Tube Shader(头发管状材质)自动创建并与多边形头发相连接。

(2) Ocean Shader(海洋材质)：主要用于制作海洋表面效果。

提示：使用 Ocean Shader(海洋材质)的置换效果，可以制作根据时间变化的海洋表面波浪动画。

(3) Ramp Shader(渐变材质)：主要用于模拟金属、玻璃、卡通和国画等材质效果。

4. 基本材质的通用属性

在 Maya 2011 中，所有基本材质都具有图 6.11 所示的通用属性。各个材质属性具体介绍如下。

(1) Color(颜色)：主要作用是为材质指定颜色、程序纹理和文件纹理贴图。图 6.12 所示为平面指定的颜色、程序纹理和文件纹理贴图的效果。

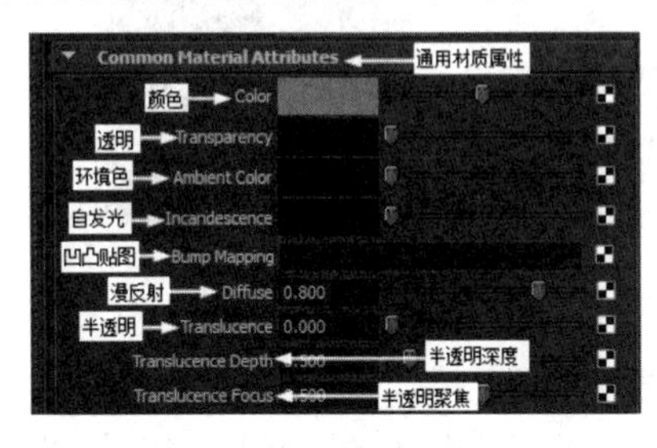

图 6.11

图 6.12

(2) Transparency(透明)：主要用于控制材质的透明程度。一般情况下，在 Maya 2011 中，白色为完全透明，黑色为不透明，中间过渡色为不同程度的半透明效果。

在调节 Transparency(透明)时，不仅可以使用黑白颜色来控制，用户也可以使用其他颜色来控制。例如，用户在制作蓝色玻璃杯效果时，创建 Blinn 材质，设置 Color(颜色)为黑色，Transparency(透明)为浅蓝色，将材质赋予玻璃杯模型。此时，渲染出来的效果为蓝色透明效果，如图 6.13 所示。

提示：在调节材质的 Transparency(透明)属性时，如果材质的 Color(颜色)属性具有颜色变化，此时材质的 Transparency(透明)属性颜色和 Color(颜色)属性的颜色产生混合，生成新的颜色。在渲染时，用户不容易控制透明颜色，由计算机自动生成。建议用户在调节 Transparency(透明)属性时，将 Color(颜色)属性的颜色设置为黑色，以避免产生混合颜色。

(3) Ambient Color(环境色)：主要用来控制场景中的物体受周围环境的影响。

在 Maya 2011 默认情况下，Ambient Color(环境色)为黑色，不受周围环境颜色影响。如果将 Ambient Color(环境色)调亮，则 Ambient Color(环境色)属性和材质本身的亮度以及颜色产生混合。

提示： 调节 Ambient Color(环境色)可以控制场景中的物体受周围环境的颜色影响，使物体的材质更具有通透感和简洁感。如果 Ambient Color(环境色)调得太高，则在渲染时也会使物体失去体积感和曝光过度。

(4) Incandescence(自发光)：主要用于模拟物体的自身发光效果。

Incandescence(自发光)的值越大，材质越亮。Incandescence(自发光)颜色和亮度会自动覆盖材质的自身颜色和亮度，常用于模拟发光对象。但是，在 Maya 2011 默认渲染器中，它不影响周围物体，所以不能作为光源来使用。

(5) Bump Mapping(凹凸贴图)：主要用于控制物体表面产生的凹凸效果。

提示： Bump Mapping(凹凸贴图)产生的原理是通过纹理的明暗变化来改变物体表面的法线方向，在渲染时产生凹凸效果。这种凹凸效果是一种视觉上的假象凹凸效果，而不是真正意义上物理凹凸效果。图 6.14 所示为玻璃杯的材质节点网络，图 6.15 所示为渲染出来的凹凸玻璃杯效果。

图 6.13

图 6.14

图 6.15

(6) Diffuse(漫反射)：主要用来控制物体漫放射的强弱效果。

在 Maya 2011 中，Diffuse(漫反射)的默认值为 0.8，如果用户将 Diffuse(漫反射)值设置为 1，则渲染的颜色几乎接近材质的 Color(颜色)设置。如果将 Diffuse(漫反射)的值设置为 0，则物体将不受灯光照明影响。

(7) Translucence(半透明)：主要用来模拟物体的透光效果。例如用户经常用来模拟受光照射的翡翠、玉、纸张、皮肤、毛发、花瓣和树叶等半透明物体。

Translucence(半透明)产生的原理是当光线照射到物体表面时，物体吸收一部分光线，剩余光线将进入物体内部，向各个方向散开，从而产生半透明效果。

Translucence(半透明)与 Transparency(透明)之间的区别如下。

Transparency(透明)是指通过物体可以看到物体背后的内容，例如玻璃。而 Translucence(半透明)是指物体在逆光照射下，灯光照射不仅影响物体正面，还会影响到物体的背面，产生透光效果。例如，手是不透明的，如果将手电筒照射手的正面，则在手的背面也会感觉有光照效果，使手的皮肤产生厚度、透气和透光感；如果将一张白纸放置在电脑显示屏幕上，可以隐约看到显示屏幕的内容。

(8) Translucence Depth(半透明深度)：主要用来控制光线通过半透明对象的有效距离。它主要以世界坐标为基准进行计算。如果将该值设置为 0，则在光线穿过物体时，不产生半透明衰减。

(9) Translucence Focus(半透明聚焦)：主要用来控制光线通过半透明物体时的散射。数值越大，光线越集中在一点上。当数值为 0 时，光线的散射将随机分布。

5. 材质的 Specular Shading(高光材质)属性

在前面介绍的 5 种基本材质中，它们之间的主要区别是高光和反射参数之间的区别。只要用户将它们的高光和反射关闭，它们之间就没有区别。这就说明，在 Maya 2011 中，材质之间用户可以灵活运用和控制。下面主要介绍基本材质的高光。

1) Lambert(兰伯特)

Lambert 是一种没有高光和反射属性的材质。它的优点是渲染速度相对比较快，而缺点是渲染出来的效果，缺少层次感。

2) Blinn(布林)

在 Maya 2011 中，Blinn 材质是一种使用比较频繁的材质类型。因为它有比较好控制的高光属性。相对其他材质类型，渲染速度快，效果也不错。Blinn(布林)材质的高光属性如图 6.16 所示。

(1) Eccentricity(偏心率)：主要用来控制材质高光区域的面积大小。默认情况下，数值为 0.3。数值越大，高光面积越大，高光效果越不理想。图 6.17 所示是不同偏心率的效果。

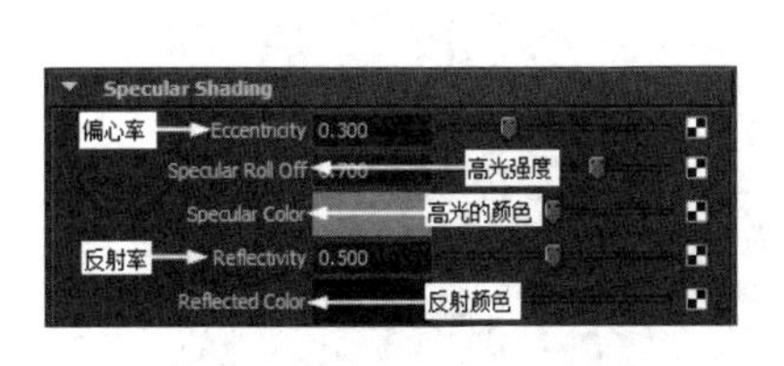

图 6.16

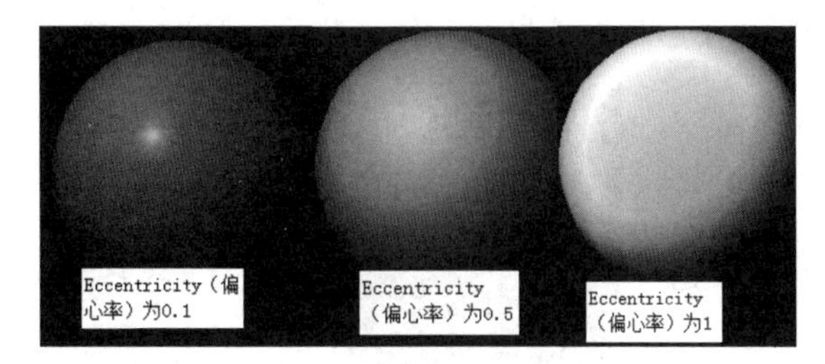

图 6.17

(2) Specular Roll Off(高光强度)：主要用来控制高光的强弱。它的高光控制数值大小为 0～1。数值越大，高光强度越大。图 6.18 所示为在其他参数相同的情况下，不同 Specular Roll Off(高光强度)的效果。

(3) Specular Color(高光颜色)：主要用来控制材质高光的颜色。当 Specular Color(高光颜色)为黑色时，没有高光。在制作金属效果时，通过改变 Specular Color(高光颜色)来实现。图 6.19 所示为在其他参数相同的情况下，不同 Specular Color(高光颜色)的效果。

图 6.18

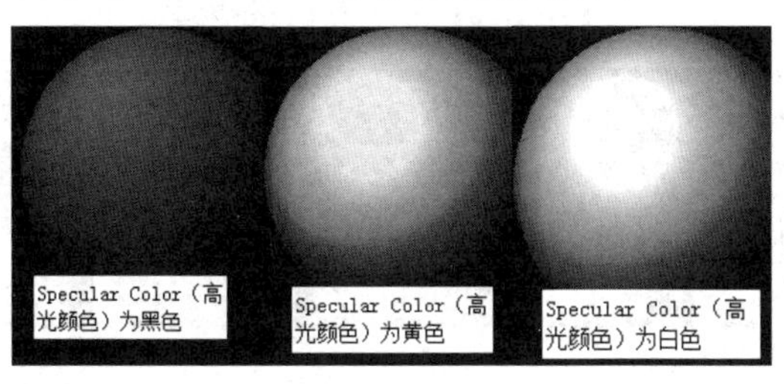

图 6.19

(4) Reflectivity(反射率)：主要用来控制反射周围环境能力的大小。数值越大，反射周围环境的能力越强。当 Reflectivity(反射率)为 0 时，不产生反射，可以用来模拟木材和水泥墙等没有反光的物体。当 Reflectivity(反射率)为 1 时，物体完全反射，可以用来模拟类似镜子的高反光的物体。

提示：不同材质有不同的 Reflectivity(反射率)，例如镜子的反射率为 1、玻璃的反射率为 0.7 等。用户可以参考其他参考资料，了解不同材质的反射率。对于 Reflectivity(反射率)的参数，只有在打开了光线跟踪时才能起作用。

(5) Reflecd Color(反射颜色)：主要用来控制物体反射颜色的变化。用户如果没有打开光线跟踪选项，也可以使用 Reflecd Color 来模拟周围环境的反射效果，这样可以加快渲染速度。图 6.20 所示是使用 Reflecd Color 来模拟环境反射高光的效果。

提示：在后面介绍的 Anisotropic(各向异性)、Phong 和 PhongE 材质中，也有 Specular Color(高光颜色)、Reflectivity(反射率)和 Reflecd Color(反射颜色)选项属性。它们的使用方法和作用与前面介绍的 Blinn(布林)完全相同，在后面就不再介绍。

3) Anisotropic(各向异性)

在 Maya 2011 中，Anisotropic 材质类型的高光与其他材质相比，比较特殊，它可以产生各种条形高光效果。具体参数设置如图 6.21 所示。

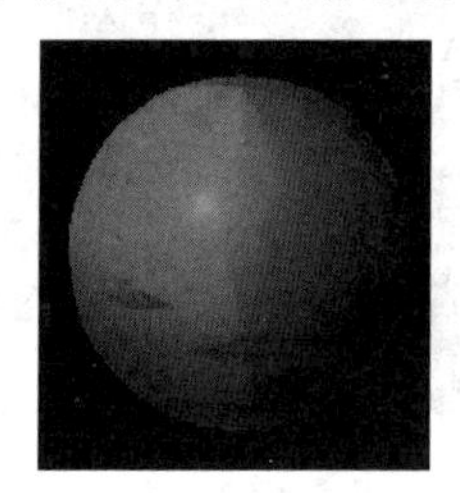

图 6.20

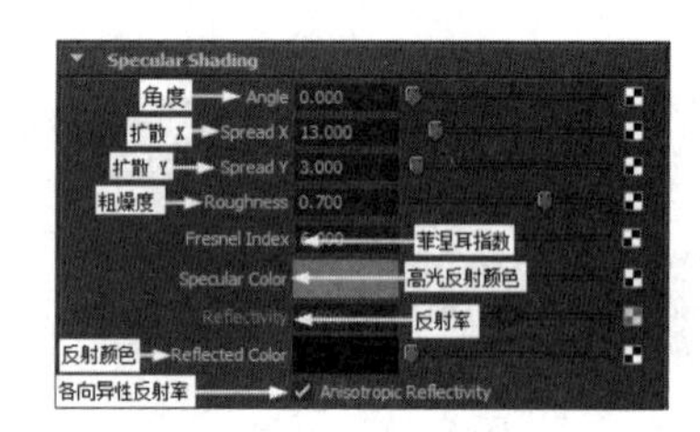

图 6.21

(1) Angle(角度)：主要用来控制高光的方向，角度范围为 0° ～360° 。图 6.22 所示为当其他参数相同时，不同 Angle(角度)数值的效果。

(2) Spread X/Spread Y(扩散 X/扩散 Y)：主要用来控制高光在 X 和 Y 方向上的扩散长度。图 6.23 所示为当其他参数相同时不同 Spread X/Spread Y(扩散 X/扩散 Y)数值的效果。

(3) Fresnel Index(菲涅耳指数)：主要用来控制高光的强弱。图 6.24 所示为当其他参数相同时，不同 Fresnel Index 数值的效果。

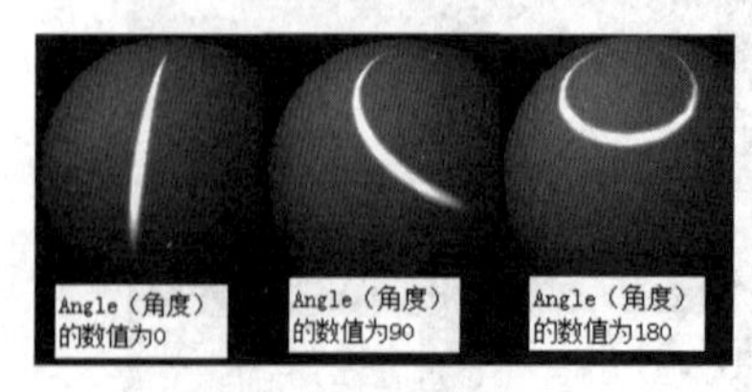

图 6.22

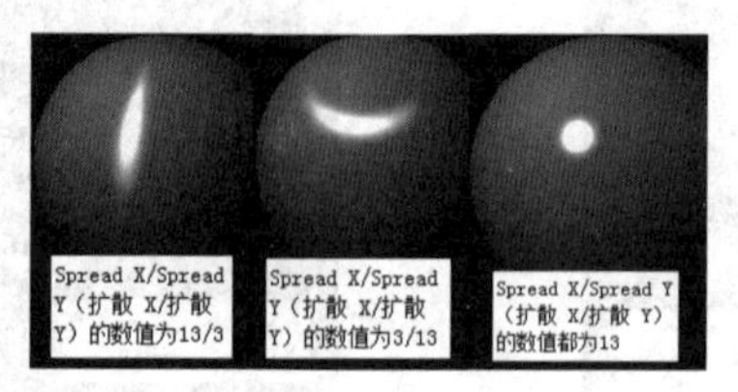

图 6.23

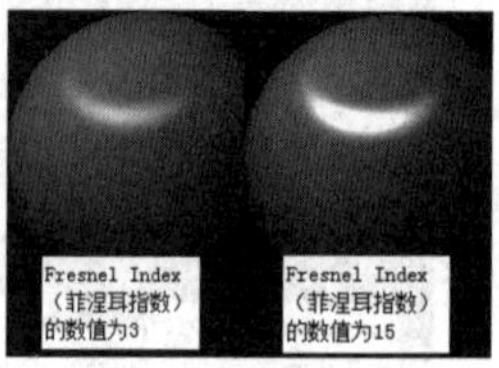

Fresnel Index（菲涅耳指数）的数值为3
Fresnel Index（菲涅耳指数）的数值为15

图 6.24

(4) Anisotropic Reflectivity(各向异性反射率)：主要用于控制 Reflectivity(反射率)和 Reflecd Color(反射颜色)是否起作用。如果 Anisotropic Reflectivity(各向异性反射率)前面打勾，则起作用；否则，不起作用。

4) Phong 材质

Phong 材质具有比较强的高光，在三维材质贴图中，主要用来模拟玻璃、塑料和高反光物体的材质效果。高光参数面板如图 6.25 所示。

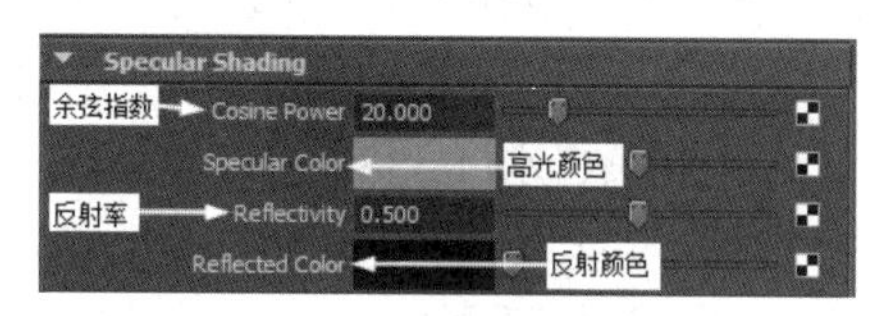

图 6.25

Cosine Power(余弦指数)：主要用来控制高光面积的大小。数值越小，高光面积越大；数值越大，高光面积越小。图 6.26 所示为当其他参数相同时，不同 Cosine Power(余弦指数)的数值的效果。

5) PhongE 材质

PhongE 材质其实是 Phong 材质的简化版。PhongE 材质的高光比 Phong 材质高光柔和，控制参数也比较多。PhongE 材质的高光参数面板，如图 6.27 所示。

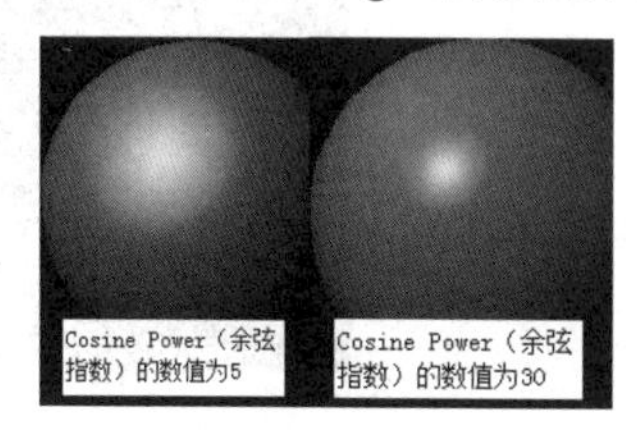

图 6.26

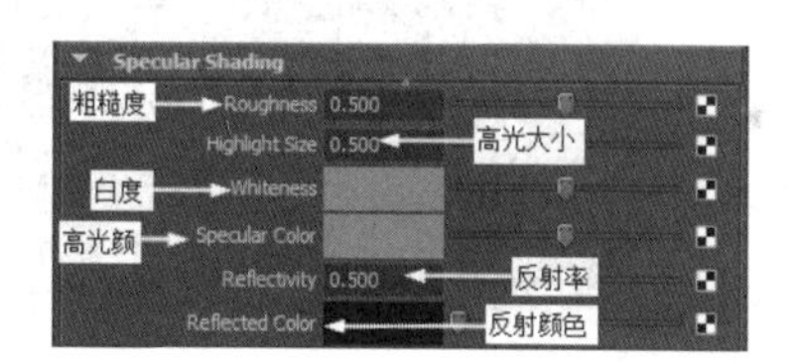

图 6.27

(1) Roughness(粗糙度)：主要用来控制高光中心柔和区域的大小。数值越大，柔和区域就越大。图 6.28 所示为当其他参数相同时，不同 Roughness(粗糙度)的数值的效果。

(2) Highlight Size(高光大小)：主要用于控制高光整体区域的大小。图 6.29 所示为当其他参数相同时，不同 Highlight Size(高光大小)参数的效果。

(3) Whiteness(白度)：主要用来控制高光区域的颜色。用户可以使用颜色或纹理来控制。图 6.30 所示为当其他参数相同时，不同 Whiteness(白度)参数的效果。

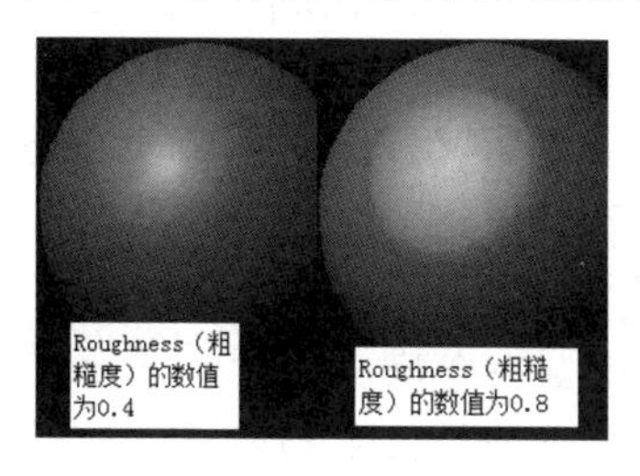

图 6.28

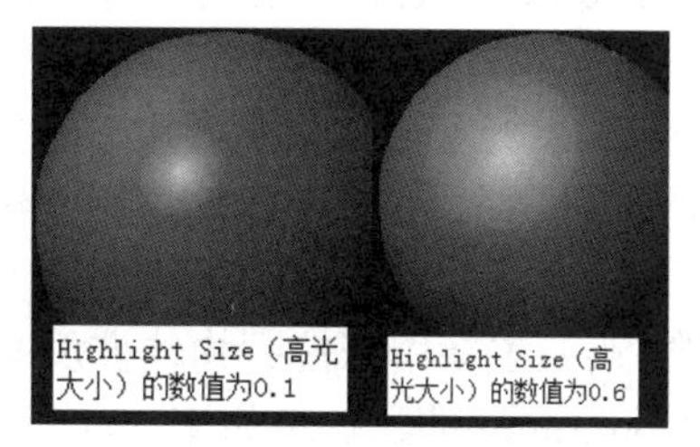

图 6.29

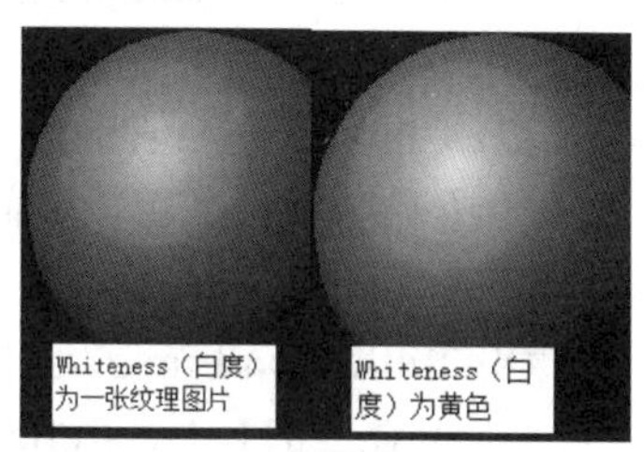

图 6.30

6. Raytrace Options(光线跟踪选项)参数介绍

Raytrace Options参数主要用来控制渲染透明物体时光线跟踪的相关参数设置。Raytrace Options(光线跟踪选项)参数面板如图6.31所示。

(1) Refractions(折射)：主要用来控制折射是否启用。Refractions(折射)前面打勾，表示折射启用；不打勾，表示折射失效。

(2) Refractive Index(折射率)：主要用来控制光线穿过透明物体所产生的弯曲变化程度，经常用来模拟玻璃、水晶、冰和水等。不同的透明物体有不同的折射率。

要求用户了解空气(1.0)、冰(1.309)、水(1.333)、玻璃(1.4)、石英(1.553)、晶体(2.0)和钻石(2.417)这7种透明物质的折射率，对以后的材质调节有所帮助。

(3) Refraction Limit(折射限制)：主要用来限制光线穿过透明物体产生折射的最大次数。在Maya 2011中，折射的默认折射次数为6。

提示：折射次数越多，渲染速度就越慢，渲染出来的效果就越好。在实际项目制作中，为了得到一个比较折中的效果，要求渲染速度要快，效果也要符合实际项目的要求。折射次数一般设置为9，这是一个比较理想的数值，渲染效果如图6.32所示。因为折射次数超过10次，渲染出来的效果基本上没有多大区别。

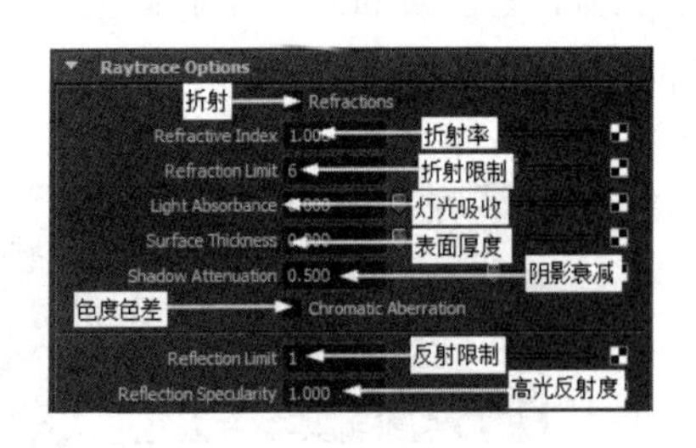

图 6.31

图 6.32

(4) Light Absorbance(吸光率)：主要用来控制物体表面吸光的能力。Light Absorbance(吸光率)的数值越大，穿透物体的光线就越少。当Light Absorbance(吸光率)的数值为0时，光线全部穿透物体。该参数一般用来控制具有厚度的透明物体，例如冰、玉和玻璃等透明物体。

(5) Surface Thickness(表面厚度)：主要用来模拟单面模型的厚度。也就是说，用户在模拟单面物体时，通过调节Surface Thickness(表面厚度)的数值，可以渲染出单面物体的厚度，这是一种视觉厚度，不是真正意义上的物理厚度。

(6) Shadow Attenuation(阴影衰减)：主要用来控制透明物体产生光线跟踪阴影的聚焦程度。

(7) Chromatic Aberration(色散)：此参数选项主要用来控制在进行光线跟踪运算时，光线透过透明对象时是否以不同角度折射。若勾选此项，则光线在透过透明对象时以不同角度折射。

(8) Reflection Limit(反射限制)：主要用来控制物体被反射的最大次数。

在Maya 2011中，Reflection Limit的默认值为1。如果用户在模拟两个物体进行互相反射时，提高Reflection Limit的数值，则可实现两物体之间的不断反射效果。

(9) Reflection Specularity(高光反射)：主要用来抑制反射内容在高光区域产生的锯齿闪烁现象。

7. 纹理贴图

在三维动画制作中，当对对象进行贴图时，经常需要给材质样本球添加纹理。因为这是给对象材质添加细节的有效途径。

例如，在制作带有图案的墙壁时，将图案连接到材质的 Color(颜色)项，并将材质赋予墙壁模型；在给游戏道具进行贴图时，游戏道具表面也需要贴上图案。这种材质制作方法同上，即将绘制好的图案连接到材质的 Color(颜色)项，并将材质赋予道具。

在 Maya 2011 中，纹理贴图主要有 2D Textures(2D 纹理)和 3D Textures(3D 纹理)两种。

纹理贴图的创建方法很简单，在 Hypershade(超图)窗口或 Create Render Node(创建渲染节点)窗口单击需要创建的纹理节点即可。

2D 纹理其实就是一种二维的图案，可以是用户自备图片文件，也可以是系统自带的程序纹理。纹理根据模型的 UV 坐标进行定位贴图，且主要由 2D 坐标节点控制，如图 6.33 所示。

3D 纹理是指一种三维的程序纹理。在进行贴图时，需要根据 3D 坐标对物体进行贴图定位，而不需要根据模型的 UV 坐标进行贴图定位，如图 6.34 所示。

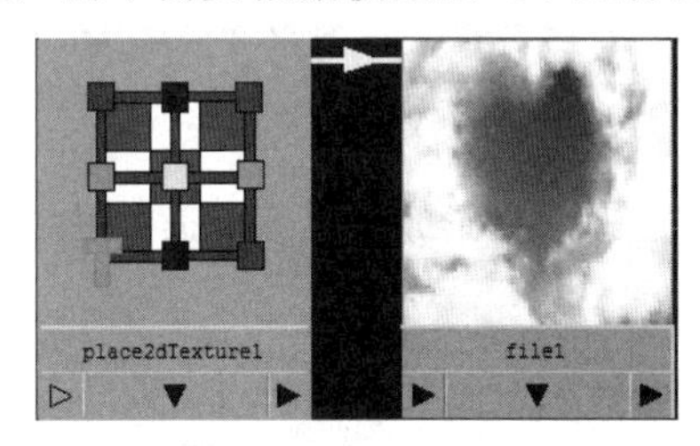

图 6.33

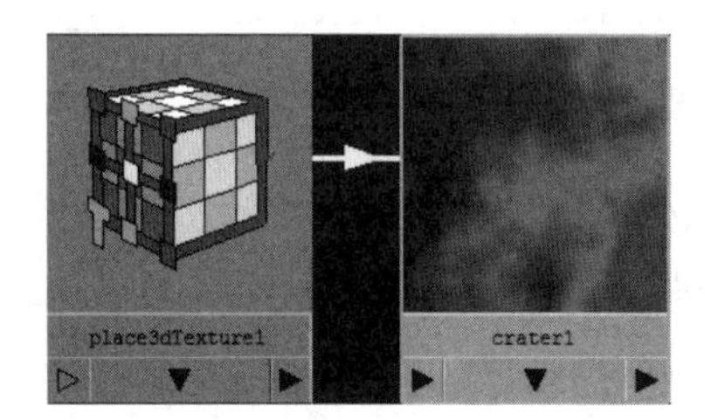

图 6.34

视频播放：材质基础知识的详细讲解，请观看配套视频“part\video\chap06_video01”。

四、拓展训练

根据本案例所学知识创建如下贴图效果。基础比较差的同学可以观看配套视频讲解。

案例 2：玻璃酒杯的制作

一、案例效果

二、案例制作流程(步骤)分析

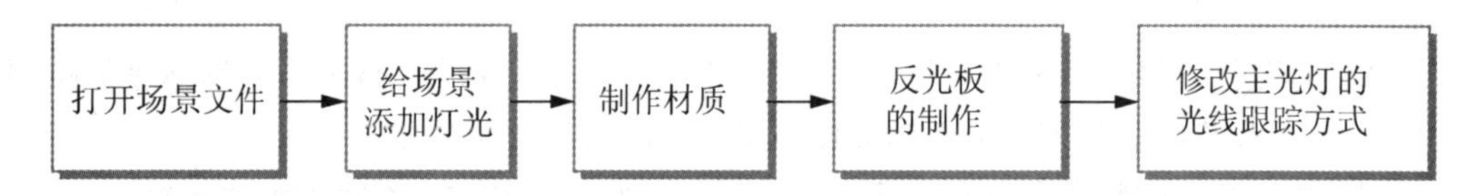

三、详细操作步骤

在这一个案例中，主要利用前面所学的材质基础知识来制作玻璃材质。通过该案例的学习，要求读者掌握材质制作的流程和技巧。

1. 打开场景文件

根据项目制作的要求，打开场景文件，如图 6.35 所示。渲染效果如图 6.36 所示。

在整个场景中的对象，只赋予了 Lambert 材质，也没有灯光。目前是 Maya 2011 的默认灯光照明。下面就给该场景中的对象添加灯光、给对象进行贴图和调节。

图 6.35

图 6.36

2. 给场景添加灯光

在给三维场景设置灯光时，一般情况下需要设置几盏灯光才能满足场景照明的要求。在本案例中，主要采取前面介绍的三点布光法(主灯光、辅助光和背景光)来设置场景灯光。

1) 创建主光灯

步骤 1：在工具架中单击(聚光灯)图标，即可在视图中创建一盏聚光灯并将该灯光命名为“zhu_light”。

步骤 2：在各视图中调节好“zhu_light”聚光灯的位置，如图 6.37 所示。

步骤 3：设置“zhu_light”聚光灯的参数，具体设置如图 6.38 所示。渲染效果如图 6.39 所示。

提示：在这里设置的灯光参数，只是暂时的设置，在后面还会根据场景的其他灯光、材质改变等进行适当调节。

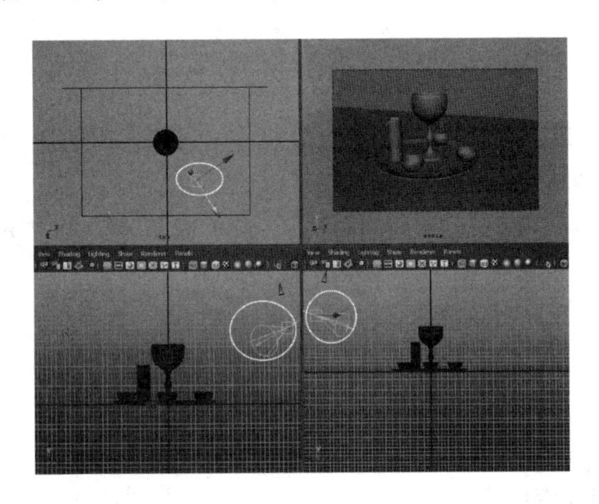

图 6.37

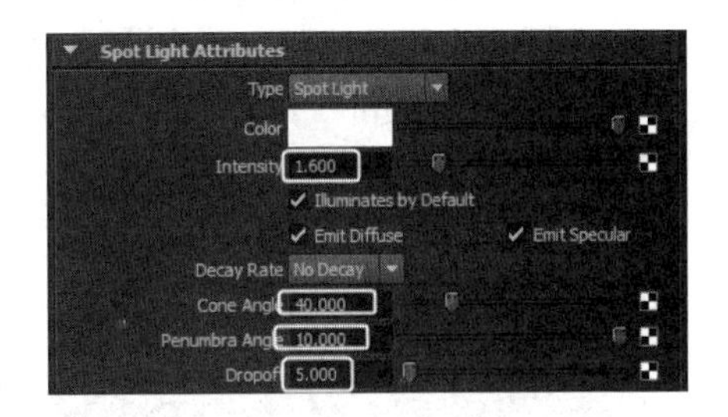

图 6.38

2) 辅助光的创建

根据上面渲染的效果，可以看出场景中的对象暗部出现死黑和过渡不柔和的现象，不适合现实要求。在这里，再设置一盏聚光灯进行补光，具体操作步骤如下。

步骤 1：在工具架中单击(聚光灯)图标，即可在视图中创建一盏聚光灯并将该灯光命名“fuzhu_light”。

步骤 2：在视图中调节“fuzhu_light”灯光的位置，如图 6.40 所示。

图 6.39

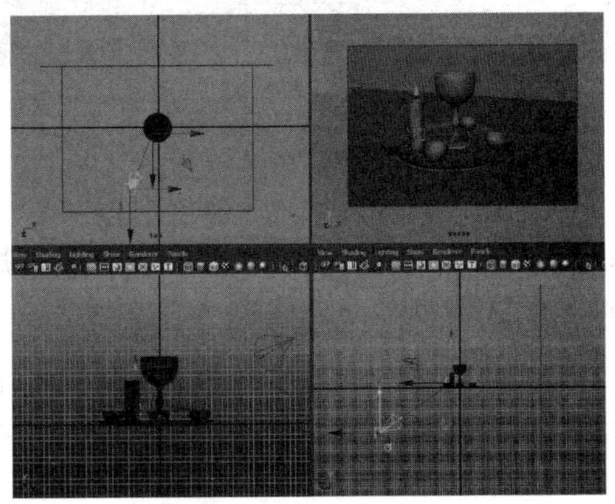

图 6.40

步骤 3：设置“fuzhu_light”灯光的参数，具体设置如图 6.41 所示。渲染效果如图 6.42 所示。

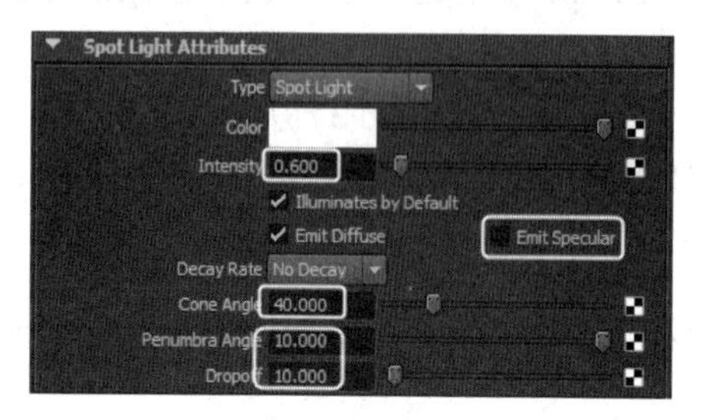

图 6.41

图 6.42

3) 背景光的创建

从上面渲染的效果可以看出，整个场景还缺少一点层次感，背景的轮廓还不是很清晰。下面给它创建一盏点光源来表现场景的对象轮廓，具体操作步骤如下。

步骤 1：在工具架中单击(点光源)图标，即可在视图中创建一盏点光源并将该灯光命名为“beijing_light”。

步骤 2：在视图中调节“beijing_light”灯光的位置，如图 6.43 所示。

步骤 3：设置“fuzhu_light”灯光的参数，具体设置如图 6.44 所示。渲染效果如图 6.45 所示。

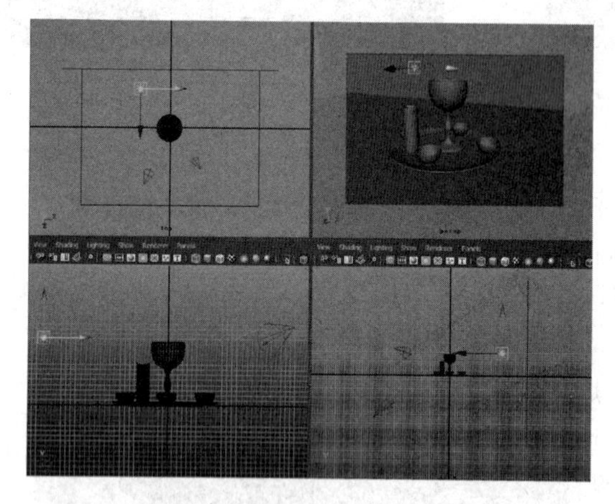

图 6.43

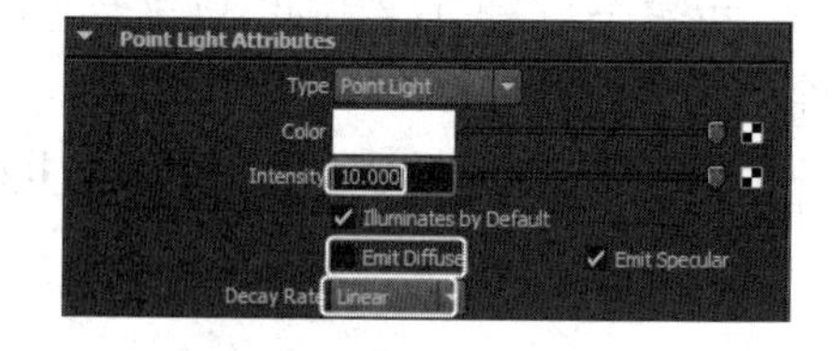

图 6.44

提示：从渲染出来的效果可以看出，添加了点光源，与没有添加点光源没有区别。原因是场景中的对象使用的是一个 Lambert 材质，没有高光。只要给场景中的对象添加一个 Blinn1 材质即可看到高光效果。

步骤 4：选择场景中所有杯子和盘子，右击，弹出快捷菜单，在弹出的快捷菜单中选择 Assign New Material(指定新的材质)命令，弹出 Assign New Material(指定新的材质)对话框，在该对话框中单击 Blinn 按钮，即可给所有杯子和盘子赋予 Blinn1 材质。渲染效果如图 6.46 所示。

图 6.45

图 6.46

4) 设置主灯光的阴影

步骤 1：在场景中选择“zhu_light”聚光灯，设置光线跟踪参数。具体设置如图 6.47 所示。

步骤 2：在菜单栏下面单击(渲染设置)按钮，弹出 Render Settings(渲染设置)面板，具体设置如图 6.48 所示。

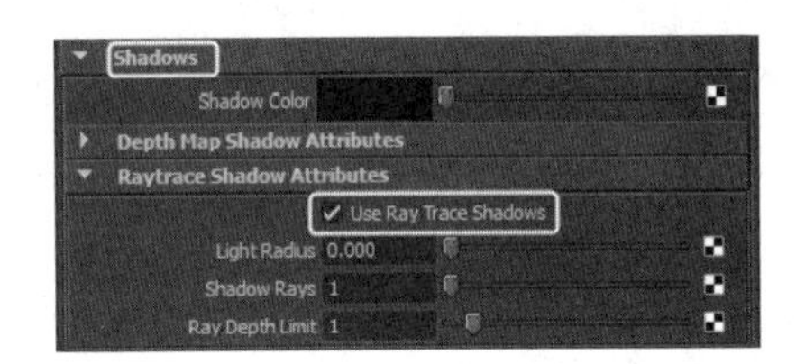

图 6.47

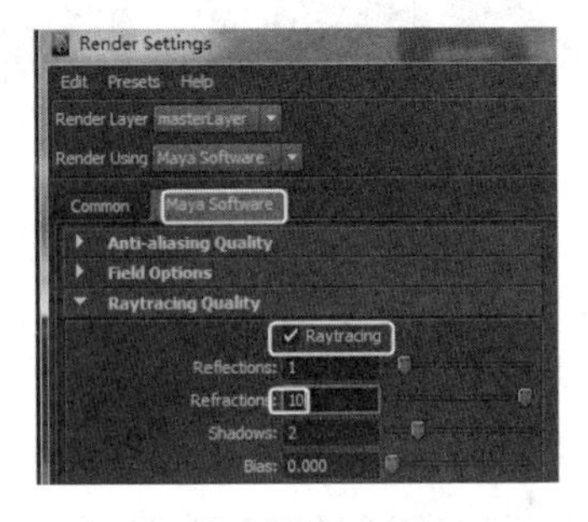

图 6.48

步骤 3：对场景进行渲染。渲染效果如图 6.49 所示。

3. 制作材质

从渲染的效果可以看出，它不像玻璃，有点像光滑的塑料效果。这是因为对象的材质采用的是 Blinn2 的默认材质。下面设置材质的相关参数。

步骤 1：在 Hypershade(超图)编辑器选择 Blinn2 材质，设置它的参数。具体设置如图 6.50 和图 6.51 所示。

图 6.49

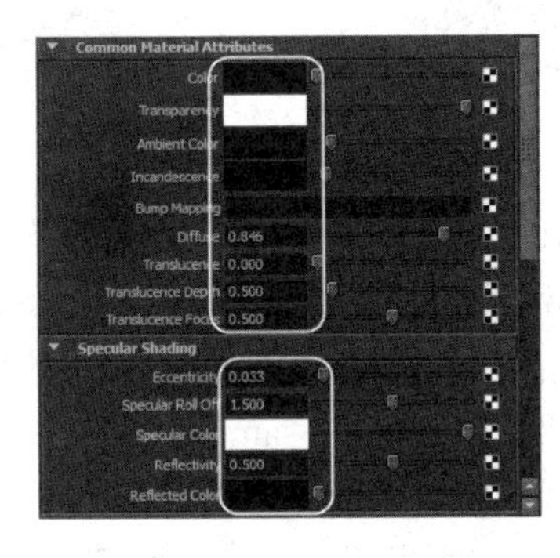

图 6.50

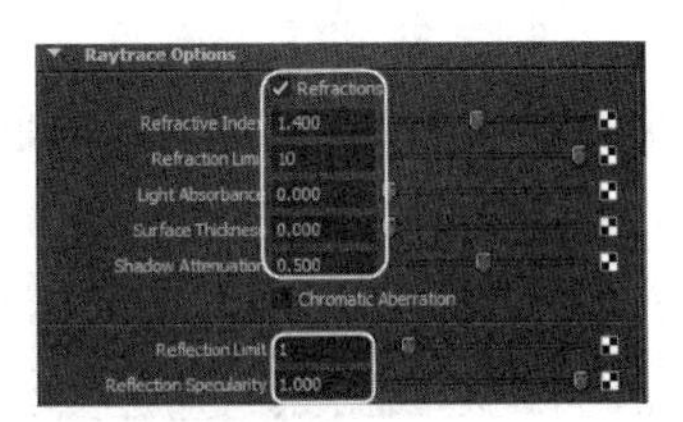

图 6.51

步骤 2：对场景进行渲染，最终效果如图 6.52 所示。

步骤 3：从渲染效果看，物体的折射效果基本满足项目制作要求，但是渲染效果缺少玻璃特性。玻璃表面不应该是完全透光的，玻璃表面的反射效果也不一致。正确的效果应该是物体表面正视摄像机的位置为透明，反射效果相对较弱；非正视摄像机位置的表面为不透明，反射效果相对较弱。下面通过创建材质节点来解决这些问题。

步骤 4：在 Hypershade(超图)编辑器窗口中，将 Sampler Info(采样信息)节点拖到工作区，即可创建一个 Sampler Info(采样信息)节点，如图 6.53 所示。

步骤 5：方法同步骤 4，再创建一个 Ramp1(渐变)节点，如图 6.54 所示。

图 6.52

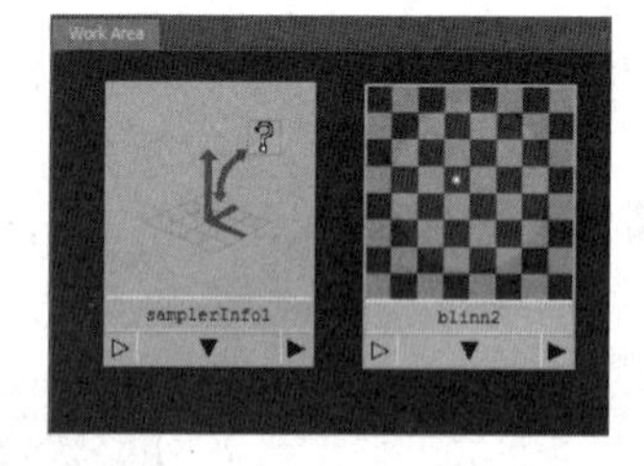

图 6.53

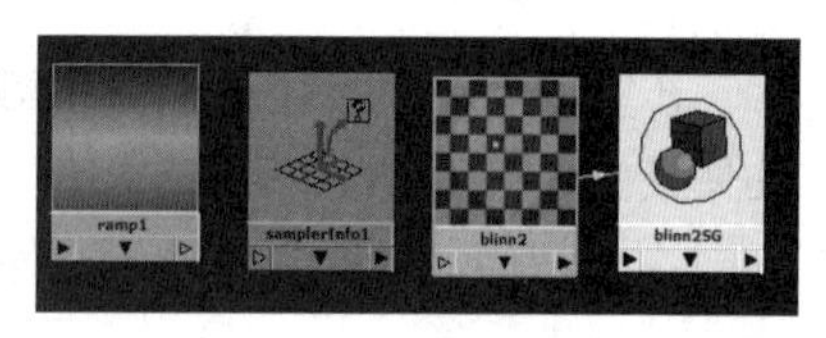

图 6.54

步骤 6：将鼠标放到 SamplerInfo1 节点上，按住鼠标中键不放，拖曳到 ramp1 节点上，松开鼠标，弹出快捷菜单，在弹出快捷菜单中选择 Other 命令，打开 Connection Editor(关联编辑器)窗口，具体设置如图 6.55 所示。

步骤 7：双击 ramp1 节点，调出 ramp1 节点属性设置对话框，具体设置如图 6.56 所示。

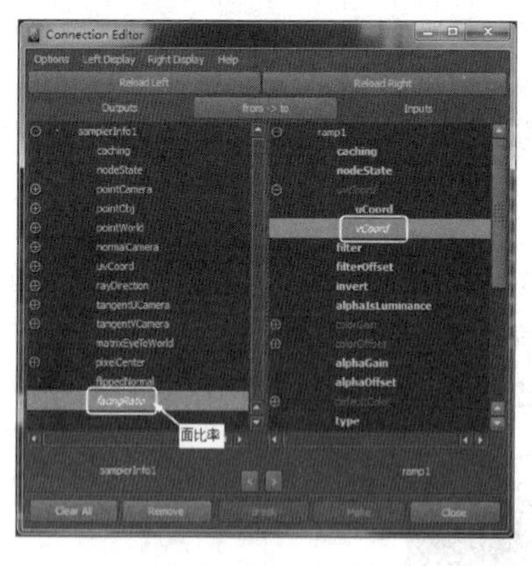

图 6.55

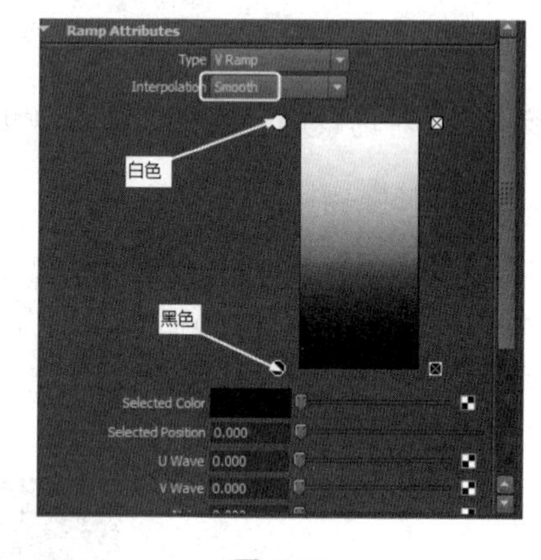

图 6.56

步骤 8：将鼠标放在 ramp1 节点上，按住鼠标中键不放，拖曳到 Blinn2 材质样本球上，松开鼠标，弹出快捷键，在弹出的快捷菜单中选择 Transparency(透明)命令，如图 6.57 所示。

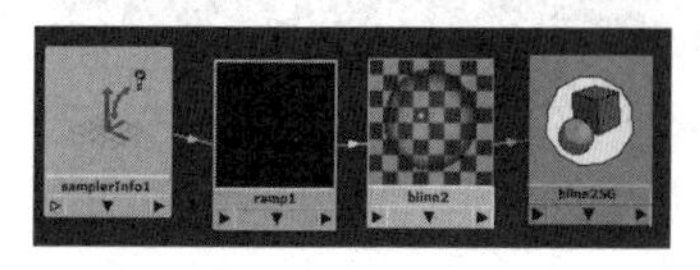

图 6.57

步骤 9：在 Hypershade(超图)窗口中再创建一个 ramp2(渐变 2)节点，将 sample Info1 节点的 Facing Ration(面比率)属性连接到 ramp2 节点的 V Coord(V 颜色)属性中。

步骤 10：打开 ramp2 节点的属性窗口，设置 ramp2 的渐变参数。具体设置如图 6.58 所示。

步骤 11：选择 blinn2 材质，打开材质属性设置面板。用鼠标中键，将 ramp2 节点拖拽到 blinn2 材质的 Reflectivity(反射率)上松开鼠标，如图 6.59 所示。

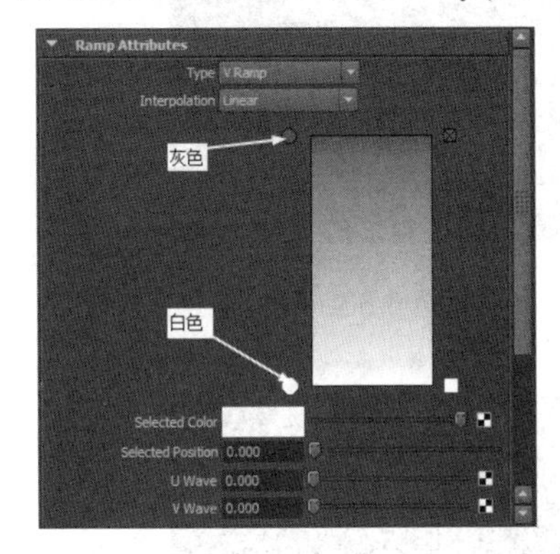

图 6.58

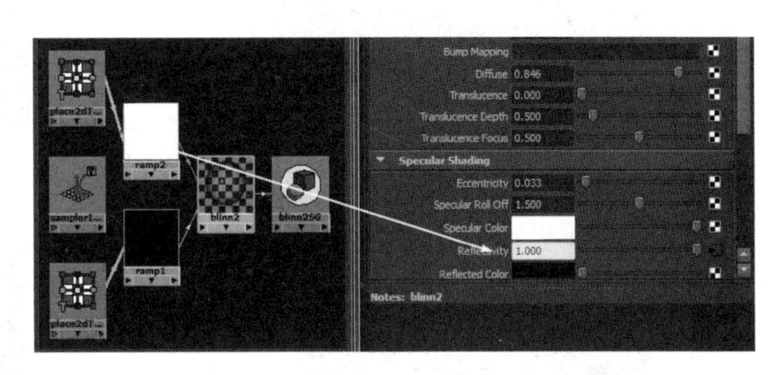

图 6.59

步骤 12：单击渲染按钮进行渲染。渲染效果如图 6.60 所示。

4. 反光板的制作

从当前渲染的效果可以看到，渲染的效果太黑，不够通透干净，显得有点脏。出现这种情况，一般可以通过反光板来解决这个问题。

步骤 1：在视图中创建两个 NURBS 平面，具体位置如图 6.61 所示。

图 6.60

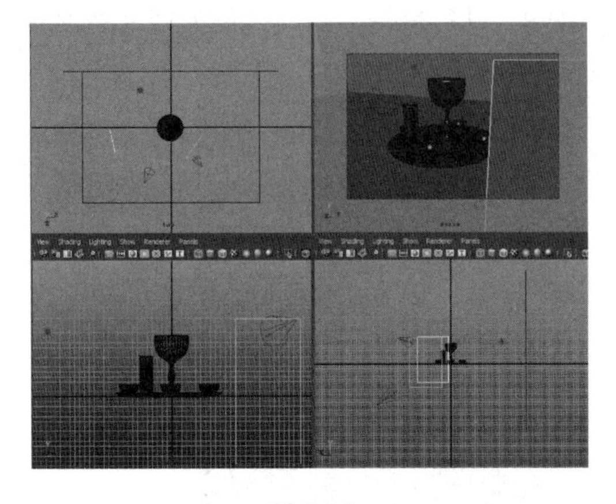

图 6.61

步骤 2：创建一个 Labert2 材质并赋予两个 NURBS 平面模型。

步骤 3：设置 Labert2 材质属性，具体设置如图 6.62 所示。

步骤 4：进行渲染。渲染的效果如图 6.63 所示。

步骤 5：从渲染的结果可以看出，反光板被渲染的同时也产生了阴影。解决办法是，选择反光板，打开属性面板，分别取消 Casts Shadows(投射阴影)、Receive Shadows(接收阴影)和 Priamary Visibility(自身可见)的勾选，如图 6.64 所示，从而使反光板不产生阴影、不接收阴影和不渲染显示。

步骤 6：进行渲染。渲染效果如图 6.65 所示。

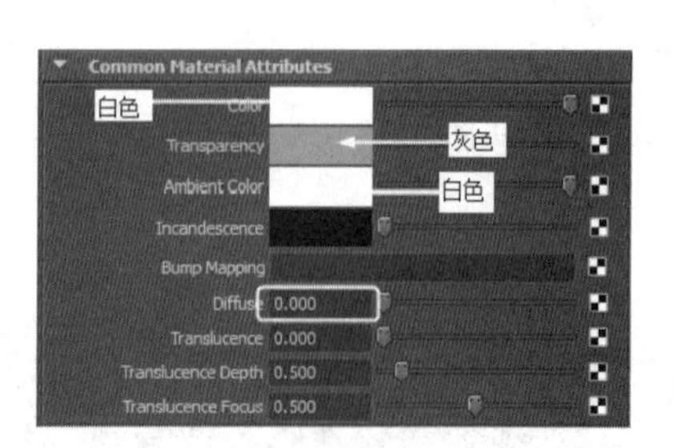

图 6.62

图 6.63

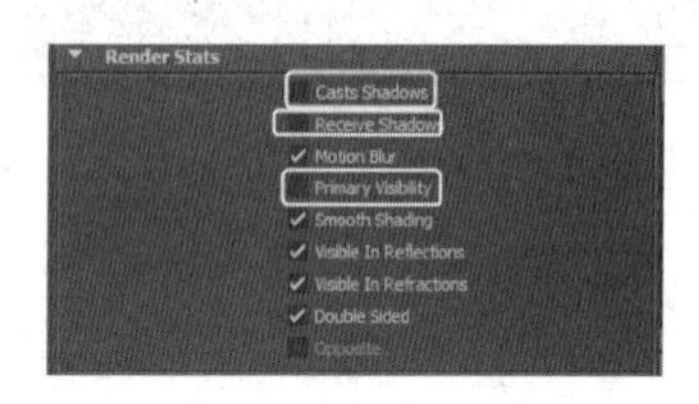

图 6.64

图 6.65

步骤 7：当前渲染出现的锯齿效果为低质量效果，解决该问题的办法是修改渲染参数。单击(渲染设置)按钮，弹出渲染设置对话框，具体设置如图 6.66 所示。

步骤 8：进行渲染，渲染效果如图 6.67 所示。

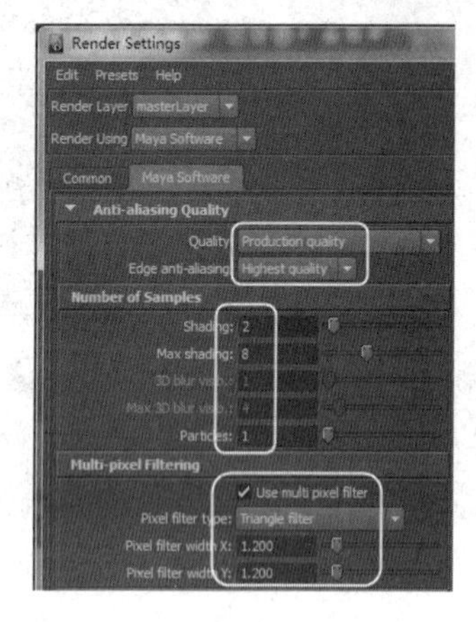

图 6.66

图 6.67

5. 修改主光灯的光线跟踪方式

从图 6.67 所示的渲染效果可以看出，场景中的对象阴影效果不符合实际，阴影太黑。因为前面在设置主光灯的光线跟踪方式时，使用的是深度贴图方式，它不支持透明物体的阴影效果。解决该问题的方法很简单，具体操作如下。

步骤 1：选择“zhu_light”聚光灯，修改该灯光的光线跟踪参数。参数具体修改如图 6.68 所示。

步骤 2：单击渲染按钮，最终渲染效果如图 6.69 所示。

视频播放：玻璃酒杯制作的详细讲解，请观看配套视频“part\video\chap06_video02”。

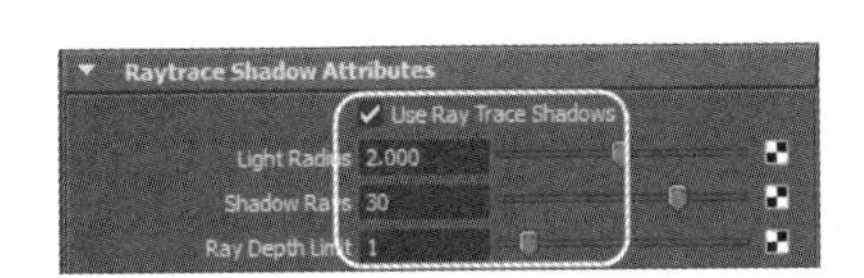

图 6.68

图 6.69

四、拓展训练

根据前面所学知识制作如下材质效果。基础比较差的同学可以观看配套视频资料。

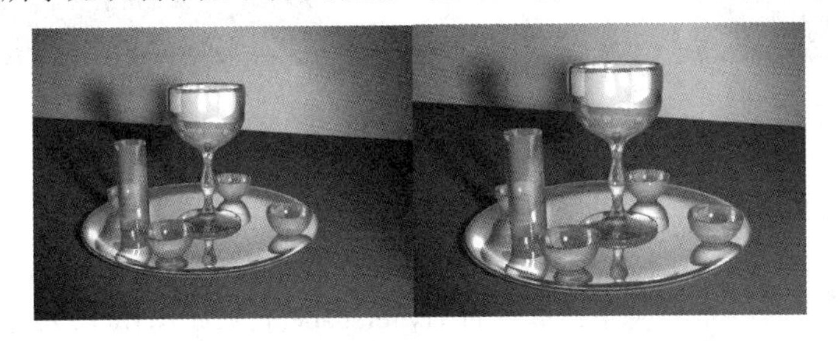

案例 3：水晶体中的标志

一、案例效果

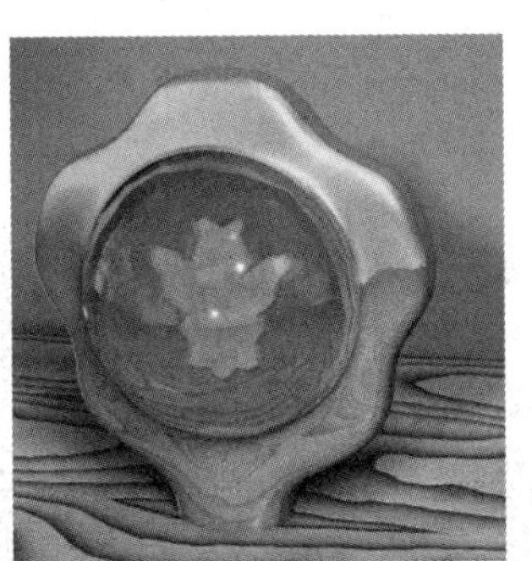

二、案例制作流程(步骤)分析

三、详细操作步骤

在本案例中，主要通过材质制作来模拟水晶球的效果。通过该案例的学习，要求读者理解材质的节点概念、掌握材质参数的含义和综合设置、制作材质动画和保存调用材质的方法，具体操作方法如下。

1. 打开场景文件

步骤 1：打开配套素材中的 shuijinqiu.mb 文件，如图 6.70 所示。

步骤 2：该文件中主要包括了两个 NURBS 交叉平面，用来作为地面和墙体，还包括一个水晶球、一个水晶球支架、一个标志(在水晶球内)和 6 盏灯光。渲染效果如图 6.71 所示。

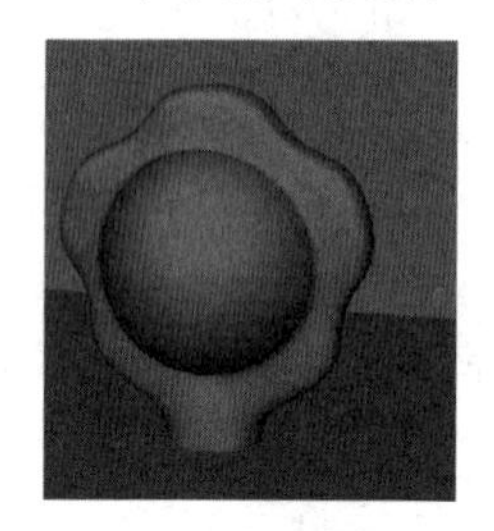

图 6.70

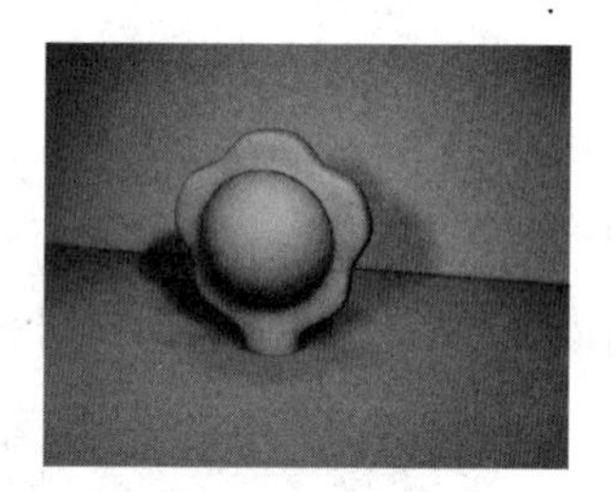

图 6.71

2. 创建材质的方法

创建材质的方法很多，但主要有两种方法。第一种是从老版本中的 Multilister(多重列表)窗口创建材质。第二种是从现在版本中的 Hypershade(材质超图)窗口创建材质。在这里主要介绍第二种方法，具体制作方法如下。

步骤 1：在菜单栏中选择 Window(窗口)→Rendering Editors(渲染编辑器)→Hypershade(材质超图)命令，打开 Hypershade(材质超图)编辑窗口。

步骤 2：在 Hypershade(材质超图)编辑窗口中左边的 Create(创建)面板下单击 Lambert (兰伯特)按钮，即可创建一个无高光的材质，如图 6.72 所示。

步骤 3：方法同上。在左边 Create(创建)面板下单击相应的创建按钮，再创建一个 Lambert(兰伯特)材质和 3 个 Blinn(布林)材质，如图 6.73 所示。

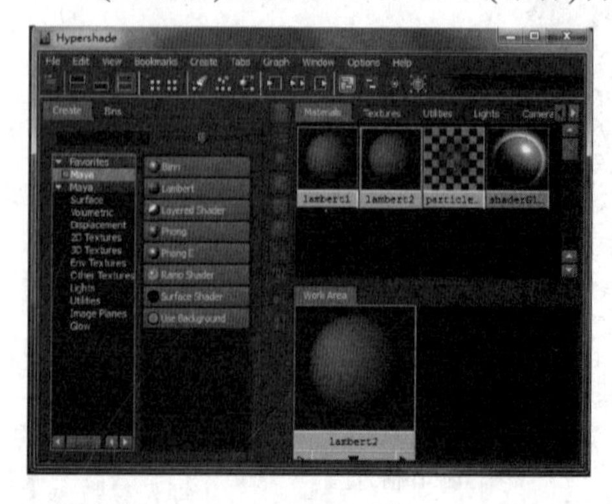

图 6.72

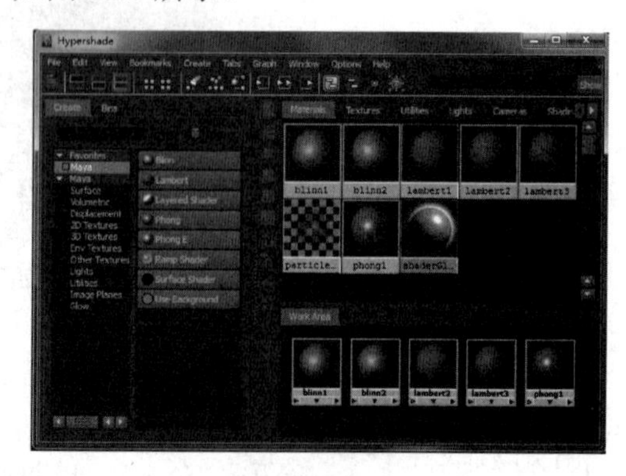

图 6.73

3. 给对象指定材质

给对象指定材质可以在 Multilister(多重列表)或 Hypershade(材质超图)中完成。对于多边形和细分模型，可以进入模型的组元编辑模式，选择对象的部分表面，进行材质指定。给场景中的对象指定材质有多种方法，下面通过案例主要介绍几种常用的指定方法。

步骤 1：在场景中选择水晶球的支架。

步骤 2：将鼠标移到 Hypershade(材质超图)窗口中的材质样本放置区中的 Phong1 材质球上，右击，弹出快捷菜单。在按住鼠标右键不放的同时，将鼠标移到 Assign Material To Selection(指定材质给当前选择)命令上，即可将 Phong1 材质赋予水晶球支架。

步骤 3：将鼠标移到 Hypershade(材质超图)窗口中的 Blinn1 样本球上，按住鼠标中键不放，拖曳到场景中的水晶球上松开鼠标，即可给水晶球赋予 Blinn1 样本球。

步骤 4：使用上面介绍的任意一种方法，将 Lambert2 材质赋予墙体，Lambert3 材质赋予标志，Blinn2 材质赋予地面。

4. 调节材质

调节材质可以在 Multilister(多重列表)窗口中完成，也可以在 Hypershade(材质超图)窗口中完成。下面主要介绍使用 Hypershade(材质超图)窗口配合材质属性编辑面板来调节。

1) 调节 Blinn1 材质参数

步骤 1：在 Hypershade(材质超图)窗口中，双击 Blinn1 样本材质球。对材质球的参数进行调节，参数的具体调节如图 6.74 所示。

步骤 2：调节之后的渲染效果如图 6.75 所示。

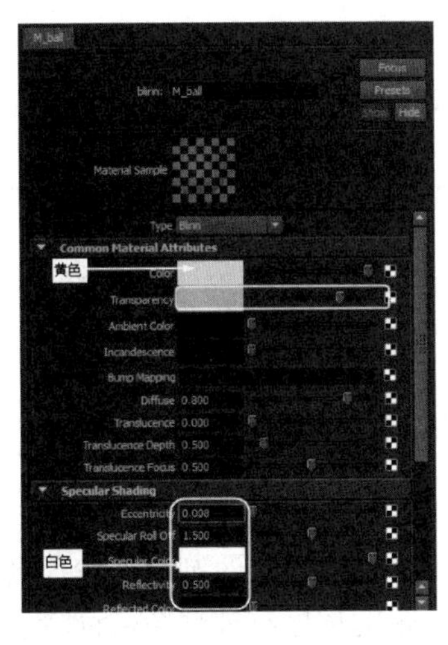

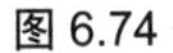
图 6.74

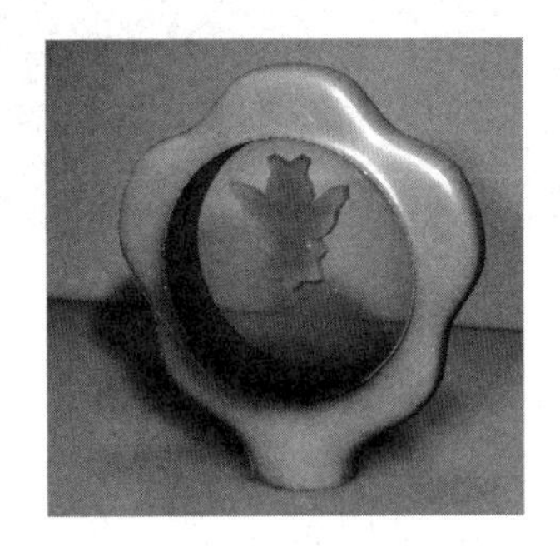

图 6.75

2) 金属材质的制作

为支架制作金属材质效果。当制作金属反射材质时，在复杂的场景中可以通过光线跟踪计算来模拟真实的反射效果。在这里由于场景比较简单，没有复杂的环境，故使用光线跟踪效果不好。在这里，使用反射贴图来模拟环境增加细节。具体操作步骤如下。

步骤 1：双击 Phong1 材质，在参数设置面板中设置 Color(颜色)：[H：42，S：0.766，

V：0.5]；Specular Color(高光颜色)：[H：43，S：0.82，S：0.8]。

步骤 2：单击 Reflected Color(反射颜色)右侧的■按钮，打开 Create Render Node(创建渲染节点)窗口，在该窗口中单击 2D Texture(二维纹理)下的 Checker(棋盘格)按钮，创建 2D 程序纹理，用来模拟反射效果。渲染效果如图 6.76 所示。

步骤 3：在 Hypershade(材质超图)窗口中选择 Phong1 材质样本球，单击■按钮，展开 Phong1 材质的上下游节点，如图 6.77 所示。

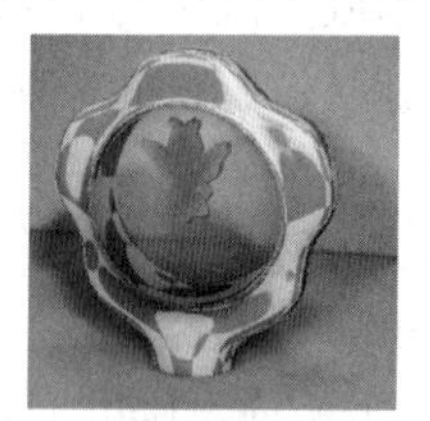

图 6.76

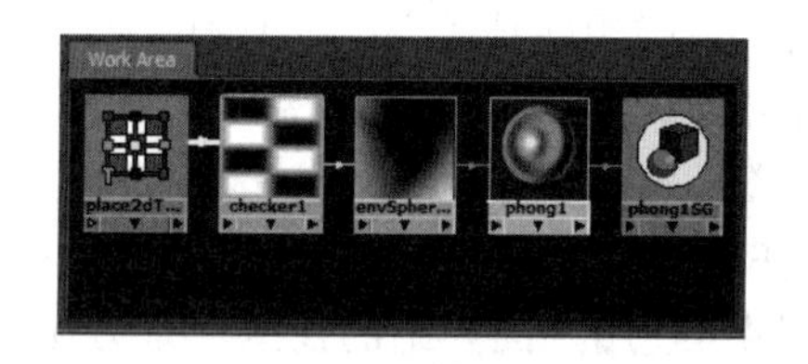

图 6.77

步骤 4：在工作区单击 Place 2d Texture1(平面 2d 纹理)图标，展开参数设置面板，具体设置如图 6.78 所示。

步骤 5：单击 checker1 图标，在 checker1 的参数面板中，将 Effects(特效)卷展栏下的 Filter Offset 参数值设置为 0.1。渲染效果如图 6.79 所示。

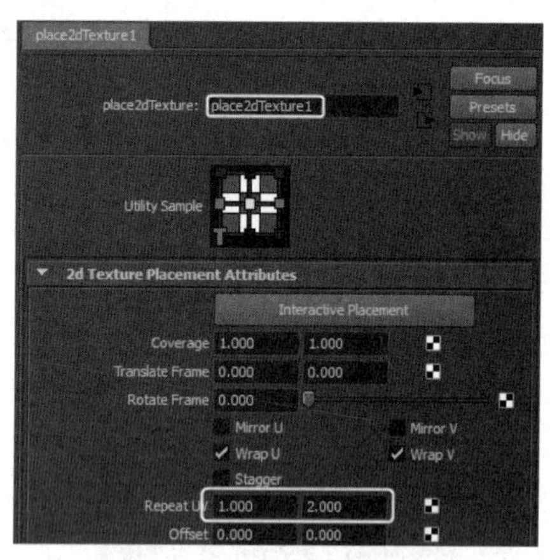

图 6.78

图 6.79

3) 木板材质制作

在这里，桌面是有高光效果的，为了增强效果的真实性，为桌面制作比较逼真的木纹效果，所以使用 Blinn 材质。在这里，主要使用系统自带的程序纹理贴图，读者也可以使用自己的贴图文件来制作桌面纹理。它们各有其优点，前者只需要用户调节相应参数即可实现，后者制作的效果比前者效果更逼真。

步骤 1：在 Hypershade(材质超图)窗口双击 Blinn2 材质样本球，调出 Blinn2 材质参数编辑器。

步骤 2：在属性编辑器中单击 Color(颜色)右边的■按钮，打开 Create Render Node(创建渲染节点)窗口，单击 Texture(纹理)标签下 3d Texture 卷展栏中的 Wood(木纹)按钮，创建一个 3D 木纹程序纹理。渲染效果如图 6.80 所示。

步骤 3：从图 6.80 可以看出，木纹采用的是默认参数，产生了条状拉伸的效果，不像木纹，缺少变化，故读者要对其参数进行调节。

步骤 4：在 Hypershade(材质超图)窗口选择 Blinn2 材质球，单击按钮，展开 Blinn2 材质球的上下游节点。

步骤 5：单击 Wood1 图标，设置参数，具体设置如图 6.81 所示。

图 6.80

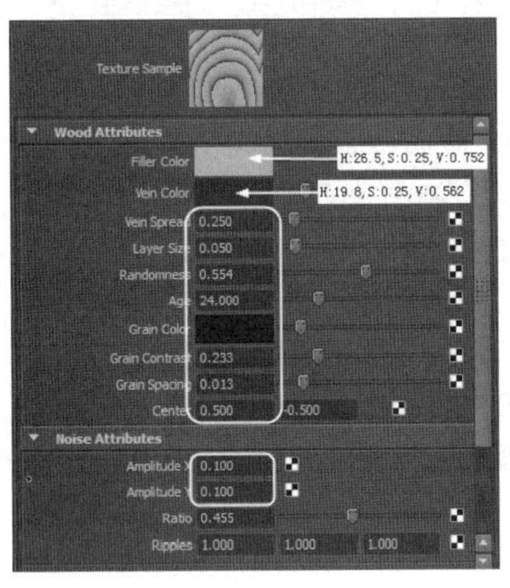

图 6.81

步骤 6：单击 Place 3d Texture2 图标，设置 Place 3d Texture2 的参数，具体设置如图 6.82 所示。

步骤 7：将 Wood 纹理拖曳到 blinn2 材质的 Bump Mapping(凹凸贴图)上，如图 6.83 所示。

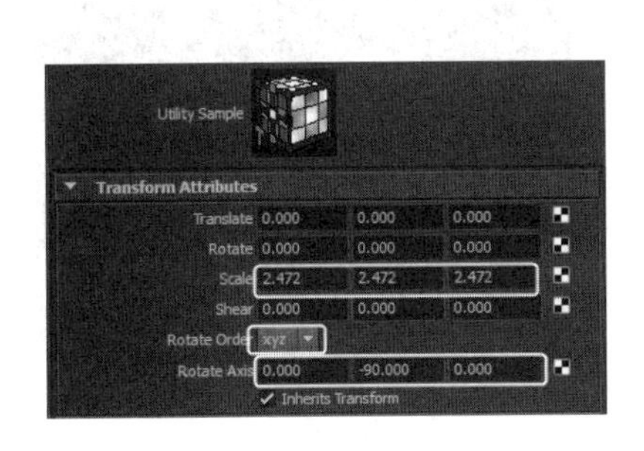

图 6.82

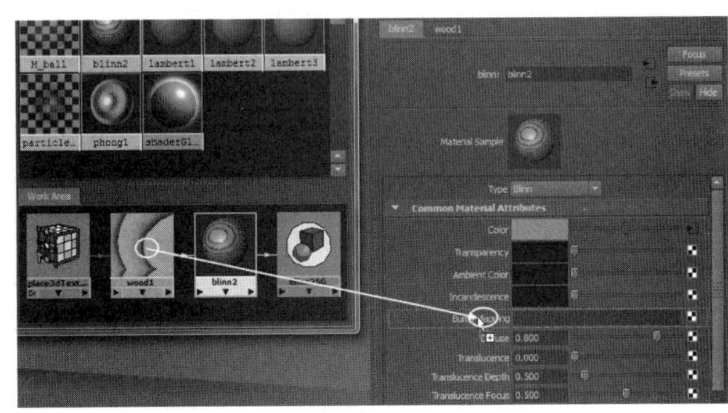

图 6.83

步骤 8：设置 Bump Depth(凹凸深度)为 0.2，如图 6.84 所示。

步骤 9：调节 blinn2 材质，使桌面产生高光和比较低的反射效果。具体参数设置如图 6.85 所示，渲染效果如图 6.86 所示。

图 6.84

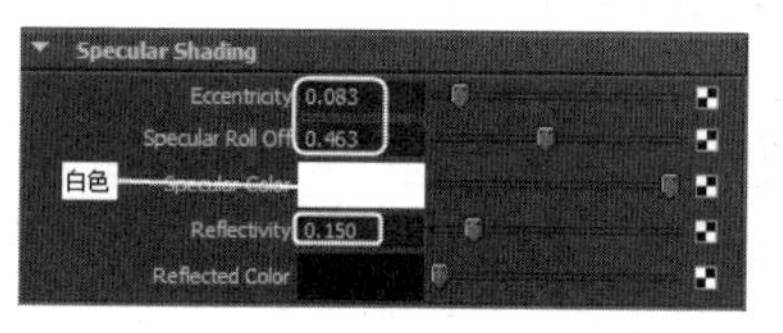

图 6.85

图 6.86

4) 玻璃材质制作

从渲染的效果可以看出，水晶球有点像塑料球。下面再对 M_Ball 材质样本球进行调节。

步骤 1：在 Hypershade(材质超图)中双击 M_Ball 材质样本球，调出该材质的属性编辑器。

步骤 2：在材质属性编辑器中，将 Color(颜色)设置为黑色，Eccentricity(偏心率)的值设置为 0.025，Specular Roll Off(高光强弱)的值设置为 1.5。渲染效果如图 6.87 所示。

步骤 3：单击 Create Render Node(创建渲染节点)窗口右侧的■按钮，打开 Create Render Node(创建渲染节点)窗口。在该窗口中选择 Textures(纹理)选项卡，展开 Environment Textures(环境贴图纹理)卷展栏，在该卷展栏中单击 Env Sphere(环境球)纹理按钮，为材质样本球添加一个环境球纹理来模拟反射效果，效果如图 6.88 所示。

步骤 4：在环境球节点属性编辑器中单击 Image(图像)右侧的■按钮，打开 Create Render Node(创建渲染节点)窗口。单击 2d Texture(2d 纹理)选项卡下的 File(文件)按钮，创建一个文件纹理，如图 6.89 所示。

图 6.87

图 6.88

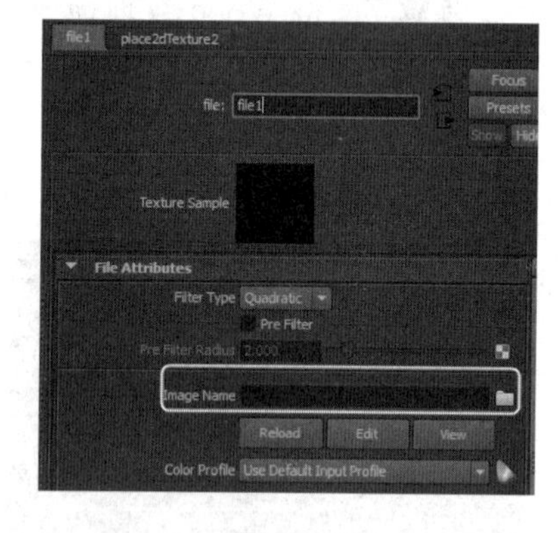

图 6.89

步骤 5：单击 Image Name(图片名称)右侧的■按钮，弹出 Open(打开)对话框，在该对话框中单击 Blue.jpg 图标，再单击 Open(打开)按钮即可。渲染效果如图 6.90 所示。

步骤 6：从图 6.90 所示的效果可以看出，玻璃球体的反射太强，不符合项目要求，需要继续调节。

步骤 7：将 Hypershade 窗口中的 Sampler Info 节点使用鼠标中键将其拖曳到工作区，使用同样的方法，将 Ramp(渐变)节点也拖曳到工作区，如图 6.91 所示。

图 6.90

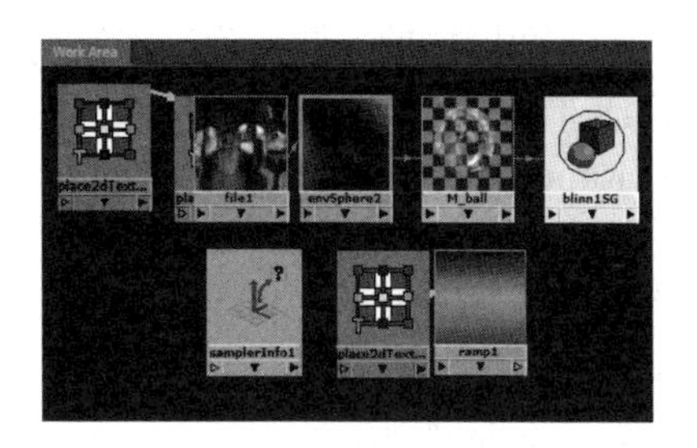

图 6.91

步骤 8：将鼠标移到 SamplerInfo1 节点上，按住中键不放，拖到 ramp1 节点上，松开鼠标中键，在弹出的快捷菜单中选择 Other(其他)命令，打开 Connection Editor(关联编辑器)窗口，具体设置如图 6.92 所示。

步骤 9：双击 ramp1 节点，打开 ramp1 的属性编辑窗口，设置参数，具体设置如图 6.93 所示。

图 6.92

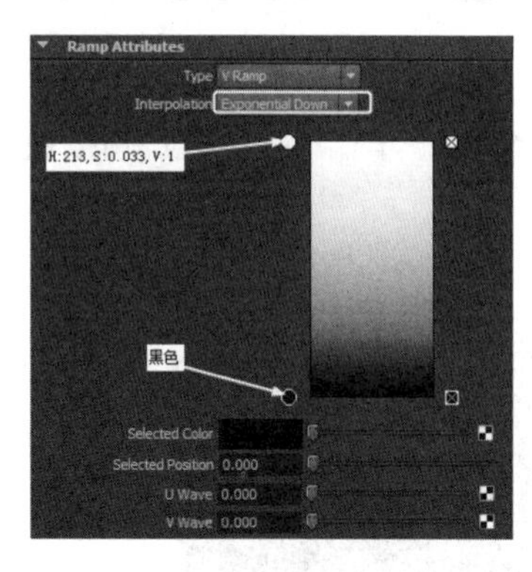

图 6.93

步骤 10：将鼠标移到 ramp1(渐变 1)节点上，按住鼠标中键不放，移到 M_ball 材质球上，松开鼠标，在弹出的快捷菜单中选择 transparency(透明)命令，即可用 ramp1 节点来控制 M_ball 材质的透明效果，如图 6.94 所示。渲染效果如图 6.95 所示。

从图 6.95 可以看到，球体从中心到边缘产生由透明到不透明的过渡变化，从而产生了厚度质感。

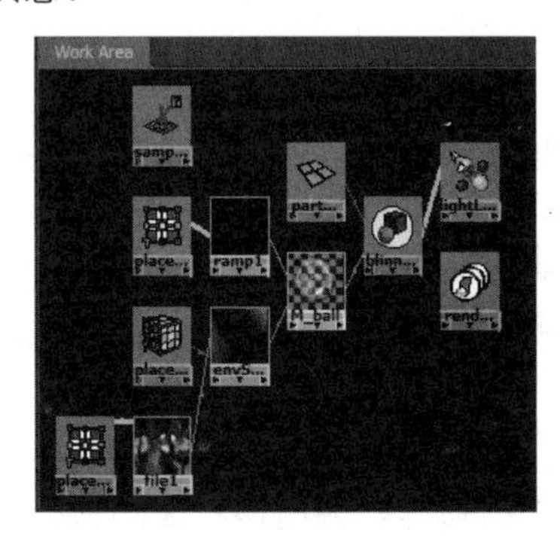

图 6.94

图 6.95

使用上面同样的方法，为玻璃制作反射变化的渐变控制节点。

步骤 11：在 Hypershade(材质超图)中创建一个 ramp2 节点。将 sampler Info1 节点的 Facing Ratio(表面比率)的输出属性连接到 ramp2 节点的 V Coord 的收入节点中，将 ramp2 节点连接到 M_ball 材质的 Reflectivity(反射率)参数上，如图 6.96 所示。

步骤 12：双击 ramp2 节点，调出 ramp2 节点的属性编辑器，具体设置如图 6.97 所示，

步骤 13：设置 M_ball 材质的 Specular Color(高光颜色)为 HSV(31.33，0.288，1)，渲染效果如图 6.98 所示。

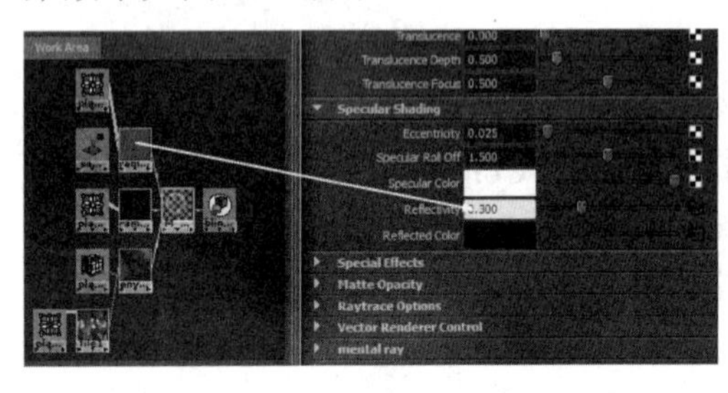

图 6.96

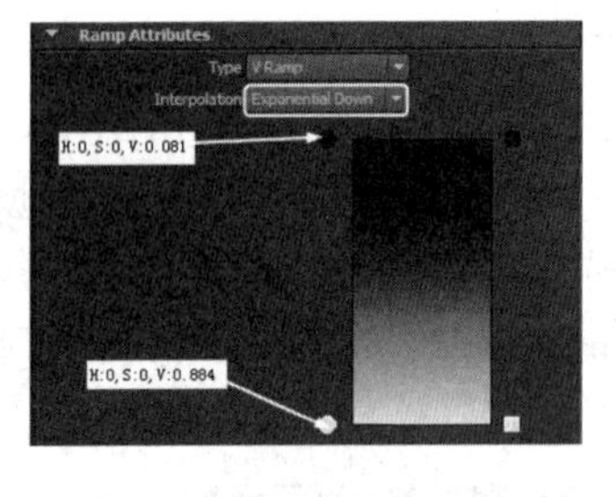

图 6.97

图 6.98

步骤 14：单击(渲染设置)按钮，弹出 Render Settings(渲染设置)面板，具体设置如图 6.99 所示。

步骤 15：设置光线跟踪参数，具体设置如图 6.100 所示。渲染效果如图 6.101 所示。

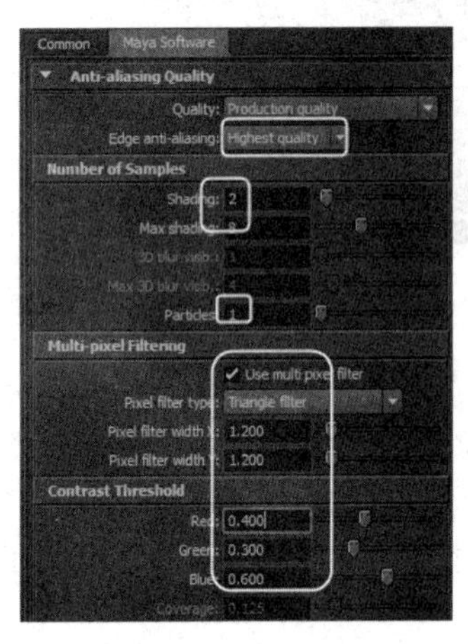

图 6.99

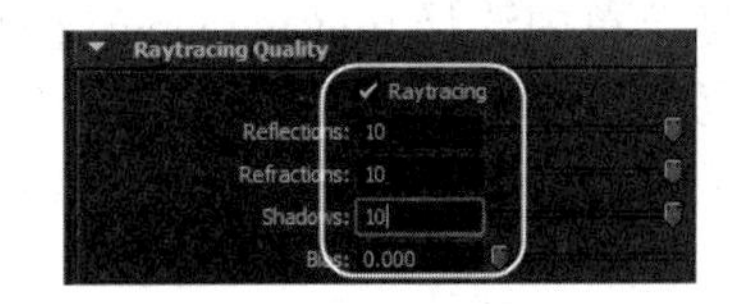

图 6.100

图 6.101

从图 6.101 可以看出，现在的金属支架和水晶球已经具有真实的反射效果，但水晶球没有折射效果。那是因为水晶球本身的折射没有开启。

步骤 16：选择 M_ball 材质球，设置 Raytrace(光线跟踪)，具体设置如图 6.102 所示。渲染效果如图 6.103 所示。

5) 标志材质的制作

标志材质是一个白色半透明材质。其制作方法比较简单，具体制作方法如下。

步骤 1：在 Hypershade(材质超图)中双击 Lambert3 材质球，调出该材质的参数属性编辑器。

步骤 2：设置 Color(颜色)为白色，Transparency(透明)为灰色。渲染效果如图 6.104 所示。

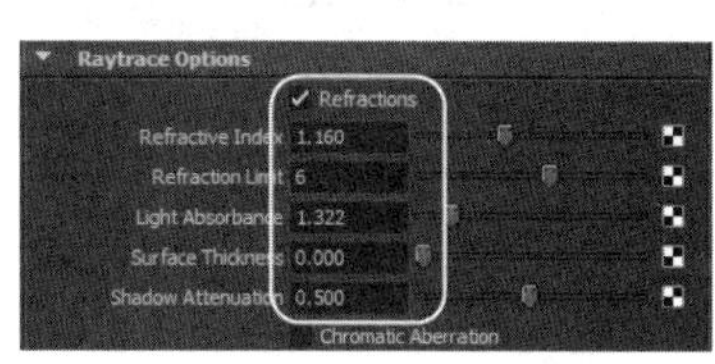

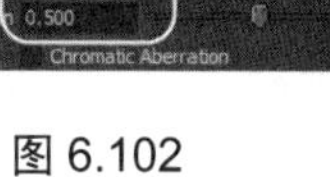

图 6.102

图 6.103

图 6.104

5. 重新修改灯光参数

在该场景中，灯光使用的是深度贴图阴影，它不支持透明物体的阴影效果，需要将灯光阴影修改为光线跟踪阴影，具体操作方法如下。

步骤 1：在菜单栏中选择 Window(窗口)→Outliner(大纲视图)命令，打开 Outliner(大纲视图)窗口。

步骤 2：在 Outliner(大纲视图)窗口中选择 Spotlight1(聚光灯 1)，按 Ctrl+A 组合键，调出灯光属性编辑器，具体设置如图 6.105 所示。

步骤 3：对场景进行渲染。最终渲染效果如图 6.106 所示。

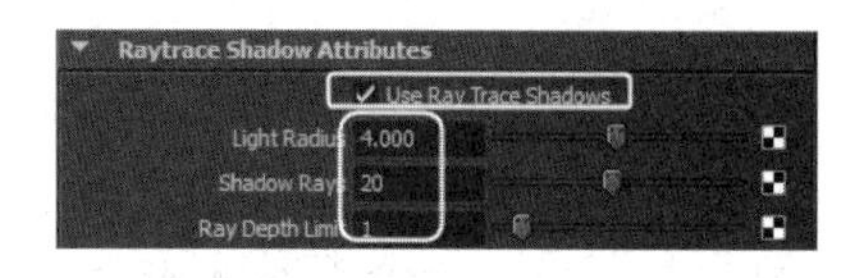

图 6.105

图 6.106

视频播放：水晶球中的标志的详细讲解，请观看配套视频“part\video\chap06_video03”。

四、拓展训练

根据前面所学知识制作如下材质效果。基础比较差的同学可以观看配套视频资料。

案例 4：瓷器碗的制作

一、案例效果

二、案例制作流程(步骤)分析

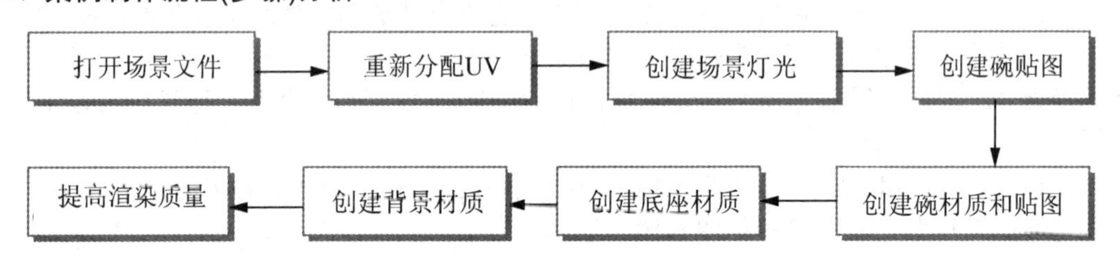

三、详细操作步骤

在本案例中，主要通过材质制作来模拟瓷器的效果。通过该案例的学习，要求读者了解：①UV 的创建、输出、编辑；②HDR 贴图的使用；③Photoshop 绘制贴图；④瓷器效果制作的方法和流程。

1. 打开场景文件

步骤 1：打开配套素材中的 ciqi_part01.mb 文件，如图 6.107 所示。

步骤 2：该文件中包括了一个 NURBS 曲面作为地面和背景，一个瓷器碗和瓷器碗的底座。

2. 重新分配 UV

重新分配 UV 的目的是为了后面的 UV 输出、编辑和利用 Photoshop 进行编辑。UV 重新分配的方法如下。

步骤 1：在场景中选择瓷器碗对象。

步骤 2：在菜单栏中选择 Create UVs(创建 UVs)→Cylinder Mapping(圆柱体映射)命令，创建一个圆柱体。

步骤 3：在透视图中调节圆柱体，如图 6.108 所示。在 UV Texture Editor(UV 纹理编辑器)窗口中的效果如图 6.109 所示。

图 6.107

图 6.108

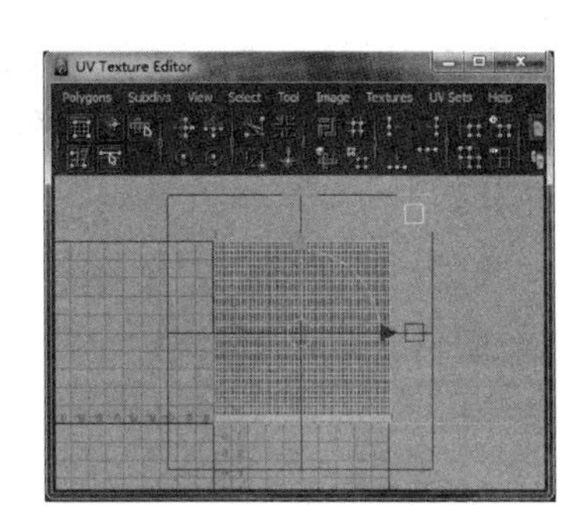

图 6.109

步骤 4：在场景中选择底座，在菜单栏中选择 Create UVs(创建 UVs)→Automatic Mapping(自动映射)命令，即可将底座的 UV 自动展开，如图 6.110 所示。

3. 创建场景灯光

1) 创建一盏聚光灯

步骤 1：在菜单栏中选择 Create(创建)→Light(灯光)→Spot Light(聚光灯)命令，在场景中创建一盏聚光灯。

步骤 2：调节好灯光的位置，如图 6.111 所示。

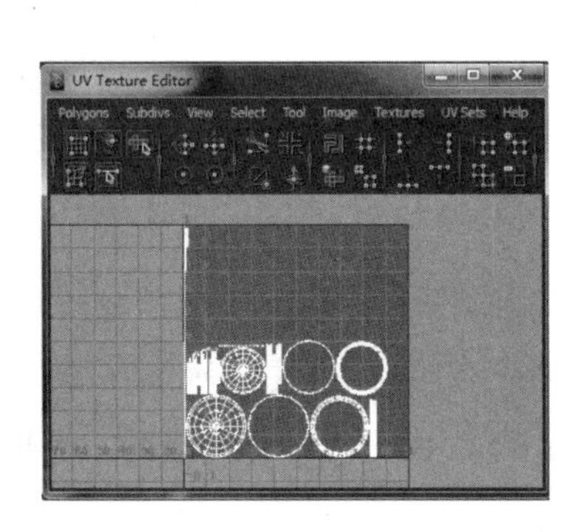

图 6.110

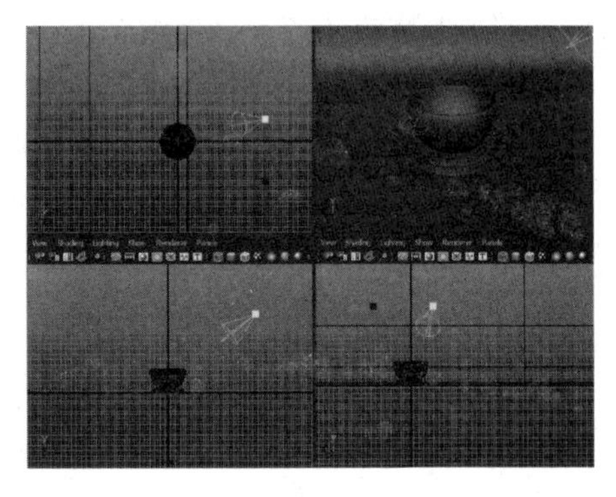

图 6.111

步骤 3：按 Ctrl+A 组合键，调出灯光的参数属性面板。聚光灯参数的具体设置如图 6.112 和图 6.113 所示。

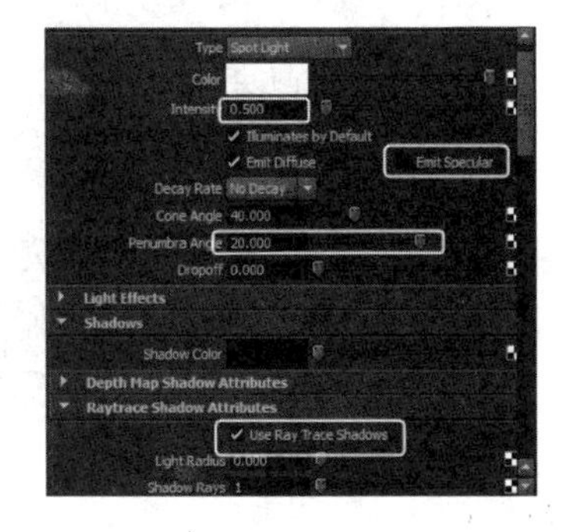

图 6.112

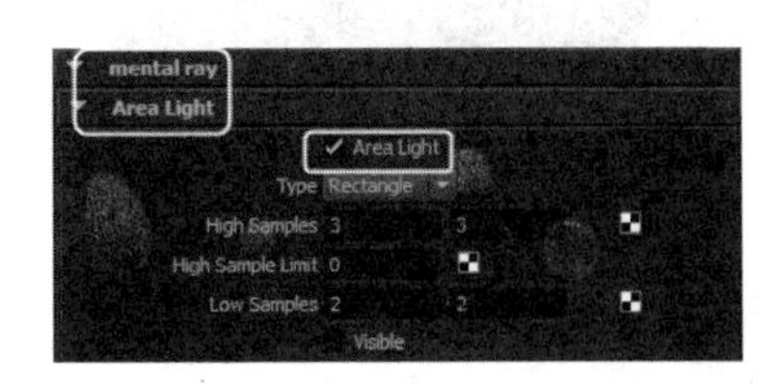

图 6.113

步骤 4：对场景进行渲染。渲染效果如图 6.114 所示。

从图 6.114 可以看出，渲染效果非常暗，与现实效果不相符。为了模拟虚拟环境中的真实反射效果，在这里可以通过增加 HDR 贴图来实现。

步骤 5：单击(渲染设置)按钮，弹出 Render Settings(渲染设置)对话框，具体设置如图 6.115 所示。

图 6.114

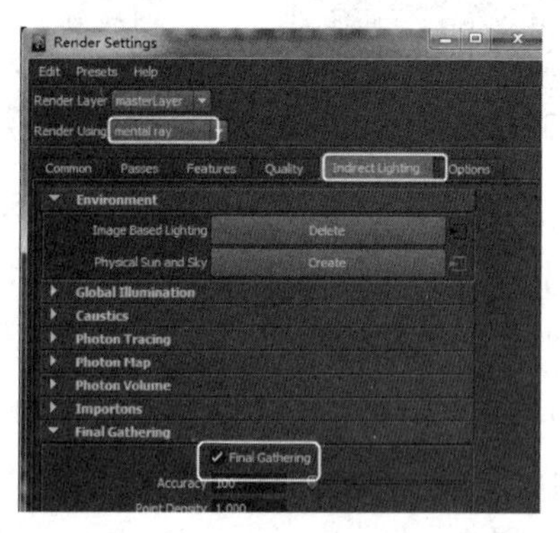

图 6.115

步骤 6：单击 Environment(环境)卷展栏中的 Image Based Lighting(基于图像照明)后面的 Create(创建)按钮，打开属性编辑器。

步骤 7：单击打开的属性编辑器中的 Image Based Lighting Attributes(基于图像照明属性)卷展栏中的 Image Name(图像名称)右侧的按钮，弹出 Open(打开)对话框，在该对话框中单选已准备好的 HDR 贴图，单击 Open(打开)按钮即可。

步骤 8：渲染效果如图 6.116 所示。

2) 创建一个点光源

创建一个点光源的目的是给场景添加背景补光，具体操作步骤如下。

步骤 1：在菜单栏中选择 Create(创建)→Light(灯光)→Point Light(点光源)命令，即可创建一个点光源。

步骤 2：调节好点光源的位置，具体位置如图 6.117 所示。

图 6.116

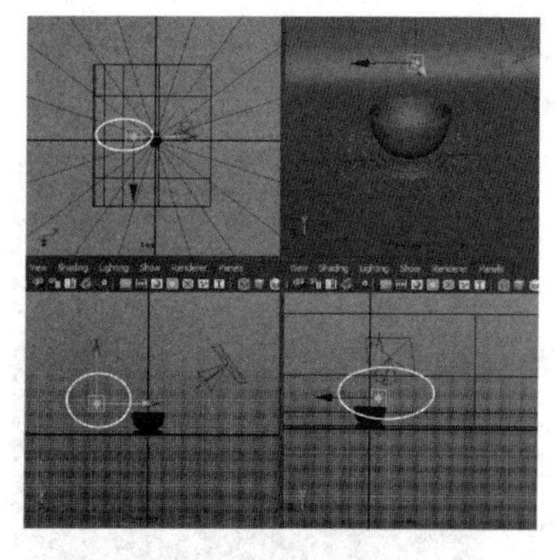

图 6.117

步骤 3：设置顶光源的参数，具体设置如图 6.118 所示。渲染效果如图 6.119 所示。

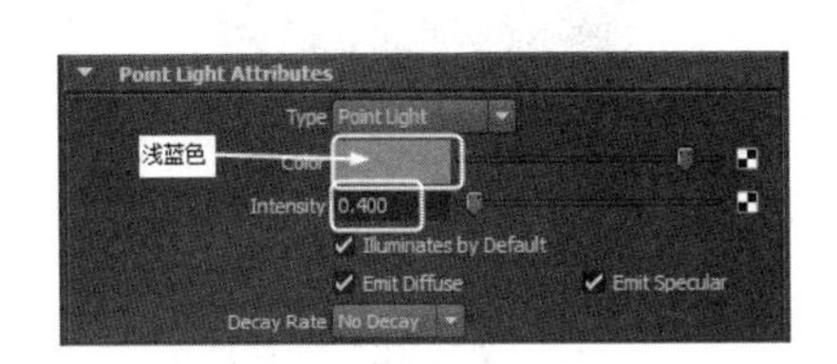

图 6.118

图 6.119

4. 创建碗贴图

步骤 1：在菜单栏中选择 Window(窗口)→UV Texture Editor(UV 纹理编辑器)命令，打开 UV 编辑器。

步骤 2：在场景中选择碗，在 UV Texture Editor(UV 纹理编辑器)菜单栏中选择 Polygons(多边形)→UV Snapshot(UV 快照)命令，打开 UV Snapshot(UV 快照)窗口，具体设置如图 6.120 所示。

步骤 3：单击 OK(好)按钮，即可创建 UV 快照。

步骤 4：使用 Photoshop 软件对 UV 快照进行编辑，创建的快照如图 6.121 所示。

步骤 5：对 UV 快照进行编辑。编辑好的快照如图 6.122 所示。

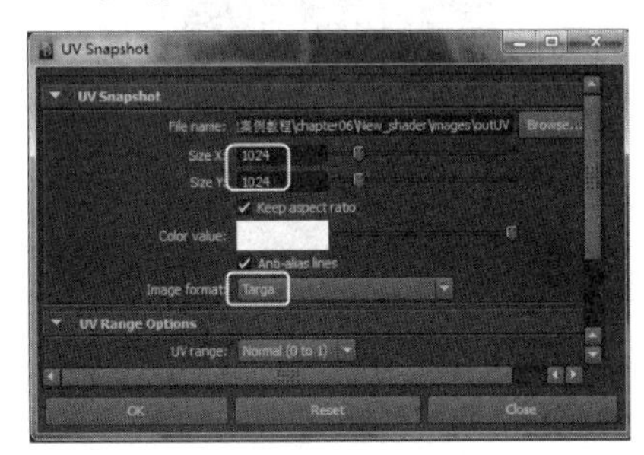

图 6.120

图 6.121

图 6.122

5. 创建碗材质和贴图

步骤 1：在 Maya 场景中选择碗的模型，右击，弹出快捷菜单，在弹出的快捷菜单中选择 Assign Favorite Material(指定最爱材质)→Blinn(布林)命令，为碗模型指定一个 Blinn1(布林)材质。

步骤 2：单击 Blinn1(布林)材质属性中 Common Material Attributes(通用材质属性)卷展栏中 Color(颜色)右侧的■按钮，弹出 Create Render Node(创建渲染节点)对话框。

步骤 3：在 Create Render Node(创建渲染节点)对话框中单击 File(文件)按钮；再在材质属性编辑器中单击 Image Name(图像名称)右侧的■按钮，打开 Open(打开)对话框，在该对话框中单选前面编辑好的图像，单击 Open(打开)按钮即可。

步骤 4：设置 Specular Shading(高光着色)参数，具体设置如图 6.123 所示。渲染效果如图 6.124 所示。

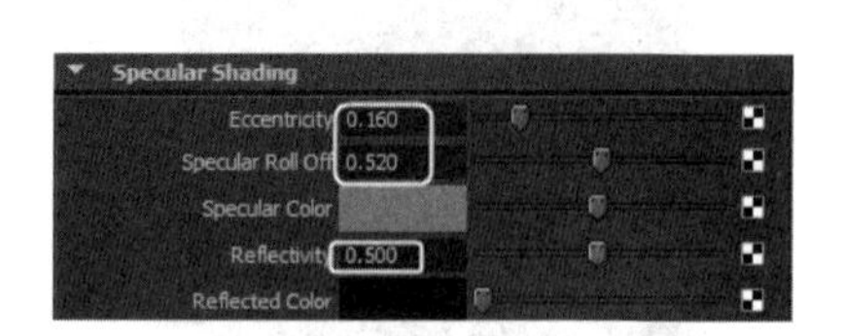

图 6.123

图 6.124

6. 创建底座材质

步骤 1：选择底座，给底座赋予一个 Blinn2 材质。

步骤 2：单击 Blinn2(布林)材质属性中 Common Material Attributes(通用材质属性)卷展栏中 Color(颜色)右侧的■按钮，弹出 Create Render Node(创建渲染节点)对话框。

步骤 3：在 Create Render Node(创建渲染节点)对话框中单击 Wood(木纹)按钮，即可创建一个木纹程序纹理。

步骤 4：将木纹程序纹理中的 Wood Attributes(木纹属性)卷展栏中 Filler Color(填充颜色)调暗一点。

步骤 5：调节 Blinn2 的高光颜色。具体设置如图 6.125 所示，渲染效果如图 6.126 所示。

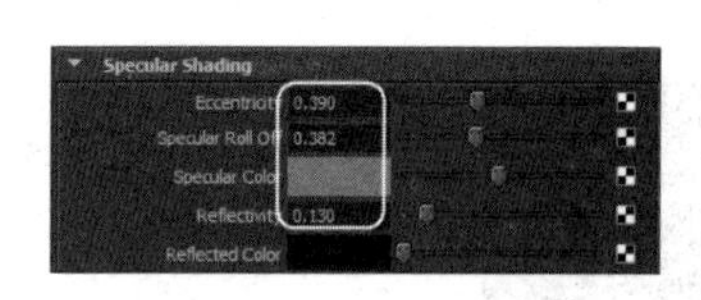

图 6.125

图 6.126

7. 创建背景材质

步骤 1：选择背景模型，方法同上，给模型添加一个 Lambert(兰伯特)材质。

步骤 2：设置 Lambert(兰伯特)材质属性中的 Common Material Attributes(通用材质属性)卷展栏中的 Color(颜色)为纯白色。

步骤 3：最终渲染效果如图 6.127 所示。

8. 提高渲染质量

从图 6.127 可以看出，渲染的效果存在锯齿效果。为了提高最终的渲染效果。读者可以通过渲染设置来解决，具体设置如下。

步骤 1：单击■(渲染设置)按钮，弹出 Render Settings(渲染设置)对话框，具体设置如图 6.128 和图 6.129 所示。

步骤 2：对最终结果进行渲染。渲染效果如图 6.130 所示。

图 6.127

图 6.128

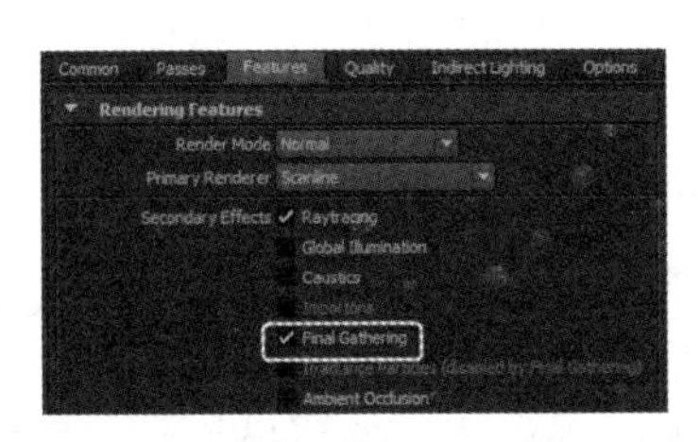

图 6.129

图 6.130

视频播放：瓷器碗的制作详细讲解，请观看配套视频“part\video\chap06_video04”。

四、拓展训练

根据前面所学知识制作如下材质效果。基础比较差的同学可以观看配套视频资料。

提示：该瓷器碗的文字制作方法很简单，在前面案例的基础上选择需要添加文字的面，输出快照，赋予一个新的 Blinn 材质即可。

案例 5：遥控器的制作

一、案例效果

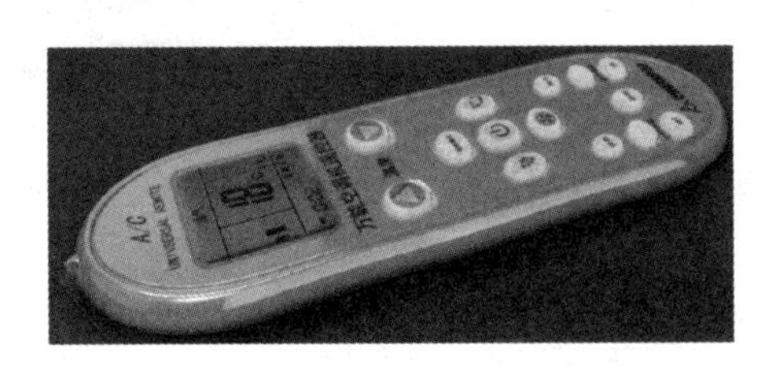

二、案例制作流程(步骤)分析

三、详细操作步骤

在本案例中，主要讲解遥控器的 UV 设置、场景设置、材质制作和渲染。通过本案例的学习，要求读者熟练掌握 UV 的设置和材质的制作。

1. 打开场景文件

打开配套素材中的 yaokongqi_part.mb 文件，如图 6.131 所示。

2. 设置遥控器的 UV

遥控器 UV 设置主要制作流程是贴图坐标设置→为遥控器绘制 UV 贴图→为模型添加贴图。具体操作步骤如下。

步骤 1：对遥控器进行表面投射。进入遥控器的面编辑模式，选择模型的上半部分的面，如图 6.132 所示。

步骤 2：在菜单栏中单击 Create UVs(创建 UVs)→Planar Mapping(平面贴图)→□图标，打开 Planar Mapping Options(平面贴图选项)面板，具体设置如图 6.133 所示。

图 6.131

图 6.132

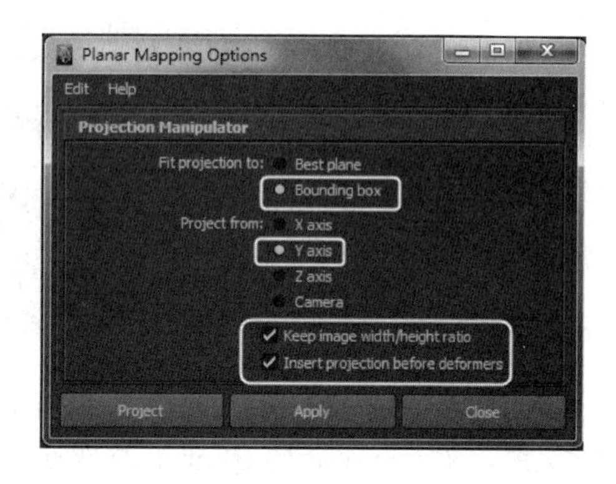

图 6.133

步骤 3：单击 Project(投射)按钮，即可进行投射。

步骤 4：在菜单栏中选择 Window(窗口)→UV Texture Editor(UV 纹理编辑器)命令，打开 UV 编辑器。将刚才投射的 UV 移到左侧，如图 6.134 所示。

步骤 5：选中模型中的所有按键，在菜单栏中选择 Create UVs(创建 UVs)→Planar Mapping(平面贴图)命令，对按键进行投射。在 UV 纹理编辑器中调节好位置，如图 6.135 所示。

步骤 6：导出 UV，在场景中选择遥控器。在 UV Texture Editor(UV 纹理编辑器)窗口中的菜单栏中选择 Polygons(多边形)→UV Snapshot(UV 快照)命令，打开 UV Snapshot(UV 快照)对话框，具体设置如图 6.136 所示。单击 OK(好)按钮即可输出快照。

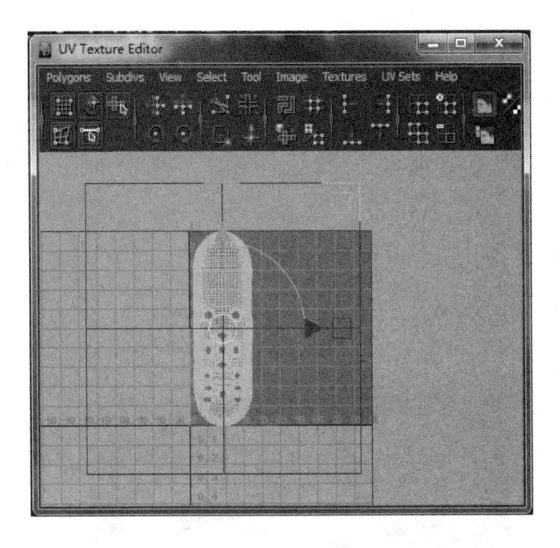

图 6.134

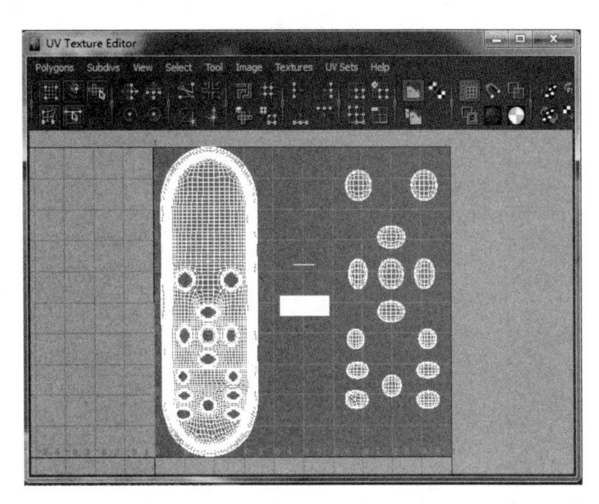

图 6.135

3. 绘制遥控器的 UV 贴图

步骤 1：打开 Photoshop 软件，将输出的快照 UV 图打开，根据图 6.137 所示的参考图绘制贴图。

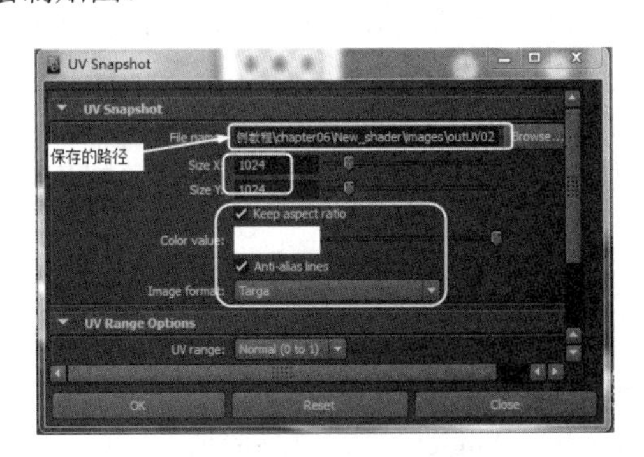

图 6.136

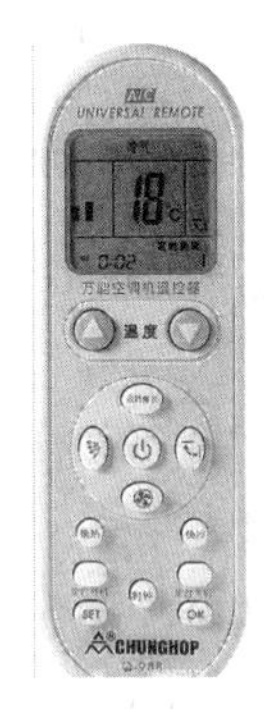

图 6.137

步骤 2：绘制好的贴图如图 6.138 所示。

步骤 3：将绘制好的贴图另存为“yaokong.jpg”文件。

4. 给模型添加贴图

步骤 1：在 Maya 中选择遥控器模型，在模型上右击，弹出快捷菜单。在弹出的快捷菜单中选择 Assign Favorite Material(指定最爱材质)→Lambert(兰伯特)命令，为物体指定一个 Lambert 材质。

步骤 2：在材质的属性编辑中单击 Color(颜色)右边的■按钮，弹出 Create Render Node(创建渲染节点)对话框。

步骤 3：在 Create Render Node(创建渲染节点)对话框中单击 File(文件)按钮。

步骤 4：单击 Image Name(图像名称)右侧的■按钮，将前面做好的贴图导入。

步骤 5：按键盘上的 6 键，切换到材质模式，效果如图 6.139 所示。

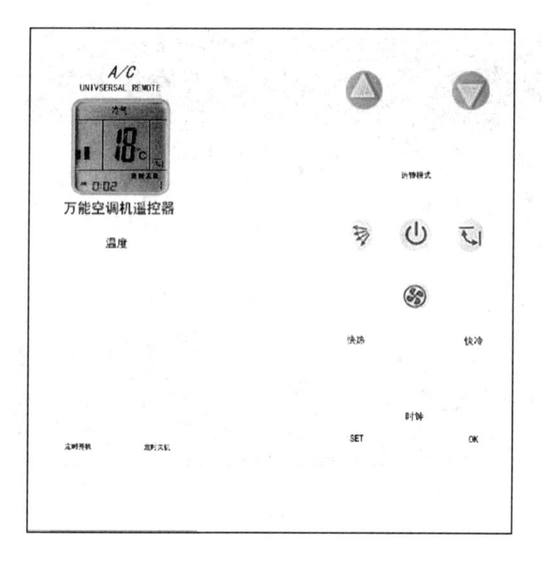

图 6.138

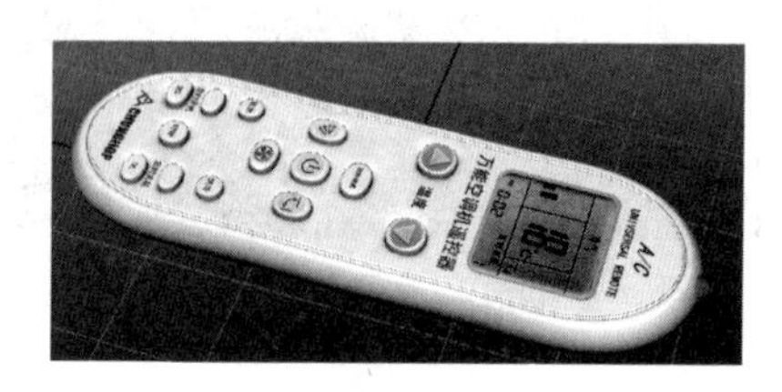

图 6.139

5. 渲染场景

场景渲染的整体思路是创建场景→创建胶皮质感的材质→创建遥控器机身材质→创建指示灯材质→精度渲染，具体操作步骤如下。

1) 创建场景

步骤 1：创建地面。在工具架中单击(平面)按钮，在 Top(顶视图)中创建一个平面，设为地面。

步骤 2：创建灯光。在工具架中单击(聚光灯)按钮，在视图中创建一盏聚光灯。调节好位置，如图 6.140 所示。

步骤 3：按 Ctrl+A 组合键，打开灯光属性编辑器，设置 Spot Light Attributes(聚光灯属性)卷展栏中的 Intensity(强度)的值为 0.5、Penumbra Angle(半影角度)的值为 20，勾选 Raytrace Shadow Attributes(光线追踪阴影属性)卷展栏中的 Use Ray Trace Shadow(使用光线追踪阴影)选项，且勾选 Area Light(区域灯光)卷展栏中的 Area Light(区域灯光)选项。渲染效果如图 6.141 所示。

步骤 4：从图 6.141 可以看出，渲染效果不够亮，此时可以通过添加 HDR 贴图增加漫反射。单击状态栏中的(渲染设置)按钮，弹出 Render Settings(渲染设置)对话框，具体设置如图 6.142 所示。

步骤 5：渲染效果如图 6.143 所示。

2) 创建胶皮质感材质

步骤 1：选择遥控器的按键，给按键赋予一个 Blinn 材质。

步骤 2：为 Blinn 材质中的 Color(颜色)制定前面制作的快照贴图。

步骤 3：设置 Blinn 材质属性，具体设置如图 6.144 所示。渲染效果如图 6.145 所示。

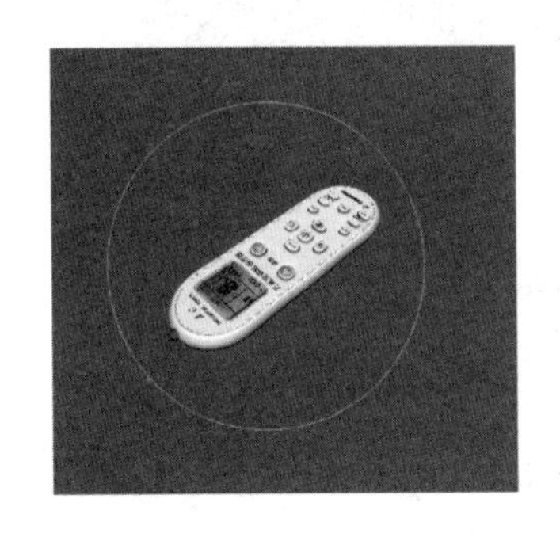

图 6.140

图 6.141

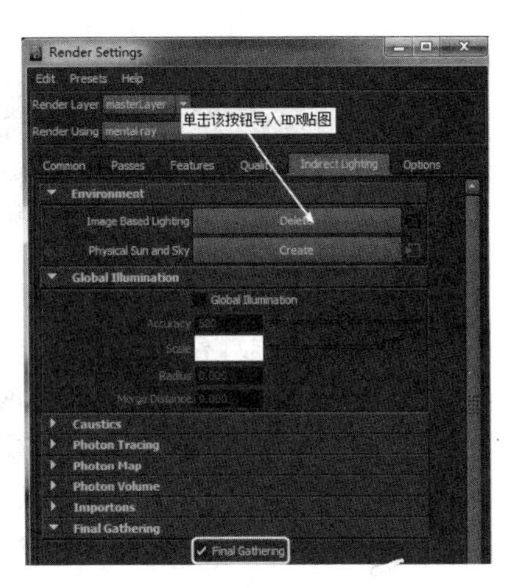

图 6.142

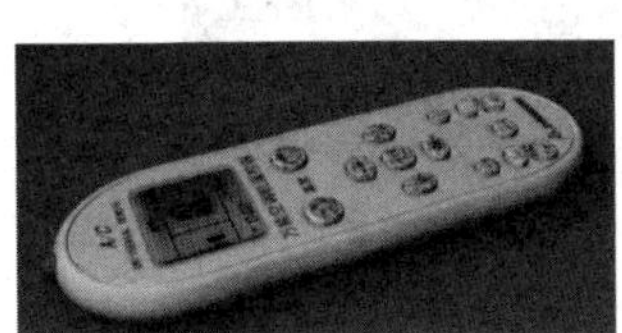

图 6.143

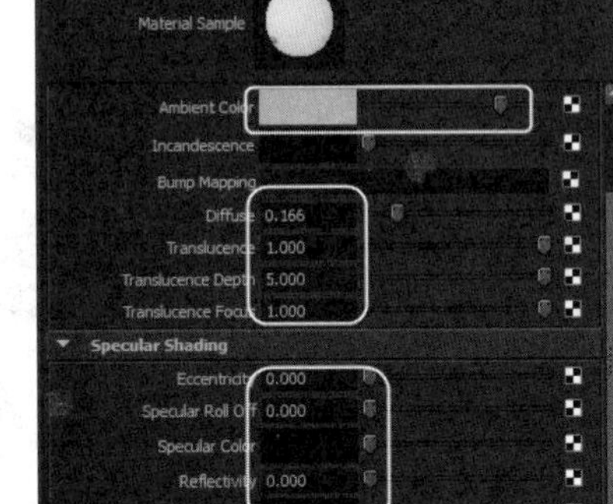

图 6.144

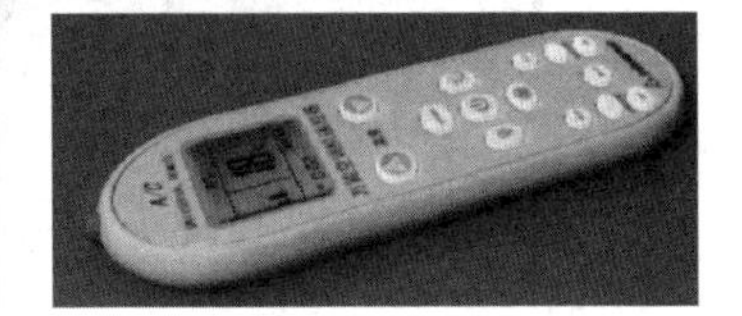

图 6.145

3) 创建遥控器机身材质

步骤 1：在菜单栏中选择 Window(窗口)→Rendering Editors(渲染编辑器)→Hypershade(窗口)命令，打开 Hypershade(超图)窗口。

步骤 2：在 Hypershade(超图)窗口中单击 mental ray 材质组下的 mia_material_x 材质按钮，创建材质，将该材质赋予遥控器机身。

步骤 3：方法同上，给 mia_material_x 材质的 Color(颜色)添加前面使用 Photoshop 编辑好的 UV 贴图。

步骤 4：在材质属性编辑器中单击 Presets(预设)按钮，弹出快捷菜单，在弹出的快捷菜单中选择 Glossplasth(抛光塑料)→Replace(替换)命令。

步骤 5：设置 mia_material_x 材质的参数，具体设置如图 6.146 所示。渲染效果如图 6.147 所示。

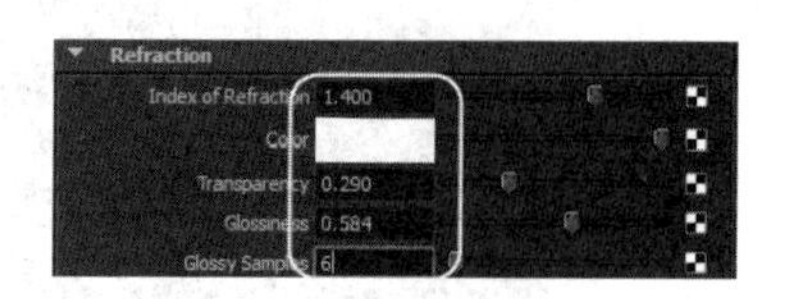

图 6.146

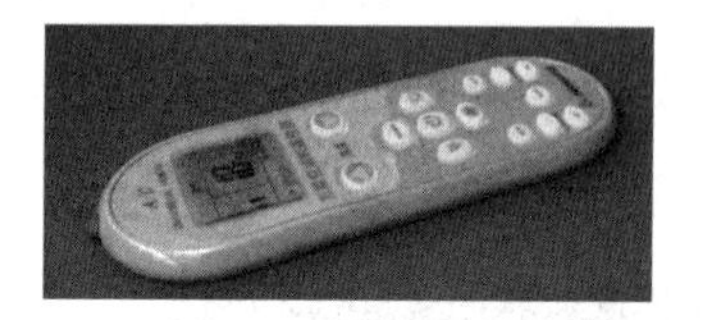

图 6.147

4) 创建指示灯材质

在这里，主要将指示灯模拟成一个玻璃材质。玻璃材质主要是调节材质的透明度、折射、高光和折射率等参数，具体操作如下。

步骤 1：选择指示灯模型，赋予一个 Blinn 材质。

步骤 2：设置 Blinn 材质的参数，具体设置如图 6.148 和图 6.149 所示。

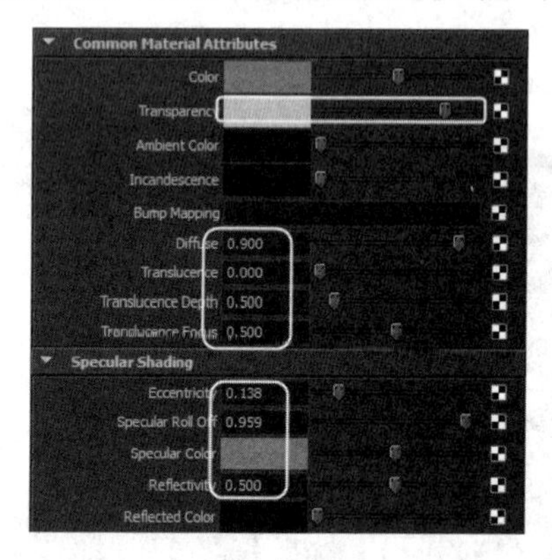

图 6.148

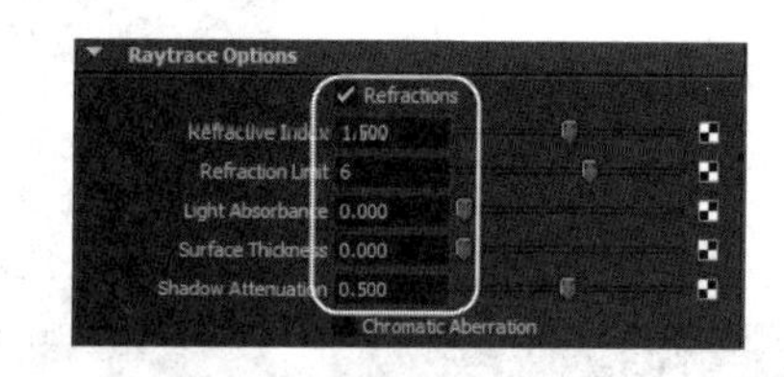

图 6.149

步骤 3：渲染效果如图 6.150 所示。

5) 设置渲染参数

步骤 1：单击▣(渲染设置)按钮，弹出 Render Settings(渲染设置)对话框，具体设置如图 6.151 至图 6.153 所示。

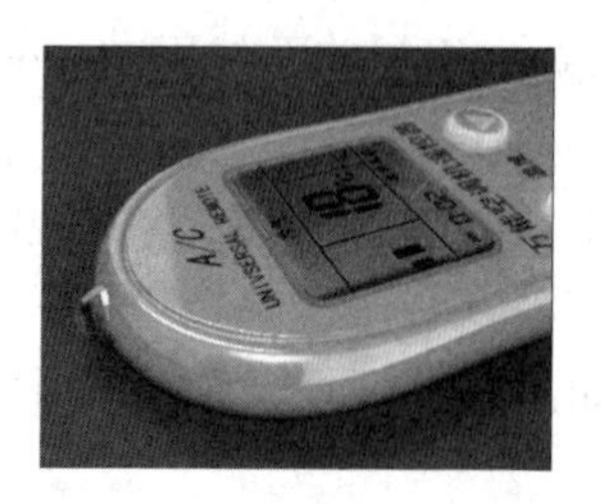

图 6.150

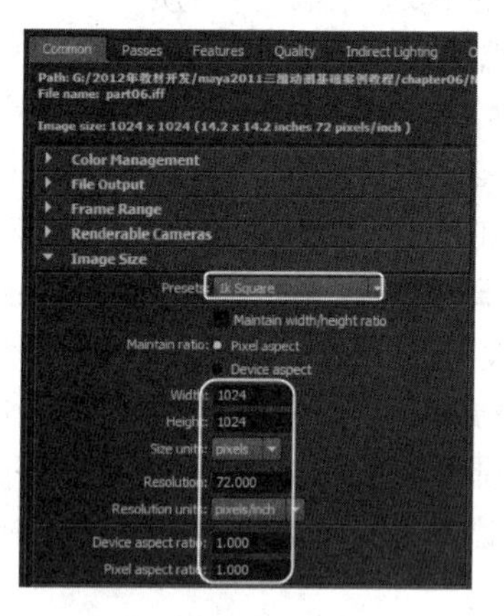

图 6.151

步骤 2：选择一个自己喜欢的角度，进行渲染。渲染效果如图 6.154 所示。

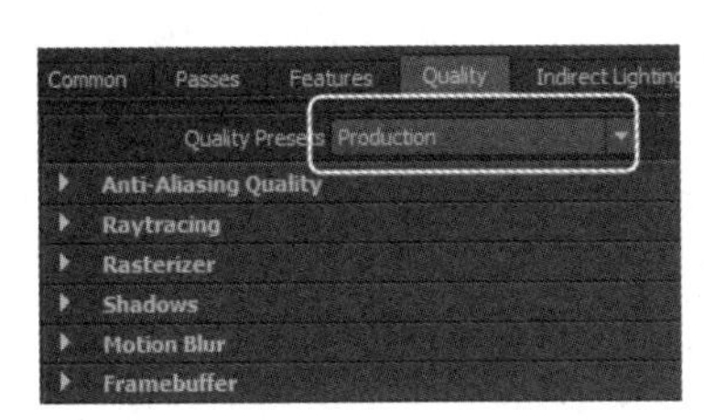

图 6.152

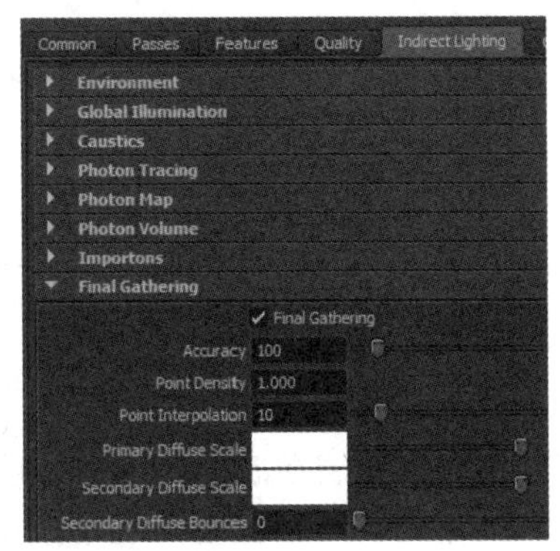

图 6.153

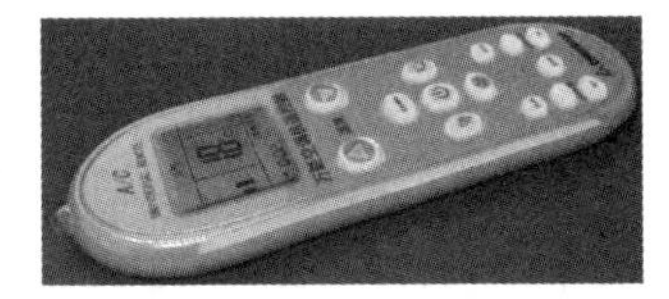

图 6.154

视频播放：遥控器的详细讲解，请观看配套视频“part\video\chap06_video05”。

四、拓展训练

根据前面所学知识制作如下材质效果。基础比较差的同学可以观看配套视频资料。

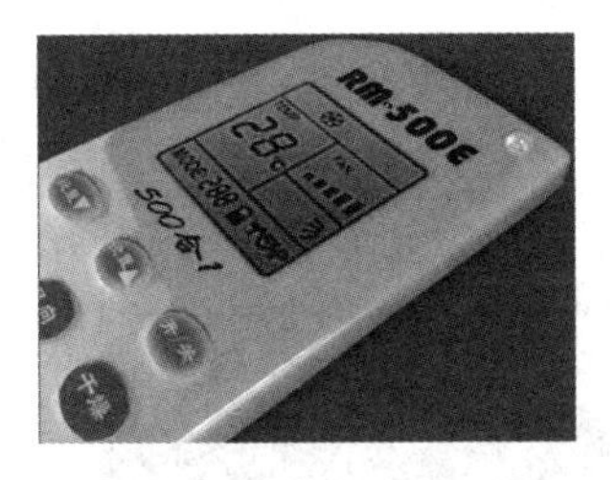

提示：该案例的制作方法同上。进入模型的面编辑模式，选择按键的面并赋予材质。选择遥控器的主体部分，再赋予不同的材质。在进行 UV 分配时，可以通过材质选择模型的面。

案例 6：小车车漆材质的制作

一、案例效果

二、案例制作流程(步骤)分析

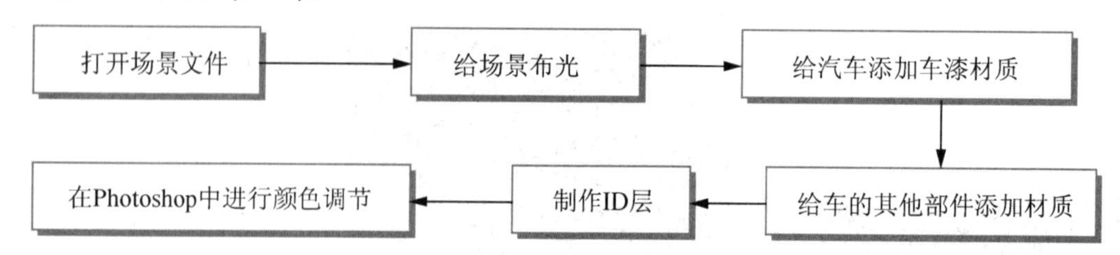

三、详细操作步骤

在本案例中，主要讲解小车表面金属质感的制作、分层渲染技术和使用 Photoshop 进行后期颜色调整。通过本案例的学习，要求读者熟练掌握小车材质的调节和分层渲染的制作。小车材质的整个制作流程是场景布光→添加车漆材质→调节车体不同部位的材质→制作 ID 层→使用 Photoshop 进行后期颜色调整。

1. 打开场景文件

打开配套素材中的 xiaoche_tietu.mb 文件，如图 6.155 所示。

2. 给场景布光

步骤 1：在 rendering(渲染)工具架中单击(聚光灯)图标，在场景中创建一盏聚光灯。

步骤 2：在 persp(透视图)菜单栏中选择 Panels(面板)→Look Through Selected Camea(通过所选摄影机观察)命令，为场景调节灯光的位置，如图 6.156 所示。

图 6.155

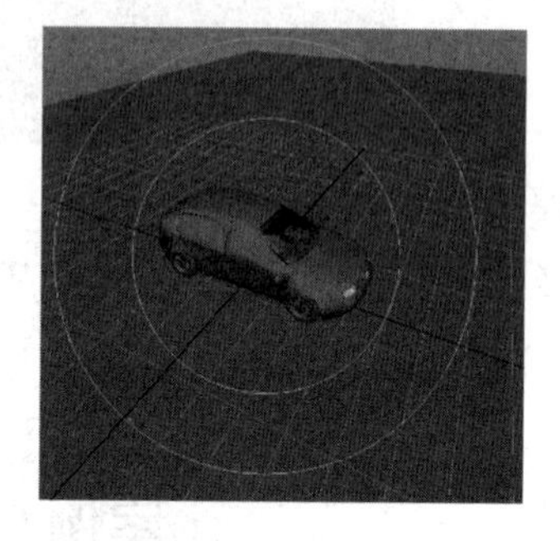

图 6.156

步骤 3：选择聚光灯，按 Ctrl+A 组合键，调出灯光属性编辑器，设置聚光灯的 Intensity (灯光强度)值为 0.5、Penumbra Angle(半影角度)值为 20，在 Raytrace Shadow Attributes(光线追踪阴影属性)卷展栏中勾选 Use Ray Trace Shadows(使用光线追踪阴影)选项。渲染效果如图 6.157 所示。

步骤 4：从图 6.157 可以看出，灯光有点暗。汽车表面应该具有非常强的金属表面，为了解决这些问题，可以通过创建 HDR 贴图来解决。

步骤 5：在状态栏中单击(渲染设置)按钮，打开渲染设置窗口。在 Indirect Lighting (创建间接照明)选项卡下的 Environment(环境)卷展栏中单击 Image Based Lighting Attributes(图像基础照明属性)右侧的 Create(创建)按钮，弹出属性编辑器。

步骤 6：在属性编辑器中选择 Image Based Lighting Attributes(图像基础照明属性)卷展栏中选择 Image Name(图像名称)右侧的■按钮，导入已经准备好的 HDR 贴图。

步骤 7：在这里使用模拟间接照明的效果，所以要勾选 Indirect Lighting(间接灯光)选项卡下的 Final Gathering(最终聚焦)卷展栏中的 Final Gathering(最终聚焦)选项。最终渲染效果如图 6.158 所示。

图 6.157

图 6.158

3. 给汽车添加车漆材质

步骤 1：打开 Hyphershade(材质超图)编辑器。

步骤 2：在 Hyphershade(材质超图)编辑器中单击 mi_car_paint_phen_x(车漆材质)按钮，即可创建一个车漆材质。

步骤 3：在场景中选择需要赋予车漆的对象，将其材质赋予它。渲染效果如图 6.159 所示。

步骤 4：根据自己的喜好调节车漆材质属性。车漆材质主要分顶层、中层和背景 3 层颜色。双击车漆材质球，弹出车漆属性编辑器，调节参数，具体调节如图 6.160 所示。

图 6.159

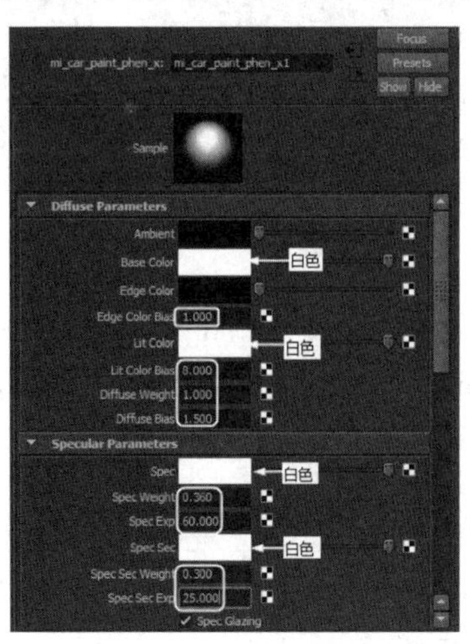

图 6.160

步骤 5：调节车漆的斑点参数，使效果更加逼真。具体参数设置如图 6.161 所示。

步骤 6：调节车漆材质的反射值，具体参数设置如图 6.162 所示。最终渲染效果如图 6.163 所示。

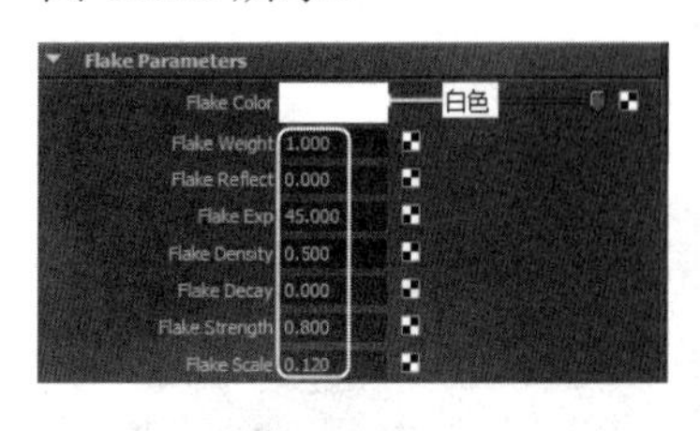

图 6.161

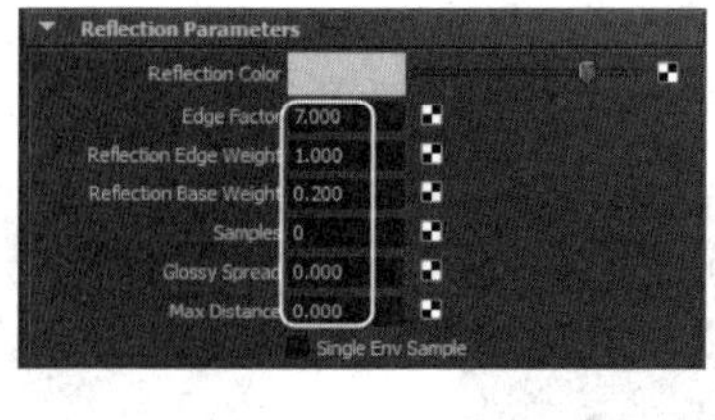

图 6.162

图 6.163

4. 给车的其他部件添加材质

步骤 1：给汽车的车轮和其他装饰面赋予金属质感的材质。在 Hypershade(材质超图)的 mental ray 材质组中单击 mia_material_x 材质，即可创建一个 mia_material_x1 材质。

步骤 2：在材质属性编辑器中调节 mia_material_x1 材质的属性，具体参数设置如图 6.164 所示。

步骤 3：在 Hypershade(材质超图)中创建一个 Blinn(布林)材质，具体参数设置如图 6.165 所示。最终渲染效果如图 6.166 所示。

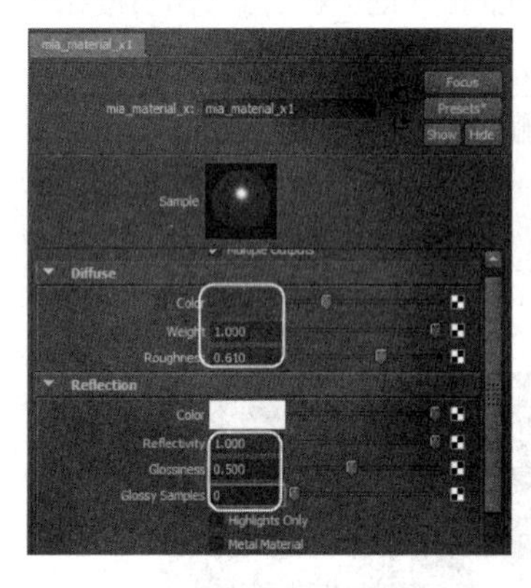

图 6.164

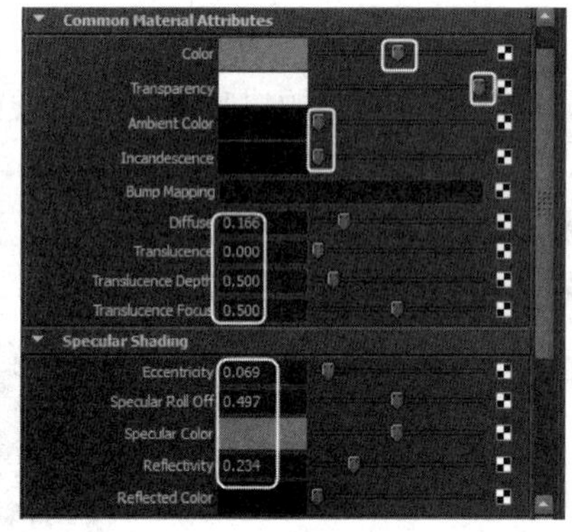

图 6.165

图 6.166

步骤 4：给汽车轮胎和前面的挡风装饰添加材质。在 Hypershade(材质超图)中创建一个 Blinn(布林)材质。具体参数设置如图 6.167 所示，最终渲染效果如图 6.168 所示。

5. 制作 ID 层

在 Maya 中，ID 层是指一个单色的选取层，是一个做局部选取的工具层。简单地说，就是将模型分为几个简单的色块，方便在后期合成软件中选取所需区域。ID 层的具体制作方法如下。

步骤 1：在视图中选择所有模型。在层编辑器中切换到 Render(渲染层)。

步骤 2：单击按钮，创建一个渲染层并将所选对象添加到该层中。

步骤 3：为模型各个不同部分添加不同颜色。具体方法是选择需要添加相同颜色的车体部分，右击，在弹出的快捷菜单中选择 Assign Favorite Material(指定最爱材质)→Surface Shader(曲面着色)命令，为其指定 Surface Shader 材质，在属性编辑器中设置 Color(颜色)。同理，其他部位的操作方法相同。最终赋予材质颜色的效果如图 6.169 所示。

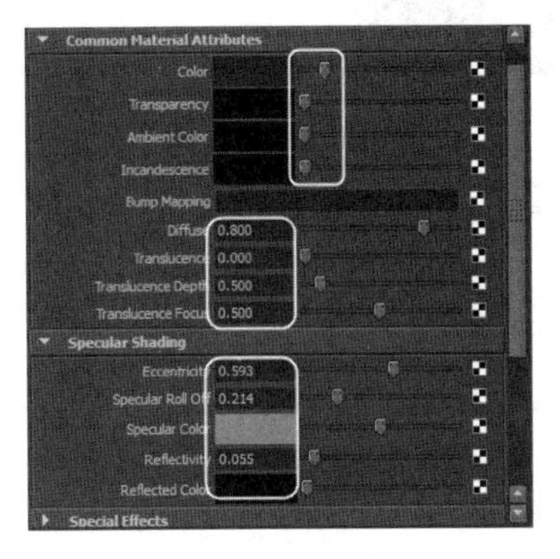

图 6.167

图 6.168

图 6.169

6. 在 Photoshop 中进行颜色调节

在 Photoshop 中进行颜色调节的具体操作步骤如下。

步骤 1：在颜色图片中双击图层 0，将其解锁。

步骤 2：将渲染好的静帧图片导入 Photoshop 中，将 ID 层直接拖曳到颜色图片中，调节图层的位置，如图 6.170 所示。

步骤 3：在图层 1 中，使用魔棒工具选取小车前面的挡风玻璃的区域，进行色阶的调节。最终效果如图 6.171 所示。

步骤 4：方法同上，对小车的其他部位进行调节。最终效果如图 6.172 所示。

图 6.170

图 6.171

图 6.172

视频播放：小车车漆材质制作的详细讲解，请观看配套视频“part\video\chap06_video06”。

四、拓展训练

根据前面所学知识制作如下材质效果。基础比较差的同学可以观看配套视频资料。

提示：该案例的制作只是在前面案例的基础上对 mi_car_paint_phen_x(车漆材质)的颜色进行了适当的调节，用户还可以将该车漆颜色调节为自己喜欢的颜色。

第7章 动画技术

知识点

- 案例 1：动画基础知识
- 案例 2：飞舞的蝴蝶
- 案例 3：跳动的篮球
- 案例 4：奔跑的书
- 案例 5：飞行的飞机

说明

本章主要通过 5 个案例介绍 Maya 2011 的动画基础知识、关键帧动画、驱动动画、路径动画、动画编辑器的使用和动画制作流程。

教学建议课时数

一般情况下需要 12 课时，其中理论 4 课时，实际操作 8 课时(特殊情况可做相应调整)。

动画是指物体的状态随着时间而变化的过程。使用 Maya 制作的动画，可以是有生命的对象、自然界中无生命的对象变化或人们任意想象出来的对象。

动画技术是一门相当复杂的艺术与技术结合体。因此，要制作高品质的动画，不仅要掌握动画技术和有关动画运动规律，还需要提高自己的艺术审美能力。在这里就不再详细介绍动画运动规律，若读者感兴趣的话，可以查阅相关动画运动规律的书籍。在这里，主要介绍使用 Maya 制作动画的相关技术。

在本章中，主要通过 6 个案例全面介绍关键帧动画、驱动关键帧动画、非线性动画、路径动画和变形动画等技术。

案例 1：动画基础知识

一、案例效果

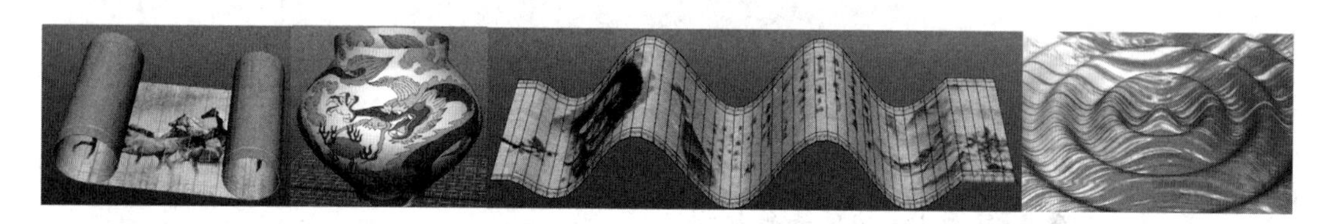

二、案例制作流程(步骤)分析

动画基础知识介绍 → 非线性变形器的使用

三、详细操作步骤

在本案例中，主要要求读者了解以下知识点。

(1) 使用 Maya 制作动画的一些基本概念。

(2) 关键帧动画、驱动动画和路径动画的制作方法以及技巧。

(3) 使用非线性编辑器制作动画的方法和技巧。

(4) Graph Editor(曲线编辑器)的使用。

1. *动画基础知识介绍*

1) 帧的概念

帧是 Maya 软件中制作动画时衡量时间的最小基本单位。人们在制作动画时，将一秒钟分成若干份，每一份时间间隔的对象状态不同。根据人眼观看事物的视觉暂留原理，将这些不同状态的画面连接在一起进行播放，人们就可以看到不断变化的动画效果，每一个时间间隔为一帧。

2) 帧率

帧率是指每秒钟播放的帧数。在使用 Maya 制作动画时，根据不同项目，帧率也有所不同。一般情况下，电影格式或动画格式一般采用 24 帧/秒；游戏一般为 15 帧/秒；电视格式又分为 PAL 制和 NTSC 制，如果采用 PAL 制为 25 帧/秒，采用 NTSC 制为 30 帧/秒。

3) 帧率的设置

一般情况下，在制作动画之前，需要预先设置动画的帧率，这样有利于以后动画制作的顺利进行。帧率设置的具体操作步骤如下。

步骤 1：在菜单栏中选择 Window(窗口)→Settings/Preferences(设置/参数)→Preferences(参数设置)命令，打开 Preferences(参数设置)窗口。

步骤 2：在 Preferences(参数设置)窗口中选择左侧 Categories(列表)中的 Settings(设置)项。在 Settings(设置)项右边的参数中单击 Time(时间)右侧的■按钮，弹出下拉菜单，如图 7.1 所示。在下拉菜单中可以根据项目的需要选择帧率。

步骤 3：设置播放速度。在动画调节过程中，为了看清楚动画过程或加快速度播放，读者可以设置动画的播放速度。在 Preferences(参数设置)窗口中选择 Settings(设置)项下的 Timeline(时间线)命令，则右侧显示 Timeline(时间线)的相关参数。在右侧单击 Playback Speed(播放速度)属性右侧的■按钮，弹出下拉菜单，如图 7.2 所示。读者可以根据项目要求选择播放速度。

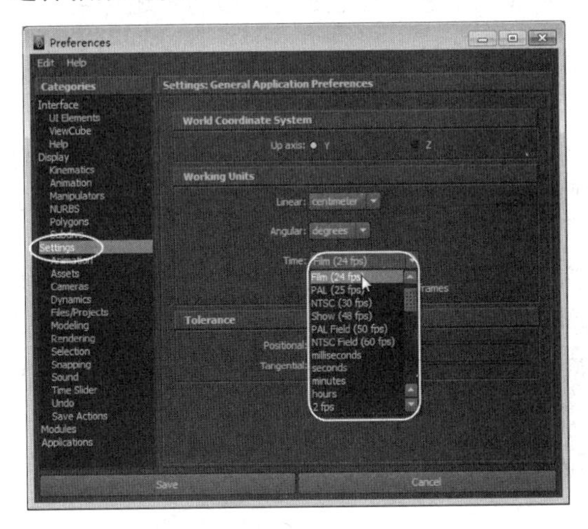

图 7.1

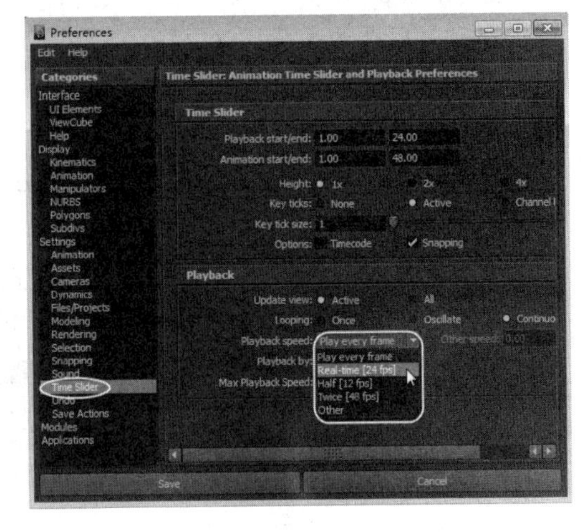

图 7.2

提示：在设置 Playback Speed(播放速度)参数时需要明白一点，该预设参数项是基于 Working Units(运行单位)中指定的 Time(时间)单位所确定的标准速度设置的，因此会受到该速度参数的限制。在制作动力学动画时，一般选择 Play every frame(逐帧播放)项。因为动力学动画的每一帧的播放都是建立在前一帧的计算结果的基础上进行的。

4) 关键帧动画

使用 Maya 制作动画的方法很多，其中使用最广泛、最灵活和最简单的方法就是关键帧动画。

关键帧动画是指直接记录对象在某些时间点上的状态，这些时间点并不是连续的点，具有一定的时间间隔。Maya 会根据任意两个点的状态，按照一定的计算规则，计算出两个点之间的中间帧的状态。这些记录工作状态的不连续的时间点就叫做关键帧。

例如，用户在制作一个沿Y轴运动的动画时，在第0帧记录了对象的translate Y属性值为10，第10帧该对象translate Y属性值为20；在第0帧和第10帧之间没有其他记录，在这两个记录点之间，该对象的translate Y属性值要用两个关键帧的属性值进行差值计算，第5帧是这两个关键帧的中间点，这一时间点上translate Y属性值也是两个关键帧状态值的中间值15。

5) 关联动画

关联动画是指一个对象的运动与另一个对象的运动之间存在某种关联关系。关联动画记录的并不是状态与时间之间的对应关系，而是两种对象的状态之间的关系。

例如，现实生活中，钟表的时针、分针和秒针之间的运动关系；汽车轮胎的旋转与汽车的运动距离之间的关系等。

6) 表达式动画

当一个对象的运动与时间或与另一个对象的运动之间存在精确的数学关系时，这种数学关系可以用数学公式来描述，将这种动画叫做表达式动画。

提示： Maya是一款支持程序代码的软件，在Maya中，无论是关键帧动画还是关联动画，都可以用表达式来描述。

7) 动画曲线

以时间为横轴、运动状态为纵轴，建立一个直角坐标，在这个坐标系中记录每个时间点的运动状态，将每个时间点的状态点连接起来，形成一条曲线，这条曲线就叫做动画曲线。

读者通过动画曲线可以清楚地了解动画的运动状态(静止不动、匀速运动(图7.3)、加速运动(图7.4)、匀减速运动(图7.5)、真空中的弹跳小球曲线图(图7.6)等。

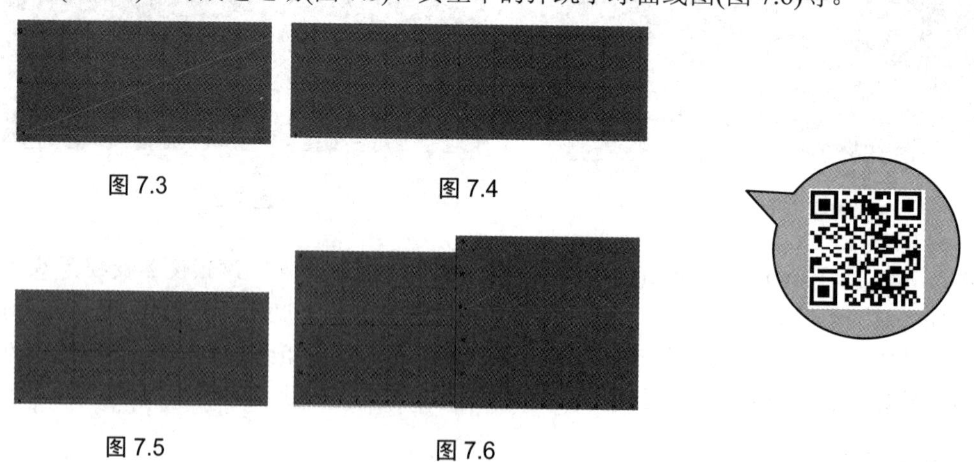

图7.3　图7.4

图7.5　图7.6

在Maya中，动画曲线是调节关键帧动画的最好辅助工具。动画曲线的调节主要在Graph Editor(曲线编辑器)中完成。在讲解Graph Editor(曲线编辑器)之前，建议读者了解以下动画曲线的含义。

在曲线上的点称为关键帧。动画的调节和控制主要通过调节关键帧上的切线来实现。每一个关键帧的切线有两个方向，指向左侧的切线称为入切，指向右侧的切线称为出切，如图 7.7 所示。调节关键帧的入切方向，则影响该关键帧之前曲线段的形状，如图 7.8 所示。调节关键帧的出切方向，则影响该关键帧之后曲线段的形状，如图 7.9 所示。

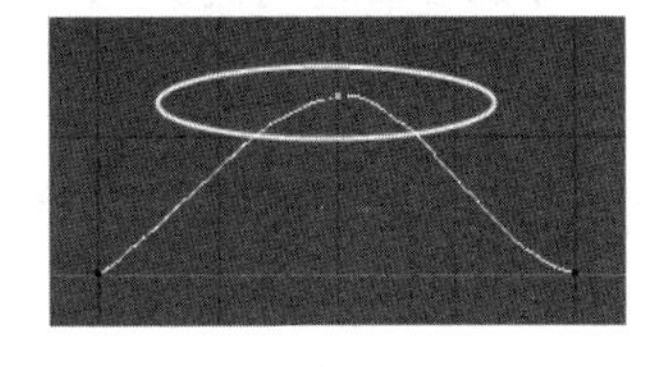

图 7.7

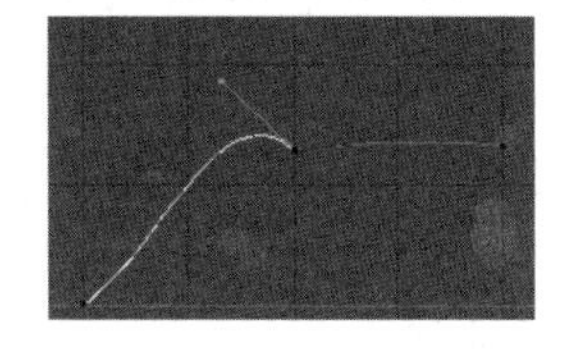

图 7.8

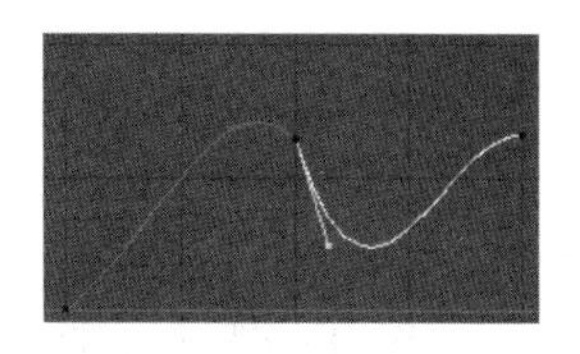

图 7.9

8) Graph Editor(曲线编辑器)简介

熟练掌握 Graph Editor(曲线编辑器)的操作是调节动画的最基本也是最重要的基础。在介绍 Graph Editor(曲线编辑器)之前，先要打开一个动画文件和 Graph Editor(曲线编辑器)。下面通过一个简单的小球跳动的案例来讲解该编辑器的使用方法。具体操作步骤如下。

步骤 1：打开一个 xiaoqiu.mb 文件，在场景中选择小球，如图 7.10 所示。

步骤 2：在菜单栏中选择 Window(窗口)→Animation Editors(动画编辑器)→Graph Editor(曲线编辑器)命令，打开 Graph Editor(曲线编辑器)窗口，如图 7.11 所示。

图 7.10

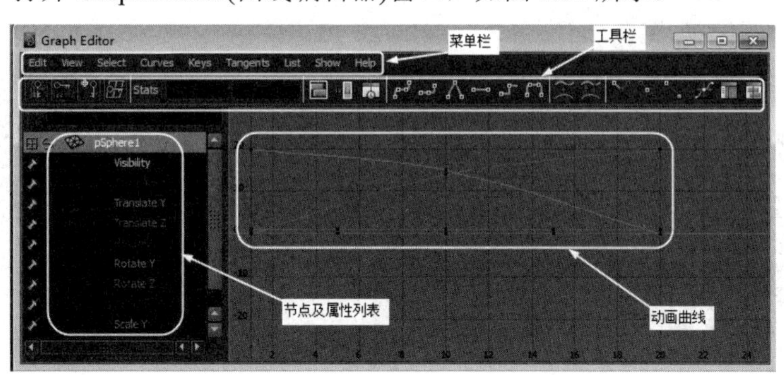

图 7.11

从图 7.11 可以了解到所选对象的动画运动情况，可以根据实际情况对动画进行调节。下面结合实例，来介绍一下 Graph Editor(曲线编辑器)窗口中各个工具的使用和曲线的调节。

在节点及属性列表中任意选择一个属性，在右侧的曲线显示中，只显示该属性的曲线。也就是说，要显示哪个属性的曲线，就在节点及属性列表中选中哪个属性即可。此外，也可以同时显示多个对象的属性曲线。读者需要编辑和调节哪个属性的动画和曲线，在节点及属性列表中选择该属性即可。

下面详细介绍工具栏中各个工具的作用和使用方法。

(1) Move Nearest Picked Key Tool(移动最近关键帧工具)：主要用来单独移动关键帧或切线手柄。具体操作步骤如下。

步骤 1：在节点及属性列表中选择一个属性项，即可看到该属性的动画曲线。

步骤 2：单击Move Nearest Picked Key Tool(移动最近关键帧工具)按钮，框选需要移动的关键帧或切线。

步骤 3：将鼠标移到需要移动的关键点或切线附近，按住鼠标中键不放的同时进行移动，即可进行调节操作。

提示：Move Nearest Picked Key Tool(移动最近关键帧工具)工具与移动工具有所不同，移动工具是同时移动所有选择的关键点或切线，而该工具移动与鼠标最近的关键点或切线。

(2) Insert Kers Tool(插入关键帧工具)：主要用来在选择曲线上插入新的关键帧。具体操作步骤如下。

步骤 1：选择需要插入关键帧的曲线。

步骤 2：按住鼠标中键，同时进行拖曳，在插入位置释放中键即可插入一个关键帧。

提示：使用Insert Kers Tool(插入关键帧工具)插入的新关键帧不改变曲线的形状，新关键帧的切线与原动画曲线的形状相同，如图 7.12 所示。

(3) Add Keys Tool(添加关键帧)：主要用来在选择的曲线上的任意位置添加关键帧。其具体操作步骤如下。

步骤 1：选择需要添加关键帧的曲线。

步骤 2：单击Add Keys Tool(添加关键帧)按钮，在需要添加关键帧的位置单击鼠标中键即可，如图 7.13 所示。

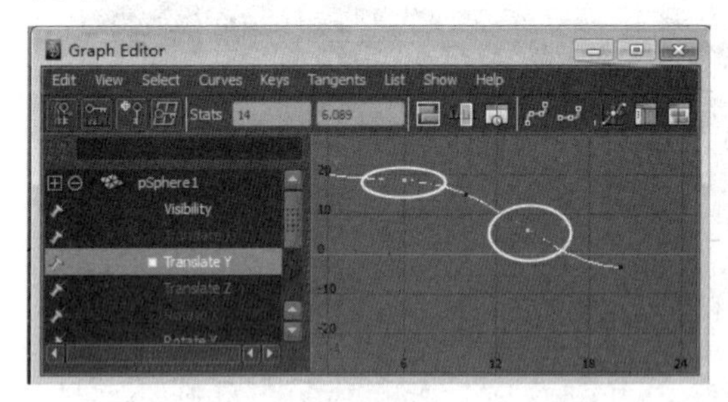

图 7.12

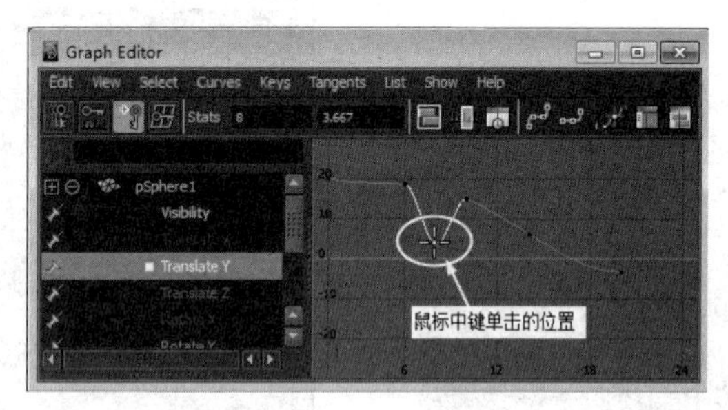

图 7.13

(4) Lattice Deform Keys(关键帧晶格变形)：主要用来快速调节曲线的形状。具体操作步骤如下。

步骤 1：选择需要调节的曲线。

步骤 2：单击Lattice Deform Keys 按钮，框选需要调节的关键帧，如图 7.14 所示。

步骤 3：对晶格点进行调节即可。

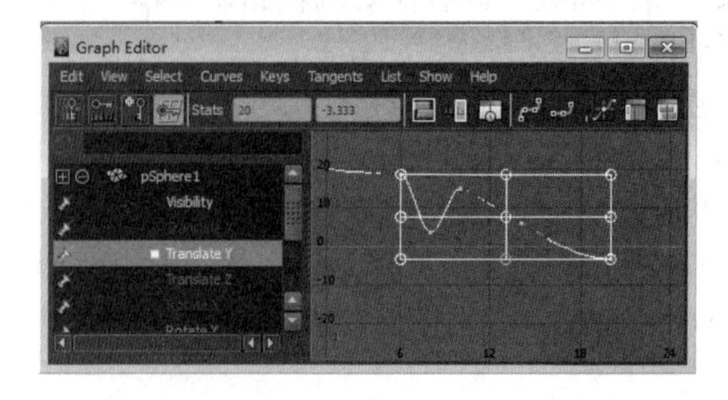

图 7.14

(5) Frame all(显示全部)：单击该按钮，满窗口显示动画曲线。

(6) Frame playback range(显示播放范围)：单击该按钮，满窗口显示动画播放的范围。

(7) Spline tangents(曲线切线)：单击该按钮，对选择的关键帧进行光滑过渡处理。

(8) Clamped tangents(夹具切线)：单击该按钮，将选择的关键帧处理成夹具切线的过渡效果。

在默认情况下，在 Maya 2011 中创建的动画曲线既有样条曲线的特征，又有直线的特性。当两个相邻关键帧的属性值非常接近时，它们之间的动画曲线为直线；当两个相邻关键帧的属性值相差较大时，它们之间的动画曲线为样条曲线。

(9) Linear tangents(线性切线)：单击该按钮，将选择的关键帧处理成直线过渡的方式。

(10) Flat tangents(水平切线)：单击该按钮，将选择的关键帧的入切线和出切线都处理成水平方向。经过该工具按钮处理之后的点，动画变成一种减速—停—加速运动的过程，经常用来模拟抛向空中的物体达到最高点时的运动状态。

(11) Spepped tangents(步幅切线)：单击该按钮，将选择的关键帧处理成跳转的动画效果。曲线样式如图 7.15 所示。

(12) Plateau tangents(封顶)：单击该按钮，对选择的关键帧的曲线比关键帧还高的曲线部分进行 spline(曲线)处理。图 7.16 所示是使用该命令前后的曲线对比效果。

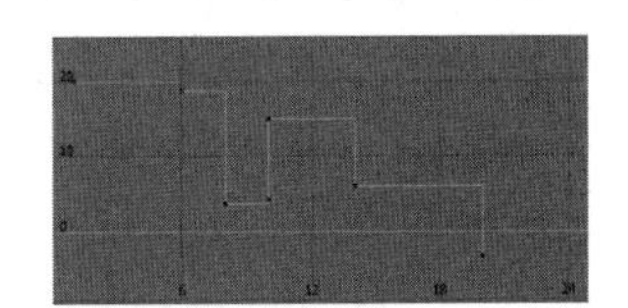

图 7.15

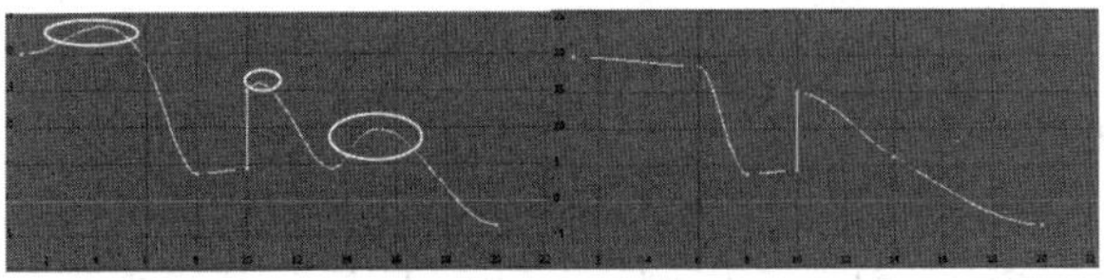

图 7.16

(13) Break tangents(断开切线)：单击该按钮，将选择的关键帧的入切手柄和出切手柄断开。使用两个手柄可以进行单独调节，互不影响。

(14) Unify tangents(统一切线)：单击该按钮，将断开的入切手柄和出切手柄重新连接起来。

(15) Free tangent weight(释放切线权重)：单击该按钮，释放选择曲线的切线权重，方便用户自由调节切线权重。

(16) Lock tangent weight(锁定切线权重)：单击该按钮，将自由的动画曲线切线权重锁定。

(17) Open the Dope Sheet(打开 Dope Sheet 窗口)：单击该按钮，将动画曲线编辑窗口切换成 Dope Sheet 窗口，如图 7.17 所示。

(18) Open the Trax Editor(打开 Trax Editor 窗口)：单击该按钮，将动画曲线编辑器切换到 Trax Editor 窗口，如图 7.18 所示。

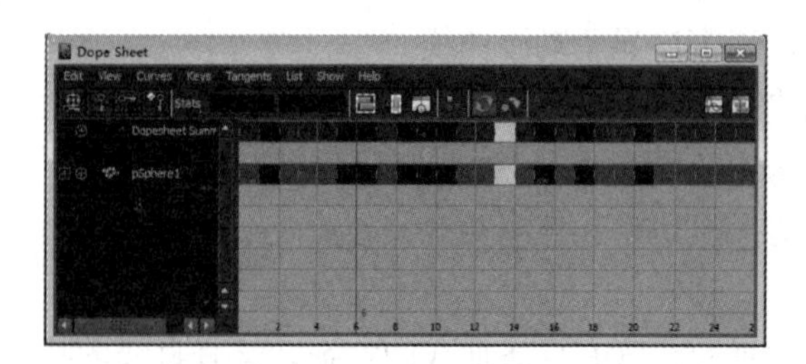

图 7.17

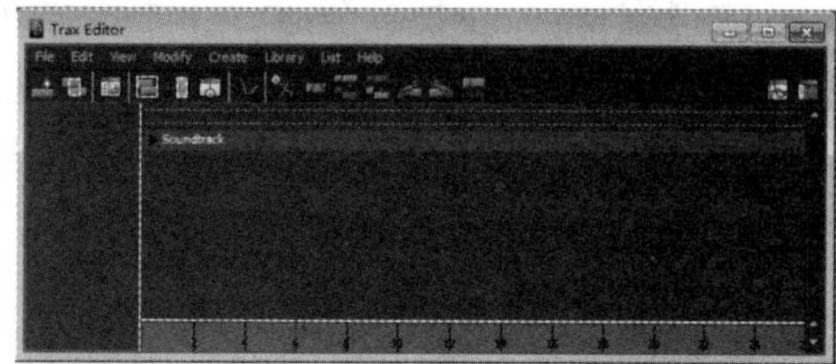

图 7.18

2. 非线性变形器的使用

在 Maya 2011 中，动画制作主要有如下两种形式。

(1) 空间方位的变化，主要包括对象的位置、比例和方向的改变等。

(2) 形状变化。在 Maya 2011 中，制作形状变化动画的工具很多，但经常使用的工具主要是 Nonlinear deformer(非线性变形器)。

在 Nonlinear deformer(非线性变形器)工具中，主要包括 Bend(弯曲)变形器、Flare(扩张)变形器、Sine(正弦)变形器、Wave(波形)变形器、Squash(挤压)变形器和 Twist(扭曲)变形器 6 个变形工具。各个工具的作用和具体操作方法如下。

1) Bend(弯曲)变形器

Bend(弯曲)变形命令的主要作用是沿圆弧弯曲所选对象。Bend(弯曲)变形命令可以沿圆弧弯曲任何可变形的对象。在 Maya 中，用户经常用该命令来制作一些比较特殊的模型，也用来制作弯曲动画。

Bend(弯曲)变形的具体操作步骤介绍如下。

步骤 1：打开一个场景文件，如图 7.19 所示。

步骤 2：选择场景中的对象，按 F2 键将编辑模块切换到 Animation(动画)模块。

步骤 3：在菜单栏中选择 Create Deformers(创建变形器)→Nonlinear(非线性)→Bend(弯曲)命令，即可给选定对象创建一个弯曲变形器。

步骤 4：设置 Bend(弯曲)的参数，具体设置如图 7.20 所示，效果如图 7.21 所示。

图 7.19

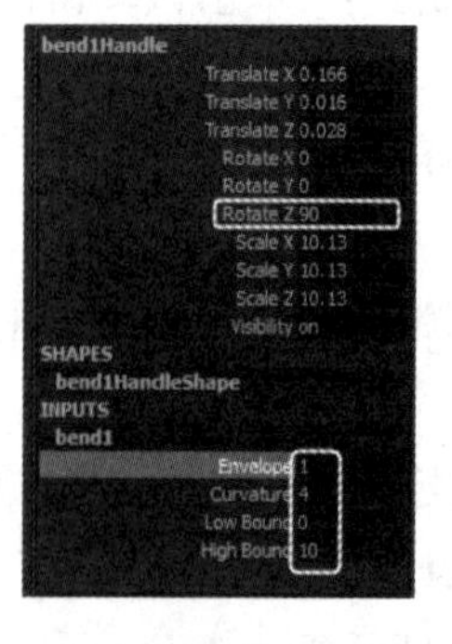

图 7.20

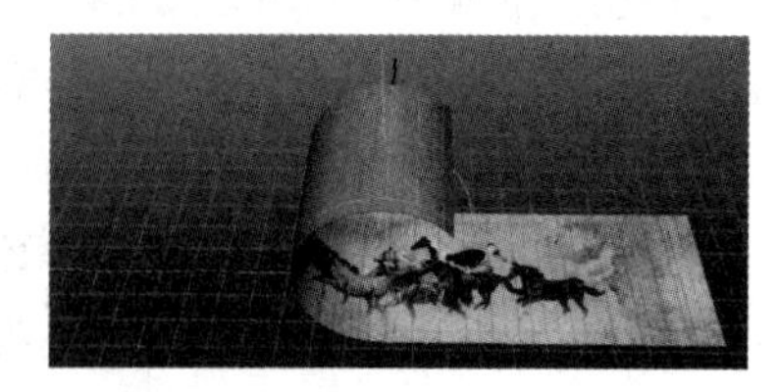

图 7.21

步骤 5：在 Persp(透视图)中选择变形器，按键盘上的 W 键，对变形器的位置向左进行位置的适当移动，如图 7.22 所示。

图 7.22

步骤 6：按键盘上的 R 键，对变形器进行缩放操作。最终效果如图 7.23 所示。

步骤 7：方法同上，给对象添加一个 Bend(弯曲)变形器。Bend(弯曲)的参数设置如图 7.24 所示，最终效果如图 7.25 所示。

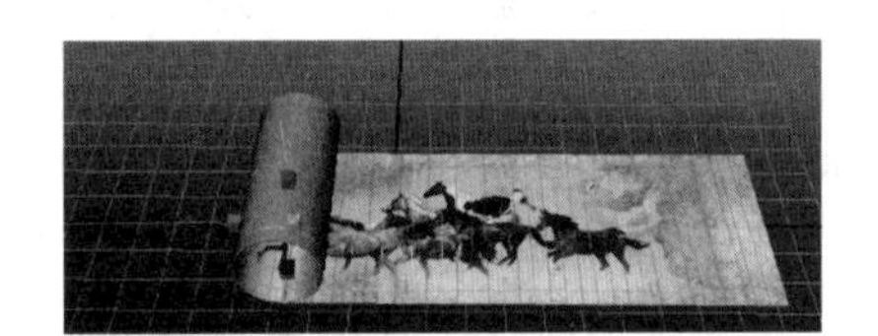

图 7.23

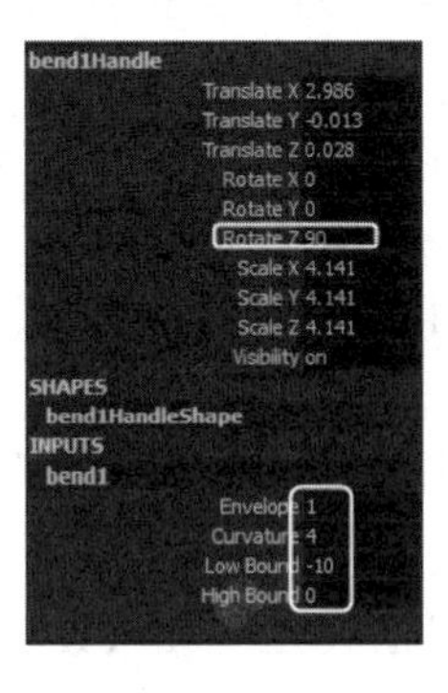

图 7.24

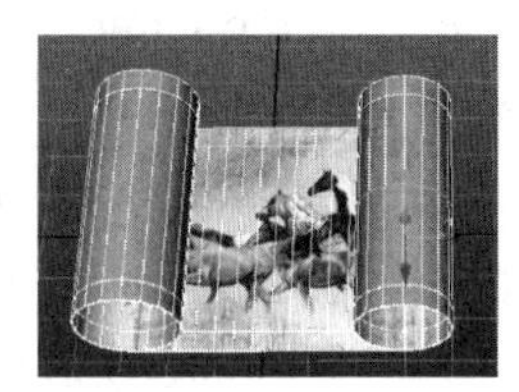

图 7.25

Bend(弯曲)变形器的参数设置主要有 Low Bound(下限)、High Bound(上限)和 Curvature(曲率) 3 个参数，具体介绍如下。

(1) Low Bound(下限)：主要用来设置弯曲变形在 Y 轴负方向的最低位置。在 Maya 2011 中，该参数的最大值为 0，最小值为-10，默认值为-1。

(2) High Bound(上限)：主要用来设置变形在 Y 轴正方向的最高位置。在 Maya 2011 中，该参数的最大值为 10，最小值为 0，默认值为 1。

(3) Curvature(曲率)：主要用来设置弯曲的程度。当该参数为正值时，沿 X 轴正方向弯曲；当该值为负值时，沿 X 轴负方向弯曲。在 Maya 2011 中，该参数的最大值为 4，最小值为-4，默认值为 0。

2) Flare(扩张)变形器

Flare(扩张)变形的主要作用是沿选定对象的两个轴向进行扩张变形。用户经常用该命令来设定角色造型和辅助建模。

Flare(扩张)变形的具体操作步骤和参数介绍如下。

步骤 1：打开一个场景文件，如图 7.26 所示。

步骤 2：选择场景中的对象，按 F2 键将编辑模块切换到 Animation(动画)模块。

步骤 3：在菜单栏中选择 Create Deformers(创建变形器)→Nonlinear(非线性)→Flare(扩张)命令，即可给选定对象创建一个扩张变形器，如图 7.27 所示。

步骤 4：设置 Flare(扩张)变形器的参数，具体设置如图 7.28 所示。最终效果如图 7.29 所示。

图 7.26

图 7.27

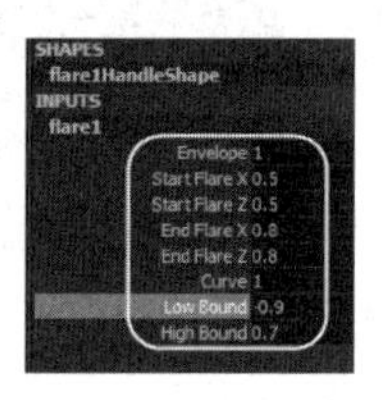

图 7.28

图 7.29

Flare(扩张)变形器的参数主要有 Low Bound(下限)、High Bound(上限)、Start Flare X/Z(起点扩张轴 X/Z)、End Flare X/Z(终点扩张轴 X/Z)和 Curve(曲线)参数，具体作用介绍如下。

(1) Low Bound(下限)主要用来设置 Flare(扩张)变形器沿自身轴向影响范围下限位置。该参数为负数。

(2) High Bound(上限)主要用来设置 Flare(扩张)变形器沿自身轴向影响范围上限位置。该参数为正数。

(3) Start Flare X/Z(起点扩张轴 X/Z)主要用来设置 Flare(扩张)变形器在下限位置沿自身局部坐标 X/Z 的扩张或收缩的比例值。

(4) End Flare X/Z(终点扩张轴 X/Z)主要来设置 Flare(扩张)变形器在上限位置沿自身局部坐标 X/Z 的扩张或收缩的比例值。

(5) Curve(曲线)主要用来设置上下限之间的过渡效果(扩张曲线的侧面形状)。当它为 0 时，没有弯曲效果；当它为正值时，曲线向外凸起；当它为负值时，曲线向内凹陷。

3) Sine(正弦)变形器

Sine(正弦)变形器的主要作用是使选定对象产生正弦曲线的变形效果。

Sine(正弦)变形器的具体操作和参数介绍如下。

步骤 1：打开场景文件，如图 7.30 所示。

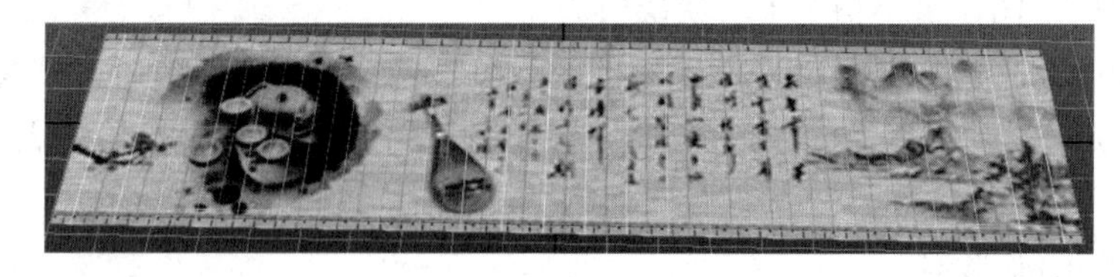

图 7.30

步骤 2：选择场景中的对象，按 F2 键将编辑模块切换到 Animation(动画)模块。

步骤 3：在菜单栏中选择 Create Deformers(创建变形器)→Nonlinear(非线性)→Sine(正弦)命令，即可给选定对象创建一个正弦变形器。在 Front(前视图)中将正弦变形器沿 Z 轴旋转 90°。

步骤 4：设置 Sine(正弦)变形器的参数，具体设置如图 7.31 所示。最终效果如图 7.32 所示。

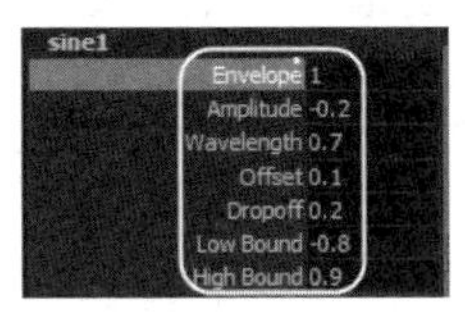

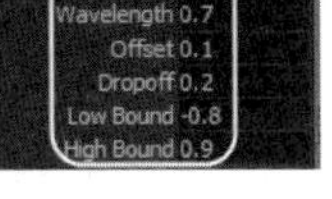

图 7.31

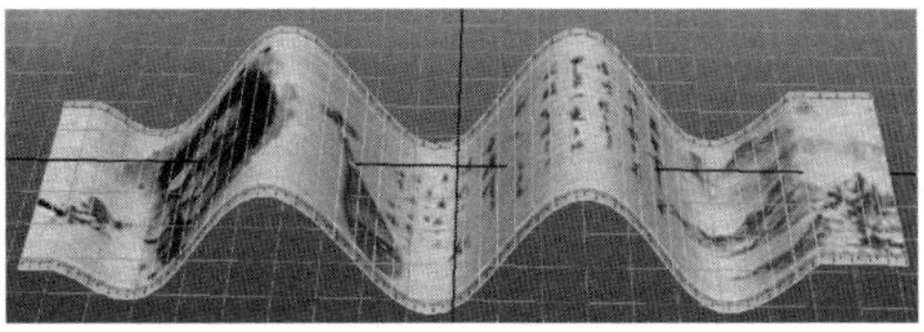

图 7.32

Sine(正弦)变形器的参数主要有 Low Bound(下限)、High Bound(上限)、Amplitude(振幅)、Wavelength(波长)、Offset(偏移)和 Dropoff(衰减)等参数，具体作用介绍如下。

(1) Low Bound(下限)主要用来设置 Sine(正弦)变形器沿自身轴向影响范围下限位置。该参数为负数。

(2) High Bound(上限)主要用来设置 Sine(正弦)变形器沿自身轴向影响范围上限位置。该参数为正数。

(3) Amplitude(振幅)主要用来设置正弦曲线波起伏的最大值。

(4) Wavelength(波长)主要用来设置沿变形的局部 Y 轴的正弦曲线频率。波长越小，频率越大。

(5) Offset(偏移)主要用来设置正弦曲线与变形手柄中心的位置的距离。改变该参数可以创建波动效果。

(6) Dropoff(衰减)主要用来设置振幅的衰减方式。当参数值为负时，向变形手柄的中心衰减；当参数值为正时，从变形手柄中心向外衰减。

4) Wave(波形)变形器

Wave(波形)变形器的主要作用是使选定对象产生环形波纹效果。

Wave(波形)变形器的具体操作和参数介绍如下。

步骤 1：打开场景文件，如图 7.33 所示。

步骤 2：选择场景中的对象，按 F2 键将编辑模块切换到 Animation(动画)模块。

步骤 3：在菜单栏中选择 Create Deformers(创建变形器)→Nonlinear(非线性)→Wave(波形)命令，即可给选定对象创建一个波形变形器。

步骤 4：设置 Wave(波形)变形器的参数，具体设置如图 7.34 所示。最终效果如图 7.35 所示。

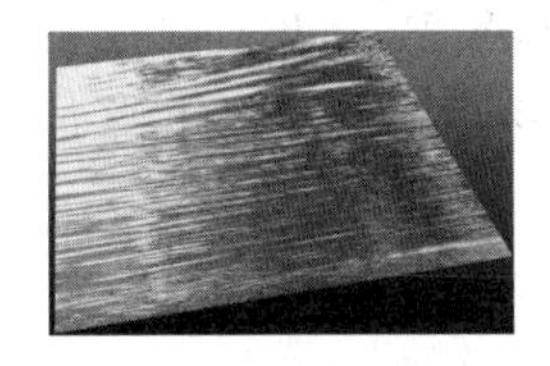

图 7.33

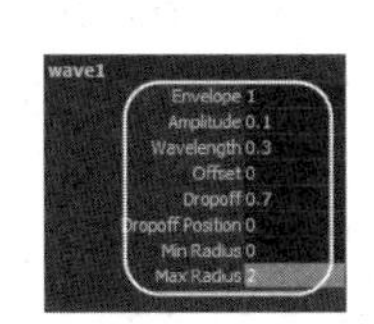

图 7.34

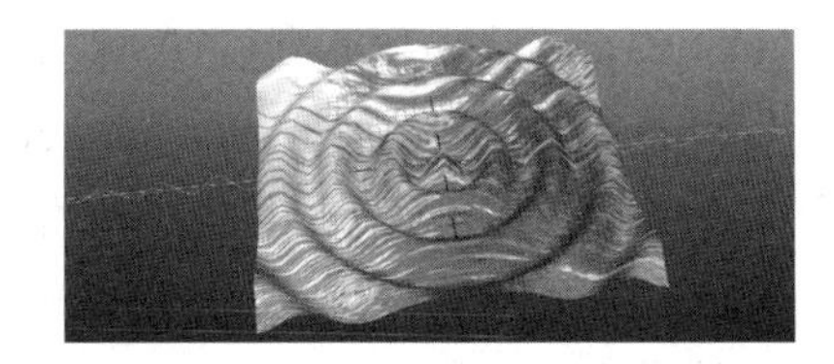

图 7.35

Wave(波形)变形器的参数主要有 Min Radius(内径)、Max Radius(外径)、Amplitude(振幅)、Wavelength(波长)、Offset(偏移)、Dropoff(衰减)和 Dropoff Position(衰减位置)等参数。

Wave(波形)变形器的具体参数介绍如下。

(1) Min Radius(内径)主要用来设置 Wave(波形)变形器影响范围的最近距离，即变形内径。

(2) Max Radius(外径)主要用来设置 Wave(波形)变形器影响范围的最远距离，即变形外径。

(3) Amplitude(振幅)主要用来设置波形起伏的最大值。

(4) Wavelength(波长)主要用来设置变形局部 Y 轴的正弦曲线频率。波长越小，频率越大。

(5) Offset(偏移)主要用来设置正弦曲线与变形手柄中心的距离。通过设置该参数来制作波动效果。

(6) Dropoff Position(衰减位置)主要用来控制 Wave(波形)变形的衰减方向。当该参数为 0 时，向外衰减；当该参数为 1 时，向内衰减。

5) Squash(挤压)变形器

Squash(挤压)变形器的主要作用是对选定的对象(部分)进行挤压操作。

Squash(挤压)变形器的具体操作和参数介绍如下。

步骤 1：打开一个场景文件，如图 7.36 所示。

步骤 2：选择场景中的对象，按 F2 键将编辑模块切换到 Animation(动画)模块。

步骤 3：在菜单栏中选择 Create Deformers(创建变形器)→Nonlinear(非线性)→Squash(挤压)命令，即可给选定对象创建一个挤压变形器。

步骤 4：设置 Wave(波形)变形器的参数，具体设置如图 7.37 所示。最终效果如图 7.38 所示。

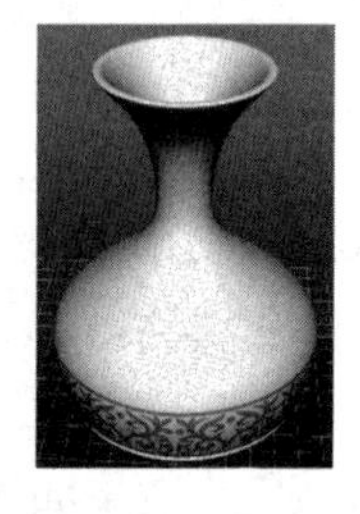

图 7.36

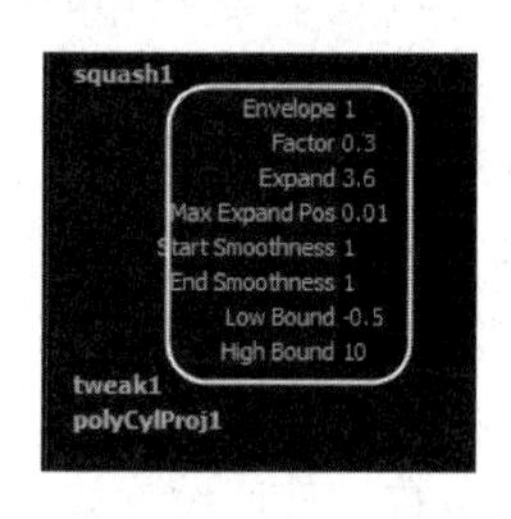

图 7.37

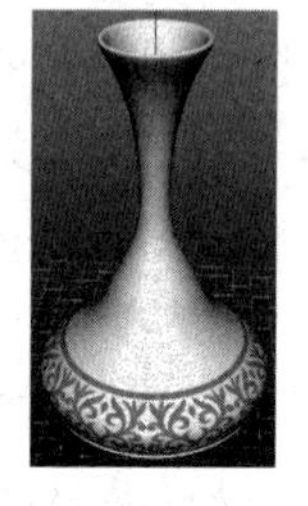

图 7.38

Squash(挤压)变形器的参数主要有 Low Bound(下限)、High Bound(上限)、Start Smoothness(初始平滑值)、End Smoothness(终点平滑值)、Max expand position(最大扩张位置)和 Factor(系数)等参数，具体作用介绍如下。

(1) Low Bound(下限)主要用来设置 Squash(挤压)变形器沿自身轴向影响范围的下限位置。该参数为负数。

(2) High Bound(上限)主要用来设置 Squash(挤压)变形器沿自身轴向影响范围的上限位置。该参数为正数。

(3) Start Smoothness(初始平滑值)主要用来设置下限位置的平滑效果。

(4) End Smoothness(终点平滑值)主要用来设置上限位置的平滑效果。

(5) Max expand position(最大扩张位置)主要用来设置上、下限位置之间最大扩张点的位置。

(6) Factor(系数)主要用来控制挤压或拉伸的系数。当该值为负时，沿变形的局部 Y 轴挤压；当该值为正时，沿变形的局部 Y 轴拉伸。

6) Twist(扭曲)变形器

Twist(扭曲)变形器的主要作用是对选定对象整体(局部)进行扭曲操作。

Twist(扭曲)变形器的具体操作和参数介绍如下。

步骤 1： 打开一个场景文件，如图 7.39 所示。

步骤 2： 选择场景中的对象，按 F2 键将编辑模块切换到 Animation(动画)模块。

步骤 3： 在菜单栏中选择 Create Deformers(创建变形器)→Nonlinear(非线性)→Twist(扭曲)命令，即可给选定对象创建一个扭曲变形器。

步骤 4： 设置 Twist(扭曲)变形器的参数，具体设置如图 7.40 所示。最终效果如图 7.41 所示。

图 7.39

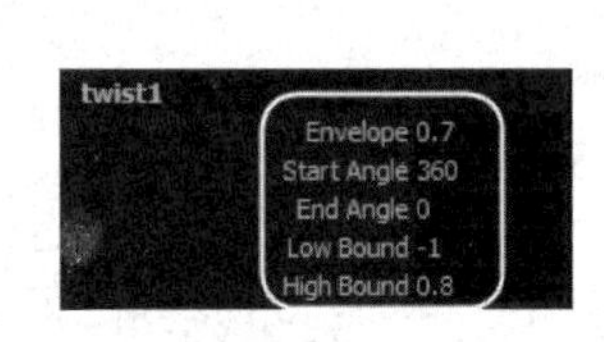

图 7.40

图 7.41

Twist(扭曲)变形器的参数主要有 Low Bound(下限)、High Bound(上限)、Start Angle(开始角度)和 End Angle(结束角度)等参数，具体作用介绍如下。

(1) Low Bound(下限)主要用来设置 Twist(扭曲)变形器沿自身轴向影响范围下限位置。该参数为负数。

(2) High Bound(上限)主要用来设置 Twist(扭曲)变形器沿自身轴向影响范围上限位置。该参数为正数。

(3) Start Angle(开始角度)主要用来控制变形对象的局部 Y 轴负向下限位置的扭曲度数。

(4) End Angle(结束角度)主要用来控制变形对象的局部 Y 轴正向上限位置的扭曲度数。

7) 非线性变形器的通用参数

在非线性变形器的 6 个变形命令中，都有一个 Envelope(封套)参数。每个变形器中的参数在变形器参数控制的变形基础上乘以这个系数，就可以得到最终的变形效果。当这个参数值为 0 时，变形器失效。在实际项目制作中，经常使用该参数来控制变形器是否启用。

提示： 非线性形变形器的 6 个命令的所有参数都可以用来进行动画控制。

视频播放： 动画基础知识的详细讲解，请观看配套视频“part\video\chap07_video01”。

四、拓展训练

根据本案例所学知识制作如下效果。基础比较差的同学可以观看配套视频讲解。

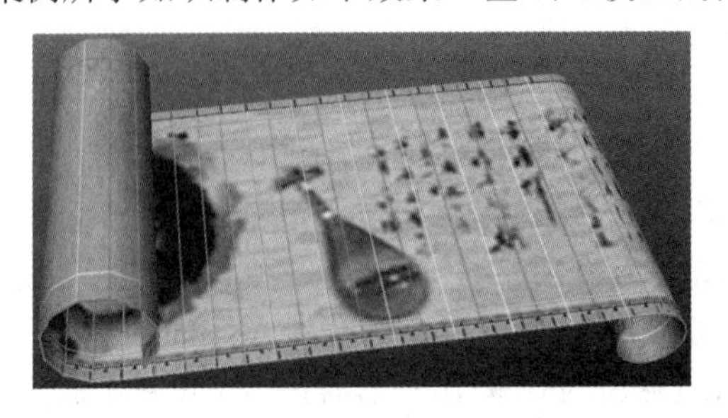

案例 2：飞舞的蝴蝶

一、案例效果

二、案例制作流程(步骤)分析

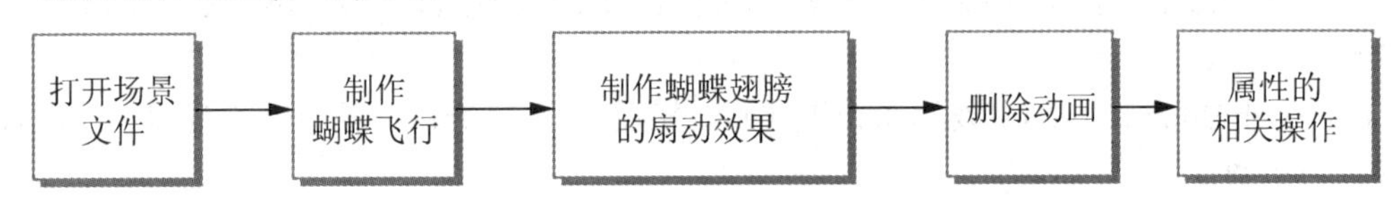

三、详细操作步骤

当使用 Maya 2011 制作动画时，几乎所有的可以修改的属性都可用来创建关键帧动画。关键帧动画的制作方法主要有记录全部属性和记录某个属性状态两种方法。在本案例中，主要通过制作一只蝴蝶在花丛中飞舞的动画效果来讲解各种关键帧动画的制作方法和技巧。

1. 打开场景文件

打开场景文件，如图 7.42 所示。在菜单栏中选择 Window(窗口)→Outliner(大纲视图)命令，打开 Outliner(大纲视图)窗口，如图 7.43 所示。打开的场景主要包括 3 个群组：hudie 群组中包括了蝴蝶的身体、翅膀等模型；xiangrikui 为向日葵；一盏聚光灯。

图 7.42

图 7.43

2. 制作蝴蝶飞行

步骤 1：选择蝴蝶的翅膀 wingL 和 wingR，调节好角度。在属性通道栏中设置 wingL 沿 Z 轴旋转 75°，wingR 沿 Z 轴旋转-75°，最终效果如图 7.44 所示。

步骤 2：将场景中的播放时间调到第 1 帧。

步骤 3：在 Outliner(大纲视图)窗口中选择 hudie 群组。

步骤 4：将蝴蝶移到视图的左上角作为蝴蝶起飞的起始位置，如图 7.45 所示。

步骤 5：确保蝴蝶群组被选中，按键盘上的 S 键，将 hudie 群组所有属性设为动画关键帧，此时在通道栏中 hudie 群组的所有属性显示为浅棕色，如图 7.46 所示。

图 7.44

图 7.45

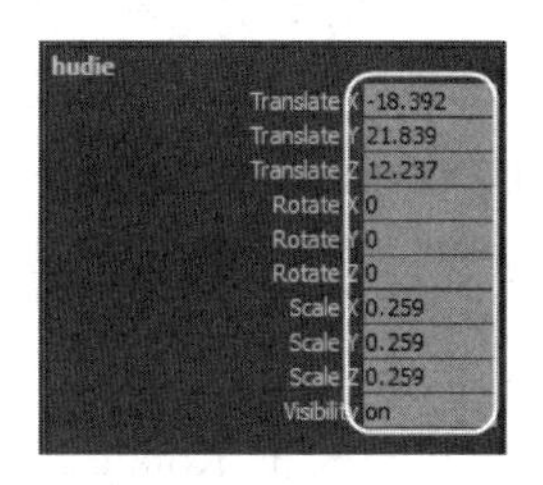

图 7.46

步骤 6：在 Outliner(大纲视图)窗口中选择 wingL 和 wingR。在通道栏中选择 Rotate X/Y/Z(旋转 X/Y/Z) 3 个属性，在属性上右击，弹出快捷菜单。在弹出的快捷菜单中选择 Key Selected(为选择项设关键帧)命令，即可为 wingL 和 wingR 的 Rotate X/Y/Z(旋转 X/Y/Z)3 个属性设置关键帧。

步骤 7：在时间线的第 60 帧的位置处单击，即可将时间滑块移到第 60 帧的位置。移动蝴蝶的位置，如图 7.47 所示。

步骤 8：按键盘上的 S 键，为 hudie 群组设置关键帧。

步骤 9：在时间线的第 180 帧的位置处单击，即可将时间滑块移到第 180 帧的位置。移动蝴蝶的位置，如图 7.48 所示。

步骤 10：在时间线的第 260 帧的位置处单击，即可将时间滑块移到第 260 帧的位置处。移动蝴蝶的位置，如图 7.49 所示。

图 7.47

图 7.48

图 7.49

步骤 11：单击(播放)按钮，可以看到蝴蝶沿着移动路线连续飞行。

步骤 12：将时间滑块移到第 60 帧的位置。按住 Ctrl 键和鼠标中键的同时，拖动鼠标到第 70 帧位置。此时，蝴蝶保持在第 60 帧的位置上不动。按键盘上的 S 键，给 hudie 群组设置关键帧。

步骤 13：将时间滑块移到第 180 帧的位置，按住 Ctrl 键和鼠标中键的同时，拖动鼠标到第 180 帧位置。此时，蝴蝶保持在第 190 帧的位置上不动。按键盘上的 S 键，给 hudie 群组设置关键帧。

步骤 14：单击(播放)按钮，可以看到在 60 帧到 70 帧之间和 180 帧到 190 帧之间为静止状态。

步骤 15：在时间线的第 125 帧的位置处单击，选择 hudie 群组，向上移动一点距离。按键盘上的 S 键，给 hudie 群组设置关键帧。

步骤 16：在时间线的第 225 帧的位置处单击，选择 hudie 群组，向上移动一点距离。按键盘上的 S 键，给 hudie 群组设置关键帧。

步骤 17：单击(播放)按钮，可以看到蝴蝶在向日葵中飞行，既有上下飞行，也有在向日葵上的停留。

3. 制作蝴蝶翅膀的扇动效果

步骤 1：在时间线的第 6 帧位置处单击，修改蝴蝶两个翅膀参数：wingL 的 RotateZ 为 −40；wingR 的 Rotate Z 为 40。

步骤 2：在 Outliner(大纲视图)窗口中，同时选择 wingL 和 wingR，按 Shift+E 键，为 wingL 和 wingR 的 Rotate X/Y/Z(旋转 X/Y/Z) 3 个属性设置关键帧。

步骤 3：方法同上。按表 7-1 设置 wingL 和 wingR 的 Rotate Z(旋转 Z)参数并设置动画关键帧。

表 7-1

帧	11	16	21	26	31	36	41	46	51	56	61	71	76
wingL 的 RotateZ	80	−40	80	−40	80	−40	80	−40	80	−40	80	−40	80
wingR 的 RotateZ	−80	40	−80	40	−80	40	−80	40	−80	40	−80	40	−80
帧	81	86	91	96	101	106	111	116	121	126	131	136	141
wingL 的 RotateZ	−40	80	−40	80	−40	80	−40	80	−40	80	−40	80	−40
wingR 的 RotateZ	40	−80	40	−80	40	−80	40	−80	40	−80	40	−80	40

续表

帧	146	151	156	161	166	171	176	181	191	196	201	206	211
wingL 的 RotateZ	80	-40	80	-40	80	-40	80	-40	80	-40	80	-40	80
wingR 的 RotateZ	-80	40	-80	40	-80	40	-80	40	-80	40	-80	40	-80
帧	216	221	226	231	236	241	246	251	256	261			
wingL 的 RotateZ	-40	80	-40	80	-40	80	-40	80	-40	80			
wingR 的 RotateZ	40	-80	40	-80	40	-80	40	-80	40	-80			

步骤 4：最终动画效果如图 7.50 所示。

在本案例中，主要介绍 3 种创建关键帧的方法。wingL 和 wingR 的第 1 个关键帧，使用通道栏中的快捷菜单中的命令来创建；Rotate 属性的关键帧采用按 Shift+E 键来创建；hudie 群组的关键帧采用按 S 键来创建。希望读者通过上面的案例，从而熟练掌握关键帧的创建方法和关键帧动画的制作原理。

4. 删除动画

在制作蝴蝶飞舞的关键帧动画时，只需给蝴蝶群组中的旋转属性和位置属性添加动画即可。在制作上面案例时，给蝴蝶群组的比例和可见性也添加了关键帧动画。对于给多余属性添加关键帧动画，可以将其删除，删除的具体操作方法如下。

步骤 1：在 Outliner(大纲视图)窗口中选择 hudie 群组。

步骤 2：在 Channels Box(通道栏)中同时选择 Scale X/Y/Z(缩放 X/Y/Z)和 Visiblity(可见性)等属性，如图 7.51 所示。

步骤 3：在选择的属性上右击，弹出快捷菜单。在弹出的快捷菜单中选择 Breake Connections(打断关联)命令即可，如图 7.52 所示。

图 7.50

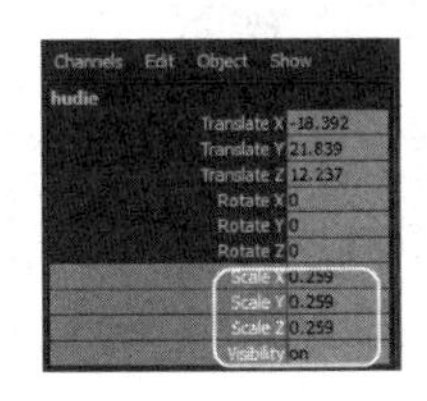

图 7.51

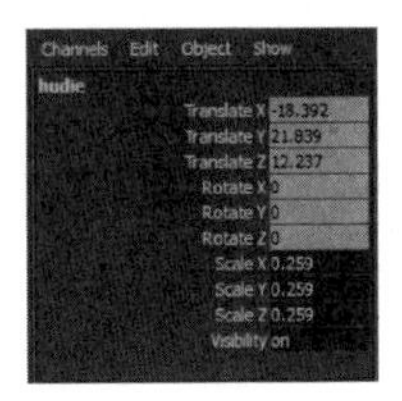

图 7.52

5. 属性的相关操作

1) 将属性设置成不可尅关键帧

在动画制作中，为了避免误操作，对于不需要添加关键帧动画的属性，可以设置成不可尅关键帧，具体操作方法如下。

步骤 1：在 Channels Box(通道栏)中选择不要设置关键帧动画的属性。

步骤 2：在选择的属性上右击，弹出快捷菜单。在弹出的快捷菜单中选择 Make Selected Nonkeyable(设置被选项不可尅)命令即可。

步骤 3：在设置了被选项不可尅的参数上右击，弹出快捷菜单。在弹出的快捷菜单中选择 Nonkeyable(取消不可尅)命令即可取消不可尅操作。

2) 锁定属性

将属性设置成不可尅状态，只是在制作动画时，不能对该参数进行尅关键帧动画，但是还可以修改参数数值。有时候，在项目制作中，要求某些参数的数值不能修改，可以通过锁定属性来达到，具体操作步骤如下。

步骤 1：在 Channels Box(通道栏)中选择需要锁定的属性。

步骤 2：在选择的属性上单击右键，弹出快捷菜单。在弹出的快捷菜单中选择 Lock Selected(锁定被选项)命令即可。

步骤 3：在锁定了的属性上右击，弹出快捷菜单。在弹出的快捷菜单中选择 Unlock(不锁定)命令，即可将锁定的属性取消锁定。

3) 隐藏属性

在 Maya 2011 中，隐藏的属性不可以添加关键帧动画。有时候，在项目制作中，为了操作方便，可将通道盒中不需要操作的属性隐藏起来，隐藏属性的方法如下。

步骤 1：在 Channels Box(通道栏)中选择需要隐藏的属性。

步骤 2：在选择的属性上右击，弹出快捷菜单。在弹出的快捷菜单中选择 Hide Selected(隐藏被选项)命令即可。

视频播放：飞舞的蝴蝶的制作的详细讲解，请观看配套视频“part\video\chap07_video02”。

四、拓展训练

根据前面所学知识制作如下动画效果。基础比较差的同学可以观看配套视频资料。

案例 3：跳动的篮球

一、案例效果

二、案例制作流程(步骤)分析

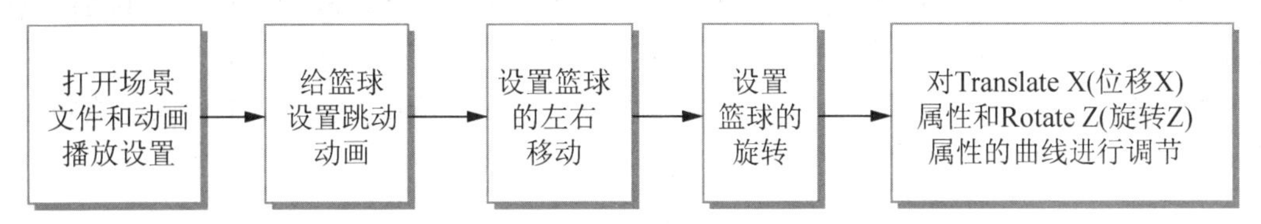

三、详细操作步骤

在本案例中，主要介绍篮球跳动的动画效果，主要知识点有添加关键帧和在曲线编辑器中编辑动画曲线。该动画制作的大致流程如下。

(1) 制作篮球的上下跳动。

(2) 制作篮球的左右移动。

(3) 制作篮球的旋转。

其具体操作方法如下。

1. 打开场景文件和动画播放设置

步骤 1： 打开配套素材中的 lanqiu.mb 文件，如图 7.53 所示。

步骤 2： 该文件中主要包括一个篮球模型和一个用来模拟地面的平面。

步骤 3： 将时间线设置为 200 帧，如图 7.54 所示。

步骤 4： 单击右下角的Animation Preferences(动画参数设置)按钮，打开 Preferences (参数设置)窗口。在该窗口中将播放速度设置为 24 帧/秒，如图 7.55 所示。

图 7.53

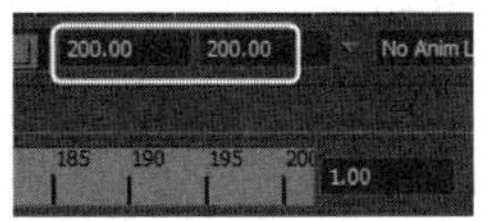

图 7.54

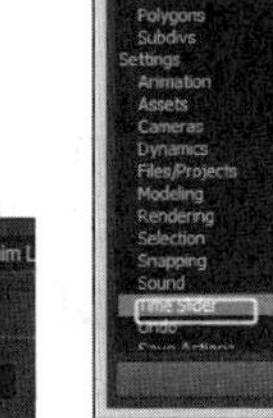

图 7.55

2. 给篮球设置跳动动画

篮球的上下跳动动画效果主要通过设置篮球的 Y 轴关键帧和 Y 轴的动画曲线编辑来实现。具体操作步骤如下。

1) 设置篮球上下跳动

步骤 1： 将视图切换到 Front(前视图)，将时间滑块移到第 1 帧的位置。

步骤 2： 在通道盒中的 Translate Y(位移 Y)属性上右击，弹出快捷菜单。在弹出的快捷菜单中选择 Key Selected(剋选择关键帧)命令。此时，该项属性呈粉红色显示，如图 7.56 所示。

步骤 3：在时间滑块的第 12 帧处单击，即可将时间滑块移到该帧的位置。在通道盒中设置 Translate Y(位移 Y)属性的值为 8，再剋一个关键帧，如图 7.57 所示。

步骤 4：方法同上，分别在表 7-2 中 0 帧的位置设置 Translate Y(位移 Y)属性值和剋关键帧，即可得到上下跳动的效果。

表 7-2

帧	24	34	44	54	60	67	70	76	80	83	86	89	91	93	95	
Translate Y 的值	0	7	0	6	0	4	0	3	0	1.5	0	0.8	0	0.3	0	

步骤 5：单击(播放)按钮，播放制作的动画。

2) 编辑动画曲线

从播放的效果可以看出，播放效果并不符合实际要求，给人们的感觉篮球好像在飘，没有落在地上再弹起来的效果。下面通过动画曲线来调节，具体方法如下。

步骤 1：在菜单栏中选择 Windows(窗口)→Animation Editors(动画编辑)→Graph Editor(图标编辑)命令，即可打开 Graph Editor(图标编辑器)窗口，如图 7.58 所示。

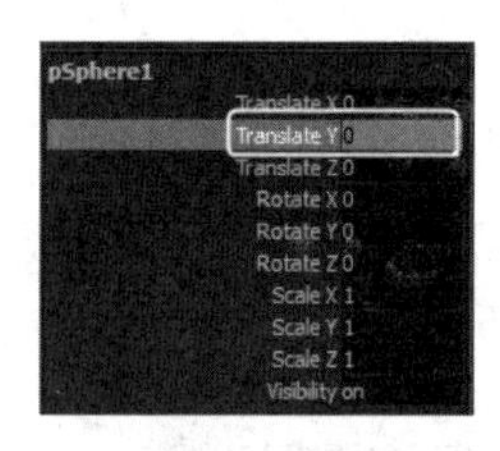

图 7.56

图 7.57

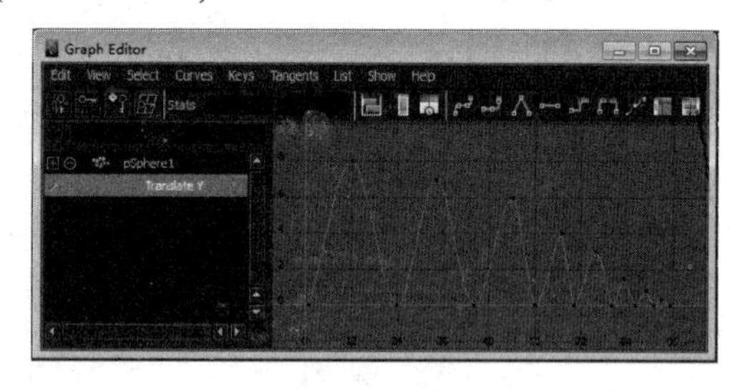

图 7.58

步骤 2：选择曲线上端的所有点，如图 7.59 所示。单击 Flat tangents(水平切线)按钮，将峰值压平。

步骤 3：确保上面的顶点在选择状态。在编辑器菜单中选择 Curves(曲线)→Weighted Tangents(权重切线)命令，再单击 Free tangent weight(释放切线权重)。

步骤 4：对上面的顶点进行调节。最终效果如图 7.60 所示。

步骤 5：选择曲线下端所有的点。单击 Flat tangents(水平切线)按钮，再单击 Linear tangents(线性切线)按钮，即可得到图 7.61 所示的效果。

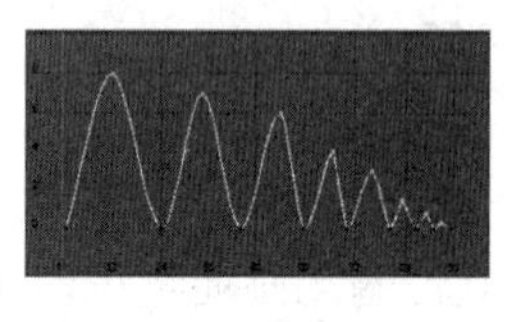

图 7.59

图 7.60

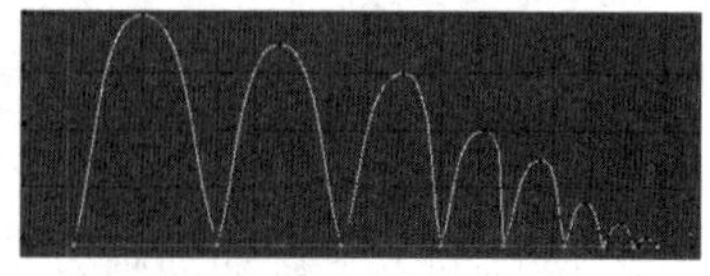

图 7.61

3. 设置篮球的左右移动

篮球的左右移动主要通过设置 Translate X(位移 X)属性来达到所需要的效果。

步骤 1：在 Front(前视图)单击时间线的第 1 帧，为 Translate X(位移 X)剋一个关键帧。

步骤 2：分别在表 7-3 所示的帧的位置处为 Translate X(位移 X)属性剋关键帧并设置表 7-3 所示的参数。

表 7-3

帧	1	60	130
Translate X 的值	0	3	−6

步骤 3：单击▶(播放)按钮进行播放，即可看到篮球在上下跳动的同时，进行左右移动。

4. 设置篮球的旋转

篮球的旋转效果主要通过篮球的 Rotate Z(旋转 Z)属性来实现。具体操作步骤如下。

步骤 1：将视图切换到 Front(前视图)。

步骤 2：分别在如下帧的位置剋关键帧并设置 Rotate Z(旋转 Z)属性值，具体设置见表 7-4。

表 7-4

帧	1	60	130
Rotate Z 的值	0	−120	180

步骤 3：单击▶(播放)按钮进行播放，即可看到篮球在上下左右跳动的同时，进行旋转运动。

5. 对 Translate X(位移 X)属性和 Rotate Z(旋转 Z)属性的曲线进行调节

Translate X(位移 X)属性和 Rotate Z(旋转 Z)属性的曲线进行调节方法与前面调节 Translate Y(位移 Y)属性的曲线调节方法一样。Translate X(位移 X)属性的曲线如图 7.62 所示，Rotate Z(旋转 Z)属性的曲线如图 7.63 所示。

将视图切换到透视图，调节好一个观察视角。篮球的运动轨迹如图 7.64 所示。

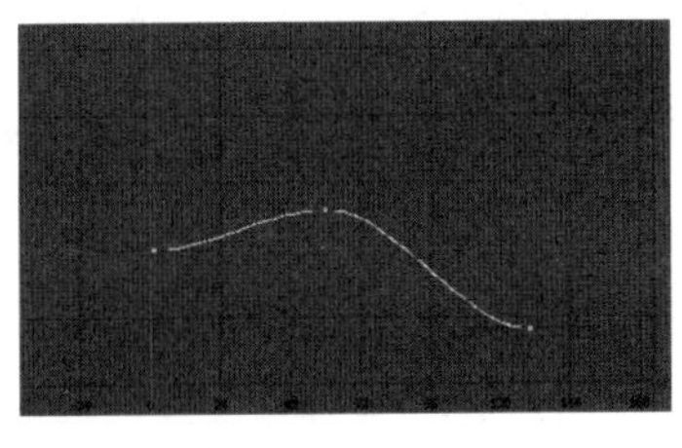

图 7.62

图 7.63

图 7.64

视频播放：跳动的篮球详细讲解，请观看配套视频“part\video\chap07_video03”。

四、拓展训练

根据前面所学知识制作如下动画效果。基础比较差的同学可以观看配套视频资料。

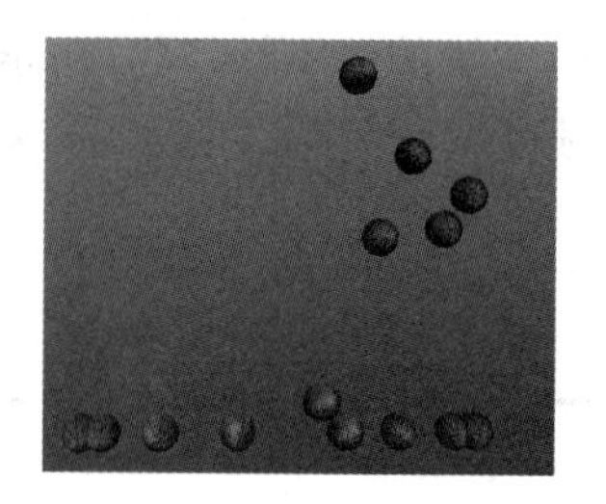

案例 4：奔跑的书

一、案例效果

二、案例制作流程(步骤)分析

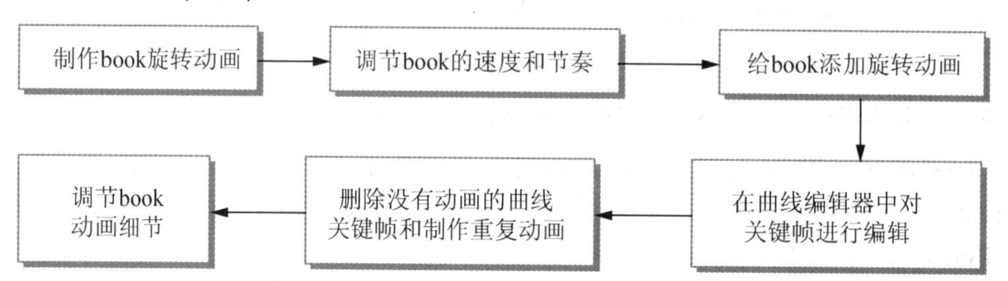

三、详细操作步骤

在本案例中，主要制作书奔跑的动画效果，主要用到的知识点有旋转枢轴点的改变、动画曲线的编辑和关键帧动画制作的原理。

奔跑的书的具体操作步骤如下。

1. 制作 book 旋转动画

步骤 1：打开配套素材中的 shuji_part01.mb 文件，如图 7.65 所示。

步骤 2：该文件中只有一本书的模型。

步骤 3：选择 book 模型。在菜单栏中选择 Window(窗口)→General Editors(通用编辑器)→Channel Control(通道控制)命令，打开 Channel Control(通道控制)编辑器，在该编辑器中选择图 7.66 所示的 9 个选项，再单击<<Move(向左移动)按钮，将这 9 个属性移到 Keyable(可尅)列表中，如图 7.67 所示。

图 7.65

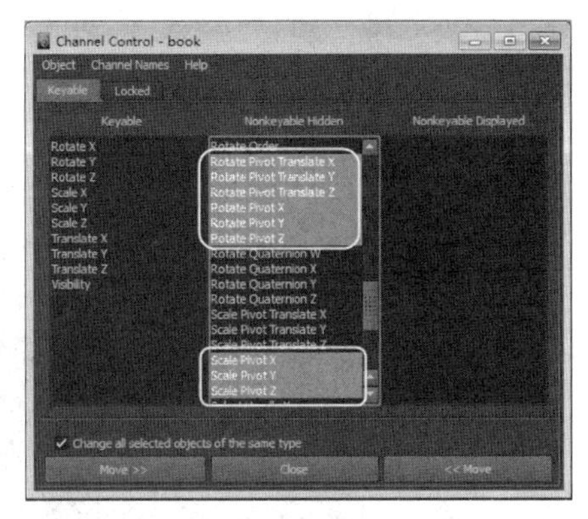

图 7.66

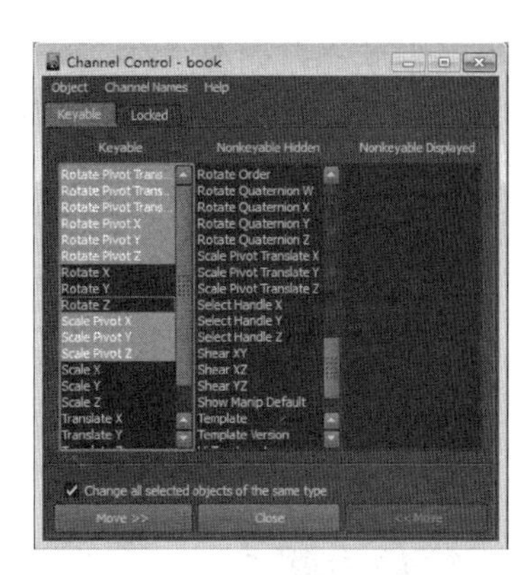

图 7.67

提示： 在 Channel Control(通道控制)编辑器中主要包括了 Keyable(可怼)、Nonkeyable Hidden(不可怼隐藏)和 Nonkeyable Displayed(不可怼显示)3 栏。Keyable(可怼)栏中的参数显示在通道栏中，可以设置关键帧；显示在 Nonkeyable Hidden(不可怼隐藏)栏中的参数不显示在通道栏中，不可以设置关键帧；在 Nonkeyable Displayed(不可怼显示)栏中的参数显示在通道栏中，不可设置关键帧，参数呈灰底显示。

步骤 4： 将时间滑块移到第 1 帧。

步骤 5： 按 Insert 键，切换到移动枢轴点状态。

步骤 6： 按住 V 键(采用点捕捉方式)不放的同时，将数枢点拖曳到模型的左下角，枢轴点会自动捕捉到模型左下角的顶点上，如图 7.68 所示。

步骤 7： 按键盘上的 S 键，将 book 所有的通道记录关键帧，如图 7.69 所示。

步骤 8： 再按 Insert 键，将枢轴点状态切换到对象的正常 Transform(转换)控制状态。

步骤 9： 将时间滑块移到第 24 帧，且将 book 绕 Y 轴顺时间旋转 30°，如图 7.70 所示。按键盘上的 S 键，记录一个关键帧。

图 7.68

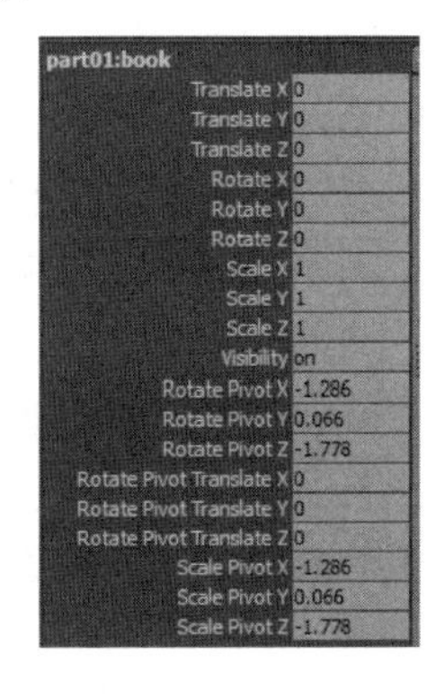

图 7.69

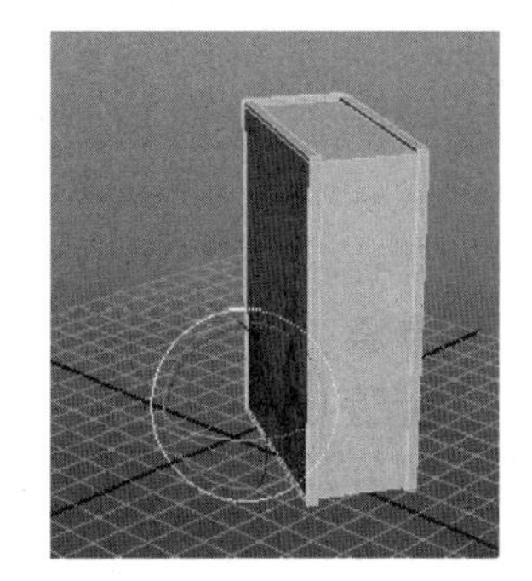

图 7.70

步骤 10： 单击▶|(向前一帧)按钮，将时间滑块移到第 25 帧。

步骤 11： 按 Insert 键，切换到移动枢轴点状态。在按住 V 键不放的同时，拖曳枢轴点到模型的右下角。枢轴点会自动捕捉到模型右下角的顶点上，再按一次 Insert 键，恢复到旋转控制状态，如图 7.71 所示。按键盘上的 S 键，记录一个关键帧。

步骤 12：将时间滑块移到第 48 帧，且将 book 绕 Y 轴旋转 60°，如图 7.72 所示。按键盘上的 S 键，记录一个关键帧。

步骤 13：单击右下角的Animation Preferences(动画参数设置)按钮，打开 Preferences (参数设置)窗口。在该窗口中将播放速度设置为 24 帧/秒，如图 7.73 所示。

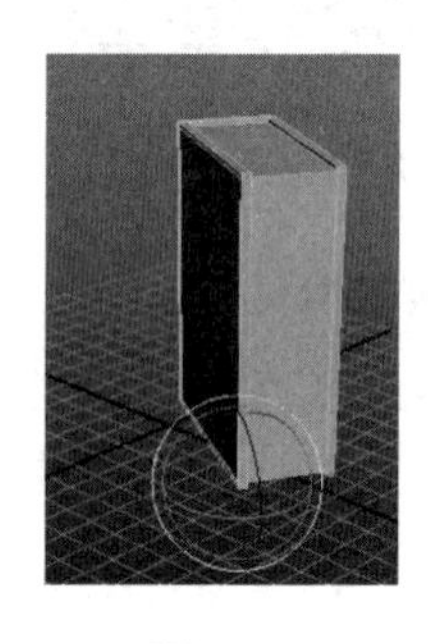

图 7.71

图 7.72

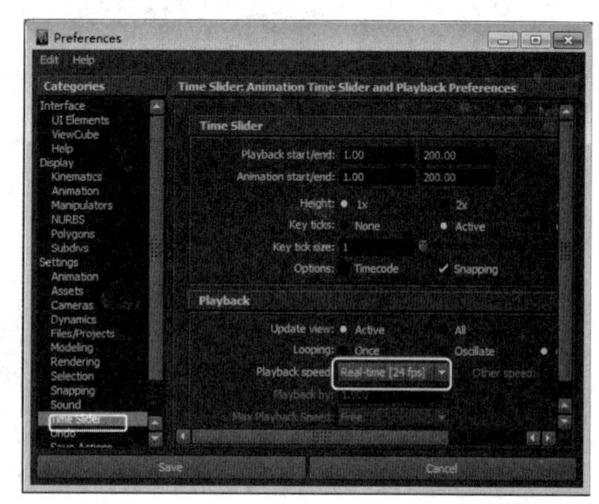

图 7.73

步骤 14：将滑块移到第 49 帧。方法同上，切换到枢轴点移动状态，将枢轴点移到模型的左下角，记录关键帧，将操作手柄状态切换为 Transform 控制状态。

步骤 15：将时间滑块移到第 72 帧，并控制 book 绕 Y 轴顺时针旋转 60°。按键盘上的 S 键记录关键帧。

步骤 16：方法同上。在第 73 帧切换到枢轴点，记录关键帧，在第 96 帧逆时针旋转模型，记录关键帧。

2. 调节 book 的速度和节奏

由播放动画可以看出，动画的速度和节奏并不是预期的效果，前面 key(剋)的这一段动画的时间间隔和运动状态不太一致，下面来解决这一问题。

步骤 1：按住 Shift 键，用鼠标左键从时间线第 70 帧的位置开始，拖到第 74 帧的位置，鼠标滑过的区域变成红色，如图 7.74 所示。在这个红色区域中包含了、和这 3 个操作控制器。和控制红色区域的时间比例缩放，控制时间线上移动的红色区域。

步骤 2：用鼠标移动控制器，将红色区域向左移动 5～6 帧，如图 7.75 所示。

步骤 3：按住 Shift 键，用鼠标左键从时间线第 95 帧的位置开始，拖到第 97 帧的位置，鼠标滑过的区域变成红色，用鼠标移动控制器，将第 96 帧上的关键帧向前移动 12 帧。

步骤 4：播放动画，观看效果，整个动画基本满足要求，动画没有前面那么呆板。

3. 给 book 添加旋转动画

步骤 1：将时间滑块移到第 12 帧，并将 book 进行旋转，如图 7.76 所示。按键盘上的 S 键记录关键帧。

步骤 2：将时间滑块移到第 36 帧，并将 book 进行旋转，如图 7.77 所示。按键盘上的 S 键记录关键帧。

步骤 3：将时间滑块移到第 58 帧，并将 book 进行旋转。按键盘上的 S 键记录关键帧。

图 7.74

图 7.75

图 7.76

图 7.77

步骤 4：播放动画观看效果，基本满足预期要求。

4. 在曲线编辑器中对关键帧进行编辑

步骤 1：在菜单栏中选择 Window(窗口)→Animation Editors(动画编辑器)→Graph Editor(动画曲线编辑器)命令，打开 Graph Editor(动画曲线编辑器)编辑窗口，如图 7.78 所示。

步骤 2：在 Graph Editor(动画曲线编辑器)窗口中选择 Rotate X、Rotate Y 和 Rotate Z 这 3 个属性。此时，窗口右栏中只显示这 3 个属性的动画曲线，如图 7.79 所示。

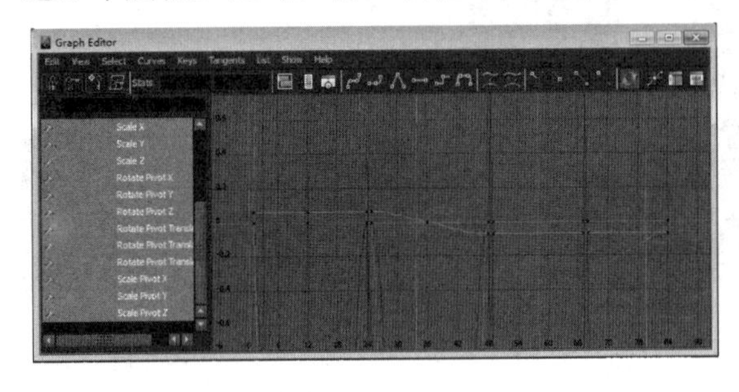

图 7.78

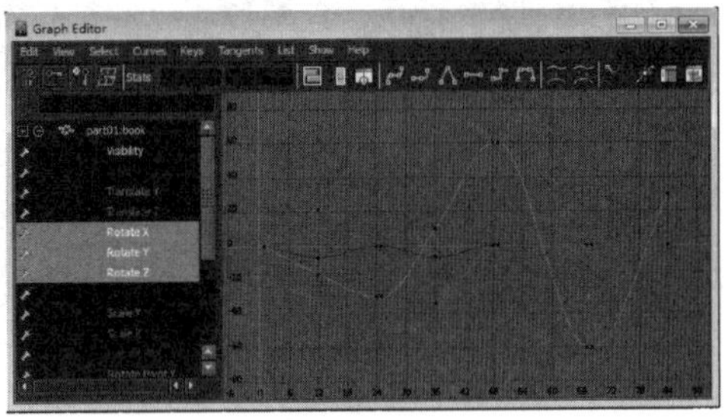

图 7.79

步骤 3：将时间滑块移到第 76 帧的位置，book 在这一帧的旋转状态应该与第 36 帧一样。

步骤 4：在 Graph Editor(动画曲线编辑器)窗口中的右栏中框选 Rotate X、Rotate Y 和 Rotate Z 这 3 条曲线第 36 帧上的关键帧，如图 7.80 所示。

步骤 5：在编辑器菜单中选择 Edit(编辑)→Copy(复制)命令，复制第 36 帧处的 3 条曲线动画关键帧。

步骤 6：在编辑器窗口中单击 Edit(编辑)→Paste(粘贴)→▣图标，打开 Paste Key Options(粘贴关键选项)窗口。在该窗口中的菜单栏选择 Edit(编辑)→Reset Settings(恢复默认设置)命令。

步骤 7：重新设置参数，具体设置如图 7.81 所示。单击 Apply(应用)按钮，即可将第 36 帧的关键帧粘贴到第 76 帧的位置，如图 7.82 所示。

步骤 8：方法同上，将第 58 帧的关键帧粘贴到第 89 帧。

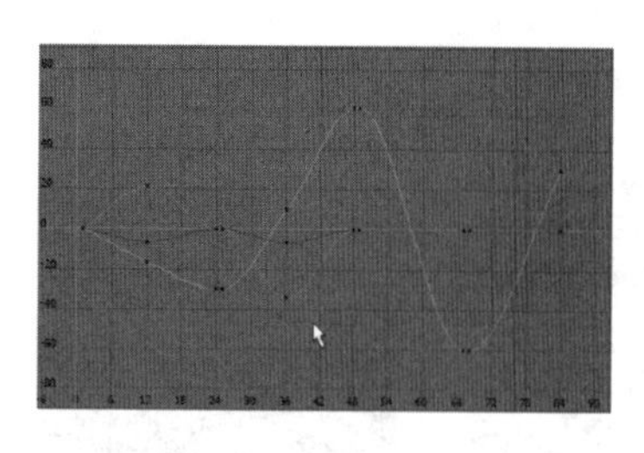

图 7.80

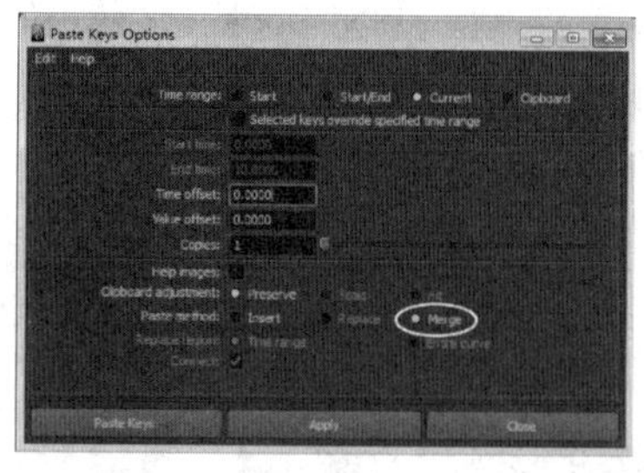

图 7.81

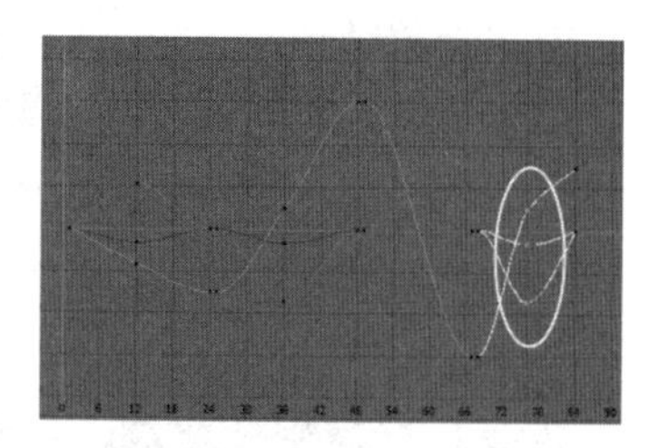

图 7.82

5. 删除没有动画的曲线关键帧和制作重复动画

步骤 1：在 Graph Editor(动画曲线编辑器)窗口的左栏中选择 Translate X/Y/Z、Scale X/Y/Z 和 Visibility 属性，如图 7.83 所示。

步骤 2：在 Graph Editor(动画曲线编辑器)窗口的右栏中框选这 7 条曲线的关键帧，按 Delete 键将这些点删除。此时，这几个属性不再有动画关键记录，如图 7.84 所示。

步骤 3：将场景动画播放范围设置为 65～110 帧，如图 7.85 所示。

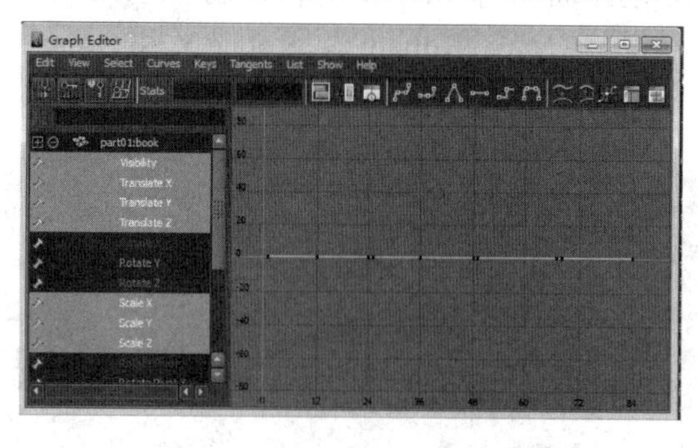

图 7.83

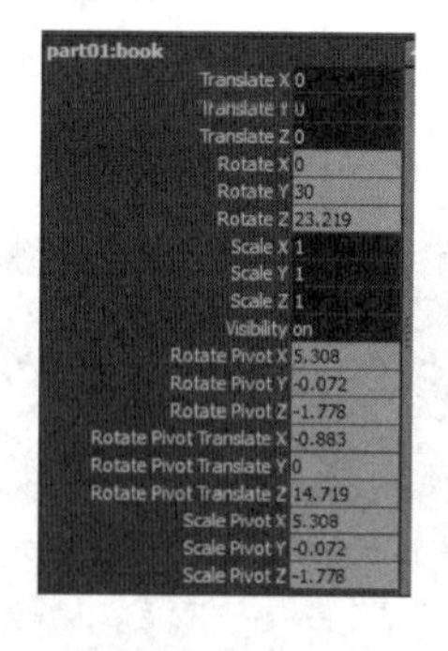

图 7.84

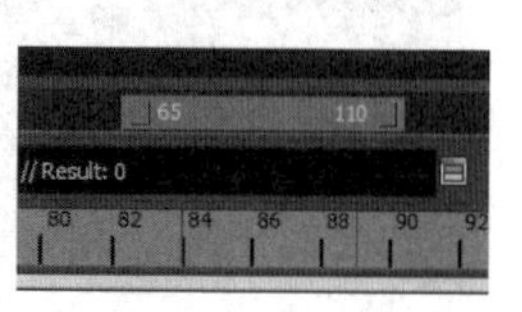

图 7.85

步骤 4：在 Graph Editor(动画曲线编辑器)窗口中单击 Frame playback range(显示播放范围)按钮，只显示场景动画播放范围中的部分，如图 7.86 所示。

步骤 5：在 Graph Editor(动画曲线编辑器)窗口左栏中选择 Rotate Pivot Translate Z 属性以外的所有属性。

步骤 6：在 Graph Editor(动画曲线编辑器)窗口中框选所有动画曲线上从 68 帧向后的所有关键帧，如图 7.87 所示。

步骤 7：在 Graph Editor(动画曲线编辑器)窗口的菜单中选择 Edit(编辑)→Copy(复制)命令，复制所有选择的动画关键帧。

步骤 8：将当前帧时间调节到第 94 帧，这是前面所做动画的最后一帧。

步骤 9：在 Graph Editor(动画曲线编辑器)窗口的菜单中单击 Edit(编辑)→Paste(粘贴)→ 图标，打开 Paste Key Options(粘贴关键选项)窗口，并设置该窗口，具体设置如图 7.88 所示。

步骤 10：单击 Apply(应用)按钮即可。

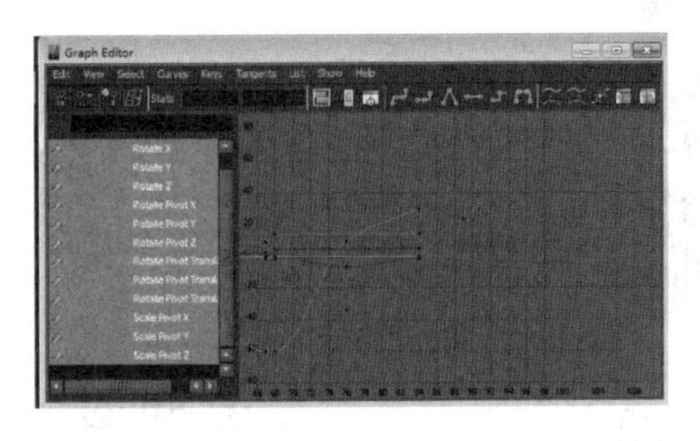

图 7.86

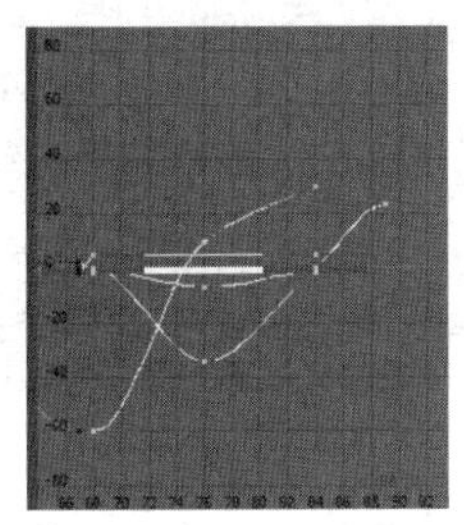

图 7.87

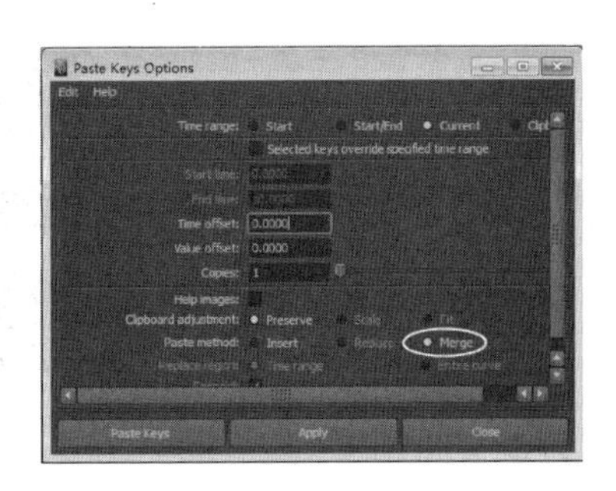

图 7.88

步骤 11：对 Rotate Pivot Translate Z 属性的动画曲线的关键帧的复制粘贴方法与前面介绍的完全一样，只需将 Merge(融合)方式改为 Insert(插入)方式。动画曲线关键帧粘贴之后的效果如图 7.89 所示。

步骤 12：播放动画，观看效果。

6. 调节 book 动画细节

从上面播放的效果来看，后半段有点慢，需要再进行适当的调节，具体调节步骤如下。

步骤 1：在 Graph Editor(动画曲线编辑器)窗口中显示所有动画曲线，框选第 58 帧后面的所有关键帧。

步骤 2：按键盘上的 W 键，将操作方式切换到移动方式。

步骤 3：按住 Shift 键并向左拖动鼠标，将刚才选择的关键帧向前移，如图 7.90 所示。

步骤 4：选择下一个关键帧后面的所有关键帧。方法同上，将所选关键帧向前进行适当的移动。

步骤 5：对后面的所有关键帧可根据自己的喜好进行适当的移动。

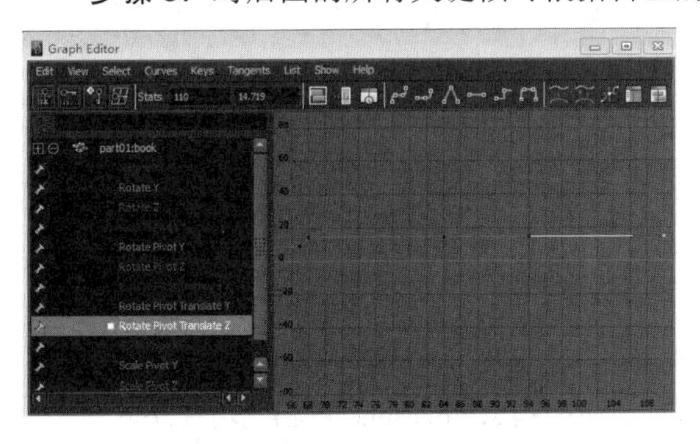

图 7.89

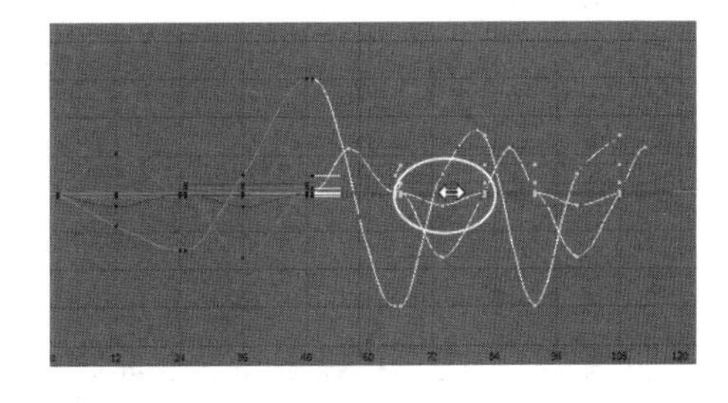

图 7.90

步骤 6：播放动画，观看效果。效果为由慢到快的奔跑的 book 效果。

视频播放：奔跑的书的详细讲解，请观看配套视频“part\video\chap07_video04”。

四、拓展训练

根据前面所学知识制作如下动画效果。基础比较差的同学可以观看配套视频资料。

案例5：飞行的飞机

一、案例效果

二、案例制作流程(步骤)分析

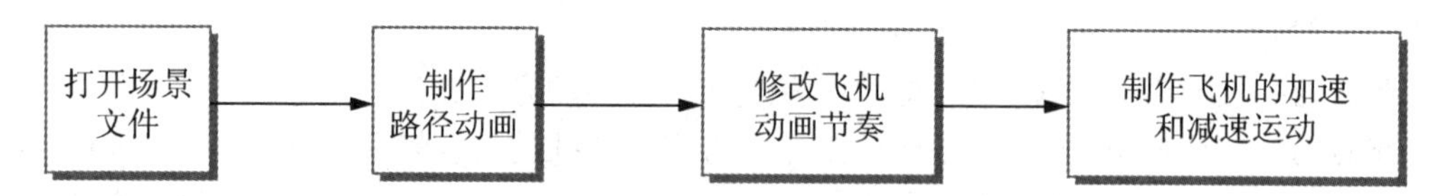

三、详细操作步骤

在本案例中，主要讲解飞机沿指定的路径飞行。通过本案例的学习，主要要求读者掌握路径动画的制作原理、方法和技巧。

1. 打开场景文件

打开配套素材中的 feiji_part.mb 文件，该场景中只提供了一架飞机的模型，如图 7.91 所示。

2. 制作路径动画

步骤 1：使用(创建曲线)工具，在场景中绘制一条图 7.92 所示的曲线。
步骤 2：选择飞机模型，加选曲线。按 F2 键切换到 Animation(动画)编辑模块。
步骤 3：将时间线设置为 100 帧。

图 7.91

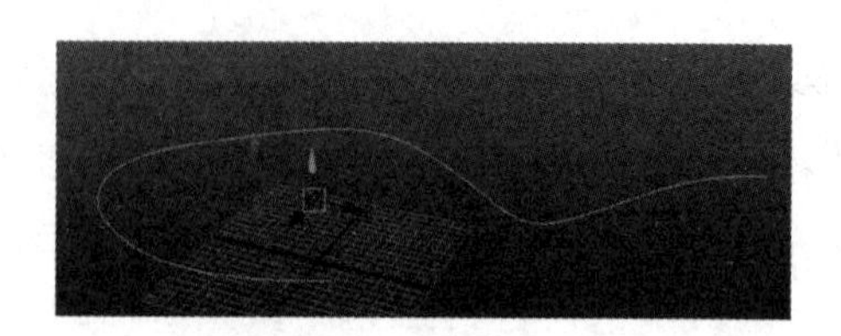

图 7.92

步骤 4：在菜单栏中选择 Animate(动画)→Motion Paths(运动路径)→Attach to Motion Path(设置路径动画关键帧)命令，即可创建路径动画，如图 7.93 所示。

步骤 5：播放动画。从播放的效果可以看出，不应是飞机翅膀朝前飞行，而应该是飞机的机头朝前飞行。下面对飞机的飞行方向进行修改。

步骤 6：选择飞机模型，按 Ctrl+A 组合键，打开属性编辑器。

步骤 7：选择 motionPath1(运动路径 1)选项。在该选项中修改轴向，具体设置如图 7.94 所示。此时，飞机的机头方向朝路径的飞行方向，符合实际要求，如图 7.95 所示。

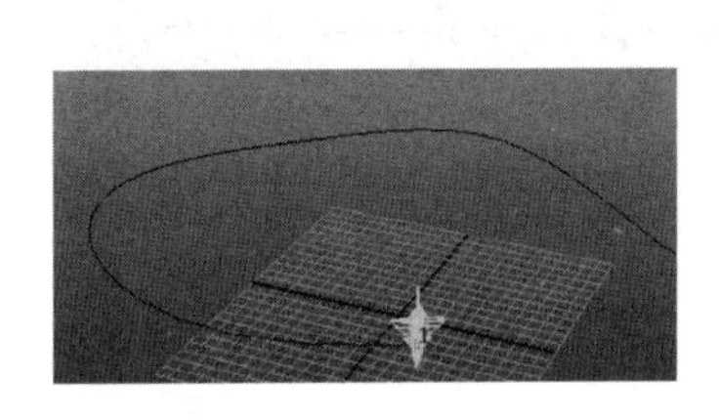

图 7.93

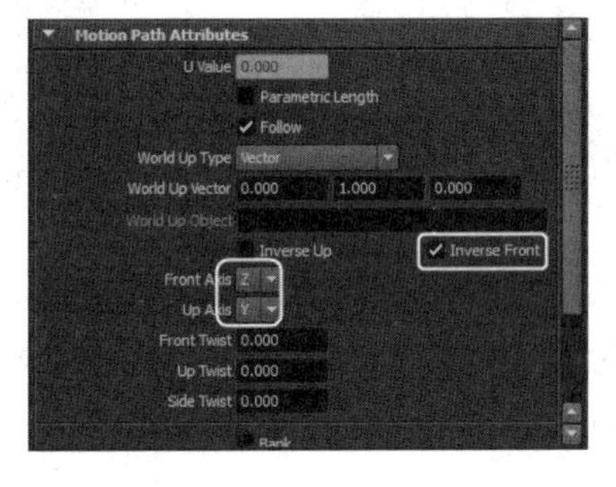

图 7.94

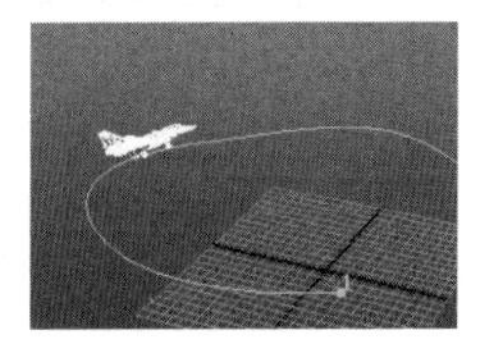

图 7.95

3. 修改飞机动画节奏

从播放的效果可以看出，飞机的整个飞行过程是匀速飞行，而所要的效果是飞机飞行的速度从慢到快，再从快到慢的飞行过程。下面就来解决这个问题。

步骤 1：将时间滑块移到第 35 帧的位置，选择飞机模型。

步骤 2：在菜单栏中选择 Animate(动画)→Motion Paths(运动路径)→Set Motion Path Key(设置运动路径关键帧)命令，在飞机附近出现一个数字标记 35，如图 7.96 所示。

步骤 3：将时间滑块移到第 75 帧的位置，选择飞机模型。

步骤 4：在菜单栏中选择 Animate(动画)→Motion Paths(运动路径)→Set Motion Path Key(设置运动路径关键帧)命令，在飞机附近出现一个数字标记 75，如图 7.97 所示。

步骤 5：选择第 35 帧添加的关键帧标记，按键盘上的 W 键，将操作方式切换到移动方式。此时，该关键帧的标记变成一个黄色的棱形标记，如图 7.98 所示。

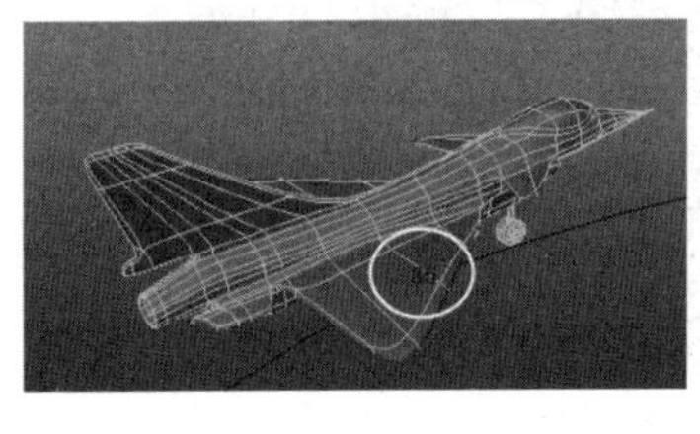

图 7.96

图 7.97

图 7.98

步骤 6：将鼠标放到该关键帧标记上，按住鼠标左键不放，沿路径的起点方向移动一段距离，如图 7.99 所示。

提示：在路径上的关键帧处标记的数字为飞机到达标记点的时间帧，故改变标记位置就改变了飞机在这一帧(第 35 帧)所到达的位置，这样飞机的运动就由匀速运动变成了非匀速运动。

步骤 7：选择第 75 帧添加的关键帧标记，按键盘上的 W 键，将操作方式切换到移动方式。

步骤 8：将鼠标放到该关键帧标记上，按住鼠标左键不放，沿路径的终点方向移动一段距离，如图 7.100 所示。

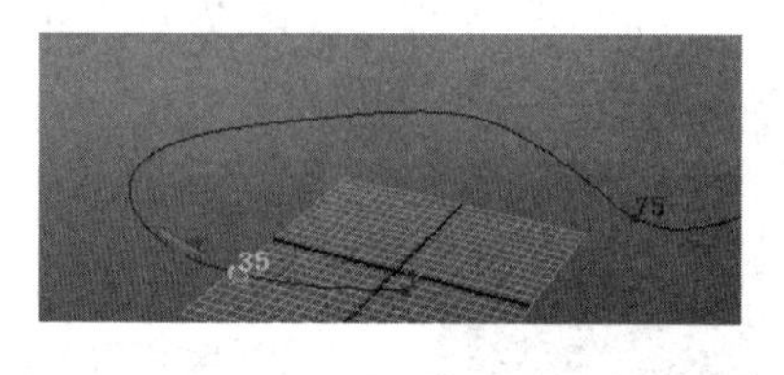

图 7.99

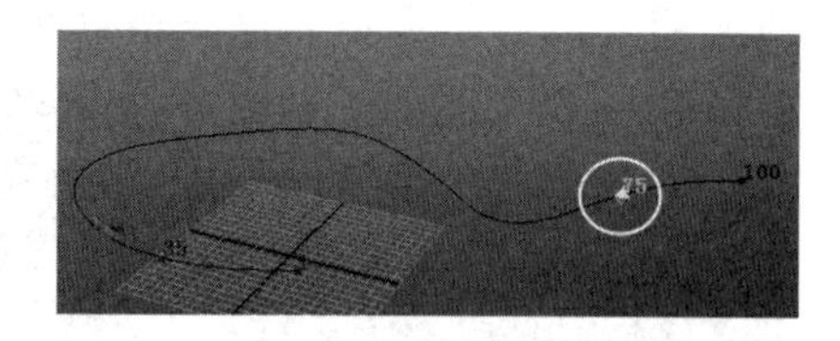

图 7.100

步骤 9：播放动画，观察飞机的飞行。飞机沿路径的飞行变成了非匀速飞行，即变成了从慢到快，再从快到慢的节奏运动。

4. 制作飞机的加速和减速运动

在前面的飞机节奏调节中，只做到了飞机慢—快—慢的节奏变化效果。使用 Set Motion Path Key(设置运动路径关键帧)调节方式，不能做到飞机起飞的加速运动与停止的减速运动的效果。在 Maya 2011 中，可以通过 Graph Editor(曲线编辑器)中的曲线调节来达到，具体操作方法如下。

步骤 1：选择飞机。在菜单栏中选择 Window(窗口)→Animation Editor(动画编辑器)→Graph Editor(曲线编辑器)命令，打开 Graph Editor(曲线编辑器)编辑窗口。

步骤 2：飞机的运动曲线如图 7.101 所示。

步骤 3：分别选择曲线的起点和终点关键帧，再单击 Flat tangents(水平切线)按钮，将起点和终点的入出切线展平。调节好的曲线效果如图 7.102 所示。

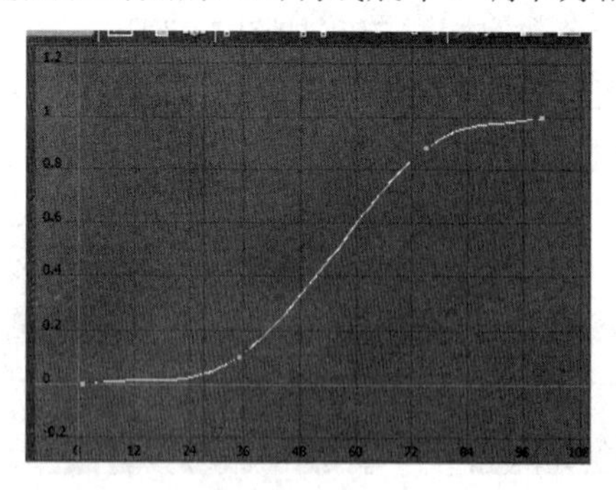

图 7.101

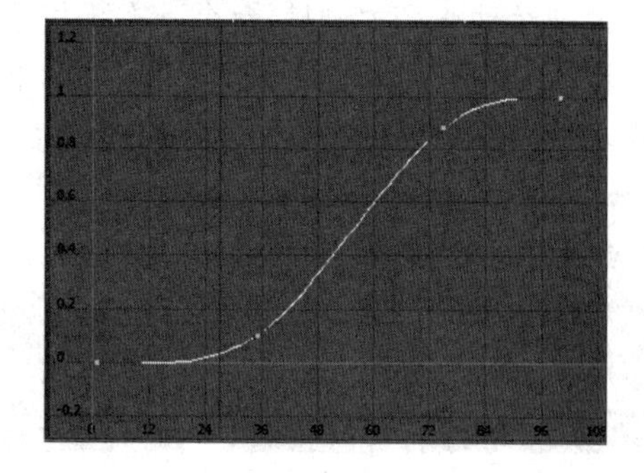

图 7.102

步骤 4：播放动画，观看效果。飞机呈加速—匀速—减速的运动效果，如图 7.103 所示。

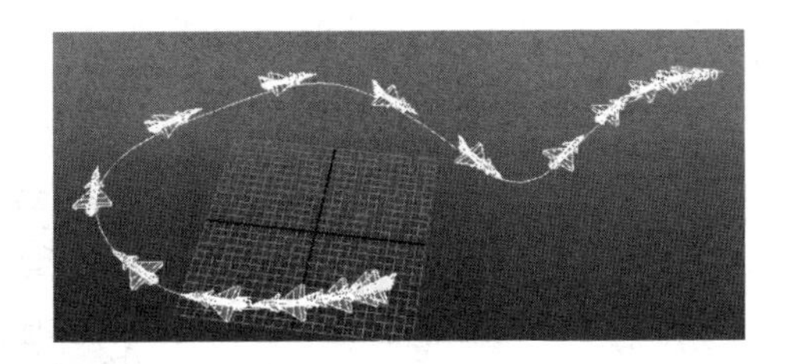

图 7.103

视频播放：飞行的飞机的详细讲解，请观看配套视频“part\video\chap07_video05”。

四、拓展训练

根据前面所学知识制作如下动画效果。基础比较差的同学可以观看配套视频资料。

运动效果的制作步骤如下。

步骤 1：创建一个圆环并对圆环进行重置。

步骤 2：创建路径动画。

步骤 3：在 Graph Editor(曲线编辑器)编辑窗口中，对飞机运动路径添加关键帧。

步骤 4：调节关键帧的入出切线的方向即可。

第8章

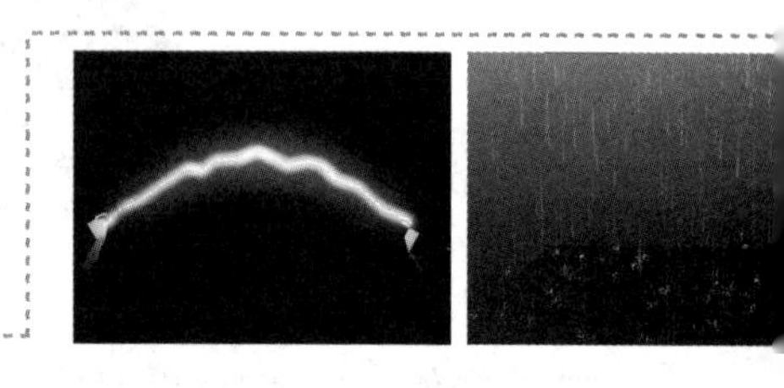

Maya 2011 特效基础

知 识 点

- 案例 1：粒子系统基础知识
- 案例 2：闪电效果
- 案例 3：烟花效果
- 案例 4：下雨效果

说　　明

本章主要通过 4 个案例介绍 Maya 2011 的粒子基础知识、发射器的使用、动力场的使用、Effects 菜单下各种特效的使用和特效实例制作。

教学建议课时数

一般情况下需要 12 课时，其中理论 4 课时，实际操作 8 课时(特殊情况可做相应调整)。

在 Maya 2011 中，粒子是动力学中的核心部分。使用粒子系统可以模拟出自然界中常见的自然现象，如云、烟、水的流动，下雨、下雪、粉尘和飘落的树叶等效果，还可以模拟各种人工效果，如各种爆炸、各种机器排放的尾气和烟花等效果。

粒子系统涉及的内容非常广，是 Maya 2011 中最富于变化的部分。开发者为了方便用户的使用，在 Maya 2011 中提供了很多预设的粒子特效。用户只要根据实际项目的要求简单修改，就可以制作出非常逼真的特效。

案例 1：粒子系统基础知识

一、案例效果

二、案例制作流程(步骤)分析

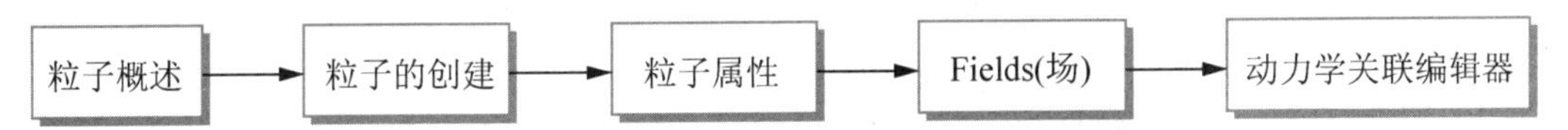

三、详细操作步骤

1. 粒子概述

粒子是指具有相同属性的多个粒子的集合，是动力学中最核心的部分。在粒子对象中，可以只包含一个粒子，也可以包括成千上万个粒子，所以粒子属性可分为粒子对象属性和单个粒子属性。

一般情况下，粒子的调节主要有两种方式：①粒子的渲染形式；②粒子的动态调整。在 Maya 2011 中，粒子具有多种渲染形式，主要包括 3 种软件渲染、7 种硬件渲染类型和“粒子替代”等附加方式。其中，粒子的动态调整可以通过对粒子属性尅关键帧、运动发射器、添加动力场、设置表达式和 Mel 语言等手段来实现，这样可以很方便地控制粒子的运动。

2. 粒子的创建

在 Maya 2011 中，粒子的创建可以通过 Particle Tool(粒子工具)、Create Emitter(创建发射器)、物体表面发射器、表达式和 Mel 语言等方法。用户常用的主要是前面 3 种方法，在这里给大家详细介绍前 3 种创建粒子的方法。

1) 使用 Particle Tool(粒子工具)创建粒子

步骤 1：按 F5 键切换到 Dynamics(动力学)模块。

步骤 2：在菜单栏中单击 Particles(粒子)→Particle Tool(离子工具)→□图标，弹出 Tool Settings(工具设置)对话框，如图 8.1 所示。根据实际项目要求设置参数。

步骤 3：在视图中单击即可创建粒子。用户可以连续单击创建需要的粒子个数，按回车键结束创建粒子命令。创建粒子效果如图 8.2 所示。

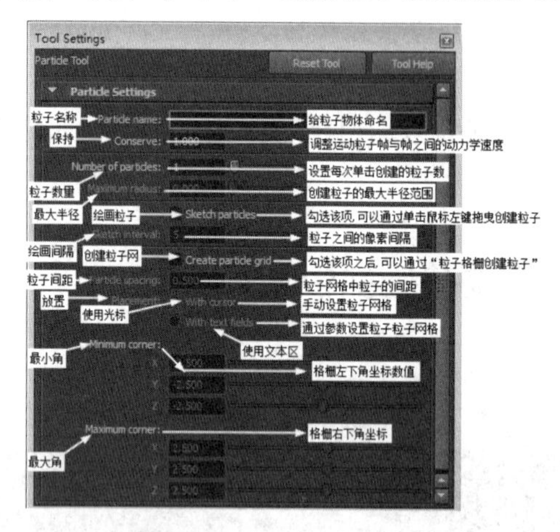

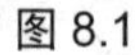

图 8.1

图 8.2

提示：使用 Particle Tool(离子工具)命令创建粒子有 3 种方式：①单击直接创建粒子；②单击并拖曳鼠标创建粒子；③使用“粒子格栅”来创建粒子。

2) 使用 Create Emitter(创建发射器)创建粒子

在 Maya 2011 中，一般使用 Create Emitter 命令来创建粒子。通过设置来模拟烟、火焰和雨等效果。使用 Create Emitter 命令创建粒子的具体步骤如下。

步骤 1：按 F5 键切换到 Dynamics(动力学)模块。

步骤 2：在菜单栏中单击 Particles(粒子)→Create Emitter(创建粒子发射器)→■图标，打开弹出 Emitter Options(Create)(发射器选项)窗口，如图 8.3 所示。

步骤 3：根据项目要求设置参数，单击 Create 或 Apply 按钮即可创建粒子发射器。

Emitter Options(Create)(发射器选项)窗口各个参数的作用如下。

Emitter name(发射器名称)：主要给创建的发射器命名。方便用户后期的管理和修改。

Basic Emitter Attributes(发射器基本属性)如图 8.4 所示。各参数作用具体介绍如下。

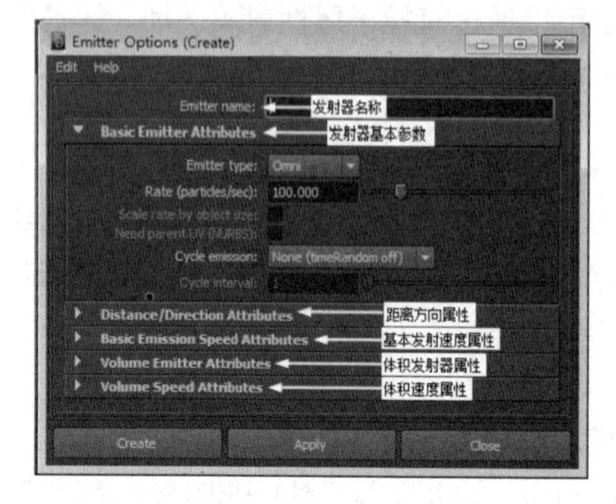

图 8.3

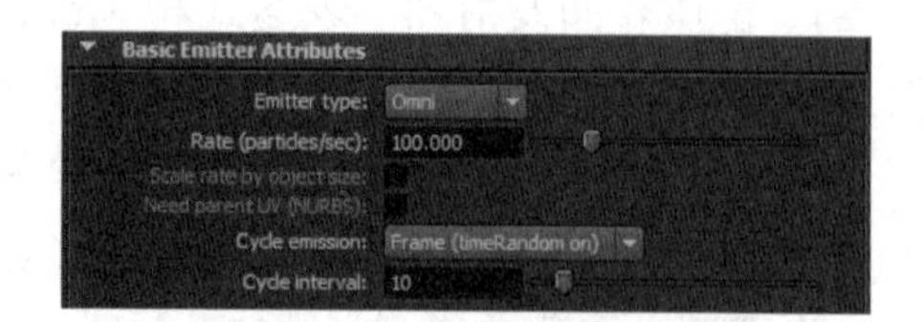

图 8.4

(1) Emitter type(发射器类型)：主要有 Omni(全方向发射器)、Directional(方向发射器)和 Volume(体积发射器)3 种类型。

① Omni(全方向发射器)：使用该类型发射器，产生的粒子向所有方向发射，如图 8.5 所示。

② Directional(方向发射器)：使用该类型发射器，产生的粒子向指定的 X、Y 或 Z 方向发射，如图 8.6 所示。

③ Volume(体积发射器)：使用该类型发射器，产生的粒子从一个封闭的体积发射粒子，体积可以从 Volume shape(体积形状)中选择，如图 8.7 所示。

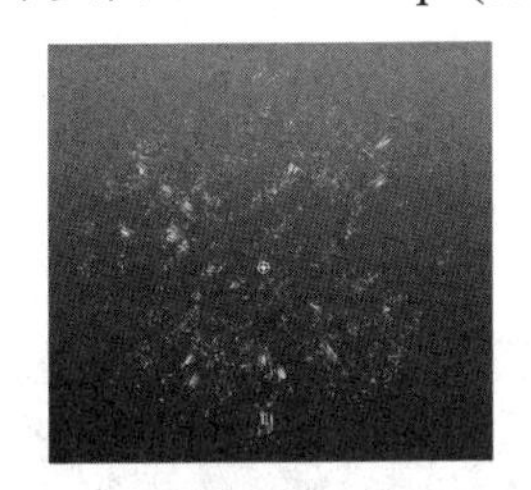

图 8.5

图 8.6

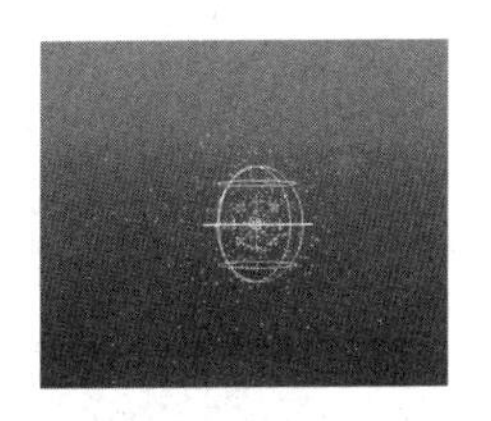

图 8.7

(2) Rate(Particles/sec)[速率(粒子/每秒)]：主要用来设置发射器粒子的平均速率，值越大，发射器每秒钟发射的粒子数量越多。

(3) Scale rate by object size(根据对象大小缩放发射速率)：只有发射器类型为 Surface(曲面)、Curve(曲线)和 Volume(体积)时，该选项才起作用。勾选该项，粒子发射的速率可以通过发射器的体积大小来控制。对象体积越大，发射速率就越大。

(4) Need parent UV(NURBS) [需要父化 UV(NURBS)]：该选项只适用于 Surface(曲面)发射器类型。如果在创建发射器之前勾选，Maya 将添加 Parent U/V(父化 U/V)属性到粒子形状，并设置 Need Parent UV(需要父化 UV)属性为勾选状态，从而可以使用父化点驱动其他属性值，例如 Color(颜色)和 Opacity(不透明度)等。如果在属性编辑器或属性通道盒中勾选该选项，则 Maya 设置 Need Parent UV(需要父化 UV)属性为勾选状态，它将不添加属性。

(5) Cycle emission(循环发射)：主要包括 Frame(timeRandom on)[帧(开启随机时间)]和 None(timeRandom off)[帧(关闭随机时间)]两个选项。当选择 Frame(timeRandom on)[帧(开启随机时间)]项时，发射器按下方的 Cycle Interval(循环间隔)参数设置的周期进行循环发射；当选择 None(timeRandom off)[帧(关闭随机时间)]选项时，发射器循环属性关闭，随机进行发射。

(6) Cycle interval(循环间隔)：主要用来定义重新发射随机粒子的帧间隔。

Distance/Direction Attributes(距离/方向属性)如图 8.8 所示。各参数作用具体介绍如下。

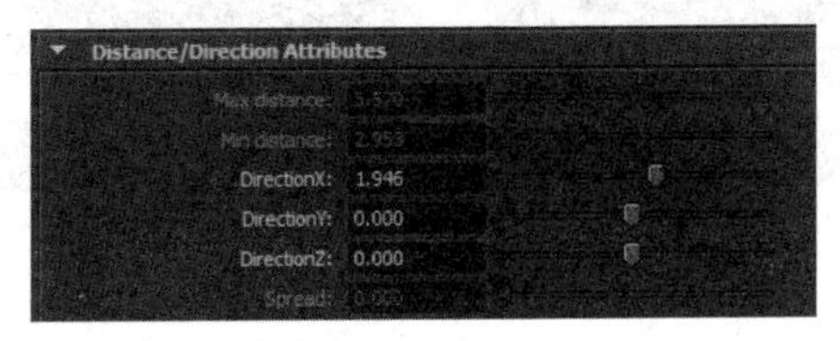

图 8.8

(1) Max distance(最大距离)：主要用来定义发射器发射粒子的最大距离。该值越大，发射的粒子距离发射点就越远。

(2) Min distance(最小距离)：主要用来定义发射器发射粒子的最小距离。发射器发射的粒子将随机并均匀落在 Min distance(最小距离)和 Max distance(最大距离)之间。

(3) Direction X/Y/Z(X/Y/Z 方向)：主要用来定义发射粒子的方向。这些参数只适用于方向性、曲线和体积发射器。

(4) Spread(扩散)：主要用来定义发射器的圆锥形扩展范围，如图 8.9 所示。

Basic Emission Speed Attributes(基础发射器速度属性)如图 8.10 所示。各参数作用具体介绍如下。

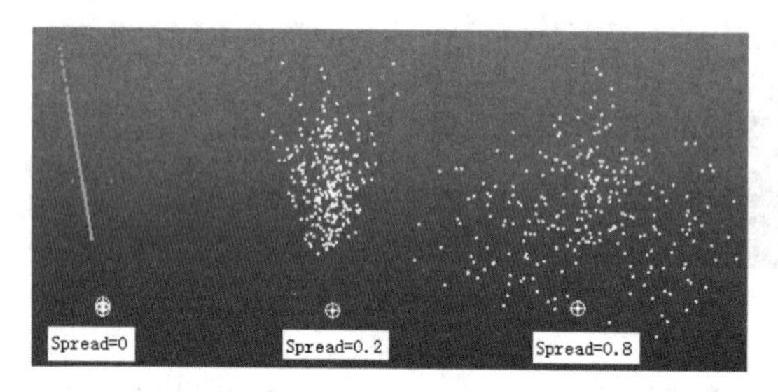

图 8.9

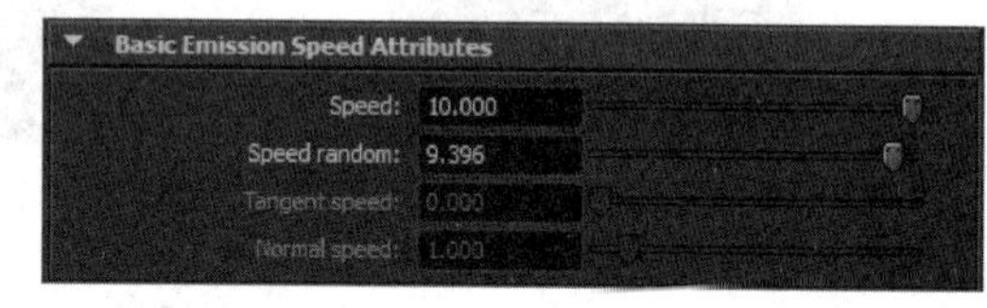

图 8.10

(1) Speed(速度)：主要用来控制发射器发射粒子的速度。数值越大，发射器发射粒子的速度就越快。

(2) Speed random(随机速度)：主要用来添加发射器速度的随机性和确定 Speed (速度)变化的范围。

(3) Tangent speed(切线速度)：主要用来设置切线方向上的速度。该参数只对表面和曲线发射器起作用。

(4) Normal speed(法线速度)：主要用来设置法线方向上的速度。该参数只对表面和曲线发射器起作用。

Tangent speed(切线速度)和 Normal speed(法线速度)如图 8.11 所示。实例效果如图 8.12 所示。

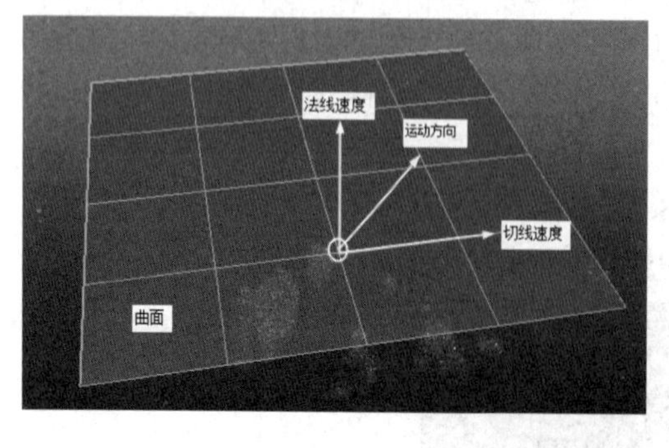

图 8.11

图 8.12

Volume Emitter Attributes(体积发射器属性)如图 8.13 所示。各参数作用具体介绍如下。

(1) Volume shape(体积形状)：单击右边的▼按钮，弹出下拉菜单，在弹出的下拉菜单中有 Cube(立方体)、Sphere(球体)、Cylinder(圆柱体)和 Cone(圆锥体)和 Torus(圆环体)5 种体积发射器，如图 8.14 所示。

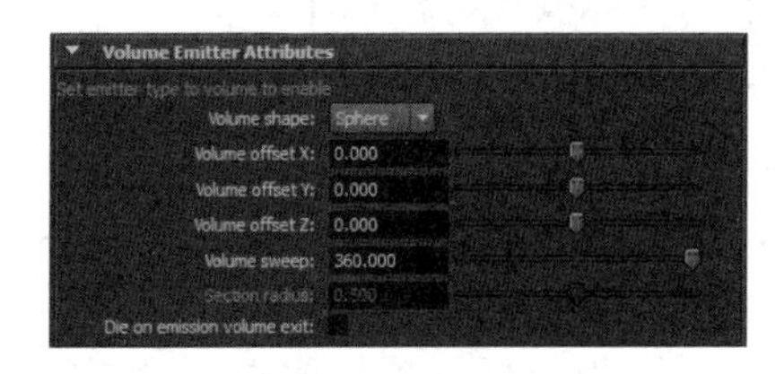

图 8.13

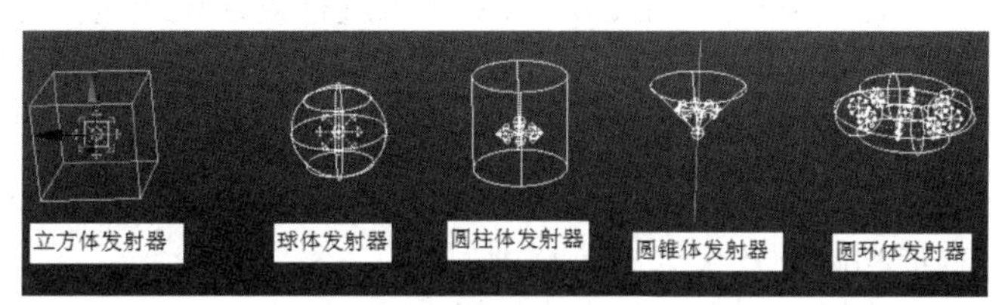

图 8.14

(2) Volume Offset X/Y/Z(体积偏移 X/Y/Z)：是指发射体积到发射器的偏移。

(3) Volume sweep(体积扫掠)：主要用来设置体积旋转的范围(立方体除外)。该参数的最小值为 0，最大值为 360，如图 8.15 所示。

(4) Die on emission volume exit(离开发射体积时死亡)：勾选该项，粒子离开发射体积后立即死亡。

Volume Speed Attributes(体积速度属性)如图 8.16 所示。各参数作用具体介绍如下。

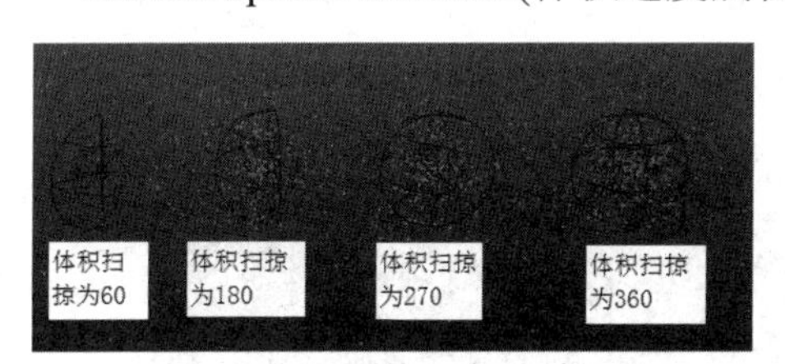

图 8.15

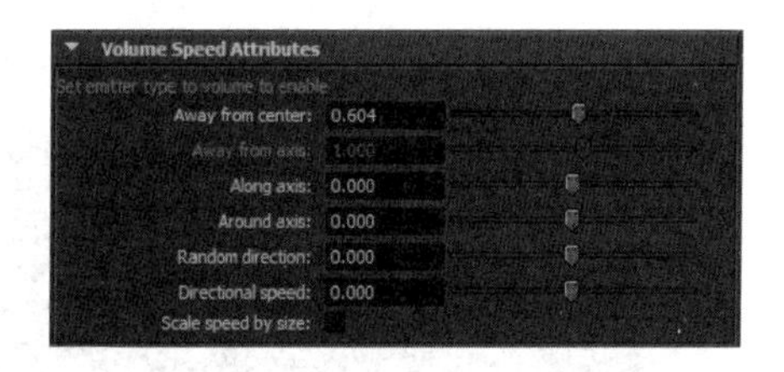

图 8.16

(1) Away from center(从中心离开)：主要用来设置粒子离开立方体或球体中心点的速度。

(2) Away from axis(从坐标轴离开)：主要用来设置粒子离开 Cylinder(圆柱体)、Cone(圆锥体)和 Torus(圆环体)中心轴时的速度。

(3) Along axis(沿坐标轴)：主要用来设置粒子沿发射体积中心轴运动的速度。

(4) Around axis(围绕坐标轴)：主要用来设置粒子围绕发射器中心轴运动的速度。

(5) Random direction(随机方向)：主要用来设置粒子的运动方向和初始速度的随机性，使粒子进行不规则的运动。

(6) Directional speed(方向性速度)：主要用来设置在 Direction X/Y/Z(X/Y/Z 方向)属性上添加速度。

(7) Scale Speed By Size(根据大小缩放速度)：勾选该项，粒子发射的速度根据发射器体积的大小而改变。发射体积越大，发射速度越快。

提示：在创建了发射器后，用户还可以在属性编辑器面板中对其属性进行重新设置。

3) 使用 Emit from Object(从对象进行发射)创建粒子

Emit from Object(从对象进行发射)命令的主要作用是从选定的对象上发射粒子，主要包括点发射、方向发射、表面发射和曲线发射 4 种。

使用 Emit from Object(从对象进行发射)命令创建粒子的具体操作方法如下。

步骤 1：在场景中选择需要发射粒子的对象，如图 8.17 所示。

步骤 2：将编辑模块切换到 Dynamics(动力学)模块。

步骤 3：在菜单栏中选择 Particles(粒子)→Emit from object(从对象进行发射)命令即可。播放动画，效果如图 8.18 所示。

步骤 4：选择创建的粒子。按 Ctrl+A 键，弹出粒子编辑面板，根据项目要求，设置粒子参数，效果如图 8.19 所示。

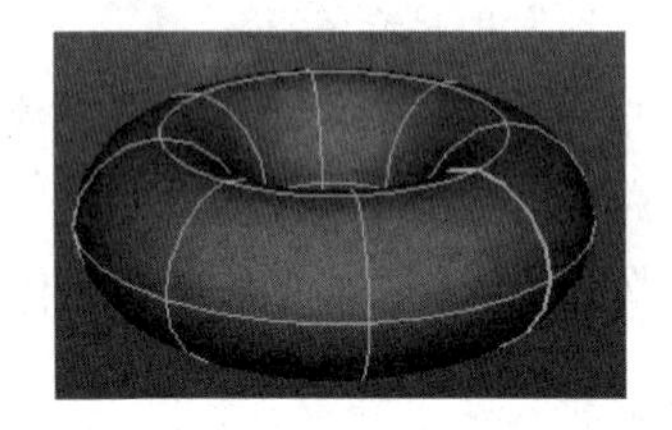

图 8.17

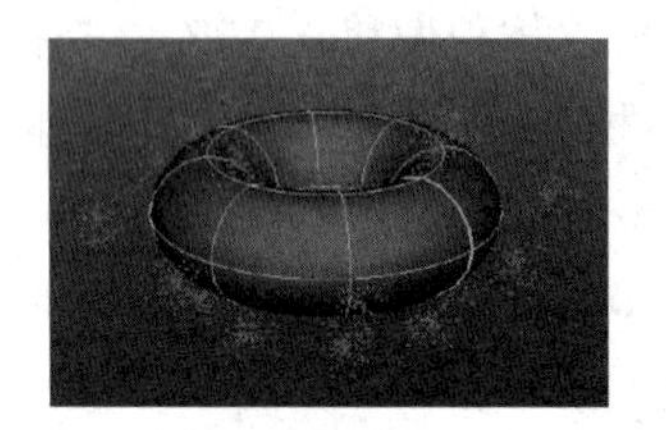

图 8.18

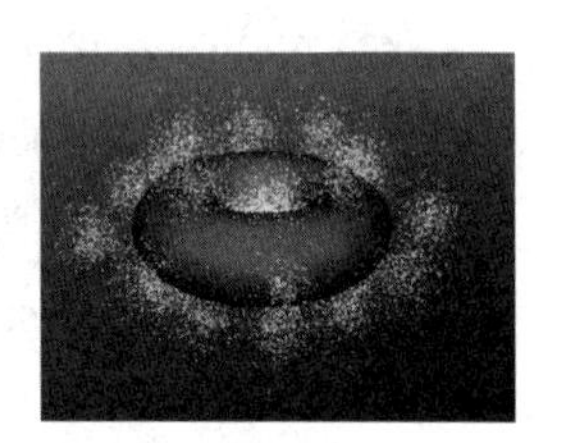

图 8.19

点发射、方向发射、表面发射和曲线发射的效果如图 8.20 所示。

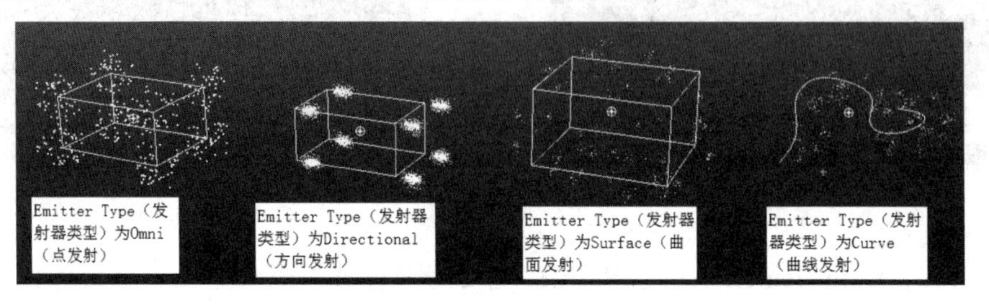

图 8.20

4) Use Selected Emitter(使用所选择的发射器)

Use Selected Emitter(使用所选择的发射器)命令主要用来连接粒子与发射器，使发射器发射所选粒子。使用该命令可以让多个发射器发射相同的粒子，也可以让同一个发射器发射出多种不同类型的粒子。

Use Selected Emitter(使用所选择的发射器)命令的操作步骤如下。

步骤 1：在场景中选择已创建好的粒子。

步骤 2：按住 Shift 键加选场景中的发射器。

步骤 3：在菜单栏中选择 Particles(粒子)→Use Selected Emitter(使用所选择的发射器)命令即可。

5) Per-Point Emision Rates(每个点的发射速率)

Per-Point Emision Rates(每个点的发射速率)命令的主要作用是改变发射粒子的每个点的发射速率。

提示：Per-Point Emision Rates(每个点的发射速率)命令只有当场景中的粒子是从曲线、曲面或多变形等对象发射的粒子，并且粒子发射类型为 Omni(全方向)或 Drectional(方向性)时才起作用。

Per-Point Emision Rates(每个点的发射速率)命令的具体操作方法如下。

步骤 1：在场景中选择全方向发射器或方向发射器，如图 8.21 所示。

步骤 2：在菜单栏中选择 articles(粒子)→Per-Point Emision Rates(每个点的发射速率)命令，在通道盒中多了每个粒子发射速率的选项，对速率进行修改，如图 8.22 所示。效果如图 8.23 所示。

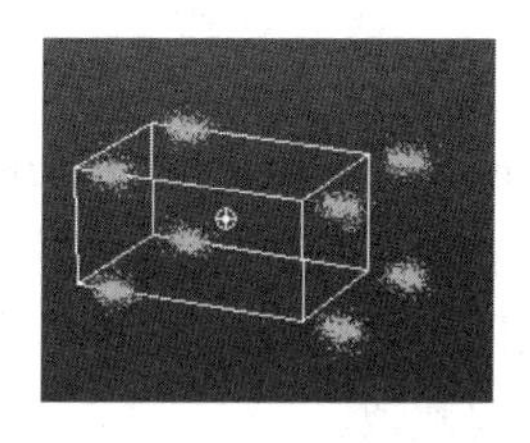

图 8.21

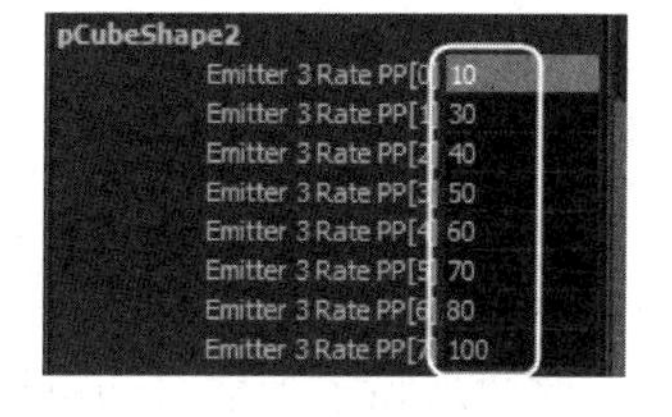

图 8.22

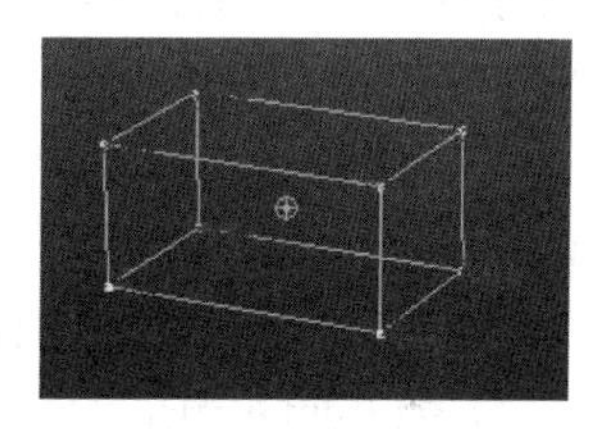

图 8.23

6) Make Collide(创建碰撞)

Make Collide(创建碰撞)命令的主要作用是使粒子与多边形或 NURBS 表面发生碰撞，且粒子不穿过表面。

读者可以使用该命令模拟水倒进杯中时发生的一系列碰撞现象或雨滴落到地面与地面碰撞溅起的水花。

Make Collide(创建碰撞)命令的具体操作方法如下。

步骤 1：在场景中选择粒子，在按住键盘上的 Shift 键的同时，单击需要碰撞的对象，如图 8.24 所示。

步骤 2：在菜单栏中单击 Articles(粒子)→Make Collide(创建碰撞)→■图标，打开 Collision Options(碰撞选项)窗口，具体设置如图 8.25 所示。

步骤 3：单击 Create(创建)按钮，即可得到图 8.26 所示的效果。

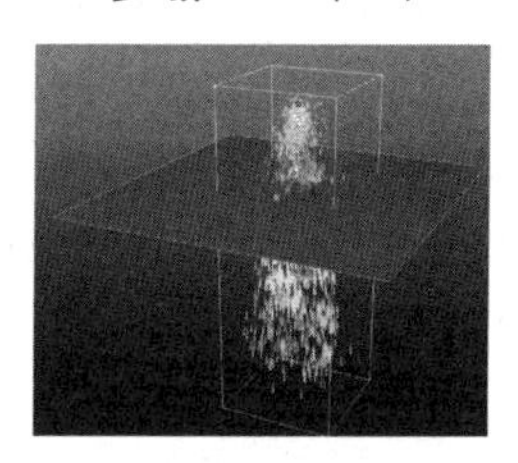

图 8.24

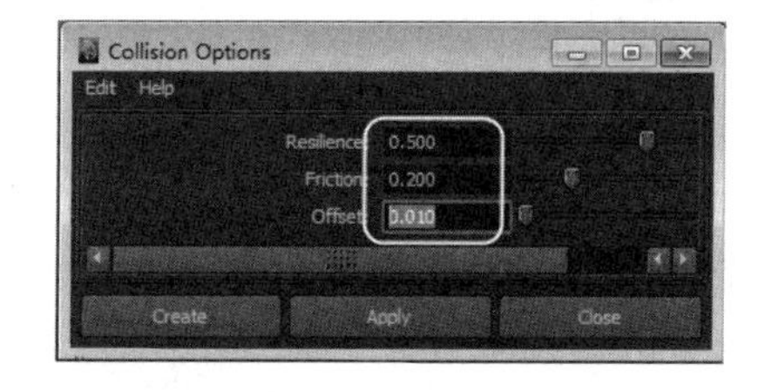

图 8.25

图 8.26

Collision Options(碰撞选项)中的参数介绍如下。

(1) Resilience(弹力)：主要用来设置粒子在碰撞时的弹力大小。当该值为 0 时，粒子没有弹力，当该值为 1 时，粒子的弹力最大。

如果用户设置该参数为-1 至 0 之间的数时，粒子将以折射的方式穿透表面；如果用户设置该参数为大于 1 或小于-1 之间的数时，将增加粒子速度。

(2) Fricition(摩擦力)：主要用来设置粒子与表面碰撞时的表面摩擦力的大小。当该参数为 0 时，碰撞表面的摩擦力为 0；当该参数为 1 时，碰撞表面的摩擦力最大。

如果用户将 Resilience(弹力)参数设置为 0，Fricition(摩擦力)参数设置为 1，则粒子与碰撞表面碰撞之后不做任何弹跳运动。

(3) Offset(偏移)：主要用来设置粒子与对象碰撞时的偏移大小。

3. 粒子属性

读者熟练掌握粒子各个属性的作用，是制作各种粒子效果的基础和理论依据。希望读者熟练掌握粒子的各个属性参数的作用和具体调节方法。

1) Time Attributes(时间属性)

Time Attributes(时间属性)如图 8.27 所示，主要包括 Start Frame(起始帧)和 Current Time(当前时间)两个参数。

(1) Start Frame(起始帧)：主要用来设置产生动力学影响的起始时间，主要以帧为单位。

(2) Current Time(当前时间)：主要用来显示当前时间滑块所在的帧数。

2) General Control Attributes(常规控制属性)

General Control Attributes(常规控制属性)如图 8.28 所示。

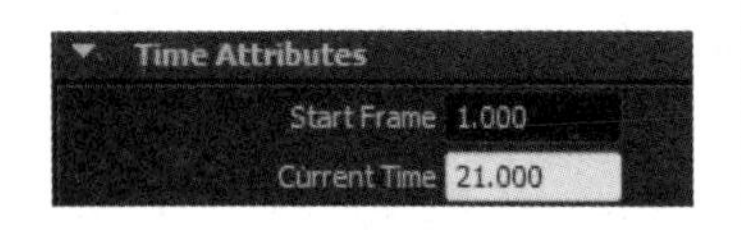

General Control Attributes
Is Dynamic
Dynamics Weight 1.000
Conserve 1.000
Forces In World
Cache Data
Count 220
Total Event Count 0

图 8.27　　图 8.28

(1) Is Dynamic(动力学)：主要用来控制粒子是否受动力学影响。勾选表示受影响；不勾选表示粒子将不受任何动力学的影响。

(2) Dynamics Weight(动力学权重)：主要用来控制粒子受动力学权重值影响的大小。值越大，受动力学的影响就越大；值越小，受动力学的影响就越小。图 8.29 所示为不同 Dynamics Weight(动力学权重)值的效果。

(3) Conserve(保持)：主要用来控制单个粒子对象在帧与帧之间保持的速度。该参数值的取值为 0～1。如果设置 Conserve(保持)参数为 1，将保持全部速度属性值；如果设置 Conserve(保持)参数为 0，将不保持速度属性值；如果设置 Conserve(保持)参数为 0～1，将按百分比保持速度属性值，如图 8.30 所示。

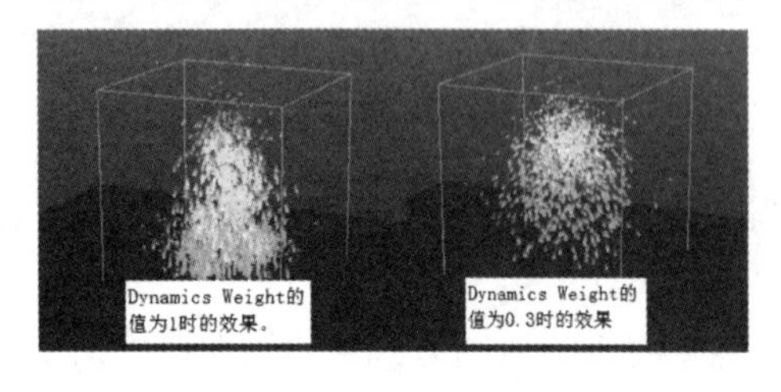

图 8.29

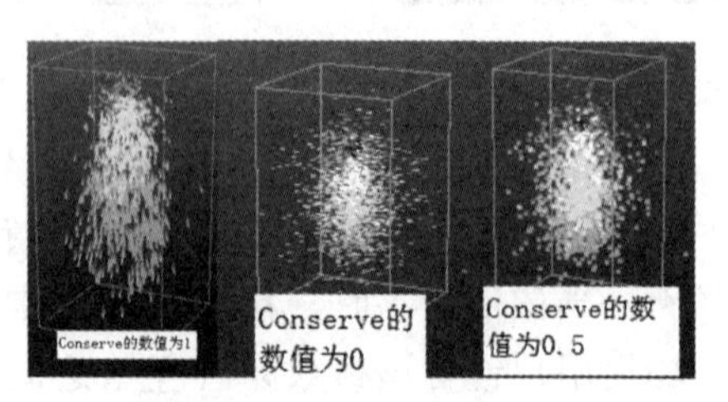

图 8.30

(4) Forces In World(在世界中心受力)：主要用来控制粒子是受世界坐标中心还是受自身坐标中心动力学的影响。勾选该项，将受世界坐标中心动力学的影响；否则将受自身坐标动力学的影响。

(5) Cache Data(缓存数据)：主要用来控制是否使用粒子缓存数据。

(6) Count(计算)：主要用来显示粒子物体包含的单粒子总数。

(7) Total Event Count(事件计算总数)：主要用来统计所有粒子碰撞时间的总数量。

3) Emission Attributes(see also emitter tabs)[发射属性(参见发射器标签)]

Emission Attributes(see also emitter tabs)[发射属性(参见发射器标签)]如图 8.31 所示。

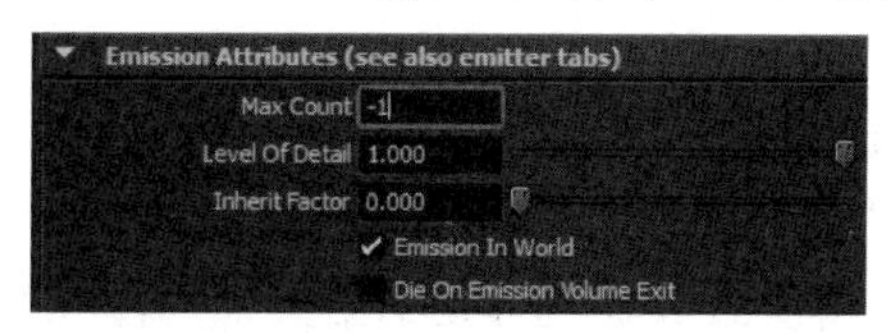

图 8.31

(1) Max Count(最大数量)：主要用来控制发射器发射粒子的最大数值。粒子在发射过程中，如果有粒子死亡，那么发射器发射新的粒子进行填补，以达到最大数量。

(2) Level Of Detail(细化层级)：主要用来调节粒子发射数量的多少。

(3) Inherit Factor(继承因数)：主要用来调节发射粒子在沿发射器运动方向上的初始速度。

(4) Emission In World(在世界中心发射)：主要用来控制是否在世界中心发射粒子。

(5) Die On Emission Volume Exit(在离开发射体积后死亡)：主要用来控制粒子在离开发射体积之后是否死亡。默认为未勾选状态，表示粒子离开发射体积不死亡。

4) Lifespan Attributes(see also per-particle tab)[生命周期属性(也可参考每粒子标签)]

Lifespan Attributes(see also per-particle tab)[生命周期属性(也可参考每粒子标签)]如图 8.32 所示。

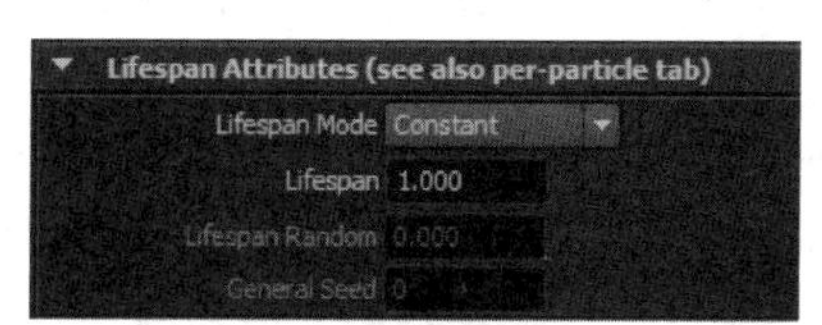

图 8.32

(1) Lifespan Mode(生命周期模式)：Lifespan Mode(生命周期模式)主要包括如下 4 种模式。

① Live forever(永远存活)：选择该项，所有粒子永远存活。

② Constant(常量)：选择该项，粒子将根据用户输入的常量生命周期，在指定的时间内死亡。

③ Random range(随机范围)：选择该项，粒子在随机的范围内死亡。

④ Lifespan only(仅每粒子生命周期)：用户通过选择该项来控制单个粒子的生命周期。

(2) Lifespan(生命周期)：主要用来设置粒子的生命周期值。

(3) Lifespan Random(随机生命周期)：主要用来设置随机生命周期范围值。该选项只有当 Lifespan Mode(生命周期模式)为 Random range(随机范围)模式时才起作用。

(4) General Seed(常规种子)：主要用来设置生成种子的随机数。

5) Render Attributes(渲染属性)

Render Attributes(渲染属性)如图 8.33 所示。在 Maya 2011 中，渲染属性主要包括硬件渲染和软件渲染两大类，共 10 种渲染类型，其中硬件渲染类型有 7 种，软件渲染类型有 3 种。

(1) 硬件渲染：指使用计算机的中央处理器芯片和显示芯片的计算机能力，实时计算粒子的运动和状态，主要有如下 7 种类型。

① Multipoint(多点)：选择该项，主要把粒子渲染成多个点，使整个粒子物体显得比较密集，主要用来模拟灰尘、薄雾或其他气体发射效果，如图 8.34 所示。

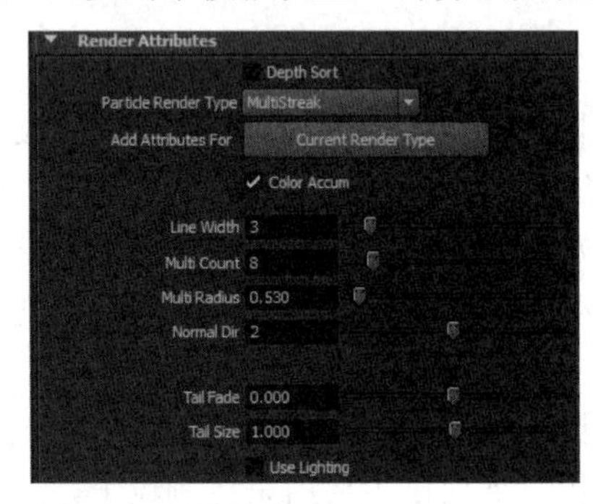

图 8.33

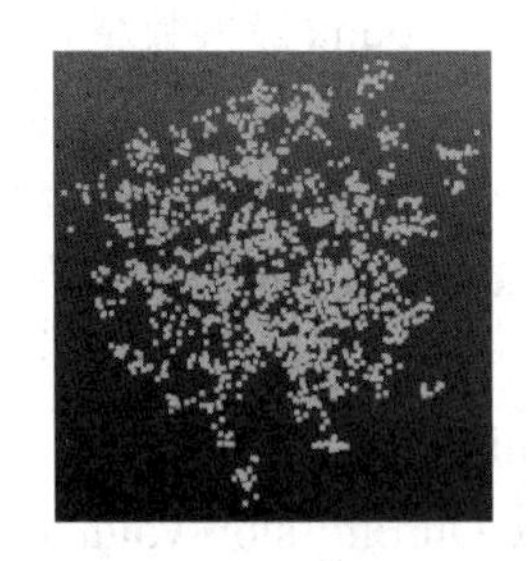

图 8.34

② MultiStreak(多条纹)：选择该项，主要把粒子物体中每个运动粒子渲染成多个带有轨迹的点，如图 8.35 所示。

③ Numeric(数字)：选择该项，主要使粒子以当前粒子属性的数值显示，如图 8.36 所示。

④ Points(点)：选择该项，主要使粒子以点的形式进行渲染，如图 8.37 所示。

图 8.35

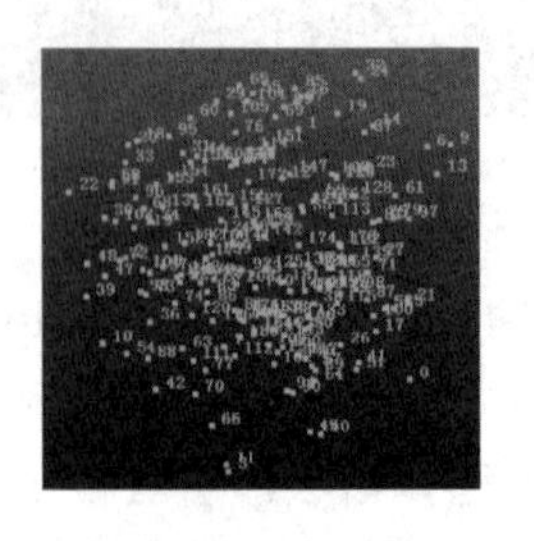

图 8.36

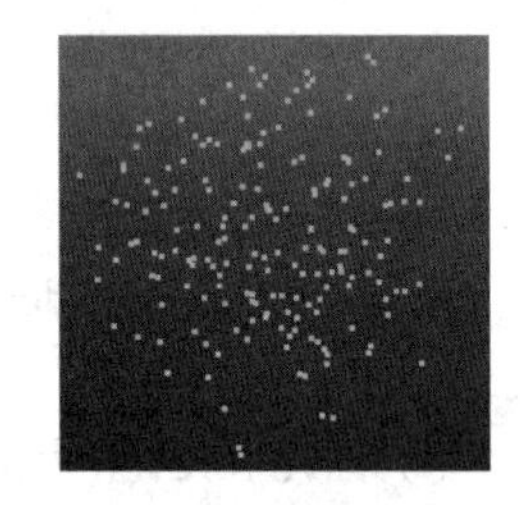

图 8.37

⑤ Spheres(球体)：选择该项，主要使粒子以球体的形式进行渲染，如图 8.38 所示。

⑥ Sprites(精灵)：选择该项，主要使粒子以纹理图像或图像序列方式渲染。每个粒子可以显示相同的、不同的图像或图像序列。使用 Sprites(精灵)的最大特点是无论如何旋转

摄影机，它都一直面向摄影机显示。因此，可以用来模拟烟、雾、云、灰尘或星空效果等，如图 8.39 所示。

⑦ Streak(条纹)：选择该项，主要使粒子以条纹的形式进行渲染，如图 8.40 所示。

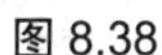
图 8.38

图 8.39

图 8.40

(2) 软件渲染：一种非实时渲染方式，需要经过一个渲染过程才能看到粒子完整的形态和运动。软件渲染主要有如下 3 种方式。

① Blobby Surface(S/W)［滴状表面(S/W)］：选择该项，主要使粒子以滴状表面的形式进行渲染，如图 8.41 所示。

② Cloud(S/W)[云(S/W)]：选择该项，主要使粒子以云的形式进行渲染，如图 8.42 所示。

③ Tube(S/W)[管状物(S/W)]：选择该项，主要使粒子以管状物的形式进行渲染，如图 8.43 所示。

图 8.41

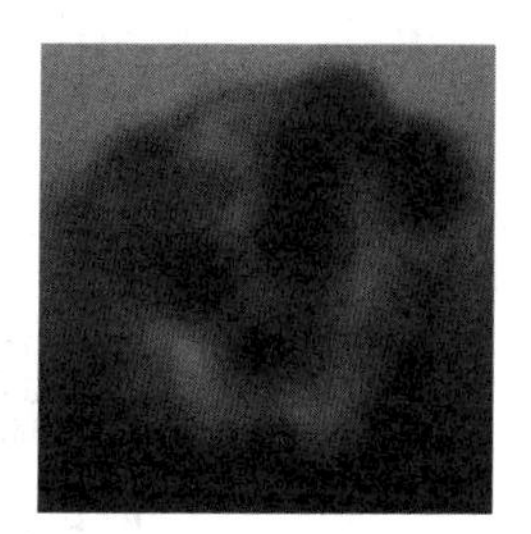

图 8.42

图 8.43

(3) Depth Sort(深度排序)：主要用来控制粒子深度种类的开启或关闭。

(4) Add Attributes For(添加属性)：单击该参数后面的 Particle Render Type(粒子渲染类型)按钮，显示当前粒子类型的属性。

(5) Color Accum(颜色累计)：主要用来为粒子添加 RGB 颜色和不透明效果。一般情况下，它们的重叠部分会变得更加明亮或不透明。

(6) Multi Count(多点数)：主要用来控制每个粒子显示多少个点。

(7) Multi Radius(多点半径)：主要用来设置随机分布的粒子球形区域的半径大小。

(8) Normal Dir(法线方向)：勾选该项，使用灯光照明粒子。

(9) Point Size(点大小)：主要用来控制粒子点的大小。

(10) Use Lighting(使用照明)：勾选该项，为场景添加灯光来照亮粒子。

(11) Line Width(线宽度)：主要用来设置每个条纹的宽度，数值越大，条纹越宽。

(12) Tail Fade(拖尾消失)：主要用来设置条纹粒子尾部的透明度。当它的值为 0 时，完全透明；当它的值为1时，完全不透明。

(13) Tail Size(拖尾大小)：主要用来设置条纹粒子拖尾长度的比例值。

6) Per Particle(Array)Attributes[每粒子(阵列)属性]

Per Particle(Array)Attributes[每粒子(阵列)属性]如图8.44所示。

通过图8.44提供的属性，可以控制粒子的位置、运动和颜色和形态等。具体操作使用方法在后面的具体案例中介绍。

Mass(质量)属性能够影响来自其他对象的粒子上产生的动力学影响所生成的运动运算，例如碰撞和场等。

7) Add Dynamic Attributes(添加动态属性)

Add Dynamic Attributes(添加动态属性)如图8.45所示。它主要包括了General(常规)、Opacity(不透明度)和Color(颜色)3种类型的属性。具体操作方法在后面的具体案例中再详细介绍。

4. Fields(场)

Fields(场)主要包括图8.46所示的命令。在Maya 2011中，仅仅创建粒子是远远不够的，还需要给粒子添加不同的Fields(场)(外力)来控制粒子的各种运动方式。只有用Fields(场)来控制粒子，才能制作出需要的项目效果。使用Fields(场)可以很方便地模拟出自然界中的各种动力运动，它是粒子最主要的运动来源。

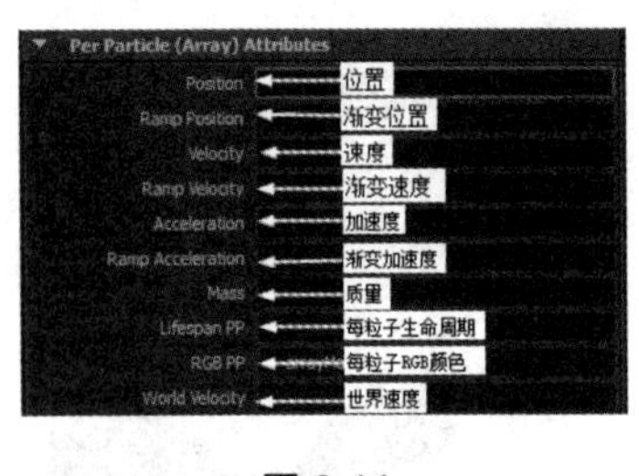

图8.44

图8.45

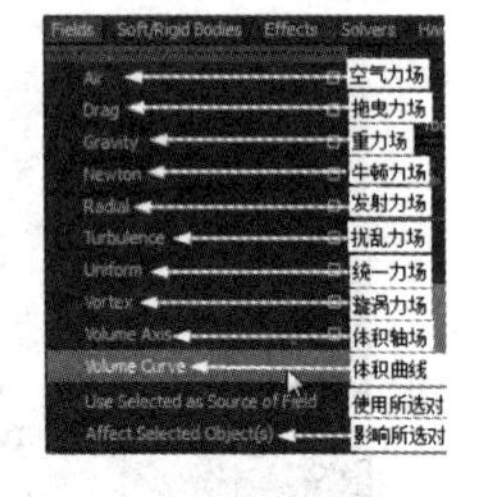

图8.46

Fields(场)是指对粒子、nParticle(n粒子)、nCloth(n布料)、柔体、刚体、流体和头发设置动画的外力。粒子在受到这些外力的影响后，根据力场中力的大小或性质发生不同的变化。

1) 各个动力场的作用

(1) Air(空气力场)：主要用来模拟运动的气流影响粒子的运动。

(2) Drag(拖曳力场)：主要用来模拟运动对象的摩擦力或阻力。

(3) Gravity(重力场)：主要用来模拟地球的重力，可在固定的方向上加速对象的运动。

(4) Newton(牛顿力场)：主要用来模拟万有引力作用下的运动。

(5) Radial(发射力场)：主要用来模拟排斥或吸引被影响的对象。例如模拟磁铁。

(6) Turbulence(扰乱力场)：主要使被影响对象产生不规则的运动效果。

(7) Uniform(统一力场)：主要使对象在某个方向匀速运动。

(8) Vortex(漩涡力场)：主要使被影响对象作圆环的螺旋运动。

(9) Volume Axis(体积轴场)：主要用来模拟粒子流绕过障碍物、太阳耀斑、蘑菇云、爆炸、龙卷风和火箭发射等效果。

(10) Volume Curve(体积曲线场)：主要用来创建一个体积曲线场，通过体积曲线场将影响对象沿曲线向各个方向运动。

(11) Use Selected as Source of Field(使用所选对象作为场源)：主要用来设置场源，动力场即可从所选对象处开始作用，并将力场设定为所选对象的子对象。

(12) Affect Selected Object(S)(影响所选对象)：主要用来连接所选对象与所选力场，使对象受力场的影响。

2) 各个动力场命令的使用方法

各个场命令的使用方法都差不多，大致步骤如下。

步骤 1：在场景中选择对象。

步骤 2：执行动力场命令(在执行前可以先设置动力场的参数)即可。

3) 各个动力场的共同属性

各个动力场的共同属性主要有如下几个。

(1) Magnitude(强度)：主要用来控制动力场的强度。数值越大，动力场强度越大，粒子受场影响后的运动速度就快。例如，给粒子添加重力场，该属性不同参数值的作用效果如图 8.47 所示。

(2) Attenuation(衰减)：指 Magnitude(强度)的衰减。该参数主要控制从力场中心到最大距离之间的衰减速度。数值越大，力场衰减越快。如果设置为 0，力场没有衰减；如果设置为负数，该参数无效。例如，给粒子添加重力场，该属性值的作用效果如图 8.48 所示。

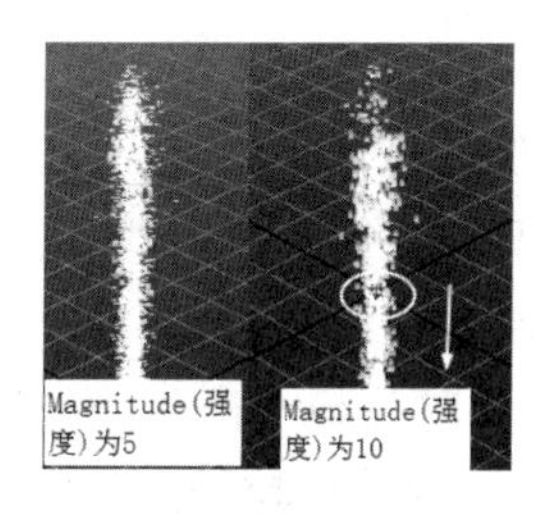

图 8.47

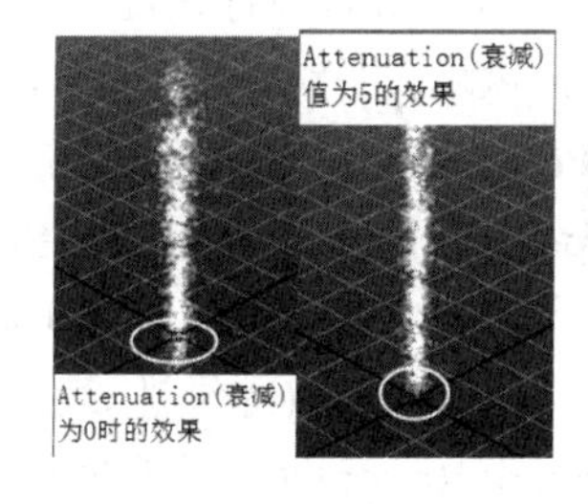

图 8.48

(3) Use Max Distance(使用最大距离)：主要用来设置力场的最大距离。勾选该项，力场的最大影响范围是从中心到 Max Distance(最大距离)的数值；不勾选该项，Max Distance(最大距离)值为-1，力场的范围为无穷大。

(4) Max Distance(最大距离)：主要用来设置力场的最大范围。该参数越大，力场的作用范围越大。只有勾选了 Use Max Distance(使用最大距离)项，此属性才起作用。

(5) Falloff Curve(衰减曲线)：主要通过曲线调节最大距离的衰减变化。该项只有在勾选了 Use Max Distance(使用最大距离)时才起作用，参数如图 8.49 所示。

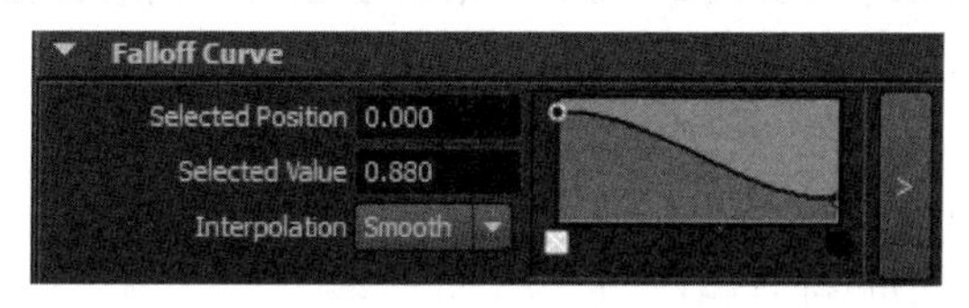

图 8.49

(6) Volume Shape(体积形状)：主要用来设置力场的体积形态。它总共有 6 种，如图 8.50 所示。

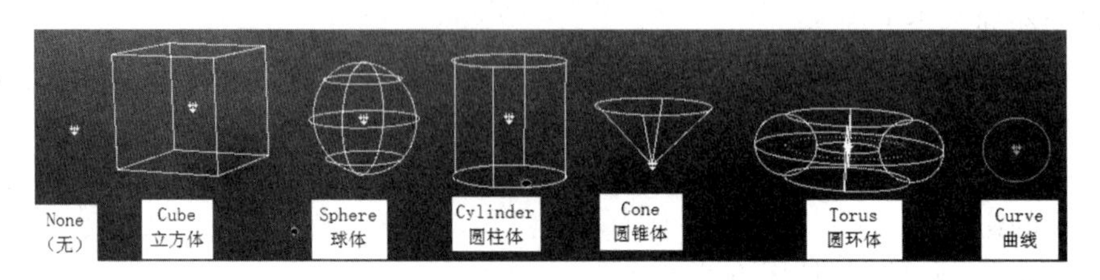

图 8.50

(7) Volume Exclusion(体积排除)：主要用来排除范围。勾选该项后，在体积之外的范围才受力场的影响。

(8) Volume Offset(体积偏移)：主要用来设置力场体积范围的偏移。Volume Offset(体积偏移)右边的 3 个参数分别对应 X、Y、Z 这 3 个轴向，调节这 3 个参数，力场将根据这 3 个参数进行轴向偏移。

(9) Volume Sweep(体积扫掠)：主要用来控制体积模式的环绕角度。当体积模式为 None(无)、Cube(立方体)和 Curve(曲线)时，该属性不可用。

(10) Section Radius(截面半径)：主要用来控制 Torus(圆环体)、Curve(曲线)和 Sphere(球体)的截面半径。数值越大，体积的截面越大。

4) 各个动力场的特有属性

(1) Air(风场)的特有属性如下。

① Direction X/Y/Z[(X/Y/Z)方向]：主要用来控制空气场的方向。

② Speed(速度)：主要用来控制物体与空气场速度匹配的快慢程度。当该属性值为 0 时，物体不运动；当该属性值为 1 时，物体与空气场速度基本匹配。

③ Inherit Velocity(继承速度)：主要用来控制空气场位移时对粒子产生的作用力。

④ Inherit Rotation(继承旋转)：主要用来控制空气场自身旋转对粒子产生的影响。

⑤ Component Only(仅组件)：勾选该项，空气力场所施加的力由 Direction(方向)、Speed(速度)和 Inherit Velocity(继承速度) 3 个属性共同决定。空气力场只用于加快运动的速度。只有移动速度比空气力场慢的对象才会受到影响，而比空气力场速度快的对象将不受影响，保持原有速度运动。

⑥ Spread(扩散)：主要用来控制空气场作用的角度。该属性的数值控制了空气场作用方向的锥形大小。

(2) Drag(拖曳场)的特有属性如下。

① Speed Attenuation(速度衰减)：主要用来减小动力场对移动速度较慢粒子的影响和作用。

② Use Direction(使用方向)：主要用来控制作用方向。当打开该选项时，力场只在下方所设置的方向上产生作用力。

(3) Newton(牛顿力场)的特有属性如下。

Min Distance(最小距离)：主要用来设置牛顿力场与其影响范围之内的最小距离。

(4) Radial(放射力场)的特有属性如下。

Radial Type(放射类型)：主要用来控制发射场的衰减方式。当数值为 1 时，力场的作用力会在到达 Max Distance(最大距离)时迅速衰减到 0；当数值为 0 时，力场的作用力会在到达放射场影响范围的边界时逐渐接近 0，但永远不会到达 0。参数面板如图 8.51 所示。

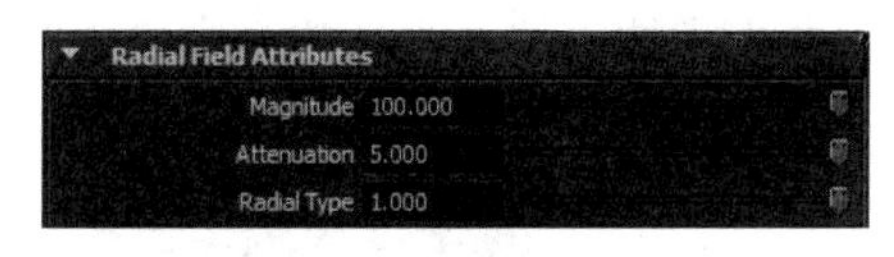

图 8.51

(5) Turbulence(扰乱力场)的特有属性如下。

① Frequency(频率)：主要用来控制扰动力场的频率。该参数的数值越大，被影响对象不规则运动的频率越高。

② Phase X/Y/Z(X/Y/Z 相位)：主要用来控制扰动力场的相对移动，可影响中断粒子的方向。

③ Interpolation Type(插值类型)：主要用来控制扰乱力场的插值方式，且主要有 Quadratic 和 Linear 两种方式。

④ Noise Level(噪波级别)：主要用来控制扰乱的查找等级。数值越大，扰乱越不规则。

⑤ Noise Ratio(噪波比率)：主要用来控制查找的权重。当 Noise Level(噪波级别)为 0 时，该参数不起作用。

(6) Vortex(漩涡场)的特有属性如下。

Axis X/Y/Z(X/Y/Z 轴向)主要用来控制力场沿哪个轴向起作用力。参数设置如图 8.52 所示，效果如图 8.53 所示。

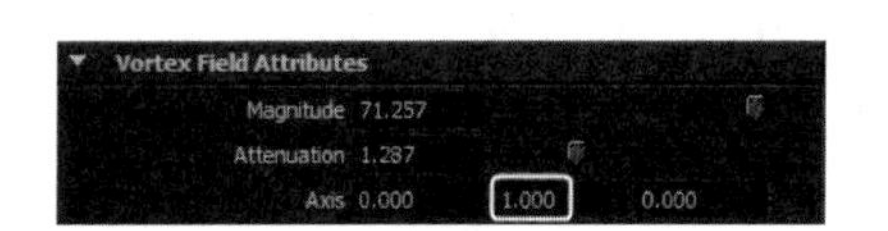

图 8.52

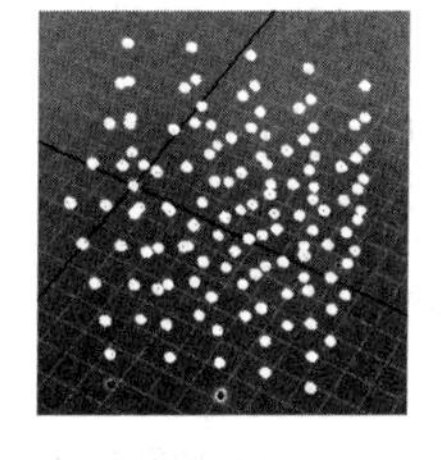

图 8.53

(7) Volume Axis(体积力场)的特有属性如下。

① Away From Center(离开中心)：主要用来控制物体从力场中心到四周的速度。只对 Cube(立方体)和 Sphere(球体)两种体积模式起作用，如图 8.54 所示。

② Away From Axis(离开中心)：主要用来控制粒子从圆柱体、圆锥体或圆环体的中心轴离开的速度，如图 8.55 所示。

③ Along Axis(沿坐标轴)：主要用来控制粒子沿所有体积中心轴运动的速度，如图 8.56 所示。

④ Around Axis(围绕坐标轴)：主要用来控制粒子环绕所有体积中心轴运动的速度。如果与圆柱体体积形状结合使用，则通过该参数可创建涡流气体的效果，如图 8.57 所示。

⑤ Directional Speed(方向速度)：主要用来控制 Directional X/Y/Z(X/Y/Z 方向)属性上的速度。

⑥ Direction(方向)：主要用来控制力场 Directional Speed(方向速度)作用力的方向，如图 8.58 所示。

⑦ Turbulence(扰乱)：主要用来控制扰乱力场的强度，如图 8.59 所示。

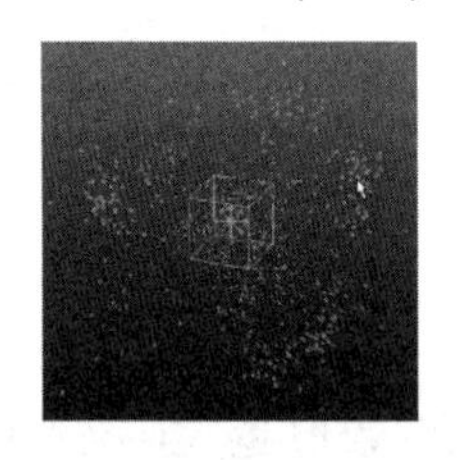

图 8.54

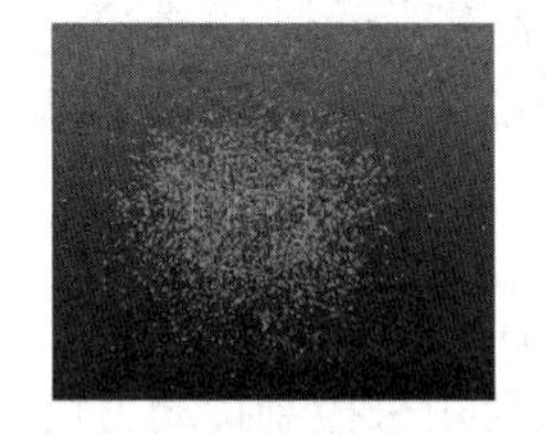

图 8.55

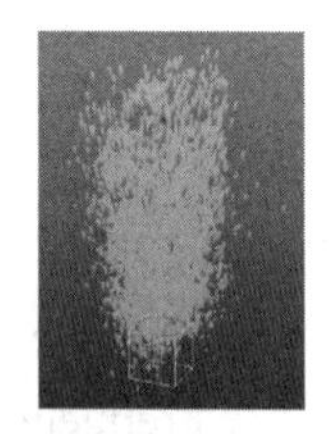

图 8.56

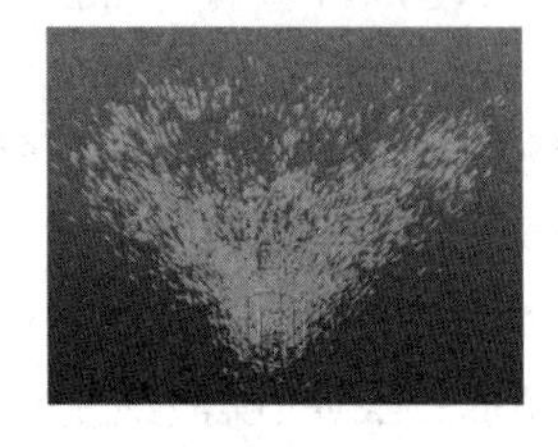

图 8.57

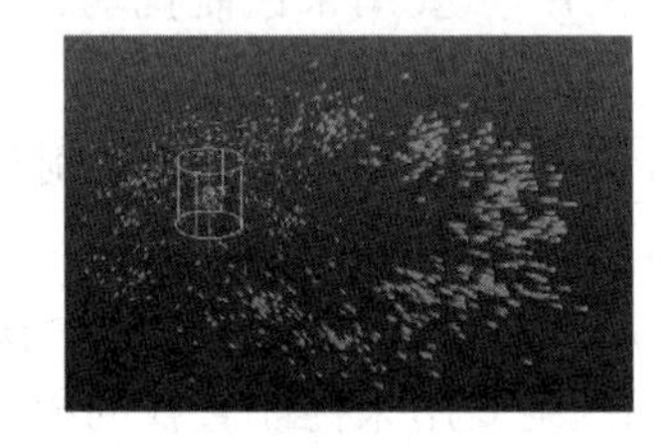

图 8.58

图 8.59

⑧ Turbulence Speed(扰乱速度)：主要用来控制扰乱力场的循环速度。

⑨ Turbulence frequency X/Y/Z(X/Y/Z 扰乱频率)：主要用来控制发射体积边界内的重复次数。数值越低，扰乱越柔和。

⑩ Turbulence offset x/y/z(x/y/z 波动偏移)：主要用来控制体积内扰乱的位移。

⑪ Detail turbulence(精细扰乱)：主要用来设置次级频率扰乱力场的强度。该扰乱的速度和频率要比主扰乱的速度和频率高。当该参数值为 0 时，模拟速度变慢。

(8) Volume Curve(体积曲线场)的特有属性如下。

创建一个具有体积场属性和范围的曲线。

① Section Radius(截面半径)：主要用来控制截面半径的大小，如图 8.60 所示。

② Trap Inside(内部陷印)：主要用来保持力场内部的强度。

③ Trap Ends(陷印末端)：主要用来保持力场曲线两端的封闭性，如图 8.61 所示。

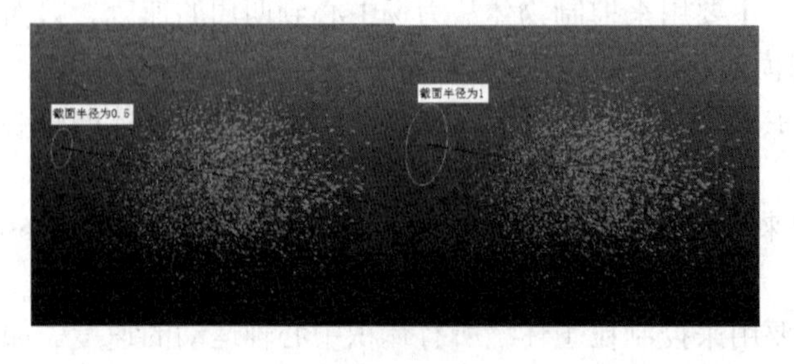

图 8.60

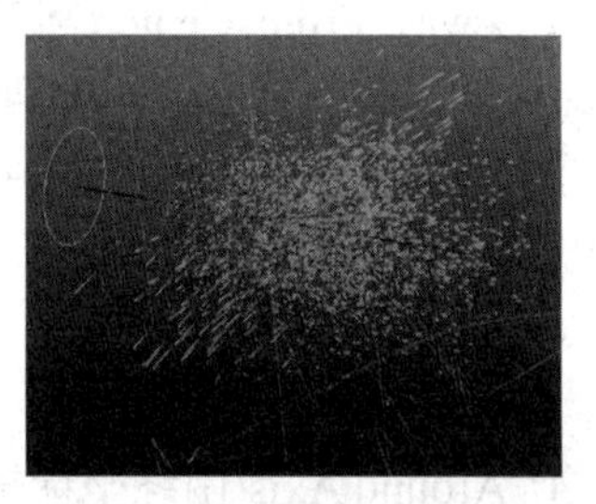

图 8.61

5. 动力学关联编辑器

在 Maya 2011 中，读者通过 Dynamic Relationships Editor(动力学关联编辑器)可以随时连接或断开粒子与力场、发射器与碰撞物体之间的关联，具体操作方法如下。

步骤 1：在菜单栏中选择 Windows(窗口)→Relationship Editors(关联编辑)→Dynamic Relationships Editor(动力学关联编辑器)命令，打开 Dynamic Relationships Editor(动力学关联编辑器)窗口。

步骤 2：在 Dynamic Relationships Editor(动力学关联编辑器)窗口的左侧，单击任意一个对象，在该编辑器的右侧显示可以连接或断开的场、发射器和有碰撞能力的几何体，如图 8.62 所示。

步骤 3：在右侧呈蓝色背景显示，表示与被选择对象形成关联。单击取消关联，再单击可以建立关联。

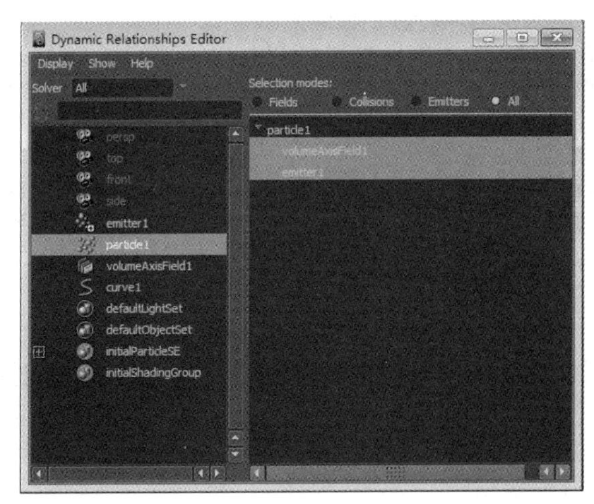

图 8.62

视频播放：粒子系统基础知识的详细讲解，请观看配套视频“part\video\chap08_video01”。

四、拓展训练

根据本案例所学知识制作如下效果。基础比较差的同学可以观看配套视频讲解。

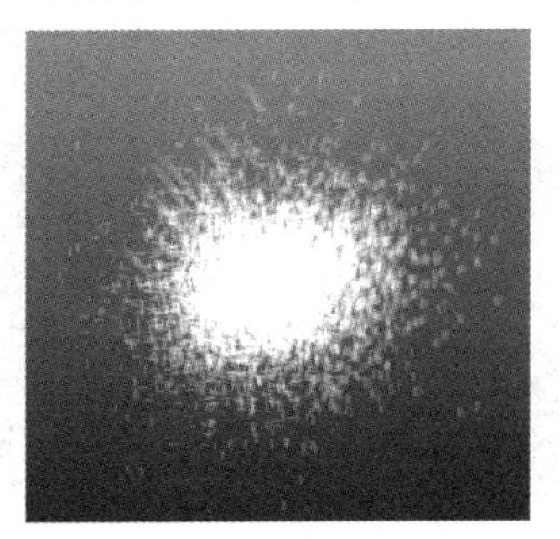

案例 2：闪电效果

一、案例效果

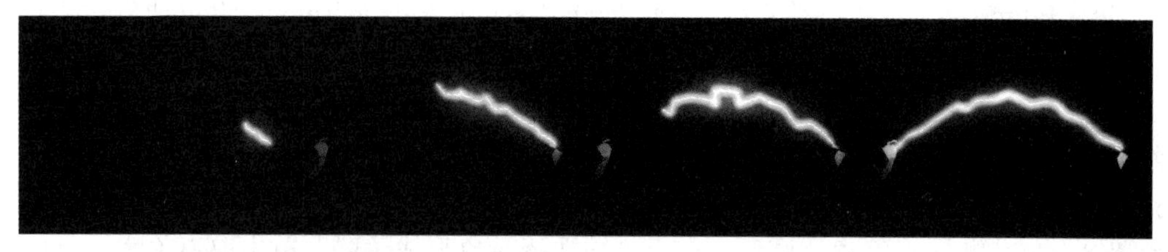

二、案例制作流程(步骤)分析

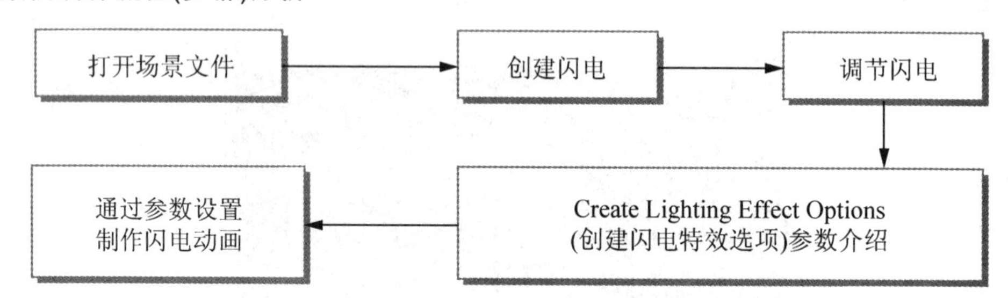

三、详细操作步骤

在本案例中，通过制作一个闪电效果来介绍 Create Lightning(创建闪电)命令的使用方法、技巧和参数设置。其具体操作步骤如下。

1. 打开场景文件

打开场景文件，如图 8.63 所示。在该场景中主要包括两个手指头。下面在这两个手指头之间创建闪电效果。

2. 创建闪电

步骤 1：在场景中框选两个手指头。按 F5 键将编辑模块切换到 Dynamics(动力学)模块。

步骤 2：在菜单栏中单击 Effects(特效)→Create Lightning(创建闪电)→■图标，打开 Create Lighting Effect Options(创建闪电特效选项)窗口，如图 8.64 所示。

图 8.63

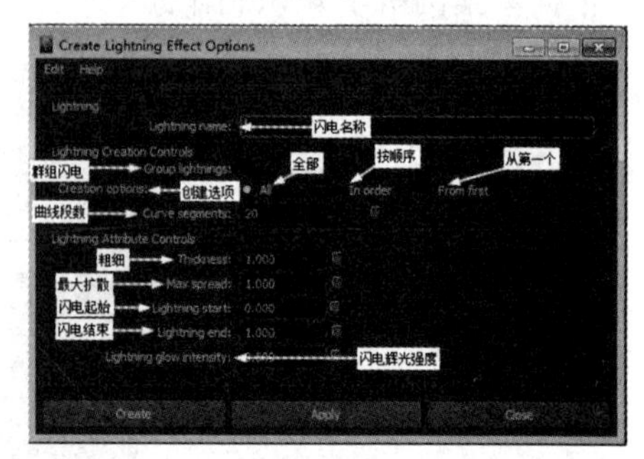

图 8.64

步骤 3：单击 Create(创建)按钮，即可得到图 8.65 所示的效果。渲染效果如图 8.66 所示。

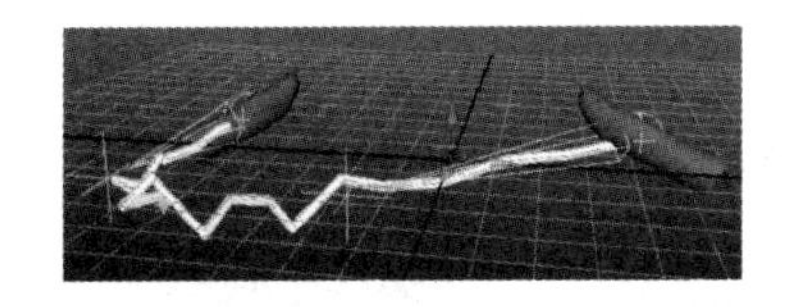

图 8.65

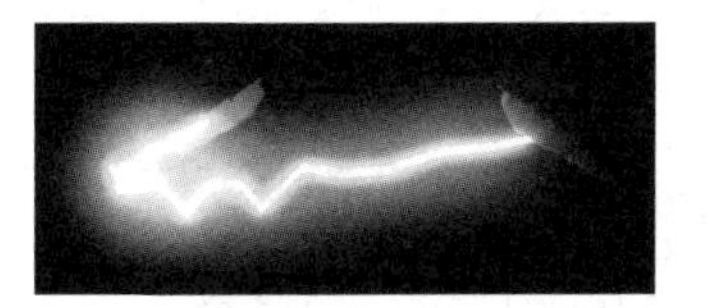

图 8.66

3. 调节闪电

在这里采用默认参数创建的闪电效果，并不符合实际的需要。下面对闪电进行发射方向和参数设置，具体方法如下。

步骤 1：调节闪电的发射方向。在视图中选择(十字架)进行移动，调节闪电发射的方向，如图 8.67 所示。

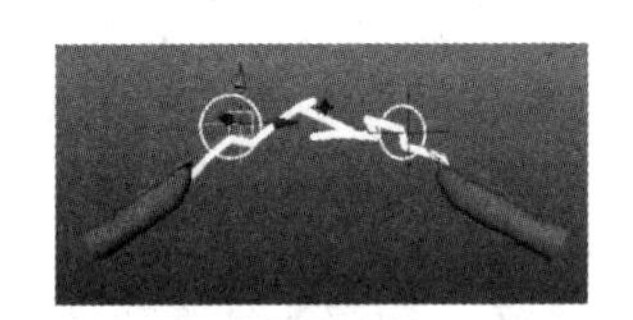

图 8.67

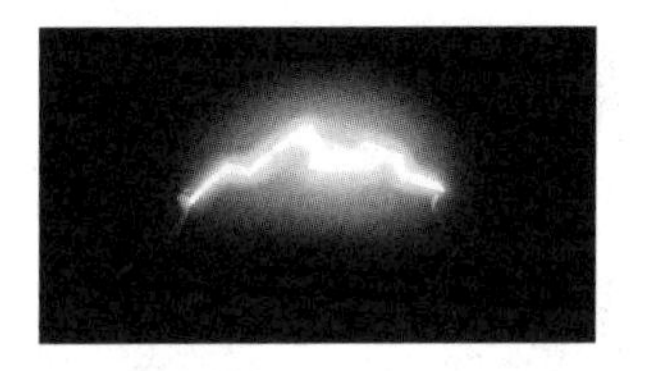

图 8.68

步骤 2：渲染效果如图 8.68 所示。

步骤 3：在视图中选择闪电。在通道盒中设置参数，具体设置如图 8.69 所示。最终渲染效果如图 8.70 所示。

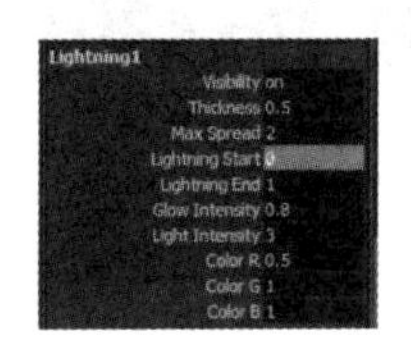

图 8.69

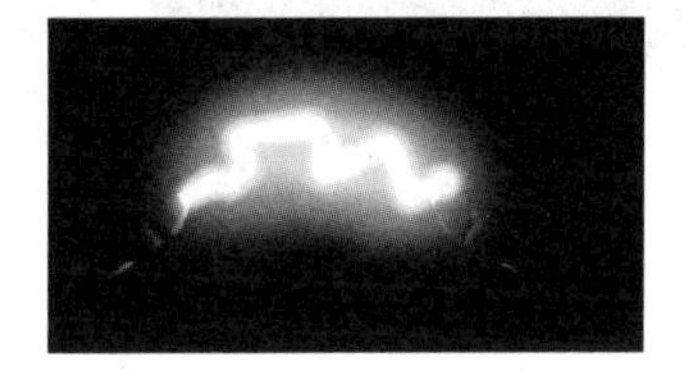

图 8.70

4. Create Lighting Effect Options(创建闪电特效选项)参数介绍

在前面制作了一个简单闪电效果。下面对 Create Lighting Effect Options(创建闪电特效选项)参数进行一个简单介绍，方便用户在今后根据项目要求制作不同闪电效果。

(1) Lightning name(闪电名称)：用户在这里可以为创建的闪电命名。如果不输入名称，系统会自动命名为 Lightning1(闪电 1)。

(2) Group Lightnings(群组闪电)：勾选该项，创建的所有闪电，系统自动将它们打一个组。如果用户需要创建很多闪电时，勾选此项，方便管理场景。

(3) Creation Options(创建选项)：主要包括如下 3 个选项，用户可以根据自己需要选择任一项。

① All(全部)：选择该项，在所有选择的对象之间创建闪电，如图 8.71 所示。

② In order(按顺序)：选择该项，按选择对象的先后顺序创建闪电，如图 8.72 所示。

③ From first(从第一个)：从第一个选择的对象出发，分别对其他对象创建闪电，如图 8.73 所示。

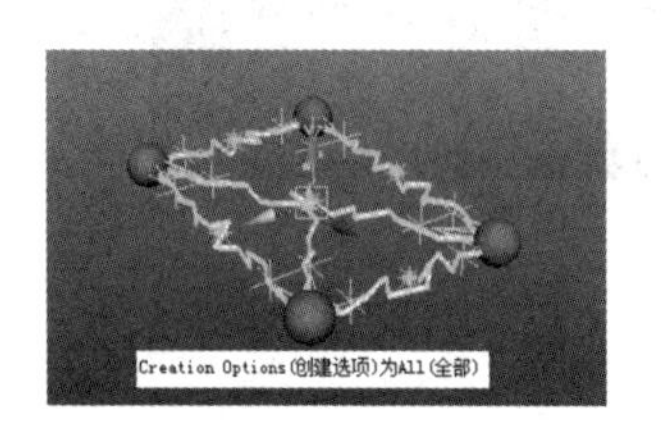

图 8.71

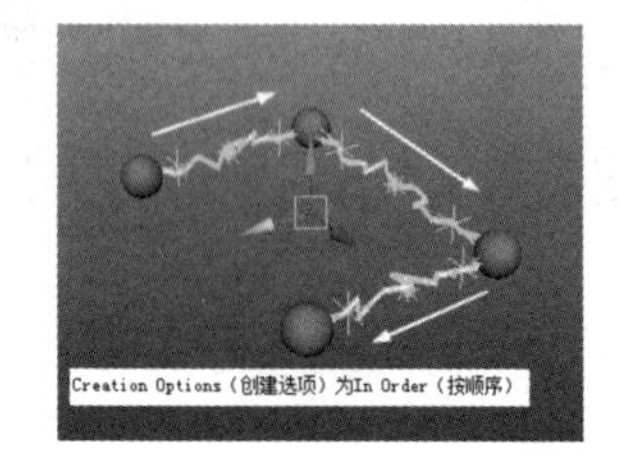

图 8.72

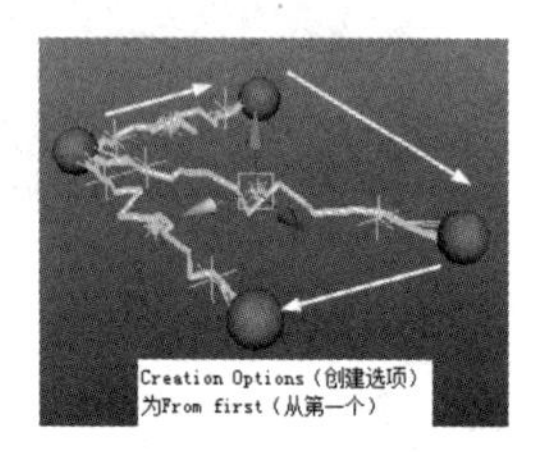

图 8.73

(4) Curve Segments(曲线段数)：主要用来控制闪电段的数量。数值越大，闪电的弯曲数越多，如图 8.74 所示。

(5) Thickness(粗细)：主要用来控制闪电的粗细，即曲面圆柱体半径大小。数值越大，闪电越粗，如图 8.75 所示。

(6) Max spread(最大扩散)：主要用来控制闪电的抖动程度，数值越大，闪电抖动得越厉害，如图 8.76 所示。

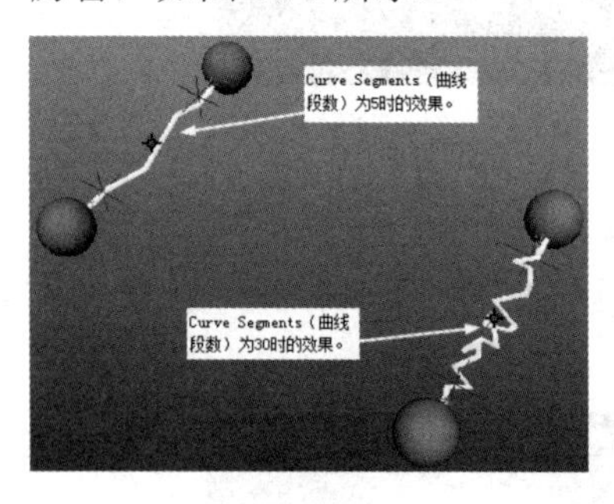

图 8.74

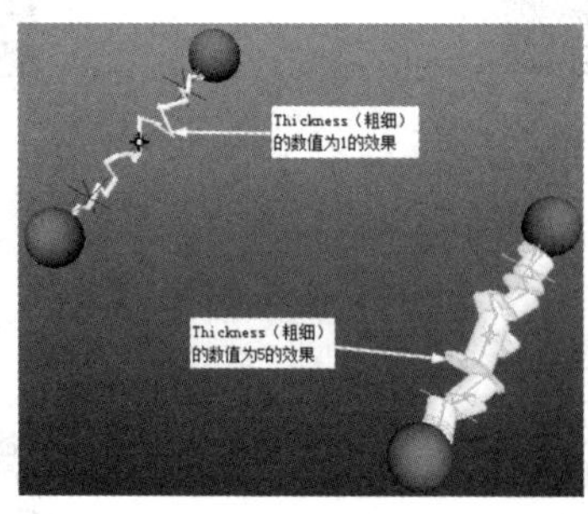

图 8.75

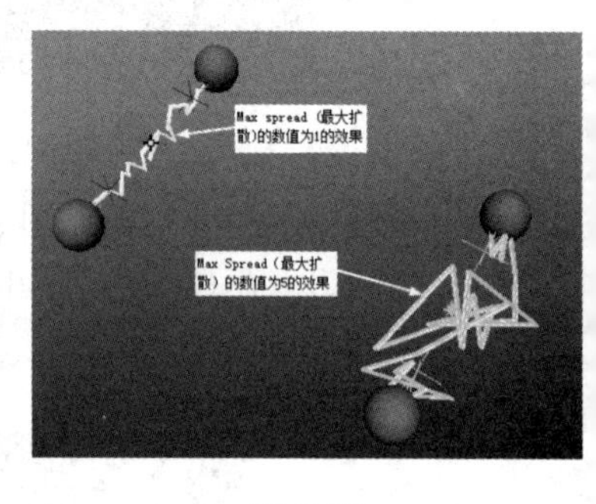

图 8.76

(7) Lightning Start/End(闪电起始/结束)：主要用来设置闪电在两个所选对象间的开始点和结束点的位置。

(8) Lightning glow intensity(闪电辉光强度)：主要用来控制闪电辉光的强度。

(9) Color R/G/B(R/G/B 颜色)：主要用来设置闪电的颜色。

5. 通过参数设置制作闪电动画

在这里，通过改变 Lightning Start(闪电起始)参数制作动画，具体操作步骤如下。

步骤 1：将时间滑块移到时间线第 1 帧的位置，在通道盒中将 Lightning Start(闪电起始)参数数值改为 1。

步骤 2：在 Lightning Start(闪电起始)参数上右击，弹出快捷菜单。在弹出的快捷菜单中选择 Key Selected(选择对关键帧)命令，即可为该参数创建一个关键帧。

步骤 3：将时间滑块移到时间线第 24 帧的位置，在通道盒中将 Lightning Start(闪电起始)参数数值改为 0。

步骤 4：在 Lightning Start(闪电起始)参数上右击，弹出快捷菜单，在弹出的快捷菜单中选择 Key Selected(选择对关键帧)命令，即可为该参数创建一个关键帧。

步骤 5：最终渲染效果如图 8.77 所示。

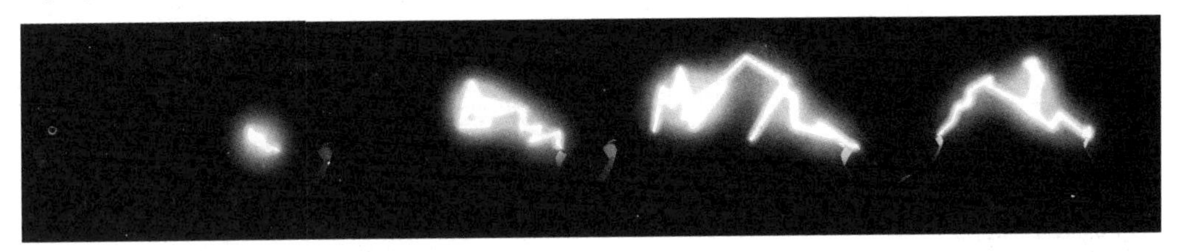

图 8.77

步骤 6：从渲染效果可以看出，闪电太强。在通道盒中将 Thickness(粗细)参数设置为 0.1。最终渲染效果如图 8.78 所示。

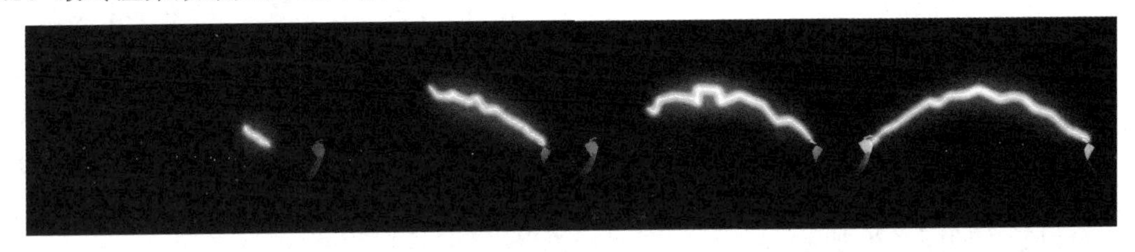

图 8.78

视频播放：闪电效果的制作的详细讲解，请观看配套视频“part\video\chap08_video02”。

四、拓展训练

根据前面所学知识制作如下动画效果。基础比较差的同学可以观看配套视频资料。

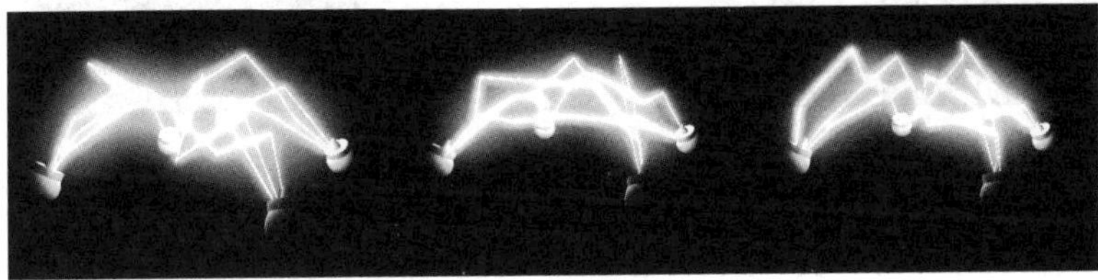

案例 3：烟花效果

一、案例效果

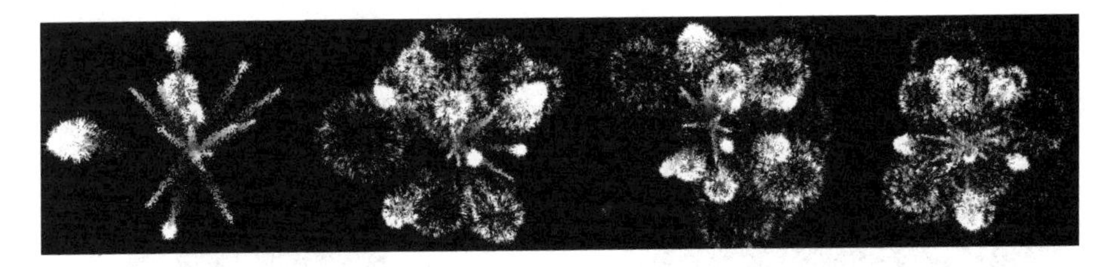

二、案例制作流程(步骤)分析

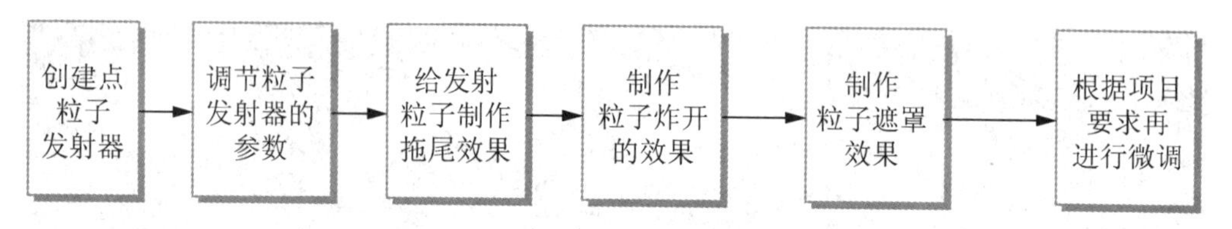

三、详细操作步骤

烟花是电视剧和动画片中经常看到的一种效果。在本案例中，通过使用 Maya 2011 中的相关特效命令来模拟现实生活中的烟花效果，具体制作方法如下。

1. 创建点粒子发射器

步骤 1：新建一个场景文件，命名为“yanhua.mb”。

步骤 2：将时间线设置为 200 帧，按 F5 键将编辑模块切换到 Dynamics(动力学)模块。

步骤 3：在菜单栏中选择 Particles(粒子)→Create Emitter(创建发射器)命令，即可创建一个默认发射器和粒子，效果如图 8.79 所示。在大纲视图中，可以看到有一个粒子发射器和一个粒子，如图 8.80 所示。

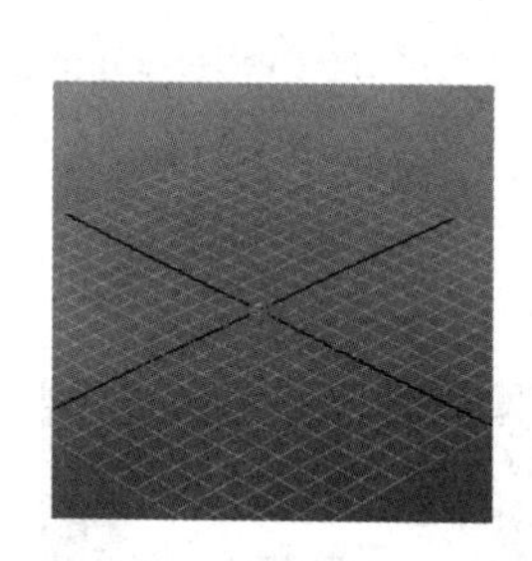

图 8.79

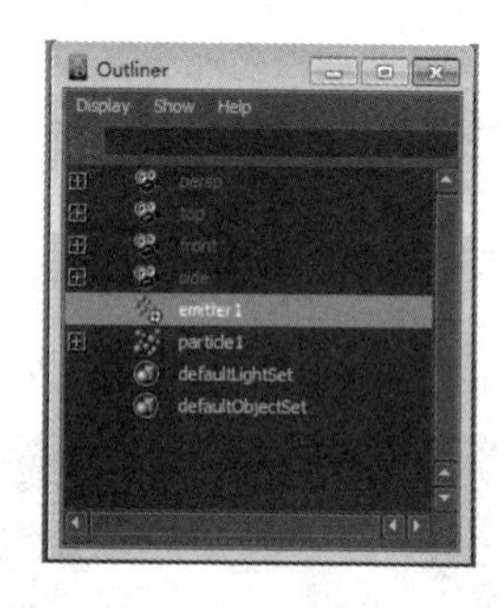

图 8.80

2. 调节粒子发射器的参数

从播放的效果可以看出，刚创建的粒子并不符合要求，需要进行参数调节，具体调节方法如下。

步骤 1：在视图中选择粒子，按 Ctrl+A 组合键，弹出粒子编辑器面板。

步骤 2：设置粒子的 Render Attributes(渲染属性)，具体设置如图 8.81 所示。效果如图 8.82 所示。

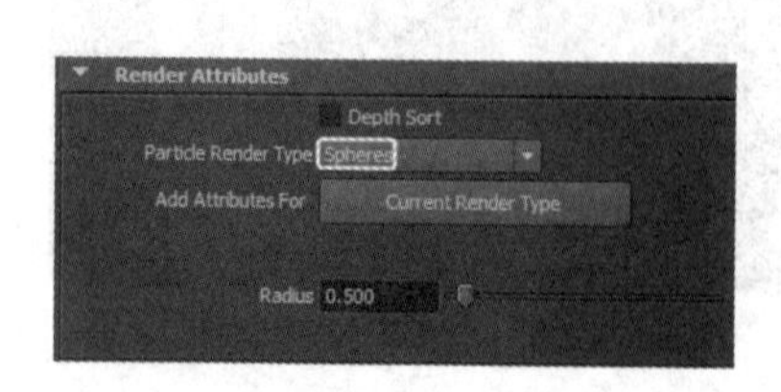

图 8.81

图 8.82

步骤 3: 在 Outliner(大纲视图)窗口中选择 emitter1(粒子发射器 1)。在通道盒中将 Rate(发射速率)设置为 10，Speed(发射速度)设置为 10。此时，粒子效果如图 8.83 所示。

步骤 4: 设置粒子的死亡时间。选择 Particle1(粒子 1)，在粒子编辑器面板中设置参数，具体设置如图 8.84 所示。效果如图 8.85 所示。

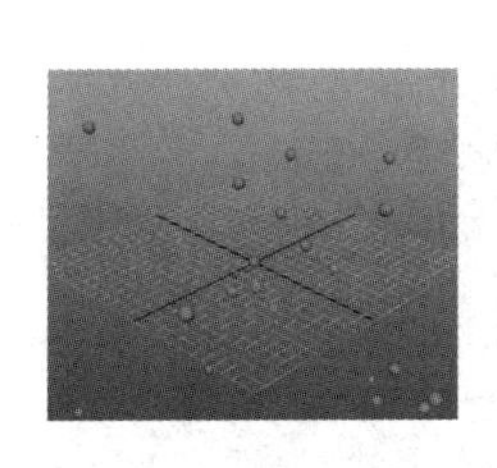

图 8.83

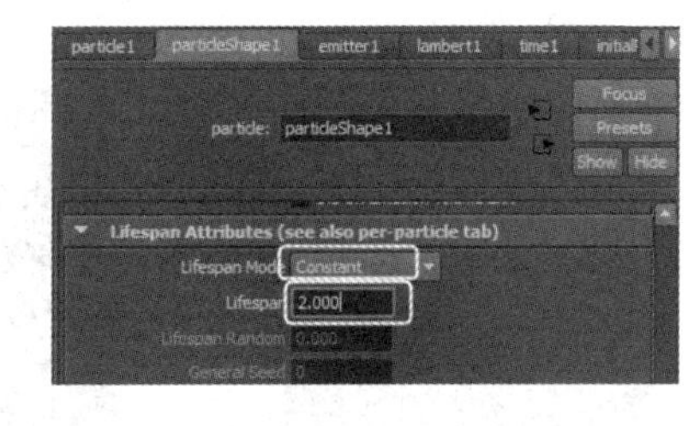

图 8.84

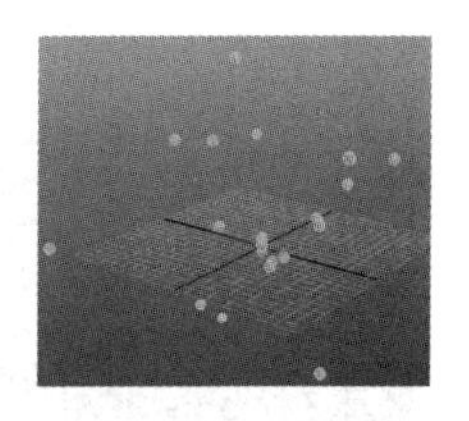

图 8.85

3. 给发射粒子制作拖尾效果

拖尾效果的制作原理是以 Particle1(粒子 1)作为发射器，再创建粒子从 Particle1(粒子 1)中发射。其具体制作方法如下。

步骤 1: 在 Outliner(大纲视图)窗口中选择 Particle1(粒子 1)。

步骤 2: 在菜单栏中选择 Particles(粒子)→Emit from Object(从对象创建粒子)命令，即可创建默认 Particle2(粒子 2)，如图 8.86 所示。

步骤 3: 单击播放按钮，效果如图 8.87 所示。

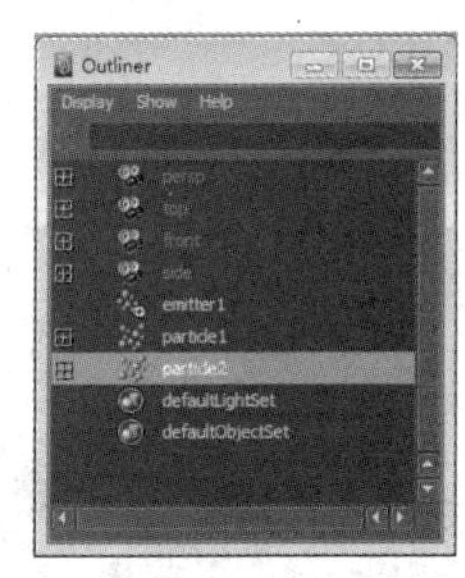

图 8.86

图 8.87

步骤 4: 选择 Particle1(粒子 2)，调节该粒子的死亡时间，在粒子属性编辑面板中调节参数，具体调节如图 8.88 所示。

步骤 5: 选择 Particle1(粒子 2)，调节该粒子的渲染属性，具体调节如图 8.89 所示。

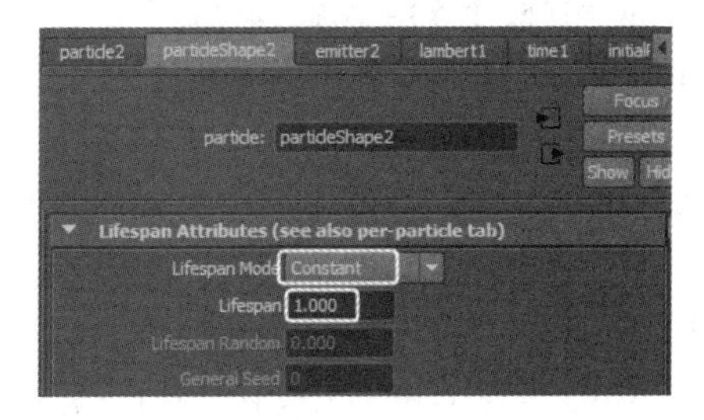

图 8.88

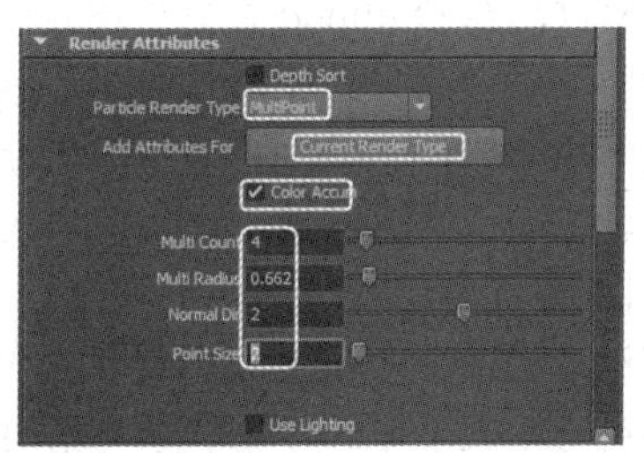

图 8.89

步骤 6：单击播放按钮，效果如图 8.90 所示。

步骤 7：为 Particle2(粒子 2)添加拖尾颜色。在粒子属性面板中单击 Per Particle (Array)Attributes［每粒子(阵列)属性］属性下的 Color(颜色)按钮，打开 Particle Color(粒子颜色)窗口，具体设置如图 8.91 所示。单击 Add Attribute(添加属性)按钮，即可在粒子属性面板中添加 RGB PP 选项，如图 8.92 所示。

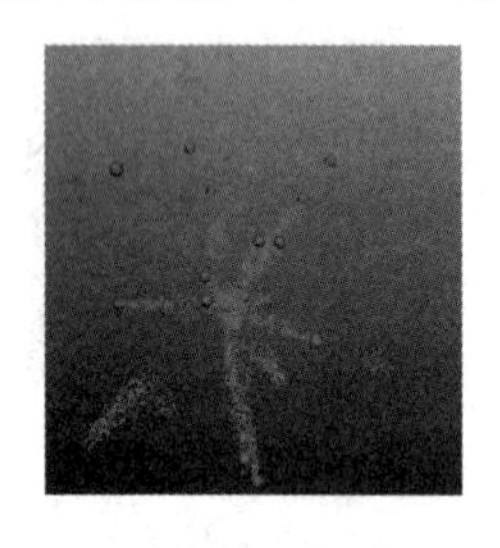

图 8.90

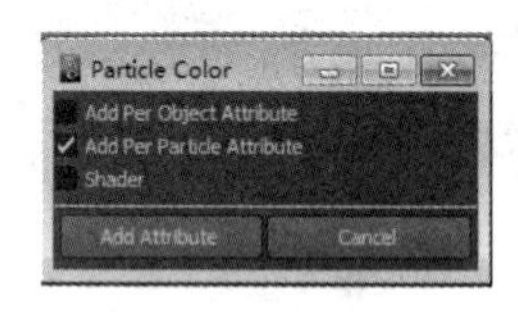

图 8.91

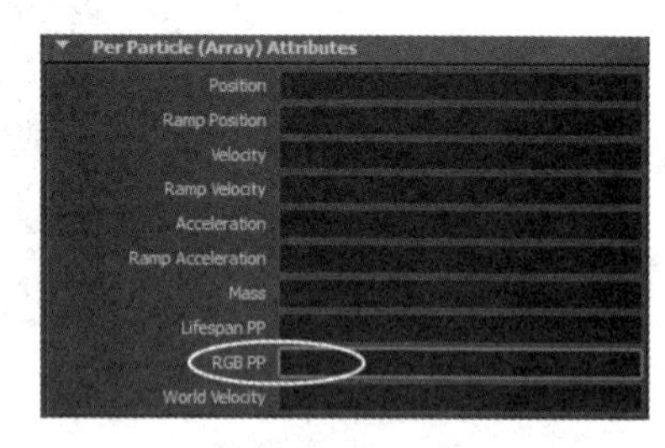

图 8.92

步骤 8：在 RGB PP 右边右击，弹出快捷菜单。在弹出的快捷菜单中选择 Create Ramp(创建渐变)命令，添加渐变贴图。

步骤 9：再在 RGB PP 右边右击，弹出快捷菜单。在弹出的快捷菜单中选择 arrayMapper1.outColorPP→Edit Ramp(编辑渐变贴图)命令，弹出 Ramp Attributes(渐变属性)面板，具体调节如图 8.93 所示。渲染效果如图 8.94 所示。

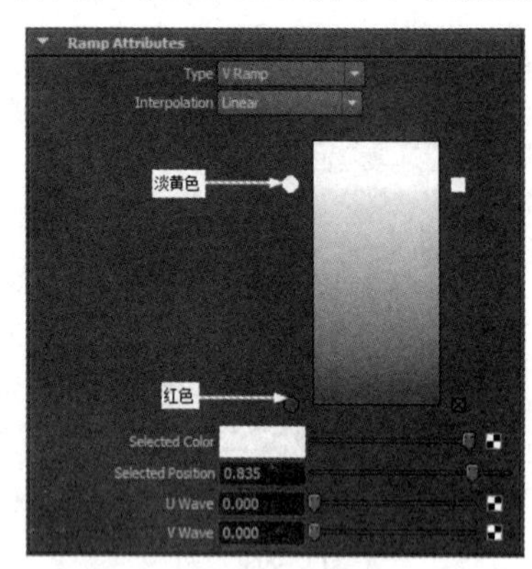

图 8.93

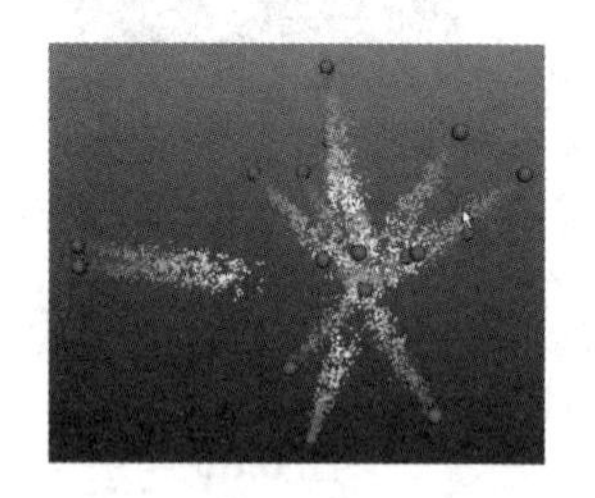

图 8.94

4. 制作粒子炸开的效果

步骤 1：在 Outliner(大纲视图)窗口中选择 Particle1(粒子 1)。

步骤 2：在菜单栏中选择 Particles(粒子)→Emit from Object(从对象创建粒子)命令，即可创建一个 Particle3(粒子 3)，如图 8.95 所示。

步骤 3：选择 Particle3(粒子 3)，在属性面板中设置 Render Attributes(渲染属性)，具体设置如图 8.96 所示。

步骤 4：设置粒子的死亡时间，具体设置如图 8.97 所示。

步骤 5：添加单粒子颜色。单击 Per Particle (Array)Attributes［每粒子(阵列)属性］属性下的 Color(颜色)按钮，打开 Particle Color(粒子颜色)窗口，具体设置如图 8.98 所示。单击 Add Attribute(添加属性)按钮，即可在粒子属性面板中添加 RGB PP 选项。

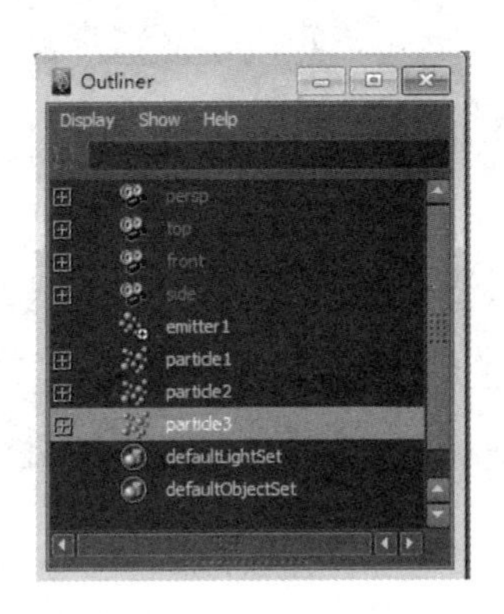

图 8.95

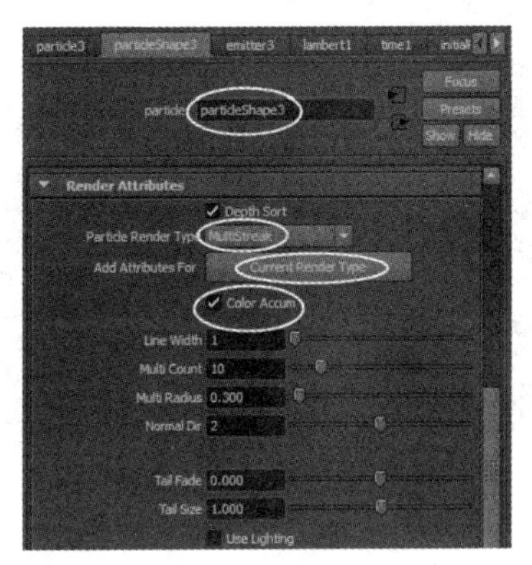

图 8.96

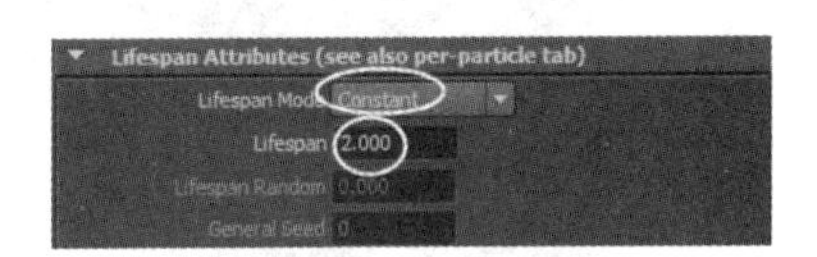

图 8.97

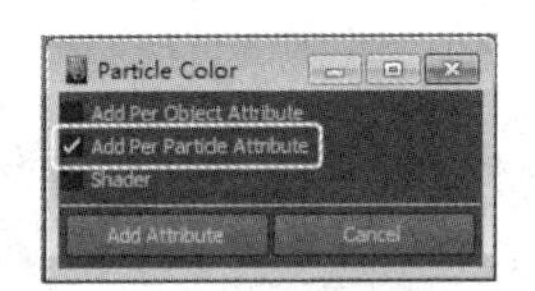

图 8.98

步骤 6：给 RGB PP 添加一个渐变贴图。在 RGB PP 右边右击，弹出快捷菜单。在弹出的快捷菜单中选择 Create Ramp(创建渐变)命令，添加渐变贴图。

步骤 7：再在 RGB PP 右边右击，弹出快捷菜单。在弹出的快捷菜单中选择 arrayMapper1.outColorPP→Edit Ramp(编辑渐变贴图)命令，弹出 Ramp Attributes(渐变属性)面板，具体设置如图 8.99 所示。渲染效果如图 8.100 所示。

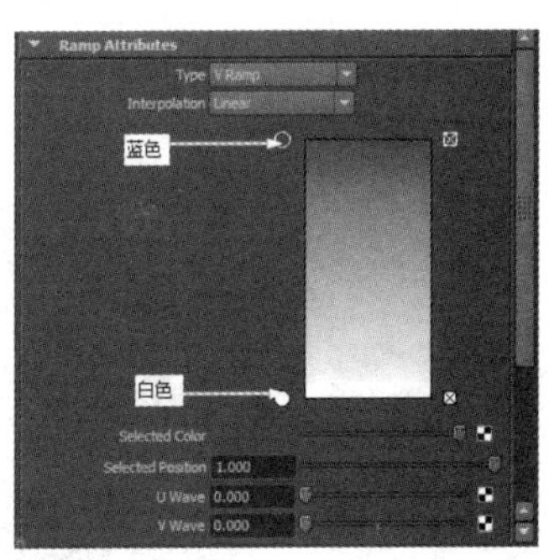

图 8.99

图 8.100

5. 制作粒子遮罩效果

步骤 1：在 Outliner(大纲视图)窗口中选择 Particle1(粒子 1)。

步骤 2：在菜单栏中单击 Particles(粒子)→PER-Point Emission Rates(每个点的发射速率)命令，即可在粒子属性面板中添加两个选项。如图 8.101 所示。

步骤 3：给 Emitter 2Rate PP 添加渐变贴图并编辑渐变贴图，方法同上。渐变效果如图 8.102 所示。

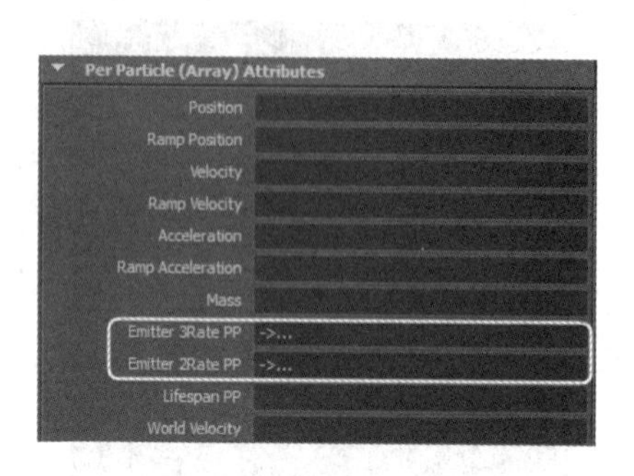

图 8.101

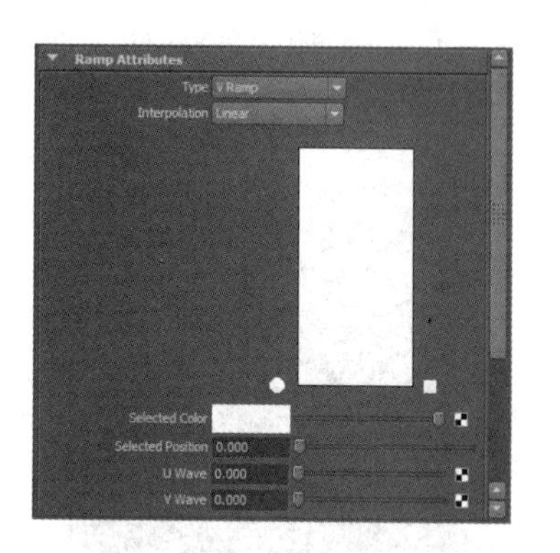

图 8.102

步骤 4：设置参数，具体设置如图 8.103 所示。渲染效果如图 8.104 所示。

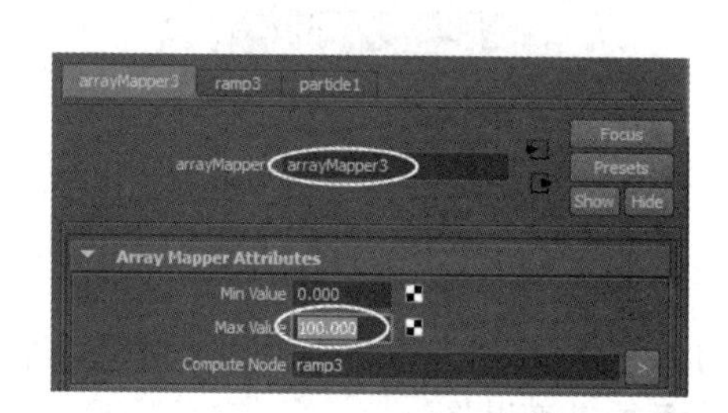

图 8.103

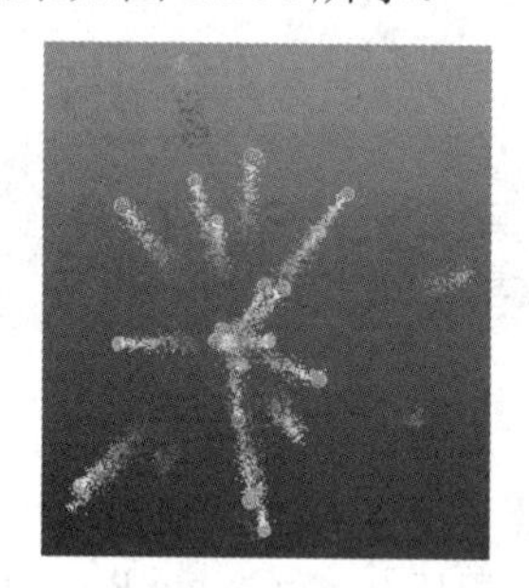

图 8.104

步骤 5：给 Emitter 3Rate PP 添加渐变贴图并编辑渐变贴图，方法同上。渐变效果如图 8.105 所示。

步骤 6：设置参数，具体设置如图 8.106 所示。渲染效果如图 8.107 所示。

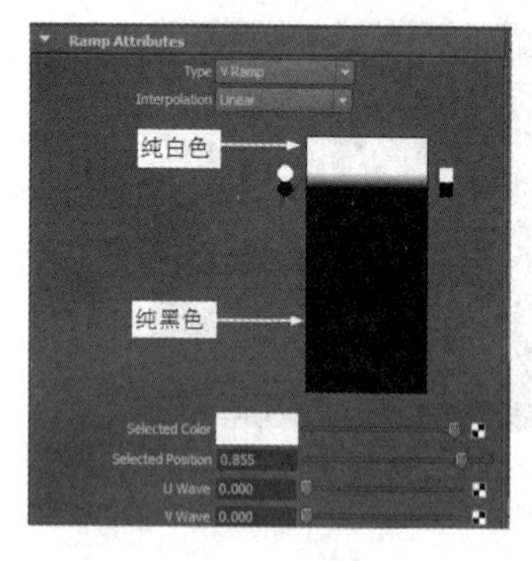

图 8.105

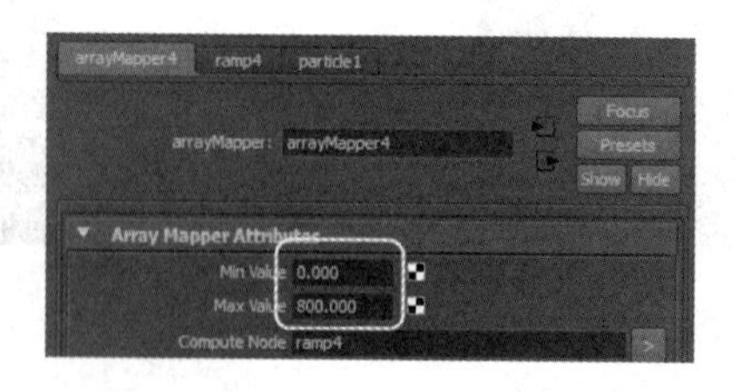

图 8.106

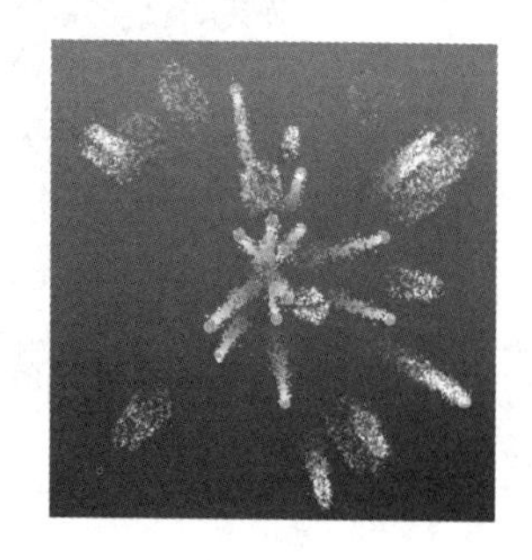

图 8.107

6. 根据项目要求进行微调

步骤 1：在 Outliner(大纲视图)窗口中选择图 8.108 所示的粒子，在通道盒中将 Speed (速度)的数值设置为 5。

步骤 2：调节 Particle3(粒子 3)的渲染类型参数。在 Outliner(大纲视图)窗口中选择

Particle3(粒子 3)粒子，按 Ctrl+A 组合键，效果如图 8.109 所示。

步骤 3：Particle3(粒子 3)粒子属性的具体调节如图 8.110 所示。

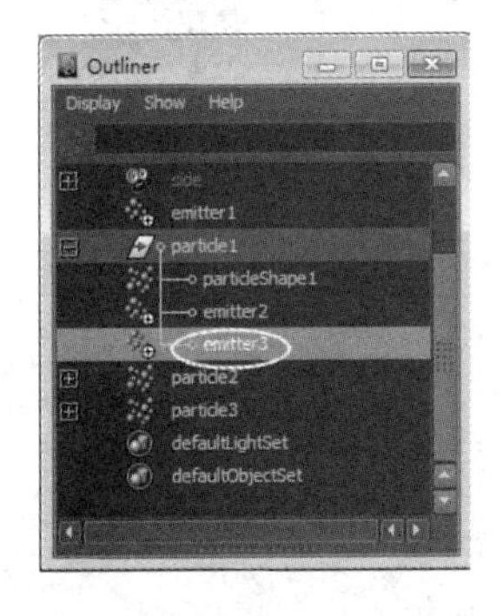

图 8.108

图 8.109

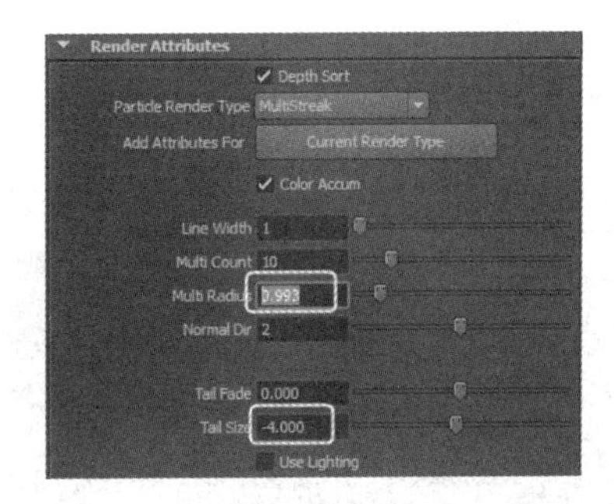

图 8.110

步骤 4：渲染效果如图 8.111 所示。

步骤 5：按 Alt+B 组合键将背景颜色设置为黑色。渲染效果如图 8.112 所示。

步骤 6：隐藏粒子 1。在 Outliner(大纲视图)窗口中选择 Particle1 粒子 1，按 Ctrl+ H 组合键即可。渲染效果如图 8.113 所示。

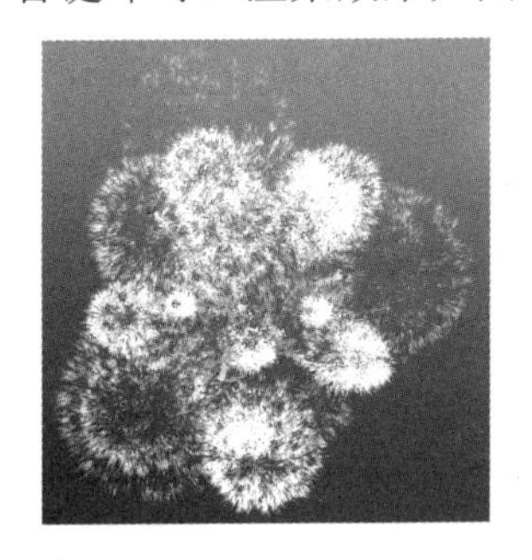

图 8.111

图 8.112

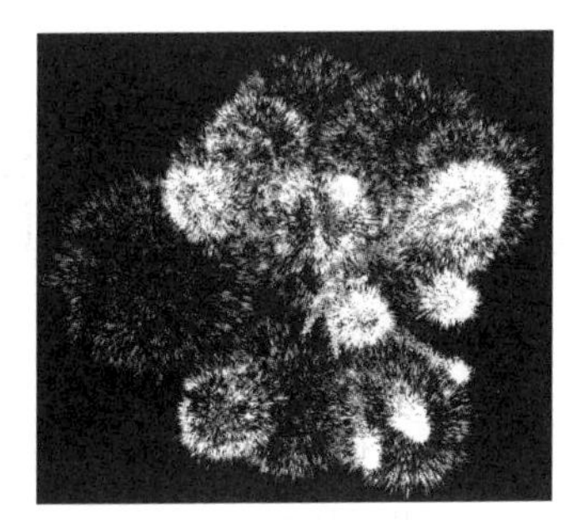

图 8.113

视频播放：烟花效果详细讲解，请观看配套视频“part\video\chap08_video03”。

四、拓展训练

根据前面所学知识制作如下动画效果。基础比较差的同学可以观看配套视频资料。

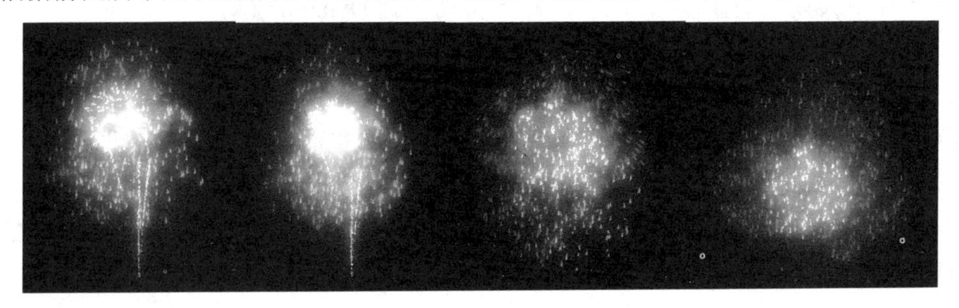

案例 4：下雨效果

一、案例效果

二、案例制作流程(步骤)分析

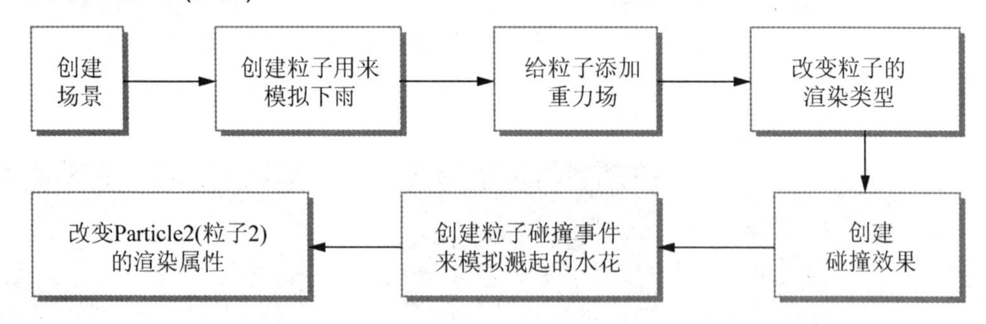

三、详细操作步骤

在本案例中，主要通过制作下雨效果来讲解粒子碰撞和粒子事件在实际项目中的应用，具体制作步骤如下。

1. 创建场景

启动 Maya 2011，在场景中创建两个平面，分别作为天空和地面，如图 8.114 所示。

2. 创建粒子用来模拟下雨

步骤 1：在场景中选择天空平面，按 F5 键切换到 Dynamics(动力学)模块。

步骤 2：在菜单栏中单击 Particles(粒子)→Emit from Object(从对象创建粒子)→□图标，打开 Emitter Options(发射器选项)窗口，具体设置如图 8.115 所示。

步骤 3：单击 Create(创建)按钮，即可创建从所选平面发射粒子的效果，如图 8.116 所示。

步骤 4：从播放的效果可以看出，粒子是往上发射，而下雨效果应该是往下落的。解决该问题的方法是在通道盒中将 Rotate X 的值设置为 180。

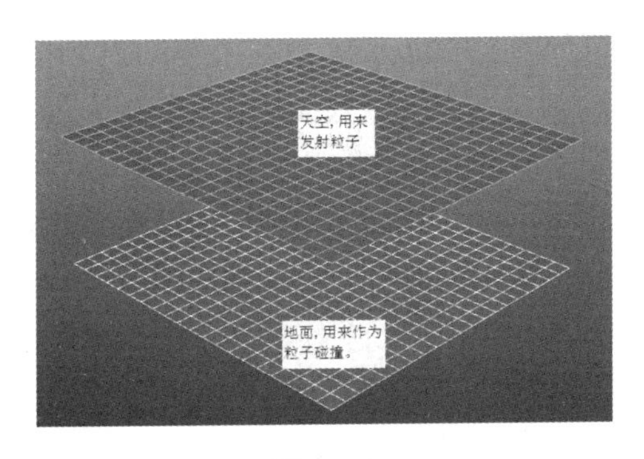

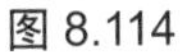

图 8.114

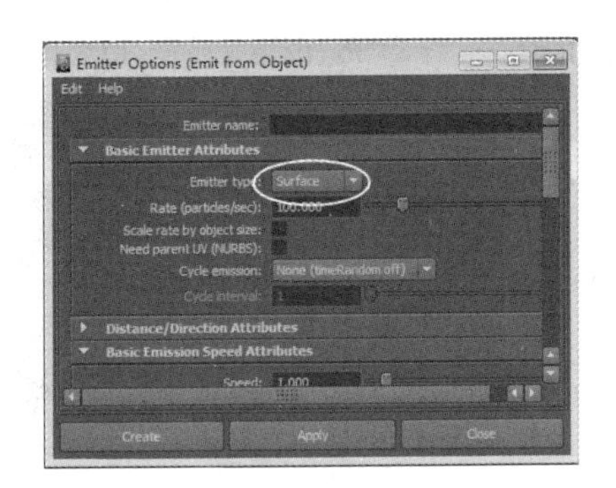

图 8.115

3. 给粒子添加重力场

步骤 1：在 Outliner(大纲视图)窗口中选择 Particle1(粒子 1)。

步骤 2：在菜单栏中选择 Fields(场)→Gravity(重力场)命令，为 Particle1(粒子 1)添加一个重力场。效果如图 8.117 所示。速度比以前快多了，但还是有点慢。

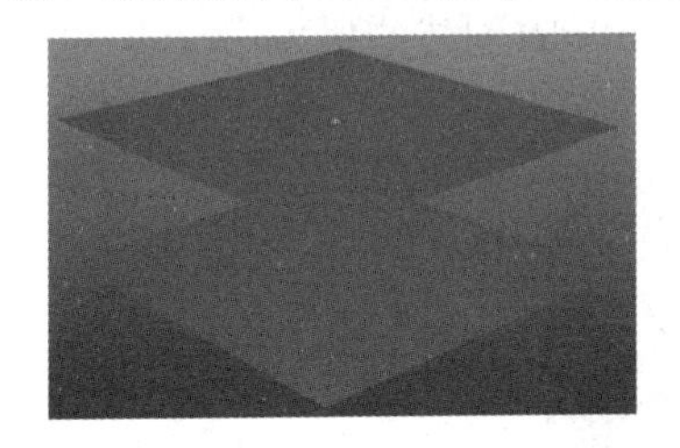

图 8.116

图 8.117

步骤 3：在 Outliner(大纲视图)窗口中选择如图 8.118 所示的发射器。

步骤 4：在通道盒中将 Rate 的数值设置为 50，将 Speed 的数值设置为 5。效果如图 8.119 所示。

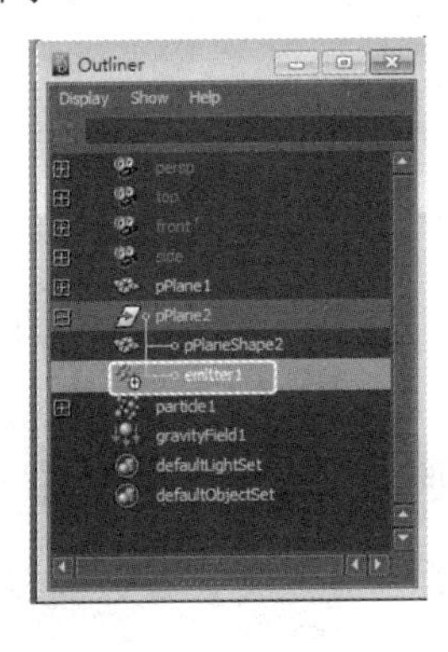

图 8.118

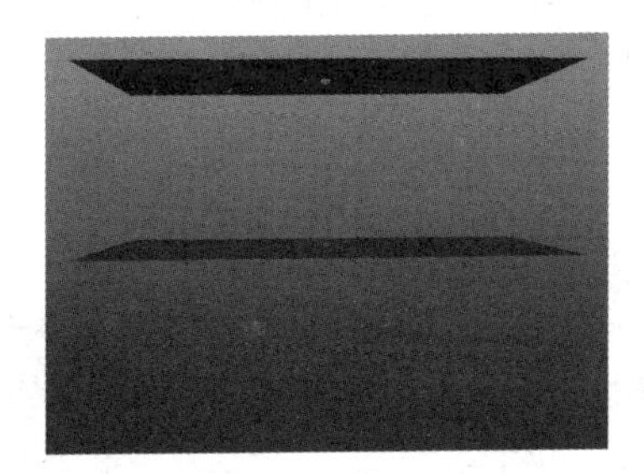

图 8.119

4. 改变粒子的渲染类型

步骤 1：在 Outliner(大纲视图)窗口中选择 Particle1(粒子 1)，按 Ctrl+A 组合键打开粒子属性编辑器。

步骤 2：设置 Particle1(粒子 1)类型，具体设置如图 8.120 所示。效果如图 8.121 所示。

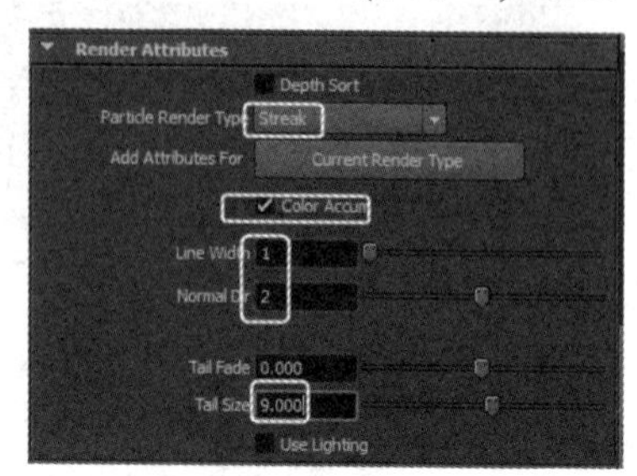

图 8.120

图 8.121

5. 创建碰撞效果

从图 8.121 可以看出，粒子直接穿过了地面，现实生活中应该是与地面发生碰撞。下面就来模拟碰撞效果。

步骤 1：选择 Particle1(粒子 1)，并加选地面。

步骤 2：在菜单栏中选择 Particles(粒子)→Make Collide(创建碰撞)命令，即可创建一个碰撞事件。效果如图 8.122 所示。

图 8.122

步骤 3：从图 8.122 可以看出，粒子的反弹太大。在通道盒中设置碰撞的反弹参数，具体设置如图 8.123 所示。进行播放，可以看出粒子没有死亡。

步骤 4：设置 Particle1(粒子 1)的死亡时间，具体设置如图 8.124 所示。最终效果如图 8.125 所示。

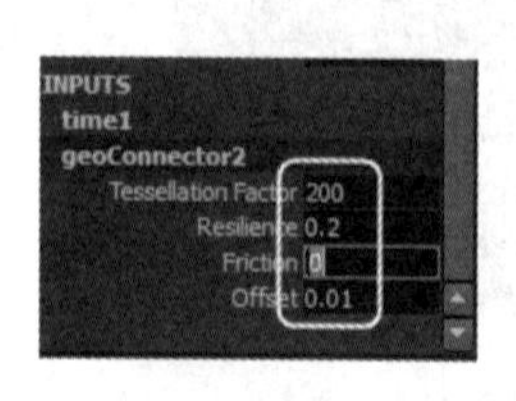

图 8.123

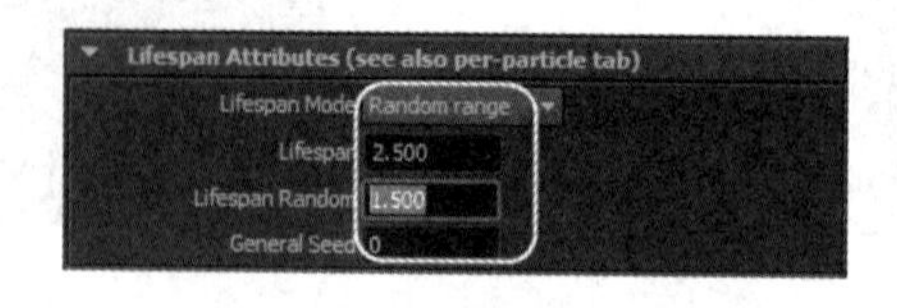

图 8.124

图 8.125

6. 创建粒子碰撞事件来模拟溅起的水花

步骤 1：在 Outliner(大纲视图)窗口中选择 Particle1(粒子 1)。

步骤 2： 在菜单栏中选择 Particles(粒子)→Particle Collision Event Editor(离子碰撞事件编辑器)命令，打开 Particle Collision Event Editor(离子碰撞事件编辑器)窗口。具体设置如图 8.126 所示。

步骤 3： 单击 Collision Event(碰撞事件)按钮即可。效果如图 8.127 所示。

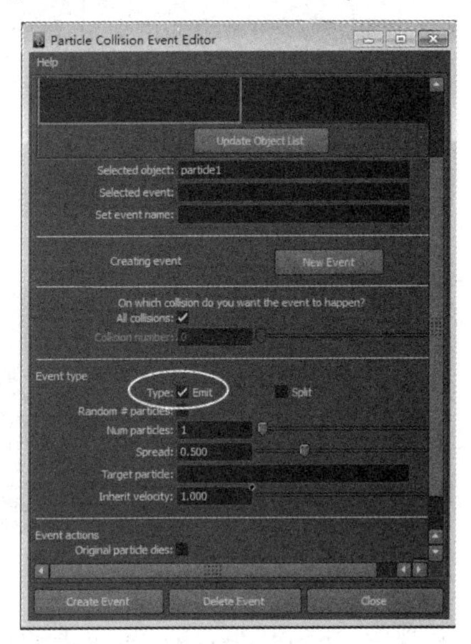

图 8.126

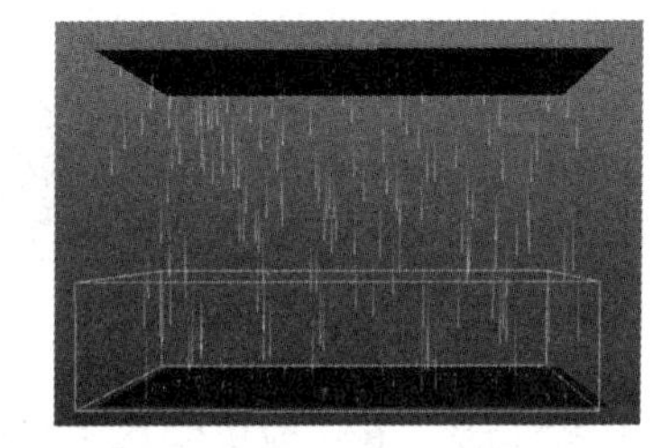

图 8.127

步骤 4： 从播放效果可以看出，碰撞粒子往上运动。为了解决该问题，给碰撞粒子添加一个重力场。

步骤 5： 在 Outliner(大纲视图)窗口中选择 Particle2(粒子 2)。在菜单栏中选择 Fields(场)→Gravity(重力场)命令，为 Particle1(粒子 2)添加一个重力场。

步骤 6： 给 Particle2(粒子 2)添加碰撞事件，选择 Particle2(粒子 2)，并加选地面。在菜单栏中选择 Particles(粒子)→Make Collide(创建碰撞)命令即可创建一个碰撞事件。

步骤 7： 设置碰撞粒子的反弹值，具体设置如图 8.128 所示。效果如图 8.129 所示。

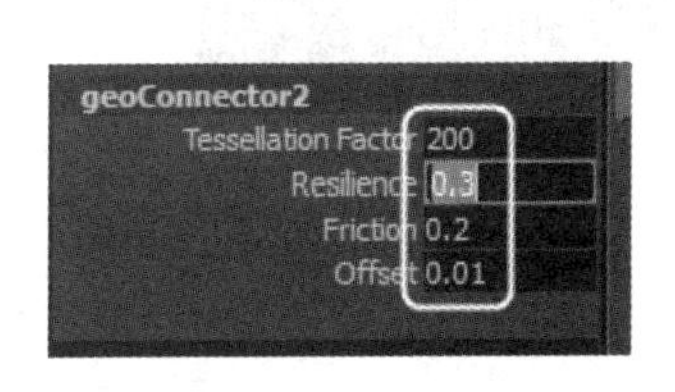

图 8.128

图 8.129

7. 改变 Particle2(粒子 2)的渲染属性

步骤 1： 选择 Particle2(粒子 2)的粒子。

步骤 2： 在粒子属性面板中设置粒子的渲染属性，具体设置如图 8.130 所示。效果如图 8.131 所示。

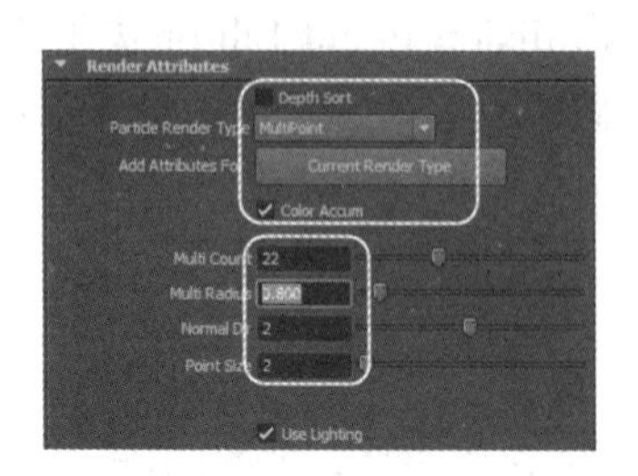

图 8.130

图 8.131

步骤 3：修改 Particle2(粒子 2)的死亡时间，具体设置如图 8.132 所示。效果如图 8.133 所示。

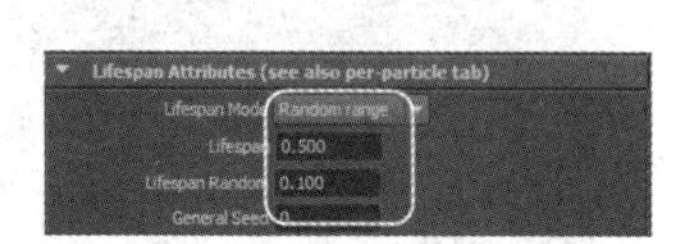

图 8.132

图 8.133

视频播放：下雨效果的详细讲解，请观看配套视频“part\video\chap08_video04”。

四、拓展训练

根据前面所学知识制作如下动画效果。基础比较差的同学可以观看配套视频资料。

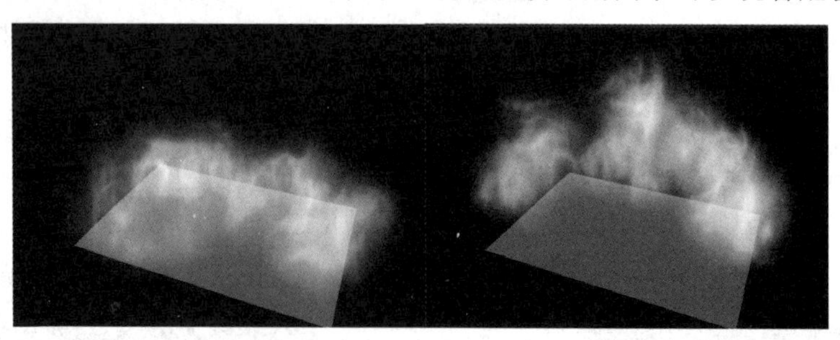

参 考 文 献

[1] 火星时代．Maya 2011 大风暴[M]．北京：人民邮电出版社，2011．
[2] 于洋．Maya 贵族 Polygon 的艺术[M]．北京：北京大学出版社，2010．
[3] 谌宝业，张凡，刘若海．Maya 游戏角色设计[M]．北京：中国铁道出版社，2010．
[4] 胡铮．三维动画模型设计与制作[M]．北京：机械工业出版社，2010．
[5] 张晗．Maya 角色建模与渲染完全攻略[M]．北京：清华大学出版社，2009．
[6] 孙宇，李左彬．Maya 建模实战技法[M]．北京：中国铁道出版社，2011．
[7] 环球数码(IDMT)．动画传奇——Maya 模型制作[M]．北京：清华大学出版社，2011．
[8] 刘畅．Maya 模型与渲染[M]．北京：京华出版社，2011．
[9] 刘畅．Maya 动画与特效[M]．北京：京华出版社，2011．
[10] 许广彤，祁跃辉．游戏角色设计与制作[M]．北京：人民邮电出版社，2010．
[11] 苗玉敏，王彬．Maya 2011 从入门到精通[M]．北京：电子工业出版社，2011．